菊芋研究

钟启文 李 莉 等 编著

支持单位：青海大学农林科学院

科学出版社

北 京

内 容 简 介

本书共 10 章。第 1 章介绍了菊芋的中外命名、传播历史和起源进化；第 2 章介绍了菊芋的植物分类学和形态学特征；第 3 章介绍了菊芋的化学成分与利用；第 4 章重点介绍了菊芋的主要加工利用成分果聚糖的代谢与功能；第 5 章介绍了菊芋的种质资源收集、保存现状和研究利用；第 6 章介绍了菊芋的主要育种目标和选育技术、国内外的主要品种及不同的繁殖方式；第 7 章介绍了菊芋的生长发育过程、光合产物积累分配及产量构成；第 8 章介绍了菊芋对非生物逆境的适应生理和生态利用价值；第 9 章介绍了菊芋的适应性与栽培技术；第 10 章介绍了菊芋块茎的贮藏生理和环境影响。

本书适合从事菊芋研究的高等院校师生和科研人员阅读，对于开展菊芋种植生产的管理和操作人员及进行示范推广的技术人员也具有参考意义。

图书在版编目（CIP）数据

菊芋研究/钟启文等编著. —北京：科学出版社，2020.3
ISBN 978-7-03-064141-0

Ⅰ. ①菊⋯   Ⅱ.①钟⋯   Ⅲ. ①菊芋-研究   Ⅳ.①Q949.783.5

中国版本图书馆 CIP 数据核字(2020)第 009937 号

责任编辑：李秀伟　白　雪 / 责任校对：郑金红
责任印制：吴兆东 / 封面设计：刘新新

科　学　出　版　社　出版
北京东黄城根北街 16 号
邮政编码：100717
http://www.sciencep.com
北京虎彩文化传播有限公司 印刷
科学出版社发行　　各地新华书店经销
＊
2020 年 3 月第 一 版　　开本：787×1092 1/16
2020 年 3 月第一次印刷　　印张：25 1/4
字数：598 000
定价：280.00 元
(如有印装质量问题，我社负责调换)

《菊芋研究》编著者名单

主要编著者： 钟启文　李　莉

其他编著者（按姓氏笔画排序）：

王丽慧　田　洁　任延靖　刘明池

孙雪梅　李　屹　杨世鹏　季延海

赵孟良　侯志强

前　言

　　菊芋 *Helianthus tuberosus* L.对我国大部分人来说，是一种既熟悉又陌生的作物，甚至过去很少有人把它作为一种作物来进行种植。如果提到"洋姜"（菊芋的俗称），大家也许会说吃过，或在房前屋后种过，若继续追问，则再无更深入的认识。菊芋是一个外来物种，自北美洲经欧洲引入我国以来，长期作为腌制蔬菜在我国各地区零星栽培，鲜少进行规模化种植利用，因此我国对菊芋的生物学研究与产业化开发起步较晚。进入21世纪，由于菊粉的多领域应用和开发，菊芋这一富含菊粉的高产抗逆作物逐步得到了广泛的关注，多个高校和科研机构从不同角度开展相关研究，越来越多的企业陆续开发相关产品。除了作为腌制蔬菜和菊粉加工原料，目前还利用菊芋进行生物燃料、功能饲料、生态治理及精深提取等方面的综合开发，使之成为我国发展迅速的新兴经济作物。

　　欧洲和北美洲有大量专门阐释菊芋的文献，以英语为主，也有法语、德语、俄语和匈牙利语等各种语言的出版物。尽管从21世纪初以来，与菊芋有关的中文研究报告和报道呈现逐年增加的趋势，但一直缺少系统介绍这一新兴经济作物有关生物学和产业化应用方面的专门著作。20世纪60年代，我国出版了一本简要介绍菊芋的手册。直到2012年，才由笔者总结本课题组（青海大学农林科学院菊芋研究开发中心）的前期研究工作出版了《菊芋》一书，但很少涉及菊芋在国内外的研究和开发进展。本书以本课题组近20年来在青藏高原针对菊芋所开展的相关研究为主体，结合国内外菊芋有关文献，较系统地阐释了我们对这一作物在生物学基础和应用方面的初步理解，旨在为对菊芋有兴趣的研究人员和开发人员提供参考。由于语言限制，我们主要参考了英文和中文的有关资料，而大部分其他语种研究人员的卓越工作未能纳入其中，难免有些遗憾。

　　本书第1章由钟启文撰写，第2章由田洁撰写，第3章由赵孟良、刘明池和季延海撰写，第4章由孙雪梅和王丽慧撰写，第5章由钟启文和李莉撰写，第6章由侯志强和赵孟良撰写，第7章由赵孟良撰写，第8章由任延靖撰写，第9章由李屹撰写，第10章由杨世鹏撰写，李莉在本书的撰写过程中全程指导并进行了多次修改和审订。高洁铭、边海燕、韩睿和田闵玉也参与了部分内容的撰写和文字校对工作，在此表示衷心的感谢。

　　由于菊芋相关研究近年来发展较快，加之作者水平有限，难免有表述不当或错漏之处，诚请读者批评指正。

编著者

2019年7月

目　　录

第1章 菊芋历史与起源

发现美洲大陆后，菊芋这一作物于17世纪初被引入欧洲，之后传播到世界各地，历经400余年，目前广泛分布于北半球的寒温带地区。菊芋的起源和系统进化关系仍存在较多争议。本章概述了菊芋的拉丁名、英文名和中文名的命名过程，在欧洲的传播历史，以及它的起源和系统进化方面的国内外研究现状与进展。同时还介绍了本课题组针对菊芋叶绿体基因组开展的研究，以及基于叶绿体基因组进行的比较基因组学分析和系统进化分析的初步结论。

1.1 命 名

菊芋的拉丁名——*Helianthus tuberosus* L.由林奈于1753年给出。目前最常用的英文名是Jerusalem artichoke，直译成中文即耶路撒冷朝鲜蓟，而事实上此名称并不恰当，菊芋与耶路撒冷和朝鲜蓟均不存在什么联系（Bock et al.，2014）。朝鲜蓟之所以成为菊芋名字的一部分，可能是由于菊芋块茎的味道和质地有点像朝鲜蓟（Bourne，1906），而耶路撒冷这一部分的来源则令人费解且存在争论。一种解释认为"Jerusalem"是菊芋的意大利语名Girasole articiocco的发音讹误（Smith，1807）；另一种解释认为其指代的是人们误认为的菊芋原产地（Salaman，1940）。Trumbull和Gray（1877）曾建议使用sun-root一词作为替换名，也有人提议使用sunchoke替代，然而由于习惯使然，Jerusalem artichoke仍为使用最为广泛的英文名。其中文学名为菊芋，因其在植物分类学上属菊科，其花似菊花，而其块茎与我国传统作物芋相像的缘故。菊芋在我国民间有多种俗称，用得最多的是洋姜，在北方部分地区被称为鬼子姜，在南方（如广东）也被称为番姜等，这些名称的前半部分都体现了菊芋的外来属性，而被不约而同地称为"姜"，则是因其块茎形状和地下分布与我国传统作物生姜类似。

1.2 历 史

自19世纪以来，有大量文献描述过菊芋的历史，主要是在欧洲传播的历史（Hooker，1897；Salaman，1940；Trumbull and Gray，1877）。菊芋被认为是美洲最为古老的种植作物之一。虽然农业记载并不多，但是一些美洲土著很可能在欧洲人到达新大陆之前的几个世纪就开始种植这一作物了。根据文献记载，菊芋首先在1607年从美洲传入法国，然后在1613年传入荷兰，随后相继进入意大利（1614年）、英国（1617年）、德国（1626年）、丹麦（1642年）、波兰（1652年）、瑞典（1658年）、葡萄牙（1661年）（Wein，1963），并于18世纪传入俄罗斯帝国（Vavilov，1992）。之后，菊芋经欧洲传遍了世界各地的寒温带地区，其引入我国的具体时间因缺乏相关文献记载而并不清楚。

菊芋在引入欧洲的初期主要在各植物园作为观赏植物进行种植，在传播一段时间后，其块茎一度成为重要的食用碳水化合物来源（Bagot，1847）。但是，在马铃薯 Solanum tuberosum L.传入后它的重要性逐渐下降；而当马铃薯缺乏时，菊芋的种植就会出现猛增，如第二次世界大战后的法国和德国。目前，由于世界部分地区面临广泛的粮食匮乏，以及对于菊粉和生物能源的大量需求，菊芋有望再次成为一种重要的作物。

1.3 起 源 进 化

早期，人们认为菊芋源自南美洲的巴西，从巴西传入欧洲，其另一个名称 Topinambou，则是从巴西的土著部落 Topinambous 变化而来（Linnaeus，1753；Miller，1807）。目前，广泛认为菊芋源自北美洲，但不仅仅是今天的加拿大，学者们普遍同意菊芋起源于存在大量野生种群的美国俄亥俄州的峡谷地区及密西西比河及支流地区，这一区域存在菊芋及向日葵属植物自然传播的交叠（Heiser，1978）。那么菊芋与向日葵属植物的进化关系如何？它的亲缘物种是什么呢？

菊芋是一种多倍体作物，它有 102 条染色体（$2n=6x=102$）。应由一个向日葵属具有 34 条染色体的二倍体种，与具有 68 条染色体的四倍体种杂交，产生具有 51 条染色体的三倍体，后经染色体加倍形成。为了检测向日葵属作物基因交流的潜力，有学者在向日葵属植物的野生交叠区进行了一些杂交实验，并得到了一些杂种（Rogers et al.，1982）。杂交实验研究表明，菊芋的四倍体亲本是窄叶向日葵 Helianthus decapetalus L.、多毛向日葵 H. hirsutus Raf.和浅色林地向日葵 H. strumosus L.这 3 个物种之一，它们都分布于美国中部和东部地区。其中，多毛向日葵和菊芋在形态上最为相似；而其二倍体亲本则可能是大型向日葵 H. giganteus L.、锯齿向日葵 H. grosseserratus L.和向日葵 H. annuus L.中的一个。然而，人工杂交却没有在这 6 个物种中完全进行（Heiser and Smith，1960；Heiser et al.，1969），因此也就没有得到确定的结论。应用免疫化学方法研究表明，菊芋的部分基因组可能来自于向日葵，也有可能是牧场向日葵 H. petiolaris subsp. fallax（Anisimova，1982）。Bock 等（2014）利用质体基因组、线粒体基因组及 35S 和 5S 核糖体 DNA 序列分析了向日葵属的 8 个二倍体、四倍体和六倍体种，认为菊芋是源自两种多年生向日葵属植物，即四倍体的 H. hirsutus 和二倍体的 H. grosseserratus，验证了杂交实验预测亲本的结果。

1.4 叶绿体基因组与进化

1.4.1 材料与方法

1. 叶绿体提取与基因组测序

菊芋新鲜幼嫩叶片取自青海大学农林科学院试验基地（36°43′51N，101°45′24E），叶绿体 DNA 提取采用改进的高通量叶绿体基因组提取法（Shi et al.，2012）。利用 Illumina

HiSeq PE150 双末端测序策略进行建库测序，建库类型为 350bp DNA 小片段文库，读长 150bp。

2. 叶绿体基因组组装与注释

利用 FastQC 对 clean data 进行质控过滤，利用 SOAP denovo 软件（Lee and Lee，1995）预组装，利用 SPAdes v3.6.2 软件（http://bioinf.spbau.ru/spades）（Bankevich et al.，2012）进行序列拼接，以向日葵 Helianthus annuus L.叶绿体基因组序列为参考，确定位置。用 GapCloser 软件（Luo et al.，2012）和 GapFiller 软件（Boetzer and Pirovano，2012）补 Gap 后，采用 PrInSeS-G 进行序列校正。采用 DOGMA 软件（http://dogma.ccbb.utexas.edu/）（Wyman et al.，2004）进行注释。根据起始密码子和终止密码子序列手动调整基因区间和蛋白质编码序列。tRNA 提交至 tRNAscan-SE（http://lowelab.ucsc.edu/tRNAscan-SE/）网站进行注释（Lowe and Chan，2016），rRNA 提交至 RNAmmer 1.2 Server 进行预测（https://omictools.com/rnammer-tool）。将得到的序列信息和注释结果提交至 GenBank，序列号为 MG696658。使用 Organellar Genome DRAW 软件（https://omictools.com/ogdraw-tool）（Lohse et al.，2013）绘制完整的环状叶绿体基因组图。

3. 重复结构与简单序列重复（simple sequence repeat，SSR）分析

将叶绿体基因组导入 REPuter（Kurtz et al.，2001）中鉴定正向和反向重复序列，利用 perl 脚本的 MISA 软件（http://pgrc.ipk-gatersleben.de/misa/）进行 SSR 查找鉴定，单核苷酸到六核苷酸的重复次数阈值设定为 10、5、4、3、3、3。

4. 与菊科植物的质体基因组对比分析

使用 mVISTA 软件（Frazer et al.，2004）的 LAGAN 模型将菊芋叶绿体基因组与其他 7 种菊科作物，即红花 Carthamus tinctorius（KX822074.1）、紫茎泽兰 Ageratina adenophora（JF826503.1）、小葵子 Guizotia abyssinica（EU549769.1）、莴苣 Lactuca sativa（NC_007578.1）、银叶向日葵 Helianthus argophyllus（KU314500.1）、黄瓜叶向日葵 H. debilis（KU312928.1）、H. petiolaris subsp. fallax（KU295560.1）进行比较分析。利用菊芋叶绿体基因组原数据经过质量筛选之后，对最终构建好的序列（从注释中提取出的基因序列）和建树的 15 种作物叶绿体基因组进行 Blast+比对，利用 HomBlocks（Bi et al.，2018）构建 Circos 图查找基因的收容情况和相对位置（http://circos.ca/），Link 颜色，则根据所有比对区域的长度，进行标准化后，按照比对长度长、中、较短、短分别上色（粉红色、橙色、绿色、蓝色）。利用 COBALT（https://www.ncbi.nlm.nih.gov/tools/cobalt/）对差异蛋白序列 ycf2 进行比对。

5. 系统进化分析

选取已发布的 15 个菊科物种 Ageratina adenophora（JF826503.1）、Carthamus tinctorius（KX822074.1）、Guizotia abyssinica（NC_010601.1）、新疆千里光 Jacobaea vulgaris（NC_015543.1）、Lactuca sativa（NC_007578.1）、Helianthus annuus

（NC_007977.1）、*H. petiolaris* subsp. *fallax*（KU295560.1）、*H. argophyllus*（KU314500.1）、*H. debilis*（KU312928.1）、*H. annuus* cv. HA383（DQ383815.1）、草原向日葵 *H. petiolaris*（KU310904.1）、得克萨斯向日葵 *H. praecox*（KU308401.1）、*H. annuus* subsp. *texanus*（KU306406.1）、微甘菊 *Mikania micrantha*（NC_031833.1）、蒲公英 *Taraxacum mongolicum*（NC_031396.1）的叶绿体基因组和菊芋进行系统发育分析。首先用 MAFFT 7.388（Katoh et al.，2017）将 16 个叶绿体基因组序列进行比对，随后分别用最大似然法（maximum-likelihood，ML）和贝叶斯方法（Bayesian method）构建系统发育树。其中 ML 树选择 GTRGAMMAI 模型，使用 RAxML v8.1.24（Stamatakis，2014）构建树，参数设置搜索 30 个重复，采用似然值最大的树；另外，设置 Bootstrap 运行 1000 次检测各分支的可信度。在构建 Bayesian 树时，先在 jModelTest 2.1.7（Darriba et al.，2012）软件中，根据 BIC 选择 Bayesian 分析中的核苷酸替代模型 GTR+I+G，然后采用 MrBayes 3.2（Ronquist et al.，2012）进行计算，方法采用马尔可夫链蒙特卡洛法（Markov chain Monte Carlo process），同时起始 4 条马尔可夫链，以随机树为起始树，每隔 500 条保存一棵树，共计计算 5 000 000，弃去前 20%的起始树，剩下的树用来计算一致树和各分支的后验概率（posterior probability）。

1.4.2 结果与讨论

1. 基因组结构与基因特征

菊芋叶绿体基因组总长度 151 431bp，基因组由 4 个部分构成，包含一对反向重复（IR）区域 IRa（24 568bp）和 IRb（24 603bp），被一个大单拷贝（LSC）区（83 981bp）和一个小单拷贝（SSC）区（18 279bp）隔开（图 1.1）。编码区占基因组的 55.45%，包括蛋白质编码基因、tRNA 基因和 rRNA 基因。菊芋叶绿体基因组的 GC 总含量为 37.6%，其中 IR 区为 43.2%，LSC 区和 SSC 区分别为 35.6%和 31.3%，这可能是由于 IR 区包含 4 个高 GC 含量的 rRNA 基因（Asaf et al.，2016）。高 GC 含量使得 IR 区保守性高于 LSC 区和 SSC 区（Yang et al.，2014）。

菊芋叶绿体基因组含有的基因总数为 115 个，包括 84 个蛋白质编码基因、27 个 tRNA 基因和分布于 IR 区域的 4 个 rRNA 基因。在 IR 区域反向存在的基因为 19 个，包括 8 个蛋白质编码基因（*ycf2*、*ndhB*、*rps7*、*rps12*、*ycf15*、*ycf1*、*rpl2*、*rpl23*）、7 个 tRNA 基因和 4 个 rRNA 基因。这 115 个基因包含 60 个蛋白质合成和 DNA 复制基因、44 个光合作用基因、6 个其他基因和 5 个假基因（表 1.1）。菊芋的叶绿体基因顺序及组成与其他菊科作物相似（Curci et al.，2015）。

内含子对基因选择性剪切具有重要的作用，在菊芋的叶绿体基因组中，共注释出 16 个含内含子的基因，其中 11 个蛋白质编码基因，另外 5 个是 tRNA 基因。16 个内含子基因中 *trnK-UUU* 的内含子序列最长（2528bp），*trnL-UAA* 基因具有最小的内含子（436bp）。除 *clpP*、*ycf3* 和 *rps12* 基因含有 2 个内含子，其余基因仅含有 1 个内含子（表 1.2）。

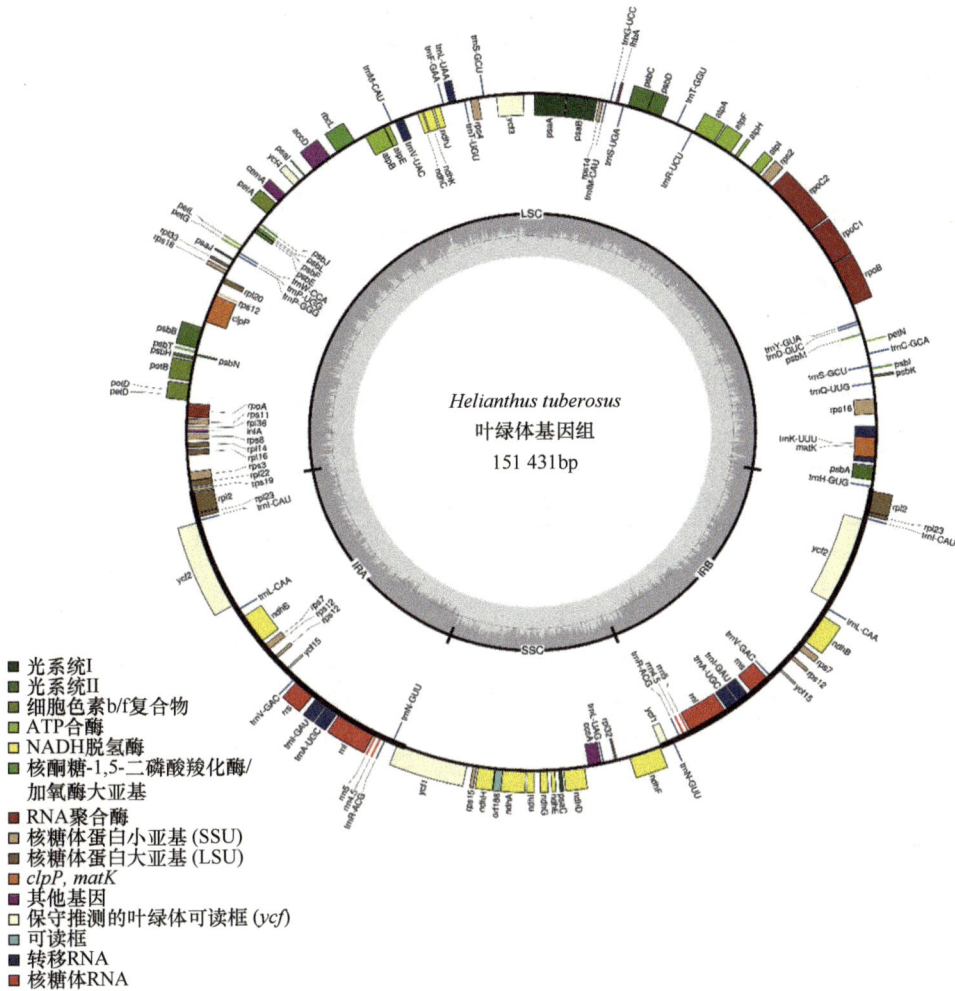

图 1.1　菊芋叶绿体基因组基因结构

圆圈外的基因为逆时针转录，圆圈内的基因为顺时针转录。属于不同功能组的基因用不同颜色表示。
内圆中深灰色表示 GC 含量，而浅灰色表示 AT 含量

表 1.1　菊芋叶绿体基因组的基因构成情况

基因类别		基因名称
蛋白质合成和 DNA 复制	核糖体 RNA	16S rRNA（2×），23S rRNA（2×），4.5S rRNA（2×），5S rRNA（2×）
	转移 RNA	*trnQ-TTG*，*trnL-TAG*，*trnD-GTC*，*trnS-GGA*，*trnE-TTC*，*trnS-GCT*，*trnY-GTA*，*trnV-GAC*，*trnP-TGG*，*trnH-GTG*，*trnF-GAA*，*trnN-GTT*，*trnT-TGT*，*trnW-CCA*，*trnS-TGA*，*trnV-GAC*，*trnL-CAA*（2×），*trnM-CAT*（2×），*trnC-GCA*，*trnI-CAT*，*trnT-GGT*，*trnI-CAT*，*trnR-ACG*，*trnN-GTT*，*trnR-TCT*，*trnR-ACG*，*trnG-GCC*
	核糖体蛋白小亚基	*rps7*，*rps14*，*rps12*，*rps2*，*rps4*，*rps12*，*rps7*，*rps11*，*rps16*，*rps12*，*rps19*（2×），*rps3*，*rps15*，*rps8*，*rps19*
	核糖体蛋白大亚基	*rpl14*，*rpl23*，*rpl36*，*rpl2*，*rpl20*，*rpl2*，*rpl32*，*rpl16*，*rpl33*，*rpl23*，*rpl22*
	RNA 聚合酶亚基	*rpoB*，*rpoC*（2×），*rpoA*
光合作用	光系统 I	*psaC*，*psaA*，*psaB*，*psaI*，*psaJ*
	光系统 II	*psbZ*，*psbK*，*psbB*，*psbI*，*psbF*，*psbN*，*psbL*，*psbJ*，*psbC*，*psbE*，*psbM*，*psbH*，*psbA*，*psbD*，*psbT*
	细胞色素 b/f 复合物	*petA*，*petD*，*petL*，*petB*，*petG*，*petN*

基因类别		基因名称
光合作用	ATP 合酶	*atpE*，*atpH*，*atpA*，*atpI*，*atpF*，*atpB*
	NADH 脱氢酶	*ndhJ*，*ndhA*，*ndhK*（2×），*ndhG*，*ndhI*，*ndhB*（2×），*ndhH*，*ndhE*，*ndhD*，*ndhC*，*ndhF*
	核酮糖-1,5-二磷酸羧化酶/加氧酶大亚基	*rbcL*
杂项组	转录激活因子 IF-1	*infA*
	乙酰辅酶 A 羧化酶	*accD*
	细胞色素 c 生物合成	*ccsA*（2×）
	成熟酶	*matK*
	ATP 依赖的蛋白酶	*clpP*
	内膜蛋白	*cemA*
功能未知的假基因	保守推测的叶绿体可读框	*ycf15*（4×），*ycf4*，*ycf3*，*ycf1*（2×），*ycf2*（2×）

表 1.2　菊芋叶绿体基因组的基因特征（bp）

基因	区域	外显子 I	内含子 I	外显子 II	内含子 II	外显子 III
trnK-UUU	LSC	51	2528	36		
rps16	LSC	29	864	226		
rpoC1	LSC	431	733	1727		
atpF	LSC	144	714	391		
ycf3	LSC	152	746	229	700	123
trnL-UAA	LSC	36	436	49		
trnV-UAC	LSC	36	574	37		
clpP	LSC	68	792	290	624	227
petB	LSC	5	775	641		
petD	LSC	8	712	473		
rpl2	LSC	392	663	434		
ndhB	IR	755	671	776		
trnI-GAU	IR	41	776	34		
trnA-UGC	IR	37	822	34		
ndhA	SSC	552	1095	538		
rps12	LSC-IR	113		230		29

2. 重复结构与 SSR 分析

由于叶绿体基因组结构简单，相对保守且属于母系遗传，所以叶绿体 SSR（cpSSR）是一种高效的分子标记，cpSSR 广泛应用于杂交育种、生物地理学和群体遗传学的研究（Bayly et al.，2013）。我们对菊芋 cpSSR 的分布情况进行分析，结果表明在菊芋的叶绿体基因组中，有 36 个不同的 SSR 位点被鉴定出来（图 1.2）。其中，32 个 SSR 由 A 或 T 组成，仅有 2 个 SSR 由 C 组成，1 个由 G 组成，1 个由 AGT 组成，这表明菊芋的 cpSSR 偏向 A/T 碱基，这和大多数被子植物叶绿体基因组的研究结果一致（Raveendar et al.，2015；Yang et al.，2014）。从重复长度来看，在 10～20bp 的 SSR 数量最多，其次是＜10bp 的 SSR，长重复序列较少，说明菊芋 cp 基因组的 SSR 片段较短，而长重复序列有可能会促进叶绿体基因组的重排，导致群体遗传多样性的增加（Qian et al.，2013），这可能与菊芋多以无性繁殖的特性有关，菊芋稳定的块茎繁殖导致其产生遗传变异的概率大大减少。从 SSR 的分布区段上看，有 32 个 SSR 存在于叶绿体基因组的非编码区，非编码区中主要包括基因间隔区（intergenic spacer，IGS）和内含子（intron）区域，分别占 68%和 20%，而在编码区段，仅有 *rpoC2*、*cemA*、*ycf1* 中存在 SSR。这些重复结构为今后菊芋系统进化和群体遗传研究所需的分子标记开发提供了信息资源。

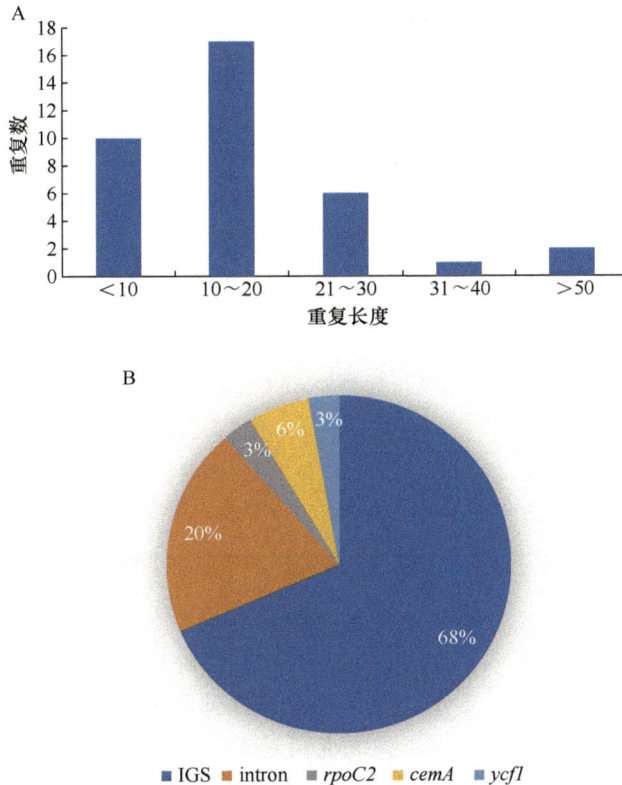

图 1.2　菊芋叶绿体基因组重复结构与 SSR 分布

A. 重复结构的频率、长度与数量；B. SSR 在基因组中分布的区域

3. 与菊科植物的对比分析

对菊科已发表部分叶绿体物种进行比较分析发现，菊芋叶绿体只在大小和构成上与其他菊科物种叶绿体基因组有一些细小的差别（表 1.3），经过分析发现，几个菊科物种叶绿体基因在种类和数目上有极少数的不一致，表现均十分保守，菊芋的叶绿体基因组在比对的 8 个菊科叶绿体全基因组中位列第五，叶绿体序列上的长度变异可能是由 LSC 和 IR 区域的长度差异导致。对比的 8 种菊科作物叶绿体基因组大小基本在 150kb 左右，GC 含量在 37.5%左右，编码蛋白基因 79～89 个，rRNA 数均为 4 个，tRNA 在 20～30。菊芋叶绿体基因组与同属作物 *Helianthus petiolaris* subsp.

fallax 叶绿体基因组相比，前者比后者长 327bp，主要体现在 LSC 区域。此外在蛋白质编码基因数目方面比 *Helianthus petiolaris* subsp. *fallax* 多 5 个，rRNA 和 tRNA 均没有差异。从 IR 区域的长度变化来看，对比的 8 种菊科作物叶绿体基因组长度变化与 IR 区域变化长度一致，表明 IR 区域的长度对基因组长度影响显著（Guo et al., 2017）。

表 1.3　8 种菊科植物叶绿体基因组大小和基因数量对比

物种	大小（bp）			GC 含量（G+C）（%）	基因数量			GenBank 序列号
	总计	LSC	IR	SSC		编码蛋白基因	rRNA	tRNA	
红花 *Carthamus tinctorius*	153 675	83 606	25 407	19 156	37.4	89	4	30	KX822074
紫茎泽兰 *Ageratina adenophora*	150 689	84 815	23 755	18 358	37.5	80	4	28	JF826503
小葵子 *Guizotia abyssinica*	150 689	82 855	24 777	18 277	37.3	79	4	29	HQ234669
莴苣 *Lactuca sativa*	152 772	84 105	25 034	18 599	37.5	78	4	20	DQ383816
菊芋 *Helianthus tuberosus*	151 431	83 981	24 568	18 279	37.6	84	4	27	MG696658
银叶向日葵 *Helianthus argophyllus*	151 862	83 845	24 588	18 149	37.6	80	4	27	KU314500
黄瓜叶向日葵 *Helianthus debilis*	151 678	83 799	24 502	18 121	37.6	82	4	27	KU312928
牧场向日葵 *Helianthus petiolaris* subsp. *fallax*	151 104	83 530	24 633	18 308	37.6	79	4	27	KU295560

利用 mVISTA 软件对 8 个菊科物种基因组序列进行分析，检测序列的变异情况（图 1.3）。结果发现，菊芋与同属作物牧场向日葵、黄瓜叶向日葵和银叶向日葵之间的变异较少，而与紫茎泽兰相比，部分结构存在缺失。菊科向日葵属作物叶绿体基因组编码区进行比较分析，结果显示菊芋与牧场向日葵差异最小。整体而言，菊科作物的叶绿体基因组是保守的。同时，mVISTA 分析显示编码区域比非编码区域更加保守，这个结果也符合菊科作物刺苞菜蓟 *Cynara cardunculus*（Curci et al., 2015）、紫茎泽兰（Nie et al., 2012）中的研究结果。*ycf2* 基因的分化程度最明显，在向日葵属作物中存在一段缺失。

根据 mVISTA 的结果在变异幅度小的编码区域进行系统比对分析（Doorduin et al., 2011），由图 1.4 可见，8 个菊科物种在 *trnN-GUU*、*trnR-ACG*、*trnA-UGU*、*ycf68*、*trnL-GAU*、*trnV-GAC*、*ycf15*、*rps7*、*ndhB*、*trnL-CAA*、*ycf2*、*trnL-CAU*、*rpl23*、*rpl2*、*rps19*、*rps12*、*rpl20*、*rps18*、*rpl33*、*trnP-UGG*、*petL*、*trnG-UCC*、*trnS-GCU*、*trnC-GCA* 共 24 个基因位点有差异性。这些差异基因的发现可以对菊科系统发育学的发展提供了大量的系统发育信息，目前还有很多的差异性基因 DNA 区域可能成为潜在的系统发育分析的工具，这些 DNA 区域将会在物种分子系统学研究的应用中起到重要的作用（Nie et al., 2012）。

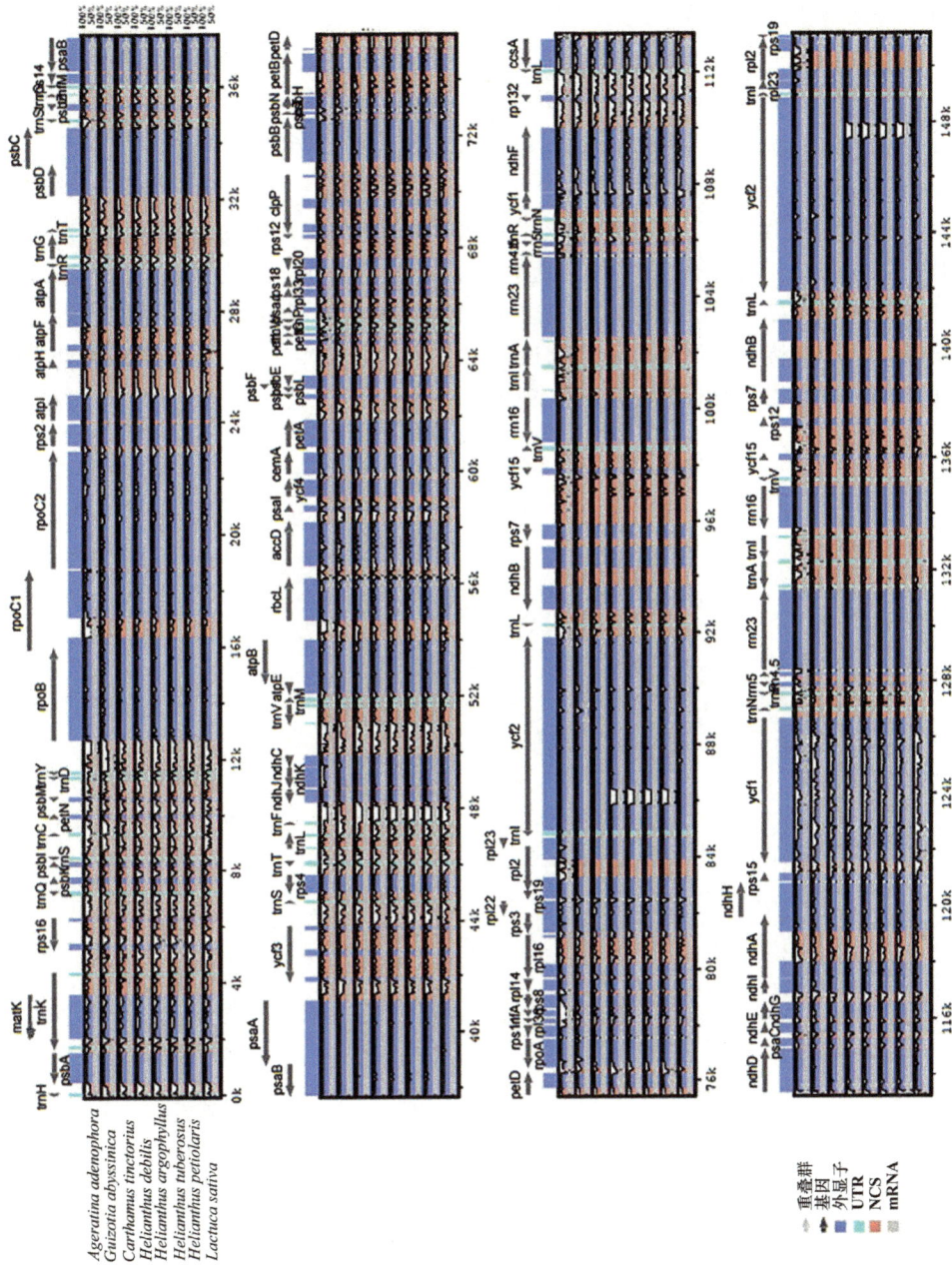

图 1.3　8 种菊科植物叶绿体基因组同源比较图

整个叶绿体基因组被分割为 4 部分显示，基因名称按顺序显示于每部分的顶行（用箭头指示转录方向）。菊芋和其他 7 个物种之间比对区域的序列相似性显示为每个黑色长条线框中的填充颜色，x 轴表示某个位点叶绿体基因组中所处的位置，y 轴表示某个物种在某个位点上与菊芋的序列平均一致性百分比（50%～100%）。基因组区域中编码序列（外显子）、rRNA、tRNA 和保守的非编码序列（non-coding sequence，NCS）以不同的颜色表示。UTR：非翻译区（untranslated region）

　　ycf2 基因是被子植物中已知的最大质体基因（Drescher et al.，2000），许多 *ycf2* 基因可以预测系统发育关系（Huang et al.，2010；Soltis et al.，2003），但关于 *ycf2* 基因的功能目前还不明确。在多项研究中，*ycf2* 基因已经成为研究植物序列变异及系统发育进化研究方面的替代选择。通过之前的差异分析得出 *ycf2* 基因片段存在较大的缺失和不

一致性，对菊芋及 7 种物种的 *ycf2* 基因进行比对（图 1.5），结果表明，与其他属的物种相比，向日葵属的 4 个物种的 *ycf2* 基因在 308～460aa 存在 152 个氨基酸序列缺失，除此之外，向日葵属的 4 个物种中，只有 *Helianthus petiolaris* 在 1524～1536aa 处存在 12 个氨基酸序列缺失。*Ageratina adenophora* 和 *Lactuca sativa* 在 1641～1653aa 存在 12 个氨基酸序列缺失，*Guizotia abyssinica* 在 1641～1664aa 处存在 23 个氨基酸序列缺失。除此之外，还有一些氨基酸差异位点，但整体上菊芋和 *Helianthus petiolaris* subsp. *fallax* 的 *ycf2* 基因相似程度依旧最高，除了菊芋的 *ycf2* 起始位点存在 5 个氨基酸的增加。说明在菊科物种的进化过程中，*ycf2* 基因表现非常保守。通过利用部分被子植物 *ycf2* 基因进行进化树分析研究表明，其与整个质体基因组数据进化树分析的结果相一致，甚至还能更精确地提供一些进化历程的细节（Drescher et al.，2000；Huang et al.，2010；Soltis et al.，2003）。

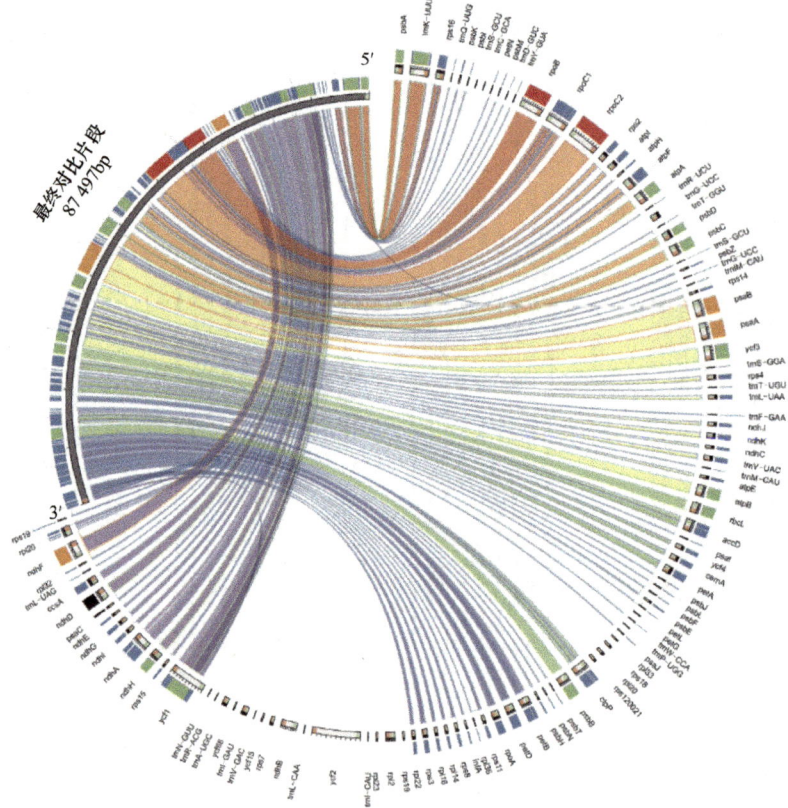

图 1.4 菊芋与其他 7 种菊科作物叶绿体基因组的相似性比较

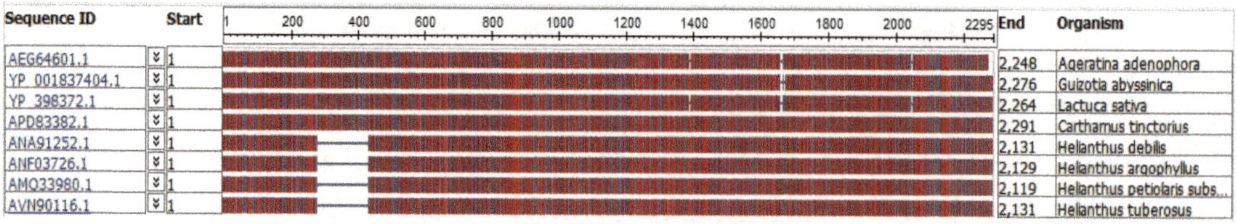

图 1.5 菊芋与其他 7 种菊科作物叶绿体基因组 *ycf2* 基因序列比较

白色空缺部分为缺失氨基酸序列的部分

4. 系统进化分析

菊科家族是植物界最大的家族之一，叶绿体基因组在植物分类及亲缘关系的分析中有着重要作用。目前已有大量研究揭示菊科作物系统进化发育研究，在对 *Aster spathulifolius* 的叶绿体基因组进化研究中发现，其与 *Jacobaea vulgaris* 有最密切的关系（Choi and Park，2015）。为揭示菊芋的系统进化关系，将菊芋与 15 种菊科物种的叶绿体基因组进行全局比对，以 *Jacobaea vulgaris* 为外群，比对后分别进行 RAxML 和 Bayesian 进化树构建。结果显示，两种方法构建的系统发育树具有一致的拓扑结构（图 1.6）。所有的菊科物种组成了 3 个高支持率的进化支：第一个分支包含了向日葵属的成员，即一些向日葵种、亚种及菊芋，另外还有泽兰族 Eupatorieae 和米勒菊族 Millerieae，在向日葵属的进化枝上菊芋和具柄向日葵 *Helianthus petiolaris* subps. *fanax* 关系最为密切，两者共同节点 Bootstrap=100；第二个分支中包含菊科莴苣亚族 Lactucinae 中的一个物种莴苣 *Lactuca sativa* 和还阳参亚族 Crepidinae 中的一个物种西洋蒲公英 *Taraxacum offcinale*。而 *Jacobea vulgaris* 单独聚在千里光族 Senecioninae 中，这种结果与 Senecioninae 进化历程不明确的结论相一致（Doorduin et al.，2011）。在涉及的物种数目≥2 个的菊科分组中可以看出，菊芋与菊科向日葵属的其他物种亲缘关系较近，但同时也是向日葵属植物中最早分离出来的物种，这对于进一步研究菊芋在菊科家族系统进化分支之间的关系提供了理论依据。

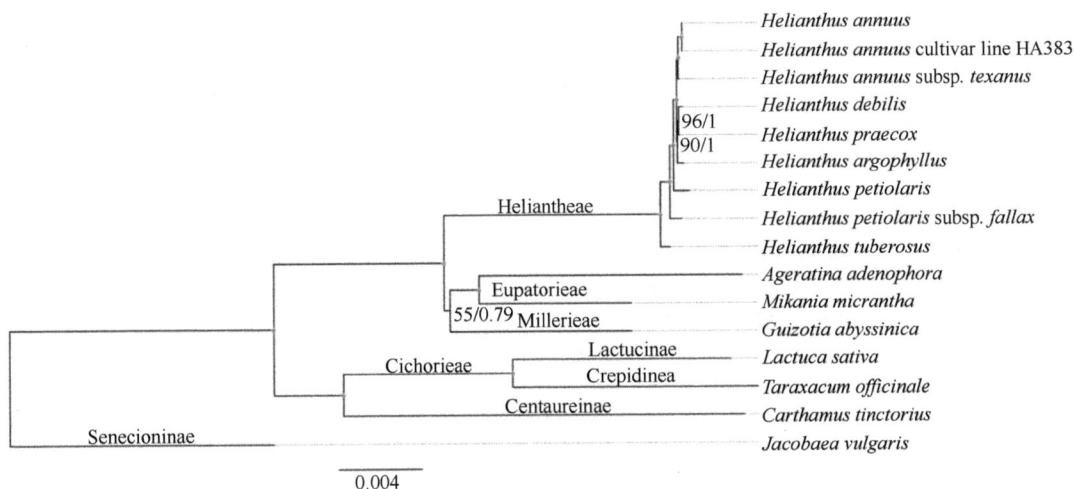

图 1.6　16 种菊科植物的分子系统进化树

1.4.3　小结

本研究成功组装、注释并分析了菊芋叶绿体基因组全序列。菊科植物叶绿体基因组相对保守，菊芋与其所属的向日葵属植物之间叶绿体基因组变异小，而与不同属菊科植物比较则存在缺失。菊芋叶绿体基因组的重复序列尤其是简单重复序列的鉴别，将有助于其分子标记开发、群体遗传研究和系统进化分析。菊科植物的系统进化分析表明，菊芋与具柄向日葵的亲缘关系最近,二者同属菊科向日葵属。叶绿体基因组的测序完成,将为深入开展菊芋研究工作提供有效的遗传信息,同时也将深化我们对菊科植物叶绿体基因组进化历史及菊芋系统进化地位的理解。另外,对于菊芋叶绿体基因遗传转化等分子生物学应用也将具有一定帮助。

参 考 文 献

Anisimova I N. 1982. Nature of the genomes in polyploid sunflower species. Byulleten' Vsesoyuznogo Ordena Lenina i Ordena Druzhby Narodov Instituta Rastenievodstva Imeni N. I. Vavilov, 118: 27-29.

Asaf S, Khan A L, Khan A R, et al. 2016. Complete chloroplast genome of *Nicotiana otophora* and its comparison with related species. Front Plant Sci, 7: 1-12.

Bagot. 1847. De la Culture de Topinambour Considérée Comme Pouvant Servir d'Auxiliaire à Celle de la Pomme de Terre. Paris: Dusacq.

Bankevich A, Nurk S, Antipov D, et al. 2012. SPAdes: A new genome assembly algorithm and its applications to single-cell sequencing. Journal of Computational Biology, 19: 455-477.

Bayly M J, Rigault P, Spokevicius A, et al. 2013. Chloroplast genome analysis of Australian eucalypts—*Eucalyptus*, *Corymbia*, *Angophora*, *Allosyncarpia* and *Stockwellia* (Myrtaceae). Molecular Phylogenetics and Evolution, 69: 704-716.

Bi G, Mao Y, Xing Q, et al. 2018. HomBlocks: A multiple-alignment construction pipeline for organelle phylogenomics based on locally collinear block searching. Genomics, 110(1): 18-22.

Bock D G, Kane N C, Ebert D P, et al. 2014. Genome skimming reveals the origin of the Jerusalem artichoke tuber crop species: Neither from Jerusalem nor an artichoke. New Phytol, 201(3): 1021-1030.

Boetzer M, Pirovano W. 2012. Toward almost closed genomes with GapFiller. Genome Biology, 13(6): R56.

Bourne A T. 1906. The Voyages and Explorations of Samuel de Champlain. New York: A.S. Barnes Co.

Choi K S, Park S. 2015. The complete chloroplast genome sequence of *Aster spathulifolius* (Asteraceae); genomic features and relationship with Asteraceae. Gene, 572: 214-221.

Curci P L, De Paola D, Danzi D, et al. 2015. Complete chloroplast of the multifunctional crop globe artichoke and comparison with other Asteraceae. PLoS One, 10(3): e0120589.

Darriba D, Taboada G L, Doallo R, et al. 2012. jModelTest 2: More models, new heuristics and parallel computing. Nature Methods, 9(8): 772.

Doorduin L, Gravendeel B, Lammers Y, et al. 2011. The complete chloroplast genome of 17 individuals of pest species *Jacobaea vulgaris*: SNPs, microsatellites and barcoding markers for population and phylogenetic studies. DNA Research, 18(2): 93-105.

Drescher A, Ruf S, Calsa T, et al. 2000. The two largest chloroplast genome‐encoded open reading frames of higher plants are essential genes. The Plant Journal, 22: 97-104.

Frazer K A, Pachter L, Poliakov A, et al. 2004. VISTA: Computational tools for comparative genomics. Nucleic Acids Res, 32: 273-279.

Guo H, Liu J, Luo L, et al. 2017. Complete chloroplast genome sequences of *Schisandra chinensis*: Genome structure, comparative analysis, and phylogenetic relationship of basal angiosperms. Science China Life Sciences, 60: 1286-1290.

Heiser C B, Smith D M. 1960. The origin of *Helianthus multiflorus*. Am J Bot, 47: 860-865.

Heiser C B. 1978. Taxonomy of *Helianthus* and origin of domesticated sunflower//Carter J F. Sunflower Science and Technology. Madison: ASA, CSSA, and SSSA: 31-53.

Heiser C B, Martin W C, Clevenger S B, et al. 1969. The North American sunflowers (*Helianthus*). Torrey Bot. Club Mem., 22(3): 1-218.

Hooker J D. 1897. *Helianthus tuberosus*, native of North America. Bot Mag (London), 53: 7545.

Huang J L, Sun G L, Zhang D M. 2010. Molecular evolution and phylogeny of the angiosperm *ycf2* gene. Journal of Systematics and Evolution, 48(4): 240-248.

Katoh K, Rozewicki J, Yamada K D. 2017. MAFFT online service: Multiple sequence alignment, interactive sequence choice and visualization. Briefings in Bioinformatics, 4: 108.

Kurtz S, Choudhuri J V, Ohlebusch E, et al. 2001. REPuter: The manifold applications of repeat analysis on a genomic scale. Nucleic Acids Research, 29(22): 4633-4642.

Lee W I, Lee G. 1995. From natural language to shell script: A case-based reasoning system for automatic UNIX programming. Expert Systems with Applications, 9(1): 71-79.

Linnaeus C. 1753. Species plantarum, exhibentes plantas rite cognitas, ad genera relatas, cum differentiis specificis, nominibus trivialibus, synonymis selectis, locis natalibus, secundum systema sexuale digestas. Stockholm: Laurentii Solvii.

Lohse M, Drechsel O, Kahlau S, et al. 2013. OrganellarGenomeDRAW—A suite of tools for generating physical maps of plastid and mitochondrial genomes and visualizing expression data sets. Nucleic Acids Research, 41: 575-581.

Lowe T M, Chan P P. 2016. tRNAscan-SE On-line: Integrating search and context for analysis of transfer RNA genes. Nucleic Acids Research, 44: 54-57.

Luo R, Liu B, Xie Y, et al. 2012. SOAPdenovo2: An empirically improved memory-efficient short-read *de novo* assembler. GigaScience, 1: 18.

Miller P. 1807. The Gardener's and Botanist's Dictionary, 2 vols. London: F. C. &J. Rivington.

Nie X, Lv S, Zhang Y, et al. 2012. Complete chloroplast genome sequence of a major invasive species, crofton weed (*Ageratina adenophora*). PLoS One, 7(5): e36869.

Qian J, Song J, Gao H, et al. 2013. The complete chloroplast genome sequence of the medicinal plant *Salvia miltiorrhiza*. PLoS On, 8(2): e57607.

Raveendar S, Na Y W, Lee J R, et al. 2015. The complete chloroplast genome of *Capsicum annuum* var. *glabriusculum* using illumina sequencing. Molecules, 20(7): 13080-13088.

Rogers C E, Thompson T E, Seiler G J. 1982. Sunflower species of the United States. Quarterly Journal of the Royal Meteorological Society, 35(3): 85-86.

Ronquist F, Teslenko M, Van der Mark P, et al. 2012. MrBayes 3.2: Efficient bayesian phylogenetic inference and model choice across a large model space. Systematic Biology, 61(3): 539-542.

Salaman R N. 1940. Why "Jerusalem" artichoke? J Royal Hort Soc, 65: 338-348, 376-383.

Shi C, Hu N, Huang H, et al. 2012. An improved chloroplast DNA extraction procedure for whole plastid genome sequencing. PLoS One, 7(2): e31468.

Smith J E. 1807. An introduction to physiological and systematic botany. London: Longman, Hurst, Reese, Orme, Paternoster Row, White.

Soltis D E, Senters A E, Zanis M J, et al. 2003. Gunnerales are sister to other core eudicots: Implications for the evolution of pentamery. American Journal of Botany, 90(3): 461-470.

Stamatakis A. 2014. RAxML version 8: A tool for phylogenetic analysis and post-analysis of large phylogenies. Bioinformatics, 30(9): 1312-1313.

Trumbull J H, Gray A. 1877. Notes on the history of *Helianthus tuberosus*, the so-called Jerusalem artichoke. Botanical Gazette, 2(8): 114-115.

Vavilov N I. 1992. Origin and Geography of Cultivated Plants. Cambridge: Cambridge University Press.

Wein K. 1963. Die einführungsgeschichte von *Helianthus tuberosus* L. Genet Resour Crop Evol, 11: 41-91.

Wyman S K, Jansen R K, Boore J L. 2004. Automatic annotation of organellar genomes with DOGMA. Bioinformatics, 20: 3252-3255.

Yang Y, Yuanye D, Qing L, et al. 2014. Complete chloroplast genome sequence of poisonous and medicinal plant *Datura stramonium*: Organizations and implications for genetic engineering. PLoS One, 9(11): e110656.

第2章 菊芋的分类学与形态学特征

2.1 分类学特征

2.1.1 分类

菊芋属于菊科向日葵属（表 2.1）。根据国际植物命名法规规定，Asteraceae 为菊科现代科名，它的引入是为了取代菊科旧命名 Compositae。但由于历史上惯用已久，经国际植物学会议讨论通过，对于一些不符合命名法规的名称，根据习惯性原因仍可作为保留名使用。例如，十字花科可写为 Brassicaceae（Cruciferae）、禾本科 Poaceae（Gramineae）、豆科 Fabaceae（Leguminoseae）。引入现代科名是为了统一分类学术语，以重新排列各分组，这样每个科就都有一个命名样本。因此，菊芋属于菊科 Asteraceae（Compositae）。

表 2.1 菊芋的分类系统

界	植物界（Plantae）
亚界	维管植物（Tracheobionta）
总门	种子植物门（Spermatophyta）
门	被子植物门（Magnoliophyta）
纲	双子叶植物纲（Magnoliopsida）
亚纲	菊亚纲（Asteridae）
目	菊目（Asterales）
亚目	菊亚目（Asterineae）
科	菊科（Asteraceae）
亚科	菊亚科（Asteroideae）
族	向日葵族（Heliantheae）
亚族	向日葵亚族（Helianthinae）
属	向日葵属（*Helianthus* L.）
种	菊芋（*Helianthus tuberosus* L.）

资料来源：美国农业部（USDA）核心种质资源库，植物名称，http://plants.usda.gov/，2006

菊科总共有 476 个属。向日葵属被分入了菊科向日葵亚族 Helianthinae 中（Robinson，1981）。在分类学上，向日葵属存在 10～200 个种。种的变化范围之大主要是由于杂种和亚种的划分不同，也是植物学家正在进行新种、亚种和杂种的描述和重新划分的结果所致。Schilling 和 Heiser（1981）列出了向日葵属的 49 个种（表 2.2），Heiser（1995）指出向日葵属存在 70 个种，而美国农业部（USDA）2006 年指出向日葵属有 62 个种（包括杂种）。其中，草原向日葵 *H. petiolaris* Nutt. 及得克萨斯向日葵 *H. praecox* Engelm. & A. Gray 被列为亚种。此外，菊科赛菊芋属 *Heliopsis* 和松香草属 *Silphium* 存在一些种也被称为向日葵，但这些种并不是真正的向日葵，如日光菊 *Heliopsis helianthroides* Sweet.就是一种假向日葵。

表 2.2　向日葵属的分类系统

类别	系列	种	常用名
Helianthus	—	*H. annuus* L.	普通向日葵（common sunflower）
		H. anomalus Blake	西方向日葵（western sunflower）
		H. argophyllus T. & G.	银叶向日葵（silver leaf sunflower）
		H. bolanderi A. Gray	弯曲向日葵（serpentine sunflower）
		H. debilis Nutt.	黄瓜叶向日葵（cucumber leaf sunflower）
		H. deserticola Heiser	—
		H. exilis A. Gray	—
		H. neglectus Heiser	稀疏向日葵（neglected sunflower）
		H. niveus (Benth.) Brandegee	艳丽向日葵（showy sunflower）
		H. paradoxus Heiser	异色向日葵（paradox sunflower）
		H. petiolaris Nutt.	草原向日葵（prairie sunflower）
		H. praecox Engelm. & A. Gray	得克萨斯向日葵（Texas sunflower）
Agrestes	—	*H. agrestis* Pollard	东南向日葵（southeastern sunflower）
Ciliares	Ciliares	*H. arizonensis* R. Jackson	亚利桑那向日葵（Arizona sunflower）
		H. ciliaris DC.	得克萨斯蓝蓟（Texas blueweed）
		H. laciniatus A. Gray	—
	Pumili	*H. cusickii* A. Gray	库斯克向日葵（Cusick's sunflower）
		H. gracilentus A. Gray	细长向日葵（slender sunflower）
		H. pumilus Nutt.	—
Atrorubens	Corona-solis	*H. californicus* DC.	加利福尼亚向日葵（Californian sunflower）
		H. decapetalus L.	窄叶向日葵（thin leaf sunflower）
		H. divaricatus L.	林地向日葵（woodland sunflower）
		H. eggertii Small	埃格特向日葵（Eggert's sunflower）
		H. giganteus L.	大型向日葵（giant sunflower）
		H. grosseserratus Martens	锯齿向日葵（sawtooth sunflower）
		H. hirsutus Raf.	多毛向日葵（hairy sunflower）
		H. maximiliani Schrader	马克西米兰向日葵（Maximilian's sunflower）
		H. mollis Lam.	烟灰向日葵（ashy sunflower）
		H. nuttallii T.&G.	纳特尔向日葵（Nutall's sunflower）
		H. resinosus Small	瑞辛多向日葵（Resindot's sunflower）
		H. salicifolius Dietr.	柳叶向日葵（willow leaf sunflower）
		H. schweinitzii T.&G.	施魏尼茨向日葵（Schweinitz's sunflower）
		H. strumosus L.	浅色林地向日葵（pale leaf woodland sunflower）
		H. tuberosus L.	**菊芋（Jerusalem artichoke）**
	Microcephali	*H. glaucophyllus* Smith	白叶向日葵（white leaf sunflower）
		H. laevigatus T.&G.	平滑向日葵（smooth sunflower）
		H. microcephalus T. & G.	小型向日葵（small sunflower）
		H. smithii Heiser	史密斯向日葵（Smith's sunflower）

类别	系列	种	常用名
Atrorubens	Atrorubentes	*H. atrorubens* L.	紫盘向日葵（purple disk sunflower）
		H. occidentalis Riddell	少叶向日葵（few leaf sunflower）
		H. pauciflorus Nutt.	硬性向日葵（stiff sunflower）
		H. silphioides Nutt.	松脂向日葵（rosinweed sunflower）
	Angustifolii	*H. angustifolius* L.	湿地向日葵（swamp sunflower）
		H. carnosus Small	湖滨向日葵（lakeside sunflower）
		H. floridanus A. Gray ex Chapman	佛罗里达向日葵（Florida sunflower）
		H. heterophyllus Nutt.	变叶向日葵（variable leaf sunflower）
		H. longifolius Pursh	长叶向日葵（long leaf sunflower）
		H. radula (Pursh) T. & G.	暗色向日葵（rayless sunflower）
		H. simulans E.E. Wats.	穆克向日葵（Muck sunflower）

原生地起源名：美国农业部（USDA）核心种质资源库，植物名称，http://plants.usda.gov/，2006
资料来源：Schilling and Heiser，1981

　　向日葵属可分为 4 个类别，根据基因和形态学特征，这 4 个类别又被划分为 6 个系列（表 2.2）。向日葵属的 4 个类别分别是：

I. *Ciliares*

II. *Atrorubens*

III. *Agrestes*

IV. *Helianthus*

　　在向日葵属的 4 个类别中，*Agrestes* 和 *Helianthus* 类别下的种都是一年生植物。*Helianthus* 类中的 *H. annuus* 及其他 11 个种均为双倍体（$2n=34$），它们主要生长于美国西部地区。*Atrorubens* 中的菊芋及其他 29 个种都是多年生植物，它们主要集中在美国东部和中部地区，其中有二倍体、三倍体和六倍体。菊芋就是一种六倍体作物（$6n=102$）。

　　向日葵属 *Helianthus* 中存在很多的杂交种。为了将 *Helianthus* 野生种的优点结合到栽培种体内，育种工作者结合植物育种目标而创造了杂交种。表 2.3 列出了部分生长于美国的部分杂交种。

表 2.3　美国部分向日葵属 *Helianthus* L.杂交种

杂交种名称	父母本
H. ambiguus（Gray）Britt. Pers.	*H. divaricatus*　*H. giganteus*
H. brevifolius E.E. Wats.	*H. grosseserratus*　*H. mollis*
H. cinerus Torr. & Gray	*H. mollis*　*H. occidentalis*
H. divariserratus R.W. Long	*H. divaricatus*　*H. grosseserratus*
H. doronicoides Lam.	*H. giganteus*　*H. mollis*
H. glaucus Small	*H. divaricatus*　*H. microcephalus*
H. intermedius R.W. Long	*H. grosseserratus*　*H. maximiliani*
H. kellermanii Britt.	*H. grosseserratus*　*H. salicifolius*
H. laetiflorus Pers.	*H. pauciflorus*　*h. tuberosus*

续表

杂交种名称	父母本
H. luxurians E.E. Wats.	*H. giganteus*　*H. grosseserratus*
H. multiflorus L.	*H. annuus*　*H. decapetalus*
H. orgyaloides Cockerell	*H. maximiliani*　*H. salicifolius*
H. verticillatus E.E. Wats.	*H. angustifolius*　*H. grosseserratus*

资料来源：美国农业部（USDA）核心种质资源库，植物名称，http://plants.usda.gov/，2006

2.1.2　识别

菊芋及向日葵属 Atrorubens 类别中其他种的主要特征是它们能够形成较大的根茎或块茎。

以下是向日葵属的识别特征（Schilling and Heiser，1981）：

1. 均为多年生植物（*H. porteri* Heiser 除外），圆盘状花冠和分枝一般为黄色，叶多对生 ·· 2
1. 不具备上述特征 ··· 3
2. 具有长匍匐茎，植株高度不足 1m，莲座叶丛退化或者发育不良；生于美国西部或墨西哥 ·· I. Ciliares
2. 具有长匍匐茎、块茎或者冠状花蕾（*H. porteri* 除外），植株高度高于 1m 或不足 1m，基生莲座叶丛，主要分布在美国东部和中部 ···················· II. Atrorubens
3. 一年生，圆盘花冠为红色，分枝为黄色，茎无毛或者覆有白毛 ·········III. Agrestes
3. 一年生，圆盘花冠一般为红色或紫色，叶互生 ···························· IV. Helianthus

尽管菊芋的形态多样，但除了与菊芋亲缘关系很近的浅色林地向日葵 *H. strumosus* 以外，很容易与向日葵属 *Helianthus* 的其他种区分。一般菊芋的软毛密度较大，互生叶较多，叶缘锯齿较大且宽阔，基部沿茎下延，叶表面软毛较多，苞叶色深，放射状的花瓣也较长（Rogers et al.，1982）。浅色林地向日葵主要生长于美国东部，而菊芋遍及美国各地，菊芋野生种多见于河道、水沟及路边的潮湿地带。

近年来，分子标记技术的出现与应用越来越广泛，如扩增片段长度多态性（AFLP）技术可以用来比较物种之间或物种的个体间 DNA 片段的大小差异，这使我们能够建立更加精准的遗传相关性评价方法。

2.1.3　传播

向日葵属植物主要起源于北美洲，但其传播区域存在较大差异。有的种只限于一定区域传播，如银叶向日葵 *H. argophyllus*。而另外一些种则得以广泛传播，如普通向日葵 *H. annuus* 和菊芋 *H. tuberosus*。在美国，向日葵属大多数植物都能被人们在各个州找到，而某些种只在一两个州才能被发现，如佛罗里达州的湖滨向日葵 *H. carnosus*、得克萨斯州的得克萨斯向日葵 *H. praecox*、加利福尼亚州的细长向日葵 *H. gracilentus* 和加利福尼亚向日葵 *H. californicus*、亚利桑那州和新墨西哥州的亚利桑那向日葵 *H. arizonensis* 及北卡罗来纳州北部和南部的施魏尼茨向日葵 *H. schweinitzii*。

　　向日葵属的某些种在美国部分区域受到了生存威胁，处于濒危状态，其中包括湿地向日葵 *H. angustifolius*、湖滨向日葵 *H. carnosus*、埃格特向日葵 *H. eggertii*、大型向日葵 *H. giganteus*、白叶向日葵 *H. glaucophyllus*、平滑向日葵 *H. laevigatus*、小型向日葵 *H. microcephalus*、烟灰向日葵 *H. mollis*、艳丽向日葵 *H. niveus*、少叶向日葵 *H. occidentalis*、异色向日葵 *H. paradoxus*、施魏尼茨向日葵 *H. schweinitzii*）、松脂向日葵 *H. silphioides* 及浅色林地向日葵 *H. strumosus*（USDA 核心种质资源库，植物名称，http://plants.sc.egov.usda.gov/，2006）。相反，向日葵属一些野生种很常见，甚至有泛滥之势，在一定区域被当作杂草，尤其是美国东部比较严重。同样，在欧洲中部及东部，向日葵属的部分栽培种进入野外，形成杂草，被列为入侵植物（Balogh，2001；Konvalinková，2003）。

　　研究表明，菊芋的入侵驱动力是适应性进化和可塑性表型性状的单独作用或联合作用（Bock et al.，2018）。Bock 等（2018）利用三种多年生菊芋研究了驱动入侵性传播的遗传机制。结果表明，入侵型菊芋的基因型有多种起源，大多数入侵型的基因型都含有野生种和栽培种的祖先，并且有相当一部分入侵型菊芋起源于栽培种的外来混合基因型。入侵型菊芋的传播是由单个性状中极端值的重复进化而来的。例如，单株块茎数可能是菊芋入侵成功的重要因素。根据遗传适应理论，Bock 等（2018）确定了进化转变是通过改进单个性状对水的适应性的已有可塑反应而发生的。入侵传播是由杂交活性和/或两个主要的上位效应位点介导的，并且这些机制是互补的。因此，菊芋入侵性进化可以通过表型可塑性来促进，并可以使用多种遗传机制来实现相同的入侵性结果。

2.2　形态学特征

2.2.1　茎与分枝

1. 茎/植株高度

　　菊芋的茎多直立。在生长初期多汁，但随着生育期的延长，茎逐渐木质化（Xiao et al.，2016）。菊芋的茎直接从地下部的块茎中生长出来，而分枝则从茎的上节部位长出。基部的分枝可能在地下形成，然后在土壤表面形成茎。因此每个植株长出茎的数目是不一定的。

　　茎高一般为 2～3m，也有个别植株低于 2m 或能长到 3m 以上，因基因型不同而存在差异（Pas'ko，1973）。按照茎的高度可以将菊芋分为 3 种类型：高大型（>3m）、中等型（2～3m）、低矮型（<2m）。如表 2.4 所示，青海的菊芋品种（青芋 1～4 号）植株高度可达 230～265cm，属于中等型。而湖南栽培的菊芋品种属于低矮型，株高只有 177cm。种植密度和栽培方式会对植株的高度产生重要影响。在潮湿和无风的环境下，种植过密时菊芋茎的高度可以达到 4m 以上，但是茎过高不利于块茎膨大，从而影响产量。

表 2.4 青海地区栽培的不同菊芋资源植物学性状

资源编号	资源名称或来源地	株高（cm）	茎数（个）	茎粗（mm）	叶柄长度（cm）	叶长（cm）	叶宽（cm）	叶面积（cm²）	花盘直径（mm）
QY1	青芋1号	260.80±7.95	2.20±1.64	26.21±4.32	5.38±0.54	18.68±0.71	14.48±1.92	211.02±28.68	14.21±1.29
QY2	青芋2号	265.60±10.99	2.60±1.52	25.04±3.40	7.10±0.95	20.94±0.80	13.12±0.76	214.55±18.95	15.47±2.15
QY3	青芋3号	241.60±9.10	1.60±1.34	27.57±2.26	5.76±0.75	18.02±0.58	12.48±0.97	175.68±18.36	15.40±0.78
QY4	青芋4号	231.00±10.56	1.00±0.00	24.58±4.17	6.16±0.45	16.78±0.55	12.22±0.37	159.88±5.28	13.36±2.01
HN	湖南	177.8±15.74	1.8±0.84	18.66±2.36	4.2±0.45	14.6±1.08	8.4±0.82	95.98±14.95	10.41±0.32
BJ1	北京资源所	262.9±19.02	3.2±1.48	25.74±3.05	6.9±0.22	22.2±2.56	14.6±1.92	254.83±59.16	18.81±1.15
BJ2	北京资源所	273.4±8.89	3.2±0.84	26.13±1.82	5.9±0.65	15.75±3.18	11.75±1.06	145.67±42.19	17.75±0.44
SD	山东	300.4±9.71	3.4±1.14	21.89±2.77	8.64±0.66	18.64±4.42	13.48±1.7	199.29±66.09	13.49±1.4
XJ	新疆	262.2±6.83	1.8±0.84	30.14±3.99	5±0.71	16.4±1.14	12.3±0.45	157.64±16.63	14.79±1.13
JL	吉林	312.6±117.37	2.4±1.14	25.43±4.39	6.26±0.53	20.44±0.44	12.68±0.19	202.14±4.25	16.3±1.99

资料来源：青海大学农林科学院 2017 年菊芋种质资源植物学性状调查结果

2. 茎的重力反应

菊芋大多数植株是直立生长的，只有少数茎在生长初期会出现倒伏现象。而随着植株的发育，倒伏的植株在长出一定数目的节后，便能够直立生长。Pas'ko（1973）研究发现，菊芋在长出第二、第三或第四个节点之后倒伏的植株可以恢复直立。

3. 茎的数量

根据植株茎的数量，可以将菊芋分为 3 个等级：强壮级别（茎数>3）、中等级别（茎数 2~3）、弱小级别（茎数 1）。在植株发育早期，茎数越多，叶也会越多。研究表明，种植环境、块茎大小及基因型差异都会影响植株茎的数量。如表 2.4 所示，湖南栽培的菊芋品种茎数显著低于山东和北京的栽培种。而同一地区栽培的菊芋不同品种的茎数差异显著。例如，青海栽培的青芋 1 号、青芋 2 号、青芋 3 号茎数均值为 1.6~2.6，而青芋 4 号茎数均值仅为 1（表 2.4）。

4. 茎的表面与直径

茎主干扁圆形，表面粗糙有刺感，被有刚毛（图 2.1A），并有不规则棱状凸起（鹿天阁等，2007）。根据刚毛的着生程度可分为疏、中、密 3 种。随着植株的生长，茎粗也不断增加，一般为 1~3cm，可分为 3 个等级：粗（≥2.5cm）、中（1.5~2.5cm）、细（≤1.5cm）（图 2.1B）。

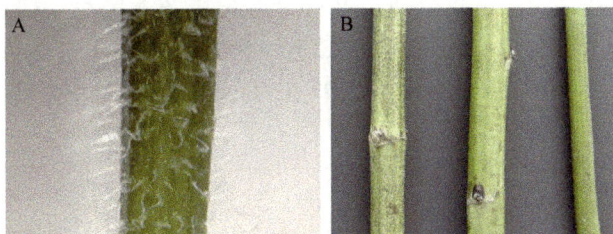

图 2.1 菊芋的茎表面刚毛（A）及茎直径差异对比（B）

5. 茎的节与分枝

茎上有节，节间长一般为 20～50cm，可分为长（≥44cm）、中（33～44cm）、短（≤33cm）三级。每个节可长出 1～3 个枝芽，一个枝芽又可发育成一个茎或叶片（图 2.2A）。枝芽发育成的茎又可称为分枝（图 2.2B），分枝的数目和发生位置变化较大，与栽培密度有关。主茎上的分枝较多，个数一般为 30～53 个（Swanton，1986）。这些分枝一般发生在主茎的中下部，根据分枝的位置分布可以分为三种：①整个茎都有分枝；②分枝发生在茎的中上部；③分枝发生在中下部。研究发现，菊芋茎的分枝与品种特性有关，晚熟的菊芋品种与早熟品种的分枝方式差异明显（Pas'ko，1973）。

图 2.2　菊芋的枝芽发育（A）、茎的分枝（B）及对生分枝（C）

与叶片一样，菊芋的分枝在植株生长期开始生长。大多数分枝从植株底部 1/3 处长出。生长初期，分枝一般都是对生（图 2.2C），后来分枝逐渐变成互生，而且发生分枝的节也逐渐减少。每个节可生出三个芽。一个芽又可以发育成一个分枝或叶（Tsvetoukhine，1960）。腋部发生的花枝在开花之前朝植株的顶部生长，早期的花枝开出的花更倾向于朝向茎的基部。

6. 茎的颜色

不同基因型的菊芋其茎的颜色并不相同。大多数菊芋品种的茎色为绿色，但紫色的茎在菊芋种质资源中也非常常见。紫色茎多见于茎的顶端新生部位。对于整个植株来说，按照茎的颜色及其分布，可分为整株绿色、整株紫色、上紫下绿、上绿下紫 4 种类型（图 2.3A）。按照茎的颜色深浅及斑点分布，又可分为绿色茎无斑点、绿色茎紫斑点、浅紫色茎紫斑点、紫色茎紫斑点、紫色茎无斑点 5 种类型（图 2.3B）。研究表明，茎的颜色和块茎的颜色并不存在相关性（Pas'ko，1973；Tsvetoukhine，1960），即地上部茎的颜色不能决定地下块茎的颜色。

7. 茎的解剖结构

菊芋地上茎具有典型双子叶植物茎的解剖特征。横切面由外向内可分为表皮、皮层和维管柱 3 部分。在菊芋茎的解剖结构（图 2.4）中可以观察到，表皮位于茎的最外层，

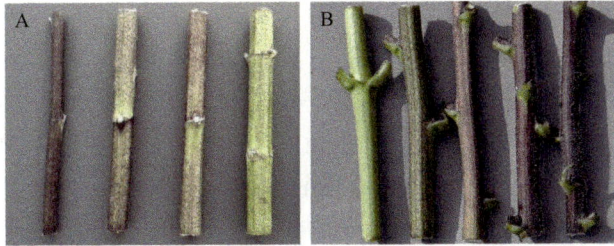

图 2.3　菊芋茎颜色分布差异（A）及斑点分布差异（B）

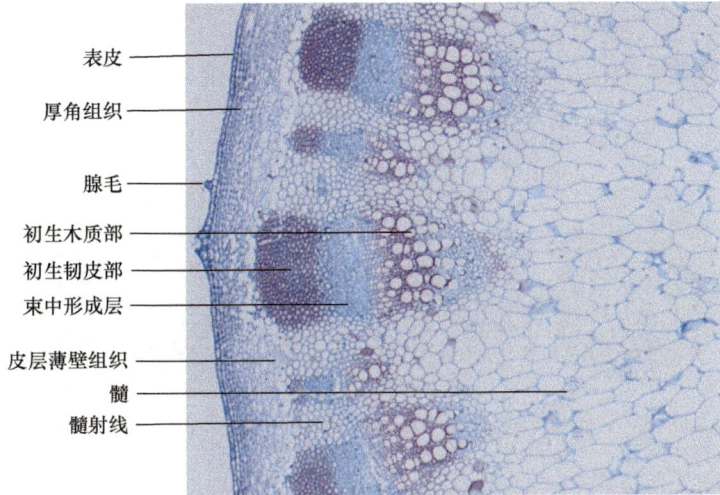

图 2.4　菊芋地上茎的解剖结构

由一层排列紧密的细胞构成，表皮细胞外还存在少量腺毛，主要起到保护和气体交换的作用；皮层位于茎表皮和维管柱之间，最外方由一至数层厚角组织组成，内含叶绿体，具有机械支撑和光合作用的功能。皮层内部具有薄壁组织，薄壁细胞排列疏松，具有贮藏空气的作用；维管柱由初生木质部、初生韧皮部及束中形成层构成，初生木质部在内，初生韧皮部在外，二者之间的分生组织细胞即束中形成层。位于茎中央的大量薄壁细胞为髓，而位于维管束之间连接皮层与髓的薄壁细胞为髓射线，由原形成层束之间的基本分生组织分化而来。

2.2.2　叶

菊芋叶茎生，基部叶对生，上部叶互生。一般每个茎节上长 1～2 片叶，但有时也能长出 3 片叶（Swanton，1986）。叶形简单，披针形或卵形，长 10～20cm，宽 5～10cm，叶尖边缘有粗锯齿。叶表面粗糙，叶被有毛，叶柄长 1～6cm。网状叶脉，具有离基三出脉（3 条明显的主叶脉从基部发生），且叶脉含短硬毛。叶边缘锯齿状。主干中部的叶片特性对块茎大小具有重要意义，通常认为沿主茎中心部分（即 17～24 节点）的叶与块茎产量密切相关（Ustimenko et al.，1976）。

1. 叶形

菊芋的叶片形状变化非常大，从近圆形到长卵圆形（图2.5）。根据长宽比的不同，可将叶形分为3种：近圆形（长/宽≤1.4cm）、卵圆形（长/宽为1.41～1.79cm）和长卵圆形（长/宽≥1.79cm）。叶片长度10～20cm，宽度5～10cm。不同品种的叶形和发生部位差异明显。从主茎、花枝和侧枝上长出的叶片形状各不相同。同一植株上，花枝上的叶一般比主茎和分枝上的叶小，且形态上更窄，呈狭长状。研究发现，菊芋不同种质资源的叶长介于16.10～23.60cm，叶宽介于9.48～16.53cm，叶长与叶宽的比值范围为1.24～1.88（表2.5）。对叶片形状而言，卵圆形叶片菊芋种质资源最多，约占81%，其次为近圆形叶片菊芋种质资源，最少的为长卵圆形叶片菊芋种质资源（赵孟良等，2017）。

图2.5　菊芋叶片的形状差异

表2.5　22份菊芋种质资源叶片特征

资源编号	来源	叶长（cm）	叶宽（cm）	叶长宽比	叶面积（cm²）	叶形
D1	丹麦	20.05	16.53	1.24	339.84±20.64	近圆形
D3	丹麦	22.67	13.10	1.73	297.67±84.74	卵圆形
D4	丹麦	20.10	13.22	1.52	267.12±9.69	卵圆形
D5	丹麦	20.57	15.24	1.35	315.37±52.13	近圆形
D7	丹麦	18.33	12.64	1.45	232.67±24.83	卵圆形
D8	丹麦	19.47	13.24	1.47	259.36±33.12	卵圆形
D10	丹麦	18.33	11.68	1.57	214.00±15.10	卵圆形
D11	丹麦	17.83	9.48	1.88	171.65±24.25	长卵圆形
D12	丹麦	19.00	11.38	1.67	216.00±33.06	卵圆形
D13	丹麦	16.10	10.06	1.60	163.21±16.95	卵圆形
D14	丹麦	17.40	11.68	1.49	206.15±30.76	卵圆形
F6	法国	21.57	14.77	1.46	325.58±59.19	卵圆形
F7	法国	21.33	15.02	1.42	320.00±34.64	卵圆形
F8	法国	18.00	12.08	1.49	217.99±15.88	卵圆形
F9	法国	22.60	14.39	1.57	325.81±32.29	卵圆形
F10	法国	22.03	14.69	1.50	325.14±49.74	卵圆形
F12	法国	21.70	14.76	1.47	322.54±35.84	卵圆形

资源编号	来源	叶长（cm）	叶宽（cm）	叶长宽比	叶面积（cm²）	叶形
F14	法国	19.60	14.31	1.37	282.20±60.19	近圆形
F16	法国	21.77	15.44	1.41	336.68±11.19	卵圆形
F17	法国	19.57	11.93	1.64	234.12±16.22	卵圆形
F19	法国	20.00	12.05	1.66	234.07±55.19	卵圆形
F20	法国	23.60	15.73	1.50	373.23±43.15	卵圆形

资料来源：赵孟良等，2017

2. 叶尖

叶片顶端随着叶边缘变窄，逐渐形成一点，称为叶尖。因基因型的不同，叶片顶端的锐利程度差异较大（Pas'ko，1973）。如图 2.5 所示，菊芋叶尖可分为渐尖、锐尖、骤尖、凸尖、尾状 5 种类型。

3. 叶基形状

叶片基部从宽楔形或圆形逐渐变窄，拉长变细。调查发现菊芋下部叶基部的形状比上部叶基部形状的变化更大。下部叶一般呈卵圆形或卵状椭圆形，基部宽楔形或者圆形；上部叶呈椭圆形至阔披针形，基部渐狭，下延成短翅状，顶端渐尖，短尾状。

4. 叶缘锯齿

叶片边缘左右对称，一般具有朝向叶尖的锯齿，这些锯齿在长度、个数、形状、一致性等方面存在差异（图 2.6）。Tsvetoukhine（1960）列出菊芋叶缘锯齿的 3 种主要形式：浅锯齿形、深锯齿形、缺刻形。不同菊芋品种间，叶边缘锯齿长度有的呈规律性、有的则无规律（Pas'ko，1973）。锯齿间距、平滑度、在叶边缘所占位置的变化性较大。

图 2.6　菊芋叶缘锯齿的差异

5. 叶片大小

叶片大小一般根据叶片长度划分等级，可分为大（≥26cm）、中（16～26cm）、小

（≤16cm）3 个级别。随着叶片在植株上所处的位置及栽培方式的不同，叶片大小变化明显（Pas'ko，1973）。植株基部的叶较小，中部叶最大，越往顶部叶片越小（图 2.7）。分枝叶较主茎叶略小，花枝叶明显小于主茎叶和分枝叶（图 2.2A）。侧枝上的叶片大小则取决于分枝的遮蔽程度，遮蔽程度越低，接受光照越多，侧枝叶片则越大。

图 2.7　不同部位的菊芋叶片大小差异

6. 叶片数量

随着菊芋生育期的延长，新叶片不断长出。菊芋开花之前，叶片的数量逐渐增加，开花后叶数就慢慢减少。单个植株叶片的数量受品种及生长条件（土壤肥力、湿度、栽培密度等）的影响。一般来说，菊芋单株叶片数可达 500～900 片（刘祖昕和谢光辉，2012）。由于遮蔽程度的差异，不同植株部位的叶片数各不相同。植株基部接受的光照少，叶片生长缓慢，叶片数量较少。

7. 叶片着生角度

叶片着生角度可以通过主茎顶端的小叶测量而得（Tsvetoukhine，1960）。菊芋叶片的着生角度一般分为水平和倾斜两种。着生角度的差异与基因型和叶片所处位置相关。

8. 叶序

植株发育初期，菊芋是对生叶序，每节 2 片叶，极少见 3 片叶。随着植株的生长发育，对生叶序逐渐变成互生叶序。在菊芋单株上，分枝着生部位不同，叶序的排列也不同，一部分叶片是互生的，而另一部分叶片则是对生的。

9. 叶色

菊芋叶片颜色一般以绿色为主，根据颜色深浅可分为浅绿和深绿两种（图 2.8）。有时特殊的气候条件会使叶色在秋季呈现为红色。但是这种情况不是每年都有，所以气候条件（特别是秋天的温度）是决定叶色的关键因素（Tsvetoukhine，1960）。此外，同一叶片上，离主叶脉远近不同的叶片颜色也存在差异，离主叶脉越远，叶色有可能越浅。

图 2.8　菊芋叶片颜色的差异

10. 叶的解剖结构

菊芋叶片的内部结构可分为表皮、叶肉组织和叶脉 3 个部分。表皮是叶片的保护组织，有腹面的上表皮和背面的下表皮之分。表皮细胞形状不规则，彼此紧密嵌合。上表皮和下表皮的细胞形态存在差异。如图 2.9 所示，菊芋上表皮细胞大多呈平直的长方形，而下表皮细胞呈椭圆形或不规则扁平形。这可能与上、下表皮分布的气孔数量不同有关，一般下表皮分布较多的气孔，使下表皮细胞的侧壁弯曲度较大。菊芋叶肉主要由栅栏组织和海绵组织构成，栅栏组织呈长柱形，与上表皮垂直相交；海绵组织位于栅栏组织和下表皮之间，细胞排列不规则，细胞间隙大，由短臂突出而连接如网。菊芋的叶脉由分布在叶肉组织内的木质部和韧皮部组成，呈网状，起到支撑和运输水分的作用。

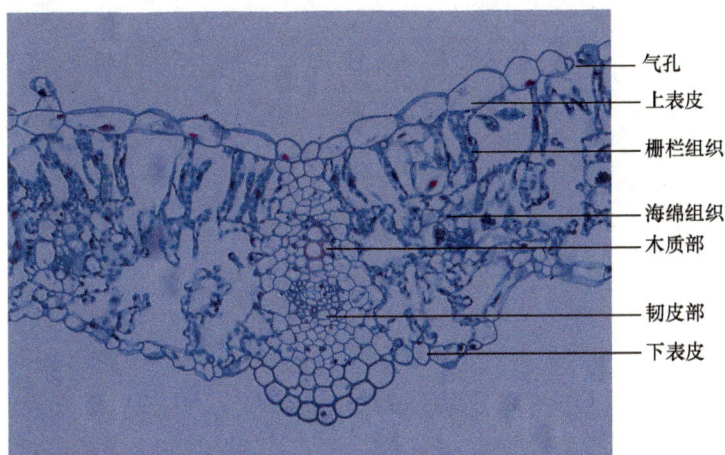

图 2.9　菊芋叶片的解剖结构

2.2.3　花

菊芋的花期一般为 8～9 月，花不是一个单花，而是由许多小花组成的一个头状花序，单个或簇生，长在主茎或侧枝的顶端（图 2.10A）。花枝按长度也可分为 3 级：长（＞

15cm）、中（6～15cm）、短（＜6cm）。头状花序的中心由众多黄色管状花组成，其周围有 10～20 个舌状花，呈放射状排列（图 2.10B、C），常被认为是花瓣。头状花序在发育的各个阶段都有花托，苞叶包被着花基部和花盘（图 2.10D）。每个花盘的两边各有一个冠毛和未开放的花冠，基部有未成熟的瘦果。

图 2.10　菊芋花着生方式（A）、头状花序（B）、舌状花（C）和管状花（D）

1. 花序大小

一般花序的直径为 6～8cm，花序按大小可分为 3 级：大（＞8cm）、中（6～8cm）、小（＜6cm）。以舌状花边缘为终点，花序的直径在 7.3～11.4cm。舌状花一般 2～3.5cm 长，但也有部分品种舌状花较短，只有 0.8cm。管状花花盘直径为 1.3～2.9cm（Liu et al.，2011）。不同生长时期、着生位置的花序大小存在差异（图 2.11），侧枝上的花序直径较大，可达 7.5cm，而土茎上的花序直径一般为 6cm。

图 2.11　不同生长时期的菊芋花序大小的差异

2. 花序数量

花序的数量因植株发育时期、生长环境及分枝数目的不同而存在差异（Pas′ko，1973；Tsvetoukhine，1960）。以单株花序数量分类，菊芋花序被分为少（1～15 个）、中（16～49 个）、多（50～155 个）3 个级别。Swanton（1986）发现不同生长条件下菊芋单株的花序数目 6～78 个不等，这将影响植株的干重。

3. 舌状花与管状花形态

舌状花为无性花，舌片黄色，呈放射状排列，长椭圆形，长 1.7～3.0cm。如图 2.12 所示，舌状花根据疏密程度可分为 3 种：分散（密度低，彼此分离）、较集中（中等密度，花瓣交叠）、集中（极密，花基部交叠）。每朵舌状花的形状各有不同，有的基部较宽阔，有的则比较狭窄（椭圆形），长为宽的 2.6～4 倍。每个花序中心生着许多黄色管状花（图 2.13），管状花为两性花，花冠呈黄色，长约 6cm（乌日娜等，2013）。舌状花不能结实，管状花受精后形成瘦果。

图 2.12　菊芋舌状花疏密程度的差异

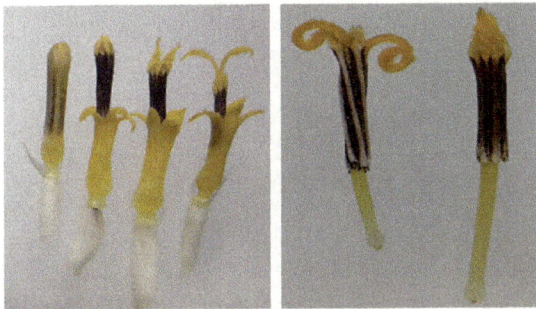

图 2.13　菊芋管状花的形态特征

4. 花粉

花冠盛开以后，花粉囊伸长，然后柱头伸长从花粉囊中长出来。随着花冠的活动，可以看到花粉囊的基部和叶腋处的花丝。花粉囊内充满花粉，花粉从花粉囊到达柱头。菊芋的花粉粒近圆球形或椭圆形，外壁具刺状雕纹，有 3 孔沟（图 2.14）。花粉粒因品种和生长条件而异，不同来源的菊芋种质资源花粉粒的形状、数目与结构差异明显。

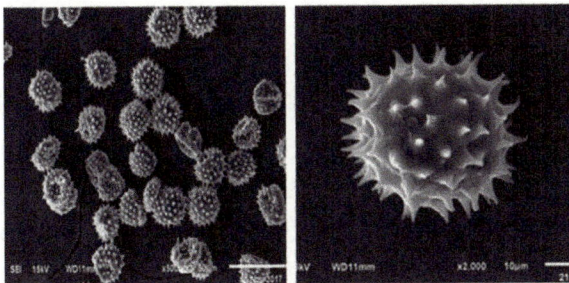

图 2.14　菊芋花粉粒的形态结构

2.2.4　果实

果实为瘦果，习惯称为种子。每一头状花序上只能形成 2～4 粒瘦果，种子千粒重达 7～9g（胡素琴等，2012）。研究表明，与栽培种相比，野生种有较强的形成种子的能力。一般野生种每朵花的种子数为 3～50 粒，而栽培种每朵花平均只有 0.08～0.66 粒种子（Westley，1993；Wyse and Wilfahrt，1982）。

瘦果小，长约 6mm，宽约 2mm，厚约 1mm；形状为楔形，上端有 2～4 个有毛的锥状扁芒；如图 2.15 所示，表面颜色为杂黑色、灰色、褐色和棕色 4 种，有的表面还带有黑色斑点。

图 2.15　菊芋果实的形态特征

2.2.5　根

根系特别发达，具有毛状和纤维状根系，可有效地从土壤中获取营养物质以支持快速生长（Xiao et al.，2016）。根一般多分布在土壤浅层接近种芋的地下茎基部。每株菊芋都有上百根，长达 0.5～2.0m 的根系深深地扎在土中（鹿天阁等，2007）。根从出苗开始至块茎形成期生长迅速，每条根还可发生 1～3 个很短的分支根。研究证明，栽培种根的干重比野生种大（Swanton，1986）。 在单一品种中，根重量逐渐增加直至种植后 24 周左右，每株植物超过 25g，之后下降（McLaurin et al.，1999）。

菊芋根的解剖结构由外至内可分为表皮、皮层和中柱 3 部分，如图 2.16 所示，表皮在根的最外层，由一层排列紧密的吸收组织细胞构成，部分表皮细胞的细胞壁向外突出，形成根毛，增强了根对水分的吸收能力；皮层位于表皮和中柱之间，由多层形状不规则的薄壁细胞组成，排列疏松，具有贮藏营养物质和通气的功能；中柱由中柱鞘、初生木质部、初生韧皮部及薄壁细胞构成。因此，菊芋通过根毛吸收水分，由表皮、皮层细胞或胞间隙运输到木质部，实现了吸收和输导的作用。

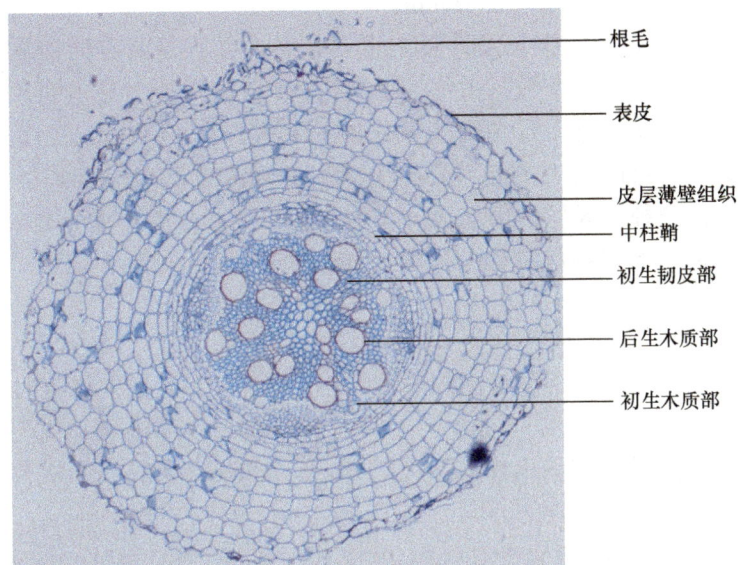

图 2.16　菊芋根的解剖结构

2.2.6　匍匐茎

匍匐茎为绳索状，一般为白色，长为 1～2m，位于地下茎节的下方，并可延伸到地上，有 2～3 次分枝。黏重土壤不利于匍匐茎的萌发，从而影响之后块茎的形成。不同菊芋种质资源，特别是野生种和培育种之间，匍匐茎的差别很大，尤其是在匍匐茎的直径和长度上的差异（Swanton，1986）。野生种比通过无性繁殖种植的栽培种有更多更长的匍匐茎，每根又有更多的分枝，总干重较大。

1. 匍匐茎的长度

不同品种间匍匐茎的长度差异较大，这与土壤疏松程度及栽培条件有关。与野生种相比，栽培种匍匐茎数量较少而且短，其干重和匍匐茎上芽的数量也较少（Swanton，1986）。匍匐茎的长度是通过单株最长的 6 根匍匐茎长度的平均值计算而得。以植株基部到块茎的距离为划分标准，匍匐茎可以分为 4 个等级：短（5～15cm）、中等（16～25cm）、长（26～40cm）、极长（>40cm）。利用 Pas'ko（1973）的分级系统，Swanton（1986）将菊芋栽培种归类于短型匍匐茎，野生种归类于极长型匍匐茎。

2. 匍匐茎的直径

匍匐茎是由地下茎节上的腋芽水平生长形成的侧枝，可由它再生新苗（李玲玲，2015）。匍匐茎的形成是块茎发育的第一阶段，它顶端的膨大是块茎形成的第二阶段。在匍匐茎阶段，菊芋内部结构中原生木质部和韧皮组织较小，至成熟时期，组织里的细胞数量及细胞体积都显著增加，皮层及髓部厚度逐渐增大，其中髓部面积增大明显，这对之后块茎体积的膨大贡献最高。因此，匍匐茎的直径与其发育时期及所处位置密切相关，如节部位的匍匐茎最为粗壮。此外，栽培环境也会影响匍匐茎的直径。在疏松的土壤中，栽培种的匍匐茎直径可达 2～6mm。

匍匐茎的直径对块茎的生长发育具有重要意义。并不是所有的匍匐茎都能形成块茎，各时期形成块茎的匍匐茎数只占匍匐茎总数的 60%～87%。它具有许多与地上茎侧枝相似的特点，在一个植株上，匍匐茎多发生在地下茎节 1～6 节上。培土高度、土壤干湿程度、温度、营养面积、播种深度等对匍匐茎的形成数量都有影响（钟启文，2007）。研究表明，菊芋在播种后 8 周内出现第一个匍匐茎，至第 8 周，每个植株上匍匐茎数达到 16 根，到 12 周时匍匐茎数量趋于稳定（McLaurin et al.，1999）。

3. 匍匐茎的数量

匍匐茎数量的多少受基因型不同的影响。Pas'ko（1973）把匍匐茎的数量分为 4 个等级：少（≤25 个）、中等（25～30 个）、多（30～40 个）和极多（40～70 个）；同时指出匍匐茎的数量和长度同步增加。除此之外，Swanton（1986）的研究表明，野生种匍匐茎的数量远远多于栽培种的。

4. 匍匐茎的解剖结构

匍匐茎的解剖结构由表皮、皮层和维管柱 3 部分组成。位于匍匐茎最外层的为表皮，由一层或多层紧密连接的细胞构成；皮层由大量薄壁细胞组成，薄壁细胞呈圆形或椭圆形，排列疏松，有细胞间隙，常形成通气组织；维管柱由木质部、韧皮部和形成层构成，位于匍匐茎中央的薄壁细胞为髓，髓所占比例较大，细胞中常含有营养物质，具有贮藏和运输的作用（图 2.17）。

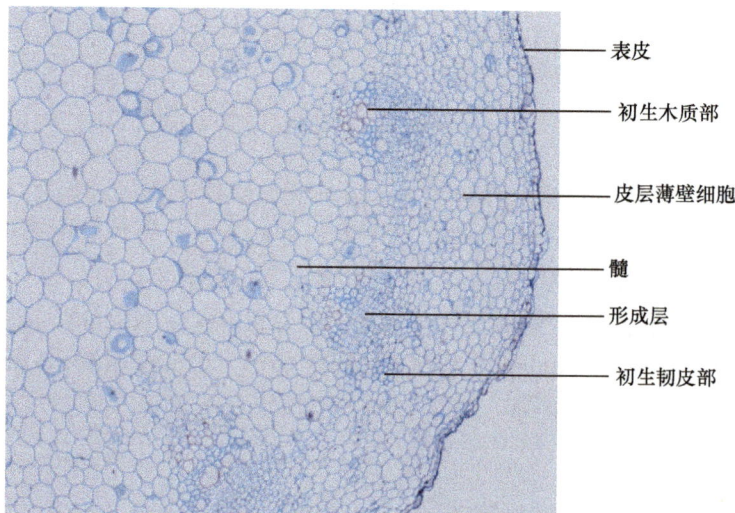

图 2.17　菊芋匍匐茎的解剖结构

2.2.7　块茎

块茎的形成和膨大是一个包含物质积累、结构变化、基因调控等综合作用的复杂过程。它实际上是一个缩短而肥大了的变态茎，是由匍匐茎顶端停止了极性生长，由顶芽与倒数第二个伸长的节间膨大发育而成。从匍匐茎顶端开始膨大，就标志着块茎形成的开始。块茎的生长是一种向顶生长运动，最先膨大的节间位于块茎的基部，最后膨大的节间位于块茎的顶部。所以就一个块茎来看，顶芽最幼嫩，基部芽老化（钟启文，2007）。菊芋的块茎和马铃薯块茎一样，萌发时一个芽眼形成一个嫩芽，是主要的繁殖器官。因此，菊芋的块茎是进行无性繁殖及能量贮藏的主要器官，其生长发育直接影响菊芋的品质好坏和产量高低。块茎的形状、大小和表面颜色在不同的品种中是不同的。

1. 块茎的分布

块茎的分布与土壤疏松度及菊芋品种有关。有的菊芋块茎集中在根系周围，而有的块茎却很分散。根据块茎在地下的分布集中程度可分为分散（＜20%）、较集中（40%～60%）、集中（＞80%）3 种；根据其在地下分布的整齐程度可分为不整齐（相同类型块茎重量＜30%）、较整齐（相同类型块茎重量 50%～70%）、整齐（相同类型块茎重量＞90%）（赵孟良，2013）。菊芋的野生种和栽培种块茎分别差别较大。栽培种产量高，块茎多集中；而野生种的块茎小，产量低，地下茎长，块茎较分散。

2. 块茎的数量

植株形成块茎数量的多少，主要取决于每茎上发生的匍匐茎数及匍匐茎形成的条件。除此之外，还受种植密度、主茎数、营养状况等因素影响。一般单株的块茎数量为 4～69 个，最多也可达 100 个以上。

3. 块茎的表皮颜色

块茎表皮颜色受品种、栽培措施和环境条件的影响，变化较大，有时即使是同一植株其块茎表皮颜色也不一样。如图 2.18 所示，块茎表皮颜色有白色、粉色、紫色、褐色 4 种（Liu et al.，2011）。块茎表面的颜色差异与品种差异有关。有的菊芋品种块茎表皮颜色单一，而有的单株块茎表皮则呈现多种颜色，如从匍匐茎到块茎的颜色各不相同，且在节处条纹集中（Tsvetoukhine，1960；Pas'ko，1973）。Tsvetoukhine（1960）指出，按照块茎表面花青素的一致程度可将菊芋分为：（1）一致、（2）中等、（3）不协调、（4）仅节处有色素。表面没有花青素的品种则为白色或青铜色。白色块茎在收获之后暴露于光下就会变成棕色。在收获之前暴露于光下，由于叶绿素的合成，块茎就成绿色。

4. 块茎的内部颜色

块茎内部颜色以白色为主，极少数是粉色或红色。单株块茎的内部颜色可能是一致的，也可能不一致。一般来说是大多数块茎内部为白色或者淡棕色，但也有内部为粉色、红色的块茎存在，块茎内部颜色不一致的情况较少。

图 2.18　菊芋块茎表皮颜色的差异

5. 块茎的形状

块茎的形状多变，一般将其形状大致分为 3 类：纺锤形、瘤形、棒形（图 2.19），其中 80% 左右的菊芋以纺锤形、瘤形为主，而棒形相对较少。幼嫩的块茎形状比较一致，但成熟后的块茎易形成分枝和节，从而导致它们的形状差异较大。

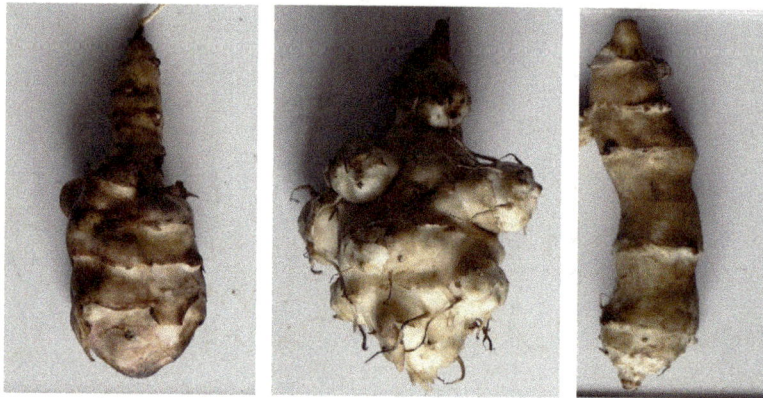

图 2.19　菊芋块茎形状的差异

6. 块茎的光滑度

根据块茎表面须根的多少可将块茎分为三大类：光滑型、中间型、多须型。有 50% 以上的块茎属于多须型，它们表面并不光滑，虽然这种类型的块茎有利于繁殖，但对后期的采收和加工是很不利的。

7. 块茎的大小与重量

随着菊芋植株生长发育进程的推进，其块茎体积不断变大，块茎重量逐渐增加（图 2.20），块茎增重速率也随之变化。块茎最大增重速率发生在菊芋生育中后期，即茎叶生长已达高峰阶段，块茎重量的增加可以持续到茎叶完全衰败为止（钟启文，2007）。菊芋块茎从第 6 周开始出现明显的膨大现象，进入第 9 周膨大速率加快，一直持续到第 14 周，之后块茎的体积变化较小，直至成熟时期，此后进入收获贮藏阶段，块茎不再继续增长。块茎一般重 50～70g，大的可达 250～350g。一般根据块茎的大小可分为 3 个等级：大（>70g）、中（30～70g）、小（<30g）。块茎直径一般为 1.0～21.3cm，长为 1.5～18.5cm。块茎的大小和数量是呈负相关的。基因型相同的品种在不同栽培条件下，其块茎大小也会发生很大的变化（图 2.21）。

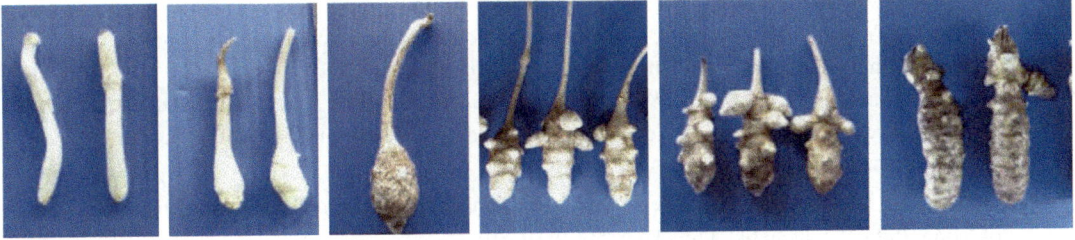

图 2.20　不同发育时期的菊芋块茎大小

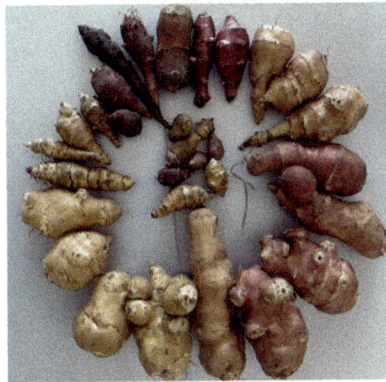

图 2.21　不同菊芋品种块茎大小的差异

参 考 文 献

胡素琴, 蔡飞鹏, 王建梅, 等. 2012. 菊芋的种植和开发利用. 生物质化学工程, 46(01): 51-54.

李玲玲. 2015. 菊芋块茎形成及其与内源激素的关系初步研究. 南京农业大学硕士学位论文.

刘祖昕, 谢光辉. 2012. 菊芋作为能源植物的研究进展. 中国农业大学学报, 17(06): 122-132.

鹿天阁, 周景玉, 马义, 等. 2007. 优良的防沙治沙植物——菊芋. 辽宁林业科技, 02: 58-60.

乌日娜, 朱铁霞, 于永奇, 等. 2013. 菊芋的研究现状及开发潜力. 草业科学, 30(08): 1295-1300.

赵孟良. 2013. 24 份菊芋资源遗传多样性分析. 青海大学硕士学位论文.

赵孟良, 钟启文, 刘明池, 等. 2017. 二十二份引进菊芋种质资源的叶片性状分析. 浙江农业学报, 29(7): 1151-1157.

钟启文. 2007. 菊芋生长发育动态及氮磷钾吸收积累与分配. 青海大学硕士学位论文.

Adamson D. 1962. Expansion and division in auxin-treated plant cells. Canadian Journal of Botany, 40: 719-744

Balogh L. 2001. Invasive alien plants threatening the natural vegetation of Örség landscape protection area (Hungary)//Brundu G, Brock J, Camarda I, Child L, Wade M. Plant Invasions: Species Ecology and Ecosystem Management. Leiden: Backhuys: 185-198.

Bock D G, Kantar M B, Caseys C, et al. 2018. Evolution of invasiveness by genetic accommodation. Nature

Ecology & Evolution, 2: 991-999.

Favali M A, Serafini-Fracassini D, Sartorato P. 1984. Ultrastructural and autoradiography of dormant and activated parenchyma of *Helianthus tuberosus*. Protoplasma, 123: 192-202.

Heiser C B. 1995. Sunflowers: *Helianthus* (Compositae)//Smartt J, Simmonds N W. Evolution of Crop Plants. 2nd ed. Harlow: Longman Scientific: 51-53.

Konvalinková P. 2003. Generative and vegetative reproduction of *Helianthus tuberosus*, an invasive plant in central Europe//Child L E, Brock L H, Brundu G, et al. Plant Invasions: Ecological Threats and Management Solutions. Leiden: Backhuys: 289-299.

Liu Z X, Han L P, Yosef S. 2011. Genetic variation and yield performance of Jerusalem artichoke germplasm collected in China. Agricultural Sciences in China, 10(05): 668-678.

McLaurin W J, Somda Z C, Kays S J. 1999. Jerusalem artichoke growth, development,and field storage. I. Numerical assessment of plant part development and dry matter acquisition and allocation. Journal of Plant Nutrition, 22: 1303-1313.

Pas′ko N M. 1973. Basic morphological features for distinguishing varieties of Jerusalem artichoke. Trudy po Prikladnoi Botanike, Genetike i Selektsii, 50(2): 91-101.

Robinson H A. 1981. A revision of the tribal and subtribal limits of the Heliantheae (Asteraceae). Smithsonian Contribute Botany, 51: 1-102.

Rogers C E, Thompson T E, Seiler G J. 1982. Sunflower Species of the United States. Fargo: National Sunflower Association.

Schilling E, Heiser C. 1981. Infrageneric classification of *Helianthus* (Compositae). Taxon, 30: 393-403.

Swanton C J. 1986. Ecological aspects of growth and development of Jerusalem artichoke (*Helianthus tuberosus* L.). PhD thesis, University of Western Ontario.

Tsvetoukhine V. 1960. Contribution a l'étude des variété de topinambour (*Helianthus tuberosus* L.). Annual Ameliorate Plant, 10: 275-308.

Ustimenko G V, Usanova Z L, Ratushenko O A. 1976. The role of leaves and shoots at different position on tuber formation in Jerusalem artichoke. Izv Timiryazevsk S-Kh Acad, 3(3): 67-76.

Westley L C. 1993. The effect of inflorescence bud removal on tuber production in *Helianthus tuberosus* L. (Asteraceae). Ecology, 74: 2136-2144.

Whitney K D, Randell R A, Rieseberg L H. 2006. Adaptive introgression of herbivore resistance traits in the weedy sunflower *Helianthus annuus*. The American Scientist, 167: 794-807.

Wyse D L, Wilfahrt L.1982. Today's weed: Jerusalem artichoke. Weeds Today, 13: 14-16.

Xiao H L, Hong B S, Ling L, et al. 2016. Jerusalem artichoke: A sustainable biomass feedstock for biorefinery. Renewable and Sustainable Energy Reviews, 54: 1382-1388.

第3章 菊芋的化学成分

3.1 矿质元素

矿物质类方面，菊芋含有对于糖尿病治疗比较重要的矿物质锌元素，增强胰岛素活性的镁元素，刺激胰岛素分泌的钙元素，预防糖尿病并发症的钾元素，改善血糖值的钠元素、铁元素、铜元素等，是纯天然的矿物质结合体，对于糖尿病患者是一个完美的补充。

矿质元素含量采用原子吸收分光光度法测定（鲍士旦，2000）。精确称取预先处理好的菊芋叶片或块茎冻干样品，按照样品制备程序将其放入干燥洁净的三角瓶中，加入硝酸-高氯酸溶液 2.5ml，于电热板上 160℃进行消解；取出消解液，冷却后加蒸馏水定容至 100ml，摇匀待测；采用 AA-800 型原子吸收分光光度计（美国 PE 公司）和 6400A 型火焰光度计（上海分析第三仪器厂）进行测定。

3.1.1 叶片矿质元素

以 24 份菊芋种质资源叶片为例（表 3.1），我们详细分析了菊芋叶片中 K、Mg、Fe、Ca 矿物质的含量。其中 K 含量最高的种质资源是 F19，含量最低的种质资源是青芋 3 号，含量分布在 12.45～30.62mg/g。Mg 含量最高的种质资源是青芋 3 号，含量最低的种质资源是 F19，含量分布在 7.23～14.77mg/g。Fe 含量差异不大，且含量均不高，其中，含量最高的种质资源为 F19 和 D3，均为 0.19mg/g。Ca 含量最高的种质资源是 D12，含量最低的种质资源是 D5，含量分布在 20.60～27.48mg/g（表 3.1）。显著性分析显示，不同菊芋种质资源叶片中矿质元素含量间存在差异，以来源于丹麦的 D1 为例说明，其 K 含量与 D3、D4、D7、D10、D11、D12 等种质资源之间存在显著性差异，Mg 含量与 D3、D4、D5、D7、D8 等种质资源存在显著性差异，Fe 含量与 D3、D5、D10、D12 等种质资源存在极显著差异，Ca 含量与 D4、D5、D7 等种质资源存在极显著差异。

表 3.1　24 份菊芋种源叶片中矿质元素含量（mg/g）

种质资源	K	Mg	Fe	Ca
D1	23.00±0.46FG	9.02±0.06JK	0.16±0.01CDEF	21.77±0.30IJ
D3	26.62±0.95CD	10.53±0.33FG	0.19±0.01A	22.50±0.26GHI
D4	21.02±0.23IJ	11.60±0.26D	0.15±0.01EFGHIJ	25.02±0.13C
D5	21.87±1.03GHI	10.93±0.15EF	0.14±0.01GHIJKL	20.60±0.79K
D7	26.23±0.33CDE	11.35±0.13DE	0.17±0.01CDE	24.02±0.15CDE
D8	19.87±1.08J	14.17±0.33B	0.15±0.00DEFGHI	26.87±0.63AB
D10	14.75±0.18K	13.40±0.33C	0.13±0.00L	22.13±0.40HI

续表

种质资源	K	Mg	Fe	Ca
D11	21.13±0.47HIJ	10.80±0.30FG	0.17±0.01BC	22.97±0.28EFGH
D12	15.82±0.14K	12.95±0.05C	0.13±0.00L	27.48±0.65A
D13	23.95±0.69F	10.50±0.26FG	0.17±0.00CDE	24.60±0.65CD
D14	20.07±0.32J	13.23±0.10C	0.14±0.00HIJKL	24.33±0.03CD
F6	26.70±0.13CD	9.48±0.19HIJ	0.14±0.00JKL	24.18±0.15CD
F7	28.85±0.44B	9.17±0.15JK	0.14±0.00IJKL	22.25±0.09HI
F8	28.72±0.16B	9.28±0.28IJK	0.17±0.01CD	23.77±0.90DEF
F9	25.45±0.29DE	9.82±0.19H	0.15±0.00DEFGHIJ	20.93±0.99JK
F10	26.07±0.56CDE	9.67±0.18HI	0.16±0.00DEFG	21.68±0.10IJ
F12	25.23±0.33E	8.85±0.05K	0.14±0.00JKL	23.85±0.26DEF
F14	26.95±0.50C	9.13±0.10JK	0.17±0.00CDE	23.00±0.13EFGH
F16	29.43±0.81B	9.27±0.12IJK	0.16±0.01DEFGH	22.93±0.40EFGH
F17	23.97±0.38F	10.90±0.10EF	0.15±0.00FGHIJK	26.25±0.51B
F19	30.62±0.40A	7.23±0.03L	0.19±0.01AB	23.58±0.32DEFG
F20	21.70±0.39HI	10.33±0.08G	0.13±0.00L	22.78±0.15FGHI
青芋3号	12.45±0.17L	14.77±0.20A	0.09±0.00M	22.03±0.23HI
青芋4号	22.32±0.71GH	10.47±0.21FG	0.14±0.01KL	23.80±0.48DEF

注：表中数据以叶片干质量计。同列不同大写字母表示差异极显著，$P<0.01$

3.1.2 块茎矿质元素

菊芋块茎通常含有水分约80%、碳水化合物15%、蛋白质1%～2%，与其他蔬菜相比，菊芋的成分相对较少，然而在某些特定成分上含量却很显著，品种间的差异、收获的时间、生产条件、采后处理和制备方法都很可能会影响这些成分的变化（表3.2）。

表3.2 菊芋块茎成分（每100克鲜重含量）

成分	A （未经处理的）	B （未经处理的）	C （未经处理的）	D （未经处理的）	E （煮沸的）	F （未经处理的）	G （未经处理的）
水（%）	—	82.1	80.1	78	80.2	—	79
能源（kcal）	38	65	70	76	41	—	—
蛋白质（g）	0.5	2.1	2.1	2.0	1.6	—	2.4
总碳水化合物（g）	15.9[a]	14.1[a]	16.7[a]	17.3	10.6	—	15
膳食纤维（g）	4.0	2.6	0.6	1.3	3.5[b]	—	—
总糖（g）	1.0	—	—	—	1.6	—	—
β-D-呋喃果糖基-α-D-吡喃葡萄糖苷（g）	0.6	—	—	—	—	—	—
乳糖（g）	0	—	—	—	—	—	—
总淀粉（g）	7.2	—	—	—	少量	—	—
总脂肪（g）	0.2	0.6	0.1	<1	0.1	—	—
总脂肪酸（g）	<0.1	0.48	—	<1		—	—
饱和脂肪酸（g）	<0.1	0.17	—	0		—	—
单不饱和脂肪酸（g）	<0.1	0.01	—	<1		—	—
多不饱和脂肪酸（g）	<0.1	0.3	—	<1		—	—

续表

成分	A（未经处理的）	B（未经处理的）	C（未经处理的）	D（未经处理的）	E（煮沸的）	F（未经处理的）	G（未经处理的）
总固醇（mg）	5.2	—	—	—	—	—	—
灰分（g）	—	1.2	1.2	—	—	—	—
氮气（g）	—	—	—	—	0.25	0.38	—
珍珠钙（mg）	25	28	37	14	30	—	29.4
铁（mg）	3.4	0.6	—	3.4	0.4	1.5	2.1
镁（mg）	16	16	—	17	—	17	14.4
钾（mg）	560	561	—	429	420	603	657
钠（mg）	3	3	—	4	3	1.8	—
磷（mg）	78	72	63	—	—	73	—
铜（mg）	—	0.12	—	—	—	0.10	0.12
硼（mg）	—	—	—	—	—	0.24	0.21
锰（mg）	—	—	—	—	nd	0.30	0.28
硫黄（mg）	—	—	—	—	—	22	27
氯（mg）	—	—	—	—	nd	—	—
锌（mg）	0	0.10	—	12.0	—	0.32	0.40
铝（mg）	—	—	—	—	—	4.0	—
钡（mg）	—	—	—	—	—	0.33	—
硅（mg）	—	—	—	—	—	4.4	—
镍（μg）	—	15.0	—	—	—	nd	16.0
碘（μg）	0	0.10	—	—	nd	—	—
铬（μg）	—	6.4	—	—	—	nd	84.0
硒（μg）	0.2	0.1	—	—	nd	—	0.25
铅（μg）	—	—	—	—	—	—	6.3
镉（g）	—	—	—	—	—	—	1.1
维生素A（μg）	0.6	1.0	—	1.0	—	—	—

成分	A（未经处理的）	B（未经处理的）	C（未经处理的）	D（未经处理的）	E（煮沸的）	F（未经处理的）	G（未经处理的）
类胡萝卜素（μg）	28.9	9.0	—	—	20.0	—	—
维生素B$_1$（硫胺素）（mg）	0.2	0.07	—	0.2	0.1	—	—
维生素B$_2$（核黄素）（mg）	0.05	0.06	—	0.06	少量	—	—
烟酸（mg）	0.5	1.3	—	1.3	—	—	—
维生素B$_6$（mg）	—	0.09	—	—	—	—	—
泛酸（mg）	—	0.38	—	—	—	—	—
蛋白生物素（μg）	—	0.50	—	—	—	—	—
叶酸（μg）	13.0	22.0	—	13.3	—	—	—
维生素B$_{12}$（钴胺）（μg）	0	—	—	—	—	—	—
维生素C（mg）	5.0	6.0	—	4.0	2.0	—	4.0
维生素D（μg）	0	—	—	—	—	—	—
维生素E（mg）	<0.1	0.15	—	—	0.2	—	—
抗出血维生素（μg）	1.44						
色氨酸（mg）	0.23						

注：nd 表示未检测到，即低于检测水平。a. 由差异计算得出的总碳水化合物（减去蛋白质、脂肪、水和灰分）；b. 仅非淀粉多糖

数据来源：A. 芬兰国家公共卫生研究所 Fineli 食品成分数据库，http://www.fineli.fi/，2004；B. 丹麦食品和兽医研究所丹麦食品成分数据库，http://www.foodcomp.dk/，2005；C. 联合国粮农组织，近东食物组成表，粮农组织食物与营养 P-85 号文件，http://www.fao.org/，1982，可食用部分数据；D. Whitney 和 Rolfes（1999），可食用部分数据，根据原始数据计算；E. Holland 等（1991），可食用部分数据，仅块茎肉；F. Somda 等（1999），数据根据原始值进行计算得出，单位：mg/g；G. Stolzenburg，2003

菊芋块茎中含有微量淀粉，几乎不含脂肪，且热量相对较低。在少量含有的脂肪中，包含了微量的单不饱和脂肪酸和多不饱和脂肪酸，但没有饱和脂肪酸（Whitney and Rolfes，1999），每 100 克新鲜菊芋块茎中的多不饱和脂肪酸亚油酸（18:2, n-6 *cis*）和 α-亚油酸（18:3, n-3）的含量分别为 24mg 和 36mg（Fineli，2004）。由于块茎中丰富的菊糖是菊芋主要的贮藏类碳水化合物，因此可以作为优良的膳食纤维来源（93.26mg/g；Somda et al.，1999），块茎的菊糖含量从 7%～30%（约占干重的 50%），在新鲜块茎中，菊糖含量从 8%～21%，是典型的菊糖型菊芋（Van Loo et al.，1995）。加拿大的一项研究显示，碳水化合物（糖）含量在收获时占新鲜块茎的总重量的 13.8%～20.7%，到收获的后期，果糖含量水平下降，葡萄糖含量水平上升（Stauffer et al.，1981）。在 11 个品种中，聚合度（DP）>4 的菊糖占块茎碳水化合物总量的 55.8%～77.3%（平均 65.8%），三糖（DP=3）占 9.7%～16.5%（平均 13.2%），双糖（DP=2）占 8.2%～18.3%（平均为 13.8%），Reka 是菊糖含量最高的品种，而 D19 是菊糖含量最低的品种（Zubr and Pedersen，1993），菊芋块茎中菊糖的聚合度可以高达 40（Bornet，2001）。

一般而言，菊芋的蛋白质含量为 1.6～2.4g/100gFW（表 3.2），菊芋块茎中富含矿物质，在每 100 克鲜重中，铁含量为 0.4～3.7mg，大约是土豆中铁含量的 3 倍（Cieślik，1998b），珍珠钙含量为 14～37mg，钾含量为 420～657mg，钠含量相对较少，为 1.8～4mg（表 3.2），块茎中同样含硒元素，含量每 100 克鲜重中含有 50μg（Antanaitis et al.，2004；Bärwald，1999）。在其他的研究中发现，菊芋中含有高浓度的铅和其他重金属（如镉）（Cieślik and Barananowski，1997；Stolzenburg，2003），同时发现重金属浓度随着土壤中重金属浓度的增加而增加，说明菊芋是能够对受污染的土壤进行生物修复的一种作物（Antonkiewicz and Jasiewicz，2003；Jasiewicz and Antonkiewicz，2002）。Somda 等（1999）研究了栽培种 Sunchoke 从种植到储存整个过程的营养成分的分配，在快速生长的阶段，块茎中碳的含量急剧增加，到最后收获的时候，在成熟的块茎中发现了高水平的钾、磷和钙。

菊芋块茎中维生素含量很高，尤其是维生素 B、维生素 C 和胡萝卜素（Van Loo et al.，1995），同时叶酸含量也相对较高（13～22μg/100g），维生素 B 复合体中还有其他维生素（硫胺素、核黄素、烟酸、维生素 B$_6$、泛酸、蛋白生物素和钴胺）（表 3.2）。维生素 C 的浓度（2～6μg/100g）比地上部分要低，但比其他的根和块茎作物要高，大约是土豆的四倍（Eihe，1976），还发现类胡萝卜素也有相对较高的浓度（9～29μg/100g），胡萝卜素是维生素 A 的前体（0.6～1.0μg/100g）（表 3.2）。在块茎中，维生素 C 的含量和硝酸盐含量之间存在相关性。事实上，维生素含量有相当大的变化，因为维生素的浓度高度依赖于发育阶段、气候条件、农艺实践和其他因素。

除了表 3.2 中所列的菊糖和块茎的化学成分外，在块茎中出现的明显的植物化学成分，包括原酸（抗菌和抗病毒活性）、螺旋素（植物生长调节活性），以及精胺（在植物中普遍存在，并参与蛋白质合成）（Harbourne and Baxter，1999）。在未烹饪的块茎中，香气主要是由倍半苯 β-双代谢产物和少量的长链饱和烃组成（MacLeod et al.，1982），在烹饪过程中，菊糖在 150℃左右部分降解（Shu，1998），化学成分发生变化，形成果糖和短链的聚合物。

赵孟良等（2018）选取了 29 份不同来源的菊芋种质资源块茎（表 3.3），分别来源于法国（14 份）、丹麦（11 份）和中国（4 份），它们均为典型菊芋类型，详细分析了这 29 份种质资源中块茎的矿物质。

表 3.3　菊芋种质资源

资源编号	引种地	资源编号	引种地	资源编号	引种地
F12	法国	青芋 3 号	中国	D3	丹麦
F19	法国	青芋 1 号	中国	D14	丹麦
D12	丹麦	青芋 2 号	中国	F5	法国
D7	丹麦	D4	丹麦	D10	丹麦
F9	法国	D5	丹麦	D8	丹麦
F16	法国	F18	法国	F6	法国
D13	丹麦	F7	法国	F14	法国
F20	法国	F10	法国	青芋 4 号	中国
D1	丹麦	F3	法国	F17	法国
D11	丹麦	F2	法国		

在这 29 份菊芋种质资源块茎中，Ca 含量最高的种质资源是 D11，含量最低的种质资源是 F9，含量分布在 854.81~1743.23mg/kg，其中含量超过 1500mg/kg 的种质资源有 2 份，分别为 D3 和 D11。来自中国的 4 个青芋系列品种 Ca 含量平均值为 1182.15mg/kg；来自法国的 14 个菊芋资源 Ca 含量平均值为 1136.40mg/kg；来自丹麦的 11 个菊芋资源 Ca 含量平均值为 1270.51mg/kg（表 3.3、表 3.4）。块茎中 Fe 含量最高的种质资源是 D10，含量最低的种质资源是青芋 4 号，含量分布在 24.51~198.38mg/kg，其中含量超过 100mg/kg 的种质资源有 11 份，分别为 D3、F12、D14、D13、D12、F3、F20、F5、D1、D11 和 D10。来自中国的 4 个青芋系列品种 Fe 含量的平均值为 40.50mg/kg；来自法国的菊芋资源 Fe 含量平均值为 85.15mg/kg；来自丹麦的菊芋资源 Fe 含量平均值为 108.64mg/kg（表 3.3、表 3.4）。

表 3.4　29 份菊芋种质资源中矿物质含量（mg/kgDW）

资源编号	Ca	Fe	K	Mg	Zn
F12	1 191.20	105.58	15 228.43	805.41	40.54
F19	1 010.10	78.28	14 962.12	776.52	13.51
D12	1 077.44	117.85	10 976.43	661.28	29.23
D7	1 005.29	62.50	13 624.34	694.44	11.64
F9	854.81	88.74	14 616.64	783.03	13.51
F16	995.09	41.58	14 680.59	755.53	12.29
D13	1 232.41	112.61	13 012.20	775.73	44.48
F20	1 291.14	136.71	15 000.00	727.85	27.28

续表

资源编号	Ca	Fe	K	Mg	Zn
D1	1 116.75	152.28	16 751.27	793.15	8.82
D11	1 743.23	179.36	13 782.25	849.59	13.09
F2	1 308.71	92.00	15 873.02	803.37	10.43
F3	1 324.30	130.08	17 679.20	816.46	12.34
D3	1 563.58	101.73	16 703.30	772.37	30.41
D14	1 317.44	107.28	16 750.31	746.55	21.71
F5	1 197.32	139.80	15 652.17	889.63	40.94
D10	1 406.81	198.38	15 818.48	842.79	30.91
D8	1 238.52	52.40	17 693.09	762.16	15.11
F6	1 173.72	96.03	19 873.29	773.59	7.54
F14	1 102.60	72.89	17 151.61	728.94	32.28
青芋 4 号	1 147.86	24.51	17 055.77	843.06	7.46
F17	1 134.89	28.47	13 748.38	674.45	8.69
青芋 3 号	1 258.51	66.82	14 531.30	713.59	10.44
青芋 1 号	1 235.89	40.64	17 528.22	748.66	12.77
青芋 2 号	1 086.34	30.03	20 408.16	854.00	12.06
D4	1 151.03	51.23	13 173.65	705.26	7.85
D5	1 123.18	59.45	12 472.85	676.39	9.62
F18	1 123.22	25.17	14 535.84	730.40	9.58
F7	897.23	74.45	8 972.32	525.61	27.87
F10	1 305.29	82.28	17 073.93	717.60	34.89

　　块茎中 K 含量最高的种质资源是青芋 2 号，含量最低的种质资源是 F7，含量分布在 8 972.32～20 408.16mg/kg，其中含量超过 17 000.0mg/kg 的种质资源有 8 份，分别为青芋 4 号、F10、F14、青芋 1 号、F3、D8、F6 和青芋 2 号。来自中国的 4 个青芋系列品种 K 含量的平均值为 17 380.9mg/kg；来自法国的菊芋资源 K 含量平均值为 15 360.54mg/kg；来自丹麦的菊芋资源 K 含量平均值为 14 614.39mg/kg（表 3.3、表 3.4）。块茎中 Mg 含量最高的种质资源是 F5，含量最低的种质资源是 F7，含量分布在 525.61～889.63mg/kg，其中含量超过 800mg/kg 的有 8 份，分别是 F2、F12、F3、D10、青芋 4 号、D11、青芋 2 号和 F5。来自中国的 4 个青芋系列品种 Mg 含量的平均值为 789.83mg/kg；来自法国的菊芋资源 K 含量平均值为 750.60mg/kg；来自丹麦的菊芋资源 Mg 含量平均值为 752.70mg/kg（表 3.3、表 3.4）。块茎中 Zn 含量最高的种质资源是 D13，含量最低的种质资源是青芋 4 号，含量分布在 7.46～44.48mg/kg，其中含量超过 25.0mg/kg 的有 10 份，分别为 F20、F7、D12、F14、D3、D10、F10、F12、F5 和 D13。来自中国的 4 个青芋系列品种 Zn 含量的平均值为 10.68mg/kg；来自法国的菊芋资源 Zn 含量平均值为 20.81mg/kg；来自丹麦的菊芋资源 Zn 含量平均值为 20.26mg/kg（表 3.3、表 3.4）。

　　菊芋的各矿质元素含量存在一定的变异系数，Ca、K、Mg 元素含量变异系数较小，相对稳定，变异系数分别为 15.35%、15.60%、9.39%，而 Fe、Zn 含量变化较大，变异系数分别为 50.07%、59.84%。元素含量大小呈现为 K＞Ca＞Mg＞Fe＞Zn（表 3.5）。

表 3.5 不同来源菊芋资源中矿物质含量（mg/kgDW）

参数	Ca	Fe	K	Mg	Zn
最大值	1 743.23	198.38	20 408.16	889.63	44.48
最小值	854.81	24.51	8 972.32	525.61	7.46
平均值	1 193.58	87.90	15 356.18	756.81	19.22
标准值	184.88	44.71	2 383.71	71.00	11.35
变异系数（%）	15.35	50.07	15.60	9.39	59.84

3.1.3 与薯芋类作物比较

菊芋是薯芋类作物，比较菊芋矿质元素与 5 种薯芋类作物（马铃薯、红心甘薯、白心甘薯、芋头和山药）矿质元素的含量，菊芋块茎中 Ca 含量是其他作物的 1～4 倍，K 含量是其他作物的 1～3 倍，Fe 含量是其他作物的 2～7 倍，Mg 含量是其他作物的 2～7 倍，Zn 含量是其他作物的 1～2 倍（表 3.6）。

表 3.6 薯芋类蔬菜中的矿质元素含量（mg/100gFW）

营养元素 作物	大量元素			微量元素	
	Ca	K	Mg	Fe	Zn
菊芋	29.3	371.4	18.4	2.2	0.46
马铃薯	8	342	23	0.8	0.37
红心甘薯	23	130	12	0.5	0.15
白心甘薯	24	174	17	0.8	0.22
芋头	36	378	23	1.0	0.49
山药	16	213	20	0.3	0.27

注：表中除菊芋数据外，其余数据均引自《蔬菜营养学》（刘莉，2014）

3.1.4 相关性分析

菊芋营养元素及金属元素间存在一定的相互作用和影响，5 种营养元素呈现显著相关（$P<0.05$）或极显著相关（$P<0.01$）。Ca 含量与 Mg 含量呈现显著正相关、与 Fe 含量呈现极显著正相关；Fe 含量与 Zn 含量呈现显著正相关、与 Ca 含量呈现极显著正相关；K 含量与 Mg 含量呈现极显著正相关（表 3.7）。

表 3.7 菊芋不同矿质元素含量显著性分析

相关系数	Ca	Fe	K	Mg	Zn
Ca	1.0000				
Fe	0.52**	1.0000			
K	0.2500	−0.0500	1.0000		
Mg	0.42*	0.3500	0.64**	1.0000	
Zn	0.1700	0.44*	−0.1700	0.0300	1.0000

* $P<0.05$；** $P<0.01$

3.1.5　主成分分析

赵孟良等（2018）对 29 份菊芋资源 5 种营养元素进行主成分分析（表 3.8），前 3 个主成分包含了所有性状的大部分信息，累积贡献率达到了 87.01%，可以依次对材料进行综合评价，第 1 主成分贡献率达到了 41.62%，贡献最大的是 K、Mg 含量，其次为 Ca、Fe 含量。

表 3.8　菊芋资源矿质元素主成分分析

编号	特征值	百分率（%）	累积贡献率（%）
1	2.0809	41.6181	41.6181
2	1.5021	30.0421	71.6602
3	0.7676	15.3529	87.0131
4	0.4202	8.4041	95.4172
5	0.2291	4.5828	100

不同菊芋样品中矿质元素含量差异明显，Ca、K、Mg 含量变化较小，相对稳定；而 Fe、Zn 含量变化较大，且矿质元素间相关性较强。

综合 3 个不同地域的菊芋群体，菊芋块茎中 Ca 含量呈现为丹麦资源＞中国资源＞法国资源，Fe 含量呈现丹麦资源＞法国资源＞中国资源，K 含量呈现中国资源＞法国资源＞丹麦资源，Mg 含量呈现中国资源＞丹麦资源＞法国资源，Zn 含量呈现法国资源＞丹麦资源＞中国资源。

小结：矿物质是维持人体健康的重要元素，它对人体具有一系列重要的生理作用。菊芋块茎中富含各种对人体有益的矿质元素，今后可加大菊芋矿质元素保健品的开发利用。

3.2　酚 类 物 质

菊芋叶片中的酚类物质，主要包括绿原酸类和一些其他的化合物，目前的研究表明，有 10 种属于绿原酸类（CGAs）化合物，包括 3 种绿原酸异构体、4 种二咖啡酰奎尼酸异构体、咖啡酸、香豆酰奎尼酸、阿魏酰奎尼酸，4 类其他化合物，分别是异鼠李素-3-O-葡萄糖苷、咖啡酰葡萄糖、山柰酚葡萄糖醛酸苷、山柰酚-3-O-葡萄糖苷。袁晓艳等（2008）研究发现，在所有菊芋品种中咖啡酸的含量最低，绿原酸与 4,5-二咖啡酰奎尼酸的含量最高，菊芋叶片各酚酸类物质的含量显著高于野生型和青芋，因此南芋品种可作为酚酸类物质开发和利用的重要资源。以南芋为例，花期的各种酚酸含量普遍高于现蕾期和块茎膨大期，且差异极显著。Chen 等（2009）和田洋等（2016）发现绿原酸类物质是一类广泛存在于植物中的化合物，是菊芋中的重要生理活性成分，具有降压、利胆、清除自由基、抗肿瘤、抗氧化、抗衰老等功能，此外还能抗过敏、抗艾滋病毒、预防心血管疾病和糖尿病等功能。

3.2.1 叶片黄酮提取物的抗自由基及抑菌作用

菊芋叶片中的黄酮类和酚类物质属于极性中等偏大的活性成分,菊芋叶片中总黄酮含量在不同品种、不同生长期及不同生态区域内有差异。

吴婧(2010)认为菊芋叶片黄酮提取物对超氧阴离子自由基($\cdot O_2^-$)、羟自由基($\cdot OH$)和二苯代苦味酰基自由基(DPPH·)均有一定的清除作用,且清除效果随着提取液加入量的增加而增加,同时菊芋叶片黄酮对抗油脂过氧化有一定的效果。吴婧(2010)还发现当提取物浓度达到 200μg/ml 时,对人鼻咽癌细胞 KB、人肝癌细胞 Hep G-2、人白血病细胞 K562 都表现出一定的抑制作用,抑制作用从大到小依次为:金黄色葡萄球菌>大肠杆菌>枯草芽孢杆菌。杨明俊等(2011)研究认为菊芋叶片中黄酮类化合物浓度的增加,其对 $\cdot O_2^-$ 和 $\cdot OH$ 的清除能力也相应增加,当菊芋叶片中黄酮浓度达 100μg/ml 时,对 $\cdot O_2^-$ 的清除率达到 66.45%,对 $\cdot OH$ 的清除率可达 69.33%。郑晓涛(2012)认为菊芋叶总黄酮具有抗氧化能力。菊芋叶总黄酮对 $\cdot O_2^-$、$\cdot OH$ 和 DPPH· 的半数抑制率(IC_{50})分别为 146.7μg/ml、132.3μg/ml 和 76.1μg/ml。

3.2.2 叶片酚类物质成分及含量

孙鹏程(2014)的研究也表明菊芋植株中的绿原酸主要存在于菊芋叶中,不同采摘时间对菊芋叶中绿原酸的积累影响很大,10 月份可以作为菊芋叶的最佳采收时间。赵孟良等(2017)选取 24 份菊芋种质资源叶片(表 3.9),详细分析了菊芋叶片中绿原酸及黄酮的含量。这 24 份种质资源中,青芋 4 号的绿原酸含量最高,为 2.62%,D14 种质中绿原酸含量最低,为 0.74%,前者是后者的 3.5 倍。F7 种质的黄酮含量最高,高达 1.24g/100g,D14 种质的黄酮含量最低,为 0.49g/100g,前者是后者的 2.5 倍(表 3.9)。

表 3.9 24 份菊芋种质叶片中酚类物质含量

种质资源	绿原酸(%)	黄酮(g/100g)	种质资源	绿原酸(%)	黄酮(g/100g)
D1	1.33±0.13GHIJ	0.72±0.04GH	F7	2.55±0.10A	1.24±0.01A
D3	0.96±0.04KL	0.66±0.03HI	F8	1.49±0.10FGHI	0.91±0.05DE
D4	1.86±0.12CDE	0.96±0.01BCD	F9	2.10±0.27BC	0.96±0.07BCD
D5	2.12±0.13BC	0.99±0.02BC	F10	1.60±0.26EFG	0.86±0.05EF
D7	1.53±0.07FGHI	0.87±0.02EF	F12	2.01±0.03BCD	0.94±0.01CD
D8	0.89±0.06L	0.63±0.02I	F14	1.31±0.10HIJ	0.83±0.04F
D10	0.90±0.02L	0.55±0.02J	F16	2.11±0.22BC	1.03±0.05B
D11	1.19±0.10JK	0.75±0.04G	F17	2.05±0.10BC	1.02±0.04BC
D12	1.73±0.01DEF	0.86±0.01EF	F19	1.55±0.16FGH	0.89±0.03DEF
D13	1.86±0.03CDE	0.96±0.01BCD	F20	1.24±0.02IJ	0.76±0.03G
D14	0.74±0.03L	0.49±0.00J	青芋 3 号	2.21±0.05B	1.00±0.03BC
F6	1.87±0.12CDE	0.99±0.00BC	青芋 4 号	2.62±0.09A	1.17±0.04A

注:表中数据以叶片干质量计。同列不同大写字母表示差异极显著,$P < 0.01$

不同菊芋种质资源之间绿原酸及黄酮含量存在显著性差异，绿原酸含量为 0.74%～2.62%，黄酮含量为 0.49～1.24g/100g。显著性分析结果显示，以来源于丹麦的 D1 为例说明，D1 的绿原酸含量与 D3、D4、D5、D8、D10、D12、D13、D14 等种源存在极显著差异；D1 的黄酮含量与 D4、D5、D7、D8、D10、D12、D13、D14 等种源存在极显著差异（表 3.9）。绿原酸含量最高的为青芋 4 号（2.62%），黄酮含量最高的为 F7（1.24g/100g），绿原酸、黄酮含量最低的为 D14，分别为 0.74%、0.49g/100g。

近年来，随着全民健康意识的提高及食品药品上出现的一些安全问题，寻找安全高效的天然抗氧化剂食品、医药、保健、化妆品已是一大趋势。大量研究表明，黄酮类化合物具有多种多样的生物活性，可以增加冠状动脉血流量，促使血管扩张，从而起到降血压、增大心脏血流量、降血脂、降低心率等作用，某些黄酮还具有抗菌消炎、清热解毒、镇静、利尿、抑制肿瘤细胞生长、抗癌、抑制脂肪氧化酶、保肝护肝及抗氧化等效果。菊芋叶中含有黄酮类化合物，开发利用菊芋叶黄酮，变废为宝，对于增加菊芋产业附加值有着重要的意义。

3.3 氨 基 酸

在生物体内氨基酸主要用于合成蛋白质，维持氮平衡，构成体内各种酶、抗体及某些激素的原料，并且能调节生理机能，供给能量，促进生长发育，补充代谢消耗。此外，还可以维持毛细血管的正常渗透压。氨基酸是构成蛋白质的基本单位，是人体组成的重要物质基础，在新陈代谢中发挥着多种重要的功能，根据人体的需要，氨基酸可分为非必需氨基酸和必需氨基酸，必需氨基酸是人体不能合成，必须由食物供给的氨基酸，包括色氨酸、赖氨酸、甲硫氨酸、苯丙氨酸、苏氨酸、缬氨酸、亮氨酸及异亮氨酸 8 种，其在人的生命活动中各自起着非常重要的作用：①赖氨酸可促进大脑发育，是肝脏、胆的组成成分，能促进脂肪代谢，防止细胞退化；②色氨酸能促进胃液和胰液的产生；③苯丙氨酸参与降低肾脏及膀胱功能的消耗；④甲硫氨酸参与组成血红蛋白、血清，促进脾脏、胰脏和淋巴的功能，帮助分解脂肪；⑤苏氨酸能促进脂肪氧化，对脂肪代谢有明显影响；⑥异亮氨酸参与胸腺、脾脏及脑下腺的调节及代谢；⑦亮氨酸起着平衡异亮氨酸的作用；⑧缬氨酸作用于黄体、乳腺及卵巢。

俞梦妮等（2015）研究发现菊芋叶片蛋白氨基酸种类齐全，配比协调，总氨基酸含量为 42.07%，必需氨基酸占总氨基酸的比值（E/T）为 40.55%，必需氨基酸与非必需氨基酸的比值（E/T）为 0.68。谌馥佳（2013）研究发现，菊芋叶片中水解氨基酸的总含量可达叶片干重的 12.445%，其中脯氨酸、天冬氨酸、谷氨酸和亮氨酸为菊芋叶片中氨基酸的主要组成成分，游离氨基酸中脯氨酸含量最高，研究还发现叶片的粗蛋白含量大约是块茎的四倍（Schweiger and Stolzenburg, 2003），是茎的三倍（Malmberg and Theander, 1986）。

3.3.1 块茎氨基酸种类及含量

所有氨基酸的相应数据，以总块茎干重的百分比表示（表 3.10）。Stauffer 等（1981）的研究表明，对于菊粉提取的块茎纸浆，蛋白质含量为 16.2%的氨基酸含量（g·100 g 样品 N）为赖氨酸（49）、组氨酸（13）、精氨酸（32）、天冬氨酸（60）、苏氨酸（33）、丝氨酸（30）、谷氨酸（71）、脯氨酸（22）、甘氨酸（32）、丙氨酸（35）、甲硫氨酸（12）、异亮氨酸（31）、亮氨酸（46）、酪氨酸（22）、苯丙氨酸（28）和缬氨酸（38）。研究发现粗蛋白质含量不同品种之间差异很大，对于 26 个品种的块茎，平均粗蛋白记录为 5.9%。例如，一个实验性克隆的粗蛋白为 8%，而许多品种（Monteo、Rico、Boynard 和 Lola）的粗蛋白含量约为 5%（Stolzenburg，2004）。灰分含量约为块茎干重的 1.2%，尽管有些报道认为其灰分含量高达 4.7%（Eihe，1976）。

表 3.10　菊芋的粗蛋白的氨基酸含量（表示为%干物质）

氨基酸种类	A	B
天冬氨酸	0.86	—
苏氨酸	0.20	0.30
丝氨酸	0.19	—
谷氨酸	0.83	—
甘氨酸	0.21	—
丙氨酸	0.23	—
半胱氨酸	0.06	—
缬氨酸	0.22	1.33
甲硫氨酸	0.06	—
异亮氨酸	0.19	—
亮氨酸	0.27	0.85
α-氨基对羟苯丙酸	0.12	0.12
苯丙氨酸	0.23	—
组氨酸	0.17	0.21
赖氨酸	0.30	0.33
精氨酸	0.65	0.46
脯氨酸	0.30	—

注：（A）改编自 Stolzenburg（2004）（27 个品种和克隆的平均数）；（B）改编自 Eihe（1976）

精氨酸是一种人体自身能合成的营养素，是一种非必需氨基酸。精氨酸在人体内能转换成一氧化氮，并间接使血管舒张、调节免疫功能、减少细胞发炎、预防感染，在临床上研究发现对于预防心血管疾病、糖尿病、高血压及提升性功能都有帮助。赵孟良等（2018）选取 29 份菊芋块茎种质资源，研究发现精氨酸含量最高的种质资源为 F7，含量最低的种质资源是青芋 2 号，含量分布在 739.1～2851.1mg/100g，含量超过 2500mg/100g 的资源有 5 份，分别为 D13、F12、F9、F7、F5。29 份菊芋资源块茎中天冬氨酸、丝氨酸、甘氨酸、组氨酸、精氨酸、苏氨酸、丙氨酸、酪氨酸、缬氨酸、异亮氨酸、亮氨酸、苯丙氨酸、赖氨酸的平均值分别为 201.76mg/100g、199.85mg/100g、271.97mg/100g、52.75mg/100g、2069.57mg/100g、146.40mg/100g、31.47mg/100g、6.28mg/100g、25.78mg/100g、37.28mg/100g、53.30mg/100g、62.83mg/100g、39.56mg/100g（表 3.11）。

表 3.11　29份菊芋块茎氨基酸的含量及组成（mg/100gFW）

种质资源	F12	F19	D12	D7	F9	F16	D13	F20	D1	D11	F2	F3	D3	D14	F5	D10	D8	F6	F14	4号	F17	3号	1号	2号	D4	D5	F18	F7	F10
天冬氨酸	182.2	143	169.5	121.2	168.9	114.7	197.5	210.7	213.3	216.3	224.7	199.2	229.3	137.6	115.9	258.8	143.8	298.5	215.4	184.3	110.3	95.4	293.7	170.5	214.1	270	322.7	312.4	317.1
丝氨酸	294.9	193.2	252.5	148.4	162.1	157.9	419.2	163.3	247.2	268.6	131.6	154	232.3	201.3	187.9	251.5	185.7	253.3	256.8	142.1	73.7	130.2	145.3	164.1	174.7	186.3	238.1	169	210.5
谷氨酸	319.9	241.3	369.4	262.4	227.8	161.9	375.4	179.5	376.9	404.4	189.4	253.1	174.5	309.7	511.3	367	365.4	386	358.1	134	62.5	189.4	152.7	106.6	271.3	305.9	315.7	158.5	357
甘氨酸	39.5	35.6	56.1	45.3	38.8	34.8	49.6	39.7	59.3	68.3	46.5	54.3	37.8	69.8	79.8	53.8	71.2	72.9	76.4	26.3	14.6	47	38.3	32.6	46.6	76.1	84.5	34.1	100.2
组氨酸	35.6	41	34	20.6	66.1	26.7	43.5	24.8	20	31.3	52.1	26.1	52.4	20	66.1	30	22.6	94.1	27	48.5	24	17.4	42.1	30.5	23.1	25.6	56	49.9	31.4
精氨酸	2807	2294.5	2267.3	2192	2823.2	2052	2761.6	1738.8	2399.8	2441.9	1484.1	2159.1	2151.7	2080	2553.1	2364.5	2116	2349.1	2083.6	1043.1	1177.4	1250.8	1034	739.1	2405.6	2122.7	1956.6	2851.1	2317.7
苏氨酸	186.9	172.8	155.1	145.5	214.2	156.6	153.3	135.8	154.4	171.3	134.6	164.5	161.1	150.7	174.5	148.6	132.3	170.9	151.3	91.2	98.9	96.7	89.4	72.6	142.4	129.4	140.7	196.3	153.6
丙氨酸	45.6	38.4	23.7	25.5	34.3	22.2	48.6	17.1	39	20.2	15.4	31.3	23	19.7	160.5	39.9	26.5	38.3	40.1	23.3	12.9	18.5	17.2	7.7	25.2	16.6	24.1	26.9	30.9
酪氨酸	9.2	9.3	6.1	4.8	10.7	5.2	7.4	7.3	6.5	6.8	3	5.3	8	2.7	6.5	6.3	3.9	9.3	6.6	5.6	2.7	5.4	10.6	5	4.7	4.8	7	5.4	5.9
缬氨酸	34	30.3	24.4	13.5	50.6	22.1	22.6	18.9	21.3	22.6	19.4	17.5	31.5	14.4	39.9	24.6	16	57.3	30.1	35.2	19.6	12.1	31.6	14.3	18.7	18.8	30.5	32	23.9
异亮氨酸	34.3	41	34	20.6	66.1	26.7	43.5	24.8	20	31.3	52.1	26.1	52.4	20	66.1	30	22.6	94.1	27	48.5	24	17.4	42.1	30.5	23.1	25.6	56	49.9	31.4
亮氨酸	52.9	65.9	56.7	32.8	91.2	36.1	70	51.5	36.4	54.4	63.7	40.4	95.8	34.5	44.4	51.9	36.1	124.1	46.8	80.9	27.7	25.6	64.9	34.7	31.2	36.3	58.2	51.2	49.3
苯丙氨酸	98.7	90.8	89.1	55	90.7	31.8	83	64.1	20.6	77.1	63.3	49.5	110.7	50.5	19.3	63.5	55.7	100.9	34.4	121.6	20.7	30.7	93.2	24.5	40.2	47.7	82.1	42.1	70.7
赖氨酸	41.6	41.7	39.6	30	64.9	36.4	43.3	36.7	36.9	42.1	35.5	38.5	41.4	32.5	47.3	38.3	32.7	62.7	39.5	45.4	37.3	25.1	30.4	19.1	38.1	37.2	36.9	52.7	43.4
T	4146.7	3397.8	3543.5	3097	4043.5	2858.4	4275	2688.2	3631.6	3825.3	2463.3	3192.8	3349.5	3123.4	4006.5	3698.7	3207.9	4017.4	3366.1	1981.5	1682.3	1944.3	2043.4	1421.3	3435.9	3277.4	3353.1	3981.6	3711.6
E	448.4	442.5	398.9	297.4	577.7	309.7	415.7	331.8	289.6	398.8	368.6	336.5	492.9	302.6	391.5	356.9	295.4	610	329.1	422.8	228.2	207.6	351.6	195.7	293.7	295	404.4	424.2	372.3
N	3698.3	2955.3	3144.6	2799.6	3465.8	2548.7	3859.3	2356.4	3342	3426.5	2094.7	2856.3	2856.6	2820.8	3615	3341.8	2912.5	3407.4	3037	1558.7	1454.1	1736.7	1691.8	1225.6	3142.2	2982.4	2948.7	3557.4	3339.3
CE	2846.5	2330.1	2323.4	2237.3	2862	2086.8	2811.2	1778.5	2459.1	2510.2	1530.6	2213.4	2189.5	2149.8	2632	2418.3	2187.2	2422	2160	1069.4	1192	1297.8	1072.3	771.7	2452.2	2198.8	2041.1	2885.2	2417.9
E/N	0.12	0.15	0.13	0.11	0.17	0.12	0.11	0.14	0.09	0.12	0.18	0.12	0.17	0.11	0.11	0.11	0.10	0.18	0.11	0.27	0.16	0.12	0.21	0.16	0.09	0.10	0.14	0.12	0.11
E/T	0.11	0.13	0.11	0.10	0.14	0.11	0.10	0.12	0.08	0.10	0.15	0.11	0.15	0.10	0.10	0.10	0.09	0.15	0.10	0.21	0.14	0.11	0.17	0.14	0.09	0.09	0.12	0.11	0.10
CE/T	0.69	0.69	0.66	0.72	0.71	0.73	0.66	0.66	0.68	0.66	0.62	0.69	0.65	0.69	0.66	0.65	0.68	0.60	0.64	0.54	0.71	0.67	0.52	0.54	0.71	0.67	0.61	0.72	0.65

注: T: 氨基酸总量；E: 必需氨基酸含量；N: 非必需氨基酸含量；CE: 儿童必需氨基酸含量；1 号: 菁芋 1 号；2 号: 菁芋 2 号；3 号: 菁芋 3 号；4 号: 菁芋 4 号

3.3.2　必需氨基酸

29 份菊芋资源中，人体必需氨基酸的含量分布在 195.7～610.0mg/100g。含量最高的种质依次是 F6、F9 和 D3，含量分别是 610.0mg/100g、577.7mg/100g 和 492.9mg/100g；含量最低的种质是青芋 2 号，含量为 195.7mg/100g。必需氨基酸含量占氨基酸总量比例最高的种质依次是青芋 4 号、青芋 1 号、F6、F2 及 D3，必需氨基酸含量分别占氨基酸总量的 21.3%、17.2%、15.2%、15.0%及 14.7%（表 3.11）。

儿童必需氨基酸总量排在前三位的分别是 F7、F9 和 F12，含量分别是 2885.2mg/100g、2862.0mg/100g 和 2846.5mg/100g。儿童必需氨基酸占总氨基酸含量比例最高的是 F16、D7、F7、F9 及 F17，分别是 73 %、72 %、72 %、71%和 71%（表 3.11）。

3.3.3　味觉氨基酸

29 份菊芋资源中，鲜味类氨基酸含量最高的是 F18，含量为 322.7mg/100g，其次为 F10，含量为 317.1mg/100g；甜味类氨基酸含量最高的是 F5，含量为 859.7mg/100g，其次是 D13，含量为 843.2mg/100g；芳香族氨基酸含量最高的是青芋 4 号，含量为 127.2mg/100g，其次是 D3，含量为 118.7mg/100g（表 3.12）。

表 3.12　菊芋味觉氨基酸含量（mg/100gFW）

种质资源	鲜味类	甜味类				芳香族		
	天冬氨酸	丙氨酸	甘氨酸	丝氨酸	小计	苯丙氨酸	酪氨酸	小计
F12	182.2	45.6	319.9	294.9	660.4	98.7	9.2	107.9
F19	143	38.4	241.3	193.2	472.9	90.8	9.3	100.1
D12	169.5	23.7	369.4	252.5	645.6	89.1	6.1	95.2
D7	121.2	25.5	262.4	148.4	436.3	55	4.8	59.8
F9	168.9	34.3	227.8	162.1	424.2	90.7	10.7	101.4
F16	114.7	22.2	161.9	157.9	342	31.8	5.2	37
D13	197.5	48.6	375.4	419.2	843.2	83	7.4	90.4
F20	210.7	17.1	179.5	163.3	359.9	64.1	7.3	71.4
D1	213.3	39	376.9	247.2	663.1	20.6	6.5	27.1
D11	216.3	20.2	404.4	268.6	693.2	77.1	6.8	83.9
F2	224.7	15.4	189.4	131.6	336.4	63.3	3	66.3
F3	199.2	31.3	253.1	154	438.4	49.5	5.3	54.8
D3	229.3	23	174.5	232.3	429.8	110.7	8	118.7
D14	137.6	19.7	309.7	201.3	530.7	50.5	2.7	53.2
F5	115.9	160.5	511.3	187.9	859.7	19.3	6.5	25.8
D10	258.8	39.9	367	251.5	658.4	63.5	6.3	69.8
D8	143.8	26.5	365.4	185.7	577.6	55.7	3.9	59.6

续表

种质资源	鲜味类	甜味类				芳香族		
	天冬氨酸	丙氨酸	甘氨酸	丝氨酸	小计	苯丙氨酸	酪氨酸	小计
F6	298.5	38.3	386	253.3	677.6	100.9	9.3	110.2
F14	215.4	40.1	358.1	256.8	655	34.4	6.6	41
青芋 4 号	184.3	23.3	134	142.1	299.4	121.6	5.6	127.2
F17	110.3	12.9	62.5	73.7	149.1	20.7	2.7	23.4
青芋 3 号	95.4	18.5	189.4	130.2	338.1	30.7	5.4	36.1
青芋 1 号	293.7	17.2	152.7	145.3	315.2	93.2	10.6	103.8
青芋 2 号	170.5	7.7	106.6	164.1	278.4	24.5	5	29.5
D4	214.1	25.2	271.3	174.7	471.2	40.2	4.7	44.9
D5	270	16.6	305.9	186.3	508.8	47.7	4.8	52.5
F18	322.7	24.1	315.7	238.1	577.9	82.1	7	89.1
F7	312.4	26.9	158.5	169	354.4	42.1	5.4	47.5
F10	317.1	30.9	357	210.5	598.4	70.7	5.9	76.6

3.3.4　与其他薯芋类作物比较

菊芋是薯芋类作物，比较菊芋与 5 种薯芋类作物（马铃薯、红心甘薯、白心甘薯、芋头和山药）氨基酸的含量，不同薯芋类蔬菜中氨基酸含量有明显的差异，其中菊芋块茎中精氨酸含量均值为 503.4mg/100g，是其他作物的 3～7 倍（表 3.13）。

表 3.13　薯芋类蔬菜中的氨基酸含量（mg/100gFW）

氨基酸种类	菊芋	马铃薯	红心甘薯	白心甘薯	山药	芋头
异亮氨酸*	9.2	58	39	49	74	75
亮氨酸*	13.3	94	63	80	114	171
赖氨酸*	9.7	82	63	80	61	85
苯丙氨酸*	15.7	67	56	71	54	108
酪氨酸	1.5	53	33	42	45	97
苏氨酸*	35.9	51	45	57	54	92
缬氨酸*	6.3	87	56	71	64	112
精氨酸	503.4	71	56	71	169	109
组氨酸	12.7	27	21	27	27	40
丙氨酸	7.6	60	46	59	87	115
天冬氨酸	49.8	356	172	218	144	293
甘氨酸	65.4	52	37	48	52	114
丝氨酸	48.8	64	52	70	115	125

*人体必需氨基酸。表中除菊芋数据外其余数据均引自《蔬菜营养学》（刘莉，2014）

氨基酸作为人体所必须摄入的能量物质，是必不可少的，而菊芋中含有大量的人体所必需的必需氨基酸。因此，作为蔬菜，菊芋可以部分代替菌类满足人体所需要的必需氨基酸。

3.4 糖 类

3.4.1 菊糖

菊糖主要是由线性 β（1→2）连在一起的果糖链与还原端的末端糖基化组成的混合物（图 3.1），不同物种之间和物种内部的分支范围各不相同（如大丽花的比例是 1%～2%，而菊苣则是 4%～5%），此外，一小部分的菊糖分子不包含末端糖苷，这些分子具有末端的果糖单位，主要是以六环糖的形式存在（De Leenheer and Hoebregs，1994）。

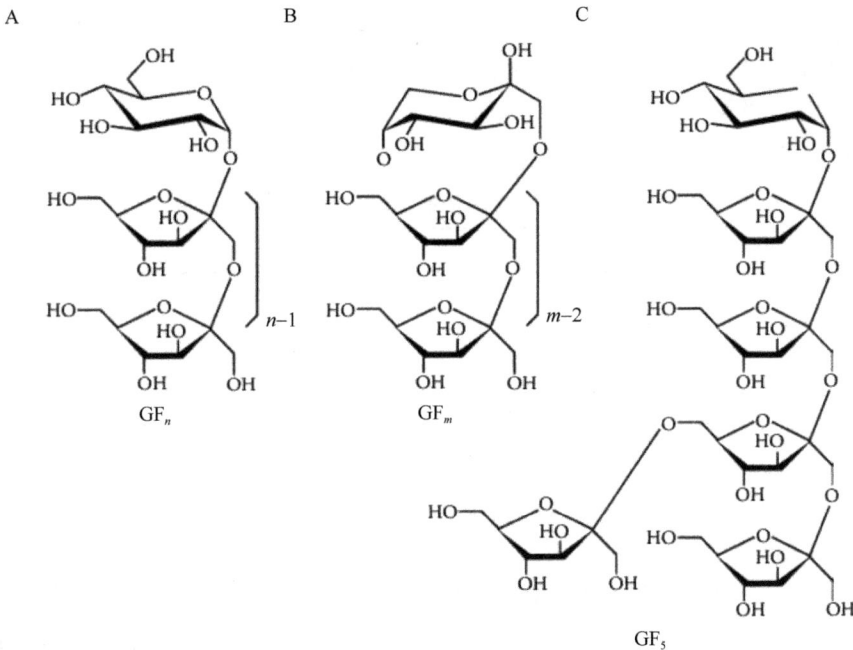

图 3.1 菊糖的结构（引自 De Leenheer and Hoebregs，1994）

图中含有 A：末端葡糖吡喃糖（GF_n）的菊糖的结构，B：末端果糖的菊糖（GF_m），以及一个分支的 C：菊糖（GF_5）

在过去的几十年里，由于菊糖潜在的用途非常独特和多样，人们对菊糖和含有菊糖的作物的兴趣大大增加，聚糖虽然被发现，但是只有在菊芋、菊苣和大丽花中的积累量较多，此外，菊芋和菊苣干物质的产量足够大，使它们成为菊糖的主要来源。菊糖在很多物种中都有积累（龙舌兰科、紫草科、白杨科、菊科、桔梗科、禾本科、鸢尾科、百合科、唇形科、蔷薇科等多种植物）（Incoll and Bonnett，1993），其中菊科许多物种的地下储存器官中可以积累果聚糖，包括蒲公英、石蒜、菊芋、菊苣等（Hendry and Wallace，1993）。从数量上来看，菊芋和菊苣是最重要的积累菊糖的植物，同时，一些微生物也能够合成果聚糖（Hendry，1987；Yun et al.，1999）。

菊糖存在于菊芋所有组织中，其中地上的茎和叶片中含有菊糖和果糖（主要是果糖），茎中含有更多的碳水化合物（纤维素和半纤维素）、果糖和低分子质量的糖（Malmberg and Theander，1986）。除了果糖之外，菊芋叶片和茎中的糖主要是葡萄糖，还有一些蔗糖、木糖、半乳糖、甘露糖、阿拉伯糖和鼠李糖（Malmberg and Theander，1986）。在木质素中，菊糖的聚合度较高，而在茎的基部，菊糖的聚合度较低（Strepkov，1960a，1960b）。Rashchenko（1959）发现在菊芋花芽中存在着菊糖，同年，Strepkov（1959）在成熟的块茎中分离了聚合度为4、6、8和12的菊糖。在植物中，果糖的聚合度平均值随物种、生产条件和时间的不同而变化（De Leenheer，1996），聚合度10以下的果糖称为低聚果糖，短链果聚糖有2～4个亚基（Roberfroid，2005）。

菊糖的聚合度是一种临界质量性状，从2～70不等，其平均值根据物种、品种、生产条件和其他因素的不同而有所不同（De Leenheer，1996），菊芋、菊苣和朝鲜蓟中不同聚合度菊糖的比例见表3.14，聚合度可以显著影响菊糖和果聚糖的潜在用途，以及作为合成某些化学物质（如发酵产品）的底物，具有较高聚合度的菊糖可用于替代脂肪和高果糖糖浆（长链长度降低了糖浆中葡萄糖的百分比），同样地，链长度可以通过使用内溶酶进行局部水解而系统地减少，而延长链长度则不是一个商业上可行的选择。

表3.14　果胶聚合物在所选作物可食部分中的分布

农作物	果聚糖（%DM）	聚合度（%）			
		≤9	10～20	20～40	>40
菊芋	16～20	52	22	20	6
菊苣	15～20	29	24	45	2
朝鲜蓟	2～9	0	0	13	87

菊芋独特的果聚糖使其成为极好的果糖来源，果糖是天然糖中最甜的，它的甜度比蔗糖高16%（Shallenberger，1993），果糖糖浆在食品工业中被广泛使用。果聚糖在水中的溶解度很高，比蔗糖热量更少，而且黏性更小，有了这些特性，作为一种甜味剂，果聚糖在食品加工行业中获得了重要的地位，它是一种理想的糖，可用于减少食物的热量，用作糖尿病患者的食物，以及对抗肥胖的产品。从菊芋中可以获得一系列含有果聚糖的产品，包括糖溶液、纯果聚糖糖浆和结晶果聚糖。

块茎作为菊芋的主要食用部分富含大量糖类（卢秉钧，2004；乌日娜等，2013），占其干重的90%以上，是菊芋加工开发的主要利用物质（孙雪梅和李莉，2011），可以当作制作糖浆、酒精、淀粉和食品的优质原料（胡建锋和邱树毅，2009；邓云波等，2005；Ge and Zhang，2005；Szambelan et al.，2004；袁晓艳等，2008），也可被作为饲草料的添加剂使用（许勤虎，2011）。不同菊芋品种块茎中可溶性总糖含量发现，一般早熟品种和中熟品种可溶性总糖含量较高，晚熟品种和南方的品种可溶性总糖含量偏低（李晓丹，2014）。

　　本研究以青芋 1 号和青芋 3 号为研究材料，研究了整个生育期块茎干物质中的果聚糖变化（图 3.2）。结果显示，菊芋块茎中果聚糖含量随着块茎的发育逐渐升高，块茎中果聚糖含量在匍匐茎生长期缓慢上升，在块茎膨大期达到峰值为 358.13～423.89mg/g，且其最高值是最低值的约 3.5 倍，果聚糖占总糖的比例最高，分布在 50%～95%（图 3.3）。

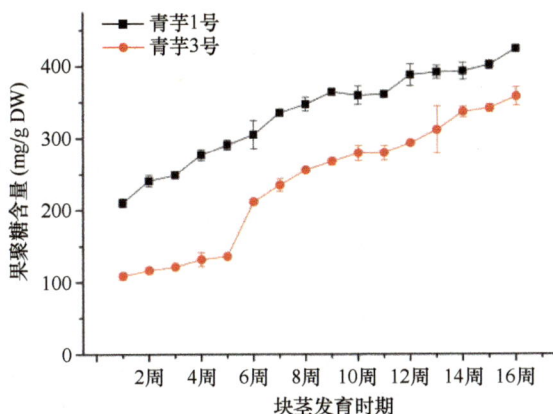

图 3.2　菊芋块茎不同发育时期果聚糖含量变化

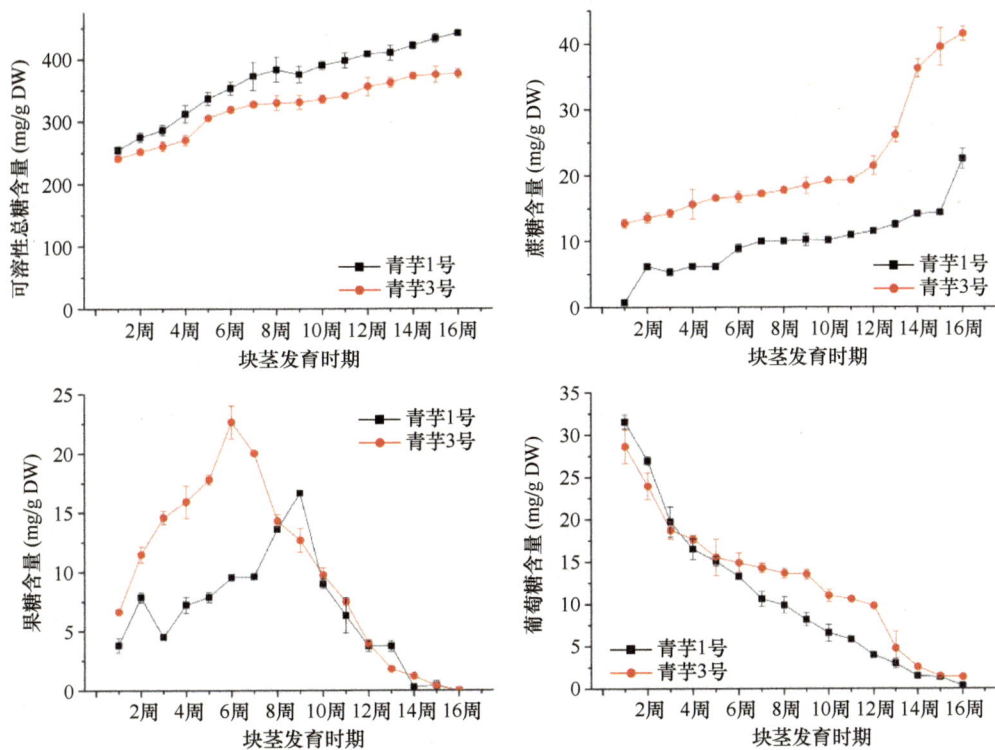

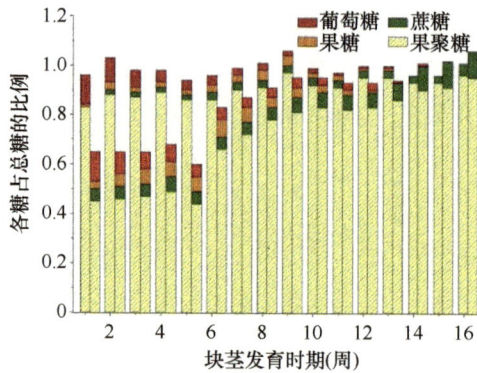

图 3.3 菊芋块茎不同发育时期各糖类含量变化

3.4.2 其他糖类

菊芋块茎中总糖和蔗糖的含量随着块茎的发育逐渐升高,果糖在块茎生长前期呈现逐渐上升的趋势,之后随块茎形成含量不断下降,而葡萄糖含量呈现下降的趋势,在块茎形成期达到最大值,在收获时期的含量最低(宋向阳,2018)。以青芋 1 号和青芋 3 号为例,菊芋块茎发育期间,青芋 1 号总糖含量最高时为 441.83mg/g,是块茎最初形成时总糖的约 1.7 倍,青芋 3 号总糖含量最高时为 377.16mg/g,是块茎最初形成时总糖的约 1.6 倍。蔗糖含量也表现为上升趋势,在块茎成熟时含量可达到 22.52～41.51mg/g。果糖在块茎生长前期呈现逐渐上升的趋势,之后随块茎形成含量不断下降,直至成熟时期达到最小值 0。而葡萄糖含量呈现下降的趋势,在块茎形成期含量最高,青芋 1 号为 31.55mg/g,青芋 3 号为 28.66mg/g,在收获时期的含量降至最低(图 3.3、表 3.15)。

小结:果聚糖是菊芋最主要的糖类物质,其在块茎中的含量可以达到干物质含量的 80%,是菊粉加工生产的主要原材料,同时提高菊芋果聚糖含量也是未来育种的主要方向。

3.5 灰分、水分和纤维素

灰分、水分和纤维素是菊芋块茎中重要的组成成分。纤维是人体胃肠的清道夫,能促进胃肠消化,能有效预防和治疗口臭。菊芋叶片中粗纤维含量为 7.36%～16.7%,粗纤维含量较高的菊芋种质资源可作为开发粗纤维食品添加剂的原料,粗纤维含量较低的菊芋种质资源可作为家畜饲料开发原料。

以来源于泰国的 28 份菊芋种质资源和青芋系列品种为例,菊芋块茎中灰分的平均值为 1.16%,最大值为 2.95%,最小值为 0.44%,变异系数 37.55%;水分的平均值为 3.61%,最大值为 5.39%,最小值为 1.98%,变异系数 25.11%;纤维素的平均值为 3.83%,最大值为 8.89%,最小值为 0.89%,变异系数 38.11%;说明不同基因型的菊芋灰分、水分、纤维素含量存在较大差异(图 3.4、表 3.16、表 3.17)。

表3.15　菊芋块茎不同发育时期各糖组分含量（mg/gDW）

块茎发育时期	青芋1号					青芋3号				
	可溶性总糖	果聚糖	蔗糖	葡萄糖	果糖	可溶性总糖	果聚糖	蔗糖	葡萄糖	果糖
1周	254.68±5.48	210.23±5.93	0.70±0.01	31.55±0.83	3.81±0.60	241.72±4.76	109.30±4.89	12.72±0.68	28.66±1.98	6.68±0.04
2周	274.88±7.93	240.82±7.96	6.16±0.49	26.95±0.83	7.87±0.42	253.18±4.46	117.19±3.96	13.58±0.75	23.97±1.60	11.52±0.69
3周	286.23±8.62	248.83±2.98	5.30±0.52	19.74±1.76	4.50±0.15	261.62±7.90	121.89±2.41	14.31±0.64	18.74±1.00	14.62±0.57
4周	312.17±13.9	276.88±7.28	6.16±0.05	16.49±1.21	7.25±0.15	271.52±8.58	132.12±9.58	16.65±2.30	17.70±0.43	15.95±1.39
5周	336.77±10.41	290.76±6.95	6.16±0.49	15.08±0.58	7.87±0.15	306.43±3.60	136.19±3.22	16.62±0.40	15.58±2.15	17.84±0.41
6周	353.43±10.83	305.09±19.74	8.88±0.67	13.25±0.14	9.53±0.16	319.83±4.56	212.33±3.74	16.77±0.82	14.92±1.14	22.67±1.38
7周	373.05±22.82	335.50±2.45	9.99±0.17	10.62±0.86	9.60±0.12	328.10±2.86	235.29±8.78	17.27±0.46	14.28±0.57	20.05±0.16
8周	383.38±20.03	347.09±9.58	10.00±0.23	9.88±0.96	13.60±0.11	330.45±11.60	256.19±3.22	17.81±0.42	13.66±0.56	14.31±0.54
9周	375.81±13.85	364.08±2.32	10.20±0.92	8.18±0.80	16.66±0.18	331.43±11.08	268.04±4.67	18.51±1.22	13.56±0.56	12.69±0.98
10周	390.52±6.86	359.39±12.81	10.14±0.08	6.57±0.99	8.99±0.40	336.33±6.32	279.53±10.64	19.29±0.32	11.02±0.69	9.76±0.62
11周	397.81±11.73	360.86±4.57	10.91±0.45	5.79±0.15	6.33±1.51	341.83±2.16	279.98±10.10	19.34±0.21	10.63±0.27	7.49±0.26
12周	408.51±4.90	387.77±15.16	11.49±0.43	3.96±0.36	3.72±0.44	356.43±14.67	294.09±2.71	21.52±1.38	9.81±0.27	3.93±0.35
13周	410.50±11.84	391.43±9.15	12.50±0.51	2.97±0.58	3.72±0.44	362.62±7.83	312.04±32.86	26.20±1.17	4.78±1.94	1.81±0.06
14周	421.85±5.70	392.72±11.85	14.09±0.23	1.49±0.03	0.28±0.00	373.66±5.79	337.10±7.41	36.28±1.40	2.58±0.23	1.21±0.03
15周	433.22±7.07	401.53±5.70	14.30±0.10	1.36±0.03	0.43±0.37	375.83±12.93	342.17±5.13	39.58±2.84	1.49±0.11	0.40±0.04
16周	441.83±2.16	423.89±3.18	22.52±1.52	0.35±0.00	0.00±0.00	377.16±8.02	358.13±12.71	41.51±1.09	1.41±0.11	0.00±0.00

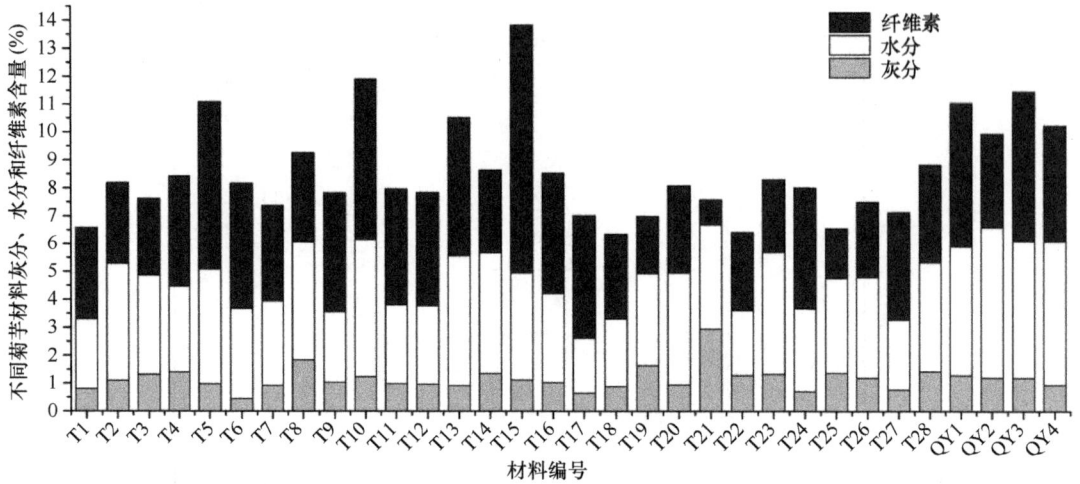

图 3.4　菊芋资源及青芋系列菊芋品种块茎中灰分、水分及纤维素组成

表 3.16　菊芋资源块茎中灰分、水分及纤维素含量（%）

种质资源	灰分	水分	纤维素	种质资源	灰分	水分	纤维素
T1	0.80	2.50	3.28	T17	0.64	1.98	4.39
T2	1.10	4.19	2.90	T18	0.88	2.43	3.03
T3	1.32	3.55	2.75	T19	1.64	3.29	2.07
T4	1.41	3.06	3.96	T20	0.95	4.00	3.14
T5	0.97	4.12	6.00	T21	2.95	3.74	0.89
T6	0.44	3.24	4.49	T22	1.29	2.33	2.80
T7	0.91	3.04	3.42	T23	1.34	4.36	2.61
T8	1.84	4.24	3.18	T24	0.70	2.98	4.34
T9	1.04	2.52	4.26	T25	1.38	3.39	1.79
T10	1.24	4.91	5.75	T26	1.20	3.61	2.70
T11	0.99	2.82	4.16	T27	0.77	2.51	3.86
T12	0.97	2.81	4.06	T28	1.43	3.91	3.49
T13	0.91	4.66	4.96	QY1	1.29	4.63	5.14
T14	1.35	4.32	2.97	QY2	1.21	5.39	3.34
T15	1.12	3.83	8.89	QY3	1.20	4.91	5.36
T16	1.04	3.18	4.31	QY4	0.95	5.15	4.14

表 3.17　菊芋资源块茎中灰分、水分及纤维素含量变化（%）

项目	最小值	最大值	平均值	标准差	变异系数
灰分	0.44	2.95	1.16	1.279 99	37.55
水分	1.98	5.39	3.61	1.071 51	25.11
纤维素	0.89	8.89	3.83	35.149 77	38.11

3.6 花 青 素

　　菊芋花青素是一类安全、无毒并具有一定生理功能的水溶性天然色素，它可以作为食品、化妆品的着色剂，也可以用于医药业。菊芋花青素属花青苷类色素，对光、热等均较稳定，可在中性或偏碱性介质中使用，是一种有开发价值的天然食用色素（孔祥鹤，2000）。目前对菊芋花青素研究较少，今后可加大对菊芋叶片、块茎等不同部位花青素的研究。

参 考 文 献

鲍士旦. 2000. 土壤农化分析. 3 版. 北京: 中国农业出版社.

谌馥佳. 2013. 菊芋叶片化学成分分析及抑菌活性成分研究. 南京农业大学博士学位论文.

邓云波, 孙志良, 葛冰. 2005. 一种新型饲料添加剂——菊糖. 湖南畜牧兽医, (6): 29-30.

胡建锋, 邱树毅. 2009. 菊芋发酵生产酒精的研究进展. 酿酒科技, (8): 100-104.

孔祥鹤. 2000. 菊芋花天然黄色素的提取及性状研究. 曲阜师范大学学报, 26(1): 74-75.

李晓丹. 2014. 不同菊芋品种生育、产量及营养成分的比较. 东北师范大学硕士学位论文.

刘莉. 2014. 蔬菜营养学. 天津: 天津大学出版社.

卢秉钧. 2004. 菊芋的开发利用. 农产品加工, (3): 21-22.

宋向阳. 2018. 菊芋块茎发育特征及果聚糖调控的分子机制. 青海大学硕士学位论文.

孙鹏程. 2014. 菊芋叶片中高纯度绿原酸的规模化制备工艺研究. 辽宁大学硕士学位论文.

孙雪梅, 李莉. 2011. 不同海拔梯度菊芋碳水化合物代谢研究. 西南农业学报, 24(4): 1309-1312.

田洋. 2016. 金银花中绿原酸提取纯化工艺研究进展. 农业科技与装备, (07): 55-57.

乌日娜, 朱铁霞, 于永奇, 等. 2013. 菊芋的研究现状及开发潜力. 草业科学, 30(8): 1295-1300.

吴婧. 2010. 菊芋叶黄酮类化合物的提取及其抗氧化性、抗肿瘤和抑菌性的研究. 兰州理工大学硕士学位论文.

许勤虎. 2001. 菊芋(洋姜)的产业化开发应用研究. 山西食品工业, (2): 33-34.

杨明俊, 王亮, 吴婧, 等. 2011. 菊芋叶黄酮类化合物的体外抗氧化活性研究. 贵州农业科学, 39(4): 52-54.

俞梦妮, 包婉君, 谌馥佳, 等. 2015. 菊芋叶蛋白提取工艺研究及氨基酸分析. 草业科学, 32(1): 125-131.

袁晓艳, 封冬梅, 陈晓兰. 2017. 菊芋叶中多酚类成分的提取分离及结构鉴定. 江西农业学报, 29(4): 81-84.

袁晓艳, 高明哲, 王锴, 等. 2008. 高效液相色谱-质谱法分析菊芋叶中的绿原酸类化合物. 色谱, (03): 335-338.

赵孟良, 刘明池, 钟启文, 等. 2018. 29 份菊芋种质资源氨基酸含量和营养价值评价. 种子, 37(3): 55-60.

赵孟良, 钟启文, 刘明池, 等. 2017. 二十二份引进菊芋种质资源的叶片性状分析. 浙江农业学报, 29(7): 1151-1157.

郑晓涛. 2012. 菊芋叶总黄酮含量变化及其提取、纯化、抗氧化性研究. 南京农业大学硕士学位论文.

Abbadi A, van Bekkum H. 1996. Metal-catalyzed oxidation and reduction of carbohydrates//van Bekkum H, Röper H, Voragen A G J. Carbohydrates as Organic Raw Materials III. Cambridge: Weinheim: 37-65.

Andre I, Mazeau K, Tvaroska I, et al. 1996. Molecular and crystal structures of inulin from electron diffraction data. Macromolecules, 29: 4626-4635.

Antanaitis A, Lubyte J, Antanaitis S, et al. 2004. Selenium in some kinds of Lithuanian agricultural crops and medicinal herbs. Sodininkyste ir Darzininkyste, 23: 37-45.

Antonkiewicz J, Jasiewicz C. 2003. Assessment of Jerusalem artichoke usability for phytoremediation of soils contaminated with Cd, Pb, Ni, Cu, and Zn, Pol. Archiwum Ochrony Srodowiska, 29: 81-87.

Bärwald G. 1999. Gesund abnehmen mit Topinambur. Stuttgart: TRIAS Verlag.

Bogaert P M P, Slaghek T M, Raaijmakers H W C. 1998. Biodegradable Complexing Agents for Heavy Metals. WO Patent 9806756.

Bornet F R J. 2001. Fructo-oligosaccharides and other fructans: Chemistry, structure and nutritional effects// McCleary B V, Prosky L. Advanced Dietary Fibre Technology. Oxford: Blackwell Science: 480-493.

Chen J J, Fang J G, Wan J, et al. 2009. An *in vitro* study of the anti-cytomegalovirus effect of chlorogenic acid. Herald of Medicine, 28: 1138-1141.

Cieślik E, Barananowski M. 1997. Minerals and lead content of Jerusalem artichoke new tubers. Bromat Chem Toksykol, 30: 66-67.

Cieślik E. 1998a. Amino acid content of Jerusalem artichoke (*Helianthus tuberosus* L.) tubers before and after storage//Fuchs A, Van Laere A. Proceedings of the 7th Seminar on Inulin. Leuven: European Fructan Association: 86-87.

Cieślik E. 1998b. Mineral content of Jerusalem artichoke new tubers. Zesk Nauk AR Krak, 342: 23-30.

De Leenheer L. 1996. Production and use of inulin: Industrial reality with a promising future//van Bekkum H, Röper H, Voragen A L J. Carbohydrates as Organic Raw Materials III. Cambridge: Weinheim: 67-92.

De Leenheer L, Hoebregs H. 1994. Progress in the elucidation of the composition of chicory inulin. Starch/ Stärke, 46: 193-196.

Eihe E P. 1976. Problems of the chemistry and biochemistry of the Jerusalem artichoke. Latvijas PSR Zinatnu Akademijas Vestis, 344: 77.

Fineli. 2004. Food Composition Database. Helsinki: National Public Health Institute of Finland.

Ge X Y, Zhang W G. 2005. A shortcut to production of high ethanol concentration from Jerusalem artichoke tub. Food Technology and Biotechnology, 43: 241-246.

Gibson G R, Roberfroid M B. 1995. Dietary modulation of the human colonic microbiota: Introducing the concept of prebiotics. The Journal of Nutrition, 125: 1401-1412.

Harbourne J B, Baxter H. 1999. Phytochemical Dictionary: A Handbook of Bioactive Compounds from Plants, 2nd ed. London: Taylor & Francis.

Hendry G. 1987. The ecological significance of fructan in a contemporary flora. New Phytol, 106: 201-216.

Hendry G A F, Wallace R K. 1993. The origin, distribution and evolution of fructans//Suzuki M, Chatterton N J. Science and Technology of Fructans. Boca Raton: CRC Press: 119-139.

Holland B, Welch A A, Unwin I D, et al. 1991. McCance and Widdowson's the composition of foods, 5th edn. Cambridge: Royal Society of Chemistry.

Incoll L N, Bonnett G D. 1993. The occurrence of fructan in food plants//Fuchs A. Inulin and Inulin-Containing Crops. Amsterdam: Elsevier: 309-322.

Jasiewicz C, Antonkiewicz J. 2002. Heavy metal extraction by Jerusalem artichoke (*Helianthus tuberosus* L.) from soils contaminated with heavy metals, Pol. Chemia i Inzynieria Ekologiczna, 9: 379-386.

MacLeod A J, Pieris N M, de Troconis N G. 1982. Aroma volatiles of *Cynara scolymus* and *Helianthus tuberosus*. Phytochemistry, 21: 1647-1651.

Malmberg A, Theander O. 1986. Differences in chemical composition of leaves and stem in Jerusalem artichoke and changes in low-molecular sugar and fructan content with time of harvest. Swed J Agric Res, 16: 7-12.

Ourané R, Guibert A, Brown D, et al. 1997. A sensitive and reproducible analytical method to measure fructo-oligosaccharides in food products//Cho L, Prosky L, Dreher M. Complex Carbohydrates: Definition, Analysis and Applications. New York: Marcel Dekker: 191-201.

Painter T, Larsen B. 1970. Transient hemiacetal formed during the periodate oxidation of xylan. Acta Chemica Scandinavica, 24: 2366-2378.

Rashchenko I N. 1959. Biochemical investigations of the aerial parts of Jerusalem artichoke. Trudy Kazakh Sel'skokhoz Inst, 6: 40-52.

Roberfroid M. 2005. Inulin-Type Fructans: Functional Food Ingredients, CRC Series in Modern Nutrition. Boca Raton: CRC Press.

Schweiger P, Stolzenburg K. 2003. Mineralstoffgehalte und Mineralstoffentzüge verschiedener Topinambursorten. Forchheim: LAP.

Shallenberger R S. 1993. Taste Chemistry. London: Blackie Academic.

Shu C-K. 1998. Flavor components generated from inulin. J Agric Food Chem, 46: 1964-1965.

Somda Z C, McLaurin W J, Kays S J. 1999. Jerusalem artichoke growth, development, and field storage. II. Carbon and nutrient element allocation and redistribution. J Plant Nutr, 22: 1315-1334.

Stauffer M D, Chubey B B, Dorrell D G. 1981. Growth, yield and compositional characteristics of Jerusalem artichoke as they relate to biomass production//Klass D L, Emert G H. Fuels from Biomass and Wastes. Ann Arbor: Ann Arbor Science: 79-97.

Stolzenburg K. 2003. Topinambu-Bislang wenig beachtete Nischenkultur mit grossem Potenzial für den Ernährungsbereich. Forchheim: LAP.

Stolzenburg K. 2004. Rohproteingehalt und Aminosäuremuster von Topinambur. Forchheim: LAP.

Strepkov S M. 1959. Glucofructans of the stems of *Helianthus tuberosus*. Doklady Akad Nauk SSSR, 125: 216-218.

Strepkov S M. 1960a. Carbohydrate formation in the vegetative parts of *Helianthus tuberosus*. Biokhimiya, 25: 219-226.

Strepkov S M. 1960b. Synthesis of fructosans in the vegetative organs of *Helianthus tuberosus*. Doklady Akad Nauk SSSR, 131: 1183-1186.

Szambelan K, Nowak J, Cza R, et al. 2004. Use of *Zymomonas mobilis* and *Saccharomyces cerevisiae* mixed with *Kluyveromyces fragilis* for improved ethanol production from Jerusalem artichoke tubers. Biotechnology Letters, 26: 845-848.

Van Loo J, Coussement P, De Leenheer L, et al. 1995. On the presence of inulin and oligofructose as natural ingredients in the Western diet. Crit Rev Food Sci Nutr, 35: 525-552.

Whitney E N, Rolfes S R. 1999. Understanding Nutrition, 8th ed. Belmont: West/Wadsworth.

Yun J W, Choi Y J, Song C H, et al. 1999. Microbial production of inulo-oligosaccharides by an endoinulinase from *Pseudomonas* sp. expressed in *Escherichia coli*. J Biosci Bioeng, 87: 291-295.

Zubr J, Pedersen H S. 1993. Characteristics of growth and development of different Jerusalem artichoke cultivars//Fuchs A. Inulin and Inulin-Containing Crops. Amsterdam: Elsevier Science: 11-19.

第4章 菊芋的果聚糖代谢

4.1 植物果聚糖研究

4.1.1 果聚糖的类型

果聚糖最早从菊科旋覆花属的土木香中分离得到（Rose，1804），比果糖的发现还要早30多年。果聚糖分子的线性结构于19世纪50年代得以阐明，而其分支结构直到19世纪90年代中期才被发现（De Leenheer and Hoebregs，1994）。一些微生物也能合成果聚糖，但细菌和真菌中果聚糖结构单一（Hendry，1987），而植物的果聚糖结构因其糖苷键的不同连接方式和聚合度的大小差异而非常复杂（Vijn and Smeekens，1999）。到目前为止，在植物中主要发现了5种类型的果聚糖（表4.1）。果聚糖的主要存在形式是由β（1→2）键连接的线性果糖链，在末端一般具有一个葡萄糖残基。同时也有部分果聚糖存在以β（2→6）键连接的分支，在物种内和物种间分支程度不同（如大丽花有1%～2%、菊苣4%～5%）。另外，还存在末端不含葡萄糖残基的果聚糖（Fm），其在水溶液中主要以吡喃糖形式存在（De Leenheer and Hoebregs，1994）。

表 4.1　植物果聚糖的类型

类型	代表植物	糖苷键连接方式（β）	起始三糖
菊粉型	菊芋、菊苣	2→1	1-蔗果三糖
梯牧草型	梯牧草、鸡脚草	2→6	6-蔗果三糖
混合型梯牧草型	小麦、大麦	2→1 和 2→6	1-蔗果三糖和6-蔗果三糖
菊粉型新生系列	大蒜、洋葱	2→1	6G-蔗果三糖
梯牧草型新生系列	燕麦、黑麦	2→6	6G-蔗果三糖

1. 菊粉型果聚糖（inulin）

主要存在于菊芋、菊苣等菊科植物中，同时在龙胆科、半边莲科、金虎尾科、报春花科、堇菜科、紫草科、桔梗科、萝摩科等植物中也广泛存在，其果糖残基以β（2→1）键相连，菊粉型果聚糖的起始三糖是1-蔗果三糖（1-kestose）（Roberfroid，2005）。许多菊科植物在地下贮藏器官积累果聚糖，包括大丽花、蒲公英，婆罗门参和雪莲果等（Hendry and Wallace，1993），但从贮藏能力来看，菊芋和菊苣最具有生产价值。在1870年记录了以菊芋为原料的果聚糖。

2. 梯牧草型果聚糖（levan）

主要存在于单子叶植物中，如禾本科的梯牧草和毛茛科的鸡爪草，其果糖残基以β（2→6）键相连，梯牧草型果聚糖的起始三糖是6-蔗果三糖（6-kestose）。梯牧草型果聚糖分子一般大于菊粉型果聚糖。

3. 混合型梯牧草型果聚糖（graminin）

主要存在于小麦、大麦等禾本科大田作物中，由 β（2→1）和 β（2→6）两种糖苷键果糖基单元混合组成（Sims et al.，1992），在麦类作物中，果聚糖主要以一种暂时性的贮藏性碳水化合物存在，在贮藏器官中积累较少。

4. 菊粉型果聚糖新生系列（inulin neoseries）

主要在大蒜、洋葱等百合科植物中发现该类型果聚糖，其果糖残基也是由 β（2→1）键相连，但是和菊粉型果聚糖连接方式不同的是，果糖基单元连接到蔗糖分子中的葡萄糖部分（Shiomi，1989）。

5. 梯牧草型果聚糖新生系列（levan neoseries）

主要存在于燕麦属和黑麦草属等植物中（Waterhouse and Chatterton，1993），该类型果聚糖的起始三糖也是果糖基单元连接到蔗糖分子中的葡萄糖部分，其糖苷键由 β（2→6）键相连（Sims et al.，1992；Livingston et al.，1993）。

4.1.2　果聚糖的结构

1. 果聚糖低聚物的晶体结构

目前已经报道了 1-蔗果三糖（GF2）（Jeffrey and Park，1972）和蔗果四糖（GF3）（Jeffrey and Huang，1993）的晶体结构，单晶体电子衍射表明存在两个反平行的六股螺旋（Andre et al.，1996），半水合分子每两个果糖基包含一个水分子，而单水合分子每一个果糖基包含一个水分子，分子间存在氢键，而晶体分子内不存在氢键。

2. 果聚糖的水溶液结构

通过核磁共振（NMR）光谱、低角度激光散射、动态光散射、小角 X 射线散射及体积排阻色谱法的应用已取得了菊芋果聚糖的分子质量分布、水力半径和其他几何学的参数（Eigner et al.，1988）。研究发现，果聚糖呈杆状，最大尺寸为 5.1nm×1.6nm（长度×直径）。^{13}C 松弛率测量表明，呋喃果糖苷没有参与多糖骨干的形成，因此其结构像一个带有呋喃糖苷的聚乙二醇聚合体，这大大增加了链的弹性（Tylianakis et al.，1995）。从蔗果四糖到七糖的低聚果聚糖和平均聚合度为 17 和 31 的菊粉型果聚糖的 ^{13}C NMR 水溶液结构研究表明，简单的螺旋结构不是溶液中的主要构象（Liu et al.，1994），而是由随机排列的糖链组成。结晶时，分子形成螺旋，通过分子间氢键保持稳定。形成凝胶时，氢键数目增加，形成螺旋域，增加结晶（Haverkamp，1996），而螺旋域中没有可以包含线状分子的核（Dvonch et al.，1950）。

3. 果聚糖的聚合度

果聚糖的聚合度为 2～70，部分果聚糖分子没有末端葡萄糖残基，少量的果聚糖存在有限分支。由于物种差异、储存器官成熟度、环境条件、贮藏时间及其他因素的不同，果聚糖的聚合度存在较大的差异。聚合度对果聚糖的应用影响显著，短链低聚果糖（DP≤9）主要作为膳食纤维和益生元添加到食品，高聚合度的果聚糖则可用于生产脂肪替代品和高果糖浆。果聚糖聚合度的常规分析主要用配备脉冲安培检测器的阴离子交换色谱（HPAE-PAD）仪检测（Saengthongpinit and Sajjaanantakul，2005）。Koizumi等于1989年首次应用HPAE-PAD来分析植物来源、不同聚合度的碳水化合物聚合体，目前已测定了超过80种的水果，蔬菜和谷物的低聚果糖的含量（Campbell et al.，1997）。

4.1.3 果聚糖的代谢

1. 果聚糖的合成

果聚糖的合成是由于植物的光合产物超过了生理所需而引起，即当植物器官蔗糖含量达到一定的水平时才开始启动果聚糖的合成（Pollock，1984）。早期的果聚糖合成模型是基于菊芋的研究形成的（Edelman and Jefford，1968），果聚糖的合成过程由于糖苷键的不同连接方式、分支及大小等而十分复杂，经过多年的丰富和发展，目前比较公认的合成模型由Vijn和Smeekens（1999）提出，发现有4种果糖基转移酶参与，即蔗糖:蔗糖-1-果糖基转移酶（sucrose:sucrose-1-fructosyltransferase，1-SST）；果聚糖:果聚糖-1-果糖基转移酶（fructan:fructan-1-fructosyltransferase，1-FFT）；蔗糖:果聚糖-6-果糖基转移酶（sucrose:fructan-6-fructosyltransferase，6-SFT）和果聚糖:果聚糖-6G-果糖基转移酶（fructan:fructan-6G-fructosyltransferase，6G-FFT）。果聚糖的合成在植物液泡中进行，以蔗糖为底物通过两条途径合成不同类型的果聚糖。第一条途径是在1-SST作用下，催化两个蔗糖分子形成一个1-蔗果三糖分子，并释放一个葡萄糖分子。而形成的1-蔗果三糖又分成不同的三个途径：一是在1-FFT作用下延伸1-蔗果三糖形成菊粉型果聚糖，聚合度最高可达到200，一般为30~50；二是在6G-FFT作用下，通过转移1-蔗果三糖中的果糖基部分至蔗糖分子中的葡萄糖部分形成新蔗果三糖（neokestose），同时6G-FFT还能催化果糖从果寡糖分子（fructo-oligosaccharide）向蔗糖分子中葡萄糖残基C6上转移，在某些物种中6G-FFT具有类似1-FFT的延伸功能，新蔗果三糖在1-FFT和6-SFT催化作用下分别形成菊粉型果聚糖新生系列和梯牧草糖型果聚糖新生系列；三是在6-SFT催化作用下，蔗糖分子中的果糖基部分转移到1-蔗果三糖上产生分支型1,6-蔗果四糖，然后该四糖又分别在1-FFT和6-SFT作用下延伸形成分支混合型果聚糖。第二条途径是在6-SFT催化作用下，2个蔗糖分子形成6-蔗果三糖，然后6-蔗果三糖继续在6-SFT作用下形成梯牧草糖型果聚糖。果聚糖合成可能比上述模型更复杂，一方面，不同的果糖基转移酶在不同底物供应和不同环境条件下合成不同类型的果聚糖，蔗糖可能不是唯一的果聚糖合成底物；另一方面，酸性转化酶是果糖基转移酶的同源性很高，酸性转化酶和其他类型的转化酶是否参与了果聚糖的合成仍不明确。

环境因素影响果聚糖合成。牧草类植物在冷凉地区的秋季，低温而光合作用继续进行的情况下，这种类型的牧草会积累大量果聚糖。Chatterton等（1989）报道了在禾本科185种植物的叶片中，只有在冷凉季节生长的植物中发现果聚糖积累，而在暖季生长的品种中则没有。Amiard 等（2003）研究表明，在干旱胁迫条件下黑麦草叶片所有组织中果聚糖浓度都明显增加。Edelman 和 Jefford（1968）和 Pontis（1989）报道，在有利于果聚糖积累的环境中，果聚糖含量可以达到植物干重的 80%，而 Meier 和 Reid（1982）的研究发现，果聚糖的含量可以达到植物干重的 90%。植物吸收的营养元素也影响果聚糖的含量。Archibold（1940）在大麦中发现，土壤氮、磷含量的水平与果聚糖是负相关，而钾元素水平与果聚糖含量呈正相关。除了确认氮水平与果聚糖的这种负相关关系外，Westhafer 等（1982）发现在草地早熟禾的茎中，果聚糖是对氮水平最敏感的碳水化合物。在光强水平促进植物碳固定而低温降低植物生长速率的时期内，果聚糖在植物的不同组织中都有积累。Edelman 和 Jefford（1968）认为，果聚糖先在液泡里积累，然后运输到细胞质内，从而允许光合作用继续进行，Wagner 等（1983）在大麦中也证实了这一观点。果聚糖代谢促进植物低温下光合作用的机制有待进一步研究。在菊芋根茎叶中，几乎不积累淀粉。相反，除了所有的幼嫩器官的生长末端，在所有器官都能发现果聚糖的存在，在成熟的菊芋块茎中，大部分果聚糖聚合度低于 10，平均聚合度约为 5。

2. 果聚糖的降解

目前，在植物和微生物中均发现了不同类型和功能的果聚糖水解酶。根据作用方式不同，可分为：①外水解酶，可以水解果聚糖非还原性末端以 β（2→1）和 β（2→6）糖苷键相连的 β-D-呋喃果糖残基，释放一个 β-D-果糖。②内切水解酶，可以断裂果聚糖内部的糖苷键，生成以蔗果三糖、蔗果四糖、蔗果五糖为主的低聚果糖（FOS）（Chi et al.，2009）。微生物来源的果聚糖水解酶同时具有外切酶和内切酶的活性，植物来源的果聚糖水解酶一般则只有外切酶活性。目前，对于微生物果聚糖水解酶的研究较多，大量酵母、丝状真菌和细菌所产生的果聚糖水解酶被应用于果聚糖产品的生产（Kango，2008；Singh et al.，2007），同时也已有许多微生物的内切和外切果聚糖水解酶基因被克隆（Kuzuwa et al.，2012；Yuan et al.，2005）。

植物中负责果聚糖降解的酶是果聚糖外水解酶（fructan exohydrolase，FEH），FEH 降解果聚糖的机理是该酶催化果聚糖末端的果糖基解离，释放出果糖分子，由于是外水解酶，一次只能释放一个果糖分子，而在 FEH 的持续作用下，果聚糖多聚体逐步降解为蔗糖和果糖分子。果聚糖外水解酶主要包括果聚糖 1-外水解酶（fructan 1-exohydrolase，1-FEH）和果聚糖 6-外水解酶（fructan 6-exohydrolase，6-FEH）。此外，果聚糖 6&1-外水解酶（fructan 6&1-exohydrolase，6&1-FEH）和 6-蔗果三糖外水解酶（6-kestose exohydrolase，6-KEH）也能水解果聚糖（Kawakami et al.，2005）。1-FEH 能够水解果聚糖的 β（2→1）糖苷键，6-FEH 水解 β（2→6）糖苷键，6&1-FEH 则可水解上述 2 种糖苷键，6-KEH 仅能水解最简单的蔗果三糖（6-kestose）（Henson and Livingston，1998；Van den Ende et al.，2003，2005；Chalmers et al.，2005）。此外还有专门分解基于 6-蔗果三糖的 FEH（Lothier et al.，2007）。Lothier 等（2007）在黑麦草中分离出降解果聚糖的 1-FEH，认为 FEH 可能在果聚糖的合成中起到修饰酶的作用参与了果聚糖的合成。在 20 世纪 60 年代就发现有两种果聚糖水解酶降解菊芋中的 β（2→1）直链果聚糖（Edelman and Jefford，1968），但目前只有一种酶被纯化。目前，已在菊芋、菊苣、麦类和大蒜等植物中克隆到果聚糖外水解酶基因（许欢欢，2015；Kawakami et al.，2005；何林乾和黄雪松，2013）。FEH 在进化上和细胞壁转化酶紧密相关（Le Roy et al.，2007），在水稻基因组上编码两个液泡转化酶，它们具有降解果聚糖的活性，却没有发现类似于禾本科植物果聚糖合成酶基因存在（Ji et al.，2007）。在一些植物种类中，蔗糖是 FEH 活性的抑制者，说明蔗糖可能是果聚糖降解的反馈抑制者（Verhaest et al.，2007）。

研究表明，菊苣果聚糖的降解与果聚糖外水解酶基因的转录水平增加有关（Van Laere and Van den Ende，2002）。果聚糖外水解酶主要在植物的生长末期和采后贮藏过程中降解果聚糖，在这一时期，菊苣和朝鲜蓟中的果聚糖含量和链长随着果聚糖外水解活性升高而减少，果糖和蔗糖含量则逐渐增加（Van Arkel et al.，2012；Leroy et al.，2010）。果聚糖外水解酶的活性与采收时间和低温冰冻关系密切，但与日照长短、水分胁迫等因素没有相关性（Leroy et al.，2010；Van Laere and Van den Ende，2002；Vandoorne et al.，2012）。目前，关于果聚糖外水解酶基因调控果聚糖降解的分子机理的报道很少。Saengthongpinit 和 Sajjaanantakul（2005）报道了菊芋在不同采收时间和贮藏温度下果聚糖的含量和链长的变化。

4.1.4 果聚糖的应用

1. 天然提取的果聚糖（菊粉）

（1）作为填充剂

20 世纪 90 年代以前，人们对菊粉的利用有限，因此对其的兴趣主要集中在作为低热量食物的填充剂。填充剂能在不改变食物的功能和效用的前提下增加其重量或体积。如果用人造糖代替蛋糕混合配料中的糖，甜度的不同会导致潜在的体积的重大损失。加入可接受的，尤其是含很少热量的添加剂能恢复糖的必要部分和功能特性。

（2）作为食品配料

加入菊粉或菊芋全粉通常能赋予面包一些积极的属性，如改善碎屑的柔软度，延长保存时间和改善面包体积（De Man and Weegels，2005）。小麦和黑麦面包可以加入菊芋全粉或菊粉，随着果聚糖含量的增加，碎屑的硬度下降（Filipiak-Florkiewicz，2003）。通常情况下，菊粉含量的上限是 8%（Meyer，2003）。菊粉在烘焙过程中可以降低面包的卡路里含量和增加纤维含量，成为更健康的食物。菊粉也可用作冰淇淋、夹心、蛋黄酱、巧克力产品和糕点中的增稠剂（Frippiat and Smits，1993）。

（3）作为保健食品添加剂

保健食品是具有医疗或保健益处的一种食物或食物的一部分，而含菊粉的食物被认为有益且健康。菊粉在结肠发酵，选择性的改变微生物的存在（Gibson et al.，1995）。双歧杆菌有促进健康的作用，可代替一些有害微生物，而菊粉能促进双歧杆菌增殖。同时，菊粉有益于改善胃肠道状况，也能促进矿物质吸收（Hidaka et al.，2001）。日本自

1983 年以来一直把菊粉作为食品添加剂。在欧洲，到 2000 年已有超过 700 种产品含有菊粉。

（4）用于医疗检测

菊粉用作医疗诊断时，必须非常纯净，并有高聚合度（>20）。许多方法可获取作为医疗用途的纯菊粉，包括微波干燥和超滤（Vukov et al.，1993）。菊粉被用在肾功能衰竭检测中，称为菊粉清除方法（Gretz et al.，1993）。菊粉在血浆和尿液中的相对量可以说明肾的功能。

2. 根据聚合度分离的果聚糖

（1）高聚果糖

与较低聚合度的果聚糖相比，高聚果糖的功能更像脂肪。当其被用作脂肪替代品时，平均聚合度为 25 或更高，有利于减少饮食中的能量密度（Silva，1996）。高聚果糖可用来代替某些肉类（Archer et al.，2004）和传统食物中的脂肪部分，产品中的水合能力和果聚糖的流变能力允许将脂肪含量从大约 80%降至 20%～40%。果聚糖易溶于水，但其溶解度受温度的强烈影响（如 10℃时约 6%、90℃时 35%）（Silva，1996）。它能分散在水中，但由于其吸湿性而趋向于成团，这个问题能通过它与糖或淀粉的混合而部分避免。

（2）低聚果糖

低聚果糖通常被视为聚合度<9 的果聚糖。其中聚合度为 2～4 的短链低聚果糖可用于保健食品的益生元，也可作为甜味剂，甜度约为蔗糖的 45%。菊芋菊糖的聚合度比菊苣的低，可用超滤、色谱法或其他方法分离，同时也可通过蔗糖合成或部分水解菊粉的高分子质量部分来生产。

3. 水解的果聚糖

利用菊粉型果聚糖完全水解的果糖浆比蔗糖更甜，在同一重量基础上，果糖比蔗糖甜 1.2 倍（Shallenberger，1993），被广泛应用于食品工业，它们有很高的水溶性，所含能量比蔗糖低，是理想的用于低热量食物、糖尿病患者食物和减肥产品的糖。另外，果糖在人体中的新陈代谢不是胰岛素依赖型的，且不易形成蛀牙。目前，大部分用于食品工业的果糖利用玉米淀粉通过水解和异构来生产，浓度约为 42%，进一步可通过色谱法分离增加到 95%。而果聚糖作为果糖聚合体，是很好的高果糖浆生产原料，它很容易用酶法或化学法水解（Grootwassink and Fleming，1980）。聚合度对水解果聚糖生产果糖影响较大，如早收获的菊芋果聚糖的平均聚合度是 10～15，而晚收获的仅有 3～5。链长越短，葡萄糖浓度越高，果糖浓度越低。菊芋的果糖生产率比糖用甜菜或玉米高，菊芋中的果糖来源于果聚糖，糖用甜菜中的果糖来源于蔗糖，玉米中的果糖来源于淀粉。菊芋、糖用甜菜和玉米中的总果糖产量分别为 4.5t/hm^2、2.9t/hm^2 和 2.1t/hm^2（Barta，1993）。

4. 果聚糖的发酵产物

从菊芋和菊苣等植物来源的果聚糖是几种常见试剂的商业化发酵原料（如乙醇、丙酮、丁醇、2,3-丁二醇、乳酸、琥珀酸等）（Barthomeuf et al.，1991；Drent and Gottschal，1991；Drent et al.，1993；Fages et al.，1986；Fuchs，1987；Marchal et al.，1985；Middlehoven et al.，1993）。微生物和发酵条件的选择与优化对于果聚糖至关重要。

4.1.5 果聚糖的来源

1. 天然植物来源

目前，果聚糖的主要商业植物来源是菊芋和菊苣。欧洲主要用菊苣生产果聚糖，而近年来中国和其他一些地区利用菊芋生产果聚糖的发展规模越来越大。目前，作为菊芋起源地的北美地区，没有出现其规模化种植和商业化生产加工。

2. 微生物合成来源

大肠杆菌中的 β-呋喃果糖苷酶（EC 3.2.1.26）或 β-果糖基转移酶（EC 2.4.1.100）可以蔗糖为原料合成短链低聚果糖（Fishbein et al.，1988）。来自黑曲霉 ATCC20611 的果糖基转移酶已成功地应用于商业生产（Hidaka et al.，2001）。还有一些微生物来源的果糖基转移酶也被插入微生物如大肠杆菌中用来生产果聚糖（Engels et al.，2002；Heyer and Wendenburg，2001）。目前，以蔗糖为原料的微生物合成低聚果糖的商业化生产在中国和欧洲都取得了较快发展。

3. 转基因作物来源

因为传统大田作物（如甜菜、马铃薯、玉米和大豆）的生产、收获、储存和加工的专业相关技术和设施设备均已成熟，一些研究机构正努力通过转基因技术来实现以这些大田作物为原料的果聚糖商业化。从菊芋中分离的果糖基转移酶基因导入甜菜后，导致转基因甜菜根中高达 90%的蔗糖转化为果聚糖（Sévenier et al.，2002）。然而，菊芋与甜菜和马铃薯等作物相比有一些优势，它生态适应性更广，可以在一些其他作物不能生长的生态环境和土壤条件下正常生长。到目前为止，转基因植物并未成为果聚糖的主要商业来源。

4.2 菊芋果聚糖研究

4.2.1 生育期果聚糖代谢特征

1. 材料与方法

试验设计：试验材料为青芋 2 号和青芋 3 号菊芋。试验安排在青海大学农林科学院 3 号试验园。参照大田种植，两个品种各种植 100m²。从出苗后 2 周，每周取样 1 次，共取样 20 次。根据观察实践，将菊芋生长发育过程基本分为 6 个生育时期，分别为苗期、植株生长期、块茎形成期、开花期、块茎膨大期及成熟期。早熟或晚熟品种应适当调节。

样品处理：样品采后分茎、叶、块茎称量鲜重，取同部位代表性小样称鲜重后烘干至恒重称量干重。样品磨粉后，取干样 1g，加蒸馏水 80℃水浴 10min，离心取上清液，残渣再加蒸馏水，按上述过程提取 3 次，上清液合并蒸干后，加蒸馏水溶解，用于糖含量测定。每份样品重复测试 3 次。可溶性总糖含量用蒽酮法。葡萄糖、果糖、蔗糖和果聚糖含量用高效液相色谱（HPLC）法。

HPLC 条件：采用岛津 LC20A 分析系统，配套 LC10A 示差折光检测器和 Shim-pack SCR-101-C（7.9mm×30cm）糖分析专用柱，一个样品测试时间约为 10min，效率较高，本研究大部分 HPLC 测试工作均由该系统完成。流动相为超纯水，流速 1ml/min，柱温 80℃。样品经微孔滤膜过滤后进样，进样量 20μl。

标准样品：葡萄糖、果糖、蔗糖 HPLC 测定以 1%色谱纯葡萄糖、果糖和蔗糖为标样。果聚糖的测定由于起初缺乏标样，以棉子糖（蜜三糖）为标样，按色谱峰面积折算。而经过实验发现，此方法所得到的果聚糖含量数值偏低。之后经过多方努力，得到了 DP（聚合度）=3、4、5 的低聚合度果聚糖标准样品及高聚合度标准样品，因此 HPLC 测定果聚糖时低聚合度部分（DP<6）以相应单体果聚糖标准品为标样，而高聚合度部分则以高聚合度果聚糖的标准品的峰面积进行折算。高聚合度部分（DP≥6）保留时间为 4.67min、DP=5 果聚糖为 4.78min、DP=4 果聚糖为 4.92min、DP=3 果聚糖为 5.21min、蔗糖为 5.81min、葡萄糖为 6.95min、果糖为 8.5min。

2. 结果与分析

苗期叶片中 DP≥6 果聚糖含量从 6%左右迅速增加至 13%以上，植株生长期含量呈起伏变化，块茎形成期含量迅速增加，开花期含量大幅度降低，块茎膨大期含量逐渐增加（图 4.1A）。与叶片相似，苗期茎中的 DP≥6 果聚糖增加迅速，从 7.5%左右增加到 33%以上。植株生长期和块茎形成期含量均有峰值出现。开花期，果聚糖含量迅速增加。块茎膨大期，果聚糖含量又迅速减少，从 50%左右降低到 10%左右（图 4.1B）。开花期，块茎内的 DP≥6 果聚糖缓慢增加；到块茎膨大期，含量逐渐降低（图 4.1C）。

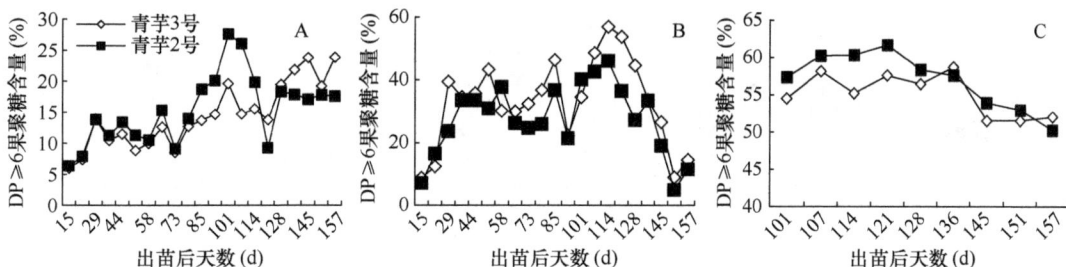

图 4.1　全生育期菊芋叶（A）、茎（B）、块茎（C）DP≥6 果聚糖含量变化动态

叶片中苗期 DP<6 果聚糖含量迅速上升，从 1%左右增加至 10%左右。之后直到块茎膨大前，含量一直呈起伏变化，块茎膨大期趋于相对稳定（图 4.2A）。茎中 DP<6 果聚糖在苗期也迅速增加。在植株生长期、块茎形成期和块茎膨大期均有高峰出现（图

4.2B）。开花期，块茎内的 DP<6 果聚糖呈相对稳定状态，到块茎膨大期，含量逐渐增加，从 1%左右增加至 8%左右（图 4.2C）。

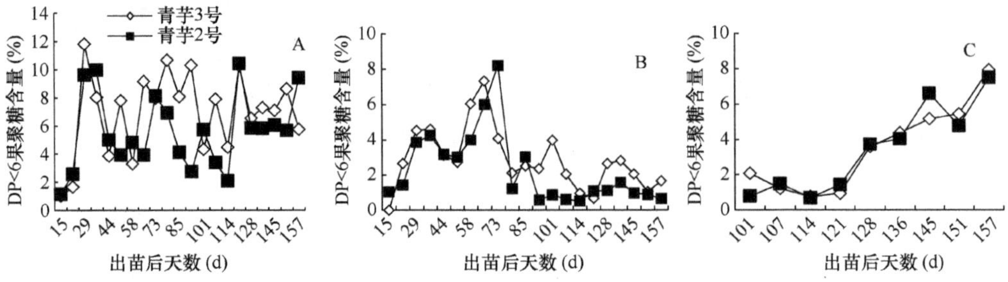

图 4.2 全生育期菊芋叶（A）、茎（B）、块茎（C）DP<6 果聚糖含量变化动态

叶和茎苗期蔗糖含量均迅速上升，植株生长期和块茎形成期含量均呈"V"形变化，开花期有小的峰值出现，块茎膨大期呈阶梯状变化（图 4.3A、图 4.3B）。开花期，块茎内的蔗糖含量从 5%左右逐渐减少到 0，到块茎膨大期，含量又逐渐增加至 16%左右（图 4.3C）。

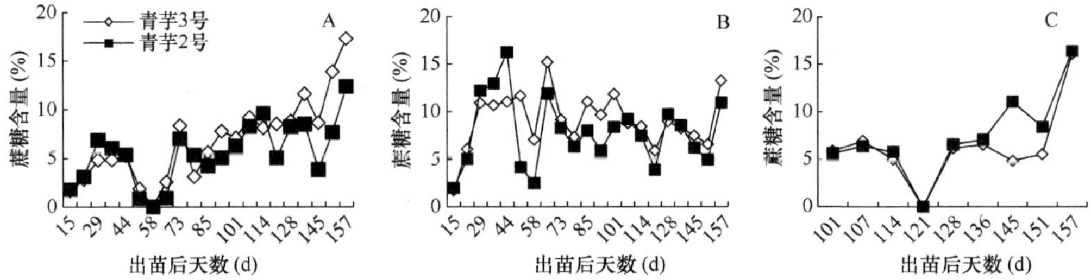

图 4.3 全生育期菊芋叶（A）、茎（B）、块茎（C）蔗糖含量变化动态

在苗期，叶中还原糖含量增加，植株生长期含量减少，块茎形成期含量增加，开花期含量减少，块茎膨大期有峰值出现（图 4.4A）。茎中还原糖在苗期增加，植株生长期呈起伏变化，之后逐渐降低（图 4.4B）。开花期，块茎内的还原糖含量从 6%左右逐渐减少到 0，在块茎膨大期，含量在 0 和 5%之间起伏（图 4.4C）。

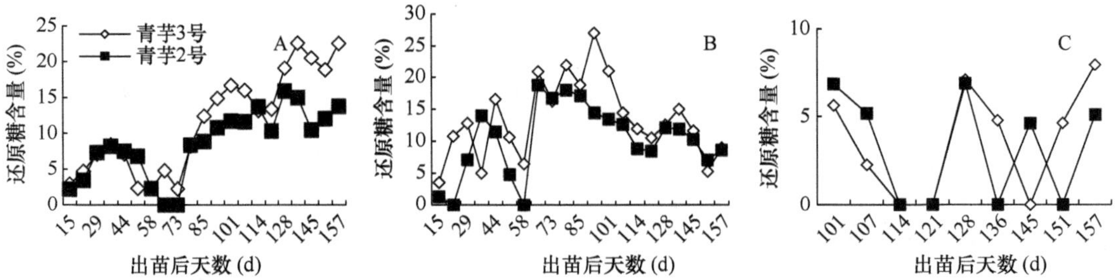

图 4.4 全生育期菊芋叶（A）、茎（B）、块茎（C）还原糖含量变化动态

叶中可溶性总糖含量在苗期增加，植株生长期含量呈"V"形变化，块茎形成期含量增加，开花期含量减少，块茎膨大期呈起伏变化（图 4.5A）。茎中可溶性总糖在苗期增加，植株生长期呈双峰变化，开花期有峰值出现，块茎膨大期逐渐降低（图 4.5B）。

开花期，块茎内的可溶性总糖含量呈降低趋势，在块茎膨大期，含量呈起伏变化（图
4.5C）。

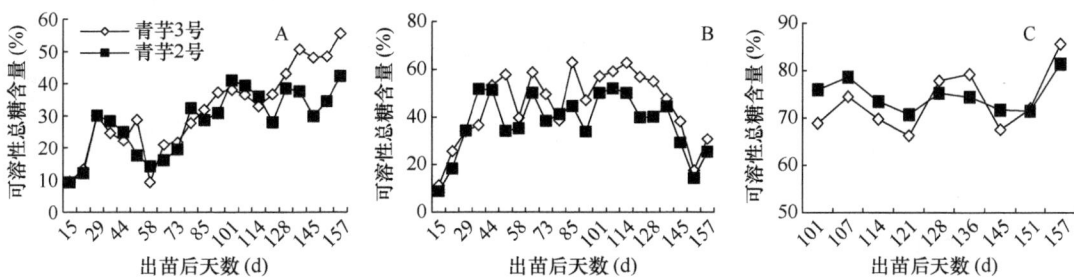

图 4.5　全生育期菊芋叶（A）、茎（B）、块茎（C）可溶性总糖含量变化动态

　　从图 4.6 可见，从苗期到开花前，果聚糖积累量呈持续增加趋势，且主要分配在叶
和茎中。苗期果聚糖积累量增加较少，植株生长期和块茎形成期，积累速率相对较快。
在开花后的 1～2 周内，叶片内开始迅速积累果聚糖，达到峰值后开始迅速降低至块茎
膨大前，之后保持相对稳定。伴随着叶内果聚糖的减少，茎中果聚糖积累量开始激增，
在开花后 2～3 周内达到峰值 200g 左右后迅速降低，将果聚糖向块茎转运。开花期内块
茎果聚糖积累量增加缓慢，块茎膨大期则迅速上升，到块茎成熟单株块茎果聚糖积累可
以达到 180g 左右。

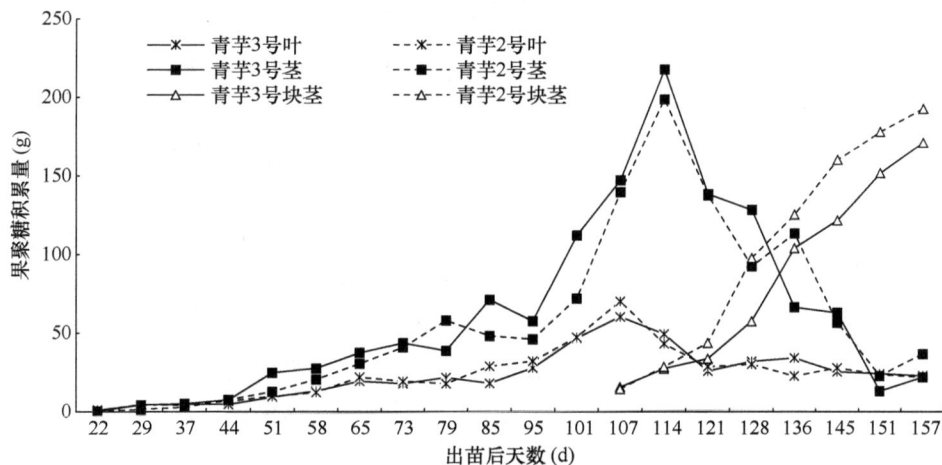

图 4.6　全生育期菊芋果聚糖在各器官的分配变化动态

3. 小结

　　菊芋的生长发育和物质积累呈现明显的阶段性，而果聚糖作为主要的贮藏性碳水化
合物，其积累、运转和分配也相应地表现阶段性。本研究结果表明，苗期叶、茎中不同
聚合度的果聚糖均合成迅速，含量大幅度增加，积累总量呈直线上升；植株生长期和块
茎形成期，叶、茎中高聚合度果聚糖含量呈起伏变化，并出现阶段性的激增现象，可能
是由于此阶段植株形态迅速建成，生长速率与高聚合度果聚糖积累速率的差异造成。以

果聚三糖为主的低聚合度果聚糖作为高聚合度果聚糖的合成底物，叶、茎中的含量随后者的增加而减少。同时，全株果聚糖积累总量呈持续上升趋势，主要贮存在叶和茎中；开花期，叶、茎中的果聚糖含量和积累总量先后达到全生育期的最高值，并完成果聚糖从叶片向茎的转运。并呈现高聚合度果聚糖含量持续增加而低聚合度果聚糖保持相对稳定的现象。块茎内果聚糖含量稳定、积累总量增加缓慢。此时期，果聚糖主要贮存在茎内；块茎膨大期，全株的果聚糖积累量增加缓慢，以植株内部转运为主，果聚糖开始迅速从茎向块茎分配，到生育期末，全株果聚糖有 70%分配到块茎。

4.2.2 贮藏期果聚糖代谢特征

1. 材料与方法

试验设计：试验材料为青芋 2 号菊芋块茎。研究分为 2 部分：第 1 部分是贮藏方式对比，共设库藏（普通库房，无采暖通风设备）、窖藏（大型贮藏窖，温度保持在–3～4℃）、室外堆放、恒温冷藏（冷藏柜，温度为–8℃）4 个处理。第 2 部分是恒温贮藏温度的对比，在冷藏柜共设 7℃、2℃、–3℃、–8℃ 4 个处理。贮藏后每 2 周取样 1 次，共取 9 次。

测试方法：测试样品为鲜样，测试方法条件同 4.2.1 节。

2. 结果与分析

（1）全贮藏期不同贮藏方式下菊芋块茎果聚糖代谢变化动态

随着贮藏时间的延长，各贮藏方式下菊芋块茎果聚糖和其他碳水化合物含量均发生不同程度的变化。在贮藏后 15d 内各贮藏方式下 DP≥6 果聚糖含量均下降迅速；从贮藏15～56d，库藏、窖藏和恒温贮藏的含量保持相对稳定，而室外块茎 DP≥6 果聚糖含量则持续下降；从贮藏 56～113d，室外和恒温贮藏 DP≥6 果聚糖含量呈起伏变化，到贮藏结束其含量分别为 7.05%和 10.55%，较贮藏前分别降低 45.39%和 18.28%；库藏则下降后略有上升，到贮藏结束其含量为 9.79%，较贮藏前降低 24.17%；而窖藏则迅速下降至 5.82%，下降幅度达到 54.92%（图 4.7A）。

从贮藏 0～15d，各贮藏方式下的 DP<6 果聚糖含量均迅速上升；从贮藏 15～56d，各贮藏方式的含量继续缓慢上升，室外、库藏、窖藏和恒温贮藏的 DP<6 果聚糖含量达到最高值时分别为 3.49%、3.24%、3.14%和 2.09%；之后缓慢下降或趋于相对稳定，到贮藏结束其含量分别为 2.89%、2.92%、2.44%和 1.81%（图 4.7B）。

从贮藏 0～56d，高聚合度果聚糖的减少与低聚合度果聚糖的增加，使得各贮藏方式下的总果聚糖含量变化相对稳定；从贮藏 15～45d，库藏和窖藏还有少量增加，说明在贮藏过程中仍有果聚糖合成；之后逐渐下降，到贮藏结束室外、库藏、窖藏和恒温贮藏较贮藏前分别降低 25.43%、4.65%、38.03%和 7.28%（图 4.7C）。

不同贮藏方式下，蔗糖含量在全贮藏期的变化动态与 DP<6 果聚糖相似（图 4.7D）。从贮藏 0～15d，各贮藏方式下的还原糖含量均迅速上升；从贮藏 15～45d 趋于相对稳定，之后到 56d 又迅速上升至最高值；从 56～113d，还原糖含量又逐渐下降（图 4.7E）。从

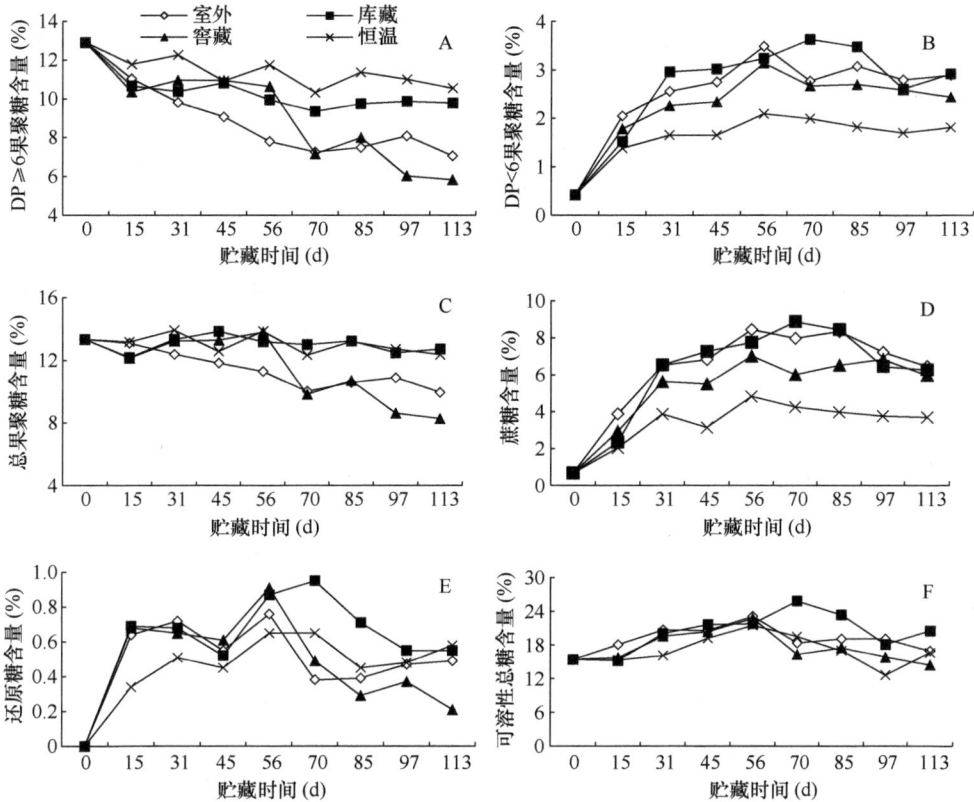

图 4.7　全贮藏期不同贮藏方式下菊芋 DP≥6 果聚糖（A）、DP<6 果聚糖（B）、总果聚糖（C）、蔗糖（D）、还原糖（E）和可溶性总糖（F）含量变化动态

贮藏 0～56d，可溶性总糖含量呈缓慢增加趋势；之后逐渐降低，到贮藏结束总糖含量除窖藏外均高于贮藏前（图 4.7F）。

（2）全贮藏期恒温下不同温度菊芋块茎果聚糖及碳水化合物代谢变化动态

从图 4.8 可见，恒温条件下，零上温度（7℃、2℃）和零下温度（–3℃、–8℃）内部分别保持相似的变化动态。菊芋块茎 DP≥6 果聚糖含量在不同贮藏温度下总体呈下降趋势。不同温度处理在 56d 前 DP≥6 果聚糖含量均呈现起伏变化，从 56～113d，零上温度和–3℃含量迅速下降，而–8℃则趋于相对稳定；到贮藏结束，7℃、2℃、–3℃、–8℃贮藏温度下 DP≥6 果聚糖含量分别为 7.19%、6.71%、7.95%和 10.55%，较贮藏前降低幅度分别为 44.31%、48.03%、38.42%和 18.28%（图 4.8A）。

从贮藏 0～15d，各贮藏温度下的 DP<6 果聚糖含量均迅速上升；从贮藏 15～56d，零下温度与 7℃贮藏其含量缓慢增加，而 2℃贮藏则含量有继续增加的过程；从 56～113d，各贮藏温度下含量均呈现缓慢下降趋势。到贮藏结束，7℃、2℃、–3℃、–8℃贮藏温度下 DP<6 果聚糖含量分别为 2.31%、2.67%、1.78%和 1.81%（图 4.8B）。

从贮藏 0～56d，各贮藏温度下的总果聚糖含量呈起伏变化，与高聚合度果聚糖相似；之后逐渐下降，到贮藏结束 7℃、2℃、–3℃、–8℃贮藏温度下总果聚糖含量分别为 9.5%、9.38%、9.73%和 12.36%，较贮藏前分别降低 28.73%、29.63%、27.00%和 7.28%（图 4.8C）。

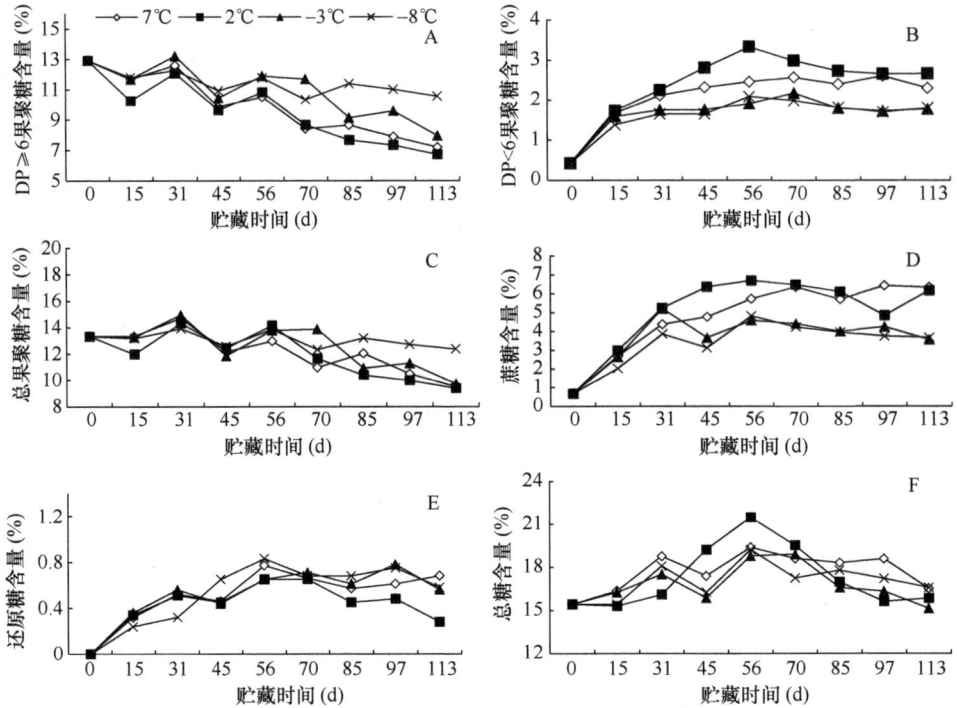

图 4.8 全贮藏期不同贮藏温度下菊芋块茎 DP≥6 果聚糖（A）、DP<6 果聚糖（B）、总果聚糖（C）、蔗糖（D）、还原糖（E）和可溶性总糖（F）含量变化动态

不同贮藏温度下的蔗糖含量在全贮藏期的变化动态与 DP<6 果聚糖相似（图 4.8D）。从贮藏 0～31d，各贮藏温度下的还原糖含量均迅速上升；从贮藏 31～45d 趋于相对稳定；之后到 56d 又迅速上升至最高值；从 56～113d，还原糖含量又逐渐下降（图 4.8E）。从贮藏 0～56d，可溶性总糖含量呈起伏增加趋势；之后逐渐降低，到贮藏结束 7℃、2℃、-3℃、-8℃贮藏温度下可溶性总糖含量分别为 16.52%、15.84%、15.14%、16.59%（图 4.8F）。

3. 小结

在菊芋块茎作为加工原料或种芋贮藏过程中，保持碳水化合物含量，尤其是果聚糖含量是保障加工品质和种芋质量的关键，同时单双糖的增加也给菊粉加工带来相应的难度。本研究探索了菊芋块茎在整个贮藏过程中果聚糖和其他碳水化合物的合成降解动态变化，同时还进行了不同贮藏方式和恒温贮藏温度对菊芋块茎碳水化合物变化的影响对比。研究结果表明，在贮藏开始的前半个月，高聚合度的果聚糖迅速水解为低聚合度果聚糖，总果聚糖含量保持稳定，同时低聚合度果聚糖和单、双糖含量迅速增加；之后的一个半月，由于合成与水解反应的同时进行，高聚合度果聚糖含量虽总体呈下降趋势，但呈现起伏变化，低聚合度果聚糖和单、双糖含量缓慢增加到贮藏期的最高值；在贮藏期的后两个月，高聚合度果聚糖和总果聚糖含量迅速下降，低聚合度果聚糖和蔗糖含量保持稳定，还原糖也逐步减低。到贮藏期结束，菊芋块茎总体呈现果聚糖聚合度降低、果聚糖总量减少、单双糖增加、可溶性总糖增加的趋势。

不同贮藏方式对菊芋块茎果聚糖及其他碳水化合物代谢的影响很大。室外堆放和库藏时剧烈的温度变化使得高聚合度果聚糖迅速降解，块茎内的果聚糖聚合度降低、含量大幅度减少，单双糖含量大幅度增加。在本研究中，库藏时的碳水化合物的含量较高，是因为以新鲜块茎为检测样品，而库藏时块茎迅速失水，使得相对含量较高，若折算为干物质则果聚糖含量迅速下降。在窖藏或恒温贮藏时，较小的温差使高聚合度果聚糖降解速度变缓，到贮藏期结束时块茎果聚糖仍能保持较高的聚合度和含量，单双糖积累量也相对较小。因此，在菊芋块茎贮藏过程中应采取措施，尽量保持相对恒定的温度；恒温贮藏时，不同贮藏温度也使菊芋块茎果聚糖及其他碳水化合物的代谢呈现不同的变化。零上温度较零下温度贮藏，块茎高聚合度果聚糖降解速度快、含量降低幅度大。因此，在恒温贮藏时应尽量保持零下温度。并且研究显示，温度越低，果聚糖降解就越慢。这样就出现一个问题，在加工时仅追求提高块茎果聚糖含量，贮藏时在考虑能耗成本的情况下可以尽量降低温度。但作为种芋贮藏时，提高果聚糖含量的同时，还应考虑在低温下其活性是否受到影响。因此，零下温度贮藏时的温度范围还应展开详细的研究，以取得最佳效果。

4.2.3 果聚糖代谢酶活性影响因素

1. 材料与方法

酶提取：采样时分茎、叶、块茎取同部位样品，用冷藏取样箱带回实验室，冲洗干净。取各组织样品 30g 左右剪碎，按 1∶2（$w∶V$）加入预冷的 pH5.5 柠檬酸提取缓冲液，提取缓冲液中含 0.002mol/L 乙二胺四乙酸（EDTA）、0.002mol/L β-巯基乙醇、0.005mol/L 维生素 C、10% 交联聚乙烯吡咯烷酮（PVPP）（$w∶w$），用匀浆器 30s 匀浆 2 次。将匀浆置于 4℃下 4h，期间多次搅拌，用 8 层纱布过滤后加入固体硫酸铵达到 20% 的饱和度，4℃下 12 000r/min 离心 10min，上清液加入固体硫酸铵达到 65%饱和度，4℃下 8000r/min 离心 10min，弃去上清液，沉淀用 3ml 提取缓冲液溶解，装入透析袋，用同样的缓冲液在 4℃下透析 24h，中间更换 1 次缓冲液，透析后的酶提取液用考马斯亮蓝法测定蛋白含量，之后冷冻保存备用。

酶活性测定：酶反应底物用 pH5 柠檬酸缓冲液溶解，将酶液和底物按 1∶1（$V∶V$）比例混合后进行反应。测定 1-SST（蔗糖:蔗糖-1-果糖基转移酶）时底物为 0.2mol/L 的蔗糖、温度为 30℃，测定 1-FFT（果聚糖:果聚糖-1-果糖基转移酶）时底物为 0.2 mol/L 的果聚三糖、温度为 30℃，测定 FEH（果聚糖外水解酶）时底物为 5%（$w∶V$）的菊芋菊粉、温度为 35℃。反应时间 1-SST 为 6h、1-FFT 为 2h、FEH 为 4h。用 HPLC 法测定果聚三糖生成量表示 1-SST 活性、果聚四糖生成量表示 1-FFT 活性、果糖生成量表示 FEH 活性。

温度梯度为 20～60℃，pH 梯度为 2～10。在最适条件下，反应体系达到 250ml，每 20min 取样 1ml，HPLC 法测定产物生成量，制作反应进程曲线。分别测试 1-SST、1-FFT、FEH 的活性。

2. 结果与分析

从图 4.9 可见，在 20～32℃ 温度范围内，1-SST 活性呈快速上升趋势，共上升了 936.0U，在 32℃ 时酶活性达到最大值，酶活性为 1138.4U。在 34～60℃ 温度范围内，1-SST 活性随温度升高呈下降趋势，其中在 34～50℃ 下降很快，酶活性下降了 924.0U（图 4.9A）。在 20～30℃ 温度范围内，1-FFT 活性呈上升趋势，其中 20～26℃ 范围内呈直线上升，酶活性升高了 1168.7U，在 30℃ 时酶活性达到最大值，酶活性为 3001.1U；在 32～60℃ 温度范围内，1-FFT 活性随温度升高呈下降趋势，其中在 42～52℃ 下降最快，酶活性下降了 1955.1U；之后缓慢下降直到失活（图 4.9B）。在 20～38℃ 温度范围内，FEH 活性呈上升趋势，其中 20～28℃ 温度范围内上升缓慢，在 28～38℃ 范围内酶活性增加很快，酶活性升高了 2004.5U，在 38℃ 时酶活性达到最大值，酶活性为 2463.3U；在 34～60℃，FEH 活性随温度升高呈下降趋势，其中在 48℃ 以后迅速下降，但在 60℃ 时活性值仍有 578.55U（图 4.9C）。

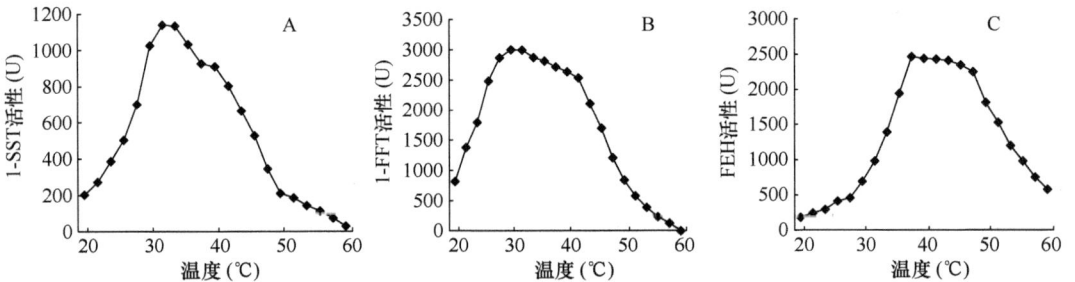

图 4.9　温度对菊芋果聚糖代谢酶 1-SST（A）、1-FFT（B）、FEH（C）活性的影响

从图 4.10 可见，在 pH2～5 时，1-SST 活性呈快速上升趋势，从失活状态上升为 1364.3U；在 pH5～10 时，1-SST 活性随 pH 升高呈下降趋势，其中在 pH6～8.5 时下降很快，酶活性下降了 904.5U（图 4.10A）。在 pH2～5.5 时，1-FFT 活性呈上升趋势，其中在 pH3～4.5 时呈直线上升，酶活性升高了 2194.3U，在 pH5.5 时酶活性达到最大值，酶活性为 2873.4U；在 pH6～10 时，1-FFT 活性随 pH 升高呈下降趋势，在 pH6～8 时下降较慢，在 pH8～10 时迅速下降直到失活（图 4.10B）。在 pH2～5 时，FEH 活性呈上升趋势，其中在 pH2～4 时呈直线上升，酶活性从失活升高到了 2578.5U，在 pH5 时酶活性达到最大值，酶活性为 2807.3U；在 pH5.5～10 时，FEH 活性随 pH 升高呈下降趋势，其中在 pH6～8 时下降迅速，酶活性下降了 1680.0U，之后缓慢下降到 557.25U（图 4.10C）。

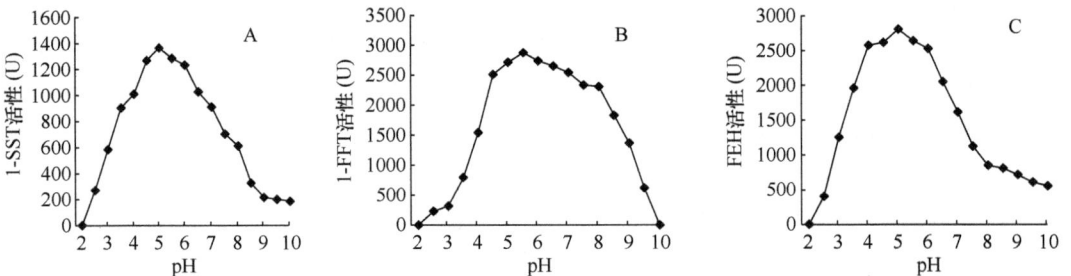

图 4.10　pH 对菊芋果聚糖代谢酶 1-SST（A）、1-FFT（B）、FEH（C）活性的影响

从图 4.11A 的进程曲线可见，1-SST 酶促反应在 0～340min 内呈直线，其反应初速率为 14.46μg/（ml·h），但随着反应时间继续延长，曲线斜率不断下降，在 480min 时反应趋于平衡；从图 4.11B 的进程曲线可见，1-FFT 酶促反应在 0～160min 内呈直线，其反应初速率为 58.33μg/（ml·h），在 300min 时反应趋于平衡；从图 4.11C 的进程曲线可见，FEH 酶促反应在 0～260min 内呈直线，其反应初速率为 52.99μg/（ml·h），在 260min 时反应趋于平衡。

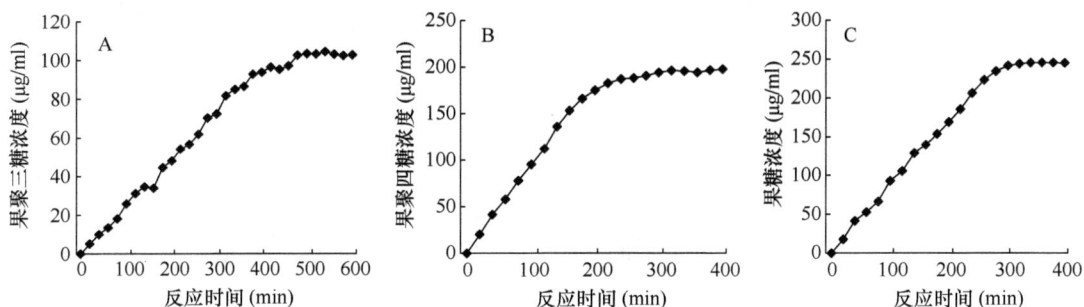

图 4.11　菊芋果聚糖代谢酶 1-SST（A）、1-FFT（B）、FEH（C）反应进程曲线

3. 小结

经过本试验研究发现，1-SST 酶促反应的最适宜温度为 32℃、最适宜 pH 为 5、反应初速率范围为 0～340min；1-FFT 酶促反应的最适宜温度为 30℃、最适宜 pH 为 5.5、反应初速率范围为 0～160min；FEH 酶促反应的最适宜温度为 38℃、最适宜 pH 为 5、反应初速率范围为 0～260min。

4.2.4　果聚糖代谢酶活性变化特征

1. 材料与方法

试验设计：研究分为 2 部分。第 1 部分是全生育期果聚糖代谢酶活性变化特征，试验材料为青芋 1 号和青芋 2 号菊芋，每月取样 1 次，共取样 6 次。第 2 部分是贮藏过程中果聚糖代谢酶活性变化特征，试验材料为青芋 1 号和青芋 2 号菊芋，每月取样 1 次，共取样 6 次。每样本重复 3 次。

酶提取：采样时分茎、叶、块茎取同部位样品，用冷藏取样箱带回实验室，冲洗干净。取各组织样品 30g 左右剪碎，按 1：2（$w：V$）加入预冷的 pH5.5 柠檬酸提取缓冲液，提取缓冲液中含 0.002mol/L EDTA、0.002 mol/L β-巯基乙醇、0.005mol/L 维生素 C、10% PVPP（$w：w$），用匀浆器 30s 匀浆 2 次。将匀浆置于 4℃下 4h，期间多次搅拌，用 8 层纱布过滤后加入固体硫酸铵达到 20% 的饱和度，4℃下 12 000r/min 离心 10min，上清液加入固体硫酸铵达到 65% 饱和度，4℃下 8000r/min 离心 10min，弃去上清液，沉淀用 3ml 提取缓冲液溶解，装入透析袋，用同样的缓冲液在 4℃下透析 24h，中间更换 1 次缓冲液，透析后的酶提取液用考马斯亮蓝法测定蛋白含量，之后冷冻保存备用。

酶活性测定：酶反应底物用 pH5 柠檬酸缓冲液溶解，将酶液和底物按 1∶1（V：V）比例混合后进行反应。测定 1-SST（蔗糖：蔗糖果糖基转移酶）时底物为 0.2mol/L 的蔗糖、温度为 30℃，测定 1-FFT（果聚糖：果聚糖果糖基转移酶）时底物为 0.2mol/L 的果聚三糖、温度为 30℃，测定 FEH（果聚糖外水解酶）时底物为 5%（w：V）的菊芋菊粉、温度为 35℃。反应时间 1-SST 为 6h、1-FFT 为 2h、FEH 为 4h。用 HPLC 法测定果聚三糖生成量表示 1-SST 活性、果聚四糖生成量表示 1-FFT 活性、果糖生成量表示 FEH 活性。

2. 结果与分析

图 4.12 表现了菊芋不同时期各器官中 1-SST 的活性变化。叶中 1-SST 在刚出苗时活性最大，在地上植株快速生长期趋于稳定，开花之后逐渐递减直到成熟（图 4.12A）；茎内的 1-SST 则在地上植株快速生长期较为活跃，在块茎迅速膨大开始后，活性显著降低，基本无活性（图 4.12B）；自块茎形成到成熟，其 1-SST 一直保持较低活性，且无大范围变化（图 4.12C）。

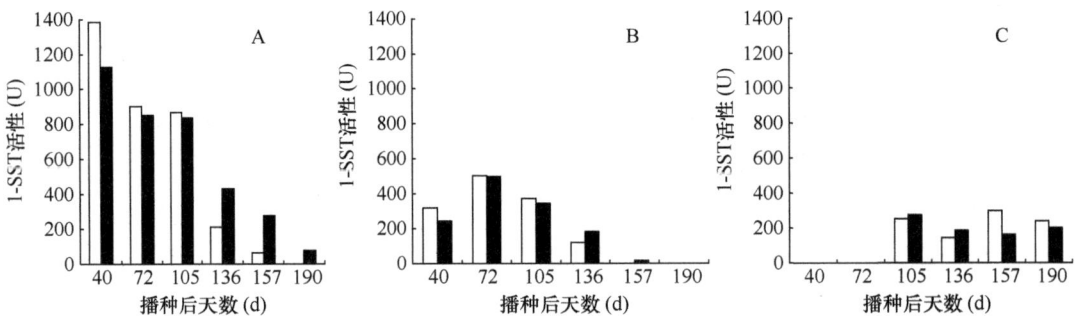

图 4.12　两菊芋品种青芋 1 号（□）和青芋 2 号（■）不同时期叶（A）、茎（B）、块茎（C）1-SST 活性变化

图 4.13 表现了菊芋不同时期各器官中 1-FFT 的活性变化。叶中 1-FFT 与 1-SST 保持相同的趋势，且活性较低（图 4.13A）；茎内的 1-FFT 活性在刚出苗时不高，在地上植株快速生长期迅速增大，开花后逐渐降低（图 4.13B）；在块茎刚形成时，1-FFT 具有一定活性，之后降低，在块茎迅速膨大期迅速增大，直到成熟仍保持较高活性（图 4.13C）。

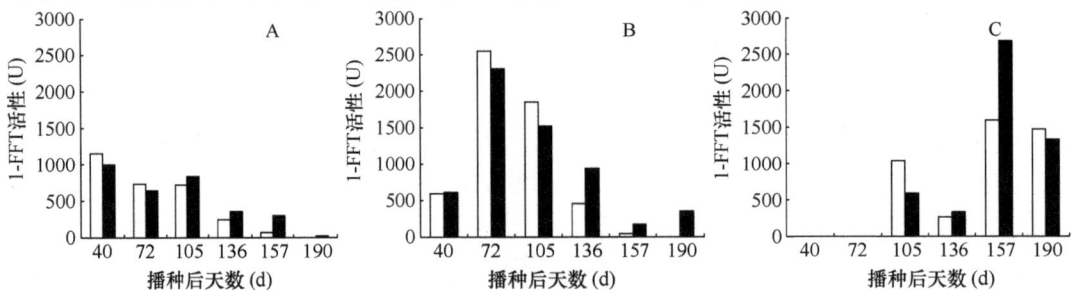

图 4.13　两菊芋品种青芋 1 号（□）和青芋 2 号（■）不同时期叶（A）、茎（B）、块茎（C）1-FFT 活性变化

图 4.14 表现了菊芋不同时期各器官中 FEH 的活性变化。叶和茎中 FEH 活性保持相

同的趋势，从出苗到开花逐渐升高，开花后又逐渐降低。且与块茎比较，其活性较低（图 4.14A、图 4.14B）；从块茎形成到块茎成熟，FEH 活性呈现直线增长的趋势（图 4.14C）。

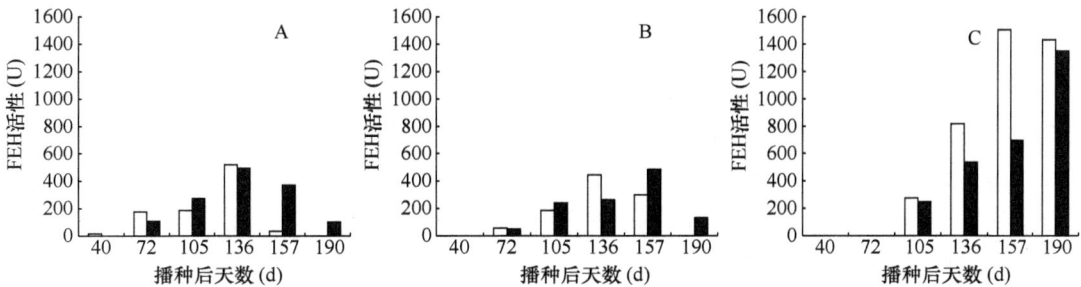

图 4.14　两菊芋品种青芋 1 号（□）和青芋 2 号（■）不同时期叶（A）、茎（B）、块茎（C）FEH 活性变化

由图 4.15 可见，菊芋块茎在贮藏过程中，两种果聚糖合成酶 1-SST 和 1-FFT 的活性变化趋势一致，贮藏前 2 个月其活性逐渐下降，到第 4 个月基本失活（图 4.15A、图 4.15B）；果聚糖外水解酶 FEH 也在前 2 个月逐渐降低，到第 4 个月活性又增高并保持稳定（图 4.15C）。

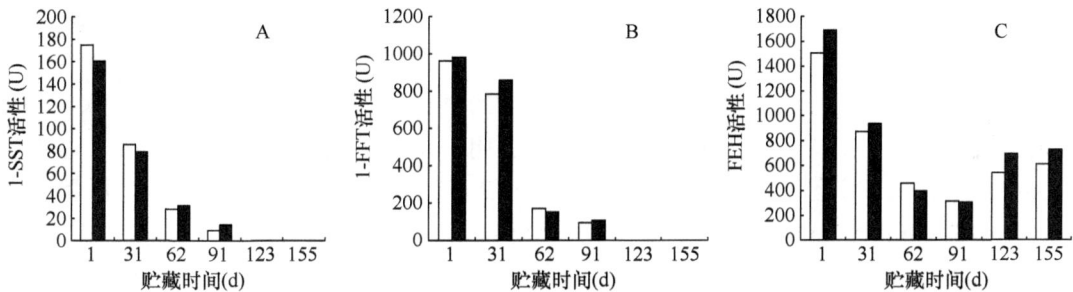

图 4.15　两菊芋品种青芋 1 号（□）和青芋 2 号（■）块茎不同贮藏时期果聚糖代谢酶 1-SST（A）、1-FFT（B）、FEH（C）活性变化

3. 小结

1-SST、1-FFT 和 FEH 是菊芋果聚糖代谢的 3 个关键酶，本研究初步探索了菊芋从出苗到块茎成熟、贮藏，再到贮藏结束全部过程中 3 个关键酶的活性变化特征。从研究结果看，在菊芋的生长发育前期（块茎形成前），主要由叶片中的 1-SST 促进果聚三糖的合成，同时叶片中的 1-FFT 也合成少部分 DP>3 的果聚糖，而主要由茎内的 1-FFT 利用叶片输送与茎内产生的果聚三糖大量合成高聚合度果聚糖，并在茎内贮存起来。FEH 在叶、茎中虽存在活性，但在正常生长条件下其水解活性不占主导；菊芋开花后，块茎开始膨大，叶、茎果聚糖合成能力逐渐减弱，贮存的果聚糖向块茎迅速输送，在块茎内的 1-FFT 继续合成高聚合度果聚糖的同时，FEH 的水解活性与之保持了相对平衡；贮藏过程中，在休眠前，3 种酶活性均较高，虽 FEH 水解能力强，但果聚糖减少量较小。在休眠中，3 种酶活性均很低，果聚糖基本维持稳定。休眠期结束后，合成酶 1-SST 和 1-FFT 基本无活性，FEH 占主导地位，果聚糖迅速减少，而单、双糖迅速增加。

4.2.5 果聚糖提取纯化

1. 材料与方法

大孔树脂提取粗糖：以菊芋块茎为原料，以水为溶剂，分次热水浸提和分次过滤，合并提取液。采用大孔树脂进行脱色，收集柱下口的流出液，并用 Molish 反应检验流出液是否为含糖组分。将回收的提取液进行真空浓缩，所收集的滤液进行乙醇沉淀，抽滤得粗提糖分。同时，进行了热水浸提法的适宜条件研究，包括料液比、浸提温度、浸提时间、提取次数及乙醇沉淀浓度等。

Seveage 法脱蛋白：Seveage 试剂为氯仿：正丁醇=4：1（$V：V$），每次 Seveage 试剂的加入量是提取液的 1/3，搅拌均匀，静置 20～30min，是混合液完全分层，除去下层的有机溶剂和界面处的蛋白变性胶状物，保留上清液，再按上述比例加入 Seveage 试剂，如此反复处理9～10次。

葡聚糖凝胶纯化：采用葡聚糖凝胶柱层析法进行纯化，准确称取已经脱蛋白的果聚糖 0.5g，溶于 2ml 水中，上柱，室温下用水洗脱，体积流量 0.6ml/min，收集洗脱液，每 17min 收集一管（每管 10ml）。用苯酚-硫酸显色法逐管检测，于 490nm 测定吸光值，根据洗脱体积对吸光值作图，合并单一高峰区的果聚糖溶液，减压浓缩，冷冻干燥。

果聚糖 GPC 测定：果聚糖于 3ml 热水（50℃）中充分溶解，过滤后离心（5000r/min，3min），取 50μl 上清液加超纯水稀释至 200μl 备用。高效凝胶渗透色谱（HPGPC）条件为 40mmol/L 乙酸铵水溶液，流速 0.6ml/min，分析时间 20min，TSK G-4000PWXL 凝胶柱（10μm，7.8mm×300mm），柱温 30℃，进样体积 3μl。ELSD 条件为漂移管温度 110℃，载气流速 3.0L/min。分子质量计算以标准葡聚糖（dextran）为对照品，保留时间（t_R）对标示分子质量的对数（lg Mw）作线性回归。所测试样品的保留时间代入计算即得。

2. 结果与分析

热水浸提法的适宜条件研究表明，其适宜条件为料液比 1：20，浸提温度 85℃，浸提时间 2h，提取次数 2 次，乙醇沉淀浓度 75%。

提取纯化到菊芋果聚糖 1 份，经蒸发光散射检测器（ELSD）检测为单一色谱峰，紫外检测无吸收。凝胶渗透色谱（GPC）测试分子质量为 10 728.11（预计 DP=66）。以下为 GPC-ELSD 和二极管阵列检测器（DAD）检测图（图 4.16、图 4.17）。

3. 小结

本研究对菊芋块茎中的果聚糖提取纯化方法进行了研究，对热水浸提条件进行了初步优化，并已得到了纯化的菊芋果聚糖，给菊芋果聚糖外水解酶提供了反应底物，也为今后果聚糖提取纯化研究的进一步开展奠定了基础。该研究的初衷是为了制备单一聚合度的果聚糖作为 HPLC 的标准品，由于在研究过程中从其他途径得到了所需的标准品，为节省人力和物力将果聚糖提取纯化研究中止。而经过近两年的研究发现，从菊芋块茎

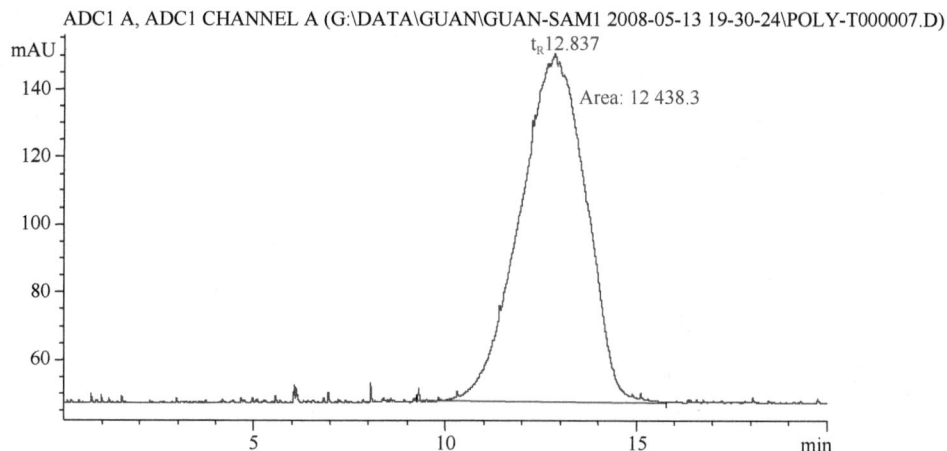

图 4.16　提取果聚糖的 GPC-ELSD 检测结果

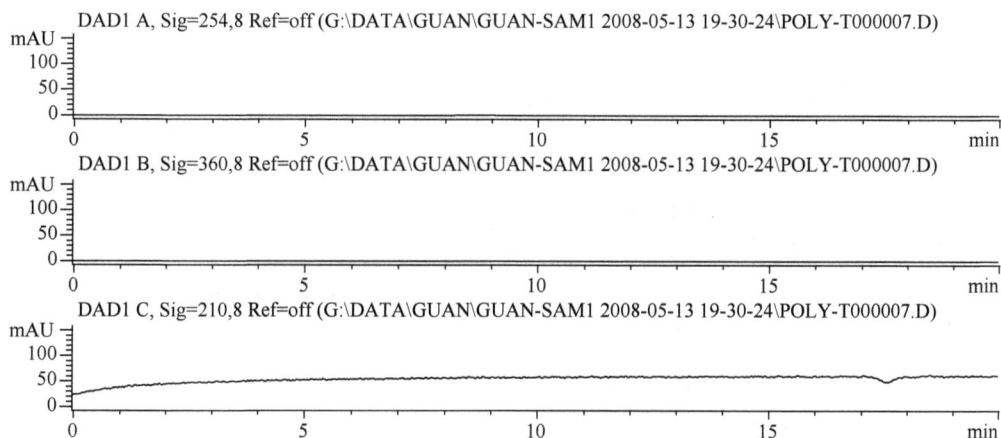

图 4.17　提取果聚糖的 DAD 检测结果

中利用普通色谱提取纯化单一聚合度的果聚糖存在相当的难度，即使上述研究所得到的果聚糖也很有可能是不同聚合度果聚糖的混合物，那么其分子质量和预计的聚合度就不准确。因此，利用植物提取纯化或利用化学合成单一聚合度的果聚糖的技术还存在诸多问题，应在此方面继续开展工作。

4.2.6　海拔梯度对果聚糖的影响

1. 材料与方法

试验设计：选择了川水地（2000m）、低位山旱地（2300m）、中高位山旱地（2600m）、高位山旱地（2900m）共设置 4 个海拔梯度，采样时期选择了 6 个主要生育时期。试验材料为青芋 2 号和青芋 3 号菊芋。

样品处理：样品采后分茎、叶、块茎称量鲜重，取同部位代表性小样称鲜重后烘干至恒重称量干重。样品磨粉后，取干样 1g，加蒸馏水 80℃水浴 10min，离心取上清液，残渣再加蒸馏水，按上述过程提取 3 次，上清液合并蒸干后，加蒸馏水溶解，用于糖含量测定。每份样品重复测试 3 次。可溶性总糖含量用蒽酮法。葡萄糖、果糖、蔗糖和果聚糖含量用 HPLC 法。

HPLC 条件：岛津 LC20A 分析系统，配套 LC10A 示差折光检测器和 Shim-pack SCR-101-C（7.9mm×30cm）糖分析专用柱，一个样品测试时间约为 10min，效率较高，项目大部分 HPLC 测试工作均由该系统完成。流动相为超纯水，流速 1ml/min，柱温 80℃。样品经微孔滤膜过滤后进样，进样量 20μl。

标准样品：葡萄糖、果糖、蔗糖 HPLC 测定以 1%色谱纯葡萄糖、果糖和蔗糖为标样。果聚糖的测定由于起初缺乏标样，以棉子糖（蜜三糖）为标样，按色谱峰面积折算。而经过实验发现，此方法所得到的果聚糖含量数值偏低。之后经过多方努力，得到了 DP=3、4、5 的低聚合度果聚糖标准样品及高聚合度标准样品，因此 HPLC 测定果聚糖时低聚合度部分（DP<6）以相应单体果聚糖标准品为标样，而高聚合度部分则以高聚合度果聚糖的标准品的峰面积进行折算。高聚合度部分（DP≥6）保留时间为 4.67min、DP=5 果聚糖为 4.78min、DP=4 果聚糖为 4.92min、DP=3 果聚糖为 5.21min、蔗糖为 5.81min、葡萄糖为 6.95min、果糖为 8.5min。

2. 结果与分析

从图 4.18 可见，随着海拔的增加，从川水地（2000m）到高位山旱地（2900m）叶中 DP≥6 果聚糖的含量呈减少趋势，两品种分别减少了 2.95%和 5.04%（图 4.18A）；茎内的含量由川水地到低位山旱地（2300m）呈增加趋势，在山旱地随着海拔增加含量逐渐减少（图 4.18B）；块茎内含量从低海拔到高海拔呈降低趋势，到海拔 2600m 的中高位山旱地其含量较川水地降低近 10%，而在高位山旱地（2900m）含量又迅速增加，高于川水地分别达到 51.55%和 54.97%。

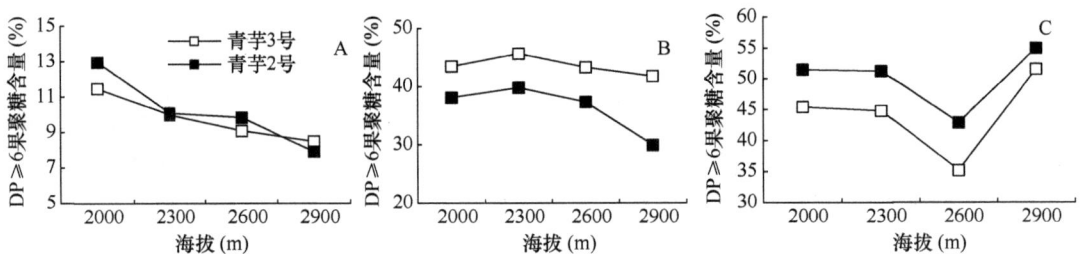

图 4.18 不同海拔梯度菊芋叶（A）、茎（B）、块茎（C）DP≥6 果聚糖含量变化

从图 4.19 可见，叶中 DP<6 果聚糖的含量变化趋势与 DP≥6 果聚糖相似，随海拔的增加而减少（图 4.19A）；茎内的含量在川水地较低位山旱地呈增加趋势，在山旱地随着海拔增加含量逐渐增加（图 4.19B）；块茎内含量从川水地到中高位山旱地基本维持稳定，在高位山旱地含量又迅速降低，其含量为 7%左右，仅为川水地的 30%左右（图 4.19C）。

从图 4.20 可见，随着海拔的升高，菊芋总果聚糖含量在各器官的含量均呈下降趋势。叶中总果聚糖含量从川水地到低位山旱地大幅度减少，低位山旱地与中高位山旱地基本保持一致，在高位山旱地又大幅度减少（图 4.20A）；茎、块茎内总果聚糖含量在川水地和低位山旱地基本相当，随着海拔升高则含量逐渐降低（图 4.20B、4.20C）。

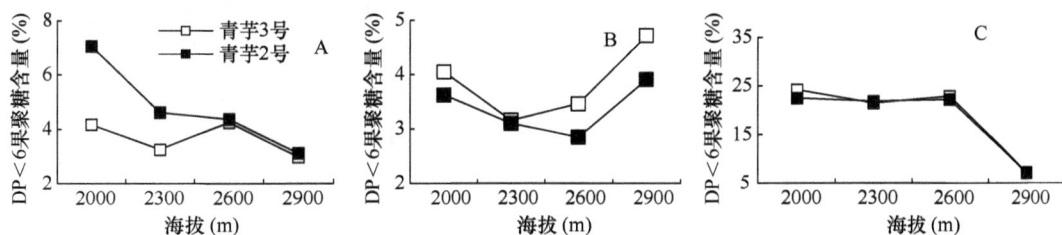

图 4.19　不同海拔梯度菊芋叶（A）、茎（B）、块茎（C）DP<6 果聚糖含量变化

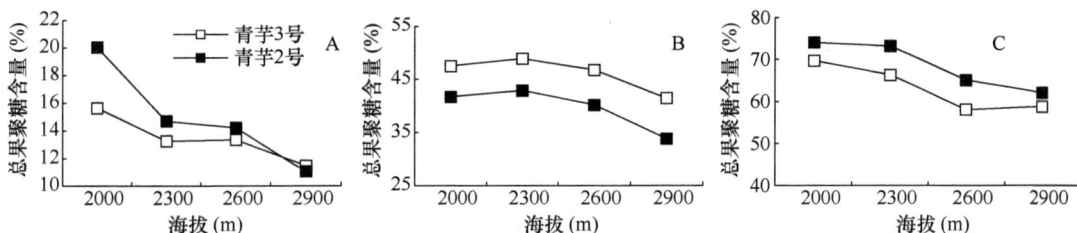

图 4.20　不同海拔梯度菊芋叶（A）、茎（B）、块茎（C）总果聚糖含量变化

从图 4.21 可见，叶中蔗糖含量从川水地到中高位山旱地变化幅度不大，在高位山旱地大幅度增加（图 4.21A）；茎内蔗糖含量从川水地到中高位山旱地逐渐降低，在高位山旱地也大幅度增加（图 4.21B）；块茎内蔗糖含量从川水地到中高位山旱地差异较小，在高位山旱地降低幅度较大。

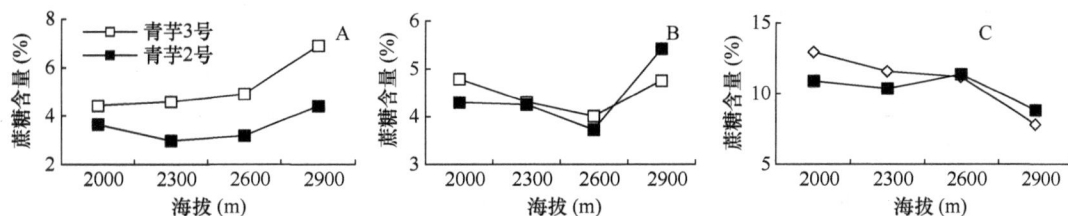

图 4.21　不同海拔梯度菊芋叶（A）、茎（B）、块茎（C）蔗糖含量变化

从图 4.22 可见，叶中还原糖含量从川水地到低位山旱地大幅度降低，在山旱地随着海拔增加差异较小（图 4.22A）；茎内还原糖含量从川水地到中高位山旱地逐渐降低，在高位山旱地小幅度增加（图 4.22B）；川水地到中高位山旱地块茎内不含还原糖，在高位山旱地则达到 8% 左右。

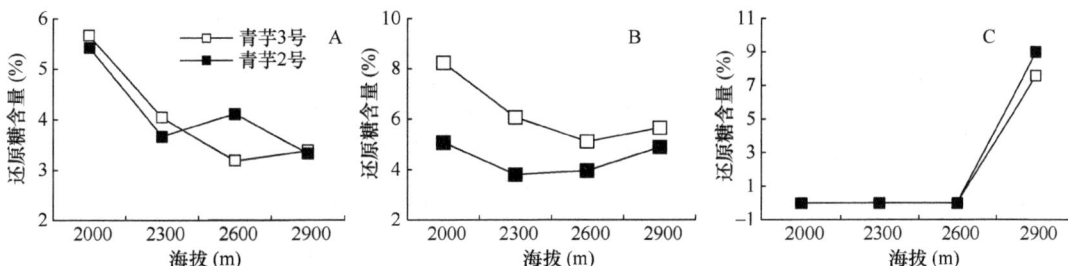

图 4.22　不同海拔梯度菊芋叶（A）、茎（B）、块茎（C）还原糖含量变化

从图4.23可见，随着海拔的升高，菊芋可溶性总糖含量在各器官的含量均呈下降趋势。叶中总果聚糖含量从川水地到低位山旱地大幅度减少，低位山旱地与中高位山旱地基本保持一致，在高位山旱地又急剧减少（图4.23A）；茎内可溶性总糖含量在川水地和低位山旱地基本相当，随着海拔升高则含量逐渐降低（图4.23B）；块茎内可溶性总糖含量从川水地到中高位山旱地基本呈直线下降趋势，在高位山旱地趋于稳定或略有升高。

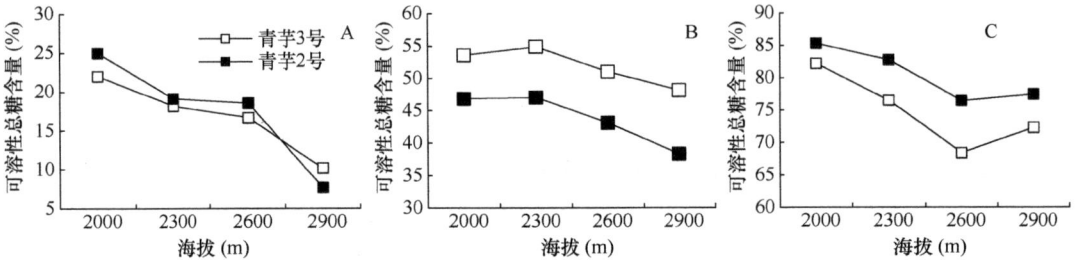

图4.23　不同海拔梯度菊芋叶（A）、茎（B）、块茎（C）可溶性总糖含量变化

从图4.24可见，菊芋单株地上部植株果聚糖积累量从川水地到中高位山旱地逐渐减少，减少量在40%以上，在高位山旱地又增加到180g以上（图4.24B）；随着海拔的升高块茎内果聚糖积累量呈直线下降，从175g左右下降至40g以下，青芋3号甚至不足20g（图4.24A）；开花后，果聚糖自地上部植株向块茎转运分配的比率，从川水地到中高位山旱地逐渐减少，但幅度不大，在高位山旱地分配比率大幅度下降，从75%左右下降至20%以下，青芋3号不足10%。

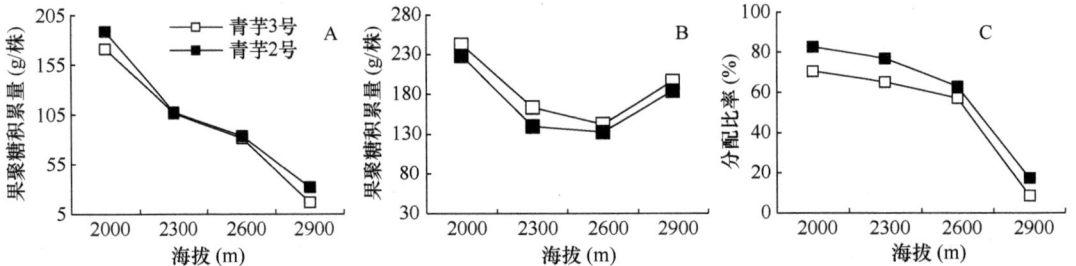

图4.24　不同海拔梯度菊芋单株块茎（A）、地上部植株（B）果聚糖积累量及其分配比率（C）
块茎果聚糖积累总量与开花前叶茎果聚糖积累总量的比值即定义为果聚糖的分配比率

3. 小结

青海省耕地分布的海拔跨度较大，从1800～3100m均有分布，主要分为4种类型：川水地、低位山旱地、中高位山旱地和高位山旱地，每种土地类型均有其气候特点，其中3种山旱地的面积占到全部耕地面积的70%以上。目前，菊芋种植区域主要在川水地区，而菊芋作为一种抗逆性较强的新型高效作物，应发挥其优势，将种植区域拓展到利用率较低的山旱地区。因此，本项目开展的不同海拔梯度（耕地类型）下菊芋适应性及果聚糖代谢对比研究尤为重要。

研究结果表明，随着海拔的增加，菊芋各器官果聚糖总含量减少，地上部植株聚合度降低、蔗糖升高、可溶性总糖降低，块茎内果聚糖积累总量和分配率减少。2600m 以下随海拔的升高而块茎聚合度降低，地上部植株果聚糖积累量降低。在高位山旱地（2900m），较中高位山旱地（2600m）其块茎聚合度高、还原糖含量高、可溶性总糖含量高、地上部植株果聚糖积累量高。在 2600m 以下的山旱地区，其生产的主要制约因素是干旱，水分胁迫使得植株积累的碳水化合物减少，导致向块茎可分配的基数较小，产量相对低于川水地区。但在该区域单株块茎仍能积累 100g 以上的果聚糖，并形成 2000kg 以上的块茎产量，说明在该区域可以发展用于生产块茎的菊芋种植。在 2900m 左右的高位山旱地区，其生产的主要制约因素为低温，其降雨量高于低、中位山旱地区，使该区域的菊芋地上部植株果聚糖积累量高，说明低温并未影响菊芋的光合作用与产物积累。但块茎膨大期的低温却使果聚糖由地上部植株向块茎的运转分配受阻，使得块茎停止膨大，严重影响产量的形成。但需要说明，菊芋地上部秸秆是优良的饲料，若在该区域发展加工秸秆饲料用的菊芋种植也具有较高的可行性，因为菊芋的地上部生物量要远远大于普通牧草。

4.2.7 氮磷钾素对果聚糖的影响

1. 材料与方法

试验设计：试验材料为青芋 2 号菊芋，设氮、磷、钾肥 3 个单因素试验，各 7 个水平，其中纯氮 0～18kg/667m^2、有效磷 0～30kg/667m^2、有效钾 0～12kg/667m^2。按照大田种植。取样 2 次，块茎膨大前取茎、叶样品，成熟期取块茎样品。

测试方法：样品处理与测试方法条件同 4.2.1 节。

2. 结果与分析

从图 4.25 可见，在不同氮素水平下，随着施氮量的增加，在 0～6kg/667m^2 范围内各器官的不同聚合度的果聚糖含量呈增加趋势，还原糖则持续减少，蔗糖含量在叶和茎中增加，在块茎中减少；在 6～18kg/667m^2 范围内，叶和茎内果聚糖、蔗糖保持相对稳定，而还原糖含量增加，块茎内果聚糖和蔗糖含量减少，还原糖含量增加。

从图 4.26 可见，在不同磷素水平下，随着施磷量的增加，在 0～20kg/667m^2 范围内各器官的果聚糖含量呈增加趋势，蔗糖含量在叶片中升高、茎内稳定。块茎中降低。还原糖在茎中升高、叶片中稳定、块茎中降低；而在 20～30kg/667m^2 范围内，各碳水化合物含量均保持相对稳定。

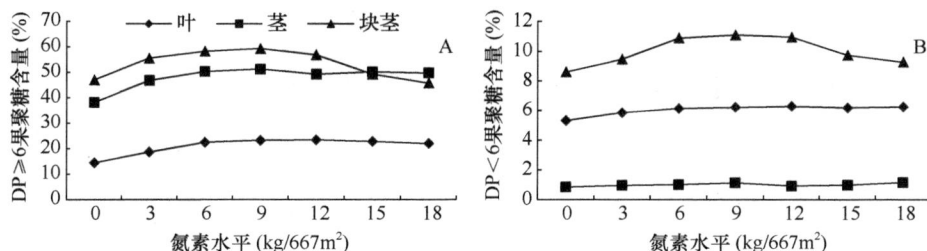

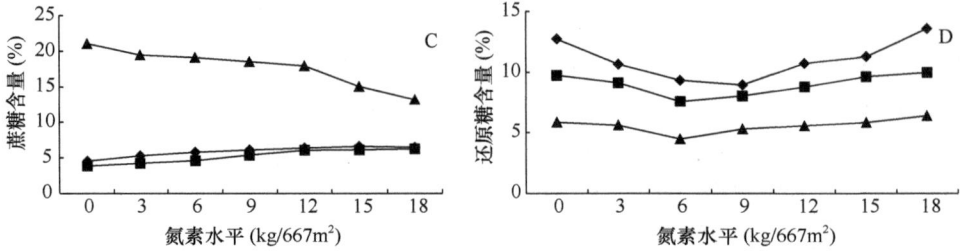

图 4.25　氮素水平对菊芋 DP≥6 果聚糖（A）、DP<6 果聚糖（B）、蔗糖（C）、还原糖含量（D）的影响

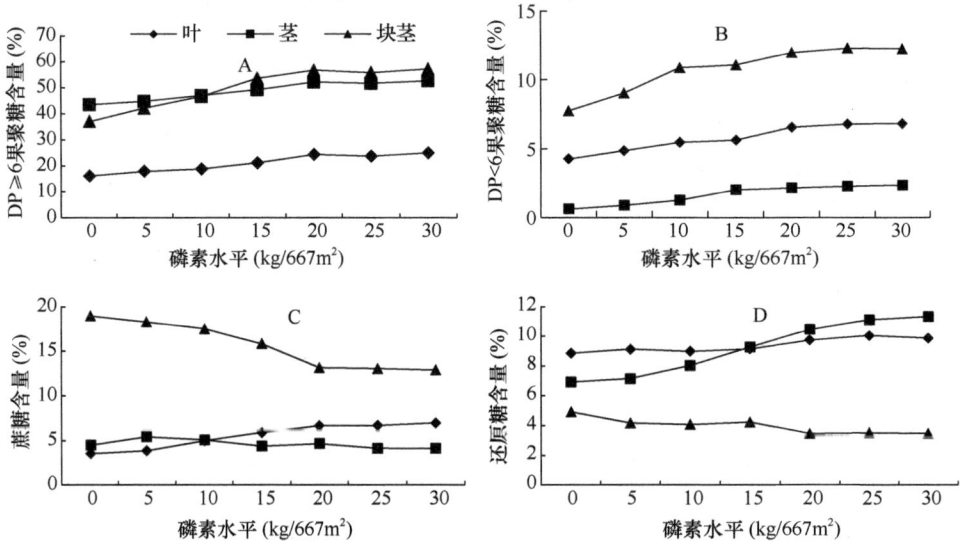

图 4.26　磷素水平对菊芋 DP≥6 果聚糖（A）、DP<6 果聚糖（B）、蔗糖（C）、还原糖含量（D）的影响

从图 4.27 可见，在不同钾素水平下，随着施钾量的增加，在 0～6kg/667m² 范围内各器官的果聚糖含量呈增加趋势。蔗糖含量在茎和块茎内降低、叶片中升高。还原糖在

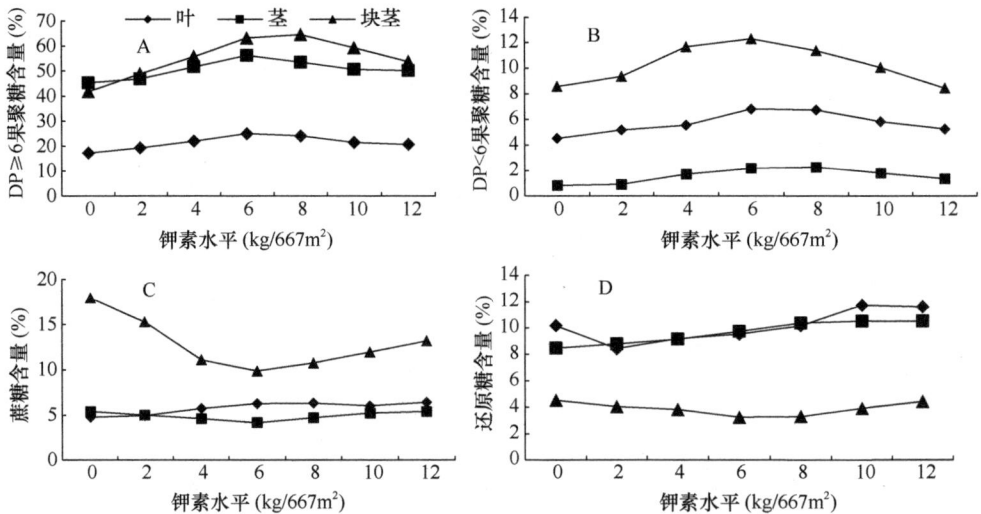

图 4.27　钾素水平对菊芋 DP≥6 果聚糖（A）、DP<6 果聚糖（B）、蔗糖（C）、还原糖含量（D）的影响

茎和叶中升高、块茎中降低；而在 6～12kg/667m² 范围内，各器官果聚糖含量均下降，蔗糖含量在茎和块茎中升高、叶片中稳定。

从图 4.28 可见，随着氮素施用水平的增加，果聚糖从地上部植株向块茎转运的分配比率在 0～6kg/667m² 范围内逐渐增加，从 62.3% 提高到 74.5%。在 6～18kg/667m² 范围内又持续减少到 56.5%（图 4.28A）；磷素水平的增加对果聚糖的转运分配有显著的促进作用，分配率从 58.3% 增加到 77.9%，之后趋于平缓（图 4.28B）；随着施钾量的增加，在 0～6kg/667m² 范围内对果聚糖的转运分配促进作用不大，而在 6～12kg/667m² 范围内有抑制作用（图 4.28C）。

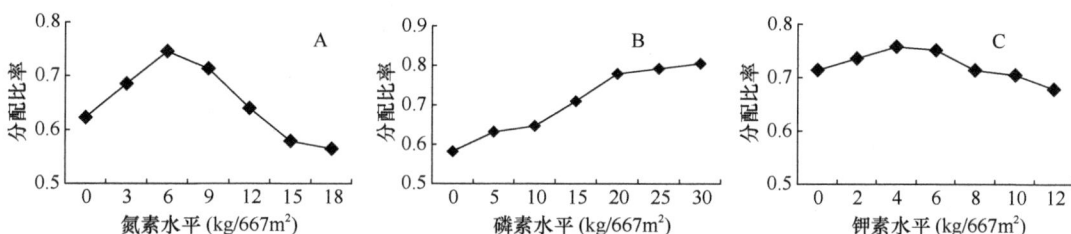

图 4.28　氮（A）、磷（B）、钾（C）素水平对菊芋果聚糖分配的影响

3. 小结

本试验初步研究了氮、磷、钾素施用水平对菊芋果聚糖代谢的影响。结果表明，在一定范围内增加氮磷钾素施用量均对果聚糖的积累和分配有促进作用，但需求量不同，在青海省土壤条件下其纯氮和有效钾的需求量为 6kg/667m² 左右，继续增加用量则会起到抑制作用，出现过量反应。有效磷的需求量为 20kg/667m² 左右，且过量后无明显抑制作用。但大田肥料试验受到土壤条件的影响，要深入细致了解营养水平对果聚糖代谢的调控作用，应使用缺素培养来进行研究。

本研究的开展对氮、磷、钾素施用水平对菊芋果聚糖代谢的影响有了初步的了解，为在生产中采取适宜的施肥水平提供了科学依据。

4.2.8　果聚糖合成酶基因（*FBEs*）克隆和序列分析

1. 材料与方法

取青芋 1 号菊芋幼嫩叶片 100mg，采用 UNIQ-10 柱式 TRIzol 总 RNA 抽屉式试剂盒提取 RNA，将 RNA 反转为 cDNA，以得到的 cDNA 为模板，根据 GenBank 上公布的菊芋 *1-SST* 基因序列设计的引物进行 PCR 扩增，目的片段用 SanPrep 柱式 DNA 胶回收试剂盒回收。将回收的目的片段连接到 TaKaRa Pmd19-T 载体上。

2. 结果与分析

（1）*1-SST* 基因扩增与结构分析

采用 1% 琼脂糖凝胶电泳检测 RNA 的完整性，从图 4.29 可以清楚地看到 28S、18S 和 5S 三条带，说明用 TRIzol 试剂提取的总 RNA 纯度较高，无明显降解，其完整性符合实验要求。

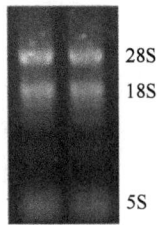

图 4.29 青芋 1 号叶片提取的 RNA

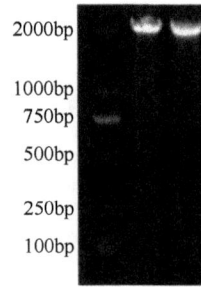

图 4.30 *1-SST* 基因的扩增

以青芋 1 号菊芋 cDNA 为模板，用通过筛选出的 S0 引物进行 PCR 扩增，结果得到一条约 2000bp 的条带，与预期结果相符（图 4.30）。

（2）*1-SST* 基因的序列测定及生物信息学分析

1）*1-SST* 的氨基酸组成预测

测序得到长度为 1890bp，编码 630 个氨基酸。对其氨基酸组分进行分析，结果显示，*1-SST* 富含丙氨酸（Ala）（27.6%）、半胱氨酸（Cys）（2.3%）、甘氨酸（Gly）（24.0%）、苏氨酸（Thr）（26.1%）。

TCA	TCC	ACC	ACC	ACC	ACC	CCT	CTC	ATT	CTC	CAT	GAT	GAC	CCT	GAA	AAC	CTC
S	S	T	T	T	T	P	L	I	L	H	D	D	P	E	N	L
ACC	GGT	TCT	CCG	ACA	ACT	CGT	CGT	CTA	TCC	ATC	GCA	AAA	GTG	CTT	TCG	GGG
T	G	S	P	T	T	R	R	L	S	I	A	K	V	L	S	G
TCG	GTT	CTG	GTT	ATA	GGT	GCT	CTT	GTT	GCT	TTA	ATC	AAC	AAC	CAA	ACA	TAT
S	V	L	V	I	G	A	L	V	A	L	I	N	N	Q	T	Y
TCG	GCC	ACC	ACA	TTC	GTA	ACT	CAG	TTG	CCA	AAT	ATT	GAT	CTG	AAG	CGG	GTT
S	A	T	T	F	V	T	Q	L	P	N	I	D	L	K	R	V
TTG	GAT	TCG	AGT	GCT	GAG	GTT	GAA	TGG	CAA	CGA	TCC	ACT	TAT	CAT	TTT	CAA
L	D	S	S	A	E	V	E	W	Q	R	S	T	Y	H	F	Q
AAT	TTC	ATT	AGC	GAT	CCT	GAT	GGC	CCA	ATG	TAT	CAC	ATG	GGA	TGG	TAT	CAT
N	F	I	S	D	P	D	G	P	M	Y	H	M	G	W	Y	H
CAG	TAC	AAC	CCT	CAA	TCT	GCC	ATC	TGG	GGC	AAC	ATC	ACA	TGG	GGC	CAC	TCG
Q	Y	N	P	Q	S	A	I	W	G	N	I	T	W	G	H	S
GAC	ATG	ATC	AAC	TGG	TTC	CAT	CTC	CCT	TTC	GCC	ATG	GTT	CCT	GAC	CAT	TGG
D	M	I	N	W	F	H	L	P	F	A	M	V	P	D	H	W
GAA	GGT	GTC	ATG	ACG	GGT	TCG	GCT	ACA	GTC	CTC	CCT	AAT	GGT	CAA	ATC	ATC
E	G	V	M	T	G	S	A	T	V	L	P	N	G	Q	I	I
TCG	GGC	AAC	GCG	TAT	GAT	CTC	TCC	CAA	GTA	CAA	TGC	TTG	GCG	TAC	GCT	GTC
S	G	N	A	Y	D	L	S	Q	V	Q	C	L	A	Y	A	V
GAT	CCA	CTT	CTT	ATA	GAG	TGG	AAA	AAA	TAT	GAA	GGT	AAC	CCT	GTC	TTA	CTC
D	P	L	L	I	E	W	K	K	Y	E	G	N	P	V	L	L
GGA	GTA	GGC	TAC	AAG	GAC	TTT	CGG	GAC	CCA	TCC	ACA	TTG	TGG	TTG	GGC	CCT
G	V	G	Y	K	D	F	R	D	P	S	T	L	W	L	G	P

```
TAT  AGA  ATG  GTA  ATG  GGG  TCC  AAG  CAC  AAC  GAG  ACT  ATT  GGC  TGT  GCT  TTG
 Y    R    M    V    M    G    S    K    H    N    E    T    I    G    C    A    L
ACC  ACT  AAT  TTT  ACG  CAT  TTT  GAA  TTG  AAA  GAG  GAG  GTG  CTT  CAT  GCA  GTC
 T    T    N    F    T    H    F    E    L    K    E    E    V    L    H    A    V
GGT  ATG  TGG  GAA  TGT  GTT  GAT  CTT  TAC  CCG  GTG  TCC  ACC  GTA  CAC  ACA  AAC
 G    M    W    E    C    V    D    L    Y    P    V    S    T    V    H    T    N
ATG  GTG  GAT  AAC  GGG  CCA  AAT  GTT  AAG  TAC  GTG  TTG  AAA  CAA  AGT  GGG  GAT
 M    V    D    N    G    P    N    V    K    Y    V    L    K    Q    S    G    D
CAT  GAT  TGG  TAT  GCA  ATT  GGA  AGT  TAC  GAT  ATA  GTG  AAT  GAT  AAG  TGG  TAC
 H    D    W    Y    A    I    G    S    Y    D    I    V    N    D    K    W    Y
CCG  GAA  AAT  GAT  GTG  GGT  ATC  GGA  TTA  AGA  TAT  GAT  TTT  GGA  AAA  TTT  TAT
 P    E    N    D    V    G    I    G    L    R    Y    D    F    G    K    F    Y
ACG  TTT  TAT  GAC  CAA  CAT  AAG  AAG  AGG  AGA  GTC  CTT  TGG  GGC  TAT  GTT  GGA
 T    F    Y    D    Q    H    K    K    R    R    V    L    W    G    Y    V    G
CCC  CAA  AAG  TAT  GAC  CTT  TCA  AAG  GGA  TGG  GCT  AAC  ATT  TTG  AAT  ATT  CCA
 P    Q    K    Y    D    L    S    K    G    W    A    N    I    L    N    I    P
GTT  TTG  GAC  CTC  GAA  ACT  AAA  ACC  AAT  TTG  ATT  CAA  TGG  CCA  ATC  GAG  GAA
 V    L    D    L    E    T    K    T    N    L    I    Q    W    P    I    E    E
CTT  AGG  TCG  AAA  AAG  TAT  GAT  GAA  TTT  AAA  GAC  GTC  GAG  CTT  CGA  CCC  GGG
 L    R    S    K    K    Y    D    E    F    K    D    V    E    L    R    P    G
CCC  CTT  GAG  ATA  GGC  ACA  GCC  ACA  CAG  TTG  GAT  ATA  GTT  GCG  ACA  TTC  GAA
 P    L    E    I    G    T    A    T    Q    L    D    I    V    A    T    F    E
AAG  ATG  TTG  GAA  TCA  ACG  CTA  GAG  GCC  GAT  GTT  CTA  TTC  AAT  TGC  ACG  ACT
 K    M    L    E    S    T    L    E    A    D    V    L    F    N    C    T    T
TCG  GTT  GCA  AGG  GGT  GTG  TTG  GGA  CCG  TTT  GGT  GTG  GTG  GTT  CTA  GCC  GAT
 S    V    A    R    G    V    L    G    P    F    G    V    V    V    L    A    D
TCC  GAA  CAA  CTT  CCT  GTA  TAC  TTC  TAT  ATC  GCA  AAA  GAT  ATT  GAT  GGA  ACC
 S    E    Q    L    P    V    Y    F    Y    I    A    K    D    I    D    G    T
TAT  TTT  TGT  GCC  GAC  GAA  ACA  AGA  TCA  TCC  AAG  GAT  GTA  AGC  GTA  GGG  AAA
 Y    F    C    A    D    E    T    R    S    S    K    D    V    S    V    G    K
GGA  AGC  AGT  GTT  CCT  GTC  CTC  CCA  GGC  GAA  AAG  TAC  AAT  ATG  AGG  TTA  TTG
 G    S    S    V    P    V    L    P    G    E    K    Y    N    M    R    L    L
TCG  ATA  GTA  GAG  GGA  TTT  GCA  CAA  AAC  GGG  AGA  ACC  GTG  GTG  ACA  TCA  AGA
 S    I    V    E    G    F    A    Q    N    G    R    T    V    V    T    S    R
ACA  AAG  GCG  ATC  TAC  AAC  GCT  GCG  AAG  GTG  TTT  TTG  TTC  AAC  AAC  GCG  ACT
 T    K    A    I    Y    N    A    A    K    V    F    L    F    N    N    A    T
GTG  AAG  GCG  TCG  ATC  AAG  ATC  TGG  AAG  ATG  GGG  GAA  GCA  GAA  CTC  AAT  CCT
 V    K    A    S    I    K    I    W    K    M    G    E    A    E    L    N    P
CCT  GGG  TGG  ACT  TTC  GAA  CTT
 P    G    W    T    F    E    L
```

2）*1-SST* 基因编码蛋白的分子质量及等电点

使用 DNAMAN 软件，对 *1-SST* 的分子质量及等电点进行计算，结果如图 4.31 所示，*1-SST* 是编码 659 个氨基酸的小分子蛋白质，分子质量为 74.56kDa，等电点为 5.10。

```
Number of amino acids: 659
Molecular weight: 74558.8
Theoretical pI: 5.10
```

图 4.31   *1-SST* 基因编码蛋白的分子质量及等电点

3）*1-SST* 基因编码蛋白的理化参数预测

利用 ProtParam 程序（http://web.expasy.org/protparam/）对 *1-SST* 基因的半衰期、不稳定系数、脂肪系数和亲水性进行预测，结果见图 4.32。*1-SST* 编码的蛋白质半衰期为 7.2h，不稳定系数为 38.88，说明 1-SST 为稳定性蛋白，脂肪系数为 87.50，总平均亲水性为–0.171 表明 1-SST 蛋白属于亲水性蛋白。

```
Estimated half-life:

The N-terminal of the sequence considered is T (Thr).

The estimated half-life is: 7.2 hours (mammalian reticulocytes, in vitro).
                            >20 hours (yeast, in vivo).
                            >10 hours (Escherichia coli, in vivo).


Instability index:

The instability index (II) is computed to be 38.88
This classifies the protein as stable.


Aliphatic index: 87.50

Grand average of hydropathicity (GRAVY): -0.171
```

图 4.32   *1-SST* 基因编码蛋白的理化参数预测

4）*1-SST* 基因编码蛋白的信号肽预测和亚细胞定位预测

信号肽通常位于分泌蛋白的 N 端，由 20 个左右的氨基酸组成，它包括三个区：N 端，带正电荷；中间主要是功能区，以中性氨基酸为主；C 端，含小分子氨基酸，是信号序列切割位点。信号肽的功能是引导蛋白质跨膜转移到特定亚细胞结构或分泌至外蛋白。利用 SignalP 分析 1-SST 蛋白的信号肽，从图 4.33 中可以看出，位于 y 轴的 C 值未明显出现最高值，另外信号肽记分 S 值也未出现高值，基于此，在 1-SST 蛋白中，没有预测到理想的剪切位点。

5）1-SST 跨膜区结构预测

根据 TMHMM 预测（http://www.cbs.dtu.dk/services/TMHMM/）服务器分析 1-SST 的跨膜结构，见图 4.34，预测出的跨膜螺旋（TMhelix）区域位置分别在 7～29、44～66、87～109。

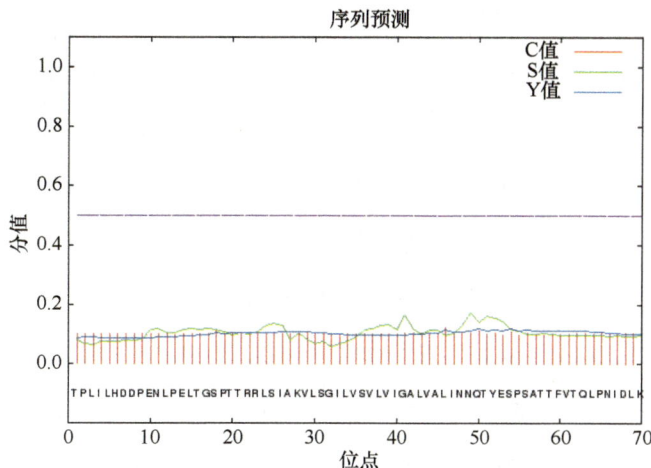

图 4.33　SignalP 预测 1-SST 信号肽

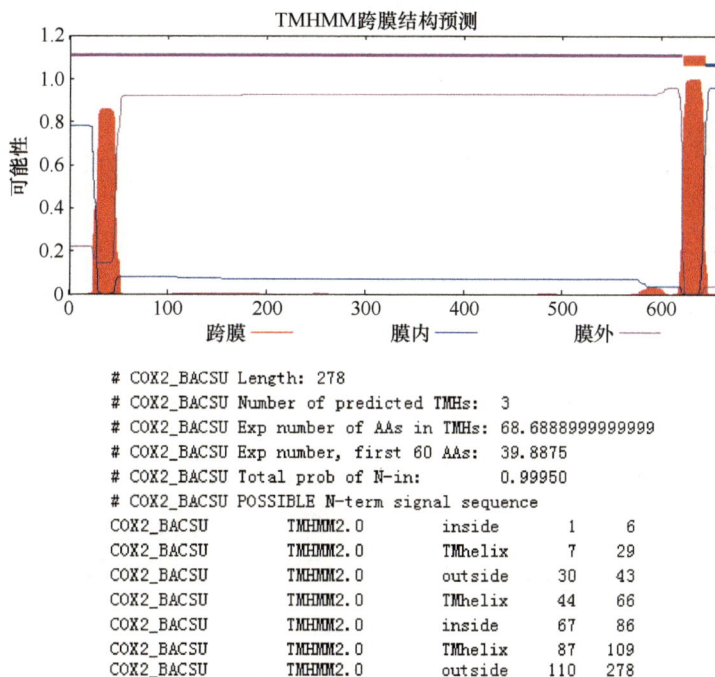

图 4.34　1-SST 跨膜结构的预测

（3）*1-SST* 基因的序列分析及同源性比对

1）*1-SST* 基因二级结构在线预测

通过 SOPMA 程序（https://npsa-prabi.ibcp.fr/cgi-bin/npsa_automat.pl?page=/NPSA/npsa_sopma.html）分析 *1-SST* 二级结构预测结果显示，*1-SST* 的二级结构主要由 α-螺旋（20.49%）、延伸结构（32.93%）、β-转角（8.95%）和无规则卷曲（37.63%）构成（图 4.35）。

```
          10        20        30        40        50        60        70
           |         |         |         |         |         |         |
TPLILHDDPENLPELTGSPTTRRLSIAKVLSGILVSVLVIGALVALINNQTYESPSATTFVTQLPNIDLK
cceeeccccccccccccccccheehhhhhhhhhhhhhhhhhheeeettccccccccceeeeeeccccccc
RVPGKLDSSAEVEWQRSTYHFQPDKNFISDPDGPMYHMGWYHLFYQYNPQSAIWGNITWGHSVSKDMINW
cccccccchhhhhhttceeeeccttcceeecttccceeccceeeeeeeccttcceeeeeeeccccchhhhhe
FHLPFAMVPDHWYDIEGVMTGSATVLPNGQIIMLYSGNAYDLSQVQCLAYAVNSSDPLLIEWKKYEGNPV
eecceeeccccccchhheettceeecttttceeeeeecttcccchhhhhhhhhhhcttcceeeeeccttccce
LLPPPGVGYKDFRDPSTLWLGPDGEYRMVMGSKHNETIGCALIYHTTNFTHFELKEEVLHAVPHTGMWEC
eeccttcccccccccteeeeeccccceeeeeeccttcceeeeeeeeecccceeehhhhhhhhhccttcceee
VDLYPVSTVHTNGLDMVDNGPNVKYVLKQSGDEDRHDWYAIGSYDIVNDKWYPDDPENDVGIGLRYDFGK
eeecccceeecttteeeecccceeeeeeccccccccccceeeetceeeecccccccccccceeeeeeettcc
FYASKTFYDQHKKRRVLWGYVGETDPQKYDLSKGWANILNIPRTVVLDLETKTNLIQWPIEETENLRSKK
eeeeeeeecctttcceeeeeeccccccttcccchhhhhhhhecccceeeeeecttcceeecchhhhhhhhhhh
YDEFKDVELRPGALVPLEIGTATQLDIVATFEIDQKMLESTLEADVLFNCTTSEGSVARGVLGPFGVVVL
hhhhhheecctteeeeeeccccchheeehhhhhhhhhhhhhhhheeeetccctthhhtcccccceeee
ADAQRSEQLPVYFYIAKDIDGTSRTYFCADETRSSKDVSVGKWVYGSSVPVLPGEKYNMRLLVDHSIVEG
ehhcccccccceeeeeccttcccceeeeeccccccccceeeeeeeecccccccttcccceeeeeechhhhhh
FAQNGRTVVTSRVYPTKAIYNAAKVFLFNNATGISVKASIKIWKMGEAELNPFPLPGWTFELWLYFGPYI
hctttceeeeeeccccchhhhheeeeecccccceehheeeeecccccccccccccccceeeeeetcchh
CVIIMMVIFWTLYMCYYHEAVWTGGGIIV
eeeehhhhhhhhhhhhhhhhhhhtttceee
```

```
               Sequence length :    659

               SOPMA :
                   Alpha helix      (Hh) :   135 is  20.49%
                   3₁₀  helix       (Gg) :     0 is   0.00%
                   Pi helix         (Ii) :     0 is   0.00%
                   Beta bridge      (Bb) :     0 is   0.00%
                   Extended strand  (Ee) :   217 is  32.93%
                   Beta turn        (Tt) :    59 is   8.95%
                   Bend region      (Ss) :     0 is   0.00%
                   Random coil      (Cc) :   248 is  37.63%
                   Ambiguous states (?)  :     0 is   0.00%
                   Other states          :     0 is   0.00%
```

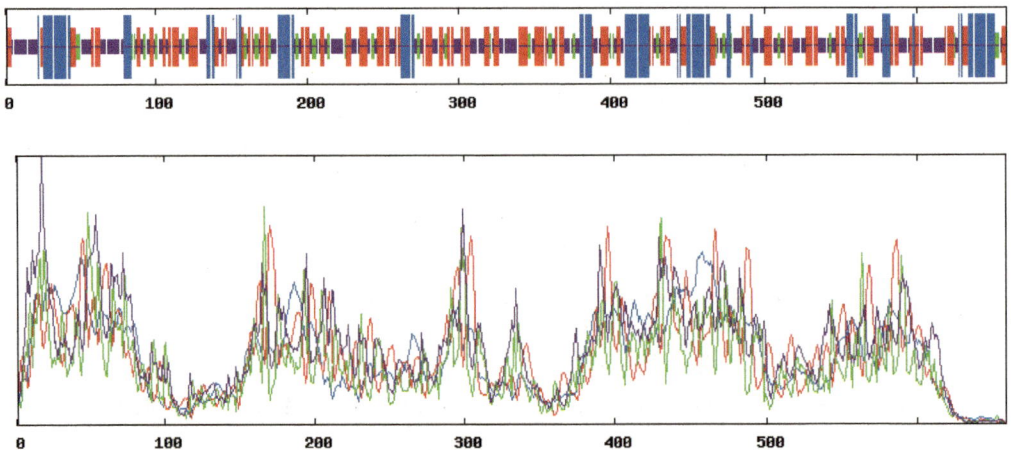

图 4.35　SOPMA 软件预测 *1-SST* 的二级结构

延伸、卷曲、螺旋和转角分别用红、橙、蓝和绿线条表示

2）蛋白质亲水性和疏水性分析

通过 DNAstar 软件的 Protean 模块，分别应用 Garnier-Robson、Deleage-Roux、Hydropathy-Kyte-Doolittle、Karplus-Schulz、Emini 来计算氨基酸残基的特定结构域、蛋白质的二级结构、蛋白质的疏水区和亲水区、蛋白质骨架区的柔韧性及蛋白质表面的可能性。结果显示，1-SST 编码的蛋白质绝大多数属于亲水区，没有形成较大的疏水区（图 4.36）。

3）*1-SST* 基因的同源性比对

序列同源性比对表明（图 4.37），菊芋 *1-SST* 与朝鲜蓟、菊苣、菜蓟、西洋蒲公英的同源性分别为 84%、83%、83%、81%，均达到 80% 以上，原因可能是这些同属于菊科作物，有非常近的亲缘关系。

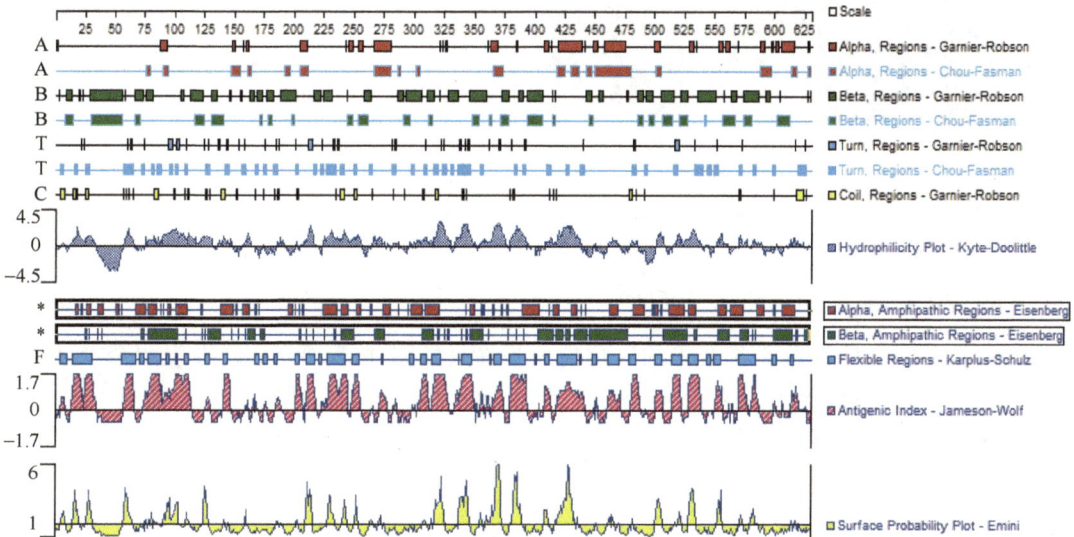

图 4.36　*1-SST* 编码蛋白的二级结构和疏水性分析

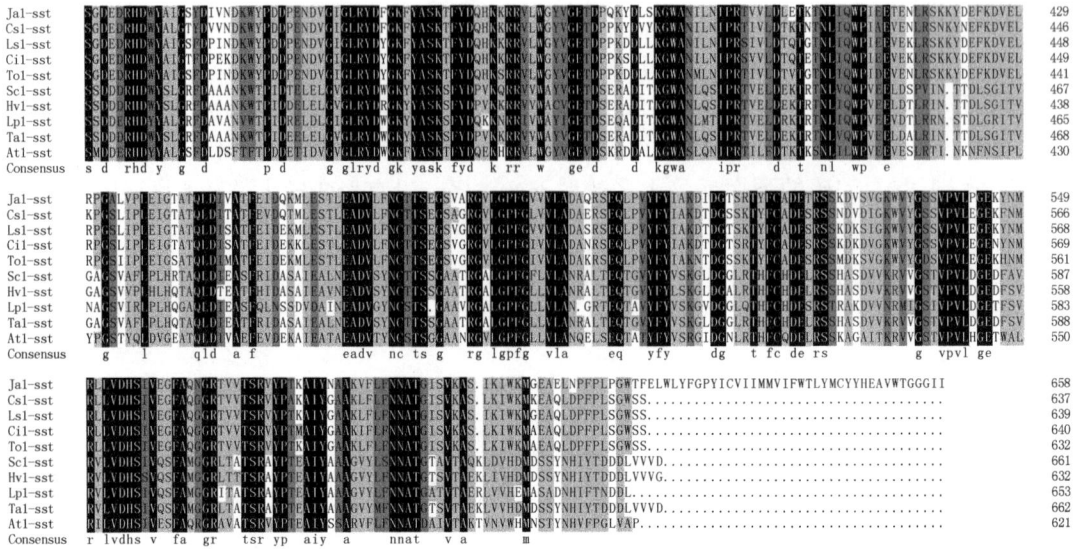

图 4.37　青芋 1 号菊芋 *1-SST* 基因蛋白序列对比

图中 Ja1-sst 代表菊芋、Cs1-sst 代表朝鲜蓟、Ls1-sst 代表菜蓟、Ci1-sst 代表菊苣、To1-sst 代表西洋蒲公英、Sc1-sst 代表黑麦、Hv1-sst 代表大麦、Lp1-sst 代表多年生黑麦草、Ta1-sst 代表小麦、At1-sst 代表龙舌兰

（4）*1-SST* 基因的进化树分析

利用 MEGA 软件绘制 *1-SST* 的进化树分析图，如图 4.38 所示，结果表明菊芋 *1-SST* 与朝鲜蓟 *1-SST* 遗传距离最近，与龙舌兰等不同科不同属的植物进化距离较远。

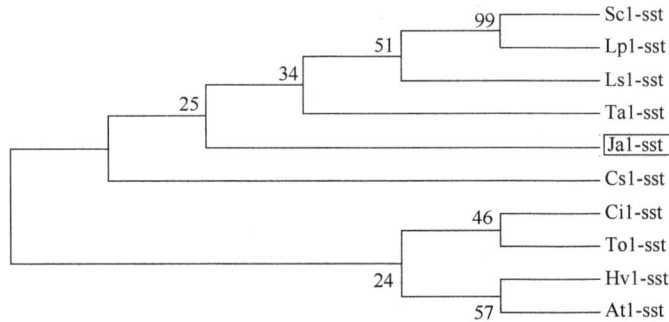

图 4.38　菊芋 *1-SST* 基因进化树分析

（5）*1-FFT* 基因扩增与结构分析

采用 1%琼脂糖凝胶电泳检测 RNA 的完整性，从图 4.39 可以清楚地看到 28S、18S 和 5S 三条带，说明用 TRNzol 试剂提取的总 RNA 纯度较高，无明显降解，其完整性符合实验要求。

以青芋 1 号菊芋 cDNA 为模板，用通过筛选出的 F8 引物进行 PCR 扩增，结果得到一条约 2000bp 的条带，与预期结果相符（图 4.40）。

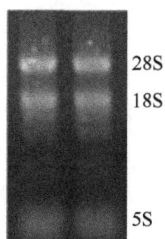

图 4.39　青芋 1 号叶片提取的 RNA

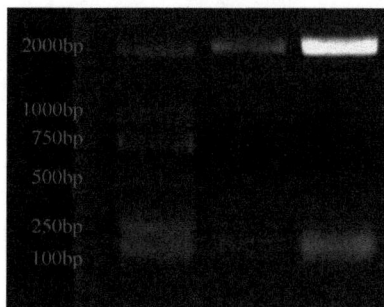

图 4.40　*1-FFT* 基因的扩增

（6）*1-FFT* 基因的序列测定及生物信息学分析

1）*1-FFT* 的氨基酸组成预测

测序得到长度为 1854bp，编码 618 个氨基酸。对其氨基酸组分进行分析，结果显示，*1-FFT* 富含亮氨酸（Leu）（8.58%）、苏氨酸（Thr）（8.09%）、缬氨酸（Val）（7.44%）、甘氨酸（Gly）（7.28%）、天冬氨酸（Asp）（6.96%）。

```
ATG CAA ACC CCT GAA CCC TTT ACA GAC CTT GAA CAT GAA CCC CAC ACA CCC CTA CTG GAC
 M   Q   T   P   E   P   F   T   D   L   E   H   E   P   H   T   P   L   L   D
CAC CAC CAC AAC CCA CCA CCA CCA CCA TCA CAA ACC ACC ACA AAA CCT TTG TTC ACC AGG
 H   H   H   N   P   P   P   P   P   S   Q   T   T   T   K   P   L   F   T   R
GTT GTG TCC GGT GTC ACC TTT GCT GTA TTG TTC ATT ACT TTC GCT ATC GTA TTC ATT GTT
 V   V   S   G   V   T   F   A   V   L   F   I   T   F   A   I   V   F   I   V
CTA ACC CAA CAG AAT TCT TCT GTT CGT ATC GTC ACC AAT TCG GAG AAA TCT ATT ATA AGG
 L   T   Q   Q   N   S   S   V   R   I   V   T   N   S   E   K   S   I   I   R
TAT TCG CAG GCC GAT CGC TTG TCG TGG GAA CGG ACC GCT TTT CAT TTT CAG CCT GCC AAG
 Y   S   Q   A   D   R   L   S   W   E   R   T   A   F   H   F   Q   P   A   K
AAT TTT ATT TAC GAT CCA AAT GGT CCG TTG TTT TAC ATG GGC TGG TAC CAT TTG TTC TAT
 N   F   I   Y   D   P   N   G   P   L   F   Y   M   G   W   Y   H   L   F   Y
CAA TAC AAC CCA TAC GCA CCG GTT TGG GGC AAT ATG TCA TGG GGT CAC TCA GTG TCC AAA
 Q   Y   N   P   Y   A   P   V   W   G   N   M   S   W   G   H   S   V   S   K
GAC ATG ATC AAC TGG TAC GAG CTG CCA GTC GCT ATG GTC CCG ACC GAA TGG TAT GAT ATC
 D   M   I   N   W   Y   E   L   P   V   A   M   V   P   T   E   W   Y   D   I
GAG GGC GTC TTA TCC GGG TCT ACC ACG GCC CTT CCA AAC GGT CAG ATC TTT GCA TTG TAT
 E   G   V   L   S   G   S   T   T   A   L   P   N   G   Q   I   F   A   L   Y
ACT GGG AAC GCT AAT GAT TTT TCC CAA TTA CAA TGC AAA GCT GTA CCC GTA AAC TTA TCT
 T   G   N   A   N   D   F   S   Q   L   Q   C   K   A   V   P   V   N   L   S
GAC CCG CTT CTT ATT GAG TGG GTC AAG TAT GAC GAT AAC CCA ATT CTG TAC ACT CCA CCG
 D   P   L   L   I   E   W   V   K   Y   D   D   N   P   I   L   Y   T   P   P
GGG ATT GGG TTA TTG GAC TAC CGG GAC CCG TCA ACA GTC TGG ACG GGT CCC GAT GGA AAG
 G   I   G   L   L   D   Y   R   D   P   S   T   V   W   T   G   P   D   G   K
CAT AGG ATG ATC ATG GGA ACT AAA CGT GGC AAT ACA GGC ATG GTA CTT GTT TAC CAT ACC
 H   R   M   I   M   G   T   K   R   G   N   T   G   M   V   L   V   Y   H   T
```

ACT GAT TAC ACG AAC TAC GAG TTG TTG GAT GAG CCG TTG CAC TCT GTT CCC AAC ACC GAT
 T   D   Y   T   N   Y   E   L   L   D   E   P   L   H   S   V   P   N   T   D

ATG TGG GAA TGC GTC GAC TTT TAC CCG GTT TCA TTA ACC AAT GAT AGT GCA CTT GAT ATG
 M   W   E   C   V   D   F   Y   P   V   S   L   T   N   D   S   A   L   D   M

GCG GCC TAT GGG TCG GGT ATC AAA CAC GTT ATT AAA GAA AGT TGG GAG GGA CAT GGA ATG
 A   A   Y   G   S   G   I   K   H   V   I   K   E   S   W   E   G   H   G   M

GAT TGG TAT TCA ATC GGG ACA TAT GAC GCG ATA AAT GAT AAA TGG ACT CCG GAT AAC CCG
 D   W   Y   S   I   G   T   Y   D   A   I   N   D   K   W   T   P   D   N   P

GAA CTA GAT GTC GGT ATC GGG TTA CGG TGC GAT TAC GGG AGG TTT TTT GCA TCA AAG AGT
 E   L   D   V   G   I   G   L   R   C   D   Y   G   R   F   F   A   S   K   S

CTT TAT GAC CCA TTG AAG AAA AGG AGG ATC ACT TGG GGT TAT GTT GCA GAA TCA GAT AGT
 L   Y   D   P   L   K   K   R   R   I   T   W   G   Y   V   A   E   S   D   S

GTT GAT CAG GAC CTC TCT AGA GGA TGG GCA GTA GTT TAT AAT GTT GGA AGA ACA ATT GTA
 V   D   Q   D   L   S   R   G   W   A   V   V   Y   N   V   G   R   T   I   V

CTA GAT AGA AAG ACC GGG ACC CAT TTA CTT CAT TGG CCC GTT GAG GAA GTC GAG AGT TTG
 L   D   R   K   T   G   T   H   L   L   H   W   P   V   E   E   V   E   S   L

AGA TAC AAC GGT CAG GAG TTT AAA GAG ATC AAG CTA GAG CCC GGT TCA ATC ATT CCA CTC
 R   Y   N   G   Q   E   F   K   E   I   K   L   E   P   G   S   I   I   P   L

GAC ATA GGC ACG GCT ACA CAG TTG GAC ATA GTT GCA ACA TTT GAG GTG GAT CAA GCA GCG
 D   I   G   T   A   T   Q   L   D   I   V   A   T   F   E   V   D   Q   A   A

TTG AAC GCG ACA TGT GAA ACC GAT GAT ATT TAT GGT TGC ACC ACT AGC TTA GGT GCA GCC
 L   N   A   T   C   E   T   D   D   I   Y   G   C   T   T   S   L   G   A   A

CAA AGG GGA AGT TTG GGA CCA TTT GGT CTT GCG GTT CTA GCC GAT GGA ACC CTT TCT GAG
 Q   R   G   S   L   G   P   F   G   L   A   V   L   A   D   G   T   L   S   E

TTA ACT CCG GTT TAT TTC TAT ATA GCT AAA AAG GCC GAT GGA GGT GTG TCG ACA CAT TTT
 L   T   P   V   Y   F   Y   I   A   K   K   A   D   G   G   V   S   T   H   F

TGT ACC GAT AAG CTA AGG TCA TCA CTA GAT TAT GAT GGG GAG AGA GTG GTG TAT GGG AGC
 C   T   D   K   L   R   S   S   L   D   Y   D   G   E   R   V   V   Y   G   S

ACT GTT CCT GTG TTA GAT GAT GAA GAA CTC ACA ATG AGG CTA TTG GTG GAT CAT TCG ATA
 T   V   P   V   L   D   D   E   E   L   T   M   R   L   L   V   D   H   S   I

GTG GAG GGG TTT GCG CAA GGA GGA AGG ACG GTT ATA ACA TCA AGG GCG TAT CCA ACA AAA
 V   E   G   F   A   Q   G   G   R   T   V   I   T   S   R   A   Y   P   T   K

GCG ATA TAC GAA CAA GCG AAG CTG TTC TTG TTC AAC AAC GCC ACA GGT ACG AGT GTG AAA
 A   I   Y   E   Q   A   K   L   F   L   F   N   N   A   T   G   T   S   V   K

GCA TCT CTC AAG ATT TGG CAA ATG GCT TCT GCA CCA ATT CAT CAA TAC TCG TTT
 A   S   L   K   I   W   Q   M   A   S   A   P   I   H   Q   Y   S   F

2）*1-FFT* 基因编码蛋白的分子质量及等电点

使用 DNAMAN 软件，对 *1-FFT* 的分子质量及等电点进行计算，结果如图 4.41 所示，*1-FFT* 是编码 641 个氨基酸的小分子蛋白质，分子质量 73.91kDa，等电点为 10.01。

```
Number of amino acids: 641
Molecular weight: 73906.5
Theoretical pI: 10.01
```

图 4.41　*1-FFT* 基因编码蛋白的分子质量及等电点

3）*1-FFT* 基因编码蛋白的理化参数预测

利用 ProtParam 程序（http://web.expasy.org/protparam/）对 *1-FFT* 基因的半衰期、不稳定系数、脂肪系数和亲水性进行预测，结果见图 4.42。*1-FFT* 编码的蛋白质半衰期为 30h，不稳定系数为 46.08，说明 1-FFT 为不稳定性蛋白，脂肪系数为 91.12，总平均亲水性为–0.153 表明 1-FFT 蛋白属于亲水性蛋白。

```
The N-terminal of the sequence considered is M (Met).

The estimated half-life is: 30 hours (mammalian reticulocytes, in vitro).
                            >20 hours (yeast, in vivo).
                            >10 hours (Escherichia coli, in vivo).

Instability index:

The instability index (II) is computed to be 46.08
This classifies the protein as unstable.


Aliphatic index: 91.12
Grand average of hydropathicity (GRAVY): -0.153
```

图 4.42　*1-FST* 基因编码蛋白的理化参数预测

4）*1-FFT* 基因编码蛋白的信号肽预测和亚细胞定位预测

利用 SignalP 分析 1-FFT 蛋白的信号肽，从图 4.43 中的可以看出，信号肽记分 C 值在起始位置从 0.2 迅速下降，未形成 0.5 分以上的峰值，另外位于 y 轴的 S 值也未出现高分值，基于此，在 1-FFT 蛋白中，没有预测到理想的剪切位点。

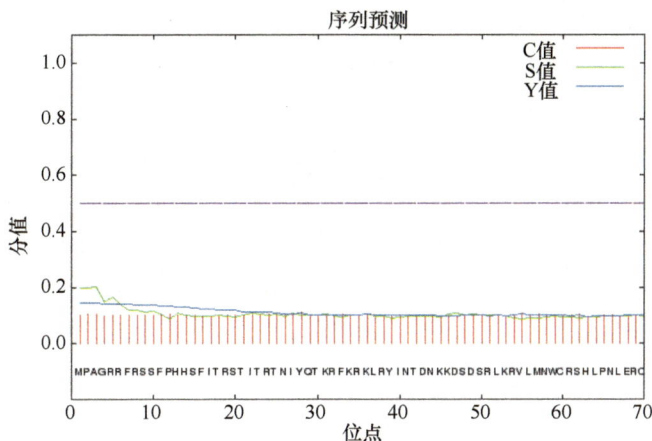

图 4.43　SignalP 预测 1-FFT 信号肽

5）1-FFT 跨膜区结构预测

根据 TMHMM 预测（http://www.cbs.dtu.dk/services/TMHMM/）服务器分析 1-FFT 的跨膜结构，见图 4.44，预测出的跨膜螺旋（TMhelix）区域位置在 612～629 跨膜一次。

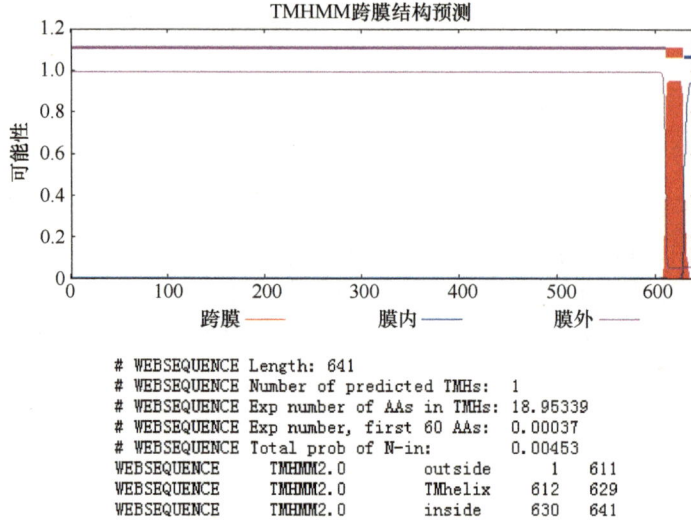

图 4.44　1-FFT 跨膜结构的预测

（7）*1-FFT* 基因的序列分析及同源性比对

1）菊芋 *1-FFT* 基因二级结构在线预测

通过 SOPMA 程序（https://npsa-prabi.ibcp.fr/cgi-bin/npsa_automat.pl?page=/NPSA/npsa_sopma.html）分析 *1-FFT* 二级结构预测结果显示，*1-FFT* 的二级结构主要由 α-螺旋（15.19%）、延伸结构（31.20%）、β-转角（9.20%）和无规则卷曲（43.68%）构成（图 4.45）。

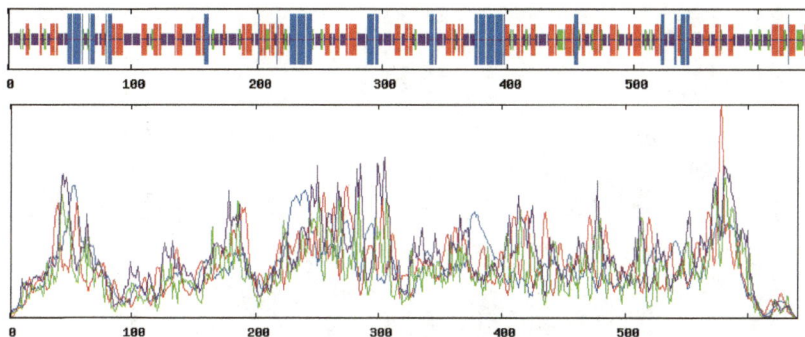

图 4.45　SOPMA 软件预测 1-FFT 的二级结构

延伸、卷曲、螺旋和转角分别用红、橙、蓝和绿线条表示

2）蛋白质亲水性和疏水性分析

通过 DNAstar 软件的 Protean 模块，分别应用 Garnier-Robson、Deleage-Roux、Hydropathy-Kyte-Doolittle、Karplus-Schulz、Emini 来计算氨基酸残基的特定结构域、蛋白质的二级结构、蛋白质的疏水区和亲水区、蛋白质骨架区的柔韧性及蛋白质表面的可能性。结果显示，1-FFT 编码的蛋白质绝大多数属于亲水区，没有形成较大的疏水区（图 4.46）。

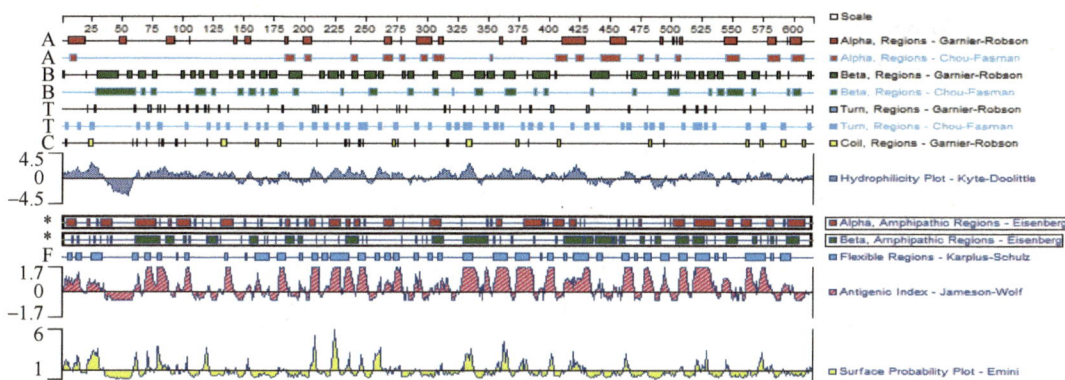

图 4.46　1-FFT 编码蛋白的二级结构和疏水性分析

3）1-FFT 基因的同源性比对

序列 Blast 表明（图 4.47），菊芋 1-FFT 与其他植物来源一致的均匀性均超过 80%，其中与维氏菊的同源性最高，为 85%，与西洋蒲公英、雏菊、牛蒡、菊苣的同源性分别为 83%、83%、82%、82%，原因是这些作物有非常近的亲缘关系，而且同属于菊科作物。

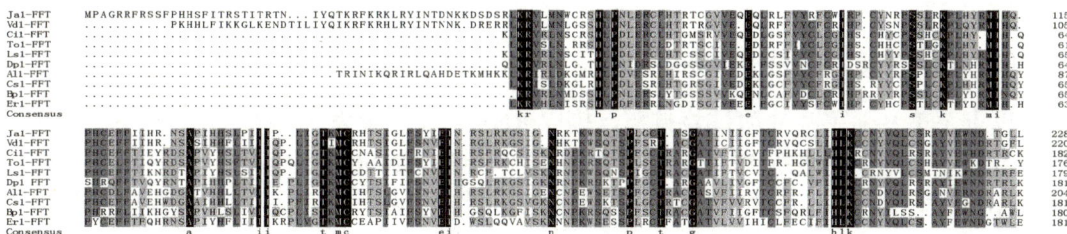

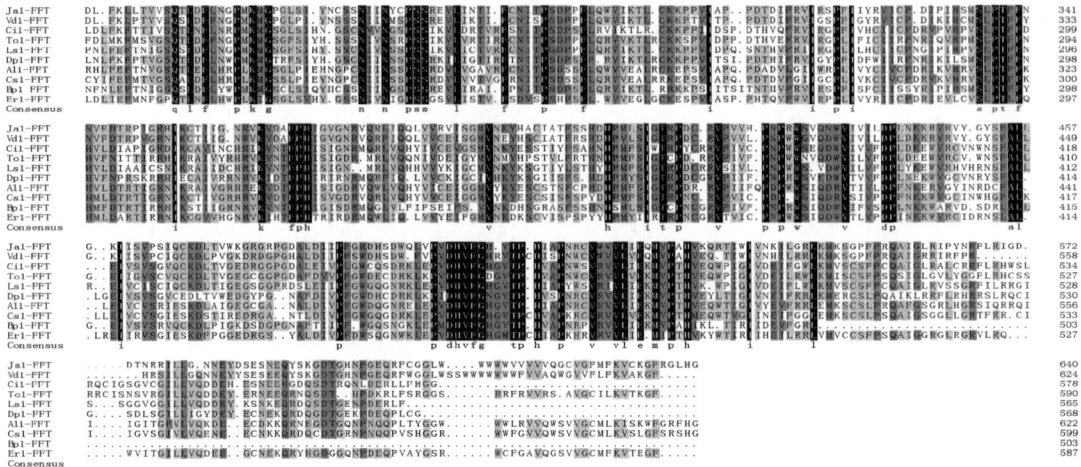

图 4.47　青芋 1 号菊芋 *1-FFT* 基因蛋白序列对比

图中 Ja1-FFT 代表菊芋、Vd1-FFT 代表维氏菊、Ci1-FFT 代表菊苣、To1-FFT 代表西洋蒲公英、Ls1-FFT 代表菜蓟、Dp1-FFT
代表大豹毒、Al1-FFT 代表牛蒡、Cs1-sst 代表朝鲜蓟、Bp1-FFT 代表雏菊、Er1-FFT 代表蓝刺头

（8）*1-FFT* 基因的进化树分析

利用 MEGA 软件绘制 *1-FFT* 的进化树分析图，见图 4.48，结果表明菊芋 *1-FFT* 与维氏菊 *1-FFT* 遗传距离最近，与龙舌兰等不同科不同属的植物进化距离较远。

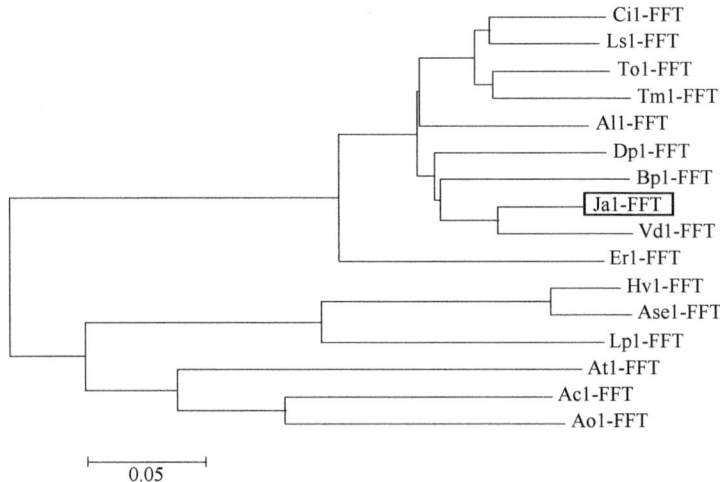

图 4.48　菊芋 *1-FFT* 基因进化树分析

3. 小结

（1）*1-SST* 基因的克隆与序列分析

以青芋 1 号菊芋叶片为试验材料，提取 RNA，反转录为 cDNA，以 cDNA 为模板，用通过筛选出的引物进行 PCR 扩增，结果得到一条约 2000bp 的条带，测序得到长度为 1985bp，编码 659 个氨基酸；对其氨基酸组分进行分析，结果显示，*1-SST* 富含 Leu（8.80%）、Tyr（7.76%）Val（7.73%）、Asp（6.47%）、Glu（6.13%）；使用 DNAMAN 软

件，对 1-SST 的分子质量及等电点进行计算，1-SST 是编码 659 个氨基酸的小分子蛋白质，分子质量为 74.59kDa，等电点为 5.10；1-SST 编码的蛋白质半衰期为 7.2h，不稳定系数为 38.88，为稳定性蛋白，脂肪系数为 87.50，总平均亲水性为–0.171，属于亲水性蛋白。利用 SignalP 分析 1-SST 蛋白的信号肽，发现在 1-SST 蛋白中，没有预测到理想的剪切位点；1-SST 的跨膜结构预测出的跨膜螺旋（TMhelix）区域位置分别在 7~29、44~66、87~109；1-SST 的二级结构主要由 α-螺旋（20.49%）、延伸结构（32.93%）、β-转角（8.95%）和无规则卷曲（37.63%）构成；1-SST 编码的蛋白质绝大多数属于亲水区，没有形成较大的疏水区；序列同源性比对表明，菊芋 1-SST 与朝鲜蓟、菊苣、菜蓟、西洋蒲公英等菊科作物的同源性分别为 84%、83%、83%、81%，均达到 80%以上；利用 MEGA 软件绘制 1-SST 的进化树分析图，结果表明菊芋 1-SST 与朝鲜蓟 1-SST 遗传距离最近，与龙舌兰等不同科不同属的植物进化距离较远。

（2）1-FFT 基因的克隆与序列分析

以青芋 1 号菊芋叶片为试验材料，提取 RNA，反转录为 cDNA，以 cDNA 为模板，用通过筛选出的引物进行 PCR 扩增，测序得到 1-FFT 基因 CDS 序列为 2025bp，编码 641 个氨基酸，该蛋白质的分子质量为 73.90kDa，蛋白质的等电点为 10.01，疏水性弱，1-FFT 蛋白不具跨膜结构，理论推算 1-FFT 蛋白半衰周期大于 30h，不稳定系数为 46.08，属于不稳定性蛋白。通过在线工具分析 1-FFT 蛋白的二级结构，结果显示，不规则卷曲结构所占比例最大，为 43.68%；其次为延伸结构、α-螺旋和 β-转角，分别为 31.20%、15.19%和 9.20%。说明 1-FFT 蛋白的二级结构的组成主要由不规则卷曲结构构成。利用 ProtParam 程序（http://web.expasy.org/protparam/）对 1-FFT 基因的半衰期、不稳定系数、脂肪系数和亲水性进行预测。1-FFT 编码的蛋白质半衰期为 30h，不稳定系数为 46.08，说明 1-FFT 为不稳定性蛋白，脂肪系数为 91.12，总平均亲水性为–0.153，表明 1-FFT 蛋白属于亲水性蛋白。序列 Blast 表明，菊芋 1-FFT 与其他菊科植物来源一致的均匀性均超过 80%，其中与维氏菊的同源性最高，为 85%，与西洋蒲公英、雏菊、牛蒡、菊苣的同源性分别为 83%、83%、82%、82%，原因是这些作物有非常近的亲缘关系，而且同属于菊科作物。利用 MEGA 软件绘制 1-FFT 的进化树分析图，结果表明菊芋 1-FFT 与维氏菊 1-FFT 遗传距离最近，与龙舌兰等不同科不同属的植物进化距离较远。

4.2.9 果聚糖合成酶基因（FBEs）表达特性

1. 材料与方法

以青芋 1 号菊芋为试验材料，根据美国国立生物技术信息中心（NCBI）注册的菊芋果聚糖合成酶基因 RNA 序列（1-SST、1-FFT）分别对应设计特异引物。对合成的内参基因引物进行筛选（表 4.2），内参基因筛选见表 4.3。干旱胁迫处理用浓度为 20% PEG6000 分别处理 0、12h、24h、36h、48h、60h、72h 时取新鲜菊芋叶片，立即置于液氮中，RNA 的提取、纯化及 cDNA 第一链的合成参照天根反转录第一链合成试剂盒方法进行。以反转录得到不同胁迫时间段的 cDNA 为模板，使用天根 SYBR 荧光试剂盒进行荧光定量反应液配制，采用 20μl 反应体系。

SYBR 预混合 Ex *Taq*	10μl
PCR 上游引物（10μmol/L）	0.8μl
PCR 下游引物（10μmol/L）	0.8μl
cDNA 模板	1μl
ddH$_2$O	7.4μl
合计	20μl

反应程序：

95℃	15min	
95℃	15s	
60℃	30s	} 40 个循环
72℃	30s	

扩增段在 72℃ 延伸阶段进行末点荧光检测，溶解段全程荧光检测，每上升 0.5℃ 收集一次荧光。

每个样品 3 个重复，反应结束后进行扩增曲线和溶解曲线评价，采用 2-ΔΔCt 方法对果聚糖合成酶在旱胁迫处理不同时期进行基因表达分析。

表 4.2 荧光定量 *1-SST*、*1-FFT* 引物序列

引物	序列（上游引物）	序列（下游引物）	片段长度（bp）
S1	TCGTCGTCTATCCATCGCAA	ACCTCAGCACTCGAATCCAA	182
S2	CCCCTCTCATTCTCCATGATGAC	GCGATGGATAGACGACGAGTTG	79
S3	ACCCTGAAAACCTCCCAGAACTC	GAGCACCTATAACCAGAACCGAAAC	105
S4	TTTCCCTACGCTTACATCCTTGG	CAAAAGATATTGATGGAACCTCACG	80
F1	GAGCCCGGTTCAATCATTCC	TGGTCCCAAACTTCCCCTTT	164
F2	CCTTGAACATGAACCCCACACAC	AGGTTTTGTGGTGGTTTGTGGTG	73
F3	TTATTCTTCTTTGGTTTCGCTATCG	TCGGTCTGCGAATACCTTATAAAAG	110
F4	AACGGACCGCTTTTCATTTTCAG	ACCAGCCCATGTGAAACAACTGAC	78

注：S1、S2、S3、S4 为 *1-SST* 引物，F1、F2、F3、F4 为 *1-FFT* 引物

表 4.3 内参基因引物序列

基因	序列（上游引物）	序列（下游引物）
β-actin	CTGGAATGGTCAAGGCTGGT	TCCTTCTGTCCCATCCCTACC
25S rRNA	ATAACCGCATCAGGTCTCCAAG	CCTCAGAGCCAATCCTTTTCC
GAPDH	CACGGCCACTGGAAGCA	TCCTCAGGGTTCCTGATGCC
EF-1α	CCCTTCAGGATGTCTACAAG	CAATGCTTCGTGGTGCATCT

2. 结果与分析

（1）RNA 提取结果

采用 1%琼脂糖凝胶电泳检测 RNA 的完整性，选用纯度较高，无明显降解的 RNA 进行下一步试验。RNA 提取结果见图 4.49。

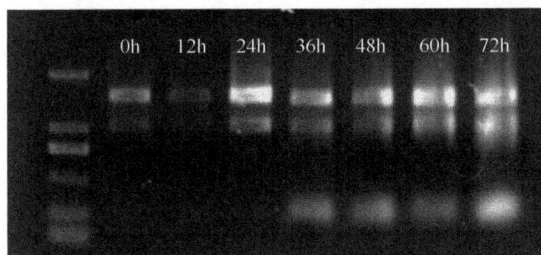

图 4.49　RNA 提取结果（20%PEG6000 胁迫）

（2）定量 PCR 引物的特异性检测

从图 4.50 可以看出，根据 *1-SST*、*1-FFT* 序列分别设计的 4 条引物，SST1、SST2和 FFT1 的特异性较高，扩增条带清晰。

传统的内参基因 EF-1α、25S RNA、GAPDH、β-actin 作为试验的内参基因进行 PCR，从图 4.51 可以看出，25S RNA 的表达量相对较高，因此选用 25S RNA 作为干旱胁迫的内参基因。

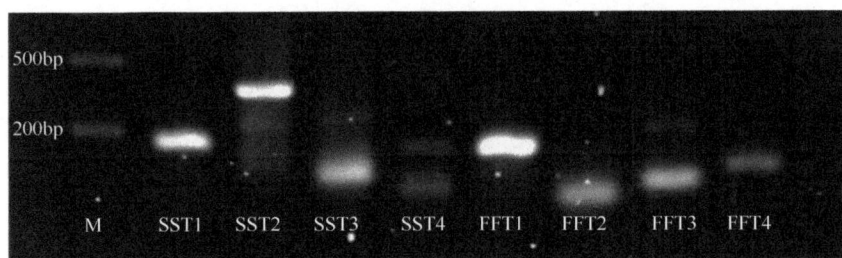

图 4.50　定量-PCR 引物筛选

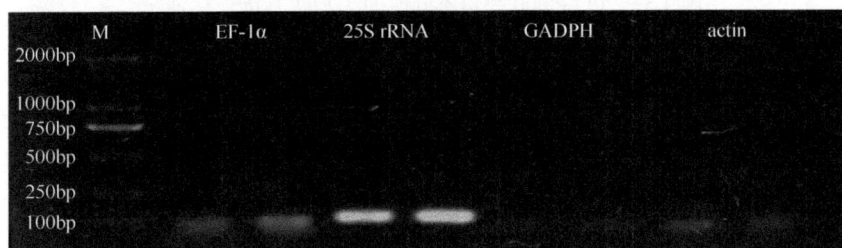

图 4.51　内参引物筛选

（3）干旱胁迫下 *1-SST* 基因的表达分析

分别对 20% PEG6000 处理 0、12h、24h、36h、48h、60h、72h 的菊芋进行实时PCR（real-time PCR），检测 *1-SST* 基因的表达量变化趋势。从图 4.52 可以看出，*1-SST*基因在不同胁迫时间均有表达，并存在显著性差异，随着时间的增加，其表达量不断增加，48h 时表达量最高，达到峰值。然后开始下降，整个过程的表达呈现"单峰"曲线的趋势。

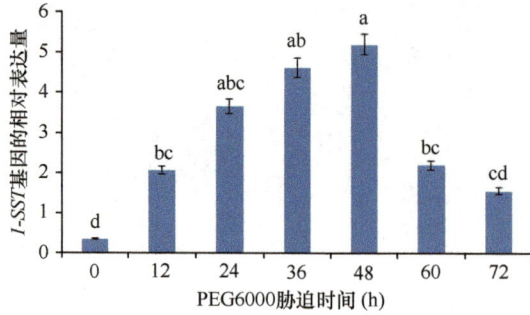

图 4.52　PEG6000 胁迫不同时间 *1-SST* 基因表达情况

（4）干旱胁迫下 *1-FFT* 基因的表达分析

分别对 20% PEG6000 处理 0、12h、24h、36h、48h、60h、72h 的菊芋进行 Real-time PCR，检测 *1-FFT* 基因的表达量变化趋势。从图 4.53 可以看出，*1-FFT* 基因在不同胁迫时间均有表达，并存在显著性差异、从 0～72h 的胁迫时间内，整个过程的表达呈现"单峰"曲线的趋势，其峰值在 60h，60h 之后出现下降趋势。

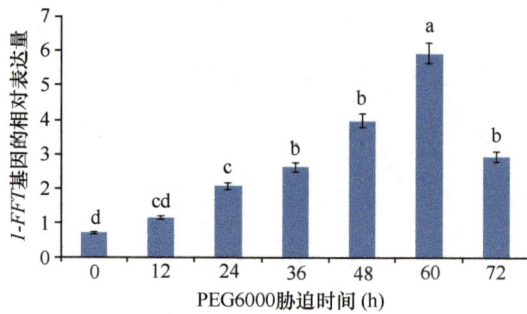

图 4.53　PEG6000 胁迫不同时间 *1-FFT* 基因表达情况

（5）花期 *1-SST* 基因在各器官的表达特征分析

采用实时荧光定量 PCR 方法研究 *1-SST* 基因在菊芋花期不同器官的表达模式，结果表明，*1-SST* 在菊芋叶片、茎、根、花及块茎中均有表达，但在不同组织中的表达水平有显著差异。从图 4.54 中可以看出，*1-SST* 基因在块茎中的表达量最高；在叶、茎中次之；在根和花中表达量相对较低。

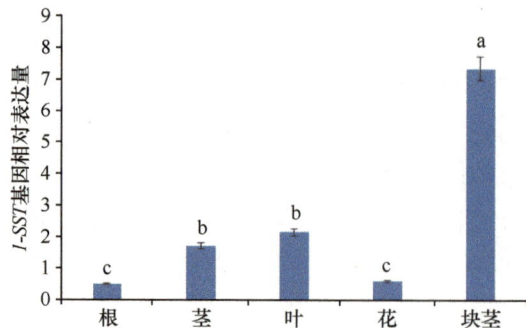

图 4.54　菊芋 *1-SST* 基因在不同组织中的表达量分析

（6）花期 *1-FFT* 基因在各器官的表达特征分析

采用实时荧光定量 PCR 方法研究 *1-FFT* 基因在菊芋花期不同器官的表达模式，结果表明，*1-FFT* 在菊芋叶片、茎、根、花及块茎中均有表达，但在不同组织中的表达水平有显著差异。从图 4.55 中可以看出，*1-FFT* 基因在块茎中的表达量最高；在茎中次之；在叶、根、花中表达量相对较低。

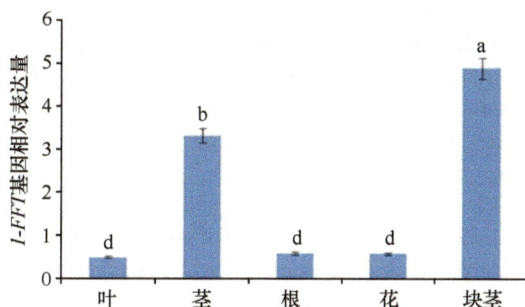

图 4.55　菊芋 *1-FFT* 基因在不同组织中的表达量分析

3. 小结

（1）菊芋花期不同组织中果聚糖合成酶基因的表达特性

采用实时荧光定量 PCR 方法研究 *1-SST*、*1-FFT* 基因在菊芋花期不同器官的表达模式，结果表明 *1-SST* 和 *1-FFT* 在菊芋叶、茎、根、花及块茎中均有表达，但在不同组织中的表达水平有显著差异，*1-SST* 基因在块茎中的表达量最高，在叶、茎中次之，在根和花中表达量相对较低；而 *1-FFT* 基因在块茎中的表达量最高，在茎中次之，在叶、根、花中表达量相对较低。

（2）干旱胁迫下果聚糖合成酶基因表达特性

在菊芋苗期，利用 20% PEG6000 胁迫，分别在处理 0、12h、24h、36h、48h、60h、72h 取样，进行 Real-time PCR，检测 *1-SST* 和 *1-FFT* 基因的表达量变化趋势。结果表明，*1-SST* 基因和在 *1-FFT* 基因不同胁迫时间均有表达，并存在显著性差异，随着时间的增加，其表达量不断增加，达到峰值后开始下降，整个过程的表达呈现"单峰"曲线的趋势，其中 *1-SST* 基因在 48h 时表达量最高，*1-FFT* 基因在 60h 时表达量最高。

参 考 文 献

何林乾, 黄雪松. 2013. 大蒜果聚糖水解酶全长 cDNA 的克隆. 食品工业科技, 34(17): 154-157, 162.

许欢欢. 2015. 菊芋果聚糖 1-外切水解酶基因(*Ht1-FEHs*)的克隆鉴定及功能研究. 南京农业大学硕士学位论文.

Allison S D, Chang B, Randolph T W, et al. 1999. Hydrogen bonding between sugar and protein is responsible for inhibition of dehydration-induced protein unfolding. Archives of Biochemistry and Biophysics, 65: 289-298.

Amiard V, Annette M B, Billard J P, et al. 2003. Fructans, but not the sucrosyl-galactosides, raffinose and loliose, are affected by drought stress in perennial ryegrass. Plant Physiology, 132: 2218-2229.

Andre I, Mazeau K, Tvaroska I, et al. 1996. Molecular and crystal structures of inulin from electron diffraction data. Macromolecules, 29: 4626-4635.

Archer B J, Johnson S K, Devereux H M, et al. 2004. Effect of fat replacement by inulin or lupin-kernel fibre on sausage patty acceptability, post-meal perceptions of satiety and food intake in men. Br. J. Nutr., 91: 591-599.

Archibold H K. 1940. Fructosans in the monocotyledons. A review. The New Phytologist, 39: 185-219.

Babenko V I, Gevorkyan A M. 1967. Accumulation of oligo saccharides and their significance in the low-temperature hardening of cereal grains. Fiziol Rast, 14: 727-736.

Barta J. 1993. Jerusalem artichoke as a multipurpose raw material for food products of high fructose or inulin content//Fuchs A. Inulin and Inulin-Containing Crops. Amsterdam: Elsevier: 323-339.

Barthomeuf C, Regerat F, Pourrat H. 1991. High-yield ethanol production from Jerusalem artichoke tubers. World J Microbiol Biotechnol, 7: 490-493.

Beck E H, Fettig S, Knake C, et al. 1992. Specific and unspecific responses of plants to cold and drought stress. Journal of Bioscience, 32: 501-510.

Cacela C, Hincha D K. 2006a. Low amounts of sucrose are sufficient to depress the phase transition temperature of dry phosphatidylcholine, but not for lyoprotection of liposomes. Biophysical Journal, 90: 2831-2842.

Cacela C, Hincha D K. 2006b. Monosaccharide composition, chain length and linkage type influence the interactions of oligosaccharides with dry phosphatidylcholine membranes. Biochimica et Biophysica Acta, 1758: 680-691.

Campbell J M. 1997. Selected fructooligosaccharide (1-ketose, nystose, and 1F-beta-fructofuranosylnystose) composition of foods and feeds. J Agric Food Chem, 45: 3076-3082.

Campbell J M, Bauer L L, Fahey G C, et al. 1997. Selected fructooligosaccharide (1-ketose, nystose, and 1F-beta-fructofuranosylnystose) composition of foods and feeds. Journal of Agricultural and Food Chemistry, 45: 3076-3082.

Canny M J. 1995. Apoplastic water and solute movement. New rules for an old space. Annual Review of Plant Physiology and Plant Molecular Biology, 46: 215-236.

Chalmers J, Lidgett A, Cummings N, et al. 2005. Molecular genetics of fructan metabolism in perennial ryegrass. Plant Biotechnology, 3: 459-474.

Chatterton N J, Harrison P A, Bennett J H, et al. 1989. Carbohydrate partitioning in 185 accessions of Gramineae grown under warm and cold environments. Plant Physiology, 134: 169-179.

Chi ZM, Chi Z, Zhang T, et al. 2009. Inulinase expressing microorganisms and applications of inulinases. Appl Microbiol Biotechnol, 82: 211-220.

Cloutier Y, Siminovitch D. 1982. Correlation between cold- and drought-induced frost hardiness in winter wheat and rye varieties. Plant Physiology, 69: 256-258.

Crowe L M. 2002. Lessons from nature: The role of sugars in anhydrobiosis. Comparative Biochemistry and Physiology Part A, 131: 505-513.

Cyril J, Powell G L, Duncan R R, et al. 2002. Changes in membrane polar lipid fatty acids of seashore paspalum in response to low temperature exposure. Crop Science, 42: 2031-2037.

Darbyshire B, Henry R J. 1981. Differences in fructan content and synthesis in some *Allium* species. The New Phytologist, 87: 249-256.

De Leenheer L, Hoebregs H. 1994. Progress in the elucidation of the composition of chicory inulin. Starch/Stärke, 46: 193-196.

De Man M, Weegels P L. 2005. High-Fiber Bread and Bread Improver Compositions. WO Patent, 2005023007.

Drent, W J, Gottschal, J C. 1991. Fermentation of inulin by a new strain of *Clostridium thermoautotrophicum* isolated from dahlia tubers. FEMS Microbiol Lett, 78: 285-292.

Drent W J, Both G J, Gottschal J C. 1993. A biotechnological and ecophysiological study of thermophilic inulin-degrading clostridia//Fuchs A. Inulin and Inulin-Containing Crops. Amsterdam: Elsevier: 267-272.

Dvonch W, Yearian H J, Whistler R L.1950. Behavior of low molecular weight amylose with complexing agents 1. Journal of the American Chemical Society, 72: 1748-1750.

Eagles C F. 1967. Variation in the soluble carbohydrate content of climatic races of *Dactylis glomerata* cocksfoot at different temperatures. Annals of Botany, 31: 645-651.

Edelman J, Jefford T G. 1968. The mechanism of fructosan metabolism in higher plants as exemplified in *Helianthus tuberosus*. The New Phytologist, 67: 517-531.

Eigner W D, Abuja P, Beck R H F, et al. 1988. Physiochemical characterization of inulin and sinistrin. Carbohydrate Research, 180: 87-95.

Engels D, Alireza H B, Kunz M, et al. 2002. Modified *Streptococcus* gene *ftf* and fructosyltransferase and their use in preparation of inulin, fructooligosaccharides, and difructose dianhydride for use in food and feed. WO Patent, 2002050257.

Etxeberria E, Gonzalez P, Pozueta-Romero J. 2005. Sucrose transport into citrus juice cells: Evidence for an endocytic transport system. Journal of the American Society of Horticultural Science, 130: 269-274.

Fages J, Mulard D, Rouquet J J, et al. 1986. 2, 3-Butanediol production from Jerusalem artichoke, *Helianthus tuberosus*, by *Bacillus polymyxa* ATCC 12321. Optimization of k_La profile. Appl Microbiol Biotechnol, 25: 197-202.

Filipiak-Florkiewicz A. 2003. Effect of fructans on hardness of wheat/rye bread crumbs. Zywienie Czlowieka i Metabolizm, 30: 978-982.

Fishbein L, Kaplan M, Gough M. 1988. Fructooligosaccharides: A review. Vet Hum Toxicol, 30: 104-107.

French A D, Waterhouse A L. 1993. Chemical structure and characteristics//Suzuki M, Chatterton N J. Science and Technology of Fructans. Florida: CRC Press: 41-81.

Frippiat A, Smits G S. 1993. Fructan-containing fat substitutes and their use in food and feed. US Patent, 5527556.

Fuchs A. 1987. Potentials for non-food utilization of fructose and inulin. Starch/Stärke, 39: 335-343.

Gibson G R, Beatty E R, Wang X, et al. 1995. Selective stimulation of bifidobacteria in the human colon by oligofructose and inulin. Gastroenterology, 108: 975-982.

Gretz N, Kirschfink M, Strauch M. 1993. The use of inulin for the determination of renal function: Applicability and problems//Fuchs A. Inulin and Inulin-Containing Crops. Amsterdam: Elsevier: 391-396.

GrootWassink J W D, Fleming S E. 1980. Non-specific β-fructofuranosidase (inulase) from *Kluyveromyces fragilis* batch and continuous fermentation, simple recovery method and some industrial properties. Enzyme & Microbial Technology, 2: 45-53.

Guy C L. 2003. Freezing tolerance of plants: current understanding and selected emerging concepts. Canadian Journal of Botany, 81: 1216-1223.

Haverkamp J. 1996. Inuline onder de loep. Chemisch Mag, 11: 23.

Heino P, Palva E T. 2003. Signal transduction in plant cold acclimation//Hirt H, Shinozaki K. Topics in Current Genetics 4. Berlin: Springer-Verlag: 151-186.

Hendry G A. 1987. The ecological significance of fructan in a contemporary flora. The New Phytologist, 106: 201-216.

Hendry G A F, Wallace R K. 1993. The origin distribution and evolutionary significance of fructans//Suzuki M, Chatterton N J. Science and Technology of Fructans. Boca Raton: CRC Press, 119-139.

Henson C A, Livingston D P III. 1998. Characterization of a fructan exohydrolase purified from barley stems that hydrolyzes multiple fructofuranosidic linkages. Plant Physiology and Biochemistry, 36: 715-720.

Heyer A G, Wendenburg R. 2001. Gene cloning and functional characterization by heterologous expression of the fructosyltransferase on *Aspergillus sydow* IAM 2544. Appl Environ Microbiol, 67: 363-370.

Hidaka H, Adachi T, Hirayama M. 2001. Development and beneficial effects of fructo-oligosaccharides (Neosugar®)// McCleary B V, Prosky L. Advanced Dietary Fibre Technology. Oxford: Blackwell Science: 471-479.

Hinrichs W L J, Prinsen M G, Link H W. 2001. Inulin glasses for the stabilization of therapeutic proteins. International Journal of Pharmacology, 215: 163-174.

Houde M, Saniel C, Lachapelle M, et al. 1995. Immunolocalization of freezing-tolerance-associated proteins in the cytoplasm and nucleoplasm of wheat crown tissues. Plant Journal, 8: 583-593.

Jeffrey G A, Huang D B. 1993. The tetrasaccharide nystose trihydrate: Crystal structure and hydrogen bonding. Carbohydrate Research, 247: 37-50.

Jeffrey G A, Park Y J. 1972. The crystal and molecular structure of 1-ketose. Acta Crystallographica, B28:

257-267.

Ji X, Van den Ende W, Schroeven L, et al. 2007. The rice genome encodes two vacuolar invertases with fructan exohydrolase activity but lacks the related fructan biosynthesis genes of the Pooideae. The New Phytologist, 173: 50-62.

Johansson N O. 1970. Ice formation and frost hardiness in some agricultural plants. Contrib Natl Swed Inst Plant Protect, 14: 365-382.

Kango, N. 2008. Production of inulinase using tap roots of dandelion (*Taraxacum officinale*) by *Aspergillus niger*. Journal of food Engineering, 85(3), 473-478.

Kawakami A, Yoshida M, Van den Ende W. 2005. Molecular cloning and functional analysis of a novel 6&1-FEH from wheat (*Triticum aestivum* L.) preferentially degrading small graminans like bifurcose. Gene, 358: 93-101.

Kony D, Damm W, Stoll S, et al. 2004. Explicit-solvent molecular dynamics simulations of the $\beta(1\rightarrow3)$ and $\beta(1\rightarrow6)$ linked disaccharides β-laminarabiose and β-gentiobiose in water. Journal of Physical Chemistry B, 108: 5815-5826.

Koster K L, Lei Y P, Anderson M, et al. 2000. Effects of vitrified and nonvitrified sugars on phosphatidylcholine fluid-to-gel phase transitions. Biophysics Journal, 78: 1932-1946.

Kuzuwa S, Yokoi K, Kondo M, et al. 2012. Properties of the inulinase gene *levH1* of *Lactobacillus casei* IAM 1045; cloning, mutational and biochemical characterization. Gene, doi: 10.1016/j.gene.2011.12.004.

Lee G, Nowak W, Jaroniec J, et al. 2004. Molecular dynamics simulations of forced conformational transitions in 1, 6-linked polysaccharides. Biophysical Journal, 87: 1456-1465.

Lenne T, Bryant G, Holcomb R, et al. 2007. How much solute is needed to inhibit the fluid to gel membrane phase transition at low hydration? Biochimica et Biophysica Acta, 1768: 1019-1022.

Leroy G, Grongnet J F, Mabeau S, et al. 2010. Changes in inulin and soluble sugar concentration in artichokes (*Cynara scolymus* L.) during storage. J Sci Food Agric, 90: 1203-1209.

Levitt J. 1959. Effects of artificial increases in sugar content on frost hardiness. Plant Physiology, 34: 401-402.

Levitt J. 1980. Responses of Plants to Environmental Stress, vol. 1, 2nd ed. New York: Academic Press: 80.

Levitt J, Scarth G W. 1936. Frost-hardening studies with living cells 1. Osmotic and bound water changes in relation to frost resistance and the seasonal cycle. Canadian Journal of Research, 8: 267-284.

Le Roy K, Verhaest M, Rabijns A, et al. 2007. *N*-glycosylation affects substrate specificity of chicory fructan 1-exohydrolase: Evidence for the presence of an inulin binding cleft. The New Phytologist, 176(2), 317-324.

Liu J, Waterhouse A L, Chatterton N J. 1994. Do inulin oligomers adopt a regular helical form in solution? Journal of Carbohydrate Chemistry, 13: 859-872.

Livingston D P III, Henson C A. 1998. Apoplastic sugars, fructans, fructan exohydrolase and invertase in winter oat: Responses to second-phase cold hardening. Plant Physiology, 116: 403-408.

Livingston D P III, Chatterton N J, Harrison P A. 1993. Structure and quantity of fructan oligomers in oat *Avena* spp. The New Phytologist, 123: 725-734.

Livingston D P III, Premakumar R, Tallury S P. 2006. Carbohydrate partitioning between upper and lower regions of the crown in oat and rye during cold acclimation and freezing. Cryobiology, 52: 200-208.

Livingston D P III, Tallury S P, Premakumar R, et al. 2005. Changes in the histology of cold hardened oat crowns during recovery from freezing. Crop Science, 45: 1545-1558.

Lothier J, Lasseur B, Le Roy K, et al. 2007. Cloning, gene mapping, and functional analysis of a fructan 1-exohydrolase 1-FEH from Lolium perenne implicated in fructan synthesis rather than in fructan mobilization. Journal of Experiment Botany, 58: 1969-1983.

Maleux K, Van den Ende W. 2007. Levans in excised leaves of *Dactylis glomerata*: Effects of temperature, light, sugars, and senescence. Journal of Plant Biology, 50: 671-680.

Marchal R, Blanchet D, Vandecasteele J P. 1985. Industrial optimization of acetone-butanol fermentation: A study of the utilization of Jerusalem artichokes. Appl Microbiol Biotechnol, 23: 92-98.

Martini M F, Disalvo E A. 2007. Superficially active water in lipid membranes and its influence on the interaction of an aqueous soluble protease. Biochimica et Biophysica Acta, 1768: 2541-2548.

Mazal A, Leshem Y, Tiwari B S, et al. 2004. Induction of salt and osmotic stress tolerance by overexpression of an intracellular vesicle trafficking protein At Rab7 At Rab G3e. Plant Physiology, 134: 118-128.

Meier H, Reid J S G. 1982. Reserve polysaccharides other than starch in higher plants//Loewus F A, Tanner W. *Encyclopedia* of Plant Physiology, Vol. 13. Berlin: .Springer-Verlag: 1418-1471.

Meryman H T. 1966. The relationship between dehydration and freezing injury in the human erythrocyte// Asahina E. Cellular Injury and Resistance in Freezing Organisms, vol 2. Proceedings of the International Conference on Low Temperature Science. Sapporo: Bunyeido: 231-244.

Meyer D. 2003. Frutafit inulin applications in bread. Innovations in Food Technology, 18: 38-40.

Middlehoven W J, Van Adrichsem P P L, Reij M W, et al. 1993. Inulin degradation by *Pediococcus pentosaceus*//Fuchs A. Inulin and Inulin-Containing Crops. Amsterdam: Elsevier: 273-280.

Milhaud J. 2004. New insights into water-phospholipid interactions. Biochimica et Biophysica Acta, 1663: 19-51.

Newton R. 1923. Colloidal properties of winter wheat plants in relation to frost resistance. Journal of Agricultural Science, 14: 177-191.

Ohtake S, Schebor C, Pablo J J. 2006. Effects of trehalose on the phase behavior of DPPC-cholesterol unilamellar vesicles. Biochimica et Biophysica Acta, 1758: 65-73.

Olien C R. 1981. Analysis of midwinter freezing stress//Olien C R, Smith M N. Analysis and Improvement of Plant Cold Hardiness. Boca Raton: CRC Press, 35-58.

Oliver A E, Hincha D K, Crowe J H. 2002. Looking beyond sugars: The role of amphiphilic solutes in preventing adventitious reactions in anhydrobiotes at low water contents. Comparative Biochemistry and Physiology Part A, 131: 515-525.

Pearce R S, Houlston C E, Atherton K M, et al. 1998. Localization of expression of three cold-induced genes, blt101, blt4.9, and blt14 in different tissues of the crown and developing leaves of cold-acclimated cultivated barley. Plant Physiology, 117: 787-795.

Pollock C J. 1984. Physiology and metabolism of sucrosyl-fructans//Lewis D H. Storage Carbohydrates in Vascular Plants. Cambridge: Cambridge University Press: 97-113.

Pollock C J, Eagles C F, Sims I M. 1988. Effect of photoperiod and irradiance changes upon development of freezing tolerance and accumulation of soluble carbohydrate in seedlings of *Lolium perenne* grown at 2℃. Annals of Botany, 62: 95-100.

Pontis H G. 1989. Fructans and cold stress. Plant Physiology, 134: 148-150.

Ricker J V, Tsvetkova N M, Wolkers W F. 2003. Trehalose maintains phase separation in an air-dried binary lipid mixture. Biophysical Journal, 84: 3045-3051.

Roberfroid M B. 2005. Inulin-Type Fructans: Functional Food Ingredients. Boca Raton: CRC Press.

Rose V. 1804. Über eine eigenthumliche vegetabilische Substanz. Neues Allg Jahrb Chem, 3: 217-219.

Saengthongpinit W, Sajjaanantakul T. 2005. Influence of harvest time and storage temperature on characteristics of inulin from Jerusalem artichoke (*Helianthus tuberosus* L.) tubers. Postharvest Biology and Technology, 37: 93-100.

Sakai A. 1960. Relation of sugar content to frost-hardiness in plants. Nature, 185: 698-699.

Santarius K A. 1973. The protective effect of sugars on chloroplast membranes during temperature and water stress and its relationship to frost desiccation and heat resistance. Planta, 113: 105-114.

Sévenier R, van der Meer I M, Bino R. et al. 2002. Increased production of nutriments by genetically engineered crops. J Am Coll Nutr, 21: 199S-204S.

Shallenberger R S. 1993. Taste Chemistry. London: Blackie Academic.

Shibata S, Shimada T. 1986. Anatomical observation of the development of freezing injury in orchardgrass crown. Journal of Japanese Society of Grassland Science, 32: 197-204.

Shiomi N. 1989. Properties of fructosyltransferases involved in the synthesis of fructan in liliaceous plants. Plant Physiology, 134: 151-155.

Silva R F. 1996. Use of inulin as a natural texture modifier. Cereal Foods World, 41: 792-794.

Silva J M, Arrabaca M C. 2004. Contributions of soluble carbohydrates to the osmotic adjustment in the C4 grass *Setaria sphacelata*: A comparison between rapidly and slowly imposed water stress. Journal of

Plant Physiology, 161: 551-555.

Sims I M, Pollock C J, Horgan R. 1992. Structural analysis of oligomeric fructans from excised leaves of *Lolium temulentum*. Phytochemistry, 31: 2989-2992.

Singh RS, Rajesh D, Puri M. 2007. Partial purification and characterization of exoinu-linase from *Kluyveromyces marxianus* YS-1 for preparation of high-fructose syrup. J Microbiol Biotechnol, 17(5): 733-738.

Slade L, Levine H. 1991. Beyond water activity: Recent advances based on an alternative approach to theas-sessment of food quality and safety. Critical Reviews in Food Science and Nutrition, 30: 115-360.

Spollen W G, Nelson C J. 1994. Response of fructan to water deficit in growing leaves of tall fescue. Plant Physiology, 106: 329-336.

Steponkus P L. 1968. The relationship of carbohydrates to cold acclimation of *Hedera helix* L. cv. Thorndale. Physiologia Plantarum, 21: 777-791.

Suzuki M, Nass H G. 1988. Fructan in winter wheat, triticale and fall rye cultivars of varying cold hardiness. Canadian Journal of Botany, 66: 1723-1728.

Tanino K K, McKersie B D. 1985. Injury within the crown of winter wheat seedlings after freezing and icing stress. Canadian Journal of Botany, 63: 432-435.

Tognetti J A, Calderon P L, Pontis H G. 1989. Fructan metabolism: Reversal of cold acclimation. Plant Physiology and Biochemistry, 134: 232-234.

Tylianakis E, Dais P, Andre L, et al. 1995. Rotational dynamics of linear polysaccharides in solution. ^{13}C relaxation study on amylose and inulin. Macromolecules, 28: 7962-7966.

Van Arkel J, Vergauwen R, Sevenier R, et al. 2012. Sink filling, inulin metabolizing enzymes and carbohydrate status in field grown chicory (*Cichorium intybus* L.). J Plant Physiol, 169: 1520-1529.

Van den Ende W, Van Laere A. 1996. De novo synthesis of fructans from sucrose *in vitro* by a combination of two purified enzymes (sucrose: sucrose 1-fructosyl transferase and fructan: fructan 1-fructosyl transferase) from chicory roots *Cichorium intybus* L. Planta, 200: 335-342.

Van den Ende W, Clerens S, Vergauwen R, et al. 2003. Fructan 1-exohydrolases. β-(2,1)-trimmers during graminan biosynthesis in stems of wheat? Purification, characterization, mass mapping and cloning of two fructan 1-exohydrolase isoforms. Plant Physiology, 131: 621-631.

Van den Ende W, Clerens S, Vergauwen R, et al. 2006. Cloning and functional analysis of a high DP fructan: fructan 1-fructosyl transferase from *Echinops ritro* Asteraceae: Comparison of the native and recombinant enzymes. Journal of Experimental Botany, 57: 775-789.

Van den Ende W, Van Laere A, Le Roy K, et al. 2004. Molecular cloning and characterization of a high DP fructan: fructan 1-fructosyltransferase from *Viguiera discolor* (Asteraceae) and its heterologous expression in *Pichia pastoris*. Physiologia Plantarum, 125: 419-429.

Van den Ende W, Yoshida M, Clerens S, et al. 2005. Cloning, characterization and functional analysis of novel 6-kestose exohydrolases 6-FEHs from wheat *Triticum aestivum* L. The New Phytologist, 166: 917-932.

Van Laere A, Van den Ende W. 2002. Inulin metabolism in dicots: Chicory as a model system. Plant Cell Environ, 25: 803-813.

Vandoorne B, Mathieu A S, Van den Ende W, et al. 2012. Water stress drastically reduces root growth and inulin yield in *Cichorium intybus* (var. *sativum*) independently of photosynthesis. J Exp Bot, 63: 4359-4373.

Vereyken I J, van Kuik J A, Evers T H, et al. 2003. Structural requirements of the fructan-lipid interaction. Biophysical Journal, 84: 3147-3154.

Verhaest M, Lammens W, Le Roy K, et al. 2007. Insights into the fine architecture of the active site of chicory fructan 1-exohydrolase: 1-kestose as substrate vs sucrose as inhibitor. The New Phytologist, 174: 90-100.

Verslues P E, Agarwal M, Katiyae-Agarwal S, et al. 2006. Methods and concepts in quantifying resistance to drought, salt and freezing, abiotic stresses that affect plant water status. The Plant Journal, 45: 523-539.

Vijn I, Smeekens S. 1999. Fructan: More than a reserve carbohydrate? Plant Physiology, 120: 351-359.

Vijn I, van Dijken A, Sprenger N, et al. 1997. Fructan of the inulin neoseries is synthesized in transgenic chicory plants *Cichorium intybus* L. harbouring onion *Allium cepa* L. fructan:fructan 6-fructosyltansferase. The Plant Journal, 11: 387-398.

Volaire F, Thomas H, Lelievre F. 1998. Survival and recovery of perennial forage grasses under prolonged

Mediterranean drought. I. Growth, death, water relations, and solute content in herbage and stubble. The New Phytologist, 140: 439-449.

Vukov K, Erdélyi M, Pichler-Magyar E. 1993. Preparation of pure inulin and various inulin-containing products from Jerusalem artichoke for human consumption and for diagnostic use//Fuchs A. Inulin and Inulin-Containing Crops. Amsterdam: Elsevier: 341-358.

Wagner W, Keller F, Wiemken A. 1983. Fructan metabolism in cereals: Induction in leaves and compartmentation in protoplasts and vacuoles. Zeitschrift für Pflanzenphysiologie, 112: 359-372.

Waterhouse A L, Chatterton N J. 1993. Glossary of fructan terms//Suzuki M, Chatterton N J. Science and Technology of Fructans. Boca Raton: CRC Press: 1-7.

Westhafer M A, Law J T Jr, Duff D T. 1982. Carbohydrate quantification and relationships with N nutrition in cool-season turfgrasses. Agronomy Journal, 74: 270-274.

Williams R J. 1980. Frost desiccation: An osmotic model//Olien C R, Smith M N. Analysis and Improvement of Plant Cold Hardiness. Boca Raton: CRC Press: 89-115.

Wolfe J, Bryant G. 1999. Freezing, drying and/or vitrification of membrane-solute-water systems. Cryobiology, 39: 103-129.

Yuan H, Zhang W, Li X, et al. 2005. Preparation and *in vitro* antioxidant activity of K-carrageenan oligosaccharides and their oversulfated, acetylated, and phosphorylated derivatives. Carbohydrate Research, 34: 685-692.

第 5 章 菊芋的种质资源

5.1 植物种质资源概述

种质资源又称遗传资源，20 世纪 60 年代以前我国把用以培育新品种的原材料或基础材料称为育种的原始材料，60 年代初期改称为品种资源。由于现代育种主要利用的是现有育种材料内部的遗传物质或种质，所以国际上现仍大都采用种质资源这一术语。随着遗传育种研究的不断发展，种质资源所包含的内容越来越广，凡能用于作物育种的生物体都可归入种质资源之范畴，包括地方品种、改良品种、新选育的品种、引进品种、突变体、野生种、近缘植物、人工创造的各种生物类型、无性繁殖器官、单个细胞、单个染色体、单个基因，甚至 DNA 片段等。

作物品种是在漫长的生物进化与人类文明过程中形成的。在这个过程中，野生植物先被驯化成多样化的原始作物，经种植选育变为各色各样的地方品种，再通过不断地对自然变异、人工变异的自然选择与人工选择而育成符合人类需求的各类新品种。正是已有种质资源具有满足不同育种目标所需要的多样化基因，才使得人类的不同育种目标得以实现。在作物育种中，提供育种目标性状基因源的作物类型和野生植物，仅占种质资源的小部分。从实质上看，作物育种工作就是按照人类的意愿对多种多样的种质资源进行各种形式的加工改造，而且育种工作越向高级阶段发展，种质资源的重要性就越突出。现代育种工作之所以取得显著的成就，除了育种途径的发展和采用新技术外，关键还在于广泛地搜集和较深入研究、利用了优良的种质资源。育种工作者拥有种质资源的数量与质量，以及对其研究的深度和广度是决定育种成效的主要条件，也是衡量其育种水平的重要标志。

从世界范围内近代作物育种的显著成就来看，突破性品种的育成几乎无一不取决于关键性优异种质资源的发现与利用，如水稻籼稻矮源低脚乌尖、小麦矮源农林 10 号与世界范围的"绿色革命"，油菜品种 Liho、Bronowski 与双低油菜新品种选育，抗根结线虫的北京小黑豆与美国大豆生产，水稻矮源矮脚南特和矮子粘与我国水稻的矮秆育种，Polima 雄性不育细胞质与国内外杂交油菜的发展等。未来作物育种上的重大突破仍将取决于关键性优异种质资源的发现与利用，一个国家或机构所拥有种质资源的数量和质量，以及对所拥有种质资源的研究程度，将决定其育种工作的成败及其在遗传育种领域的地位。

作物育种目标不是一成不变的，人类文明进程的加快和社会上物质生活水平的不断提高对作物育种不断提出新的要求。新的育种目标能否实现取决于育种者所拥有的种质资源。例如，人类有特殊需求的新作物、适于农业可持续发展的作物新品种等育种目标能否实现就取决于育种者所拥有的种质资源。种质资源还是不断发展新作物的主要来源，现有的作物都是在不同历史时期由野生植物驯化而来的。从野生植物到栽培作物，就是人类改造和利用植物资源的过程。随着生产和科学的发展，现在和将来都会继续不断地从野生植物资源中驯化出更多的作物，以满足生产和生活日益增长的需要。例如，在油料、麻类、饲料和药用等植物方面，常常可以从野生植物中直接选出一些优良类型，进而培育出具有经济价值的新作物或新品种。没有这些种质资源，新作物无从获得。

5.2　菊芋种质资源收集保存

在 20 世纪 90 年代初的一项调查认为，菊芋基因库能用于育种工作的种质不会超过 150 份（Van Soest，1993），目前来看，这个数字是显然被严重低估了。通过多个国家的相关机构的努力，目前全世界 30 多个研究机构保存了超过 1800 份菊芋种质资源，形成了宝贵的菊芋种质资源库，保护了这一作物遗传资源的多样性，这其中包括菊芋的野生种、地方种、原始栽培种、改良栽培种。北美洲是菊芋的原产地，加拿大和美国以收集保护野生近缘种和野生种为主，对于未来的遗传育种工作至关重要；欧洲是菊芋的早期引种栽培区域，从 17 世纪开始进行菊芋的引种、驯化和遗传改良，保存了大量从北美洲引进的野生种、长期形成的地方种和改良的栽培种种质，主要在俄罗斯、德国、法国及部分东欧和南欧国家；亚洲关于菊芋的大范围引种和大面积栽培起步较晚，但发展很快，目前种质资源主要保存在中国和泰国。当然，由于多数机构收集菊芋种质资源的目的都是为了栽培向日葵的遗传改良，因此针对菊芋本身的种质资源的收集鉴定评价工作就相对滞后，且长期相互引种交流，存在同物异名和同名异物现象，需要我们开展大量工作进行鉴别和评价。

5.2.1　北美洲

加拿大植物基因资源中心（PGRC）保存了 175 份菊芋种质资源（Volk and Richards，2006），其中包括加拿大农业研究站的无性系、起源于北美洲的野生种和来自北美洲和欧洲的栽培种。利用块茎进行保存和繁殖。

美国收集的 112 份菊芋种质资源保存在美国农业部（USDA）农业服务中心（ARS）的中北部植物引种站（NCRPIS），总部设在爱荷华州立大学（ISU）。该引种站保存的种质主要是来自北美洲原产地的野生种，同时还保存了来自向日葵属的大量菊芋野生近缘种，主要以种子形式保存。这些种质的来源于栽培向日葵遗传改良计划，因此其性状具有详细的数据资料，在种质资源信息网（GRIN）的在线检索数据库可以检索到。

5.2.2　欧洲

俄罗斯的瓦维诺夫植物研究所（VIR）是欧洲保存菊芋种质资源最多的研究机构，拥有 324 份种质，被列入欧洲植物种质资源目录（Frison and Servinsky，1995）。该机构长期开展向日葵的遗传改良，通过菊芋与向日葵的远缘杂交创制保存了大量菊芋和向日葵的优良杂交种。

法国有 140 份无性系和约 30 份野生种质保存在蒙彼利埃的法国农业科学院育种站（UMR DGPC），栽培的无性系通过块茎繁殖。

德国的菊芋种质资源最早保存在德国联邦栽培植物育种研究中心（BAZ），目前已转移到国家植物基因库（IPK），一共 115 份，以块茎或组织培养方式保存。此外，在德国一些植物园也栽培保存有少量种质。

在塞尔维亚和黑山的诺维萨德大田和蔬菜作物研究所（IFVCNS），有来自黑山和美国的 155 份菊芋野生种质，最早是为提升栽培向日葵抗病性而收集的，美国的种质源于与美国农业部的交换，而黑山的种质则为收集于当地的地方种。

丹麦、芬兰、冰岛、挪威和瑞典共同建立的北欧基因库（NGB）保存有 15 份菊芋种质，包括了 7 个地方种和 8 个培育的无性系。另外，在奥地利、西班牙、匈牙利、捷克和保加利亚等欧洲国家的大学和研究机构也保存有菊芋种质资源 160 余份。

5.2.3 亚洲与大洋洲

日本兵库县的自然与人类活动标本博物馆保存了 11 份菊芋种质资源，均收集自日本的本州；新西兰土地管理研究所存有 8 份菊芋种质资源，收集于新西兰各地；澳大利亚国立植物标本馆有 1 份菊芋标本，源自美国。

泰国近年来才开始发展菊芋种植，因此不存在地方种和栽培种，全部为从北美洲和欧洲引进的种质资源。泰国孔敬大学保存了 158 份菊芋种质资源，其中有 104 份来自加拿大植物基因资源中心、25 份来自德国植物遗传与作物栽培研究所基因库、17 份来自美国农业部中北部植物引种站、5 份来自法国农业科学院育种站、6 份采集自美国田纳西州的野外（Wangsomnuk et al.，2011a）。

5.2.4 中国

菊芋引进中国的时间及其传播途径目前缺少相关文献记录，但从目前的调查采集的情况来看，除海南、广西、广东等少数热带省份外，中国大部分地区均有种植，且很多地区已从零星栽培发展为规模生产，存在丰富的地方种和栽培种。

中国开展菊芋种质资源的系统收集、引进、整理、鉴定和保存工作始于 20 世纪 90 年代，青海大学农林科学院和南京农业大学是最早开展此项工作的研究机构，之后兰州大学、内蒙古农牧业科学院、大连理工大学、复旦大学等机构也陆续开展菊芋种质资源收集保存工作。据不完全统计，中国目前保存的来自国内外的菊芋种质资源超过 850 份。

青海大学农林科学院自 20 世纪 90 年代开始系统开展菊芋种质资源的收集、引进和创制工作，目前已通过自主收集和相互交流等方式保存来自中国 22 个省区市的地方种和栽培种 167 份，通过诱变、杂交等方式创制的育种材料 55 份，引进交流的来自美国、加拿大、俄罗斯、法国、丹麦、泰国的野生种、地方种和栽培种 191 份，合计 413 份。具体见表 5.1。

表 5.1　青海大学农林科学院菊芋种质资源收集保存情况

来源	数量（份）	类型	收集方式
青海省	29	地方种、栽培种	本课题组收集
甘肃省	16	地方种、栽培种	本课题组和定西市农业科学研究院收集
陕西省	5	地方种	本课题组收集
宁夏回族自治区	5	地方种	本课题组收集
西藏自治区	7	地方种	西藏自治区农牧科学院惠赠
内蒙古自治区	3	地方种	本课题组收集
新疆维吾尔自治区	2	地方种	本课题组收集
黑龙江省	14	地方种、栽培种	黑龙江省农业科学院大庆分院交流
河北省	12	地方种、栽培种	廊坊市农林科学院惠赠
北京市	15	地方种	中国农业科学院蔬菜花卉研究所惠赠
山东省	10	地方种	本课题组收集
河南省	8	地方种	本课题组收集
江苏省	4	地方种、栽培种	南京农业大学惠赠
浙江省	2	地方种	本课题组收集
江西省	3	地方种	本课题组收集
湖南省	14	地方种	本课题组收集
贵州省	2	地方种	本课题组收集
四川省	4	地方种	本课题组收集
重庆市	1	地方种	本课题组收集
吉林省	6	地方种、栽培种	吉林省农业科学院惠赠
安徽省	3	地方种	本课题组收集
辽宁省	2	地方种	中国科学院大连化学物理研究所惠赠
青海省	55	创制材料	本课题组创制
美国	75	野生种、地方种	美国农业部农业研究中心引进
加拿大	11	野生种、地方种	加拿大植物基因资源中心引进
丹麦	16	栽培种、地方种	中国科学院大连化学物理研究所惠赠
法国	40	栽培种、地方种	法国农业科学院引进
俄罗斯	6	地方种、栽培种	黑龙江省农业科学院大庆分院惠赠
以色列	1	栽培种	本课题组收集
泰国	42	野生种、地方种	泰国孔敬大学引进

5.2.5　种质资源保存方式

　　菊芋种质资源的保存有多种方式：①以块茎方式在田间循环种植保存，需要种植、采收块茎、定期再植（每 2~3 年）；②以种子方式贮藏于种子库，在一定控制条件下延长休眠期；③组织培养，在实验室通过不断继代来保存。

　　从 3 种保存方式的优劣性对比来看，以块茎方式在田间进行种质资源的繁殖保存相对成本较高，但简单有效，可同时用于种质保护、科学研究和遗传育种等多种用途；利用种子进行保存，对于长期低温贮藏来说十分有利，但由于菊芋长期进行无性繁殖，种子结实率低，且部分种质在一定气候环境下不结实；组织培养是一种高效的种质保存手段，发挥的作用日益重要（Volk and Richards，2006），但对设施设备和相关技术有较高要求。因此，在保存菊芋种质资源时，可根据需要和条件选择应用相关的保存方法，也可结合使用。

5.2.6 组织离体培养技术

1. 材料与方法

（1）试验材料

试验材料为青芋 1 号菊芋，由青海大学农林科学院自主选育。取青芋 1 号鲜活块茎和带节的幼嫩茎段为外植体。按下列程序进行消毒：取材，自来水粗洗 30min，75%乙醇表面消毒，0.1% $HgCl_2$ 溶液浸泡，无菌水振荡清洗 4～6 次，无菌滤纸吸干备用。其中块茎消毒采用 75%乙醇 20s 和 0.1%升汞处理 1 min；茎段消毒采用 75%乙醇 20s 和 0.1%升汞处理 5min。在无菌工作台中分别将块茎切为厚度 1.0cm 带有芽点的小块，将茎段切为长度 0.5cm 带节的小段，接入含有不同激素浓度的 MS 培养基中培养进行芽诱导培养，进行观察记载。

（2）试验方法

1）无菌体系建立

菊芋块茎无菌体系：选取新鲜的菊芋块茎，洗净泥土后，自来水冲洗 30min，设计 4 个灭菌方案，每瓶接种 5 个外植体，每个方案 10 个处理，3 次重复。灭菌后进行接种。以芽点为中心，切取 0.2cm×0.2cm 的正方形小块，厚度约为 0.2cm，接入芽诱导培养基进行培养，2 周后统计污染率和成活率。灭菌方案：

Ⅰ、70%乙醇浸泡 20s→0.1% $HgCl_2$ 浸泡 30s→无菌水冲洗 6 次→滤干→接种

Ⅱ、70%乙醇浸泡 20s→0.1% $HgCl_2$ 浸泡 1min→无菌水冲洗 6 次→滤干→接种

Ⅲ、70%乙醇浸泡 30s→0.1% $HgCl_2$ 浸泡 30s→无菌水冲洗 6 次→滤干→接种

Ⅳ、70%乙醇浸泡 30s→0.1% $HgCl_2$ 浸泡 1min→无菌水冲洗 6 次→滤干→接种

菊芋带节茎段无菌体系：选取长势旺盛的菊芋嫩枝，以节点为中点，截取 2.0cm 带节的茎段，接入芽诱导培养基。

2）菊芋外植体诱导不定芽

不同激素配比对芽诱导的影响。在培养基中添加 3 种生长调节剂：6-苄氨基嘌呤（6-BA）、萘乙酸（NAA）和吲哚丁酸（IBA），每种浓度设置 3 个水平，不同浓度配比共设 22 个处理，每个处理 30 个外植体，3 次重复，观察并记录不定芽诱导状况，2 周后统计不同处理的不定芽个数、诱导率，筛选出最优的芽诱导培养基。具体方案见表 5.2。6-BA 浓度设置：0.5mg/L、1.0 mg/L、1.5mg/L；NAA 浓度设置：0.1mg/L、0.3 mg/L、0.5mg/L；IBA 浓度设置：0.1mg/L、0.2mg/L、0.3mg/L。

表 5.2　不同激素配比影响芽诱导的设计方案

处理	6-BA	NAA	IBA
1（CK）	0	0	0
2	0.5	0	0
3	0.5	0.1	0
4	0.5	0.3	0
5	0.5	0.5	0
6	0.5	0	0.1
7	0.5	0	0.2
8	0.5	0	0.3
9	1.0	0	0
10	1.0	0.1	0
11	1.0	0.3	0
12	1.0	0.5	0
13	1.0	0	0.1
14	1.0	0	0.2
15	1.0	0	0.3
16	1.5	0	0
17	1.5	0.1	0
18	1.5	0.3	0
19	1.5	0.5	0
20	1.5	0	0.1
21	1.5	0	0.2
22	1.5	0	0.3

　　不同激素配比对丛生苗继代增殖的影响。诱导产生的不定芽长至 1.0cm 时，切下接入继代增殖培养基中。以 MS 基本培养基为对照，培养基中添加 6-BA、2,4-对氯苯氧乙酸（2,4-D）和 IBA 3 种生长调节物质，每种浓度设置 3 个水平，不同浓度配比共设25 个处理，每个处理 30 个外植体，3 次重复，观察并记录丛生苗增殖及生长状况。2 周后统计丛生苗数及增殖倍数，筛选出最优的丛生苗继代增殖培养基。6-BA 浓度设置：1.0mg/L、2.0mg/L、3.0mg/L；2,4-D 浓度设置：1.0mg/L、2.0mg/L、3.0mg/L；IBA 浓度设置：0.1mg/L、0.2mg/L、0.3mg/L（表 5.3）。

表 5.3　不同激素配比影响继代增殖的设计方案

处理	6-BA	2,4-D	IBA
1（CK）	0	0	0
2	1.0	0	0
3	1.0	0	0.1
4	1.0	0	0.2
5	1.0	0	0.3
6	2.0	0	0
7	2.0	0	0.1

续表

处理	6-BA	2,4-D	IBA
8	2.0	0	0.2
9	2.0	0	0.3
10	3.0	0	0
11	3.0	0	0.1
12	3.0	0	0.2
13	3.0	0	0.3
14	0	1.0	0
15	0	1.0	0.1
16	0	1.0	0.2
17	0	1.0	0.3
18	0	2.0	0
19	0	2.0	0.1
20	0	2.0	0.2
21	0	2.0	0.3
22	0	3.0	0
23	0	3.0	0.1
24	0	3.0	0.2
25	0	3.0	0.3

3）生根培养

MS 培养基中加入不同浓度 NAA 0.1~0.5mg/L，共 5 个处理，每个处理 30 株再生苗，3 次重复，观察并记录再生苗生根状况，2 周后统计生根率，并进行生根状况对比，筛选出适宜菊芋再生苗生根的培养基配方。NAA 浓度设置 5 个水平：0.1mg/L、0.2mg/L、0.3mg/L、0.4mg/L、0.5mg/L。

4）离体保存时间

以蔗糖、甘露醇等渗透压调节剂为试验因素，考察各因素对试验结果的影响，每个处理接种 10 瓶，每瓶接种 5 株试管苗，温度 16℃，光照时间 14h/d，光照强度 1000lx。

5）组培苗的遗传稳定性分析方法

利用经过筛选出的 8 对能扩增出清晰稳定条带的引物，对青芋 1 号、青芋 2 号菊芋继代 4 次的离体组培苗基因型进行 SSR 分析。

2. 结果与分析

（1）外植体无菌体系的建立

菊芋块茎外植体灭菌培养 2 周后，统计污染率、褐化率及成活率，培养 4 周后，统计成活率。由表 5.4 可知，从污染率方面看，4 个处理的污染率均不高，均小于 25%，其中污染率最高的一组为第 I 组，23.57%，其他 3 组在 15% 及 15% 以下，灭菌效果较好。从成活率看，第 II、III、IV 组的成活率均超过 80%，第 II 组成活率最高，达 88.1%。因此，第 II 处理组为块茎灭菌的最佳组合。

表 5.4　块茎外植体不同处理的灭菌结果（%）

处理代号	褐化率	污染率	成活率
I	1.82	23.57	72.53
II	2.30	15.00	88.10
III	1.25	12.30	80.78
IV	0.34	8.70	81.54

（2）不同激素配比对块茎外植体芽诱导的影响

将块茎外植体接种到诱导不定芽培养基，每天观察生长变化的情况并记录，当诱导4～5d 时，块茎外植体尖端出现浅绿色凸起，是最初的芽点萌动迹象，1 周后，块茎芽点处萌发出 1 个不定芽，出芽率较低，22 个处理组均有不同程度的出芽现象，其中13、14 和 15 三个处理组出芽个数最多，长势良好。生长至 2 周时，不定芽可以长至1cm左右。

由表 5.5 可见，诱导不定芽 15d 后，对不定芽个数及诱导率分别进行统计，22 个处理组均可诱导不定芽产生，对照组出芽数明显少于其他处理组，6-BA 对菊芋外植体有

表 5.5　不同激素配比对块茎外植体芽诱导的影响

处理	芽诱导数（个）	诱导率（%）	生长状况
1（CK）	25	27.78	不定芽
2	51	56.69	生长迟缓
3	43	47.78	少量气生根
4	38	42.44	生根
5	31	34.44	少量气生根
6	57	63.33	生根
7	70	77.78	生根明显
8	62	68.89	少量玻璃化苗
9	64	71.11	出芽多
10	60	66.67	有气生根
11	50	55.56	生根明显
12	39	43.33	少量玻璃化苗
13	76	84.44	绿色，健壮
14	84	93.00	出芽较多
15	79	87.78	气生根
16	61	67.78	生根少
17	59	65.56	褐化
18	46	51.11	黄色，玻璃化
19	36	40.00	黄绿色
20	60	66.67	黄绿色
21	69	76.67	黄绿色
22	63	70.00	黄绿色

很明显的诱导作用；NAA 对外植体有较为明显的促进生根作用，随着浓度的增加，生根越明显，浓度过高会出现褐化现象；IBA 具有明显的促进生长的作用，但浓度或高或低都会抑制不定芽的产生。13、14 和 15 三个处理组的不定芽诱导率明显高于其他处理组，分别为 84.44%、93.00%和 87.78%，均在 80%以上，第 14 组高于第 13 组和第 15 组。因此，第 14 处理组激素组合为诱导块茎不定芽产生的最佳培养基配方，即 MS+1.0mg/L 6-BA+0.2mg/L IBA，诱导率达 93%以上。

（3）不同激素浓度及配比对茎段外植体诱导不定芽的影响

将茎段外植体接种到诱导不定芽培养基，每天观察生长变化的情况并记录，可知，诱导 4~5d 时，茎段外植体茎节基部开始膨大，呈浅绿色，是最初的芽点萌动迹象，1 周后茎节两侧萌发出 1~4 个不定芽，最多可达到 4 个，22 个处理组均有不同程度的出芽现象，其中 13、14 和 15 三个处理组出芽个数最多，长势良好，生长至 2 周时，不定芽可以伸长至 1~2cm，继续进行下一步试验。

诱导不定芽 2 周后，对不定芽的诱导率和个数分别进行统计。由表 5.6 可知，所有的处理组均可诱导不定芽产生，诱导倍数为 1.22~2.23，对照组出芽数明显少于其他处理组，可见，6-BA 对菊芋外植体有很明显的诱导作用，其中 14 和 15 两个处理组的诱导率最高，分别为 94.44%和 90.00%，均在 85%以上，不定芽生长状况良好（表 5.6）。

表 5.6　不同激素配比对茎段外植体芽诱导的影响

处理	芽诱导数（个）	诱导率（%）	生长状况
1（CK）	26	28.89	不定芽
2	53	57.89	生长迟缓
3	44	48.89	少量气生根
4	40	44.44	生根
5	33	36.67	少量气生根
6	57	63.33	生根
7	68	75.56	生根明显
8	64	71.11	少量玻璃化苗
9	67	74.40	出芽多
10	61	67.78	有气生根
11	49	54.44	生根明显
12	38	42.44	少量玻璃化苗
13	73	81.11	绿色，健壮
14	85	94.44	出芽较多
15	81	90.00	气生根
16	60	66.67	生根少
17	58	64.44	褐化
18	48	53.33	黄色，玻璃化
19	36	40.00	黄绿色
20	63	70.00	黄绿色
21	71	78.89	黄绿色
22	65	72.22	黄绿色

NAA 对外植体有较为明显的促进生根作用，随着浓度的增加，生根越明显，抑制了不定芽的诱导，浓度过高甚至出现褐化现象，因此诱导不定芽不宜添加 NAA。少量 IBA 具有明显的促进生长的作用，当用量少于或超过 0.2mg/L 时，均可抑制不定芽生长，同时伴随"玻璃苗"现象出现。

（4）不同激素配比对丛生苗继代增殖的影响

经过初代培养后，选取长势良好、粗壮的不定芽，进行下一步继代增殖培养，旨在通过对各因素的比较试验，摸索适宜丛生苗快速增殖的生长条件等，短时期内获得大量的丛生苗。选取长约 1cm 的不定芽切下，移入继代增殖培养基，观察并记录不定芽生长及增殖状况。培养 2 周后，统计丛生苗个数（＞0.5cm）及增殖倍数。

继代增殖培养后，丛生苗个数最多的为第 6 处理组，优于其他处理组，且长势好，增殖速度快同时伴随伸长生长，2 周时，增殖倍数最高可达 4.02，可见，6-BA 对菊芋丛生苗增殖具有明显的作用，浓度降低或升高均能降低丛生增殖的数量和速度。添加 2,4-D 的培养基中不定芽不出现丛生现象，并且极容易愈伤化；添加少量 IBA 后丛生苗有一定是伸长现象，但会抑制丛生苗的加倍，而降低丛生苗增殖数量，添加高浓度（0.3mg/L） IBA 容易形成"玻璃苗"，最终导致死亡（表 5.7）。只添加 6-BA，浓度为 2.0 mg/L 即可，此组合诱导产生丛生苗的速度最快，丛生苗生长健壮，增殖倍数高。

表 5.7　不同激素配比对继代增殖的影响

处理	丛生苗数	增值倍数	生长状况
1（CK）	0	0	缓慢生长，不丛生
2	265	2.94	丛生倍数较低
3	237	2.63	丛生倍数较低，有伸长
4	212	2.36	丛生倍数较低，伸长明显
5	164	1.82	丛生倍数较低，有"玻璃苗"现象
6	362	4.02	丛生较快，苗健壮，倍数高
7	348	3.87	丛生较快，苗健壮，有伸长
8	320	3.56	丛生较快，苗健壮，伸长明显
9	310	3.44	丛生较快，苗健壮，有"玻璃苗"现象
10	291	3.23	丛生倍数较低
11	320	3.56	丛生倍数较低，有伸长
12	254	2.82	丛生倍数较低，伸长明显
13	202	2.24	丛生倍数较低，有"玻璃苗"现象
14	0	0	不丛生，轻度愈伤化
15	0	0	不丛生，轻度愈伤化
16	0	0	不丛生，较小伸长，轻度愈伤化
17	0	0	不丛生，较小伸长，轻度愈伤化
18	0	0	中度愈伤化，缓慢死亡
19	0	0	中度愈伤化，缓慢死亡
20	0	0	中度愈伤化，较小伸长，缓慢死亡
21	0	0	中度愈伤化，较小伸长，缓慢死亡

处理	丛生苗数	增值倍数	生长状况
22	0	0	重度愈伤化，易死亡
23	0	0	重度愈伤化，易死亡
24	0	0	重度愈伤化，易死亡
25	0	0	重度愈伤化，有伸长，易死亡

（5）不同激素配比对生根培养的影响

将再生苗接入生根培养基中，添加不同浓度 NAA 0.1～0.5mg/L，观察并记录再生苗生根状况，2 周后统计生根株数及生根率。从表 5.8 可以看出，NAA 对再生苗的生根影响极为显著，添加 NAA 后生根率极高，浓度小于 0.2mg/L 时，生根极细，浓度为 0.2mg/L 时，生长状况最佳，生根率可达 100%，随着浓度的增加逐渐出现肉质根，所以，菊芋生根最适宜培养基为 MS+0.2mg/L NAA。

表 5.8　NAA 不同浓度对生根的影响

NAA（mg/L）	生根植株数（株）	生根率（%）	根生长状况
0	9	36	根细，生长慢
0.1	22	88	根较细
0.2	25	100	生长正常
0.3	25	100	少量肉质根
0.4	25	100	较多肉质根
0.5	25	100	全部为肉质根

（6）不同渗透压对菊芋离体保存时间的影响

在培养基中加入蔗糖、甘露醇为渗透压调节剂，以试管苗成活率超过 50% 为考察指标，比较不同蔗糖浓度和甘露醇浓度对试管苗生长的影响。由表 5.9 的结果可知，保存时间最长的培养基配比为：MS+蔗糖 0.5mg/L。

表 5.9　渗透压调节剂对离体保存时间的影响

处理	蔗糖（g）	甘露醇（g）	保存时间（d）
1	0	0	130
2	0.5	0	210
3	1	0	180
4	0.5	0.5	150
5	0.5	1	150
6	1	0.5	180
7	1	1	180
8	0	0.5	150
9	0	1	180

（7）离体保存试管苗的遗传稳定性分析

利用经过筛选出的 8 对能扩增出清晰稳定条带的引物，对青芋 1 号、青芋 2 号不同继代次数的离体组培苗基因型进行 SSR 分析。供试引物共产生 90 条可读带，其中 0 条为多态性条带，变异率为 0，与对照相比，说明菊芋在继代 4 次之后，并未发生变异（图 5.1）。说明青芋 1 号、青芋 2 号菊芋离体继代组培苗并未在离体保存过程中发生变异，仍具有较高的遗传稳定性。

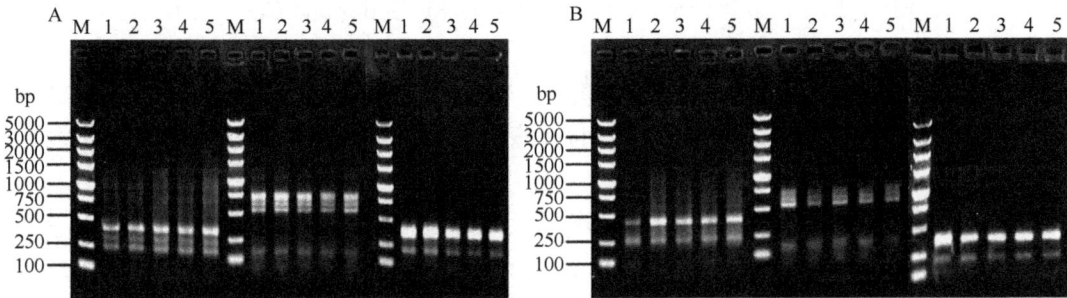

图 5.1　SSR 引物 S17（左）、S52（中）、S64（右）菊芋不同继代培养次数扩增结果
M：DNA Marker DS™5000；1：CK；2～5：不同继代次数组培苗；A 图为青芋 1 号；B 图为青芋 2 号

（8）再生植株的驯化及移栽

经过生根培养后，即可获得完整的再生植株，进行进一步的驯化及移栽试验。选择培养瓶中生长旺盛、生根良好、株高 4～5cm、具有 6～7 片叶的再生植株，常温炼苗 3d 后，进行移栽种植，用泥炭土+蛭石+珍珠岩（2∶1∶1），温度为 26℃，湿度为 50%，此时应保证良好的通气条件，利于移栽植株的成活。

3. 小结

通过丛生芽途径初步建立了菊芋离体保存体系，选取了菊芋带芽点的块茎和带节的幼嫩茎段两种外植体，结果表明，菊芋茎段为最佳的组织快繁材料，同时，茎段外植体诱导不定芽的产生，再进行丛生增殖，壮苗生根，最后移栽。项目从研究菊芋组织培养快速繁殖的各个技术环节，筛选出最优的技术参数组合，初步建立了菊芋离体培养体系。离体培养体系如下：块茎消毒采用 75%乙醇 20s 和 0.1% HgCl₂ 1min 组合处理；不定芽诱导最适宜培养基配方为 MS+1.0mg/L 6-BA+0.2mg/L IBA，生根适宜培养基为 MS+0.2mg/L NAA。移栽种植条件如下：常温炼苗 3d 后，用泥炭土+蛭石+珍珠岩（2∶1∶1），在温度为 26℃下进行移栽种植。

5.3　菊芋种质资源研究

5.3.1　研究进展

种质资源不但是开展作物遗传改良的基础，也是生物学研究必不可少的重要材料。

不同的种质资源，各具有不同的生理和遗传特性，以及不同的生态特点，对其进行深入研究，有助于阐明作物的起源、演变、分类、形态、生态、生理和遗传等方面的问题，并为育种工作提供理论依据，从而克服盲目性，增强预见性，提高育种成效。

目前，已有研究者从不同角度对菊芋种质资源进行了评价，如不同种质间的茎、叶、花、块茎等器官的形态学和解剖学特征（Bagni et al.，1972；McLaurin et al.，1999；Herve et al.，2010）；产量、抗逆性、物候期等农艺性状（Kays and Kultur，2005；Herve et al.，2010；Kiru and Nasenko，2010；Ratchanee et al.，2012）；以及菊粉和其他碳水化合物、蛋白质和氨基酸、矿质元素等营养成分（Gerald，1990；Seiler and Campbell，2004；Gerald and Larry，2006；Tatjana and Jolanta，2014）。其研究主要集中在北美洲野生种和欧洲栽培种，而对以中国为代表的亚洲种质研究很少，仅针对部分种质开展了形态学和抗逆性等方面的初步研究（孙雪梅和李莉，2011；寇一翾，2013；赵俊香等，2015；王瑞雄，2018）。

通过形态学研究，菊芋种质资源呈现出丰富的遗传多样性，但其遗传结构及亲缘关系仍不明确，仅仅以地理渊源和表型差异来评价效率较低且不准确，必须借助于更加高效的标记手段。分子标记是以遗传物质 DNA 的多态性为基础的遗传标记，它通过直接分析 DNA 的多态性来检测和发现生物在基因水平上的变异及分布规律，且不受环境因素、个体发育阶段及组织器官差异的影响，稳定性高、多态性丰富，已被广泛应用于多个研究领域。目前分子标记方法在菊芋上的应用报道较少，Wangsomnuk 等（2011b）利用随机扩增多态性 DNA（RAPD）、简单重复序列间扩增多态性（ISSR）和序列相关扩增多态性（SRAP）标记分析了来自北美洲的 47 份菊芋种质的遗传结构和亲缘关系；寇一翾（2013）用 AFLP 标记研究了亚洲和欧洲的 56 份菊芋种质及 4 份杂交后代，发现棕色和紫色块茎种质倾向野生化；薛志忠等（2017）利用 SRAP 标记分析了来自中国不同地区的 58 份种质资源的遗传多样性；本项目组已构建起菊芋 ISSR、SSR 和 SRAP 标记技术方法（韩睿等，2012；赵孟良等，2012；任鹏鸿，2013），并利用其分别分析了 43 份和 30 份种质的遗传多样性（马胜超等，2014；赵孟良等，2015）。

5.3.2 分子标记体系构建

1. 基因组 DNA 提取方法

（1）材料与方法

1）试验材料

青芋 1 号菊芋新鲜幼嫩叶片，硅胶干燥后置于–20℃备用。提取缓冲液：2×十六烷基三甲基溴化铵（CTAB）提取液（100mmol/L 三（羟甲基）氨基甲烷（Tris-HCl）pH8.0，20mmol/L EDTA，1.4 mol/L NaCl，2% CTAB，使用前加入 0.5% β-巯基乙醇）；十二烷基硫酸钠（SDS）抽提液（100mmol/L NaAc，2%聚乙烯吡咯烷酮（PVP），1.4% SDS，pH5.5，使用前加入 2%的 β-巯基乙醇）；TE 缓冲液（10mmol/L Tris-HCl pH8.0，1.0 mmol/L EDTA）。其他试剂：β-巯基乙醇、氯仿、异戊醇、异丙醇、无水乙醇、RNaseA、KAc、

NaCl、植物基因组 DNA 提取试剂盒 I（天根 DP305）、植物基因组 DNA 提取试剂盒 II（全式金 EE111）等、ISSR 引物（由北京三博远志生物技术有限责任公司合成）、*Taq* DNA 聚合酶及 dNTP（购自北京全式金生物技术有限公司）、DNA Marker（购自广州东盛生物科技有限公司）。仪器：恒温水浴锅（WD-9412A）、高速离心机（Eppendorf）、PCR 仪（Eppendorf）、电泳槽和电泳仪（DYY-6C）、凝胶成像系统（Bio-Rad）、核酸蛋白定量检测仪（NanoDrop/ND1000）等。

2）试验方法

基因组 DNA 的提取与检测。①改良 CTAB 法：参考 Doyle 和 Doyle（1987）的方法并略做修改。在研钵中加入少许石英砂和少许 PVP 干粉研磨 30mg 硅胶干燥的菊芋叶片，迅速移入装有已 65℃预热的 700μl 2×CTAB 提取液的 1.5ml 离心管中，充分混匀后于 65℃水浴保温 30min，不时将离心管上下颠倒摇匀。冷却至室温，加入等体积的氯仿/异戊醇（24∶1），颠倒混匀 10min，使内含物形成乳浊液，10 000r/min，离心 10min 取上清转入新的 1.5ml 的离心管中，再次加入等体积的氯仿/异戊醇抽一次。取上清加入 2/3 体积预冷的（–20℃）异丙醇，于–20℃的冰箱中放置 30min 或过夜。13 000r/min，离心 10min 后倒出上清液收集沉淀，加入 75%的乙醇 500μl 清洗沉淀，10 000r/min，离心 6min，收集沉淀，同样的方法再洗一遍后将沉淀于室温下自然风干，加入 100μl 的 TE 缓冲液溶解 DNA，用 2μl RNaseA 于 37℃保温 30min，去除 RNA，得到的 DNA 于–20℃保存备用。②改进高盐 SDS 法：取菊芋干燥叶片 30mg，液氮研磨后迅速转入 600μl 65℃预热的 SDS 抽提液，然后在 65℃水浴中保温 1h，期间每 5min 颠倒混匀 1 次。自水浴中取出后，静置至室温，8000r/min 离心 5min，取上清液，加入 2/3 体积的 KAc 溶液（2.5mol/L，pH4.8），轻轻颠倒混匀。混合物冰浴 30min 后 10 000r/min，离心 10min，取上清液，加入等体积的氯仿∶异戊醇（24∶1）充分混匀，10 000r/min，离心 10min，取上清液，加入 0.6 倍体积的异丙醇，混匀后于–20℃保存 1h 或更长时间。10 000r/min，离心 10min，弃上清液，沉淀物在 45℃烘箱中烘干，溶于 50μl TE 缓冲液。加入 1μl RNaseA，37℃保温 30min。补充 450μl TE 缓冲液，加入等体积氯仿∶异戊醇（24∶1），充分混匀，10 000r/min，离心 10min，取上清液加入 1/10 体积的 NaAc（3mol/L）和 2 倍体积的无水乙醇。混匀后于–20℃保存 30min 或更长时间，10 000r/min，离心 15min，沉淀用 500μl 70%乙醇洗涤，10 000r/min，离心 6min，收集沉淀，同样的方法再洗一遍后将沉淀 45℃烘干，溶于 100μl TE 缓冲液。所得总 DNA 于–20℃保存。③植物基因组 DNA 提取试剂盒 I：取 30mg 菊芋干燥叶片，用液氮研磨。以下操作步骤见试剂盒说明书，100μl TE 缓冲液溶解 DNA，–20℃保存备用。④植物基因组 DNA 提取试剂盒 II：取 30mg 菊芋干燥叶片，用液氮研磨。以下操作步骤见试剂盒说明书，100μl TE 缓冲液溶解 DNA，–20℃保存备用。

DNA 质量检测。采用核酸蛋白定量检测仪以 TE 缓冲液作为对照，测定 DNA 样品的吸光值 OD$_{260}$、OD$_{280}$、OD$_{230}$、OD$_{260/280}$、OD$_{260/230}$ 和 DNA 浓度，根据 OD$_{260/280}$ 评价 DNA 质量。并用 0.8%琼脂糖凝胶电泳，以 λDNA *Hind*III 为标准，溴化乙锭（EB）染色，在凝胶成像系统上观察结果并拍照。

ISSR-PCR 扩增检测。随机挑选 3 条菊芋 ISSR 引物（UBC844、UBC845、UBC846），

以 4 种方法提取的青芋 1 号菊芋 DNA 为模板，参照已建立的体系进行菊芋 ISSR-PCR 扩增。20μl 的 PCR 反应体系中含：1.5mmol/L Mg^{2+}、200μmol/L dNTP、0.5μmol/L ISSR 引物、1U Taq 酶和 50ng 模板 DNA。扩增程序为：94℃预变性 5min；94℃变性 30s，58℃ 退火 40s，72℃延伸 75s，循环 40 次，72℃延伸 10min；4℃保存。

（2）结果与分析

1）不同的提取方法对提纯 DNA 效果的影响

经核酸蛋白定量检测仪检测，DNA 浓度和不同波长下吸光值的数值如表 5.10 所示。对于菊芋这种植物材料而言，除了改进的高盐 SDS 法 OD$_{260/280}$ 低于 1.8，其他 3 种方法提取的 DNA 都为 1.8~2.0，表明这 3 种方法提取的菊芋基因组 DNA 纯度较好。4 种方法提取的 DNA 浓度，改进的高盐 SDS 法最大，改良 CTAB 法次之，两种试剂盒最低。经琼脂糖凝胶电泳显示，4 种方法所提的 DNA 图谱均清晰（图 5.2）。改良 CTAB 提取的 DNA 条带干净、清晰、亮度大；改进的高盐 SDS 法提取的 DNA 条带亮度最大，但有拖尾现象；两种试剂盒法提取的 DNA 条带最干净、清晰，但是亮度较前两种方法有所降低，可能有略微的降解现象，其中植物基因组 DNA 提取试剂盒 I 较植物基因组 DNA 提取试剂盒 II 亮度略高，这些与核酸蛋白定量检测仪检测的结果相符。相比其余几种方法，改良 CTAB 法能够获取高质量菊芋基因组 DNA。

表 5.10　4 种 DNA 提取方法的比较

提取方法	OD$_{230}$	OD$_{260}$	OD$_{280}$	OD$_{260/230}$	OD$_{260/280}$	DNA 浓度（ng/μl）	DNA 产率（ng/gFW）
改良 CTAB 法	1.21	2.843	1.488	2.35	1.91	160.7	16070
高盐 SDS 法	1.17	2.145	1.33	1.83	1.61	183.0	18300
植物基因组 DNA 提取试剂盒 I	0.304	0.614	0.323	2.02	1.90	63.4	6340
植物基因组 DNA 提取试剂盒 II	0.533	1.167	0.627	2.11	1.86	54.3	5430

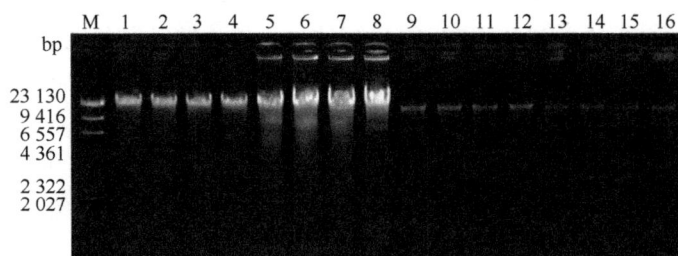

图 5.2　4 种不同方法提取菊芋 DNA

M：DNA Marker DS^{TM}5000；1~4：改良 CTAB 法；5~8：改进高盐 SDS 法；
9~12：植物基因组 DNA 提取试剂盒 I；13~16：植物基因组 DNA 提取试剂盒 II

2）ISSR 引物扩增

对 4 种方法提取的 DNA 进行 ISSR-PCR 扩增，以检测不同方法提取的模板扩增效果（图 5.3）。结果显示，以改良 CTAB 法提取的菊芋 DNA 为模板进行 ISSR-PCR 扩增，可见明亮、清晰、多态性丰富的条带，其余 3 种方法虽能扩增出多态性条带，但亮度、清晰度不如改良 CTAB 法，表明目前在提取菊芋叶片基因组 DNA 时改良 CTAB 法最适合。

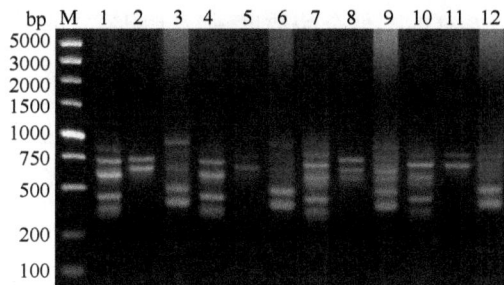

图 5.3　4 种方法提取的 DNA 的 ISSR-PCR 扩增电泳图

M：DNA Marker DS^{TM}5000；1~3：改良 CTAB 法；4~6 改进高盐 SDS 法；
7~9：植物基因组 DNA 提取试剂盒 I；10~12：植物基因组 DNA 提取试剂盒 II

（3）小结

提取高质量的基因组 DNA 是进行分子生物学研究的第一步，DNA 的质量直接影响扩增的重复性和特异性。由于不同的植物具有不同特性，加之材料的选择等因素均对植物 DNA 提取效果产生影响，因此筛选出适合菊芋基因组 DNA 的提取方法十分重要。对 4 种常见的植物基因组 DNA 提取方法在菊芋上的效果进行比较，发现 4 种方法均可提取到足够几十次 PCR 的菊芋基因组 DNA。两种试剂盒法虽简单、快速，获得的 DNA 纯度高，但相对成本也高，对于今后菊芋种质资源的大批量提取不适用；改进的高盐 SDS 法操作步骤相比其他方法略为烦琐，提取的 DNA 有蛋白类物质污染，纯度不如其他方法；改良 CTAB 法相比改进的高盐 SDS 法具有操作简单且可有效防止叶片细胞中 DNA 的降解，保证了所提 DNA 的质量和片段的完整性，比试剂盒提取的 DNA 浓度高，获得的 DNA 条带干净、清晰、亮度大，且 ISSR-PCR 扩增时条带明亮、清晰，多态性丰富，是一种适合菊芋 ISSR 分子标记的经济、高效的 DNA 提取方法，为后续菊芋种质资源的分子生物学研究奠定了基础。

2. 菊芋 ISSR-PCR 反应体系构建

（1）材料与方法

1）试验材料

青芋 1 号菊芋新鲜幼嫩叶片，硅胶干燥后于–20℃冰箱保存。100 条 ISSR 引物采用加拿大英属哥伦比亚大学（University of British Columbia）提供的序列，由北京三博远志生物技术有限责任公司合成。植物基因组 DNA 提取试剂盒、*Taq* DNA 聚合酶、dNTP 及 DNA Marker 均购自武汉华信阳光生物科技有限公司。

2）试验方法

DNA 提取与检测。采用植物基因组 DNA 提取试剂盒提取菊芋基因组 DNA。用 0.8% 琼脂糖凝胶电泳，以 λDNA *Hind*III 为标准，检查所得 DNA 的分子质量、含量、纯度及完整性，并将 DNA 浓度稀释至 40ng/μl。

PCR 正交试验设计。经初步筛选以引物 UBC841［5′→3′GAG AGA GAG AGA GAG AYC 其中 Y=（C，T）］为优化试验的引物。采用 L$_9$（3^4）正交试验设计，对 Mg^{2+} 浓度、

dNTP 浓度、引物浓度及 *Taq*DNA 聚合酶浓度进行 4 因素 3 水平筛选（表 5.11、表 5.12）。

表 5.11　ISSR-PCR 反应体系因素-水平

水平	因素			
	Mg^{2+}（mmol/L）	dNTP（μmol/L）	引物（μmol/L）	*Taq* 酶（U/20μl）
1	1.2	160	0.3	1.0
2	1.5	200	0.4	1.5
3	1.8	240	0.5	2.0

表 5.12　ISSR-PCR 正交试验设计 ［L$_9$（3^4）］

处理组合	因素			
	Mg^{2+}（mmol/L）	dNTP（μmol/L）	引物（μmol/L）	*Taq* 酶（U/20μl）
1	1.2	160	0.3	1.0
2	1.2	200	0.4	1.5
3	1.2	240	0.5	2.0
4	1.5	160	0.4	2.0
5	1.5	200	0.5	1.0
6	1.5	240	0.3	1.5
7	1.8	160	0.5	1.5
8	1.8	200	0.3	2.0
9	1.8	240	0.4	1.0

　　反应总体积为 20μl，包括 10×PCR 缓冲液和模板 DNA 40ng，其他各成分按照表 5.12 加样，用 ddH$_2$O 补足，每个处理做 2 次重复。扩增程序为：94℃预变性 5min；94℃变性 30s，58℃退火 40s，72℃延伸 75s，循环 40 次，72℃延伸 10min；4℃保存。反应结束后，PCR 产物在 2.0%琼脂糖凝胶中电泳 1h，经 EB 染色后，采用凝胶成像系统进行拍照分析。

　　模板 DNA 浓度的优化。根据以上试验找出最佳组合后，进行 DNA 浓度对 ISSR 扩增结果的影响试验，引物选用 UBC841，20μl 反应体系中模板浓度设 10ng、20ng、30ng、40ng、50ng、60ng、70ng、80ng、90ng、100ng，10 个浓度，每个浓度设 2 次重复，共 20 个处理。

　　退火温度的优化。依据上述试验的最优反应体系对退火温度进行优化。采用梯度 PCR 模式，自动设定温度为 52.8～61.5℃，生成温度梯度 52.8℃、52.9℃、53.3℃、54.1℃、55.0℃、56.1℃、57.3℃、58.4℃、59.5℃、60.4℃、61.1℃、61.5℃，每个梯度设 2 次重复。其他反应程序与 PCR 正交试验设计的扩增程序相同，最终确定该引物的最佳退火温度。

　　体系稳定性检测。利用优化的体系，以青芋 1 号菊芋为模板随机选择 10 种 ISSR 引物，并以 UBC835 ［5′→3′AGA GAG AGA GAG AGA GYC，其中 Y=（C，T）］为引物随机选取 10 种菊芋 DNA 模板分别进行 ISSR-PCR 扩增，进行菊芋 ISSR-PCR 反应体系的稳定性检测。

（2）结果与分析

1）PCR 正交试验设计的直观分析

依据琼脂糖电泳条带强弱、重复性好坏和清晰程度做直观分析。PCR 的扩增结果是由 Mg^{2+} 浓度、dNTP 浓度、引物浓度和 *Taq* 酶浓度等因素综合作用的结果。从图 5.4 可以看出，9 个处理的扩增结果存在差异。第 1、2 号处理扩增结果较差，条带弱，可能由于这两个体系中 PCR 主要因素的浓度都低。第 7、8、9 号处理条带模糊，并且出现非特异性条带，可能是由于这 3 个处理相比其他处理 Mg^{2+} 浓度较高所致。第 3 号处理两重复不一致，后一个扩增条带较前一个亮，且出现弥散。第 4、5、6 号处理扩增谱带较清晰，但通过比较，第 5 号处理扩增结果最好，由此可见不同组合对扩增结果影响较大。因此，本试验确定 5 号组合为最佳组合，即 20μl 的 PCR 反应体系中含：1.5mmol/L Mg^{2+}、200μmol/L dNTP、0.5μmol/L ISSR 引物、1U *Taq* 酶。

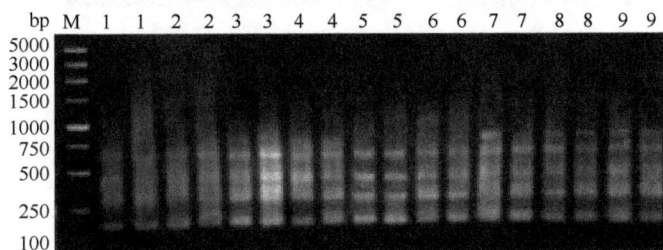

图 5.4　正交设计 ISSR-PCR 反应体系扩增结果

M：DNA Marker DS^{TM}5000；1～9：处理编号见表 5.12

2）模板 DNA 浓度对 ISSR 扩增结果的影响

根据正交试验所得的最优组合对模板 DNA 浓度进行梯度筛选。结果表明，由于模板浓度的不同，其扩增结果有所差异（图 5.5）。在 20μl ISSR-PCR 反应体系中，模板 DNA 浓度由 10～100ng 虽均能扩增出条带，但当模板 DNA 浓度低于 30ng 和高于 80ng 时，扩增出来的谱带弱，不易辨认，出现不同程度的弥散现象。当模板用量为 40～70ng 时，扩增出来的谱带大致相同，其中 50～70ng 条带较为清晰，扩增产物稳定且完整。因此本试验确定 20μl ISSR-PCR 反应体系中，最佳 DNA 浓度为 50ng。

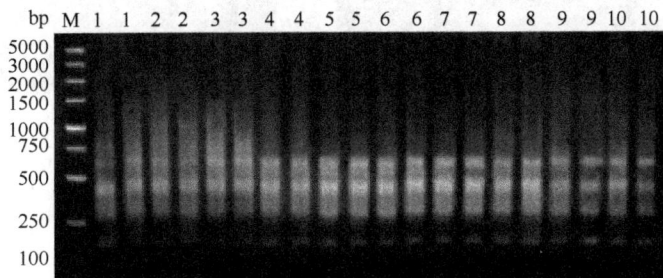

图 5.5　模板 DNA 浓度对扩增结果的影响

M：DNA Marker DS^{TM}5000；1～10：模板 DNA 浓度分别为：10ng、20ng、30ng、40ng、
50ng、60ng、70ng、80ng、90ng、100ng

3）退火温度对 ISSR-PCR 扩增结果的影响

由图 5.6 可以看出，不同退火温度对 ISSR-PCR 扩增条带有明显的影响。当退火温度小于 56℃时，扩增弥散严重，背景较深，出现非特异性条带且主带亮度较弱。当退火温度大于 60℃时，弥散减少，扩增不稳定且主带缺失。当退火温度为 57.3～59.5℃时，扩增条带清晰，重复性好且主条带亮，但以 58.4℃时扩增效果最佳。因此确定该引物的最佳退火温度为 58.4℃。

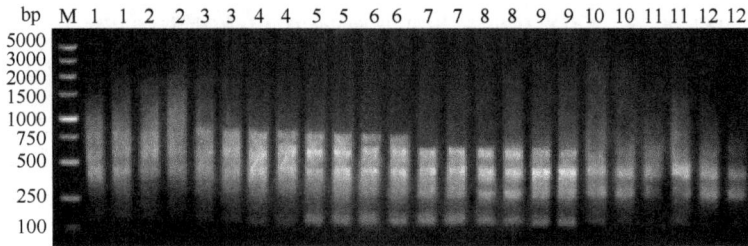

图 5.6　不同退火温度对 ISSR-PCR 扩增的影响

M：DNA Marker DS^{TM}5000；1～12 对应泳道的退火温度依次为 52.8℃、52.9℃、53.3℃、54.1℃、55.0℃、56.1℃、57.3℃、58.4℃、59.5℃、60.4℃、61.1℃、61.5℃

4）ISSR-PCR 反应体系稳定性检测

根据优化的系统，从已筛选出的 12 条重复性好、条带清晰的 ISSR 引物中随机挑选 10 条进行扩增。从图 5.7 可以看出，不同引物均能扩增出清晰、亮度较好的条带，并且多态性较高。以 UBC835 为引物，根据已确定的最佳体系、模板浓度及退火温度对菊芋不同模板 DNA 进行 ISSR-PCR 扩增，得了较好的指纹图谱（图 5.7）。由此可见，优化确定的菊芋 ISSR-PCR 体系稳定可靠，可用于菊芋种质资源的分子鉴定和遗传多样性分析等研究。

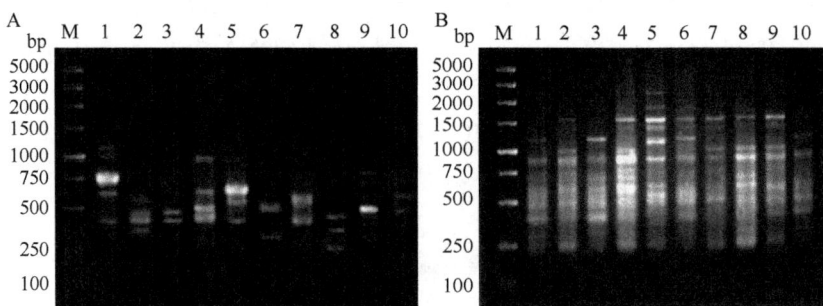

图 5.7　不同模式和 ISSR 随机引物的 ISSR-PCR 扩增结果

M：DNA Marker DS^{TM}5000；A 图 1～10 为 10 条随机引物；B 图 1～10 为 10 种模板

（3）小结

研究采用的正交试验设计具有均衡分散、综合可比和效应明确的特点，对菊芋 ISSR-PCR 反应体系进行优化，并通过直观分析筛选出最佳体系。结果表明，采用不同的体系组合，菊芋 ISSR-PCR 扩增结果差异明显，且 Mg^{2+}浓度对扩增结果影响较大，不

仅影响 Taq DNA 聚合酶的活性，还影响引物与模板的结合效率、产物的特异性及引物二聚体的形成。菊芋 ISSR-PCR 正交的 9 个组合中，Mg^{2+} 浓度低，扩增效果差，条带模糊，随着 Mg^{2+} 浓度增加，条带逐渐清晰，但当 Mg^{2+} 浓度继续增加时，出现非特异性条带。菊芋模板 DNA 浓度过高或过低都会对 ISSR-PCR 扩增结果产生不良影响：低于 30ng 和高于 80ng 时，扩增出来的谱带弱，出现弥散现象；当用量在 50～70ng 时，条带较为清晰，扩增产物稳定且完整。考虑到 60ng、70ng 会造成浪费，故以 50ng 作为菊芋 ISSR-PCR 反应体系的最适模板浓度。另外，退火温度也对 PCR 扩增有一定影响，其随 ISSR 引物不同而变化，但菊芋多数引物适合较高的退火温度（58～62℃），试验中用到的 UBC841 和 UBC835 两条引物的最适退火温度均为 58.4℃。本实验采用 L_9（3^4）正交设计对菊芋 ISSR-PCR 反应体系进行筛选优化，通过稳定性检测首次建立了适合菊芋的 ISSR-PCR 反应体系，即在 20μl 反应体系中包括：1.5mmol/L Mg^{2+}、200μmol/L dNTP、0.5μmol/L 引物、1.0U Taq DNA 聚合酶和 50ng 模板 DNA。该研究为进一步利用 ISSR 分子标记技术进行菊芋种质资源的分子鉴定及遗传多样性分析奠定基础。

3. 菊芋 SRAP-PCR 反应体系构建

（1）材料与方法

1）试验材料

本试验选用的材料为青芋 1 号、青芋 2 号、青芋 3 号菊芋及相关菊芋种质资源，详见表 5.13。

表 5.13　供试菊芋种质资源的名称及来源

编号	名称	来源	编号	名称	来源
1	青芋 1 号	青海	8	W43	河南
2	青芋 2 号	山东	9	W50	湖南
3	青芋 3 号	青海	10	W54	加拿大
4	W12	北京	11	W72	辽宁
5	W13	北京	12	S150	青海
6	W16	黑龙江	13	S138	青海
7	W42	河南			

110 对 SRAP 引物根据 Li 等（2013）提出的原则设计，由南京金斯瑞生物科技有限公司合成，具体序列见表 5.14，优化试验选用 me9-em1 组合。Taq DNA 聚合酶及 dNTP 购自北京全式金生物技术有限公司，DNA Marker 购自广州东盛生物科技有限公司。

2）试验方法

DNA 提取。在研钵中加入少许石英砂和少许 PVP 干粉研磨 30mg 硅胶干燥的菊芋叶片，迅速移入装有已 65℃预热的 700μl 2×CTAB 提取液（100mmol/L Tris-HCl pH8.0，20mmol/L EDTA，1.4mol/L NaCl，2% CTAB，使用前加入 0.5% β-巯基乙醇）的 1.5ml 离心管中，充分混匀后于 65℃水浴保温 30min，不时将离心管上下颠倒摇匀。冷却至室温，加入等体积的氯仿：异戊醇（24：1），颠倒混匀 10min，使内含物形成乳浊液，

表 5.14 SRAP 引物序列

正向引物	序列	反向引物	序列
me1	5'-TGAGTCCAAACCGGATA-3'	em1	5'-GACTGCGTACGAATTAAT-3'
me2	5'-TGAGTCCAAACCGGAGC-3'	em2	5'-GACTGCGTACGAATTTGC-3'
me3	5'-TGAGTCCAAACCGGAAT-3'	em3	5'-GACTGCGTACGAATTGAC-3'
me4	5'-TGAGTCCAAACCGGACC-3'	em4	5'-GACTGCGTACGAATTTGA-3'
me5	5'-TGAGTCCAAACCGGAAG-3'	em5	5'-GACTGCGTACGAATTAAC-3'
me6	5'-TGAGTCCAAACCGGTAA-3'	em6	5'-GACTGCGTACGAATTGCA-3'
me7	5'-TGAGTCCAAACCGGTCC-3'	em7	5'-GACTGCGTACGAATTCAA-3'
me8	5'-TGAGTCCAAACCGGTGC-3'	em8	5'-GACTGCGTACGAATTCTG-3'
me9	5'-TAGGTCCAAACCGGTAG-3'	em9	5'-GACTGCGTACGAATTCGA-3'
me10	5'-TAGGTCCAAACCGGTGT-3'	em10	5'-GACTGCGTACGAATTCAG-3'
		em11	5'-GACTGCGTACGAATTCCA-3'

10 000r/min，离心 10min 取上清转入新的 1.5ml 的离心管中，再次加入等体积的氯仿/异戊醇抽一次。取上清加入 2/3 体积预冷的（–20℃）异丙醇，于–20℃的冰箱中放置 30min 或过夜。13 000r/min，离心 10min 后倒出上清液收集沉淀，加入 75%的乙醇 500μl 清洗沉淀，10 000r/min，离心 6min，收集沉淀，同样的方法再洗一遍后将沉淀于室温下自然风干，加入 100μl 的 TE 缓冲液（10mmol/L Tris-HCl pH8.0，1.0mmol/L EDTA）溶解 DNA，用 2μl RNaseA 于 37℃保温 30min，得到的 DNA 用 0.8%琼脂糖凝胶电泳，以 λDNA $Hind$III 为标准，检查所得 DNA 的分子质量、含量、纯度及完整性，作为母液 4℃或–20℃保存备用。

SRAP-PCR 基本反应体系及反应程序。20μl PCR 反应体系包括：10×扩增缓冲液 2μl；$MgCl_2$（25mmol/L）2μl；dNTP（2.5mmol/L）2.0μl；引物（10μmol/L）0.6μl，模板 DNA（50ng/μl）1μl；DNA 聚合酶（2.5U/L）0.5μl；加入 ddH_2O 补齐到 20μl。反应程序：94℃预变性 5min；进入 5 个循环，94℃变性 1min，35℃复性 1min，72℃延伸 1 min；再进入 35 个循环，94℃变性 1min，50℃复性 1min，72℃延伸 1min；然后 72℃延伸 10min，4℃保存。

SRAP-PCR 反应体系优化。单因素优化：在基本反应体系中分别将 Mg^{2+}、dNTP、引物、Taq DNA 聚合酶及模板 DNA 各因子浓度作如下调整：Mg^{2+} 浓度分别为 1.5mmol/L、2.0mmol/L、2.5mmol/L、3.0mmol/L 和 3.5mmol/L；dNTP 浓度分别为 0.1mmol/L、0.15mmol/L、0.2mmol/L、0.25mmol/L 和 0.3mmol/L；引物用量分别为 0.1μmol/L、0.2μmol/L、0.3μmol/L、0.4μmol/L 和 0.5μmol/L；Taq DNA 聚合酶用量分别为 0.5U、1.0U、1.25U、1.5U 和 2.0U；模板 DNA 用量分别为 20ng、40ng、60ng、80ng 和 100ng，从而进行单因子多水平试验。正交试验设计：采用 L_{16}（4^5）正交试验设计，按照表 5.15 的方案将 Mg^{2+} 浓度、dNTP 浓度、引物浓度、Taq DNA 聚合酶浓度及 DNA 模板浓度进行正交组合。

根据表 5.15 配制 20μl 总体积的 PCR 反应体系，每管除表中的变化因素外还含有 2μl 10×PCR 缓冲液，其余用 ddH_2O 补足 20μl，每处理设 2 次重复。PCR 结束后，产物在 2.0%琼脂糖凝胶中电泳，经 EB 染色后，凝胶成像系统进行拍照分析。

表 5.15 SRAP-PCR 反应体系的正交试验设计

处理组合	因素			
	Mg²⁺（mmol/L）	dNTP（μmol/L）	引物（μmol/L）	Taq 酶（U/20μl）
1	2.0	0.16	0.25	0.6
2	2.0	0.2	0.3	0.8
3	2.0	0.24	0.35	1.0
4	2.0	0.28	0.4	1.2
5	2.25	0.16	0.3	1.0
6	2.25	0.2	0.25	1.2
7	2.25	0.24	0.4	0.6
8	2.25	0.28	0.35	0.8
9	2.5	0.16	0.35	1.2
10	2.5	0.2	0.4	1.0
11	2.5	0.24	0.25	0.8
12	2.5	0.28	0.3	0.6
13	2.75	0.16	0.4	0.8
14	2.75	0.2	0.35	0.6
15	2.75	0.24	0.3	1.2
16	2.75	0.28	0.25	1.0

菊芋 SRAP-PCR 反应体系稳定性检测。利用优化的体系，以 me9/em1 为引物选取 10 种菊芋 DNA 模板分别进行扩增，并以青芋 1 号菊芋 DNA 为模板随机选择 10 种 SRAP 引物，进行菊芋 SRAP-PCR 反应体系的稳定性检测。

（2）结果分析

1）Mg²⁺浓度对 SRAP 扩增结果的影响

Mg²⁺浓度显著影响着 SRAP 的扩增效率及产物的量和特异性，浓度过低会影响 PCR 扩增产量甚至导致扩增失败，浓度过高则会降低 PCR 扩增的特异性。本试验通过比较 5 个 Mg²⁺浓度梯度发现不同浓度间扩增结果存在显著差异。由图 5.8 可见，当 Mg²⁺浓度为 1.5mmol/L 时，扩增条带较弱；当浓度等于或大于 3.0mmol/L 时，扩增条带较少且较弱；当浓度为 2.0～2.5mmol/L 时，扩增条带较多，谱带清晰，且特异性条带和非特异性条带对比鲜明。因此 Mg²⁺浓度范围应该选择大于等于 2.0mmol/L 且小于 3.0mmol/L。

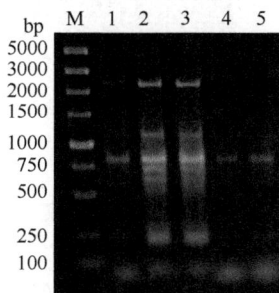

图 5.8 不同 Mg²⁺浓度的 SRAP 反应结果

M：DNA Marker DS^TM5000；1～5：Mg²⁺浓度分别为 1.5mmol/L、2.0mmol/L、2.5mmol/L、3.0mmol/L、3.5mmol/L

2）dNTP 浓度对 SRAP 扩增的影响

dNTP 作为 SRAP 扩增反应的原料，显著影响合成效率和扩增的忠实性。由图 5.9 可见，当 dNTP 浓度为 0.1mmol/L 时，扩增产物谱带较弱；当 dNTP 浓度在 0.15～0.2 mmol/L 时，扩增的条带完整，且清晰明亮；当 dNTP 浓度高于 0.25mmol/L 时，扩增效果明显减弱，且随着浓度的增加，特异性条带减少。因此 dNTP 浓度范围应该在 0.15～0.25mmol/L。

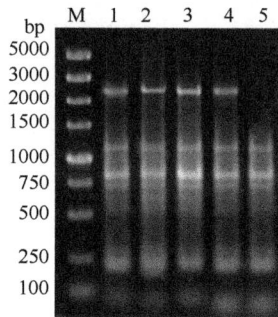

图 5.9　不同 dNTP 浓度的 SRAP 反应结果

M：DNA Marker DS^{TM}5000；1～5：dNTP 浓度分别为 0.1mmol/L、0.15mmol/L、0.2mmol/L、0.25mmol/L、0.3mmol/L

3）引物浓度对 SRAP 扩增的影响

引物是 PCR 特异性反应的关键，在退火时与模板 DNA 结合，启动 DNA 扩增。本试验采用相同的上、下游引物浓度，当浓度为 0.1μmol/L 时，扩增条带相对较弱；随着引物浓度的增加，条带渐清晰和稳定，且扩增结果相差不大，考虑到节约引物的用量，故引物适宜的浓度范围为 0.2～0.4μmol/L（图 5.10）。

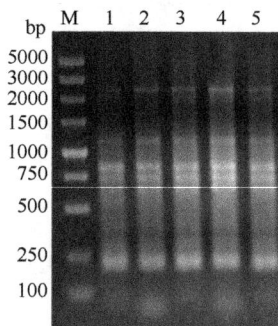

图 5.10　不同引物浓度的 SRAP 反应结果

M：DNA Marker DS^{TM}5000；1～5：引物浓度分别为 0.1μmol/L、0.2μmol/L、0.3μmol/L、0.4μmol/L、0.5μmol/L

4）*Taq* DNA 聚合酶对 SRAP 扩增的影响

Taq DNA 聚合酶是 SRAP 扩增反应的重要参数。本试验中 *Taq* DNA 聚合酶浓度对扩增结果影响不大，谱带的扩增效果较一致（图 5.11）。在用量为 1.25U 时，扩增条带最为清晰和明亮，其余都有模糊现象，分离界限不够清晰。因此从经济因素考虑，可供选择的 *Taq* DNA 聚合酶适宜浓度范围为 0.5～1.25U。

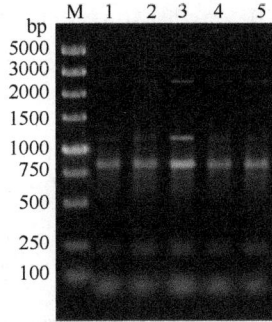

图 5.11 不同 *Taq* DNA 聚合酶浓度的 SRAP 反应结果

M：DNA Marker DS^{TM}5000；1～5：*Taq* DNA 聚合酶浓度分别为 0.5U、1.0U、1.25U、1.5U、2.0U

5）模板浓度对 SRAP 扩增的影响

模板 DNA 浓度是制约扩增产量及特异性的一个因素，选择适宜的模板量是保证扩增的重要前提。本试验通过比较不同模板浓度对扩增结果的影响，结果显示：在设定的 DNA 模板质量范围内，都能扩出完整条带（图 5.12），但随着模板浓度的增加，谱带逐渐清晰和明亮，当浓度大于 80ng 时，扩增基本相同，为节约模板，我们选用模板浓度的范围为 40～80ng。

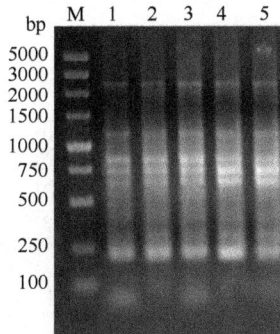

图 5.12 不同 DNA 浓度的 SRAP 反应结果

M：DNA Marker DS^{TM}5000；1～5：DNA 浓度分别为 20ng、40ng、60ng、80ng、100ng

6）PCR 正交试验设计的直观分析

按表 5.15 设计的 16 个处理以 me9-em1 组合作为引物，对青芋 1 号菊芋基因组 DNA 进行 SRAP 扩增。从图 5.13 可以看出，不同组合扩增的结果存在明显差异。13、14、15 和 16 号处理扩增条带少且弱，特异性条带缺失，重复不一致，可能由于这 4 个处理相比其他处理 Mg^{2+} 浓度较高所致。1、2 号处理扩增条带弱，可能由于 2 个体系中 PCR 主要因素的浓度都较低。4、5、6、8 和 9 号处理扩增条带有的很弱，有的有不同程度的弥散现象，也有的特异性条带缺失，可能是这些组合由于正交设计各个因素梯度的不同，其偏离最优组合比较远，导致扩增结果不显著。3、7 和 10 号处理两个重复不一致。11 和 12 号处理，条带清晰明亮，重复一致，但 12 号处理特异性条带缺失，可能是该处理相对 dNTP 浓度过大所致。根据扩增谱带的特异性、数量、亮度的强弱和有无弥散现象进行综合性评价，11 号处理扩增清晰度高、条带数多，且特异性条带和非特异性条带对比鲜明，因此可以将其定为最优组合，即 20μl 反应体系中含 10×PCR 扩增缓冲液、2.5mmol/L Mg^{2+}、0.24μmol/L dNTP、0.25μmol/L 正反引物、0.8U *Taq* DNA 聚合酶和 80ng 模板 DNA。

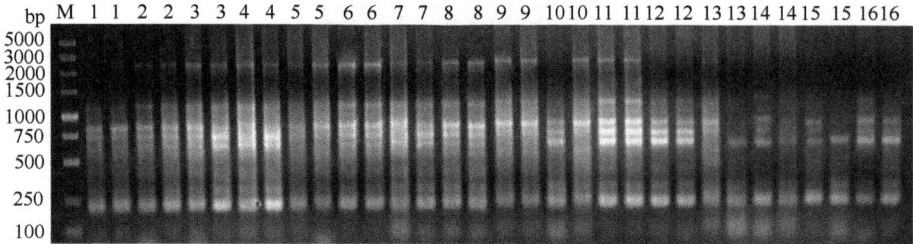

图 5.13　正交设计 SRAP-PCR 反应体系扩增结果

M：DNA Marker DS^{TM}5000；1～16：处理编号同表 5.15

7）SRAP-PCR 反应体系稳定性检测

根据上述优化试验的最终结果，以 me9-em1 引物组合对不同菊芋种质资源模板 DNA 进行 SRAP-PCR 扩增。结果表明，10 种菊芋材料均能扩增出清晰、多态性好的谱带（图 5.14A）。同时，以青芋 1 号菊芋 DNA 为模板随机选择 10 个 SRAP 引物组合进行扩增，也得到了较好的指纹图谱（图 5.14B）。由此可见，优化确定的菊芋 SRAP-PCR 体系具有稳定可靠、重复性好、多态性较强等特点，可用于菊芋种质资源的分子鉴定和遗传多样性分析等研究。

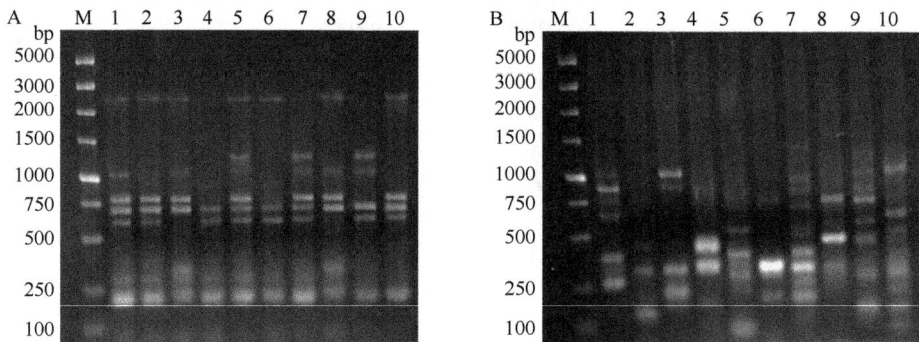

图 5.14　不同引物模板和引物组合的扩增结果

M：DNA Marker DS^{TM}5000；A 图 1～10：模板分别为 W12、W13、W16、W42、W43、W50、W54、W72、S150、S138；
B 图 1～10：引物组合分别为 me5-em1、me5-em8、me6-em3、me7-em6、me7-em8、me9-em5、me9-em6、me9-em11、me10-em1

8）SRAP 引物筛选

以青芋 1 号、青芋 2 号及青芋 3 号菊芋 DNA 为模板，利用优化的反应体系对表 5.14 设计的所有 SRAP 引物进行扩增。结果表明，110 对引物组合均能扩增出条带，其中 100 对扩增出的谱带清晰稳定且丰富，所占比率为 90.91%，说明 SRAP 分子标记有很强的适用性。本试验共以 3 个菊芋 DNA 为模板能够筛选出 22 对具有多态性的引物组合，多态率为 20%，相对多态性较高。其中，部分引物组合扩增结果见图 5.15。

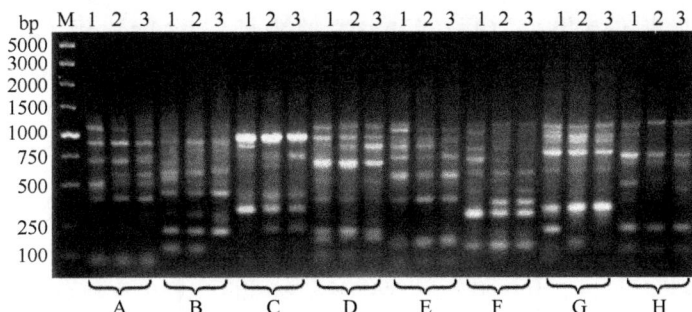

图 5.15　部分引物组合扩增结果

M：DNA Marker DS^{TM}5000；1～3：模板分别为青芋 1 号、青芋 2 号、青芋 3 号；A～H：me1-em3、me1-em4、me1-em5、me1-em7、me1-em8、me1-em10、me2-em1、me2-em2

（3）小结

影响 SRAP 扩增结果的因素有很多，不同物种的反应条件各不相同。因此，应用 SRAP 标记时应该首先对其反应体系进行优化。国内有关 SRAP-PCR 反应体系优化的研究大多仍采用单因素试验方法，需要进行多次梯度试验，过程烦琐且不能兼顾到各因素间的交互作用（李双双等，2007）。为了提高分析的准确性，并且获得清晰、稳定性好、重复性高的 SRAP-PCR 谱带，本试验首先采用单因素方法确定各因素的浓度范围，降低单个因素浓度对试验结果的影响，再通过正交设计的方法，对菊芋 SRAP-PCR 反应体系从 Mg^{2+}、dNTP、引物、Taq DNA 聚合酶及模板 5 种因素在 4 个水平上进行优化，进一步降低各因素间互作效应对结果的干扰，从而提高试验的精确性。

在菊芋 SRAP 体系优化的过程中，发现 Mg^{2+}、dNTP 及模板 DNA 浓度会显著影响 SRAP 扩增效果，而引物浓度和 Taq DNA 聚合酶浓度对扩增无显著影响，优化时可以考虑经济因素等原因选择适宜的浓度。但本试验优化体系中各组分的用量与菊苣、芦笋、苎麻等植物的用量均有不同，这可能是由于不同植物所用试剂产地及基因组大小不同所致。通过优化，成功建立了菊芋 SRAP-PCR 最佳反应体系，即 20μl 反应体系中含 10×PCR 扩增缓冲液、2.5mmol/L Mg^{2+}、0.24μmol/L dNTP、0.25μmol/L 正反引物、0.8U Taq DNA 聚合酶和 80ng 模板 DNA，该体系在各菊芋材料和不同的引物组合中均表现出良好的稳定性、重复性及丰富的多态性。同时，利用该体系进一步筛选出一批带型清晰、稳定性强且重复性好的 SRAP 引物对，表明该优化体系能够满足菊芋 SRAP-PCR 扩增的要求，同时也能够很好地进行后续实验。后期主要利用资源优势，通过分子标记手段在分子水平上对不同资源进行亲缘关系的鉴定及为后续基因定位、分子克隆、蛋白表达等方面的研究奠定基础。

5.3.3　中国种质资源

1. 材料与方法

（1）试验材料

试验所用 257 份菊芋种质资源均来自青海大学农林科学院菊芋研发中心，分别来自中国（186 份）、丹麦（16 份）、法国（27 份）、加拿大（1 份）、泰国（27 份）（表 5.16）。

表 5.16　供试菊芋种质资源的编号和来源

序号	种质编号	来源	序号	种质编号	来源	序号	种质编号	来源
1	JA1001	中国	38	JA1061	中国	75	JA1098	中国
2	JA1002	中国	39	JA1062	中国	76	JA1099	中国
3	JA1003	中国	40	JA1063	中国	77	JA1100	中国
4	JA1004	中国	41	JA1064	中国	78	JA1101	中国
5	JA1005	中国	42	JA1065	中国	79	JA1102	中国
6	JA1006	中国	43	JA1066	中国	80	JA1103	中国
7	JA1007	中国	44	JA1067	中国	81	JA1104	中国
8	JA1008	中国	45	JA1068	中国	82	JA1105	中国
9	JA1009	中国	46	JA1069	中国	83	JA1106	中国
10	JA1010	中国	47	JA1070	中国	84	JA1108	中国
11	JA1011	中国	48	JA1071	中国	85	JA1109	中国
12	JA1012	中国	49	JA1072	中国	86	JA1111	中国
13	JA1013	中国	50	JA1073	中国	87	JA1112	中国
14	JA1014	中国	51	JA1074	中国	88	JA1113	中国
15	JA1015	中国	52	JA1075	中国	89	JA1114	中国
16	JA1016	中国	53	JA1076	中国	90	JA1115	中国
17	JA1017	中国	54	JA1077	中国	91	JA1116	中国
18	JA1018	中国	55	JA1078	中国	92	JA1117	中国
19	JA1019	中国	56	JA1079	中国	93	JA1118	中国
20	JA1020	中国	57	JA1080	中国	94	JA1119	中国
21	JA1021	中国	58	JA1081	中国	95	JA1120	中国
22	JA1022	中国	59	JA1082	中国	96	JA1121	中国
23	JA1023	中国	60	JA1083	中国	97	JA1122	中国
24	JA1024	中国	61	JA1084	中国	98	JA1123	中国
25	JA1025	中国	62	JA1085	中国	99	JA1124	中国
26	JA1026	中国	63	JA1086	中国	100	JA1125	中国
27	JA1027	中国	64	JA1087	中国	101	JA1126	中国
28	JA1028	中国	65	JA1088	中国	102	JA1127	中国
29	JA1029	中国	66	JA1089	中国	103	JA1128	中国
30	JA1030	中国	67	JA1090	中国	104	JA1129	中国
31	JA1031	中国	68	JA1091	中国	105	JA1130	中国
32	JA1032	中国	69	JA1092	中国	106	JA1131	中国
33	JA1033	中国	70	JA1093	中国	107	JA1132	中国
34	JA1034	中国	71	JA1094	中国	108	JA1133	中国
35	JA1039	中国	72	JA1095	中国	109	JA1134	中国
36	JA1040	中国	73	JA1096	中国	110	JA1136	中国
37	JA1060	中国	74	JA1097	中国	111	JA1137	中国

续表

序号	种质编号	来源	序号	种质编号	来源	序号	种质编号	来源
112	JA1138	中国	150	JA2007	丹麦	188	JA2046	泰国
113	JA1139	中国	151	JA2008	丹麦	189	JA2047	泰国
114	JA1140	中国	152	JA2009	丹麦	190	JA2048	泰国
115	JA1141	中国	153	JA2010	丹麦	191	JA2049	泰国
116	JA1142	中国	154	JA2011	丹麦	192	JA2050	泰国
117	JA1143	中国	155	JA2012	丹麦	193	JA2051	泰国
118	JA1144	中国	156	JA2013	丹麦	194	JA2052	泰国
119	JA1145	中国	157	JA2014	丹麦	195	JA2053	泰国
120	JA1146	中国	158	JA2015	丹麦	196	JA2054	泰国
121	JA1147	中国	159	JA2016	丹麦	197	JA2055	泰国
122	JA1148	中国	160	JA2017	法国	198	JA2056	泰国
123	JA1149	中国	161	JA2018	法国	199	JA2057	泰国
124	JA1150	中国	162	JA2019	法国	200	JA2058	泰国
125	JA1151	中国	163	JA2020	法国	201	JA2059	泰国
126	JA1152	中国	164	JA2021	法国	202	JA2060	泰国
127	JA1153	中国	165	JA2022	法国	203	JA2061	泰国
128	JA1154	中国	166	JA2023	法国	204	JA2062	泰国
129	JA1155	中国	167	JA2024	法国	205	JA2063	泰国
130	JA1156	中国	168	JA2025	法国	206	JA2064	泰国
131	JA1157	中国	169	JA2026	法国	207	JA2065	泰国
132	JA1158	中国	170	JA2027	法国	208	JA2066	泰国
133	JA1159	中国	171	JA2028	法国	209	JA2067	泰国
134	JA1160	中国	172	JA2029	法国	210	JA2068	泰国
135	JA1161	中国	173	JA2030	法国	211	JA2069	泰国
136	JA1162	中国	174	JA2031	法国	212	JA2070	泰国
137	JA1163	中国	175	JA2032	法国	213	JA2071	泰国
138	JA1164	中国	176	JA2033	法国	214	JA2072	加拿大
139	JA1165	中国	177	JA2034	法国	215	JA2074	中国
140	JA1166	中国	178	JA2035	法国	216	JA2076	中国
141	JA1167	中国	179	JA2036	法国	217	JA2077	中国
142	JA1168	中国	180	JA2037	法国	218	JA2080	中国
143	JA1169	中国	181	JA2038	法国	219	JA3001	中国
144	JA2001	丹麦	182	JA2039	法国	220	JA3003	中国
145	JA2002	丹麦	183	JA2040	法国	221	JA3013	中国
146	JA2003	丹麦	184	JA2041	法国	222	JA3014	中国
147	JA2004	丹麦	185	JA2042	法国	223	JA3021	中国
148	JA2005	丹麦	186	JA2043	法国	224	JA3022	中国
149	JA2006	丹麦	187	JA2044	泰国	225	JA3034	中国

序号	种质编号	来源	序号	种质编号	来源	序号	种质编号	来源
226	JA3035	中国	237	JA3082	中国	248	JA4008	中国
227	JA3036	中国	238	JA3087	中国	249	JA4009	中国
228	JA3052	中国	239	JA3088	中国	250	JA4010	中国
229	JA3053	中国	240	JA3090	中国	251	JA2082	中国
230	JA3055	中国	241	JA4001	中国	252	JA3091	中国
231	JA3061	中国	242	JA4002	中国	253	JA3092	中国
232	JA3062	中国	243	JA4003	中国	254	JA3094	中国
233	JA3063	中国	244	JA4004	中国	255	JA3095	中国
234	JA3065	中国	245	JA4005	中国	256	JA4011	中国
235	JA3071	中国	246	JA4006	中国	257	JA4012	中国
236	JA3073	中国	247	JA4007	中国			

（2）试验方法

试验地位于青海大学农林科学院园艺研究所试验基地，属湟水流域灌溉区，土壤为栗钙土，土壤有机质 20.28g/kg、pH8.12、全氮 1.17g/kg、全磷 2.18g/kg、全钾 22.5g/kg、速效氮 69mg/kg、速效磷 65mg/kg、速效钾 229.0mg/kg。采用随机区组设计，小区面积为 24m²。每个小区种植 50 株，3 次重复。分别于 2017 年、2018 年 4 月播种，8 月中旬进行数据采集。开花期进行 20 项性状指标的观测，其中包括 12 项数量性状（生育期、株高、茎粗、分枝数、叶长、叶宽、花大小、花盘大小、平均单株块茎数、平均单株块茎重、平均干物质率、平均单果重）；8 项质量性状（花数量、块茎分布、块茎毛根量、大小整齐度、形状整齐度、块茎形状、块茎表皮光滑度、块茎皮色）。数量性状采用游标卡尺和卷尺进行测定，并对相关质量性状进行赋值，赋值情况见表 5.17。

表 5.17 菊芋种质资源质量性状分级和赋值

形态性状	分级和赋值
块茎毛根量	1：多；2：中；3：少
大小整齐度	1：整齐；2：较整齐；3：不整齐
形状整齐度	1：整齐；2：较整齐；3：不整齐
块茎皮色	1：白或黄；2：粉；3：浅紫；4：紫
花数量	1：少；2：中；3：多
块茎分布	1：集中；2：较集中；3：分散
块茎表皮光滑度	1：光滑；2：较光滑；3：不光滑
块茎形状	1：纺锤形；2：棒状；3：瘤状

（3）数据处理

通过 Excel 2017 处理各性状的数据，并计算各性状的最大值、最小值、平均值和变异系数。采用 SPSS 20.0 软件进行主成分分析；采用 UPGMA 法进行聚类分析，并绘制分类树状图。根据 ($\overline{X}$ –1.2818S)、($\overline{X}$ –0.5426S)、($\overline{X}$ +0.5426S) 和 ($\overline{X}$ +1.2818S) 4 分点原则和前人的分级标准，对各性状数量分级并整理，通过公式 $H'=-\sum p_i\ln P_i$（其中 P_i 为某一性状在第 i 个级别出现的频率）计算各性状的 Shannon-Wiener 多样性指数(H')。隶属函数计算见公式为：

$$R(X_i)=(X_i-X_{min})/(X_{max}-X_{min})$$

式中，X_i 为指标测定值；X_{max}、X_{min} 为所有参试材料某一指标的最大值和最小值。

2. 结果与分析

（1）数量性状多样性分析

在 257 份供试的菊芋资源中，各数量性状差异明显（表 5.18）。12 个数量性状的多样性指数分布在 1.24～1.53，平均多样性指数值为 1.44。其中单株块茎重的多样性指数最高，为 1.53，其次是单果重、花大小、干物质率、茎粗、花盘大小、叶长、分枝数、株高、生育期、单株块茎数、叶宽，多样性指数值均大于 1。

表 5.18 菊芋种质资源数量性状的平均值与变异系数比较

性状	平均值	标准差	最大值	最小值	极差	变异系数（%）	多样性指数
生育期（d）	149.51	9.28	166.00	109.00	57.00	6.00	1.35
株高（cm）	228.21	36.60	323.10	94.03	229.07	16.00	1.44
茎粗（mm）	24.78	4.56	37.91	11.70	26.21	18.00	1.47
分枝数（个）	3.25	1.33	7.67	1.00	6.67	41.00	1.45
叶长（cm）	22.53	2.67	30.40	11.30	19.10	12.00	1.46
叶宽（cm）	14.67	1.95	20.10	6.20	13.90	13.00	1.24
花大小（cm）	4.66	1.40	10.80	4.66	6.14	17.00	1.50
花盘大小（mm）	12.27	2.20	20.93	7.25	13.68	18.00	1.47
单株块茎数（个）	50.61	23.77	138.00	9.00	129.00	47.00	1.35
单株块茎重（kg）	2.94	1.47	6.87	0.18	6.69	50.00	1.53
干物质率（%）	0.22	0.03	0.31	0.16	0.15	13.00	1.48
单果重（g）	95.29	43.89	239.65	15.73	223.92	46.00	1.50

12 个数量性状存在不同程度的变异，变异系数在 6%～50%，平均为 24.75%，其中单株块茎重、单株块茎数和单果重具有较大的离散程度，单株块茎重的变异系数最大，为 50%，其他性状的变异系数较小，变异程度较低，变异程度最小的性状为生育期，变异系数为 6%。综合各数量性状的变异系数、极差和多样性指数，数量性状中单株块茎重和单果重呈现出明显的遗传差异（表 5.18）。

（2）质量性状多样性分析

8 个质量性状在资源中都有所表现，其中花数量表现为多的资源量占总资源的 34.24%，块茎分布中表现为较集中的占总资源的 37.35%，块茎毛根量少的资源数占总资源的 42.41%，块茎大小表现为整齐的资源占总资源的 40.86%，块茎形状表现为整齐的资源占总资源量的 50.97%，块茎形状中棒状的资源量占 62.26%，有 63.43%的资源块茎表皮是较光滑的，有 62.64% 的块茎表皮颜色为白色或黄色。质量性状的多样性指数反映了性状在不同级别上的分布情况，8 个质量性状的多样性指数在 0.85～1.08，平均为 0.98，以块茎分布最大，块茎形状最小，大部分性状表现了丰富的遗传多样性（表 5.19）。

表 5.19 菊芋种质资源质量性状的分布与多样性

性状	级别	赋值标准	份数	占总数的百分比（%）	多样性指数
花数量	少	1	37	14.40	
	中	2	132	51.36	0.99
	多	3	88	34.24	
块茎分布	集中	1	98	38.13	
	较集中	2	96	37.35	1.08
	分散	3	63	24.51	
块茎毛根量	多	1	55	21.40	
	中	2	93	36.19	1.04
	少	3	109	42.41	
块茎大小整齐度	整齐	1	105	40.86	
	较整齐	2	122	47.47	0.97
	不整齐	3	30	11.67	
块茎形状整齐度	整齐	1	131	50.97	
	较整齐	2	27	10.51	0.95
	不整齐	3	99	38.52	
块茎形状	纺锤形	1	78	30.35	
	棒状	2	160	62.26	0.85
	瘤状	3	19	7.39	
块茎表皮光滑度	光滑	1	63	24.51	
	较光滑	2	163	63.43	0.89
	不光滑	3	31	12.06	
块茎皮色	白或黄	1	161	62.64	
	粉	2	36	14.01	
	浅紫	3	21	8.17	1.06
	紫	4	39	15.18	

（3）隶属函数分析

257 份菊芋资源的隶属函数均值介于 0.12～0.58，≥0.55 的材料序号分别为 JA3021、JA1087、JA2034、JA1095，其中 JA1095 材料最高，为 0.58。分析其原因发现该材料在表型性状上极具优势，尤其是在花大小、花数量和单株块茎重 3 个性状上。隶属函数均值介于 0.4～0.55 的材料有 193 份，占总资源的 75.1%；介于 0.3～0.4 的材料有 52 份，占总资源的 20.2%；介于 0.2～0.3 的材料有 5 份，分别为 JA1144、JA2061、JA2066、JA2053、JA2013，其中 1 份来自中国、3 份来自泰国、1 份来自丹麦；介于 0.1～0.2 的材料有 3 份，分别为 JA2010、JA2011、JA2012，这 3 份材料在表型性状上不具有优势，均来自丹麦（表 5.20）。

表 5.20　菊芋种质资源数量性状的隶属函数均值

种质编号	隶属函数均值	种质编号	隶属函数均值	种质编号	隶属函数均值
JA1001	0.401	JA1040	0.502	JA1094	0.436
JA1002	0.450	JA1060	0.524	JA1095	0.580
JA1003	0.409	JA1061	0.428	JA1096	0.507
JA1004	0.402	JA1062	0.418	JA1097	0.463
JA1005	0.455	JA1063	0.455	JA1098	0.493
JA1006	0.417	JA1064	0.497	JA1099	0.504
JA1007	0.501	JA1065	0.534	JA1100	0.449
JA1008	0.482	JA1066	0.450	JA1101	0.419
JA1009	0.405	JA1067	0.514	JA1102	0.475
JA1010	0.440	JA1068	0.437	JA1103	0.488
JA1011	0.477	JA1069	0.381	JA1104	0.462
JA1012	0.408	JA1070	0.419	JA1105	0.517
JA1013	0.466	JA1071	0.434	JA1106	0.394
JA1014	0.510	JA1072	0.473	JA1108	0.445
JA1015	0.460	JA1073	0.451	JA1109	0.426
JA1016	0.437	JA1074	0.498	JA1111	0.460
JA1017	0.492	JA1075	0.486	JA1112	0.514
JA1018	0.375	JA1076	0.498	JA1113	0.427
JA1019	0.397	JA1077	0.491	JA1114	0.428
JA1020	0.420	JA1078	0.447	JA1115	0.376
JA1021	0.471	JA1079	0.530	JA1116	0.452
JA1022	0.455	JA1080	0.449	JA1117	0.488
JA1023	0.365	JA1081	0.540	JA1118	0.485
JA1024	0.363	JA1082	0.377	JA1119	0.445
JA1025	0.420	JA1083	0.438	JA1120	0.485
JA1026	0.341	JA1084	0.442	JA1121	0.454
JA1027	0.379	JA1085	0.491	JA1122	0.464
JA1028	0.340	JA1086	0.485	JA1123	0.451
JA1029	0.441	JA1087	0.559	JA1124	0.423
JA1030	0.517	JA1088	0.478	JA1125	0.485
JA1031	0.378	JA1089	0.505	JA1126	0.432
JA1032	0.409	JA1090	0.448	JA1127	0.393
JA1033	0.336	JA1091	0.449	JA1128	0.457
JA1034	0.457	JA1092	0.482	JA1129	0.511
JA1039	0.483	JA1093	0.475	JA1130	0.456

种质编号	隶属函数均值	种质编号	隶属函数均值	种质编号	隶属函数均值
JA1131	0.443	JA2001	0.462	JA2039	0.378
JA1132	0.532	JA2002	0.522	JA2040	0.481
JA1133	0.382	JA2003	0.379	JA2041	0.447
JA1134	0.465	JA2004	0.392	JA2042	0.409
JA1136	0.430	JA2005	0.453	JA2043	0.437
JA1137	0.339	JA2006	0.373	JA2044	0.383
JA1138	0.480	JA2007	0.490	JA2046	0.382
JA1139	0.480	JA2008	0.410	JA2047	0.528
JA1140	0.422	JA2009	0.479	JA2048	0.387
JA1141	0.522	JA2010	0.123	JA2049	0.471
JA1142	0.480	JA2011	0.165	JA2050	0.328
JA1143	0.520	JA2012	0.180	JA2051	0.524
JA1144	0.215	JA2013	0.292	JA2052	0.537
JA1145	0.481	JA2014	0.504	JA2053	0.290
JA1146	0.495	JA2015	0.465	JA2054	0.437
JA1147	0.487	JA2016	0.446	JA2055	0.469
JA1148	0.506	JA2017	0.504	JA2056	0.421
JA1149	0.401	JA2018	0.478	JA2057	0.384
JA1150	0.522	JA2019	0.488	JA2058	0.446
JA1151	0.405	JA2020	0.456	JA2059	0.330
JA1152	0.454	JA2021	0.498	JA2060	0.458
JA1153	0.491	JA2022	0.496	JA2061	0.263
JA1154	0.473	JA2023	0.486	JA2062	0.329
JA1155	0.383	JA2024	0.459	JA2063	0.342
JA1156	0.429	JA2025	0.472	JA2064	0.373
JA1157	0.521	JA2026	0.452	JA2065	0.362
JA1158	0.500	JA2027	0.468	JA2066	0.286
JA1159	0.388	JA2028	0.358	JA2067	0.410
JA1160	0.468	JA2029	0.463	JA2068	0.355
JA1161	0.356	JA2030	0.459	JA2069	0.340
JA1162	0.497	JA2031	0.459	JA2070	0.468
JA1163	0.449	JA2032	0.472	JA2071	0.390
JA1164	0.493	JA2033	0.483	JA2072	0.506
JA1165	0.458	JA2034	0.564	JA2074	0.474
JA1166	0.409	JA2035	0.306	JA2076	0.445
JA1167	0.395	JA2036	0.472	JA2077	0.434
JA1168	0.543	JA2037	0.423	JA2080	0.514
JA1169	0.501	JA2038	0.490	JA3001	0.417

种质编号	隶属函数均值	种质编号	隶属函数均值	种质编号	隶属函数均值
JA3003	0.496	JA3063	0.349	JA4006	0.457
JA3013	0.435	JA3065	0.404	JA4007	0.463
JA3014	0.445	JA3071	0.441	JA4008	0.388
JA3021	0.551	JA3073	0.468	JA4009	0.407
JA3022	0.494	JA3082	0.342	JA4010	0.484
JA3034	0.386	JA3087	0.396	JA2082	0.467
JA3035	0.395	JA3088	0.439	JA3091	0.482
JA3036	0.391	JA3090	0.448	JA3092	0.396
JA3052	0.459	JA4001	0.445	JA3094	0.325
JA3053	0.481	JA4002	0.447	JA3095	0.329
JA3055	0.416	JA4003	0.363	JA4011	0.444
JA3061	0.380	JA4004	0.353	JA4012	0.439
JA3062	0.425	JA4005	0.403		

（4）数量性状相关性分析

菊芋地上部生物量及块茎产量作为菊芋加工利用的主要技术参数指标，对菊芋育种来说，选育生育期短、单株块茎数多、单果重的菊芋具有重要意义。从表 5.21 可以看出，生育期与株高、茎粗、叶长、花大小、单株块茎重、平均单果重存在极显著正相关，与干物质率存在极显著负相关；单株块茎数与单株块茎重呈极显著正相关，与单果重呈现极显著负相关；单株块茎重与干物质率呈极显著负相关，与单果重呈极显著正相关；花大小与花盘大小、单株块茎重呈极显著正相关，与干物质率呈极显著负相关。另外株高与花大小、茎粗与分枝数和干物质率、分枝数与花盘大小、叶宽与花盘大小之间

表 5.21 菊芋种质资源数量性状的相关性分析

	生育期	株高	茎粗	分枝数	叶长	叶宽	花大小	花盘大小	单株块茎数	单株块茎重	干物质率	单果重
生育期	1											
株高	0.20**	1										
茎粗	0.44**	0.42**	1									
分枝数	−0.03	0.05	−0.17**	1								
叶长	0.31**	0.57**	0.37**	0.05	1**							
叶宽	0.31	0.66**	0.32**	0.06	0.74**	1						
花大小	0.19**	−0.22**	0.25**	0.30**	0.28**	0.23**	1					
花盘大小	−0.13*	−0.04	−0.11	−0.28**	−0.08	−0.17**	0.17**	1				
单株块茎数	−0.01	0.03	−0.11	0.19**	−0.12	0.09	0.03	−0.04	1			
单株块茎重	0.27**	0.13*	0.43	0.25**	0.22**	0.13*	0.30**	−0.28**	0.29**	1		
干物质率	−0.24**	0.11	−0.34**	−0.12	−0.07	0.10	−0.18**	0.37**	0.12	−0.55**	1**	
单果重	0.21**	0.17**	0.38**	0.09	0.23**	0.10	−0.16*	−0.22**	−0.22**	0.57**	−0.58**	1

*$P<0.05$；**$P<0.01$

均存在极显著负相关关系，其中干物质率与单果重之间的负相关系数最大，为-0.58，其次为单株块茎重与干物质率，为-0.55（表5.21）。在今后实际生产中，可以用花大小衡量单株块茎的重量、用生育期长短及花盘大小衡量干物质率的高低、用茎粗和叶长大小衡量单果重量，从直观的农艺学性状就可以预判菊芋地下部产量和品质。

（5）主成分分析

以特征值大于1.0为标准提取主成分。结果显示，在20个主成分中，前7个主成分累积贡献率达66.793%，说明前7个主成分基本可以代表原始变量的大部分信息。主成分中各变量的系数是该性状作用大小的一个主要指标。第1主成分的特征值为3.763，方差贡献率最大，占主导地位，为18.816%，作用较大的性状包括单株块茎重（0.183）、茎粗（0.178）、叶长（0.172）、平均单果重（0.168）；第1主成分主要反映的是2项块茎性状指标和2项植株性状指标。第2主成分特征值为2.664，方差贡献率为13.318%，作用较大的性状分别为块茎干物质率（0.238）、块茎皮色和叶宽（0.225）、株高（0.192）、块茎整齐度（-0.207）、单果重（-0.182）、叶长（0.164）；第2主成分同样主要反映的是4项块茎性状指标和3项植株性状指标。第3主成分特征值为1.976，方差贡献率为9.878%，主要性状分别为分枝数（-0.308）、块茎大小整齐度（0.287）、块茎形状整齐度（0.278）；第3主成分反映的是2项块茎性状指标和1项植株性状指标。第4主成分特征值为1.600，方差贡献率为7.998%，主要性状为单株块茎数（0.384）、块茎毛根量（0.340）、块茎形状（0.290）、块茎分布（0.259）；第4主成分主要反映的是地下部块茎性状。第5主成分特征值为1.234，方差贡献率为6.170%，主要性状为块茎毛根量（-0.458）、单株块茎数（0.421）、生育期（-0.268）；第5主成分主要反映的是2个块茎指标和1个物候期指标。第6主成分特征值为1.122，方差贡献率为5.612%，主要性状为块茎表皮光滑度（0.621）、花数量（0.355）、块茎形状整齐度（-0.267）；第6主成分主要反映的是2个块茎性状和1个花性状。第7主成分特征值为1.000，方差贡献率为5.001%，主要性状为花数量（0.606）、花大小（0.345）；第7主成分主要反映的是2个花性状（表5.22）。

表5.22　菊芋种质资源表型性状的主成分分析

	主成分特征						
	PC$_1$	PC$_2$	PC$_3$	PC$_4$	PC$_5$	PC$_6$	PC$_7$
生育期	0.133	-0.007	0.144	0.131	-0.268	0.097	-0.249
株高	0.138	0.192	0.190	0.063	0.102	-0.118	0.015
茎粗	0.178	-0.027	0.188	-0.010	-0.134	0.145	0.006
分枝数	0.063	0.020	-0.308	0.186	0.165	-0.237	0.018
叶长	0.172	0.164	0.143	-0.028	-0.001	-0.142	0.141
叶宽	0.155	0.225	0.118	0.040	0.073	-0.157	-0.044
花大小	0.134	0.064	-0.166	0.173	-0.213	0.143	0.345
花盘大小	-0.112	0.059	0.183	-0.054	-0.020	0.169	0.254
花数量	0.025	0.095	-0.177	0.062	0.127	0.355	0.606
块茎分布	-0.098	0.065	0.078	0.259	-0.100	0.045	-0.246
块茎毛根量	-0.028	0.001	-0.088	0.340	-0.458	-0.110	0.104

续表

	主成分特征						
	PC$_1$	PC$_2$	PC$_3$	PC$_4$	PC$_5$	PC$_6$	PC$_7$
块茎大小整齐度	−0.103	−0.097	0.287	0.211	0.128	0.010	0.260
块茎形状	−0.051	−0.136	0.278	0.290	0.169	0.002	0.208
单株块茎数	−0.009	0.042	−0.092	0.384	0.421	0.145	−0.290
单株块茎重	0.183	−0.137	−0.058	0.146	0.227	0.118	−0.130
块茎形状整齐度	0.035	−0.207	0.017	−0.123	0.229	−0.267	0.173
块茎表皮光滑度	0.027	0.084	0.023	−0.155	0.130	0.621	−0.185
块茎皮色	−0.024	0.225	−0.008	−0.057	0.207	−0.243	0.096
干物质率	−0.142	0.238	0.052	−0.011	0.070	−0.062	−0.012
单果重	0.168	−0.182	0.057	−0.086	0.072	−0.046	0.090
特征值	3.763	2.664	1.976	1.600	1.234	1.122	1.000
方差贡献率（%）	18.816	13.318	9.878	7.998	6.170	5.612	5.001
累积贡献率（%）	18.816	32.134	42.012	50.010	56.180	61.792	66.793

（6）聚类分析

依据 20 个表型性状数据，采用 K-means 对 257 份菊芋种质进行聚类分析（图 5.16），在相似系数为 12 处，可以分为五大类，第 I 类包括 100 份资源，其中丹麦资源 5 份、加拿大资源 1 份、法国资源 15 份、泰国资源 6 份、中国资源 73 份。生育期分布在 114～163d，其中生育期低于 130d 的仅有 1 份，为 114d；株高分布在 187～315cm，其中株高大于 250cm 的有 33 份；茎粗分布在 18～38cm，其中茎粗大于 30cm 的有 22 份；花大小分布在 5～11cm，其中大于 10cm 的有 10 份；花盘大小分布在 7～18cm，其中大于 10cm 的有 87 份；单株块茎数分布在 16～99 个，其中超过 80 个的有 5 份；单株块茎重分布在 1.0～6.5kg，其中超过 5.0kg 的有 10 份。数量性状中以分枝数的变异系数最大，为 40%，其次单株块茎数为 39%，质量性状中生育期的变异系数最小，为 5%，其次是叶长和叶宽，均为 9%；平均隶属函数为 0.47。

第 II 类包括 140 份资源，其中丹麦资源 7 份、法国资源 9 份、泰国资源 19 份、中国资源 105 份。生育期分布在 120～166d，生育期低于 130d 的有 5 份；株高分布在 148～324cm，其中株高低于 180cm 的有 12 份，高于 250cm 的有 31 份，高于 300cm 的只有 1 份，为 323.1cm（JA1157）；茎粗分布在 14～34cm，其中大于 30cm 的有 13 份；分枝数分布在 1～7.7 个，其中大于 5 个的有 16 份；花大小分布在 4.6～11.0cm，其中大于 10cm 的有 14 份；花盘大小分布在 7.2～21.0cm，其中大于 10cm 的有 121 份，占该类总资源量的 86.4%；单株块茎数分布在 9～116 个，其中超过 80 个的有 28 份；单株块茎重分布在 0.18～6.0kg，其中超过 5.0kg 的有 11 份；平均单果重分布在 15.7～124.0g，其中超过 100g 的有 11 份。该分类中变异系数最大的是平均单株块茎数，为 46%，其次是分枝数，为 42%，变异系数最小的是生育期，为 6%，其次是叶长，为 11%；平均隶属函数为 0.42。

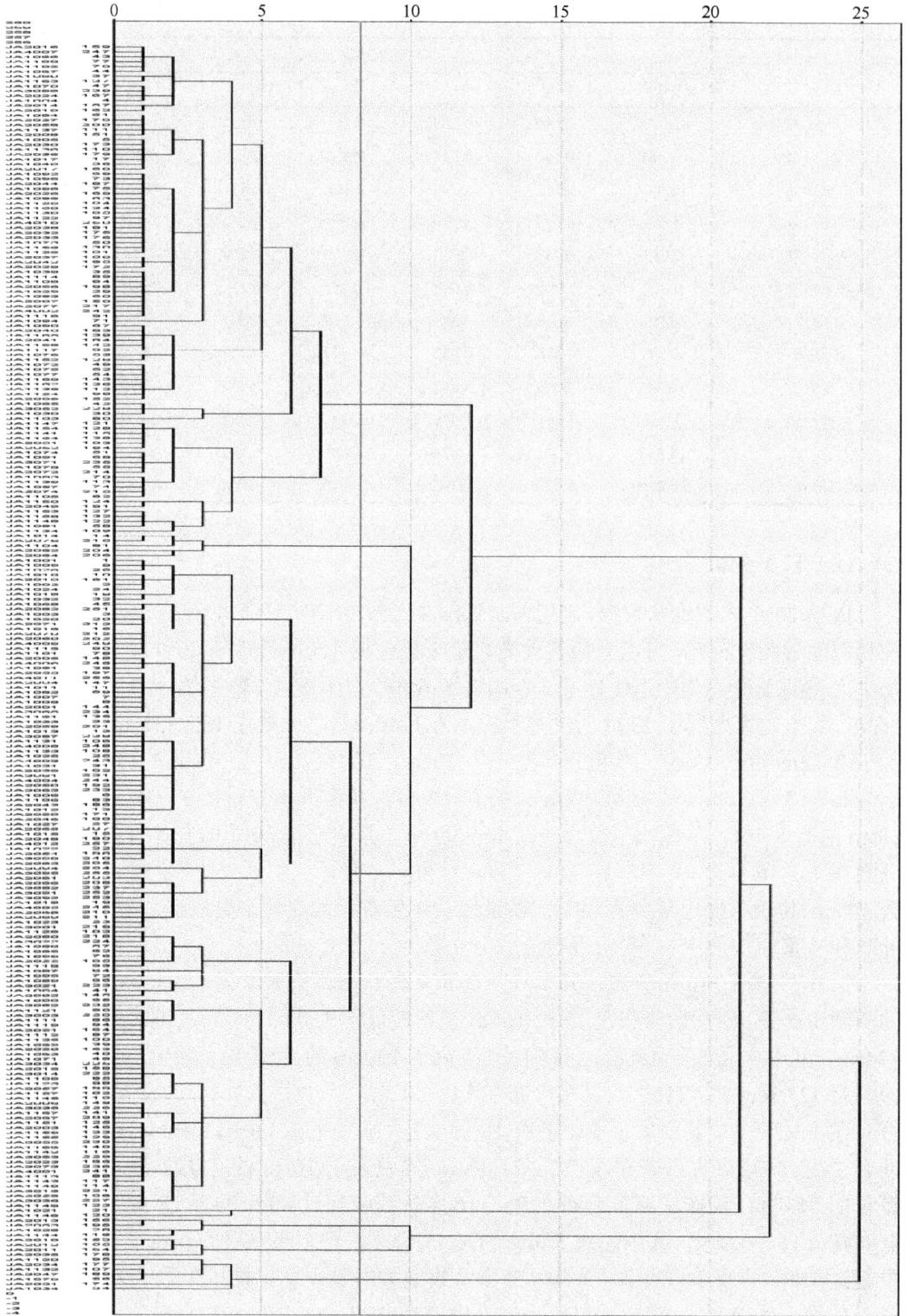

图 5.16　菊芋种质资源聚类图

第Ⅲ类包括 JA1021 和 JA1146 两份来自中国的资源，该类主要特点为花多，块茎大小整齐，块茎纺锤形，块茎表皮较光滑，平均单株块茎数均超过 100 个，平均隶属函数为 0.48。

第Ⅳ类包括 2 份中国资源、4 份丹麦资源、1 份法国资源、1 份泰国资源，平均隶属函数为 0.24，平均生育期为 130d，平均株高为 128cm，块茎皮色均为白色或黄色，花较小，花数量中等，块茎大小整齐。

第Ⅴ类包括 4 份中国资源、2 份法国资源、1 份泰国资源，平均隶属函数为 0.51。该类群的主要特征是生育期在 150d 左右，株高在 220cm 左右，平均花盘大于 10cm，块茎大小整齐，块茎为瘤状，干物质率为 20% 左右。

3. 小结

对菊芋种质资源的形态学性状进行调查和分析，既是种质资源研究的首要工作，也是菊芋育种的基础工作，同时也是一种简便有效的方法。本研究从初选出的 257 份菊芋种质资源入手，从表型性状的角度进行了系统分析，为有效利用现有菊芋资源提供了理论依据。变异系数和多样性指数都是反映遗传多样性的指标。多样性指数不仅能够反映变异范围的大小，而且还能反映出基因型频率的分布，在形态多样性的研究中，多样性指数越高，表明形态性状的多样性越丰富，Shannon-Wiener 多样性指数广泛应用于表型性状中质量性状的多样性评价。本研究分别利用变异系数和多样性指数对以往鲜有的大规模菊芋资源进行遗传多样性分析，通过表型变异简便经济地对菊芋的遗传多样性做出了评价。

本研究分析了 257 份菊芋种质资源的 12 个数量性状和 8 个质量性状，数量性状分别描述了菊芋的生育期、植株地上部农艺性状和地下部农艺性状。其中变异系数大于 40% 的性状有 4 个，依次为单株块茎重（50%）、单株块茎数（47%）、平均单果重（46%）和分枝数（41%），单株块茎重最小值 0.18kg，最大值为 6.87kg，多样性指数 1.53，表现出了极其丰富的多样性；变异系数最小的性状为生育期（6%），菊芋最短生育期为 109d，最长生育期为 166d，多样性指数为 1.35，表现出不明显的多样性。质量性状主要描述了花及块茎的性状，其中块茎分布的多样性指数最高，为 1.08，而块茎形状多样性指数最低。联合分析数量性状和质量性状，其中前 7 个主成分累计贡献率达 66.793%，说明前 7 个主成分基本可以代表原始变量的大部分信息，在未来的菊芋分析中，可以凭借前 7 个变量简便地评价菊芋的多样性。

本研究对来自不同国家和地区的菊芋种质资源进行了统计分析，研究结果发现各国资源之间差异较大，表现在不同性状上，其中菊芋生育期最短 109d，小于 135d 的资源有 23 份，仅有 7 份来自中国，其他的分别来自丹麦、泰国和法国等国家，所以在无霜期短的区域种植时可以选择引进这些国家的资源。在叶长性状的表现上，最短叶长为 11.30cm，小于 19.03cm 的资源有 15 份，其中仅 2 份来自中国，其他主要来自丹麦和泰国；同叶长相似，最短叶宽为 6.20cm，其中小于 11.70cm 的资源有 13 份，仅 1 份来自中国，其他主要来自丹麦和泰国。说明丹麦和泰国资源叶长、叶宽性状不具有明显的优势，而且这些材料的分枝均小于 3 个，说明这些材料的地上部生物量较小，适合合理密植。在花大小性状上，来自国外的资源均表现为花较小，且在花大小表型上变异不大。在其他性状上，国内外的资源均差异较大。评价国内外的菊芋种质资源，不仅有利于在性状改良上选择合适的资源，同时可以丰富我国的菊芋资源并及时调整育种策略。

总之，通过对 257 份菊芋种质资源表型性状的遗传多样性进行分析评价，发现菊芋资源类型丰富，变异较大，对丰富我国菊芋种质资源库的多样性和菊芋品种选育具有重要价值。今后在菊芋育种工作中，依据菊芋的育种目标，选配亲本材料应依据主成分的指标排序，具体分析与全面评价每份亲本材料综合指标的优劣，以便尽快育出理想的菊芋新品种。本研究针对菊芋种质资源的形态学性状进行了分析评价，仍需从分子生物学角度进行深入研究，为菊芋核心群体构建和选育提供科学依据。

5.3.4 法国 INRA 引进的种质资源

1. 材料与方法

实验材料为从法国国家农业科学研究院（INRA）引进的 40 份菊芋资源，于 2013年和 2014 年种植在青海大学农林科学院实验园，属湟水流域灌区，土壤类型为栗钙土，海拔 2190m，生长期内进行常规管理。

植物学性状测定方法。株高：地上茎基部到生长点的距离；茎粗：测量基部最粗处茎的纵横二向直径的平均值；叶面积=0.78×叶长×叶宽，其中叶长指从叶枕到叶尖的距离，叶宽指叶片最宽处的宽度；叶片数：植株上所有叶片数量。

可溶性总糖测定方法。采用蒽酮-硫酸比色法，吸取样品提取液 0.5ml 于 20ml 刻度试管中（重复 3 次），加蒸馏水 1.5ml，再加入 0.5ml 蒽酮乙酸乙酯试剂和 5ml 浓硫酸，充分振荡，立即将试管放入沸水中，逐管均保温 1min，取出后自然冷却至室温，以空白作为参比，在 630nm 下测定样品的吸光度，计算可溶性糖的含量。

抗盐胁迫处理方法。采用菊芋资源组培苗采收的块茎，利用沙培的方法，待苗长至20cm 时，用不同浓度（0mmol/L、50mmol/L、100mmol/L、150mmol/L）的 NaCl 溶液进行浇灌，处理 1 周后，取叶片于–80℃保存备用。粗酶液制备：将菊芋用蒸馏水洗净，多功能压榨机榨汁，高速冷冻离心机离心，15 000r/min，12min，取上清液制成超氧化物歧化酶（SOD）粗酶液。SOD 测定：提取步骤按照南京建成生物工程研究所有限公司生产的 SOD 提取试剂盒说明进行。脯氨酸测定：制作标准曲线，准确称取不同处理的待测植物叶片各 0.5g，分别置大试管中，然后向各试管分别加入 5ml 3%的磺基水杨酸溶液，在沸水浴中提取 10min（提取过程中要经常摇动），冷却后过滤于干净的试管中，滤液即为脯氨酸的提取液。吸取 2ml 提取液于另一干净的带玻璃塞试管中，加入 2ml冰醋酸及 2ml 酸性茚三酮试剂，在沸水浴中加热 30min，溶液即呈红色。冷却后加入 4ml甲苯，摇荡 30s，静置片刻，取上层液至 10ml 离心管中，在 3000r/min 下离心 5min。用吸管轻轻吸取上层脯氨酸红色甲苯溶液于比色杯中，以甲苯为空白对照，在分光光度计上 520nm 波长处比色，求得吸光度值。丙二醛（MDA）测定：称取剪碎的试材 1g，加入 2ml 10%三氯乙酸（TCA）和少量石英砂，研磨至匀浆，再加 8ml TCA 进一步研磨，匀浆在 4000r/min 离心 10min，上清液为样品提取液。显色反应和测定：吸取离心的上清液 2ml（对照加 2ml 蒸馏水），加入 2ml 0.6% 硫代巴比妥酸（TBA）溶液，混匀物于沸水浴上反应 15min，迅速冷却后再离心。取上清液测定 532nm、600nm 和 450nm 波长下的消光度。计算含量：MDA 与 TBA 显色反应产物在 450nm 波长下的消光度值为零。不同浓度的蔗糖（0～25mmol/L）与 TBA 显色反应产物在 450nm 的消光度值与 532nm 和 600nm 处的消光度值之差呈正相关，配制一系列浓度的蔗糖与 TBA 显色反应后，测定上述三个波长的消光度值，求其直线方程，可求算糖分在 532nm 处的消光度值。紫外可见分光光度计的直线方程为：$Y_{532}=-0.001\,98+0.088D_{450nm}$，按公式求出样品中糖分在 532nm 处的消光度值 Y_{532}，用实测 532nm 的消光度值减去 6nm 非特异吸收的消光度值再减去 Y_{532}，其差值为测定样品中 MDA-TBA 反应产物在 532nm 的消光度值。按 MDA 在 532nm 处的毫摩尔消光系数为 155 换算求出提取液中 MDA 浓度。根据植物组织的重量计算测定样品中 MDA 的含量：MDA 含量（mol/g）=MDA 浓度（μmol/L）×提取液体积（ml）/植物组织鲜重（g）。

　　基于 ISSR 的菊芋种质资源遗传多样性分析：利用 40 份引进的国外菊芋资源与 3 个自主培育的菊芋品种（青芋 1 号、青芋 2 号、青芋 3 号），均种植于青海大学农林科学院菊芋研发中心资源圃内。选取幼嫩菊芋叶片硅胶干燥后放置–20℃保存备用。DNA 提取：采用 CTAB 法提取菊芋叶片基因组 DNA。引物筛选及 PCR 扩增：参照课题组的菊芋 ISSR 引物筛选的结果，从中选择扩增清晰、多态性好的 14 条引物进行 PCR。ISSR-PCR 反应体系和扩增程序参照课题组前期研究进行，PCR 反应体系（20μl）包括：1.5mmol/L Mg²⁺，200μmol/L dNTP，0.5μmol/L 引物，1.0U *Taq*DNA 聚合酶和 50ng 模板 DNA；PCR 扩增程序为：94℃预变性 5min；94℃变性 30s，58℃退火 40s，72℃延伸 75s，循环 40 次；72℃延伸 10min，4℃保存。数据统计分析：凝胶图像用 Image Lab 3.0 软件进行分析，电泳图谱的每条带（DNA 片段）均为 1 个分子标记（Marker），代表 1 个引物的结合位点。根据各分子标记的迁移率及其有无统计所有的二元数据，有带（显性）记作 1，无带（隐性）记为 0，强带和弱带均赋值，根据 0，1 矩阵建立 43 个菊芋资源 DNA 指纹图谱。利用 POPGENE32 软件计算多态性位点比率（*PPB*）、有效等位基因数（*Ne*）、Nei's 基因多样性指数（*H*）、Shannon's 信息指数（*I*）。用 NTSYS 2.10 版软件计算样品间的相似系数，然后利用 SAHN Clustering 进行非加权组平均法（UPGMA）进行聚类分析。

　　2. 结果与分析

（1）植物学性状

　　从表 5.23 可以看出，引进的 40 份菊芋种质资源中白色表皮块茎居多，共有 23 份，红色 8 份，褐色 8 份；从块茎光滑度看，光滑块茎资源为 21 份，块茎光滑度中等的资源 15 份，多须资源 4 份；从形状上看，球状资源为 15 份，纺锤状和瘤状资源各占 12 份，棒状资源 1 份。

　　从表 5.24 可以看出，引进的菊芋种质资源株高基本都在 2m 以上，个别资源如 FA18、FA22、FD3、FD4 等植株的高度能达到 3m 以上；资源的茎粗在 1.44～2.93cm，其中茎最粗的为 FD4，茎粗 2.93cm；而从花序方面看，花序大小超过 10cm 的有 5 份资源，分别为：FA5、FA9、FA10、FA25 和 FA27。

表 5.23　INRA 引进菊芋种质资源质量性状

代号	块茎颜色	光滑度	形状	块茎分布
FA1	白	光	纺锤状	集中
FA2	红	有须	球状	集中
FA3	白	光	球状	较集中
FA4	红	中	纺锤状	集中
FA5	白	中	纺锤状	较集中
FA6	褐	中	球状	较集中
FA7	红	光	棒状	集中
FA8	白	光	球状	较集中
FA9	褐	中	纺锤状	集中
FA10	白	有须	球状	集中
FA11	红	光	球状	集中
FA12	红	有须	纺锤状	较集中
FA13	白	光	瘤状	较集中
FA14	红	光	球状	集中
FA15	褐	中	纺锤状	较集中
FA16	白	有须	瘤状	较集中
FA17	白	光	球状	集中
FA18	白	光	球状	集中
FA19	褐	光	球状	较集中
FA20	红	中	球状	较集中
FA21	白	中	瘤状	集中
FA22	白	光	瘤状	集中
FA23	白	光	纺锤状	较集中
FA24	白	光	瘤状	集中
FA25	白	光	球状	集中
FA26	白	光	球状	较集中
FA27	白	中	瘤状	较集中
FD1	红	中	球状	较集中
FD2	白	光	瘤状	集中
FD3	白	光	纺锤状	较集中
FD4	白	光	球状	集中
FD5	白	中	瘤状	较集中
FD6	紫	中	纺锤状	较集中
FD7	白	中	瘤状	较集中
FD8	白	中	瘤状	较集中
FD9	褐	中	纺锤状	较集中
FD10	褐	光	纺锤状	较集中
FD11	褐	光	瘤状	较集中
FD12	白	中	瘤状	集中
FD13	褐	光	纺锤状	分散

表 5.24　INRA 引进菊芋种质资源的数量性状

代号	株高（cm）	茎粗（cm）	节间长（cm）	花序大小（cm）	侧枝数	叶长（cm）	叶宽（cm）	叶面积（cm²）
FA1	207.33	1.57	16.0	8.0	1.67	24.67	15.00	291.72
FA2	251.33	1.65	17.0	8.5	0.00	24.17	13.50	256.69
FA3	215.67	2.10	16.7	7.5	6.67	16.67	11.67	152.10
FA4	280.00	1.50	18.6	8.5	0.00	23.33	15.00	274.04
FA5	272.33	1.72	19.0	11.5	4.00	19.00	11.33	169.26
FA6	280.33	1.95	12.7	7.1	3.33	21.33	15.33	254.54
FA7	266.67	2.10	13.3	7.8	17.67	24.50	13.33	256.62
FA8	275.67	2.39	18.0	8.5	4.33	20.00	14.67	229.06
FA9	297.33	2.34	18.7	11.7	11.00	24.33	15.00	284.70
FA10	296.00	2.45	16.0	12.2	10.00	21.67	13.33	225.68
FA11	232.33	1.71	14.0	9.0	3.33	20.00	14.17	221.13
FA12	327.00	2.28	18.3	9.9	3.67	21.67	17.50	295.88
FA13	252.00	1.98	16.3	9.0	2.67	22.00	11.67	198.64
FA14	263.33	2.17	14.7	8.9	3.67	22.33	17.00	296.14
FA15	281.67	1.56	16.0	7.2	0.00	24.17	13.00	245.31
FA16	290.00	2.12	16.7	7.8	3.00	20.33	13.83	219.57
FA17	295.00	2.47	16.5	7.5	6.33	20.17	12.33	194.09
FA18	334.00	2.42	14.3	9.5	6.33	24.33	19.50	370.24
FA19	257.33	2.57	16.0	7.7	35.67	19.33	12.17	183.69
FA20	195.00	1.44	13.3	8.0	1.33	25.33	15.67	310.05
FA21	277.33	2.36	16.2	8.5	0.00	22.83	15.50	276.25
FA22	324.33	2.45	15.7	8.0	3.00	22.00	15.17	260.78
FA23	298.33	2.01	17.2	8.0	3.67	29.17	16.50	377.13
FA24	286.00	1.84	15.0	9.0	2.67	21.33	13.83	232.44
FA25	278.33	2.38	14.8	11.5	6.33	20.83	13.00	212.23
FA26	280.67	2.16	12.7	9.5	3.33	19.33	13.00	196.82
FA27	266.67	2.60	10.7	10.5	32.00	25.67	18.83	376.94
FD1	287.67	2.57	10.8	8.0	10.00	23.67	17.00	313.82
FD2	260.00	2.38	12.0	9.0	40.00	29.00	15.00	339.30
FD3	305.33	2.27	12.2	6.3	38.67	27.17	17.50	371.15
FD4	326.50	2.93	13.0	8.5	10.50	20.50	14.75	235.56
FD5	292.67	2.75	13.0	8.3	31.33	22.33	14.67	257.66
FD6	284.67	2.17	11.8	8.0	10.00	25.00	17.17	335.53
FD7	265.00	2.35	13.0	7.5	18.00	24.00	12.00	224.64
FD8	253.33	2.18	13.2	8.0	18.33	21.17	13.33	224.90
FD9	237.50	2.21	10.3	8.5	31.50	23.50	13.50	248.43
FD10	216.33	1.79	13.7	8.0	27.67	22.17	14.00	242.06
FD11	182.00	1.90	12.0	7.0	15.00	22.33	10.67	185.64
FD12	223.00	2.06	13.0	7.5	36.00	20.00	14.50	226.20
FD13	226.33	2.01	14.2	8.7	16.00	20.67	12.67	204.88

（2）种质资源的生育期

将菊芋资源在同一时间种植，观察记载资源的出苗时间（播种后天数）、开花时间（播种后天数）、成熟期（出苗后天数）（表 5.25）。按熟性划分标准，出苗后至成熟为 135～150d 的为早熟，150～180d 的为中熟，180d 以上的为晚熟。从表 5.25 中可以看出，早熟资源有 6 份、中熟资源 26 份、晚熟资源 8 份，大部分属于中熟资源。

表 5.25　INRA 引进菊芋种质资源生育期（d）

代号	出苗时间	开花时间	成熟时间	熟性
FA1	46	160	159	中熟
FA2	46	160	159	中熟
FA3	41	160	164	中熟
FA4	41	149	153	早熟
FA5	34	159	170	中熟
FA6	33	152	164	中熟
FA7	30	159	174	中熟
FA8	37	190	198	晚熟
FA9	34	159	170	中熟
FA10	40	165	170	中熟
FA11	37	190	198	晚熟
FA12	40	150	155	早熟
FA13	37	160	168	中熟
FA14	42	190	193	晚熟
FA15	42	159	162	中熟
FA16	42	160	163	中熟
FA17	39	160	166	中熟
FA18	42	159	162	中熟
FA19	40	142	147	早熟
FA20	42	160	163	中熟
FA21	42	190	193	晚熟
FA22	42	160	163	中熟
FA23	37	190	198	晚熟
FA24	42	168	171	中熟
FA25	34	183	194	中熟
FA26	42	183	186	中熟
FA27	42	190	193	晚熟
FD1	40	190	195	晚熟
FD2	64	173	154	中熟
FD3	42	160	163	中熟
FD4	40	190	195	晚熟
FD5	64	175	156	中熟
FD6	42	162	164	中熟

续表

代号	出苗时间	开花时间	成熟时间	熟性
FD7	42	160	162	中熟
FD8	44	161	161	中熟
FD9	44	150	150	早熟
FD10	64	161	141	中熟
FD11	44	159	162	中熟
FD12	46	149	150	早熟
FD13	40	140	138	早熟

（3）产量与品质

从产量上看，各个资源间均存在差异，其中 FD11 的单株产量超过了 2kg，而 FA19 的产量仅有 0.58kg，折合亩[①]产（按每亩 2400 株计算）在 4500kg 以上的有 FD11（4920kg）和 FA13（4584kg）；从可溶性糖含量方面看，总糖含量在 48.9%～70%，其中 FA7 含量最高，达到 70%，其次是 FA20（65.6%）、FA3（62.3%）、FA4（61.7%）、FA18（60.8%）、FA2（60.7%）、FA16（60.5%）、FA17（60.3%）（表 5.26）。

表 5.26　INRA 引进菊芋种质资源产量与可溶性总糖含量

代号	单株产量（kg）	折合亩产（kg）	可溶性总糖含量（%）
FA1	1.32	3168	55.7
FA2	1.66	3984	60.7
FA3	1.33	3192	62.3
FA4	0.6	1440	53.4
FA5	1.33	3192	56.9
FA6	1.57	3768	54.0
FA7	0.87	2088	70.0
FA8	1.23	2952	56.6
FA9	1.28	3072	57.4
FA10	1.05	2520	58.0
FA11	1.08	2592	55.8
FA12	0.82	1968	49.9
FA13	1.91	4584	59.9
FA14	1.26	3024	54.3
FA15	1.37	3288	57.7
FA16	1.4	3360	60.5
FA17	1.06	2544	60.3
FA18	0.9	2160	60.8
FA19	0.58	1392	50.0
FA20	1.19	2856	65.6

① 1 亩≈666.67m²

代号	单株产量（kg）	折合亩产（kg）	可溶性总糖含量（%）
FA21	1.01	2424	58.1
FA22	1.74	4176	54.3
FA23	0.89	2136	56.9
FA24	1.22	2928	61.7
FA25	0.98	2352	56.1
FA26	0.55	1320	57.6
FA27	1.11	2664	57.1
FD1	1.46	3504	56.7
FD2	1.03	2472	54.6
FD3	1.02	2448	52.7
FD4	1.28	3072	53.4
FD5	0.87	2088	51.5
FD6	1.49	3576	57.8
FD7	1.85	4440	57.5
FD8	1.62	3888	55.8
FD9	1.26	3024	56.9
FD10	1.49	3576	48.9
FD11	2.05	4920	52.7
FD12	1.4	3360	49.2
FD13	1.5	3600	51.1

（4）盐胁迫抗性

40 份菊芋种质资源在田间种植时，生长旺盛，均未发生感病和虫害的现象，相关检疫部门连续两年对大田种植的菊芋资源进行了检疫。

针对离体培养成功的 15 份种质资源，2013 年用组培苗种植后采收块茎，2014 年用块茎进行了抗盐评价。对 NaCl 胁迫后的植株叶片进行超氧化物歧化酶（SOD）、脯氨酸（Pro）、丙二醛（MDA）根茎叶含水量、根冠比和总生物量的测定。用于分析的隶属函数值 $[X(u1), X(u2)]$ 计算公式为： ①$X(u1)=[X–X_{min}]/[X_{max}–X_{min}]$； ②$X(u2)=1–[X–X_{min}]/[X_{max}–X_{min}]$。其中，$X$ 为各鉴定资源的某一指标的测定值，X_{max} 为所有鉴定资源此指标的最大值；X_{min} 为所有鉴定资源此指标的最小值。若所测指标与植物的抗盐性呈正相关，则采用①公式计算隶属函数值；反之，则用②公式。累加各资源各指标的具体隶属函数值，并求出平均隶属函数值后进行比较，平均值越大，植物的抗盐性越强。

从表 5.27 可以看出，从各指标的隶属函数值累加求平均值后，按照隶属函数值排序为：抗盐性强弱次序为 FD15＞FA15＞FA4（FD12）＞FA3（FA12）＞FA26＞FD14＞FD6（FA17）＞FA27（FD1）＞FA23＞FA25＞FA6。

（5）遗传多样性分析

ISSR 分子标记的多态性见图 5.17。在 14 条引物中，对 43 份菊芋模板共扩增出位点 203 个，其中多态性位点 199 个，多态性位点比率（*PPB*）达到 98.0%（表 5.28）。多态性位点比率最低的为引物 847，为 91.7%。14 条引物扩增的条带数为 9～18 条，平均为 14.5 条，其中扩增条带数最少的为引物 844，只有 9 条。扩增片段长度大多为 300～2000bp。

表 5.27 INRA 引进菊芋种质资源抗盐隶属函数值综合评价

代号	脯氨酸	MDA	SOD	叶含水量	茎含水量	根含水量	根冠比	总生物量	平均值	排名
FA15	0.40	0.35	0.83	0.50	0.72	0.39	0.16	0.56	0.49	2
FA26	0.60	0.40	0.12	0.44	0.77	0.45	0.22	0.24	0.40	5
FA12	0.34	0.54	0.10	0.46	0.80	0.43	0.24	0.35	0.41	4
FA4	0.48	0.50	0.07	0.46	0.72	0.34	0.56	0.29	0.43	3
FD15	0.45	0.40	0.13	0.58	0.87	0.59	0.59	0.41	0.52	1
FA25	0.37	0.07	0.12	0.42	0.66	0.40	0.34	0.17	0.32	10
FD1	0.46	0.13	0.26	0.43	0.50	0.40	0.42	0.22	0.35	8
FA27	0.38	0.16	0.18	0.45	0.64	0.55	0.20	0.24	0.35	8
FA23	0.19	0.21	0.11	0.47	0.65	0.53	0.27	0.23	0.33	9
FA6	0.21	0.27	0.01	0.42	0.46	0.40	0.22	0.45	0.30	11
FD6	0.16	0.68	0.07	0.45	0.31	0.46	0.39	0.40	0.36	7
FD14	0.40	0.63	0.09	0.37	0.63	0.59	0.17	0.24	0.39	6
FD12	0.32	0.60	0.16	0.62	0.67	0.61	0.25	0.20	0.43	3
FA3	0.36	0.69	0.09	0.46	0.57	0.65	0.23	0.22	0.41	4
FA17	0.36	0.52	0.04	0.46	0.50	0.60	0.13	0.24	0.36	7

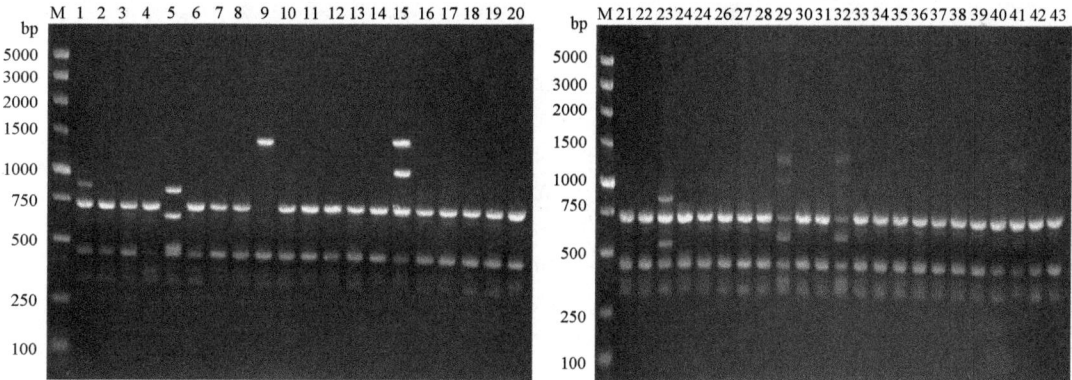

图 5.17 INRA 菊芋种质资源 ISSR 扩增结果

M：Marker，DS^TM5000；1～40 分别为引进的 40 份菊芋资源，41、42、43 分别代表青芋 1 号、青芋 2 号、青芋 3 号

表 5.28 基于 14 条引物的 43 份菊芋 PCR 扩增结果

引物	引物序列	扩增条带数	多态性条带数	多态性位点比率（%）
826	$(AC)_8 C$	17	17	100.0
827	$(AC)_8 G$	15	14	93.3
834	$(AG)_8 YT$	13	13	100.0
835	$(AG)_8 YC$	18	18	100.0
836	$(AG)_8 YA$	11	11	100.0
842	$(GA)_8 YG$	15	14	93.3

引物	引物序列	扩增条带数	多态性条带数	多态性位点比率（%）
844	(CT)$_8$ RC	9	9	100.0
847	(CA)$_8$ RC	12	11	91.7
850	(GT)$_8$ YC	18	18	100.0
855	(AC)$_8$ YT	14	13	92.9
873	(GACA)$_4$	17	17	100.0
881	GGGT(GGGGT)$_2$G	16	16	100.0
895	AGAGTTGGTAGCTCTTGATC	16	16	100.0
899	CAT(GGT)$_3$CATTGTTCCA	12	12	100.0
合计		203	199	/
平均		14.5	14.2	98.0

注：Y 代表简并碱基 C 或 T，R 代表简并碱基 A 或 G

利用 POPGENE32 软件计算各位点的有效等位基因数（Ne）、Nei's 基因多样性指数（H）及 Shannon's 信息指数（I）（表 5.29）。结果表明，43 份菊芋资源平均有效等位基因数（Ne）为 1.895，平均 Nei's 基因多样性指数为 0.468，平均 Shannon's 信息指数为 0.659。各位点遗传多样性程度也存在较大差别，Nei's 基因多样性指数最大值为 0.4996，最小值为 0.3575。Shannon's 信息指数最大值为 0.693，最小值为 0.308。

表 5.29　菊芋种质资源的基因多样性指数和信息指数

资源代号	样本量	等位基因数	有效等位基因数	Nei's 基因多样性指数	Shannon's 信息指数
FA1	17	2.0000	1.9502	0.4872	0.6803
FA2	17	2.0000	1.9502	0.4872	0.6803
FA3	17	2.0000	1.8205	0.4507	0.6430
FA4	17	2.0000	1.9858	0.4964	0.6896
FA5	17	2.0000	1.9502	0.4872	0.6803
FA6	17	2.0000	1.9858	0.4964	0.6896
FA7	17	2.0000	1.9316	0.4823	0.6753
FA8	17	2.0000	1.9502	0.4872	0.6803
FA9	17	2.0000	1.9316	0.4823	0.6753
FA10	17	2.0000	1.9982	0.4996	0.6927
FA11	17	2.0000	1.9982	0.4996	0.6927
FA12	17	2.0000	1.9502	0.4872	0.6803
FA13	17	2.0000	1.9502	0.4872	0.6803
FA14	17	2.0000	1.8205	0.4507	0.6430
FA15	17	2.0000	1.9316	0.4823	0.6753
FA16	17	2.0000	1.9982	0.4996	0.6927
FA17	17	2.0000	1.9982	0.4996	0.6927
FA18	17	2.0000	1.9982	0.4996	0.6927
FA19	17	2.0000	1.9316	0.4823	0.6753
FA20	17	2.0000	1.8513	0.4598	0.6524
FA21	17	2.0000	1.9316	0.4823	0.6753

资源代号	样本量	等位基因数	有效等位基因	Nei's 基因多样性指数	Shannon's 信息指数
FA22	17	2.0000	1.5563	0.3575	0.5429
FA23	17	2.0000	1.9982	0.4996	0.6927
FA24	17	2.0000	1.9316	0.4823	0.6753
FA25	17	2.0000	1.9858	0.4964	0.6896
FA26	17	2.0000	1.9858	0.4964	0.6896
FA27	17	2.0000	1.8513	0.4598	0.6524
FD1	17	2.0000	1.7569	0.4308	0.6223
FD2	17	2.0000	1.9316	0.4823	0.6753
FD3	17	2.0000	1.9858	0.4964	0.6896
FD4	17	2.0000	1.8513	0.4598	0.6524
FD5	17	2.0000	1.8513	0.4598	0.6524
FD6	17	2.0000	1.9858	0.4964	0.6896
FD7	17	2.0000	1.9858	0.4964	0.6896
FD8	17	2.0000	1.9858	0.4964	0.6896
FD9	17	2.0000	1.9316	0.4823	0.6753
FD10	17	2.0000	1.9982	0.4996	0.6927
FD11	17	2.0000	1.7569	0.4308	0.6223
FD12	17	2.0000	1.9316	0.4823	0.6753
FD13	17	2.0000	1.9858	0.4964	0.6896
青芋 1 号	17	2.0000	1.5563	0.3575	0.5429
青芋 2 号	17	2.0000	1.2018	0.1679	0.3083
青芋 3 号	17	2.0000	1.6567	0.3964	0.5856
平均值	17	2.0000	1.8948	0.4677	0.6589

以供试的 43 份菊芋资源扩增出的 203 个位点数据为原始矩阵，共获得 903 个两两不同的遗传相似系数。其中在所有相似系数中最大的是 FA25 与 FA26，为 0.955，说明这 2 个菊芋资源亲缘关系很近；相似系数最小的是 FA2 与青芋 2 号，为 0.443，说明二者亲缘关系较远。从聚类图中可以看出，以 0.64 为阈值可以将供试菊芋资源分为两大类群（图 5.18）。

第 I 类群：40 份资源，均为国外资源（占所有资源的 93.02%），对其进一步分析，又可将第 I 大类在阈值为 0.784 处分为 7 个亚类（第 1、第 2、第 3、第 4、第 5、第 6 和第 7 亚类）。

第 1 亚类有 30 个资源，均为国外菊芋资源，占第 I 类群的 75.0%；第 2 亚类有 3 个资源，分别是 FA4、FA6 和 FA12，占第 I 类群的 7.5%；第 3 亚类有 2 个菊芋资源，分别是 FA15 和 FA20，占第 I 类群的 5.0%；第 4 亚类有 2 个菊芋资源，分别是 FD2 和 FD5，占第 I 类群的 5.0%；第 5 亚类有 1 个菊芋资源为 FA5，占第 I 类群的 2.5%；第 6 亚类有 1 个菊芋资源为 FA7，占第 I 类群的 2.5%；第 7 亚类有 1 个菊芋资源为 FA9，占第 I 类群的 2.5%。

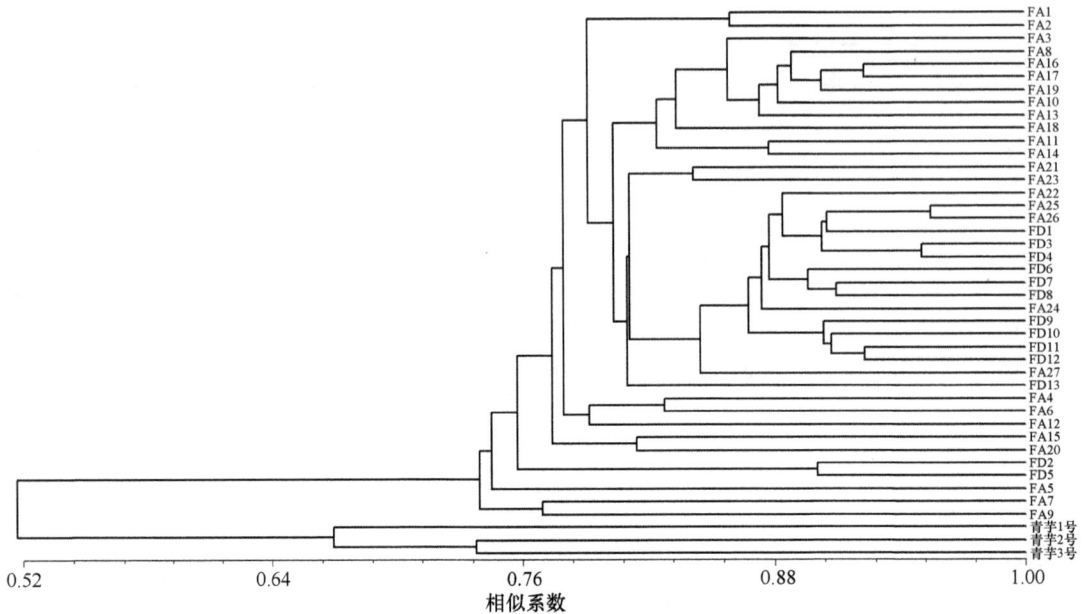

图 5.18 菊芋种质资源的 UPGMA 聚类

第 II 类群有 3 个菊芋品种，均为国内审定品种，包括青芋 1 号、青芋 2 号、青芋 3 号 3 个菊芋品种，占所有国内品种的 100.0%。

由以上分类可知，国外 40 份菊芋资源与国内 3 个菊芋品种之间的亲缘关系较远，划分为 2 个不同的大类。同时，聚类图显示同一地区的种质资源优先聚在一起，如均来自中国的青芋 1 号、青芋 2 号、青芋 3 号聚为一类，体现一定的地域性。

3. 小结

由法国引进的 40 份菊芋种质资源株高大部分在 200cm 以上，个别能达到 300cm 以上；茎粗为 1.44～2.93cm；而从花序方面看，花序大小为 6.3～12.2cm。早熟资源有 6 份、中熟 26 份、晚熟 8 份；从产量上看，单株产量变异度为 0.6～2.1kg；从碳水化合物含量看，总糖含量为 48.9%～70%。15 份菊芋资源的抗盐性强弱顺序为 FD15＞FA15＞FA4（FD12）＞FA3（FA12＞FA26＞FD14＞FD6（FA17）＞FA27（FD1）＞FA23＞FA25＞FA6。通过遗传多样性分析，发现国外 40 份菊芋资源与国内 3 个菊芋品种之间的亲缘关系较远。

5.3.5 泰国引进的种质资源

1. 引进种质资源概况

本研究从泰国孔敬大学引进菊芋种质资源，以块茎形式引进 28 份（图 5.19），以种子形式引进 12 份。

对引进的块茎种质资源进行了初步的性状分类，块茎表皮全部为白色；从形状来看，其中棒状 22 份、球状 1 份、瘤状 5 份（表 5.30）。

图 5.19　泰国引进菊芋种质资源块茎

表 5.30　引进菊芋资源块茎性状

资源编号	块茎形状	块茎颜色
T1	棒状	白色
T2	棒状、芽眼突出	白色
T3	棒状	白色
T4	棒状	白色
T5	棒状	白色
T6	棒状	白色
T7	棒状	白色
T8	球状	白色
T9	棒状	白色
T10	棒状（少数为瘤状）	白色
T11	瘤状	白色
T12	棒状	白色
T13	棒状	白色
T14	棒状	白色
T15	棒状	白色
T16	棒状	白色
T17	棒状	白色
T18	棒状（少数为瘤状）	白色
T19	棒状（少数为瘤状）	白色
T20	棒状	白色
T21	瘤状	白色
T22	棒状	白色
T23	棒状、芽眼突出	白色

资源编号	块茎形状	块茎颜色
T24	瘤状	白色
T25	棒状	白色
T26	瘤状、芽眼突出	白色
T27	瘤状	白色
T28	棒状	白色

2. 形态学鉴定

（1）材料与方法

试验材料为 28 份引自泰国孔敬大学的菊芋块茎种质资源，分别于 2016 年、2017年种植于青海大学农林科学院园艺所试验基地。

育苗与移栽：2016 年 4 月采用切取种芋芽点的方法进行营养钵育苗。营养钵大小为25cm×30cm，育苗土采用灭过菌的基质，将每个菊芋资源的块茎切成 30g 左右大小带芽点的小块，每个育苗盆中种植一个小块茎，共育苗 140 盆，成苗 84 株，5 月份将所有的资源移栽到青海大学农科院园艺所试验地的大棚中，株行距设定为 1m×1m，每个资源种植 1 行，各 10 株，重复 3 次；2017 年 4 月对引进的菊芋资源进行育苗，成苗后于 5月将所有的资源移栽到青海大学农科院园艺所试验地大田，株行距设定为 1m×1m，每个资源种植 1 行，各 10 株，重复 3 次。

调查与统计：在开花期进行下列植物学性状的测定，每个资源随机选择 5 株进行各项指标的测定，并对质量性状的指标进行赋值量化。

茎色：植株主茎颜色，分为：1（绿色）、2（上紫下绿）、3（上绿下紫）、4（紫色）。

茎被绒毛：植株主茎绒毛，分为 0（无）、1（少）、2（多）。

棱状凸起：植株主茎上棱状凸起，分为 0（无）、1（有）。

叶形：植株叶片形状，分为 0（圆形）、1（卵圆形）、2（长卵圆形）。

叶色：植株叶片颜色，分为 0（浅绿色）、1（绿色）、2（深绿色）。

叶被绒毛：叶片绒毛，分为 0（无）、1（少）、2（多）。

株高：开花终期，地上茎基部到生长点的距离，单位为 cm。

茎粗：测量基部最粗处茎的纵横二向直径的平均值，单位为 cm。

叶柄长度：开花终期，植株茎秆中部最大叶叶柄的长度，单位为 cm。

花盘直径：每个花盘的直径，单位为 mm。

叶面积=0.78×叶长×叶宽，其中叶长指从叶枕到叶尖的距离，叶宽指叶片最宽处的宽度。

花盘形状：植株开花期花盘结实面的形状，分凹、平、凸、畸形。

舌状花色：花盘上舌状花颜色，分白色、黄色。

舌状花形状：花盘上舌状花形状，分长、卵圆、圆。

花粉色：花粉颜色，分白、浅黄、黄色。

管状花色：花盘上管状花颜色，分红色、黄色、紫色。

花朵数：开花期植株上花朵数量。

花盘大小：每个花盘的直径，单位为 mm。

块茎分布：成熟期块茎分布情况，分为 0（集中）、1（较集中）、2（分散）。

块茎形状：成熟期块茎形状，分为 1（纺锤状）、2（棒状）、3（瘤状）、4（球状）。

块茎皮色：成熟期块茎表皮颜色，分为 1（白色）、2（粉色）、3（浅紫色）、4（深紫色）。

子实长度：子实收获后，每粒子实（种子）的长度，单位为 mm。

子实宽度：子实收获后，每粒子实（种子）中下部最宽处的宽度，单位为 mm。

子实厚度：子实收获后，每粒子实（种子）最厚处的厚度，单位为 mm。

出苗期：整个小区 75%幼苗子叶出土平展的日期。

现蕾期：75%植株主茎出现花蕾的日期。

盛花期：75%植株主茎花蕾管状花完全开放的日期。

成熟期：90%植株地上部干枯的日期。

物候期：植物从播种到成熟所经历的时间。

（2）结果与分析

1）地上部形态学鉴定

由表 5.31 可见，从茎色来看，有 18 份资源茎秆绿色且上部有紫点，9 份茎秆绿色，1 份茎秆绿色中下部有紫点；从茎被绒毛来看，9 份资源茎被绒毛多，19 份茎被绒毛较少；从茎部的棱状凸起来看，7 份资源有棱状凸起，21 份无凸起；从叶形来看，15 份资源叶片长卵圆形，13 份资源卵圆形；从叶色来看，11 份资源叶片深绿色，17 份资源绿色；从叶被绒毛来看，4 份资源叶被绒毛少，24 份相对较多。

表 5.31　泰国引进菊芋种质资源地上部质量性状调查

资源编号	茎色	茎被绒毛	棱状凸起	叶形	叶色	叶被绒毛
T1	绿色	少	无	长卵圆形	绿色	少
T2	绿色上部紫点	少	有	长卵圆形	绿色	多
T3	绿色	少	无	卵圆形	深绿色	多
T4	绿色上部紫点	多	无	卵圆形	深绿色	少
T5	绿色上部紫点	少	有	长卵圆形	绿色	多
T6	绿色上部紫点	少	有	卵圆形	深绿色	多
T7	绿色上部紫点	多	无	长卵圆形	绿色	多
T8	绿色上部紫点	多	无	长卵圆形	绿色	少
T9	绿色上部紫点	多	无	卵圆形	深绿色	多
T10	绿色上部紫点	多	无	卵圆形	深绿色	多
T11	绿色	多	无	长卵圆形	绿色	多
T12	绿色上部紫点	少	无	长卵圆形	绿色	多
T13	绿色	少	无	卵圆形	深绿色	多
T14	绿色	少	有	卵圆形	绿色	多

续表

资源编号	茎色	茎被绒毛	棱状凸起	叶形	叶色	叶被绒毛
T15	绿色	少	有	卵圆形	绿色	多
T16	绿色上部紫点	多	无	长卵圆形	绿色	多
T17	绿色上部紫点	多	无	长卵圆形	绿色	多
T18	绿色上部紫点	多	无	卵圆形	绿色	多
T19	绿色上部紫点	少	无	长卵圆形	绿色	多
T20	绿色上部紫点	少	无	长卵圆形	绿色	多
T21	绿色上部紫点	少	无	长卵圆形	深绿色	多
T22	绿色上部紫点	少	有	长卵圆形	绿色	多
T23	绿色上部紫点	少	无	卵圆形	深绿色	多
T24	绿色中下部紫点	少	无	长卵圆形	绿色	多
T25	绿色	少	无	卵圆形	深绿色	多
T26	绿色	少	无	卵圆形	深绿色	多
T27	绿色上部紫点	少	无	长卵圆形	绿色	多
T28	绿色	少	有	卵圆形	深绿色	少

2016 年株高平均值为 276.85cm，最大值为 365.67cm（T6），最小值为 220.33cm（T14），变异系数为 11.48%；2017 年株高平均值为 226.73cm，最大值为 298.80cm（T6），最小值为 178.80cm（T14），变异系数为 13.88%；从茎粗来看，2016 年平均值为 23.59mm，最大值为 31.20mm（T6），最小值为 16.49mm（T19），变异系数为 14.80%；2017 年平均值为 18.11mm，最大值为 23.67mm（T28），最小值为 14.38mm（T21），变异系数为 13.28%（表 5.32、表 5.33）。

表 5.32　泰国引进菊芋种质资源茎秆数量性状调查

资源编号	株高（cm）		茎粗（mm）	
	2016 年	2017 年	2016 年	2017 年
T1	273.33±3.651	259.00±5.486	21 96±0.365	20.25±1.933
T2	248.67±2.895	265.60±4.966	26.17±0.547	19.35±0.260
T3	281.00±4.560	250.00±4.416	23.73±0.478	20.60±0.410
T4	294.00±1.366	278.80±2.653	27.26±0.620	22.51±0.800
T5	269.33±5.321	213.20±4.609	25.04±1.201	16.75±1.311
T6	365.67±2.694	298.80±4.488	31.20±0.236	21.48±1.573
T7	288.00±1.258	233.40±2.441	22.52±1.041	18.79±0.990
T8	338.67±2.359	266.00±3.391	18.44±0.639	17.75±1.616
T9	318.33±2.110	255.60±2.182	29.66±0.458	18.09±1.614
T10	277.00±3.951	224.00±2.915	22.21±1.114	17.14±1.710
T11	271.00±6.389	228.40±6.079	26.75±0.347	17.07±1.008
T12	278.00±5.246	258.00±3.873	25.75±0.587	19.99±2.615
T13	283.67±6.354	227.60±8.298	22.33±0.654	16.02±1.433
T14	220.33±2.314	178.80±1.934	20.73±0.222	14.46±0.876
T15	275.20±7.022	253.00±3.808	23.42±0.314	20.51±1.150

续表

资源编号	株高（cm）		茎粗（mm）	
	2016 年	2017 年	2016 年	2017 年
T16	268.00±6.011	237.20±11.612	24.03±1.217	18.43±0.530
T17	259.33±3.547	215.20±8.581	25.80±0.014	18.23±1.154
T18	295.33±5.366	214.20±5.598	19.47±0.257	15.82±0.370
T19	247.67±1.248	197.60±2.839	16.49±0.457	15.13±0.658
T20	235.33±2.587	202.20±4.236	18.73±0.521	14.61±0.479
T21	234.33±5.366	205.00±4.207	19.63±0.324	14.38±0.339
T22	255.00±7.254	187.00±5.822	22.35±1.021	18.24±1.107
T23	300.00±5.987	180.40±5.706	21.17±0.963	15.44±0.549
T24	316.00±4.578	186.40±3.108	27.85±0.852	18.98±1.644
T25	266.00±8.201	209.40±2.542	22.74±0.631	17.13±0.528
T26	243.00±2.354	209.20±4.294	23.12±1.001	19.05±0.987
T27	262.00±3.654	199.00±7.791	27.70±0.298	17.33±1.139
T28	287.67±4.569	215.40±4.226	24.34±0.597	23.67±2.194

表 5.33　泰国引进菊芋资源茎秆的数量性状分析

项目	年份	最小值	最大值	平均值	标准差	变异系数（%）
株高（cm）	2016	220.33	365.67	276.85	31.78	11.48
	2017	178.80	298.80	226.73	31.48	13.88
茎粗（mm）	2016	16.49	31.20	23.59	3.49	14.80
	2017	14.38	23.67	18.11	2.40	13.28

2016 年和 2017 年叶柄长的平均值分别为 6.34cm 和 5.84cm，最大值分别为 8.33cm（T16）和 7.24cm（T5），最小值分别为 3.83cm（T21）和 3.92cm（T24），变异系数分别为 15.59%和 11.89%；2016 年和 2017 年叶长的平均值分别为 22.27cm 和 18.59cm，最大值分别为 26.50cm（T24）和 22.20cm（T9），最小值分别为 16.00cm（T21）和 16.34cm（T13），变异系数分别为 10.56%和 9.24%；2016 年和 2017 年叶宽的平均值分别为 15.21cm 和 14.09cm，最大值分别为 19.00cm（T26）和 17.40cm（T9），最小值分别为 9.50cm（T21）和 12.16cm（T17），变异系数分别为 13.96%和 9.63%；2016 年和 2017 年叶面积的平均值分别为 266.67cm^2 和 206.10cm^2，最大值分别为 353.28cm^2（T26）和 301.50cm^2（T9），最小值分别为 118.82cm^2（T21）和 164.40cm^2（T13），变异系数分别为 20.36%和 17.88%（表 5.34、表 5.35）。

表 5.34　泰国引进菊芋资源及青芋系列菊芋品种叶片的数量性状

资源编号	叶柄长（cm）		叶长（cm）		叶宽（cm）		叶面积（cm^2）	
	2016 年	2017 年	2016 年	2017 年	2016 年	2017 年	2016 年	2017 年
T1	5.50±0.285	6.86±0.453	22.83±0.589	20.66±0.441	17.50±0.369	16.34±0.668	312.07±9.635	264.10±15.221
T2	7.17±0.478	6.24±0.417	24.50±0.697	21.04±1.260	16.33±0.698	15.70±0.804	314.08±12.036	260.30±27.671
T3	7.17±0.635	6.66±0.216	19.67±0.2054	17.12±0.589	15.00±1.024	14.40±0.336	230.23±10.258	192.70±10.186
T4	7.17±0.236	5.78±0.146	25.50±0.368	20.12±1.350	16.67±0.478	14.60±0.409	332.54±6.347	230.40±20.569

续表

资源编号	叶柄长（cm）		叶长（cm）		叶宽（cm）		叶面积（cm²）	
	2016 年	2017 年	2016 年	2017 年	2016 年	2017 年	2016 年	2017 年
T5	6.50±0.189	7.24±0.214	22.67±0.547	21.14±0.520	15.00±0.985	14.10±0.606	265.33±14.879	233.30±15.682
T6	6.33±0.287	5.18±0.235	22.17±0.638	18.90±0.827	17.17±0.654	14.54±0.206	297.64±10.258	214.80±11.857
T7	6.17±0.361	5.40±0.221	22.50±0.247	20.16±0.687	15.67±0.254	14.52±0.652	276.25±9.347	229.50±17.080
T8	6.83±0.189	6.04±0.287	24.83±0.159	19.88±0.759	13.50±0.336	13.42±0.535	262.60±8.541	209.00±14.623
T9	6.50±0.321	6.22±0.201	23.20±0.541	22.20±0.591	16.33±0.547	17.40±0.528	299.03±12.369	301.50±14.048
T10	7.67±0.285	6.28±0.248	23.17±0.632	18.68±0.697	16.50±0.147	14.06±0.411	297.57±14.257	205.60±12.610
T11	6.17±0.614	6.52±0.275	24.50±0.367	21.24±0.698	17.33±0.635	14.70±0.268	331.24±13.222	244.00±11.594
T12	6.50±0.284	6.26±0.081	20.67±0.258	17.00±0.232	14.67±0.712	12.88±0.215	236.60±9.547	170.90±4.698
T13	7.50±0.347	5.00±0.379	21.33±0.244	16.34±0.465	16.50±0.548	12.86±0.518	274.17±6.325	164.40±10.480
T14	5.67±0.214	5.40±0.190	21.00±0.398	16.68±0.368	14.50±0.693	12.98±0.162	243.62±8.521	168.90±4.881
T15	6.05±0.521	5.66±0.186	20.50±0.521	16.60±0.550	13.65±1.638	12.92±0.488	218.26±7.635	167.60±9.952
T16	8.33±0.336	6.20±0.329	22.17±0.617	18.36±0.762	15.00±0.285	12.96±0.408	258.57±11.247	185.90±10.917
T17	6.17±0.901	5.26±0.194	22.83±0.168	18.24±0.717	14.00±0.614	12.16±0.294	249.86±10.369	173.60±10.580
T18	6.67±0.178	5.52±0.224	22.00±0.789	17.00±0.261	15.00±0.811	13.44±0.457	257.40±10.287	178.30±7.117
T19	5.67±0.296	5.48±0.422	18.00±0.699	17.16±0.504	13.17±0.542	12.76±0.492	185.90±9.025	170.30±5.424
T20	4.33±0.354	5.90±0.190	18.67±1.011	16.68±0.344	11.50±0.347	13.84±0.360	168.09±7.541	180.00±5.416
T21	3.83±0.298	5.80±0.122	16.00±0.654	17.06±0.301	9.50±0.632	13.90±0.577	118.82±8.336	185.50±10.871
T22	6.00±0.211	6.16±0.209	20.33±0.250	17.92±0.364	14.83±0.851	13.72±0.505	235.17±12.254	192.10±9.478
T23	7.50±0.698	6.26±0.385	23.83±0.159	17.78±1.039	17.17±0.288	14.16±0.357	319.67±7.885	197.10±15.085
T24	5.67±0.419	3.92±0.227	26.50±0.347	19.02±0.240	11.33±0.459	12.24±0.477	229.32±8.547	181.80±8.423
T25	5.67±0.552	5.92±0.265	25.00±0.251	19.42±0.819	18.00±0.635	16.04±0.683	351.26±9.654	244.70±20.996
T26	6.33±0.287	6.46±0.465	23.83±0.308	19.86±0.610	19.00±0.478	16.92±1.449	353.28±11.247	264.80±28.724
T27	5.17±0.390	4.94±0.301	22.67±0.369	17.26±0.519	15.17±0.669	13.00±0.344	268.06±10.247	175.50±9.709
T28	7.33±0.501	4.98±0.256	22.67±0.501	16.92±0.537	15.83±0.597	13.90±0.444	280.15±10.698	184.10±10.761

表 5.35　泰国引进菊芋资源叶片的数量性状分析

项目	年份	最小值	最大值	平均值	标准差	变异系数（%）
叶柄长（cm）	2016	3.83	8.33	6.34	0.98	15.59
	2017	3.92	7.24	5.84	0.69	11.89
叶长（cm）	2016	16.00	26.50	22.27	2.35	10.56
	2017	16.34	22.20	18.59	1.72	9.24
叶宽（cm）	2016	9.50	19.00	15.21	2.12	13.96
	2017	12.16	17.40	14.09	1.36	9.63
叶面积（cm²）	2016	118.82	353.28	266.67	54.30	20.36
	2017	164.40	301.50	206.10	36.85	17.88

由表 5.36 可知，28 份种质资源花盘形状全部为平，舌状花颜色为黄色，舌状花形状为长，花粉色为黄色，管状花色为紫色。

表 5.36　泰国引进菊芋资源花器官的质量性状

资源编号	花盘形状	舌状花色	舌状花形状	花粉色	管状花色
T1	平	黄色	长	黄色	紫色
T2	平	黄色	长	黄色	紫色
T3	平	黄色	长	黄色	紫色
T4	平	黄色	长	黄色	紫色
T5	平	黄色	长	黄色	紫色
T6	平	黄色	长	黄色	紫色
T7	平	黄色	长	黄色	紫色
T8	平	黄色	长	黄色	紫色
T9	平	黄色	长	黄色	紫色
T10	平	黄色	长	黄色	紫色
T11	平	黄色	长	黄色	紫色
T12	平	黄色	长	黄色	紫色
T13	平	黄色	长	黄色	紫色
T14	平	黄色	长	黄色	紫色
T15	平	黄色	长	黄色	紫色
T16	平	黄色	长	黄色	紫色
T17	平	黄色	长	黄色	紫色
T18	平	黄色	长	黄色	紫色
T19	平	黄色	长	黄色	紫色
T20	平	黄色	长	黄色	紫色
T21	平	黄色	长	黄色	紫色
T22	平	黄色	长	黄色	紫色
T23	平	黄色	长	黄色	紫色
T24	平	黄色	长	黄色	紫色
T25	平	黄色	长	黄色	紫色
T26	平	黄色	长	黄色	紫色
T27	平	黄色	长	黄色	紫色
T28	平	黄色	长	黄色	紫色

从表 5.37 可以看出, 2016 年花枝长度的平均值为 30.63cm, 最大值为 72.00cm (T19), 最小值为 14.00cm (T18), 变异系数为 46.04%; 2016 年花大小的平均值为 6.99cm, 最大值 8.33cm (T6), 最小值 5.67cm (T22), 变异系数为 9.04%; 2016 年花朵数的平均值为 73.68 个, 最大值 145 个 (T3 和 T22), 最小值 7 个 (T14), 变异系数为 49.58%; 2017 年花朵数的平均值为 109.14 个, 最大值 400 个 (T10), 最小值 1 个 (T14), 变异系数为 88.19%; 2016 年和 2017 年花盘大小的平均值分别为 13.16mm 和 10.33mm, 最大值分别 15.23mm (T15) 和 14.30mm (T15), 最小值分别为 10.02mm (T18) 和 7.97mm (T19), 变异系数分别为 11.61% 和 15.08% (表 5.38)。

2) 块茎形态学鉴定

对引进的菊芋资源块茎质量性状进行了分析 (表 5.39)。从块茎分布来看, 20 份资源分布较集中，8 份分散；从块茎形状来看，12 份资源为纺锤状，8 份棒状，6 份瘤状，2 份球状；从表皮光滑率来看，11 份资源须根少，14 份较多，3 份多；从块茎皮色来看，有 13 份资源表皮白色，10 份粉色，3 份浅紫色，2 份紫色；从块茎肉色来看，11 份为白色，17 份浅黄色；从芽眼来看，18 份资源芽眼突出，10 份不突出。

表 5.37　泰国引进菊芋资源花器官的数量性状分析

资源编号	花枝长度（cm）	花大小（cm）	花朵数（个）		花盘大小（mm）	
	2016 年	2016 年	2016 年	2017 年	2016 年	2017 年
T1	54.33±2.962	7.50	29	30	12.88±0.526	8.41±0.151
T2	37.00±11.239	7.00	110	185	14.43±1.235	8.25±0.341
T3	47.00±6.110	7.50	145	208	14.67±0.635	9.87±0.245
T4	25.00±7.000	7.17	23	1	12.65±0.014	10.54±0.307
T5	20.33±2.403	7.10	100	207	14.03±0.581	9.77±0.902
T6	48.00±3.055	8.33	37	9	15.04±0.514	11.26±0.197
T7	16.33±3.333	7.83	119	142	13.93±0.148	9.42±0.481
T8	21.67±6.119	7.50	19	6	10.73±0.324	9.90±0.694
T9	44.00±5.291	7.67	80	95	14.57±0.259	9.62±0.456
T10	40.00±4.509	6.33	80	400	11.87±0.621	9.73±0.435
T11	37.67±9.938	7.17	24	40	12.57±0.558	11.84±1.798
T12	21.33±0.666	6.67	109	171	14.48±0.159	12.88±0.966
T13	36.33±4.666	7.17	68	62	14.07±0.498	9.36±1.494
T14	16.67±1.333	7.17	7	1	13.60±0.367	13.2±0.213
T15	25.60±1.763	7.50	65	185	15.23±0.124	14.30±0.550
T16	31.33±2.081	6.50	82	190	12.70±0.558	10.29±1.028
T17	26.00±0.577	7.33	82	25	10.56±0.632	11.16±0.426
T18	14.00±7.500	6.17	105	186	10.02±0.347	10.21±2.016
T19	72.00±2.848	7.17	72	72	10.60±0.236	7.97±0.860
T20	26.33±1.500	7.50	61	127	14.10±0.258	8.53±0.313
T21	15.67±8.660	6.50	76	180	14.27±0.144	8.92±0.599
T22	16.00±5.214	5.67	145	217	13.23±0.287	11.39±1.286
T23	37.67±9.355	6.00	48	61	13.43±0.547	9.26±0.910
T24	43.33±2.027	6.10	97	6	11.60±0.569	10.8±0.656
T25	20.00±2.698	7.00	43	89	13.40±0.368	8.87±0.313
T26	19.33±10.588	6.00	54	142	14.40±0.297	10.23±0.750
T27	28.00±4.932	7.17	98	4	14.59±0.111	11.04±0.848
T28	16.67±2.273	7.07	85	15	10.86±0.098	12.17±0.601

表 5.38　泰国引进菊芋资源叶片的数量性状分析

性状	年份	最小值	最大值	平均值	标准差	变异系数
花枝长度（cm）	2016	14.00	72.00	30.63	14.10	46.04
花大小（cm）	2016	5.67	8.33	6.99	0.63	9.04
花朵数（个）	2016	7.00	145.00	73.68	36.53	49.58
	2017	1.00	400.00	109.14	96.25	88.19
花盘大小（mm）	2016	10.02	15.23	13.16	1.52767	11.61
	2017	7.97	14.30	10.33	1.55795	15.08

表 5.39　泰国引进菊芋资源块茎的质量性状

资源编号	块茎分布	块茎形状	表皮光滑率	块茎皮色	块茎肉色	芽眼
T1	分散	瘤状	不光滑	白色	浅黄色	突出
T2	较集中	纺锤状	较光滑	粉色	白色	突出
T3	分散	纺锤状	较光滑	粉色	浅黄色	突出
T4	较集中	棒状	较光滑	紫色	浅黄色	不突出
T5	较集中	纺锤状	较光滑	浅紫色	浅黄色	突出
T6	较集中	棒状	较光滑	紫色	浅黄色	突出
T7	较集中	纺锤状	较光滑	浅紫色	浅黄色	突出
T8	较集中	棒状	较光滑	粉色	浅黄色	不突出
T9	较集中	棒状	光滑	粉色	浅黄色	不突出
T10	分散	纺锤状	较光滑	粉色	浅黄色	突出
T11	较集中	纺锤状	光滑	白色	浅黄色	突出
T12	较集中	棒状	光滑	粉色	白色	不突出
T13	分散	纺锤状	光滑	白色	浅黄色	不突出
T14	较集中	纺锤状	不光滑	粉色	浅黄色	突出
T15	较集中	棒状	较光滑	粉色	浅黄色	突出
T16	较集中	瘤状	光滑	粉色	浅黄色	突出
T17	分散	棒状	光滑	白色	白色	不突出
T18	较集中	纺锤状	光滑	白色	白色	不突出
T19	较集中	瘤状	光滑	白色	白色	突出
T20	较集中	瘤状	较光滑	白色	白色	突出
T21	较集中	瘤状	光滑	白色	白色	突出
T22	较集中	纺锤状	光滑	浅紫色	白色	不突出
T23	分散	纺锤状	较光滑	白色	浅黄色	突出
T24	分散	球状	较光滑	白色	白色	不突出
T25	较集中	瘤状	不光滑	白色	浅黄色	突出
T26	较集中	纺锤状	较光滑	白色	白色	突出
T27	分散	棒状	光滑	白色	白色	不突出
T28	较集中	球状	较光滑	粉色	浅黄色	突出

从表 5.40 和表 5.41 可以看出,2016 年和 2017 年单株产量的平均值分别为 3.70kg 和 4.13kg,最大值分别为 6.39kg(T4)和 6.86kg(T4),最小值分别为 1.30kg(T2)和 1.78kg(T5),变异系数分别为 34.61%和 25.92%;2016 年和 2017 年单株块茎数的平均值分别为 87.11 个和 113.89 个,最大值分别为 153 个(T25)和 187 个(T18),最小值分别为 21 个(T12)和 50 个(T24),变异系数分别为 40.35%和 33.79%;2016 年和 2017 年平均单果重的平均值分别为 51.25g 和 40.30g,最大值分别为 165.17g(T12)和 84.70g(T24),最小值分别为 21.81g(T26)和 16.52g(T11),变异系数分别为 61.51%和 44.12%;2016 年和 2017 年大块茎率的平均值分别为 16.74%和 7.06%,最大值分别为 70.72%(T12)和 31.94%(T26),最小值均为 0,变异系数分别为 100.42%和 118.78%;2016 年和 2017 年中块茎率的平均值分别为 31.58%和 28.77%,最大值分别为 67.66%(T15)和 44.27%

（T12），最小值分别为 13.60%（T22）和 0.78%（T11），变异系数分别为 29.70%和 36.42%；2016 年和 2017 年小块茎率的平均值分别为 51.69%和 64.17%，最大值分别为 86.40%（T22）和 99.22%（T11），最小值分别为 0（T12）和 36.49%（T12），变异系数分别为 39.50%和 24.59%；2016 年和 2017 年干物质率的平均值分别为 27.79%和 22.63%，最大值分别为 31.93%（T14）和 32.17%（T11），最小值分别为 23.73%（T10）和 10.69%（T8），变异系数分别为 6.95%和 24.18%。按每亩种植 667 株菊芋计算亩产，2016 年和 2017 年亩产最高的都是 T4，分别为 4262.13kg 和 4575.62kg。

表 5.40　泰国引进菊芋资源块茎的数量与产量性状

资源编号	单株产量（kg）		单株块茎（个）		平均单果重（g）		大块茎率（%）		中块茎率（%）		小块茎率（%）		干物质率（%）	
	2016	2017	2016	2017	2016	2017	2016	2017	2016	2017	2016	2017	2016	2017
T1	3.35	4.51	121	159	28.36	28.89	2.58	1.77	31.38	31.43	66.03	66.81	26.13	23.57
T2	1.30	2.67	41	107	31.57	25.31	1.59	0.00	33.62	27.01	64.79	72.99	27.83	23.91
T3	3.41	3.34	104	103	34.46	32.52	2.53	0.00	30.69	35.29	66.78	64.71	25.94	23.23
T4	6.39	6.86	101	142	62.60	48.45	25.68	4.67	39.62	39.15	34.70	56.18	27.10	11.54
T5	5.34	1.78	135	81	40.61	22.42	9.08	0.00	34.68	9.58	56.24	90.42	29.63	26.42
T6	5.11	4.55	88	89	58.39	54.45	22.77	7.26	31.02	37.88	46.21	54.85	29.40	12.64
T7	3.84	3.71	72	80	54.12	46.57	20.08	18.27	35.58	28.85	44.34	52.88	27.53	22.99
T8	5.88	5.43	85	74	70.77	79.38	48.97	18.34	27.90	27.76	23.12	53.89	29.40	10.69
T9	1.57	4.96	33	98	50.03	51.31	15.81	5.02	41.47	40.42	42.72	54.56	24.67	19.70
T10	2.22	4.23	32	100	70.53	41.80	27.01	3.65	39.38	36.85	33.61	59.50	23.73	25.67
T11	3.23	4.21	86	159	38.37	16.52	4.72	0.00	28.33	0.78	66.94	99.22	28.77	32.17
T12	3.29	3.92	21	60	165.17	68.96	70.72	19.24	29.28	44.27	0.00	36.49	27.40	20.14
T13	4.31	5.05	129	153	34.35	33.00	7.88	3.93	32.60	17.15	59.52	78.91	26.53	12.94
T14	2.84	2.50	99	146	29.10	17.77	10.75	0.00	34.75	9.17	54.50	90.83	31.93	26.31
T15	3.89	5.03	65	72	59.84	70.97	20.05	13.72	67.66	42.28	12.29	44.00	25.80	18.13
T16	3.27	4.16	97	113	42.13	36.90	10.68	3.95	30.73	30.30	58.58	65.75	29.47	21.41
T17	3.45	3.30	55	84	64.92	39.04	28.62	7.97	33.21	36.39	38.17	55.65	30.40	20.75
T18	4.36	4.87	139	187	31.61	26.90	3.07	0.00	24.55	23.93	72.37	76.07	29.87	25.13
T19	4.50	4.17	98	155	45.33	26.71	20.61	0.66	24.21	19.05	55.18	80.28	30.23	29.71
T20	3.45	4.48	108	141	32.47	31.78	9.85	1.50	21.68	23.77	68.47	74.73	25.67	22.89
T21	3.52	4.77	120	174	30.19	27.75	6.57	3.23	23.36	32.79	70.07	63.98	27.47	26.00
T22	2.01	3.71	83	98	23.91	37.48	0.00	23.11	13.60	32.37	86.40	44.52	29.33	26.46
T23	3.04	2.78	85	105	37.45	26.67	5.61	0.96	29.87	30.89	64.52	68.15	27.60	24.98
T24	6.29	4.22	48	50	127.01	84.70	37.51	13.31	28.63	30.87	33.86	55.83	26.03	28.38
T25	4.09	4.08	153	141	27.20	28.85	3.17	9.61	18.77	38.35	78.05	52.04	25.63	24.57
T26	2.40	3.57	111	87	21.81	41.90	0.00	31.94	33.29	30.25	66.71	37.81	28.30	25.63
T27	3.46	3.08	38	67	81.03	45.47	41.57	3.68	31.09	29.53	27.34	66.80	28.40	28.31
T28	3.75	5.81	92	164	41.65	35.80	11.11	1.89	33.19	19.30	55.69	78.80	27.87	19.26

表 5.41　泰国引进菊芋资源块茎的数量与产量性状

项目	年份	最小值	最大值	平均值	标准差	变异系数（%）
单株产量（kg）	2016	1.30	6.39	3.70	1.28	34.61
	2017	1.78	6.86	4.13	1.07	25.92
单株块茎数（个）	2016	21.00	153.00	87.11	35.15	40.35
	2017	50.00	187.00	113.89	38.49	33.79
平均单果重（g）	2016	21.81	165.17	51.25	31.52	61.51
	2017	16.52	84.70	40.30	17.78	44.12
大块茎率（%）	2016	0.00	70.72	16.74	16.81	100.42
	2017	0.00	31.94	7.06	8.39	118.78
中块茎率（%）	2016	13.60	67.66	31.58	9.38	29.70
	2017	0.78	44.27	28.77	10.48	36.42
小块茎率（%）	2016	0.00	86.40	51.69	20.42	39.50
	2017	36.49	99.22	64.17	15.78	24.59
干物质率（%）	2016	23.73	31.93	27.79	1.93	6.95
	2017	10.69	32.17	22.63	5.47	24.18

3）物候期

引进的 28 份菊芋资源，出苗期分布在 25～36d，全生育期≤130d 的资源有 4 份，最短的只有 120d，131～140d 的资源有 3 份，141～150d 的资源有 12 份，整个物候期大于 150d 的资源有 9 份，最长的达到 166d；现蕾期集中在 7 月底到 8 月初，花期在 30～50d，物候期在 120～166d（表 5.42）。引进资源的物候期多集中在 141～166d，占到资源总数的 75%，物候期平均天数为 146d，最小值为 120d，最大值为 166d，变异系数为 7.28%（表 5.43）。

表 5.42　泰国引进菊芋资源的物候期

资源编号	播种时间（月.日）	出苗时间（月.日）	现蕾时间（月.日）	盛花时间（月.日）	成熟时间（月.日）	天数（d）
T1	4.14	5.18	8.07	9.10	9.27	131
T2	4.14	5.15	7.27	8.26	10.02	140
T3	4.14	5.16	8.08	9.11	10.10	146
T4	4.14	5.17	8.19	9.20	10.14	150
T5	4.14	5.16	7.28	8.27	10.06	143
T6	4.14	5.14	8.16	9.23	10.20	159
T7	4.14	5.11	7.30	9.01	10.02	144
T8	4.14	5.18	8.29	9.25	10.16	155
T9	4.14	5.16	8.23	9.22	10.16	153
T10	4.14	5.09	7.25	8.20	9.28	142
T11	4.14	5.17	8.17	9.17	10.20	156
T12	4.14	5.09	8.13	9.14	10.22	166
T13	4.14	5.11	8.10	9.11	10.02	144
T14	4.14	5.10	8.01	9.02	10.19	163
T15	4.14	5.16	8.07	9.09	10.20	157
T16	4.14	5.15	7.31	9.01	9.20	128

资源编号	播种时间(月.日)	出苗时间(月.日)	现蕾时间(月.日)	盛花时间(月.日)	成熟时间(月.日)	天数（d）
T17	4.14	5.18	8.23	9.18	10.20	155
T18	4.14	5.09	7.26	8.26	9.23	141
T19	4.14	5.20	7.25	8.21	9.17	120
T20	4.14	5.11	7.27	8.30	9.19	129
T21	4.14	5.13	7.25	8.26	9.20	129
T22	4.14	5.14	7.26	8.29	9.25	136
T23	4.14	5.12	7.26	8.25	10.01	142
T24	4.14	5.20	8.24	9.23	10.12	145
T25	4.14	5.09	7.29	9.01	9.30	144
T26	4.14	5.09	8.01	8.29	10.03	145
T27	4.14	5.14	8.15	9.13	10.16	155
T28	4.14	5.13	8.08	9.17	10.03	143

表 5.43　引进菊芋资源菊芋品种的物候期分析

项目	最小值	最大值	平均值	标准差	变异系数
物候期	120	166	145	10.60	7.28

4）基于形态学的聚类分析

通过对引进的 28 份资源茎色、茎被绒毛、棱状凸起、叶形、叶色、叶被绒毛、块茎分布、表皮光滑度、块茎皮色、芽眼及物候期进行了聚类分析，可以分为 7 类（图 5.20）。第一类包括 1 份资源：T1；第二类包括 4 份资源：T2、T5、T7、T22，茎色为上紫下绿，叶形为长卵圆形，叶色为绿色，块茎分布较集中，块茎性状为纺锤状；第三类包括 2 份资源：T4、T6，茎色为上紫下绿，叶形为卵圆形，叶色为深绿色，块茎较集中，块茎形

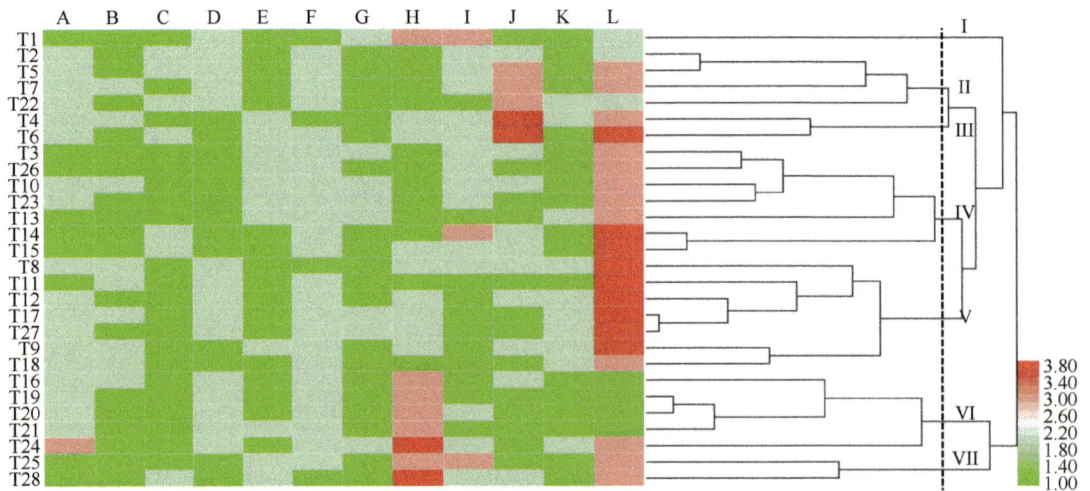

图 5.20　引进菊芋资源的形态学性状聚类

A：茎色，B：茎被绒毛，C：棱状凸起，D：叶形，E：叶色，F：叶被绒毛，
G：块茎分布，H：表皮光滑度，I：块茎皮色，J：薯肉色，K：芽眼，L：物候期

状为棒状；第四类包括 7 份资源：T3、T26、T10、T23、T13、T14、T15，叶形为卵圆形，叶被绒毛多，生育期大于 140d；第五类包括 7 份资源：T8、T11、T12、T17、T27、T9、T18，茎部有棱状凸起，物候期大于 150d；第六类包括 5 份资源：T16、T19、T20、T21、T24，茎部有棱状凸起，叶形为长卵圆形，叶被绒毛多，块茎形状为瘤状，生育期为 120～130d；第七类包括 2 份资源：T25、T28，茎色为绿色，茎被绒毛多，叶形为长椭圆形，叶色为深绿色，块茎分布较集中，芽眼突出，生育期在 140～150d。

5）形态学性状的相关性分析

通过对植物学性状相关性分析（表 5.44）可以看出，株高和茎粗呈极显著正相关，和叶长、叶面积、单株产量、中块茎率亩产呈显著正相关，和干物质率呈极显著负相关；茎粗和单株产量、单果重、中块茎率呈显著正相关，和小块茎率、干物质率呈显著负相关；叶柄长和叶面积、叶宽呈极显著正相关，和叶长呈显著正相关，和单果重呈显著负相关；叶长和叶宽、叶面积呈极显著正相关；叶宽和叶面积呈极显著正相关，和花盘大小呈显著负相关；单株产量和亩产呈极显著正相关，和干物质率呈极显著负相关；亩产和干物质率呈极显著负相关；单株块茎数和小块茎率呈显著正相关，和单果重、大块茎率呈极显著负相关，和中块茎率呈显著负相关；单果重和大块茎率、中块茎率呈极显著正相关，和小块茎率呈极显著负相关，和干物质率呈显著负相关；大块茎率和中块茎率呈显著正相关，和小块茎率呈极显著负相关；中块茎率和小块茎率呈极显著负相关，和干物质率呈显著负相关。

表 5.44　引进菊芋资源的植物学性状相关性分析

	1	2	3	4	5	6	7	8	9	10	11	12	13	14	15
1	1.000														
2	0.625**	1.000													
3	0.228	−0.044	1.000												
4	0.385*	0.219	0.421*	1.000											
5	0.313	0.203	0.525**	0.678**	1.000										
6	0.380*	0.227	0.511**	0.905**	0.925**	1.000									
7	0.034	0.341	−0.239	−0.295	−0.383*	−0.366	1.000								
8	0.420*	0.378*	−0.274	−0.057	0.033	−0.010	0.060	1.000							
9	0.420*	0.378*	−0.274	−0.057	0.033	−0.010	0.060	1.000**	1.000						
10	−0.146	−0.272	0.059	−0.185	0.133	−0.023	−0.282	0.338	0.338	1.000					
11	0.346	0.423*	−0.379*	0.018	−0.226	−0.116	0.348	0.371	0.371	−0.688**	1.000				
12	0.034	0.247	−0.048	0.090	0.091	0.100	0.255	0.064	0.064	−0.550**	0.580**	1.000			
13	0.393*	0.412*	−0.036	−0.032	0.148	0.072	0.030	0.268	0.268	−0.425*	0.561**	0.392*	1.000		
14	−0.279	−0.405*	0.050	−0.026	−0.146	−0.101	−0.155	−0.212	−0.212	0.574**	−0.681**	−0.792**	−0.872**	1.000	
15	−0.685**	−0.460*	0.128	0.017	0.013	0.013	−0.121	−0.585**	−0.585**	0.111	−0.458*	−0.156	−0.383*	0.337	1.000

注：1. 株高；2. 茎粗；3. 叶柄长；4. 叶长；5. 叶宽；6. 叶面积；7. 花盘大小；8. 单株产量；9. 亩产；10. 单株块茎数；11. 单果重；12. 大块茎率；13. 中块茎率；14. 小块茎率；15. 干物质率

*$P<0.05$；**$P<0.01$

（3）小结

通过 2016 年、2017 年，两年时间对引进资源地上部分茎色、茎被绒毛、棱状凸起、叶形、叶色、花盘形状等 11 个质量性状及株高、茎粗、叶柄长、叶长、叶宽、花朵数 10 个数量性状；地下部块茎分布、块茎形状、块茎皮色等 6 个质量性状及单株产量、单株块茎个数、块茎单重、干物质率等 7 个数量性状进行观察记载，得知变异系数（2016 年和 2017 年的平均值）分别为大块茎率（109.6%）>花朵数（68.9%）>平均单果重（52.85%）>花枝长度（46.1%）>单株块茎数（37.1%）>中块茎率（33.1%）>小块茎率（32.0%）>单株产量（30.1%）>叶面积（19.1%）>干物质率（15.6%）>茎粗（14.0%）>叶柄长（13.7%）>花盘大小（13.3%）>株高（12.7%）>叶宽（11.8%）>叶长（9.9%）>花大小（9.0%）>物候期（7.3%），变异系数最大的为大块茎率，最小的为物候期。

由于菊芋块茎资源是从泰国孔敬大学引进，孔敬地处呵叻高原，平均海拔 100 多米，位于依善地区东北部的中心地带，经纬度为 16°26′N、102°520′E，年降雨量 1300mm；在青海试种后由于海拔及经纬度的变化，种质资源的植物学性状发生了巨大的改变，叶形变大变宽由椭圆形变成卵圆形，叶色变深，花朵数变少；株高在泰国种植时平均值在 150cm 左右，在青海种植后平均高度达到 227cm；茎增粗，叶片长度平均值由 16.5cm 变为 22.27cm 叶片宽度平均值由 8.4cm 变为 14.09cm；地下部块茎从颜色全部为白色，种植后出现了粉色、浅紫色和深紫色；形状也从大部分为棒状变为纺锤状和瘤状；块茎单重从平均 27g 到 40g，块茎个数变少，但是块茎单重增加。

对于物候期的研究，引进资源的物候期多集中在 141~166d，占到资源总数的 75%，比在泰国物候期（90~120d）延长了 20~80d，分析原因可能是由于菊芋资源从低海拔引种到高海拔地区，降雨量减少、生长周期内总积温降低，植株为适应高海拔环境下的正常生长，致使生育期增加，有待后续进一步研究验证。

对引进资源茎色、茎被绒毛、棱状凸起、叶形、叶色、叶被绒毛、块茎分布、表皮光滑度、块茎皮色、芽眼及物候期进行赋值后聚类分析，可以将 28 份资源分为 7 类。其中第二类与第三类以叶形进行了区别分类，第四类叶形均为卵圆形，第五类物候期均大于 150d，第六类块茎性状均为瘤状，第七类两份资源的芽眼均表现为突出，后续针对不同类别作进一步的分析研究。

通过对植物学性状相关性分析，得到株高和茎粗、叶柄长、叶长、叶面积、单株产量、亩产呈显著正相关，茎粗和单株产量、单果重、中块茎率呈显著正相关，和小块茎率、干物质呈显著负相关；叶柄长和叶长、叶宽呈显著正相关；叶长和叶宽、叶面积呈极显著正相关；叶宽和叶面积呈极显著正相关；单株产量和亩产呈极显著正相关；单株块茎数和单果重、大块茎率、小块茎率呈极显著正相关。今后菊芋植株的茎粗、株高可作为判断地下部产量高低的直观指标。

3. 营养成分

（1）材料与方法

试验材料为 28 份自泰国引进的菊芋种质资源。

氨基酸分析：全自动氨基酸分析仪（德国赛卡姆，型号 S433D）。常规酸水解——厌氧管充氮密封水解法：称取含蛋白 7.5~25mg 的样品于 20ml 厌氧水解管中（以下简称水解管），切勿粘壁；加入 10ml 6mol/L HCl（含 0.1%的苯酚），将样品全部浸没；充高纯氮气 1~2min，注意保持水解管竖直，不要将液面溅起；移开氮气后立即盖好软塞，旋紧密封盖；将水解管置于（110±1）℃恒温烘箱中水解 22h；水解完成后，冷却，混匀；取 0.2~0.5ml 水解液至于玻璃皿中，烘箱中于 60℃以下浓缩至干以尽量排除其中的干扰；加入 2~5ml 样品稀释液（配方），使关注的氨基酸浓度达到 50~250nmol/ml。振荡混匀，用 0.22μm 针式过滤器（水系）过滤后，供上机用。数据处理：氨基酸总量用 T 表示，人体必需氨基酸含量用 E 表示，为异亮氨酸、亮氨酸、赖氨酸、苏氨酸、缬氨酸、苯丙氨酸、色氨酸、甲硫氨酸 8 种氨基酸含量之和；非必需氨基酸含量用 N 表示，为胱氨酸、组氨酸、精氨酸、丙氨酸、天冬氨酸、谷氨酸、甘氨酸、脯氨酸、丝氨酸、酪氨酸 10 种氨基酸含量之和；儿童必需氨基酸含量用 CE 表示，为组氨酸、精氨酸 2 种氨基酸含量之和。计算人体必需氨基酸含量占氨基酸总量的百分比（E/T）、儿童必需氨基酸含量占氨基酸含量的百分比（CE/T）及人体必需氨基酸含量与非必需氨基酸含量之比（E/N）。味觉氨基酸主要包括鲜味类（天冬氨酸、丙氨酸）、甜味类（甘氨酸、丝氨酸）、芳香族（苯丙氨酸、酪氨酸）。采用 Excel 2013 进行数据的统计，Sigma Plot 10.0 进行制图。

矿质元素分析：IRIS Intrepid Ⅱ。入射功率：1150W，雾化室压力：25.0psi[①]，辅助气：0.5L/min；频率：27.12MHz，蠕动泵转速：130r/min，冷却气：14L/min；短波积分时间：10s，长波积分时间：5s。称取 0.5g 样品（精确至 0.0001g），放入石英消解罐中，加 1ml 水，4ml 浓硝酸，放入超级微波消解仪中进行消解。仪器条件：①15min，1500W，140℃，120bar[②]；②5min，1500W，140℃，120bar；③15min，1500W，240℃，120bar；④10min，1500W，240℃，120bar。消解完毕，定容至 25ml 塑料容器中。

灰分和纤维素分析：采用酸碱洗涤法测定纤维素含量。

可溶性碳水化合物分析：日本岛津高效液相色谱仪（RID-20A）。色谱柱：Shodex SUGAR SC1011，预柱 Shodex SUGAR SC-G6B；检测器：示差检测器。样品制备：将收获的菊芋块茎用蒸馏水清洗后晾干，切片，105℃杀青 15min，75℃烘干 48h，烘干的样品用粉碎机粉碎后过 40 目筛（孔径为 380μm）备用。提取：称取粉碎的样品 0.5g，放入 20ml 刻度试管中，加入 10~15ml 蒸馏水，塑料薄膜封口，于沸水中提取 30min（提取 2 次），提取液离心取上清液定容于 25ml 容量瓶中，反复冲洗试管及残渣，定容至刻度。HPLC 条件：柱温：80℃；进样量：5μl；流速：1ml/min；流动相为水，分析时间为 12.5min。强酸水解-高效液相色谱法测定果聚糖：分别精确称取 5g 菊芋块茎干样各 3 份，加入 17.4ml 双蒸水。在样品提取液中，加入 3mol/L 的 1ml，水解 1h，冷却至室温后，加入 1ml 3mol/L 的 NaOH 及 0.6ml 8.75mmol/L 的 $Al_2(SO_4)_3$ 溶液平衡 pH，定容至 25ml。以不加强酸未水解的样品作为对照。反应物过 0.2μm 微孔滤膜，作为下一步检测的样品。通过蔗糖、葡萄糖、果糖标准品及外标法进行各糖的定量分析，以 mg/gDW 来表示。果聚糖的含量按照以下公式计算：果聚糖的含量（mg/gDW）$=(S_1+G_1+F_1)-(S_0+G_0+F_0)$，$S_1$：水解后蔗糖含量；$G_1$：水解后葡萄糖含量；$F_1$：水解后果糖含量；$S_0$：未水解的蔗糖含量；$G_0$：未水解的葡萄糖含量；$F_0$：未水解的果糖含量。

---

① 1psi=6.894 76×10^3Pa

② 1bar=10^5Pa

（2）结果与分析

1）氨基酸

28 份泰国菊芋资源块茎中氨基酸含量总量最高的为 T23，为 1063.6mg/100g，均高于青芋系列 4 个对照品种，含量最低的是 T14，为 361.2mg/100g；人体必需氨基酸含量最高的为 T10，为 184.5mg/100g，高于对照的 4 个品种，含量最低的为 T25 为 91.85mg/100g；非必需氨基酸含量最高的为 T4 为 900.70mg/100g，含量最低的为 T14 为 291.15mg/100g；儿童氨基酸含量最高的 T22 为 502.45mg/100g，含量最低的 T27 为 157.85mg/100g；必需氨基酸与非必需氨基酸比值最高的 T27 为 0.34；必需氨基酸占总氨基酸含量比值最高的 T27 为 0.25；儿童必需氨基酸占总氨基酸含量最高的是 T22 为 0.53。鲜味类氨基酸含量最高的 T4 为 186.9mg/100g，甜味类氨基酸含量最高的 T3 为 55.35mg/100g，芳香族氨基酸含量最高的 T3 为 45.15mg/100g，三种味觉氨基酸含量均高于对照的 4 个菊芋品种。今后可加大对 T3 资源的开发利用，审定高氨基酸含量的菊芋专用品种（表 5.45）。

由表 5.46 中可以看出，前 6 个成分的累积贡献率已经达到 94.059%，表明各性状的贡献率较集中，累积贡献率增长显著，说明性状变异的统一性。天冬氨酸、苏氨酸、丝氨酸的贡献率分别为 71.289%、7.032%、6.179%。

由图 5.21 中可以看出，所测得的氨基酸种类分布较为集中，PC1 较高的正值主要代表脯氨酸、丙氨酸、甘氨酸；PC2 的负轴主要代表精氨酸、谷氨酸。

根据所测得的氨基酸含量可以将 28 份泰国菊芋资源和 4 份当地品种分为 4 组：第一组主要位于 PC1 的正轴和 PC2 的负轴，主要包括编号为 8、19、25、26、28 的种质；第二组主要由 29、30、31、32 组成；第三组由 5、13、14、20、27 组成；第四组主要由 10、21、23 组成（图 5.22）。

由图 5.23 可知，在遗传距离为 10 处，可将 32 份菊芋资源划分为的 5 类，第一类为 14（T14），第二类为 1（青芋 1 号），第三类为 2（青芋 2 号）和 16（T16），第四类为 15（T15）、18（T18），第五类为其他 26 份资源。

2）矿质元素

28 份菊芋资源块茎中钙含量最高的 T9 为 4747.45mg/kg，其次是 T10 为 4261.79mg/kg；铁含量最高的 T16 为 219.96mg/kg，其次是 T23 为 199.99mg/kg；钾含量最高的 T2 为 59 765.42mg/kg，其次是 T20 为 58 044.79mg/kg；镁含量最高的 T22 为 2689.01mg/kg，其次是 T11 为 2688.87mg/kg；钠含量最高的 T7 为 334.45mg/kg，其次是 T1 为 248.10mg/kg；锌含量最高的 T2 为 69.34mg/kg，其次是 T22 为 43.26mg/kg。钙、铁、钾、镁、锌含量均高于对照的 4 个品种（表 5.47）。

由图 5.24 可知，在 PC1 较高的正值中钙、镁、钾都较高；PC2 较高的正值中钙、铁含量都较高。

由图 5.25 可知，PC1 较高正值包含有编号为 3、4、10 的菊芋资源，PC2 较高正值包含有编号为 8、17、28 的菊芋品种；PC1 较高的负值包含有编号为 14、20、25 的菊芋资源；PC2 较高的负值包含编号为 26 的菊芋资源。

表 5.45　泰国引进菊芋资源块茎氨基酸的组成与含量分析（mg/100g）

资源编号	T1	T2	T3	T4	T5	T6	T7	T8	T9	T10	T11	T12	T13	T14	T15	T16	T17	T18	T19	T20	T21	T22	T23	T24	T25	T26	T27	T28
天冬氨酸	75.4	111	109.7	147.3	138.4	85.35	98.7	100.1	122.0	137.7	80.80	74.1	102.8	38.5	57.65	69.55	97.20	60.40	79.50	74.10	65.90	105.00	127.95	97.50	53.05	84.00	50.30	92.2
苏氨酸	20.7	28.10	33.75	28.65	27.80	26.85	26.80	26.85	26.30	30.80	25.20	22.25	27.20	10.30	17.90	16.15	26.15	17.45	22.15	16.95	18.95	27.10	30.25	22.85	13.95	18.10	16.55	23.7
丝氨酸	16.1	23.75	28.00	21.8	22.35	20.05	19.8	20.15	19.6	21.85	20.10	17.05	20.60	7.75	15.00	12.05	20.65	14.15	16.95	12.15	13.40	18.65	20.65	18.50	10.30	14.20	13.85	17.6
谷氨酸	91.4	167.2	205.2	163.0	181.3	104.5	108.1	88.05	114.7	180.8	87.40	65.45	85.60	25.2	51.50	81.05	105.6	63.05	98.70	56.00	67.15	65.15	249.00	111.30	59.20	166.1	63.45	139.4
甘氨酸	19.3	23.65	27.35	27.65	27.15	26.2	25.1	29.95	27.6	31.95	22.45	24.2	27.5	9.95	18.45	15.40	27.3	18.05	21.40	14.30	15.45	23.95	23.55	23.85	12.30	15.00	16.55	22.3
丙氨酸	24.5	24.25	29.75	39.55	29.20	36.45	30.65	38.35	28.05	44.90	22.90	31.25	27.25	9.00	24.05	21.70	43.55	25.2	29.35	12.90	14.30	33.15	28.55	33.25	11.40	19.55	19.90	29.0
缬氨酸	17.3	24.05	20.45	20.45	24.45	23.10	22.55	28.45	29.10	29.00	24.05	22.15	25.65	16.25	17.10	17.55	25.30	21.2	25.85	13.80	16.95	23.55	25.45	25.10	15.75	21.30	15.10	19.2
异亮氨酸	16.6	18.45	22.20	22.05	21.10	22.35	19.50	23.30	22.25	24.30	21.50	18.55	20.85	7.55	14.50	11.30	20.15	14.35	16.80	11.25	13.35	19.10	20.30	22.55	11.85	19.75	15.15	18.8
亮氨酸	22.7	22.50	29.35	26.80	28.00	28.30	22.45	31.30	26.95	30.20	28.10	24.75	26.5	9.60	18.00	14.50	30.2	18.65	21.95	13.65	15.85	27.2	26.35	25.75	14.00	23.85	21.90	26.5
酪氨酸	9.15	11.70	12.15	11.90	13.55	11.75	11.90	12.75	13.20	13.05	9.70	7.25	7.55	3.45	5.35	6.75	14.45	6.55	9.40	5.50	5.90	9.55	8.15	10.70	3.50	5.50	6.5	8.7
苯丙氨酸	22.7	18.95	33.00	23.30	21.55	22.05	25.75	19.60	25.80	24.30	28.85	22.60	29.20	10.20	17.15	14.30	23.3	16.15	22.85	19.05	21.2	31.15	27.40	26.30	15.45	24.50	20.15	18.5
组氨酸	23.6	17.05	17.00	27.20	24.05	23.6	19.5	21.85	22.35	26.05	13.75	17.95	18.50	13.35	16.50	19.70	14.65	15.5	21.5	17.35	16.8	13.9	24.85	14.10	14.25	14.65	14.85	20.6
赖氨酸	35.2	31.45	37.50	41.35	37.15	34.4	33.3	39.3	42.15	45.90	36.35	31.65	43.35	16.15	25.5	24.75	40.85	25.4	33.15	24.20	25.3	37.55	41.80	41.20	20.85	30.5	27.20	37.0
精氨酸	350.9	352.4	396.5	434.9	438.3	275.4	384.7	246.6	392.3	353.0	441.8	231.2	363	173.75	188.9	245.70	372.25	196.2	267.6	190.9	243.4	488.55	384.55	411.65	217.5	321.1	143.00	215.4
脯氨酸	22.00	16.65	31.70	27.30	24.75	23.95	28.35	22.60	21.70	36.10	24.60	25.85	55.85	10.20	26.75	20.25	39.40	28.20	43.70	15.05	17.60	18.20	24.75	20.65	21.2	9.60	16.70	51.1
T	767.9	891.2	1036	1063	1059	764.4	877.2	749.2	934.2	1029.9	887.5	636.25	881.45	361.20	514.3	590.7	901.00	540.5	730.85	497.2	571.5	941.75	1063.6	905.25	494.55	787.7	461.15	740.5
E	135.4	143.5	178.9	162.6	160.0	157.0	150.3	168.8	172.5	184.5	164.0	141.95	172.75	70.05	110.1	98.55	165.95	113.2	142.75	98.9	111.6	165.65	171.55	163.75	91.85	138	116.05	143.8
N	632.5	747.7	857.4	900.7	899.1	607.3	726.8	580.4	761.6	845.45	723.5	494.3	708.7	291.15	404.1	492.15	735.05	427.3	588.1	398.3	459.9	776.1	892.00	741.50	402.7	649.7	345.10	596.6
CE	374.5	369.5	413.5	462.1	462.4	299.0	404.2	268.4	414.7	379.05	455.	249.15	381.5	187.1	205.4	265.4	386.9	211.7	289.1	208.3	260.2	502.45	409.4	425.75	231.75	335.7	157.85	236.1
E/N	0.21	0.19	0.21	0.18	0.18	0.26	0.21	0.29	0.23	0.22	0.23	0.29	0.24	0.24	0.27	0.2	0.23	0.26	0.24	0.25	0.24	0.21	0.19	0.22	0.23	0.21	0.34	0.24
E/T	0.18	0.16	0.17	0.15	0.15	0.21	0.17	0.23	0.18	0.18	0.18	0.22	0.2	0.19	0.21	0.17	0.18	0.21	0.2	0.2	0.2	0.18	0.16	0.18	0.19	0.18	0.25	0.19
CE/T	0.49	0.41	0.4	0.43	0.44	0.39	0.46	0.36	0.44	0.37	0.51	0.39	0.43	0.52	0.4	0.45	0.43	0.39	0.4	0.42	0.46	0.53	0.38	0.47	0.47	0.43	0.34	0.32
鲜味类氨基酸	100	135.2	139.4	186.9	167.6	121.8	129.3	138.4	150.1	182.65	103.7	105.35	130.1	47.5	81.7	91.25	140.75	85.6	108.85	87	80.2	138.15	156.5	130.75	64.45	103.5	70.2	121.2
甜味类氨基酸	35.5	47.4	55.35	49.45	49.5	46.25	44.9	50.1	47.2	53.8	42.55	41.25	48.1	17.7	33.45	27.45	47.95	32.2	38.35	26.45	28.85	42.6	44.2	42.35	22.6	29.20	30.4	40.0
芳香族氨基酸	31.85	30.65	45.15	35.2	35.1	33.8	37.65	32.35	39	37.35	38.55	29.85	36.75	13.65	22.5	21.05	37.75	22.7	32.25	24.55	27.1	40.7	35.55	37.00	18.95	30.00	26.65	27.2

表 5.46　泰国引进菊芋资源氨基酸主成分的特征向量及贡献率

主成分	特征值	贡献率（%）	累积贡献率（%）
天冬氨酸	11.406	71.289	71.289
苏氨酸	1.125	7.032	78.320
丝氨酸	0.989	6.179	84.499
谷氨酸	0.750	4.687	89.187
甘氨酸	0.475	2.968	92.155
丙氨酸	0.305	1.904	94.059
缬氨酸	0.293	1.833	95.892
异亮氨酸	0.261	1.630	97.522
亮氨酸	0.132	0.826	98.348
酪氨酸	0.101	0.634	98.981
苯丙氨酸	0.061	0.378	99.360
组氨酸	0.038	0.239	99.599
赖氨酸	0.030	0.189	99.788
精氨酸	0.025	0.156	99.944
脯氨酸	0.009	0.056	100.000

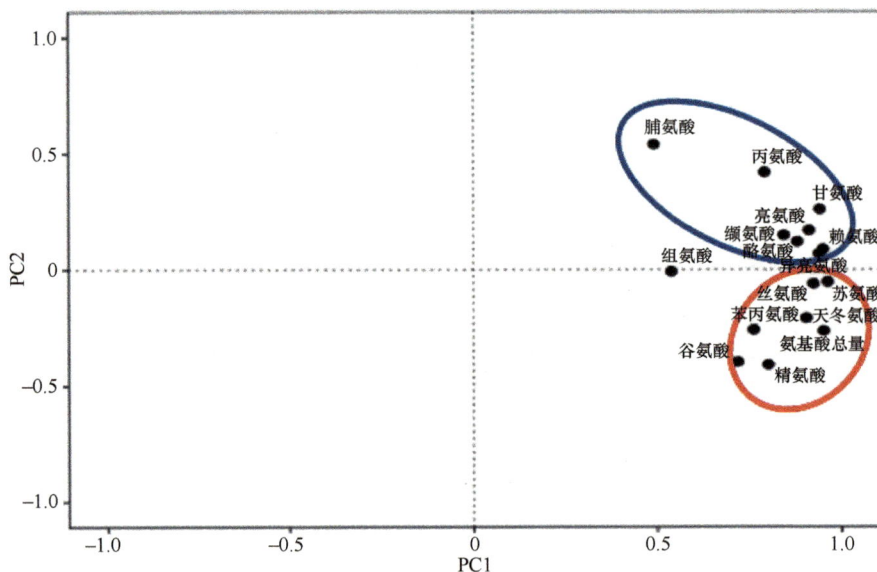

图 5.21　菊芋氨基酸主成分散点图

由表 5.48 可知，前 5 个成分的累积贡献率才达到 95.07%，表明各性状的贡献率分散，累积贡献率增长不明显，说明性状变异的多向性。PC1、PC2 和 PC3 的贡献率分别为 43.50%、20.16%和 14.38%。

由图 5.26 可知，可将 32 份菊芋资源划分为的 4 类，第一类为 T1，第二类为 T2、T6、T22、T19，第三类为 T5、T27、T23、T16、T9、T10 和青芋 3 号，第四类为其他 20 份资源。

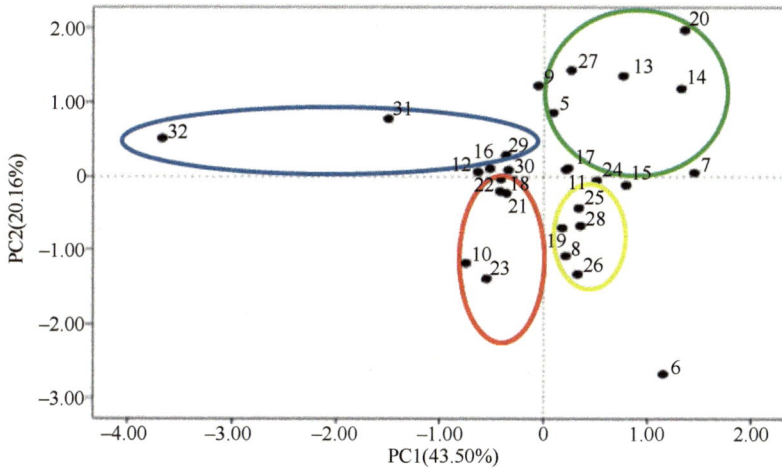

图 5.22　基于氨基酸含量的菊芋种质资源分布图

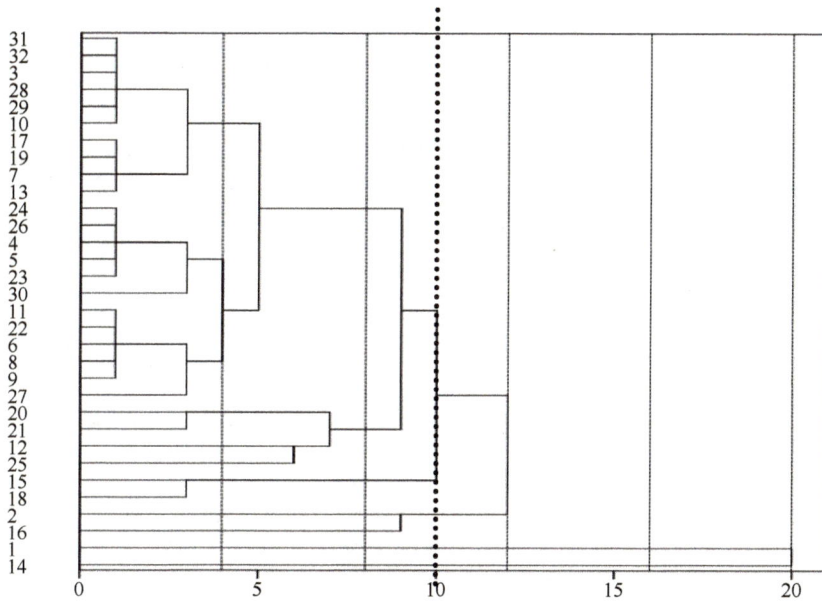

图 5.23　基于氨基酸含量的泰国菊芋种质资源聚类图

表 5.47　泰国引进菊芋资源块茎矿质元素含量（mg/kg）

资源编号	钙	铁	钾	镁	钠	锌
T1	3 616.41	139.58	47 422.03	2 148.22	248.10	34.61
T2	2 675.92	103.01	59 765.42	2 369.81	111.12	69.34
T3	3 762.34	148.57	57 836.78	2 627.85	163.82	42.64
T4	3 000.77	83.63	55 102.51	2 361.28	99.66	35.52
T5	3 085.40	174.67	39 508.56	2 119.22	141.64	41.58
T6	2 192.84	75.07	43 888.33	2 189.92	50.65	37.11
T7	3 528.12	117.25	48 653.71	2 270.68	334.45	40.46

续表

资源编号	钙	铁	钾	镁	钠	锌
T8	2 537.40	107.17	42 066.26	2 223.45	9.48	28.49
T9	4 747.45	116.00	47 994.43	2 407.74	7.56	29.17
T10	4 261.79	154.51	49 259.67	2 639.03	23.64	37.66
T11	3 032.72	132.84	53 677.17	2 688.87	138.12	33.46
T12	2 675.29	119.93	47 050.60	2 054.78	4.66	28.67
T13	2 947.61	127.06	47 149.91	2 441.05	24.91	34.09
T14	2 744.62	108.16	44 651.96	2 209.64	34.02	31.28
T15	2 488.02	121.81	56 874.34	2 321.03	19.70	30.38
T16	3 787.29	219.96	48 372.28	2 542.22	64.43	38.93
T17	3 157.61	93.26	47 608.82	2 062.34	28.29	33.32
T18	2 470.48	112.06	46 643.48	2 239.74	15.08	29.11
T19	2 269.46	85.28	53 948.19	2 013.97	53.12	34.31
T20	3 364.06	136.05	58 044.79	2 164.96	97.65	35.17
T21	2 844.80	137.70	54 366.50	2 222.46	168.01	41.06
T22	2 443.83	90.38	47 940.88	2 689.01	120.85	43.26
T23	2 900.55	199.99	39 905.80	2 271.27	103.85	42.20
T24	2 694.24	127.28	54 979.26	2 314.52	72.94	38.32
T25	2 944.53	133.23	43 471.27	2 040.72	223.65	40.23
T26	3 232.66	111.02	42 919.94	2 065.69	235.00	41.68
T27	2 376.53	127.03	36 070.68	1 731.96	71.40	27.66
T28	2 011.05	74.92	29 024.47	1 686.06	21.96	27.74

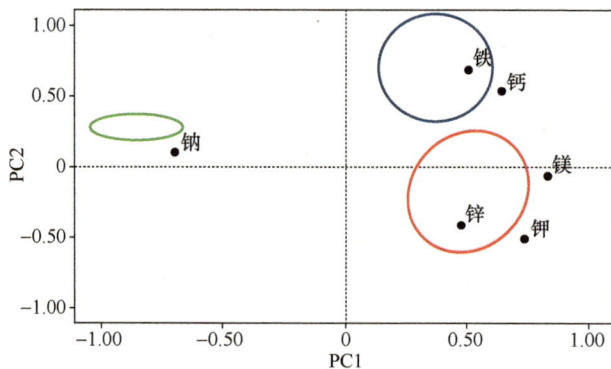

图 5.24　菊芋金属元素主成分散点图

3）纤维素及灰分

由表 5.49 和表 5.50 可以看出，灰分的平均值为 1.17%，最大值 2.95%，最小值为 0.44%，变异系数 37.55%；水分的平均值为 3.61%，最大值 5.39%，最小值为 1.98%，变异系数 25.11%；纤维素的平均值为 3.81%，最大值 8.89%，最小值为 0.89%，变异系数 38.11%；说明不同基因型的菊芋水分、灰分、纤维素含量存在较大差异。

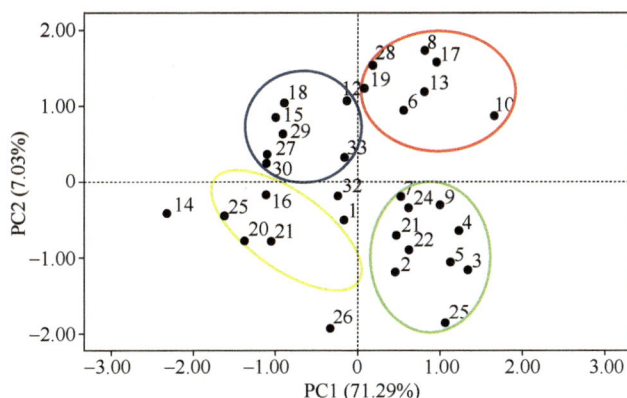

图 5.25　基于矿质元素含量的泰国菊芋种质资源分布图

表 5.48　各矿质元素主成分的特征向量及贡献率

主成分	特征值	贡献率	累积贡献率（%）
PC1	2.61	43.50	43.50
PC2	1.21	20.16	63.66
PC3	0.86	14.38	78.04
PC4	0.63	10.46	88.50
PC5	0.39	6.57	95.07
PC6	0.30	4.93	100.00

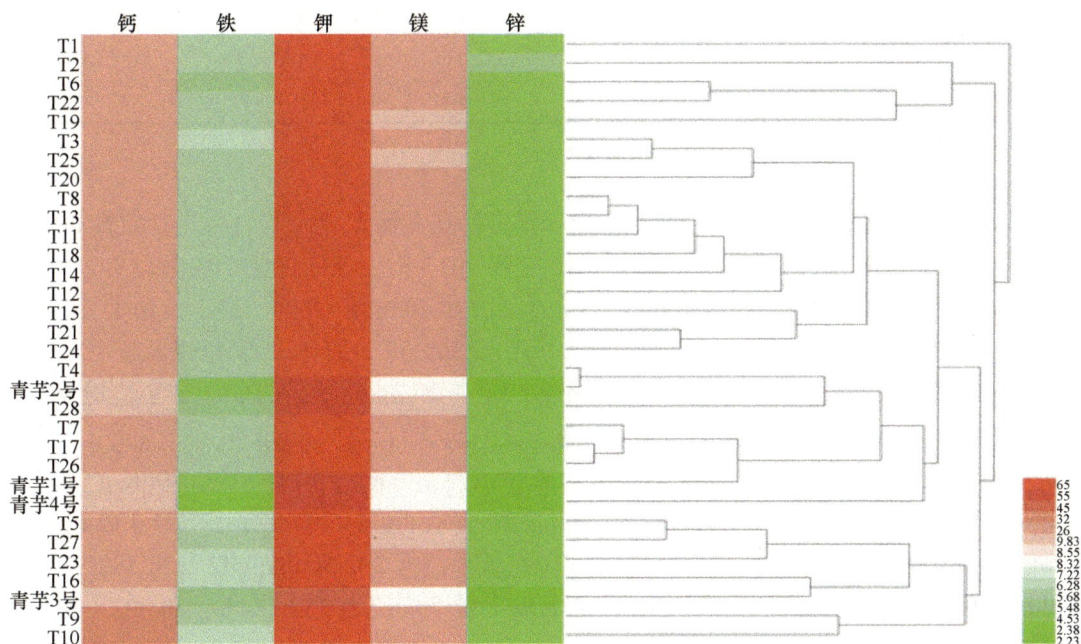

图 5.26　基于矿质元素含量的泰国菊芋种质资源聚类图

表 5.49　引进菊芋资源块茎中灰分及纤维素含量（%）

资源编号	灰分	水分	纤维素	编号	灰分	水分	纤维素
T1	0.80	2.50	3.28	T17	0.64	1.98	4.39
T2	1.10	4.19	2.90	T18	0.88	2.43	3.03
T3	1.32	3.55	2.75	T19	1.64	3.29	2.07
T4	1.41	3.06	3.96	T20	0.95	4.00	3.14
T5	0.97	4.12	6.00	T21	2.95	3.74	0.89
T6	0.44	3.24	4.49	T22	1.29	2.33	2.80
T7	0.91	3.04	3.42	T23	1.34	4.36	2.61
T8	1.84	4.24	3.18	T24	0.70	2.98	4.34
T9	1.04	2.52	4.26	T25	1.38	3.39	1.79
T10	1.24	4.91	5.75	T26	1.20	3.61	2.70
T11	0.99	2.82	4.16	T27	0.77	2.51	3.86
T12	0.97	2.81	4.06	T28	1.43	3.91	3.49
T13	0.91	4.66	4.96	青芋1号	1.29	4.63	5.14
T14	1.35	4.32	2.97	青芋2号	1.21	5.39	3.34
T15	1.12	3.83	8.89	青芋3号	1.20	4.91	5.36
T16	1.04	3.18	4.31	青芋4号	0.95	5.15	4.14

表 5.50　引进菊芋资源块茎中灰分及纤维素含量分析（%）

项目	最小值	最大值	平均值	标准差	变异系数
灰分	0.44	2.95	1.17	1.279 99	37.55
水分	1.98	5.39	3.61	1.071 51	25.11
纤维素	0.89	8.89	3.81	35.149 77	38.11

4）可溶性碳水化合物

2016 年、2017 年分别对引进的 28 份泰国资源块茎碳水化合物含量进行定性和定量的测定。从表 5.51 和表 5.52 可以看出，2016 年和 2017 年度蔗糖含量平均值为 77.91mg/g 和 59.66mg/g，最大值为 128.606mg/g（T26）和 119.40mg/g（T8），最小值为 11.12mg/g（T15）和 29.68mg/g（T16），变异系数分别为 42.10%和 36.71%；葡萄糖含量平均值为 5.46mg/g 和 1.63mg/g，最大值为 13.62mg/g（T10）和 8.86mg/g（T8），最小值均为 0，变异系数分别为 77.63%和 141.50%；果糖含量平均值为 22.71mg/g 和 16.37mg/g，最大值为 38.9mg/g（T10）和 35.50mg/g（T14），最小值为 2.06mg/g（T15）和 2.89mg/g（T23），变异系数分别为 51.06%和 60.24%；果聚糖含量平均值为 646.09mg/g 和 724.49mg/g，最大值为 883.34mg/g（T12）和 829.64mg/g（T10），最小值为 292.50mg/g（T19）和 582.37mg/g（T1），变异系数分别为 20.45%和 7.18%；总糖含量平均值为 752.18mg/g 和 802.14mg/g，最大值为 973.09mg/g（T12）和 916.43mg/g（T10），最小值为 403.21mg/g（T18）和 642.58mg/g（T1），变异系数分别为 18.47%和 6.98%。

表 5.51　泰国引进菊芋种质资源块茎可溶性碳水化合物含量（mg/g）

资源编号	蔗糖		葡萄糖		果糖		果聚糖		总糖	
	2016	2017	2016	2017	2016	2017	2016	2017	2016	2017
T1	95.00±11.383	41.22±5.450	5.78±2.727	3.37±1.123	27.2±11.893	15.61±2.214	677.98±23.495	582.37±21.366	806.04±22.824	642.58±21.902
T2	95.85±18.022	50.13±5.509	9.70±4.827	2.49±0.830	26.0±10.568	11.36±1.661	654.21±60.179	743.79±22.467	785.77±27.379	807.76±27.511
T3	64.91±5.834	32.30±2.707	4.71±1.703	0.00±0.000	30.3±15.297	10.67±0.552	641.24±14.279	757.48±11.491	741.20±35.475	800.44±11.439
T4	126.8±18.478	51.57±2.577	7.44±3.035	3.66±0.162	31.4±12.528	28.29±0.342	659.07±46.002	654.12±30.384	824.82±27.155	737.64±30.551
T5	76.65±7.954	42.90±1.332	6.72±2.598	0.00±0.000	27.1±11.258	13.20±0.384	673.32±68.657	752.95±23.284	783.80±52.619	809.05±23.307
T6	72.38±4.189	51.22±4.184	8.17±2.760	3.31±0.123	33.95±9.097	21.29±0.963	613.66±45.312	661.67±40.780	728.16±54.451	737.49±36.443
T7	64.36±2.984	41.78±1.415	4.94±1.932	0.00±0.000	26.35±8.802	17.41±0.974	699.32±26.516	721.14±41.025	794.96±26.660	780.32±38.745
T8	96.77±7.623	119.40±2.471	7.67±2.936	8.86±3.094	34.7±12.351	22.30±2.864	693.07±7.710	673.30±12.915	832.28±11.590	823.86±42.070
T9	118.51±9.759	82.24±2.546	11.70±4.030	4.68±0.307	38.6±11.327	28.55±1.414	646.12±23.274	725.20±47.041	814.94±14.158	840.68±49.142
T10	121.2±35.466	54.55±1.052	13.62±4.547	3.25±1.085	38.9±12.687	28.99±0.593	639.33±58.553	829.64±9.133	813.13±23.246	916.43±8.036
T11	48.43±0.991	43.07±0.157	0.00±0.000	0.00±0.000	4.56±0.470	28.53±1.602	883.22±15.791	738.57±34.822	936.21±15.140	810.16±34.372
T12	85.20±3.389	56.33±7.301	0.00±0.000	3.56±1.354	4.56±0.120	21.90±4.623	883.34±14.912	702.43±32.791	973.09±12.763	784.23±36.854
T13	97.78±11.836	70.99±8.587	0.00±0.000	4.73±0.803	8.82±1.140	31.43±2.627	784.70±16.444	688.92±28.188	891.30±7.118	796.07±23.345
T14	34.84±3.101	55.99±1.630	0.00±0.000	3.61±0.930	9.74±0.872	35.50±4.419	690.18±7.757	784.96±9.550	734.76±53.107	880.06±14.615
T15	11.12±5.020	56.12±2.945	0.00±0.000	4.05±0.227	2.06±0.692	32.11±2.224	675.09±86.440	768.14±14.527	688.27±84.238	860.41±15.009
T16	11.91±5.556	29.68±1.292	0.00±0.000	0.00±0.000	4.98±1.660	7.55±1.820	540.37±7.796	736.35±22.268	557.26±5.018	773.58±33.065
T17	32.91±12.408	47.54±9.761	0.00±0.000	0.00±0.000	5.10±1.610	6.56±4.606	471.30±18.698	719.94±38.954	509.31±28.595	774.04±36.706
T18	50.85±12.395	48.31±1.074	11.52±3.840	0.00±0.000	20.7±11.538	7.20±0.668	320.14±14.003	706.23±44.916	403.21±12.949	761.74±43.843
T19	109.19±2.269	70.14±5.632	3.57±0.260	0.00±0.000	18.51±0.500	17.77±1.704	292.50±75.324	695.61±14.653	423.77±77.964	783.52±7.315
T20	45.09±10.356	40.47±3.370	7.20±7.200	0.00±0.000	19.78±7.347	5.69±0.589	671.50±34.062	709.11±48.151	743.57±39.279	755.27±50.332
T21	87.23±4.959	82.99±9.676	3.87±0.508	0.00±0.000	19.63±1.494	10.42±2.457	630.54±75.951	738.26±13.605	741.28±75.569	831.67±6.705
T22	75.57±18.420	81.45±1.813	5.15±5.153	0.00±0.000	19.60±5.088	6.16±0.711	625.60±65.268	733.09±25.134	725.92±37.132	820.70±23.661
T23	76.71±3.473	36.40±3.216	4.01±0.476	0.00±0.000	35.56±2.762	2.89±0.437	600.11±16.783	704.70±36.561	716.38±18.596	743.99±33.046
T24	68.01±5.617	112.15±1.449	2.41±1.215	0.00±0.000	21.14±1.749	17.50±1.626	691.22±13.288	682.73±7.919	782.77±20.673	812.38±7.306
T25	124.66±52.939	55.35±7.774	12.66±9.380	0.00±0.000	26.29±3.356	5.21±0.164	513.92±71.595	811.48±7.924	677.54±49.223	872.04±24.520
T26	128.60±7.007	77.22±2.159	10.48±0.591	0.00±0.000	32.77±0.904	8.01±0.368	713.80±19.893	758.51±26.206	885.65±26.736	843.74±26.655
T27	81.80±0.876	70.89±4.881	5.71±0.086	0.00±0.000	32.42±1.43	8.53±2.270	805.33±11.329	808.37±33.656	925.26±13.250	887.79±33.209
T28	79.09±7.631	68.14±1.087	5.92±3.980	0.00±0.000	34.83±3.019	7.70±1.509	700.45±39.233	696.54±5.678	820.28±37.393	772.38±49.088

表 5.52　泰国引进菊芋种质资源块茎碳水化合物含量分析（mg/g）

项目	年份	最小值	最大值	平均值	标准差	变异系数（%）
蔗糖	2016	11.12	128.60	77.91	32.80	42.10
	2017	29.68	119.40	59.66	21.90	36.71
葡萄糖	2016	0.00	13.62	5.46	4.24	77.63
	2017	0.00	8.86	1.63	2.30	141.50
果糖	2016	2.06	38.94	22.71	11.60	51.06
	2017	2.89	35.50	16.37	9.86	60.24
果聚糖	2016	292.50	883.34	646.09	132.15	20.45
	2017	582.37	829.64	724.49	52.02	7.18
总糖	2016	403.21	973.09	752.18	138.91	18.47
	2017	642.58	916.43	802.14	55.97	6.98

由图 5.27 可知，可将 28 份菊芋资源划分为的 4 类，第一类为 T8、T24，第二类为 T4、T14、T15、T6、T12、T10、T11，第三类为 T9、T13、T19、T21、T22、T26、T27、T28，第四类为其他 11 份资源。

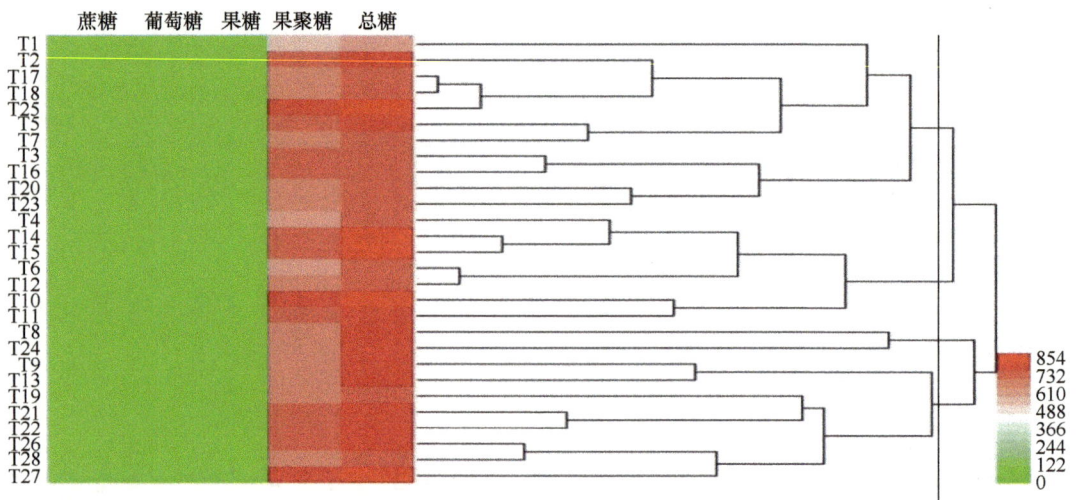

图 5.27　泰国引进菊芋种质资源糖分含量聚类分析

（3）小结

对引进的 28 份泰国菊芋资源块茎中营养成分种类及含量进行了测定（表 5.45），结果显示氨基酸含量总量最高的为 T23，为 1063.6mg/100g，含量最低的是 T14，为 361.2mg/100g；钙含量最高的 T9 为 4747.45mg/kg，铁含量最高的 T16 为 219.96mg/kg，钾含量最高的 T2 为 59 765.42mg/kg，镁含量最高的 T22 为 2689.01mg/kg，钠含量最高的 T7 为 334.45mg/kg，锌含量最高的 T2 为 69.34mg/kg；水分含量分布在 1.98%～5.39%，灰分含量分布在 0.44%～2.95%，纤维素含量分布在 0.89%～8.89%，总糖含量分布在 642.58～916.43mg/g，T12 总糖含量最高，果聚糖含量分布在 582.37～829.64mg/g，T12 果聚糖含量最高，T23 可以作为高氨基酸含量品种，T12 可以作为高糖品种。

参 考 文 献

韩睿, 赵孟良, 马胜超, 等. 2012. 菊芋 SRAP-PCR 反应体系优化及引物筛选. 分子植物育种, 10: 1080-1086.

寇一翾. 2013. 菊芋种质资源多样性及高产量形成机理研究. 兰州大学硕士学位论文.

李双双, 赵瑞华, 闫桂琴, 等. 2007. 马铃薯基因组 SRAP 反应体系的建立和优化. 山西师范大学学报, 21(4): 79-83.

李雨露, 刘丽萍, 佟丽媛. 2013. 菊粉的特性及在食品中的应用. 食品工业科技, 34(13): 392-394.

马胜超, 韩睿, 任鹏鸿, 等. 2014. 三十份菊芋资源亲缘关系的 SRAP 分析. 浙江农业学报, 26(5): 1212-1217.

任鹏鸿, 韩睿, 马胜超, 等. 2013. 菊芋 SSR-PCR 反应体系优化及 3 个品种的分子鉴别. 西南农业学报, 26(6): 2441-2446.

孙雪梅, 李莉. 2011. 菊芋种质资源性状初步研究. 青海农林科技, 3: 48-52.

王丽慧, 李屹, 赵孟良, 等. 2015. 刈割次数对菊芋生物量及营养价值影响研究. 营养研究, 36(3): 12-15.

王瑞雄. 2018. 菊芋种质资源耐盐性筛选及遗传多样性分析. 兰州大学硕士学位论文.

薛志忠, 杨雅华, 李海山, 等. 2017. 五十八份菊芋种质资源遗传多样性 SRAP 分析. 北方园艺, (21): 31-36.

严一诺, 孙淑斌, 徐国华, 等. 2007. 菊芋逆向转运蛋白基因的克隆与表达分析. 西北植物学报, 27(7): 1291-1298.

杨世鹏, 刘宝龙, 王丽慧, 等. 2016. 菊芋果聚糖: 果糖基转移酶 1-FFT 基因的克隆及表达分析, 分子植物育种, 14(2): 1-7.

曾军. 2011. 菊芋种质资源的评价与杂交可能性研究. 兰州大学博士学位论文.

赵俊香, 任翠梅, 吴凤芝, 等. 2015. 16 份菊芋种质苗期耐盐碱性筛选与综合鉴定. 中国农业生态学报, 23(5): 620-627.

赵孟良, 韩睿, 李莉. 2012. 菊芋 ISSR-PCR 反应体系的建立与优化. 西南农业学报, 1: 243-246.

赵孟良, 孙雪梅, 王丽慧, 等. 2015. 43 份菊芋种质资源遗传多样性的 ISSR 分析. 西北农林科技大学学报(自然科学版), 43(9): 1-8.

Bagni N, Donini A, Serafini-Fracassini S. 1972. Content and aggregation of ribosomes during formation, dormancy, and sprouting of tubers of *Helianthus tuberosus*. Physiologia Plantarum, 27: 370-375.

Barta J. 1996. Suitability of Hungarian Jerusalem artichoke varieties for food industrial processing//Fuchs A, Schittenhelm S, Frese L. Proceedings of the Sixth Seminar on Inulin. Braunschweig: Carbohydrate Research Foundation.

Bock D G, Kane N C, Ebert D P, et al. 2013. Genome skimming reveals the origin of the Jerusalem artichoke tuber crop species: neither from Jerusalem nor an artichoke. The New Phytologist, 201: 1021-1030.

Chabbert N, Braun P, Guiraud J P, et al. 1983. Productivity and fermentability of Jerusalem artichoke according to harvesting date. Biomass, 3: 209-224.

Chubey B B, Dorrell D G. 1974. Jerusalem artichoke, a potential fructose crop for the prairies. Canadian Institute of Food Science and Technology Journal, 7: 98-100.

Chubey B B, Dorrell D G. 1982. Columbia Jerusalem artichoke. Canadian Journal of Plant Science, 62: 537-539.

De Mastro G, Manolio G, Marzi V. 2004. Jerusalem artichoke (*Helianthus tuberosus* L.) and chicory (*Cichorium intybus* L.): Potential crops for inulin production in the Mediterranean area. Acta Horticulturae, 629: 365-374.

Doyle J J, Doyle J I. 1987. A rapid DNA isolation procedure for small quantities of fresh leaf tissue. Phytochemistry Bulletin, 19: 11-15.

Dozet B, Marinkovi R, Vasic D, et al. 1993. Genetic similarity of the Jerusalem artichoke populations

(*Helianthus tuberosus* L.) collected in Montenegro. Helia, 16: 41-48.

Encheva J, Christov M, Ivanon P. 2003. Characterization of interspecific hybrids between cultivated sunflower *Helianthus annuus* (cv. 'Albena') and wild species *Helianthus tuberosus*. Helia, 26: 43-50.

Frison E A, Servinsky J. 1995. Directory of European Institutions Holding Crop Genetic Resources. 4th ed., Vols. 1 and 2. Rome: International Plant Genetic Resources Institute.

Gerald J S. 1990. Protein and mineral concentrations in tubers of selected genotypes of wild and cultivated Jerusalem-artichoke (*Helianthus tuberosus*, Asteraceae). Economic Botany, 44(3): 322-335.

Gerald J S, Larry G C. 2006. Genetic variability for mineral concentration in the forage of Jerusalem artichoke cultivars. Euphytica, 150(1): 281-288.

Guo L, Zhang J, Hu F, et al. 2013. Consolidated bioprocessing of highly concentrated Jerusalem artichoke tubers for simultaneous saccharification and ethanol fermentation. Biotechnology and Bioengineering, 110(10): 2606-2615.

Heiser C B. 1976. The sunflower. Norman: University of Oklahoma Press.

Heiser C B, Smith D M. 1964. Species crosses in *Helianthus*. II. Polyploid species. Rhodora, 66: 344-358.

Herve S, Irenee S, Alain G, et al. 2010. Diversity of Jerusalem artichoke clones (*Helianthus tuberosus* L.) from the INRA-Montpellier collection. Genetic Resources and Crop Evolution, 57: 1207-1215.

Kays S J, Kultur F. 2005. Genetic variation in Jerusalem artichoke (*Helianthus tuberosus* L.) flowering date and duration. Hortscience, 40: 1675-1678.

Kays S J, Nottingham S F. 2008. Biology and Chemistry of the Jerusalem Artichoke: *Helianthus tuberosus* L. Boca Raton: CRC Press.

Kim S, Park J M, Kim C H. 2013. Ethanol production using whole plant biomass of Jerusalem artichoke by *Kluyveromyces marxianus* CBS1555. Applied Biochemistry and Biotechnology, 169(5): 1531-1545.

Kiru S, Nasenko I. 2010. Use of genetic resources from Jerusalem artichoke collection of N.Vavilov Institute in breeding for bioenergy and health security. Agronomy Research (Special Issue III), 8: 625-632.

Kosaric N, Cosentino G P, Wieczorek A, et al. 1984. The Jerusalem artichoke as an agricultural crop. Biomass, 5: 1-36.

Küppers-Sonnenberg G A. 1955. Recent experiments on the influence of time of cutting, manuring, and variety on yield and feeding value of Jerusalem artichoke (a collective review). Z. Aeker-U. PflBau, 6: 115-124.

Lapshina T B. 1981. Winter hardy varieties of Jerusalem artichoke in the Komi ASSR. Ref Zh, 55: 404.

Li L L, Li L, Wang Y P, et al. 2013. Biorefinery products from the inulin-containing crop Jerusalem artichoke. Biotechnology Letters, 35: 471-477.

Marcenko II. 1939. Ways of producing perennial and tuberous sunflowers. Breeding and Seed Growing, 7: 37-39.

McLaurin W J, Somda Z C, Kays S J. 1999. Jerusalem artichoke growth, development, and field storage. I. Numerical assessment of plant part development and dry matter acquisition and allocation. Journal of Plant Nutrition, 22: 1303-1313.

Pas'ko N M. 1982. Branching in *Helianthus tuberosus*. Ukrains Kii Bot Zh, 39: 41-109.

Ramnani P, Gaudier E, Bingham M, et al. 2010. Prebiotic effect of fruit and vegetable shots containing Jerusalem artichoke inulin: A human intervention study. British Journal of Nutrition, 104(2): 233-240.

Ratchanee P, Sanun J, Preeya P, et al. 2012. Genotypic variability and genotype by environment interactions for inulin content of Jerusalem artichoke germplasm. Euphytica, 183: 119-131.

Seiler G J. 1993. Forage and tuber yields and digestibility of selected wild and cultivated genotypes of Jerusalem artichoke. Agronomy Journal, 85: 29-33.

Seiler G J, Campbell L C. 2004. Genetic variability for mineral element concentrations of wild Jerusalem artichoke forage. Crop Science, 44: 289-292.

Srinameb B O, Nuchadomrong S, Jogloy S, et al. 2015. Preparation of inulin powder from Jerusalem artichoke (*Helianthus tuberosus* L.) tuber. Plant Foods for Human Nutrition, 70(2): 221-226.

Sung M, Seo Y H, Han S, et al. 2014. Biodiesel production from yeast *Cryptococcus* sp. using Jerusalem artichoke. Bioresource Technology, 155: 77-83.

Tatjana K, Jolanta S. 2014. Seasonal changes of carbohydrates composition in the tubers of Jerusalem artichoke. Acta Physiologiae Plantarum, 36(1): 79-83.

Van Soest L J M. 1993. New crop development in Europe//Janick J, Simon J E. New Crops. New York: Wiley Press.

Volk G M, Richards K. 2006. Preservation methods for Jerusalem artichoke. HortScience, 41: 80-83.

Wangsomnuk P P, Khampa S, Wangsomnuk P, et al. 2011a. Genetic diversity of worldwide Jerusalem artichoke (*Helianthus tuberosus*) germplasm as revealed by RAPD markers. Genetics and Molecular Research, 10(4): 4012-4025.

Wangsomnuk P P, Khampa S, Wangsomnuk P, et al. 2011b. Assessing genetic structure and relatedness of Jerusalem artichoke (*Helianthus tuberosus* L.) germplasm with RAPD, ISSR and SRAP markers. American Journal of Plant Science, 2: 753-764.

Xu H H, Liang M X, Xu L, et al. 2015. Cloning and functional characterization of two abiotic stress-responsive Jerusalem artichoke (*Helianthus tuberosus*) fructan 1-exohydrolases (1-FEHs). Plant Molecular Biology, 87: 81-98.

第6章　菊芋的品种选育与繁殖

6.1　育 种 目 标

菊芋用途多样，种质资源丰富，育种目标因而体现多样化。作为"人畜共用作物"，菊芋育种目标不仅要满足人类食用或是加工的要求，同样要满足作为动物饲料的要求（赵孟良等，2018；孙雪梅和李莉，2011；黄相国等，2004）。按生产用途划分，菊芋可分为下列几种，对其育种目标分述如下。

6.1.1　鲜食型菊芋

鲜食型菊芋育种是丰富蔬菜品种、实现鲜食菊芋营养价值的新突破，鲜食型菊芋品种选择主要满足以下条件。

1. 高产

产量作为衡量菊芋品种优劣的一个重要指标，往往被育种家们作为育种的首选目标。一般的菊芋产量亩产 2～3t，个别优良品种可达 4～6t，影响产量的因素是多样的，主要根据菊芋品种、种芋大小、种植密度、土壤肥力、气候条件等，还有人为的处理如断根、去花、外源物质处理等。

2. 优质

菊芋的品质主要由菊芋的块茎性状来决定，块茎性状主要包括：块茎颜色、大小、形状、薯肉颜色、芽眼数量，根据产业需求，当今的育种目标是追求表皮光滑、颜色浅、块茎大的菊芋品种，同时菊芋作为"人畜共用作物"，其薯肉营养价值也是未来育种的目标。

3. 不同熟性

成熟期指从出苗到收获的时间，菊芋块茎的成熟期可通过大田地上部植株茎叶 80%以上出现干枯来判定，选育不同熟性的菊芋有利于满足不同气候条件下的种植，扩大菊芋种植面积。

6.1.2　加工型菊芋

加工型菊芋育种是菊芋产业发展的重要依据，其育种目标依然是高产、优质、满足加工需求，菊芋块茎富含菊粉，是果聚糖加工的重要来源，高果聚糖菊芋的选育是加工

型菊芋的首选。现有加工型菊芋品种如青芋 2 号、青芋 3 号、青芋 4 号、LF-3、LF-5
和廊芋 2 号等。

6.1.3 牧草型菊芋

菊芋秸秆及块茎加工后的皮渣可以作为动物饲料，牧草型菊芋的育种添加了新的饲
料开发资源，其育种目标主要包括高的地上生物量、高的秸秆粗蛋白含量、高的粗脂肪
含量等，现有牧草型菊芋品种有如廊芋 21 号等。

6.1.4 观赏型菊芋

菊芋的观赏性主要表现在花上，选育观赏性菊芋品种主要是满足以下条件：植株矮
小便于栽培，生长周期短，花期长，花朵数量多且花型颜色多变，一般菊芋品种的花期
在 30～40d，花朵数在 20～35 个，而观赏性菊芋品种廊芋 31 号花期可达 93d，这为观
赏性菊芋品种的选育提供了基础。

6.2 选 育 技 术

6.2.1 常规育种

菊芋为多年生宿根类作物，菊芋品种选育从种质资源的收集开始，通过逐年种植，
筛选优异株系，进行扩繁提纯后获得新品系，该种途径选育优良品种耗时较长。通过该
方式选育的菊芋品种有青芋系列和南芋系列菊芋品种。

6.2.2 杂交育种

菊芋自交不亲和，为异花授粉作物，通过授粉可以获得少量种子，因此可通过杂交
育种获得新品种。杂交育种是将两个或多个品种的优良性状通过交配集中在一起，再经
过选择和培育，获得新品种的方法。杂交可以使双亲的基因重新组合，将两个或多个优
良性状集中在一起，是增加生物变异性的一个重要方法，杂交后代中可能出现双亲优良
性状的组合，甚至出现超亲代的优良性状，当然也可能出现双亲的劣势性状组合，或双
亲所没有的劣势性状。育种过程就是要在杂交后代众多类型中选留符合育种目标的个体
进一步培育，直至获得优良性状稳定的新品种。

1. 杂交育种方式

根据杂交育种方式的不同，现阶段杂交育种主要的方法是系谱法和混合法。

（1）系谱法

系谱法是自杂种分离世代开始连续进行个体选择，并予以编号记载直至选获性状表
现一致且符合要求的单株后裔（系统），按系统混合收获，进而育成品种。这种方法要

求对历代材料所属杂交组合、单株、系统、系统群等均有按亲缘关系的编号和性状记录,使各代育种材料都有家谱可查,故称系谱法。

菊芋通常采用块茎繁殖,因此,选育特定优良目标性状的菊芋品种一般采用系谱法。根据育种目标的不同,通过人工授粉的方式获得 F_1 代杂交种子或是回交种子,通过种子种植、块茎增殖的方式选取目标性状优良的菊芋品系。

按照杂交育种的目标,一般亲本选择遵循以下原则进行:

1)亲本质量:亲本应有较多优点和较少缺点,亲本间优缺点力求达到互补,且亲本之一的目标性状应有足够的遗传强度,并无难以克服的不良性状。

2)亲本选择:亲本中至少有一个是适应当地条件的优良品种或是主栽品种,在条件严酷的地区,亲本最好都是适应环境的品种。

3)亲本配合力:亲本的一般配合力较好,主要表现在加性效应的配合力高。

4)亲本差异:生态类型、亲缘关系上存在一定差异,或在地理上相距较远,能够充分体现杂交优势。

(2)混合法

典型的混合法是从杂种分离世代 F_2 开始各代都按组合取样混合种植,不予选择,直至一定世代才进行一次个体选择,进而选拔优良系统以育成品种。但是菊芋通常是采用块茎繁殖,因此菊芋混合法育种是通过田间非定向的杂交,获得多样性的 F_1 代杂交种子,通过种子种植、块茎增殖的方式选取优良性状的菊芋品系,该方法可以获得大量不同性状的 F_1 代材料,是扩大菊芋种质资源及菊芋的选育基础。

Frese 等(1987)利用混合法对菊芋 63 个无性繁殖材料进行了杂交试验,发现在其 F_2 代中,有些品种具有更高的块茎产量和更好的糖含量。

2. 杂交类型

根据杂交亲本的选择的不同,杂交育种主要包括种内杂交和远缘杂交。

(1)种内杂交

种内杂交是指同一物种内不同品种个体间的有性交配。由于杂交亲本遗传基础接近、亲和力强,故易获得杂种,是目前杂交育种最常见的类型。

(2)远缘杂交

远缘杂交就是不同种间属间甚至亲缘关系更远的物种之间的杂交。远缘杂交在育种上的意义主要是:研究物种演化、创造新物种、改良旧物种、创造和利用杂种优势。

菊芋远缘杂交育种已有多年,Pustovoit 等(1976)利用菊芋和 Tjumen 向日葵品种杂交,获得了第一代和第二代杂交种,其抗旱性显著提高,但块茎的产量下降了;Pogorietsky 和 Geshele(1976)利用在温室人工接种条件下及田间条件下都表现出对黑斑病和褐斑病有较高的抗性水平的菊芋材料,利用种间杂交将这种抗病性定向转育到向日葵自交系中,获得了一个抗霜霉病新小种的品系 TA1631,该品系是由菊芋和栽培向日葵的种间杂交种衍生出来的。随后,Pustovoit 和 Kroknin(1978)报道通过菊芋和栽培向日葵的种间杂交，培育了 4 个抗霜霉病新小种品种。国内，魏守恩等（1995）对纳入国家永久保存计划向日葵品种资源 240 份进行霜霉病的抗性鉴定，其中 155 份地方品种和育成品种中仅有 4 个育成品系抗病，其中一个品系（293-8）来源于菊芋及栽培向日葵的种间杂交。

由于菊芋是六倍体物种，与栽培向日葵间的染色体数目和结构存在差异，菊芋很难与栽培向日葵杂交，而且稀少的杂交种在早期世代常常完全不育或育性降低。野生多年生六倍体种与栽培向日葵杂交经常发生一些困难：①第一代育性很差，出现异源四倍体（$4n=68$）；②第二代由于产生异源三倍体（$3n=51$）而完全不育；③由于栽培向日葵连续回交而在以后的世代中抗性丧失；④种间杂交种的高度杂合性妨碍了对抗性连续不断的选择；⑤野生种的某些不良性状存留下来。对菊芋与栽培向日葵杂交种的减数分裂和花粉活性研究，F_1 代杂交种的花粉活性显著不同，其变幅为 12.4%～57.1%，F_1 代杂交种的减数分裂无规则性（Atlagic et al.，2010）。

到目前为止，菊芋和栽培向日葵种间杂交不亲和性已得到克服，Chandler 和 Beard（1983）通过胚培养技术获得 F_1 杂交种。另有研究者通过其他途径获得 F_1 代杂交种。还有研究表明 F_1 不育这个最基本问题可以在植物减数分裂时期用温度激变来解决，用这种方法获得具有菊芋抗性基因的可育后代。

6.2.3　辐射诱变

利用 X、γ、α、β 射线和中子、紫外线等辐射处理生物体，诱发遗传物质的改变，使后代出现新的变异类型。20 世纪 80 年代辐射诱变已经用于菊芋种质资源的创新，红皮块茎 "Violet de Rennes" 的菊芋品种辐照处理后，经过筛选获得了一个白皮的菊芋品种，进而从此白皮菊芋中又筛选到四个变异材料，均表现为茎无分支，其中一个材料块茎为白皮，另外三个材料块茎略微着色（Coppola，1986）。

陈军（2009）利用钴-60γ 线辐照处理 7 个不同品种的菊芋块茎，明确菊芋块茎半致死剂量为 20Gy，以 20Gy 剂量辐照了 7 个菊芋品种的块茎，并对辐照菊芋当代的田间生长情况、变异植株进行了测量和观察，比较了辐射品种与对照品种在收获产量上的差异，表明辐照过的菊芋块茎品种田间生长势普遍低于对照品种，当代植株出现了花叶、茎段偏平、畸形、根基部形成瘤状物等不同变异，辐照品种块茎产量明显低于对照品种。

6.2.4　转基因

转基因技术在拟南芥、番茄、烟草、大豆等作物已经广泛应用，在菊科作物中，转基因技术在向日葵中的研究也已经开展，现在已经进行了菊芋的全基因转化向日葵和菊芋向日葵杂合体试验研究，菊芋作为一个基因资源库，也已经从菊芋中克隆到多个基因，如果聚糖合成相关基因等，并转到马铃薯、烟草中，获得了转基因植株，菊芋是植物组织培养经典的植物，但由于菊芋始终没有得到愈伤再生植株，转基因工作进展缓慢。

6.3　品　种　介　绍

6.3.1　国内品种

目前国内审定的菊芋品种有 20 余个，分别是：青海大学农林科学院审定的青芋 1 号（2004 年审定）、青芋 2 号（2005 年审定）、青芋 3 号（2009 年审定）、青芋 4 号（2015 年审定）4 个菊芋品种；南京农业大学资源与环境科学学院选育的南菊芋 1 号（2009 年审定）、南菊芋 9 号（2014 年审定）；甘肃省定西市菊芋工程技术研究中心选育的定芋 1 号（2010 年审定）、定芋 2 号（2014 年审定）；吉林省农业科学院农村能源与生态研究所选育的吉菊芋 1 号（2012 年审定）、吉菊芋 2 号（2013 年审定）；由河北省农林科学院滨海农业研究所选育的滨芋 1 号（2014 年审定）；河北省廊坊市农林科学院选育高产加工型品种 LF-3、LF-5，以及耐盐碱及绿化用品种 LF-8、LF-6 等 4 个菊芋品种；兰州大学选育的兰芋 1 号；以及科尔沁菊芋、白院菊芋 1 号、庆芋 1 号、庆芋 2 号和部分农家品种。分别介绍如下。

1. 青芋 1 号

青海大学农林科学院园艺研究所主持选育而成的我国第一个菊芋品种，2004 年 2 月通过青海省农作物品种审定委员会审定，合格证号为青种合字 0184 号。早熟品种，生育期 136d 左右。植株高 3.0m 左右；地下块茎呈棒状，表皮紫红色；块茎干基含可溶性总糖 17.16%，粗蛋白 2.62%，粗纤维 1.35%，粗脂肪 1.53%。水地一般亩产 2000kg，山旱地一般亩产 1500kg。主要适合山旱地、沙荒地、盐碱地的种植，及用于防风固沙及生态治理（李莉等，2004；王建平，2006）。

2. 青芋 2 号

青海大学农林科学院园艺所主持选育而成。2005 年 1 月 10 日青海省农作物品种审定委员会会议通过审定，定名为青芋 2 号菊芋，品种合格证号为青种合字第 0191 号。该品种属中熟品种，生育期 152d 左右；地上茎直立、绿色，植株高 2.7～3.0m；块茎呈不规则瘤形，块茎表皮浅红色，分布集中；块茎含粗蛋白 1.62%、可溶性糖 12.72%、粗纤维 5.11%、粗脂肪 1.29%。水地一般亩产 2500kg，山旱地一般亩产 2000kg。适宜在水地及山旱地种植（侯全刚等，2006；祁生兰等，2008）。

3. 青芋 3 号

由青海大学农林科学院园艺所主持选育的加工专用型新品种，于 2009 年 12 月 10 日通过了青海省农作物品种审定委员会的审定，品种合格证号为青审菊芋 2009001 号。青芋 3 号属晚熟品种，全生育期 170d 左右；植株生长势强，株高 2.5～3.0m，分枝性强；块茎白色，适宜加工，含糖量高；块茎含粗蛋白 1.79%、粗纤维 1.52%、粗脂肪 0.11%、糖 18.28%、水分 77.80%。水地一般亩产 3000kg、山旱地一般亩产 2800kg。适宜在水肥条件好、热量充足的水地及山旱地种植（钟启文等，2004；李屹等，2011）。

4. 青芋 4 号

由青海大学农林科学院园艺所主持选育的早熟新品种，于 2015 年 1 月 20 日通过了青海省农作物品种审定委员会的审定，品种合格证号为青审菊芋 2015001 号。植株生长势强，株高 2.5～2.8m，分枝性弱；块茎呈纺锤状，表皮淡紫色，表面光滑，须根少，肉白色；块茎含可溶性总糖 23.56%、粗蛋白 2.51%、粗纤维 1.16%、粗脂肪 0.02%、水 72.12%。亩产一般 2000～2500kg。适应在水地、浅山地种植。

5. 南菊芋 1 号

南菊芋 1 号，原名"南芋 1 号，由南京农业大学资源与环境科学学院，经多年筛选耐盐碱单株而成；适宜我省沿海地区盐分含量 3‰左右的滩涂地上种植。鲜菊芋平均亩产量为 2934.8kg，干产量为 645.5kg。萌芽性好，出芽快，出芽多，苗体健壮；叶片为深绿色，茎秆粗、分支多；茎叶生长势强；块茎呈不规则瘤形，表皮白色稍黄、皮薄、肉白色，质地紧密，块茎芽眼外突。植株高 254cm，分枝数 14 个，块茎着土深度不超过 20cm；全生育期 230d，比对照早熟 10d。耐盐、耐瘠、耐贮性好、抗病毒病；块茎总糖含量 66.0%（干重占比）。块茎一般可在 11 月初至下年 2 月进行收获。

6. 南菊芋 9 号

南京农业大学资源与环境科学学院用从俄罗斯引进的菊芋 CN52868 在沿海滩涂采用海水胁迫栽培，经多年筛选于 2010 年获得的耐盐碱单株，经无性繁殖而成南菊芋 9 号，鉴定编号苏鉴菊芋 201401。在盐分含量 6‰左右的土壤上，鲜菊芋块茎平均亩产 2242.1kg；干菊芋块茎平均亩产 504.2kg。植株高 261.5cm，分枝数 10 个左右；功能叶心形，长约 18.3cm，宽约 12.1cm；生育期 218d；菊芋块茎干物质中总糖含量 65.5%左右，菊粉含量 57.5%左右。

7. 定芋 1 号

是由甘肃省定西市菊芋工程技术研究中心采用单株系统选择的方法筛选出的菊芋品种。2010 年通过专家鉴定委员会鉴定，由甘肃省品种审定委员会定名为定芋 1 号。茎秆颜色浅绿带紫，茎直立，扁圆形；苗期叶色浅绿色，后期为深绿色，叶片互生、卵圆形，多具绒毛；块茎短梭形和瘤形，外皮浅紫色，肉白色，芽眼外突，结芋集中较浅；单株块茎 20～30 个，单个重 60～80g，单株产量 1.6～2.7kg；块茎含粗蛋白 12.44%、总糖 36.73%、粗脂肪 0.70%、粗纤维 2.45%、还原糖 3.07%。亩产可达 2500～4500kg（曹力强和王廷禧，2012）。

8. 定芋 2 号

定芋 2 号是甘肃省定西市鑫地农业新技术示范开发中心、定西市农业科学研究院、定西市菊芋工程技术研究中心联合选育而成的优良菊芋新品种。熟性适中偏早，在甘肃中部生育期 156～166d；主茎 1～4 个，苗期丛立；成熟期分枝 18～24 个；株高 186～193cm，茎秆颜色绿带紫，茎直立、扁圆形，有不规则凸起；叶色深绿色，具绒毛，叶片数 50～68 片；块茎外皮白色，肉白色，形状为瘤形和短梭形，芽眼外突，结薯集中，整体性好。正常水分含量 70.8%；每千克含粗脂肪 2.16g、粗蛋白 30.54g、总糖 108.8g、还原糖 7.5g、粗纤维 6.08g、灰分 21.4g、维生素 C 71.9mg，定芋 2 号折合产量 5480kg/667m²，适宜在年降雨 300mm 以上或生育期有效降雨 150mm 以上、无霜期 130d 以上、年均气温 6℃ 以上、海拔在 1600～2400m 以内的北方黄土高原干旱区、半干旱二阴区及川水区种植。

9. 吉菊芋 1 号

吉菊芋 1 号是吉林省农业科学院农村能源与生态研究所选育，2012 年通过吉林省农作物品种审定委员会审定，审定编号：吉登菊芋 2012001。株高 250～300cm，主茎粗 2.0～2.7cm，茎秆粗，分枝 10 个左右，功能叶长 15～17cm，宽 10～14cm，叶毛数多，叶尖端形状为尖形，叶片深绿，花蕾少，花黄色。吉菊芋 1 号地下块茎表皮白色稍黄、皮薄，呈不规则瘤形；肉白色，质紧密；块茎芽眼外突；无根须；块茎单重平均 51g，单株块茎数 15 个到 20 个；吉菊芋 1 号水分含量 77.63%，粗脂肪含量 4.6g/kgDW，粗蛋白含量 85.0g/kgDW，可溶性总糖含量 368.8g/kgDW，果糖含量 74.2g/kgDW，粗灰分含量 38.9g/kgDW。吉菊芋 1 号成熟期 130d，平均根产量为 29 543.3kg/hm²，该品种根据其生育期除黑龙江等少部分地区由于生育期和积温不足不适应种植外，可以适应全国大部分地区种植。

10. 吉菊芋 2 号

吉菊芋 2 号是吉林省农业科学院农村能源与生态研究所以 J6 株系扩繁育成，2013 年通过吉林省农作物品种审定委员会审定，审定编号：吉登菊芋 2013001。吉菊芋 2 号株高 200～300cm，主茎粗 2.0～2.5cm，基本无着花，茎秆粗，分枝 10 个左右，功能叶长 14～16cm，宽 8～12cm，叶毛数多，叶尖端形状为尖形，叶片深绿，花蕾多，花黄色。吉菊芋 2 号地下块茎表皮紫色，皮薄，呈不规则瘤形，肉白色，质紧密，块茎芽眼外突，无根须，块茎单重平均 32g，单株 30～50 个，多的可达 150～200 个；吉菊芋 2 号含水分 75.48%、粗脂肪 5.5g/kgDW、粗蛋白 97.5g/kgDW、可溶性总糖 266.0g/kgDW，折理论酒精量 188.6g/kgDW；果糖含量 7.6g/kgDW；粗灰分 41.3g/kgDW。吉菊芋 2 号成熟期 130d，平均产量为 30 383.5kg/hm²。该品种根据其生育期除黑龙江等少部分地区由于生育期和积温不足不适应种植外，可以适应全国大部分地区种植。

11. 兰芋 1 号

由兰州大学选育，并通过甘肃省农作物品种审定委员会认定，命名为兰芋 1 号。株型紧凑，分枝数较少，适合密植。株高 230～250cm，基径 15～20mm，主茎通常 1 个，茎直立，浅紫色，表面密布白色短糙毛。叶片深绿色，近心形，叶缘呈深裂锯齿状，每株 110～125 片。头状花序，数量较少，一般少于 5 个，花序四周部分舌状花为无性花

（12～15 朵），中间部分管状花为两性花，聚药雄蕊，鲜有自然结实的种子。块茎浅棕色，质地紧密，生长较集中，形状较规则，没有明显外突的芽眼。单株 80%以上的块茎质量为 50～60g，单株产量可达 1.7kg 以上。块茎干物质含量 27.86%，灰分 77.67mg/g，粗蛋白 84.97mg/g，粗脂肪 4.23mg/g，总糖 650.80mg/g，还原 11.30mg/g，粗纤维 25.70mg/g。晚熟，9 月中下旬为盛花期，花期持续时间较短，约 20d。生育期约 160d。对菊芋白粉病、茎腐病等病害抗性强。适宜在甘肃省榆中、靖远、民勤、临洮、庆阳等年降雨量 150mm 以上的干旱半干旱地区种植。

12. 滨芋 1 号

滨芋 1 号，由河北省农林科学院滨海农业研究所育成，2014 年通过河北省科技厅鉴定，编号 2014 第 9-939 号。在冀东滨海区播种至采收 220～240d，株高 2.6～2.8m，上部分枝 30～40 个，茎粗 2～3.5cm，茎秆浅绿色。基部 14～16 片叶对生，上部叶互生；功能叶片卵圆形，长 14～20cm，宽 9～15cm，叶色浓绿。9 月中下旬始花，头状花序，生于枝端；总苞片披针形，开展，12～14 片，舌状花，淡黄色。块茎皮白色，呈不规则瘤形，肉白色，质紧密。块茎较集中，单株块茎 23～85 个，多的可达 100 多个，块茎单重 28～57g，单株产量 1.1～1.4kg，大小较均匀。在 0.3%中度盐分下，亩产块茎 2300～2500kg，高产可达 3000kg。蛋白质含量 2.43g/100g，可溶性糖含量 24.3%，脂肪含量 0.3g/100g，粗纤维含量 0.9%，品质好。

13. 廊芋系列

高产加工型 LF-3、LF-5 两个品种块茎果聚糖含量和产量均较高；抗逆性强的 LF-8、LF-6 两个品种既耐盐碱产量又高。LF-3 的特征特性为：主茎数 1.22 个，分枝主茎数 1.24 个，分枝数 8 个，株高 293.7cm，最大茎秆直径 2.52cm，纤维状根中等；块茎生长习性集中，整齐，颜色为白色，形状为瘤形，根毛少，芽眼突出；单株块茎数 38 个；最大块茎 580g；单株产量 2.71kg，平均单产 89 516.4kg/hm^2。

河北省廊坊市思科农业技术有限公司菊芋产业研发团队，针对菊芋的生态学特征、经济用途、耐盐碱特性及菊芋加工及鲜食的专用品种为目标，选育出耐盐、牧草、观赏、鲜食、加工型"廊芋"系列新品种：

1）鲜食型廊芋 1 号。该品种块茎总糖含量 23.28%，果聚糖含量 9.7%，分别比本区域内主栽品种高 4.56%和 2.32%，丰富了蔬菜品种，实现了鲜食菊芋营养价值的新突破。

2）加工型廊芋 2 号。该品种块茎亩产量 3681kg；总糖含量 23.52%，果聚糖含量 9.8%，分别比本区域内主栽品种高 4.8%和 2.42%，解决了高产、高糖双目标的育种难题，为菊芋深加工提供了品种资源。

3）牧草型品种廊芋 21 号。该品种亩产秸秆 5548kg，花后秸秆粗蛋白含量 7.44%，粗脂肪含量 1.78g/kg，比本区域内主栽品种高 0.61%和 0.114%，添加了新的饲料开发资源。

4）观赏型廊芋 31 号。该品种花期 93d，比主栽品种花期延长两个月以上，为观赏绿化提供了菊芋资源。

14. 白院菊芋 1 号

白院菊芋 1 号选育单位：吉林省白城市农业科学院；品种来源：2008 年白城市农业科学院以白城市地方品种为基础材料经集团选育而成：株高 280～300cm，主茎粗 2.5cm 左右，上部分枝，有叶柄，叶柄上部有狭翅，叶片卵形，花为纯黄色，无香味也无异味，花瓣 13 枚。块茎性状：地下块茎表皮白色，呈不规则瘤状，肉白色，芽眼外突，块茎单重平均为 80g，单株有 12～15 个。品质分析：白院菊芋 1 号含水分 75.7%，粗脂肪 4.9g/kg（干基），粗蛋白 80.5g/kg（干基），可溶性总糖 360.1g/kg（干基）。生育日数：135d，平均块茎产量 28 503.1kg/hm²。适应吉林省西部地区种植。

15. 庆芋 1 号

黑龙江省农业科学院大庆分院选育的，该菊芋品种株高 200～240cm，株型紧凑，多分枝，叶片深绿色，卵形，叶柄长 3～5cm，秋季开花，头状花序，顶生，黄色，块茎繁殖，块茎着生于根部比较集中，宜收获。块茎皮粉色，白肉，纺锤型。单个块茎重 40～80g，单株结块茎数为 25～35 个，单株产量 1.3～1.6kg。平均产量 38 176.5kg/hm²。适应于黑龙江省第一、第二积温带。

16. 庆芋 2 号

庆芋 1 号菊芋品种是 2006 年黑龙江省农业科学院大庆分院从青海省搜集、引进的野生农家品种资源。该菊芋品种株高 200～240cm，株型紧凑，多分枝，叶片深绿色，卵形，叶柄长 3～5cm，秋季开花，头状花序，顶生，黄色，块茎繁殖，块茎着生于根部比较集中，宜收获。块茎皮粉色，白肉，纺锤型。单个块茎重 40～80g，单株结块茎数为 25～35 个，单株产量 1.3～1.6kg。平均产量 38 176.5kg/hm²。适应于黑龙江省第一、第二积温带。

17. 科尔沁菊芋

科尔沁菊芋是由内蒙古农牧业科学院作物育种与栽培研究所，2004 年从内蒙古通辽市奈曼旗沙漠地区搜集的淡红皮野生菊芋资源材料中，采用单株系统选择的方法，选择出特征变异明显、综合性状表现突出的优良单株，通过一系列株系鉴定、品种比较、区域试验和多点区域大面积示范地育种程序，最后选育而成的栽培品种。2012 年 2 月通过内蒙古自治区草品种审定委员会审定。该品种的生育期 110～150d；主茎 1～4 个，分枝 16～18 个，高的分枝可达 50 多个枝；株高 220～270cm，花期封顶，最大直径 2.6cm，结实茎多而长，最长可达 60cm 以上；叶片呈褐绿色，主茎叶片长宽比为 21.5～23.5：12.0～13.5cm，叶片数 50～68 个；其干物质含量为 91.2%，其中含粗蛋白质（干基）为 6.89%、粗灰分（干基）为 6.34%、可溶性总糖（干基）为 74.3%。平均产量达到 27 930kg/hm²（门果桃等，2018）。

18. 农家品种

1）湖南衡阳白皮洋姜。植株高大，直立生长，株高 150～200cm，开展度 40～50cm。

茎绿色，粗 1.5～2.2cm，有绒毛。叶单生，深绿色，卵圆形，长 23～25cm，宽 10～13cm，叶正面粗糙，有刺毛，花黄色。

2）四川洋姜。株高 1.8m，开展度 30cm，地上茎横径 2.0～3.0cm，浅绿色。叶卵圆形，先端渐尖，全缘，绿色，叶面粗糙，有绒毛，叶柄长约 15cm。

3）江西红皮菊芋。植株直立分枝，高 200cm，开展度 70～80cm。茎圆形，有棱，上部紫红色，叶、下部绿色。

4）红光一窝猴。从石河子市引进，适应性强，冬季在土壤中−20℃块茎不受冻害，第二年能正常出苗生长。适宜沙壤土或壤土，中等肥力的地头、地边种植。生长良好，单株产量 300～1600g，单个块茎 30～250g。株高 150～250cm，株型紧凑，叶片上举深绿色，马耳形，叶柄 4～6cm，从茎基多分枝成塔形。块茎着生根基部，不远伸。生长后期，时常因地下块茎膨大，将植株从地下托出地面，造成植株后期遇大风易倒伏。因此，应注意中后期培土防倒伏。

6.3.2　国外品种

1. 12/84

来源于南斯拉夫。块茎紫色，圆形或短梨形。

2. BT4

来源于匈牙利。改良品种。块茎白色，圆形或短梨形。块茎产量 63t/hm^2，地上部产量 62t/hm^2（Pejin et al.，1993）。

3. Columbia

来源于加拿大。由加拿大农业研究站选育。呈高度分枝灌木状。块茎白色或棕褐色，肉白色，个大，细长或不规则形。早熟至中熟。块茎产量可达 45～77t/hm^2（Kiehn and Chubey，1993）。

4. Dwarf

来源于荷兰。块茎深紫色，细长或纺锤形。作育种材料用。

5. Dwarf Sunray

来源于北美洲。株高仅 1.5～2m，自由开花。块茎柔而脆，高产，适合食用和做观赏用。

6. Fuseau

来源于法国。多样性来源的品种群。营养生长紧密。块茎新月形或纺锤形，奶油黄色，稀紫色，体型大，长宽分别可达 10～12cm 和 4cm，光滑无突出物，尖端通常细。中熟到晚熟。

7. Iranien

来源于伊朗。块茎粉色，卵形或不规则形。

8. Lacho

来源于法国。块茎紫色，短梨形或圆形。晚熟。

9. Local

来源于埃及。块茎奶油黄色，肉白色，不规则形状。

10. Majkopskij

来源于俄罗斯。块茎白色，梨形。

11. Mari

来源于丹麦。块茎白色。植株矮，分枝多。早熟。块茎相对高产。

12. Nahodka

来源于俄罗斯。块茎白色，椭圆形，表面凸起多。地上部灌木状。中熟到晚熟。抗核盘菌。块茎产量可达 67t/hm^2（Fernandez et al.，1988）。

13. Nora

来源于挪威。块茎白色。植株矮，分枝多。早熟。块茎相对高产。

14. Rozo [RoZo]

来源于德国。块茎粉色，短梨形至圆形，形状不整齐。早熟。

15. Sugar ball

来源于匈牙利。

16. Sunchoke

来源于瑞典。匍匐茎短，块茎大，高产，向日葵×菊芋杂交种，块茎产量 33t/hm^2（Williams et al.，1982）。在加利福利亚种植，作蔬菜，具新鲜坚果味。菊芋有时候也被称作 Sunchoke。

17. Stampede

来源于美国。矮秆，株高 1.8m。块茎大而白，表面光滑。早熟（在美国 7 月开花）。极抗寒。

18. Violet de Rennes [Rennes Purple]

来源于法国（布列塔尼）。块茎红-紫色，梨形。晚熟。植株高度中等（2～3m），1～2 个主茎。这个品种涉及的研究很多，常被用来作为新群体的对照，块茎产量最高达到 80t/hm^2（Gabini，1988）。

19. Vostorg [Rapture]

来源于俄罗斯。白色球状块茎，由俄罗斯 Maikop 试验站用向日葵 Violet

Commun[Common Purple]与菊芋 Gigant 549[Giant 549]杂交选育而成，抗旱，抗多数病虫害，但不抗核盘菌。

20. Waldspindel

来源于德国。现在被认为是一个多样性来源的品种群，中熟到晚熟不等。

21. Waldoboro Gold

来源于美国。块茎黄色，细长曲折，肉质黄色。早熟。产量低，难以采收干净。

6.4　块茎繁殖

6.4.1　繁殖方法

菊芋一般通过块茎或者 40～50g 的块茎切片（切块）进行繁殖；大的块茎可以先切成小块，这些小块在正常情况下可以像完整的块茎一样萌发。每一小块至少要含有一个小芽，最好含有多个芽（2 个或 3 个），新生茎从小芽中生长出来。块茎或者切块的大小很重要，小于 40g 的块茎片会减少发芽率、茎的数量和最终产量；切块大则茎较多，发育早期叶的数量也较多；若在土壤较干燥地区种植，完整的块茎比块茎切片的繁殖效果要好（Kosaric et al.，2006；李莉等，2005）。在同等播种量下，整块播种的植物学性状、产量均优于切块播种，故生产中种块充足时，尽量采用整块播种（李江等，2005）。

在块茎得到充分休眠的情况下，在种植后的 3～5 周，菊芋就会发芽（Zubr，1988）。发芽的时间主要受温度的影响，可通过铺地膜等方式增加地温，能够加速发芽。发芽的温度界限为 2～5℃（Kosaric et al.，1984）。催芽有助于菊芋块茎发芽，发育早，产量高，但是要注意防止种植时块茎受到物理损伤（Spitters and Morrenhof，1987）。

每公顷种植块茎的量取决于块茎的大小和种植密度。使用 50g 的块茎时，在长宽 30m×100m、50m×100m、50m×70m 和 100m×100m 的土地上，需要的最少块茎重量分别为 1666kg、1428kg、1000kg 和 500kg。

徐爱红（2015）介绍了一种块茎繁殖方法：采用块茎切段培育芽苗，再将芽苗切成小段，切段在非无菌条件下于腐殖土基质中培养成新植株，较短期内得到了优质的栽种苗。钱有新（2013）发明的一种菊芋繁殖方法，在播种时，选择优良独颗种芋，用潮湿土覆盖催芽，当种块芽长 2～4cm 时去掉芽苗，转入 2ppm 的 6-BA 溶液中浸泡 20～30min，自然晾干播种即可。该方法通过生物技术繁种同常规繁种相结合，通过去除生长点、激素浸泡种芋的方法，促进潜伏芽的萌发和生长，使每个核心种芋结出优良菊芋，增加繁殖系数。

6.4.2　块茎休眠

菊芋块茎在土壤中经过 4～6 个月的自然休眠期，安全越冬并在来年春天萌芽。菊芋块茎冬季休眠是一种深度休眠，也称内休眠，在休眠期，发育表现为停滞，块茎体内仅发生微弱的生理变化,即使环境条件合适也不萌芽;打破休眠(解除休眠)需要一定时数的非冰冻低温积累(需冷量),满足需冷量要求,块茎才能感知外界条件萌芽。在逆境如干旱条件下也可能暂时休眠(被迫休眠),一旦水分条件合适,将再次生长。块茎的休眠与生产密切相关,因而对其机理研究也较深入。

1. 休眠表现

休眠可以使植株的发育和外界环境协调起来(Kays and Paull,2004)。野生菊芋块茎在冬季休眠,因为在此时萌发,存活率比较低。同一克隆体(整株)上的块茎的休眠时间长短也不相同,这种特征有利于提高菊芋的存活率。

导致菊芋休眠需要将块茎暴露在低温下,以感知外界信号;而在内休眠期,存在内在机制阻止芽体萌发;在适当温度下暴露足够长的时间后,休眠机制得以满足;当外界环境适宜时,内部细胞开始分裂,块茎萌发。

除了生物学意义以外,块茎的休眠还有重要的农业意义。有的地区没有块茎休眠所需的足够低温期,那么在春天播种菊芋块茎后,其萌发率可能就比较低或者参差不齐,生产就会受到损失。同样的,没有足够的低温,仅有一部分块茎萌发,还有很大一部分仍然处于休眠状态;这种情况发生时,如果在菊芋之后还要种植其他作物,那么要清除土地中未发芽的菊芋块茎是相当困难的。

秋天,在菊芋尚未完成发育之前,块茎就进入休眠状态。Steinbauer(1939)发现在美国,块茎休眠的起点是在 8 月 28 日到 9 月 7 日。在这以后挖出来的块茎,即使是在适宜的环境下,也不会萌发。不同的块茎,其休眠起点也有所不同,另外,生产状况、培育条件及其他一些因素也会影响块茎的休眠开始。有趣的是,越大越成熟的块茎就越晚进入休眠。因此,匍匐茎和较幼小的块茎在植株未完全成熟和第一次霜冻之前首先进入休眠状态。休眠的开始是个渐进的过程;同一植株上的块茎并不是同时进入休眠的。

不同植株或者同一植株上的不同块茎休眠的程度并不相同,所以可能一些块茎已经发芽,而其他块茎还没有萌发。在 Boswell(1932)的一次研究中,145 个块茎在没有经历足够的低温期的情况下,50%的块茎发芽所需的时间为 54～200d,大多数通常需要 5～6 个月。同样,休眠的程度也跟季节有关,而对块茎进行切割并不能改变休眠。对块茎进行化学处理(如采用氯乙醇)有助于缩短休眠期,但是一些化学试剂也会延缓萌发以后的发育(Steinbauer,1939)。

促使休眠的最适宜温度为 0～5℃。较高的温度,如 10℃ 使得菊芋很难从休眠中"苏醒",即打破休眠(Steinbauer,1939),而且块茎容易腐烂(Steinbauer,1932),水分丢失过快(Traub et al.,1929)。同样,较高温度下,萌发的幼苗活性不足。不稳定的低温(-1.1～4.4℃)效果还不如 0℃恒温。通常 30～45d 低温处理就足以使休眠的块茎开始萌发。

赤霉素和低温都能有效地打破种子、鳞茎、块根、块茎和芽的休眠,促进萌发。赤霉素对打破块茎休眠具有强烈的效应(赵可夫,1959)。赵孟良等(2012)研究了不同浓度赤霉素及不同热激温度处理对打破菊芋块茎休眠效果,并对其效果进行了对比试验。试验结果表明,正常生理条件下菊芋块茎在收获 3～4 个月后休眠才会解除,在赤霉素诱导条件下 5d 就可以打破菊芋块茎休眠。不同浓度赤霉素处理下，以清水作为对照处理的菊芋块茎均未发芽，说明菊芋块茎具有严格的休眠特性。当赤霉素浓度为 10mg/L 时打破青芋 1 号、青芋 2 号、青芋 3 号菊芋块茎休眠的效果较好，发芽率均超过 50%，分别达到 64.7%、100%、97.3%。综上所述，赤霉素处理打破休眠效果优于热激温度处理，省时并且节约成本。在生产中用赤霉素处理打破菊芋块茎休眠时还因根据不同的菊芋品种进行不同浓度处理。

2. 休眠机制

由于菊芋块茎的数量多，容易获得，而且控制休眠也比较容易，所以菊芋成为研究植物休眠控制的非常好的对象。菊芋休眠所需经历的低温期长短是一定的，一旦经历了足够的低温期，自身就发出信号，取消抑制萌发的机制。很多假说认为，休眠的控制机制得以实现是基于细胞内的一些相关变化。但是，要想将控制萌发的机制与随后发生的生化改变分开并进行描述是非常困难的。

根据块茎物质及是通过人工诱导细胞分裂还是自然因素才终止休眠的两方面，可将块茎休眠的研究分为三类，分别为完整块茎的休眠、块茎切片的休眠（在液体培养基中通过植物激素诱导细胞分裂）和离体切块的休眠（如含有顶芽及其附着苞叶组织薄壁细胞的部分块茎）。每一种方法都存在明显的优势与劣势。这些方法共同的困难之处在于如何精确界定休眠终止点，故对块茎休眠终止前后物理化学变化的测量成为一种比较固定的研究方法。

在这三种方法中，使用含有苞叶组织细胞的顶芽这一方法在技术上是非常有用的，因为这样可以研究顶芽细胞和其下的苞叶组织的关系。如果将离体块茎切片置于维持休眠的环境下（如暖温 24℃，黑暗），块茎就会发生非常有趣的现象——块茎上的顶芽开始缓慢生长，形成新的块茎（neotuber）。原块茎中的营养物质和水分转运到新块茎中以促进发育，直至储存物耗尽。在此期间，任何终止休眠的处理都会导致顶芽的变化，地上茎开始发育延伸（Tort et al., 1985）。如果环境适宜，顶芽腋下节处的薄壁组织细胞受到刺激而生长，顶部分生组织的器官分化就会受到抑制。相反，如果节间的生长受到压制，就会刺激顶芽分生细胞的活动。因此，顶芽和腋下组织之间存在复杂的相互关系。

科学家根据药理学原理诱导块茎薄壁组织分裂，并用得到的切片来研究多胺在块茎休眠中的作用。多胺是一种小型脂肪胺，最常见的有腐胺、亚精胺和精胺。它们是由鸟氨酸、精氨酸和 S-腺苷甲硫氨酸合成的，现有数百篇文献介绍组织中多胺水平及作物中发生的发育和生理反应之间的关系（Malmberg et al., 1998；Kuehn and Phillips，2005）。最初人们发现多胺可以打断休眠，刺激块茎中细胞增殖（Bagni，1966）。切除块茎组织并施以多胺诱导，块茎切片中的多胺水平迅速升高，并在 24h 之后达到峰值。如果添加鸟氨酸脱羧酶（多胺合成的重要酶物质）抑制剂，细胞分裂就会受到抑制。Torrigiani 等（1987）发现在细胞周期的 S 阶段及之前，鸟氨酸脱羧酶、精氨酸脱羧酶、S-腺苷甲硫氨酸碳酸酵素活性剂（多胺合成路径中的关键酶）和多胺水平有所提高，但是随后在细胞分裂期间下降。在其他的物种中也曾发现，在细胞核 DNA 合成期间及之前，多胺水平和合成都有所增加。

人们已经在块茎中发现了腐胺、亚精胺和精胺，但是 Phillips 等（1987）发现，在细胞活动的最初 24h 和有丝分裂开始时，块茎中还含有精胺、磷酸氢二铵和尸胺。这两项研究表明，多胺水平和早期细胞分裂之间有着重要联系，多胺可以引起特定的细胞分裂。块茎中多胺在控制休眠和细胞分裂之初所起的真正作用，以及在植物发育中所起的作用，仍然有待研究。从拟南芥的精氨酸脱羧酶突变体中得到的证据证明多胺可能参与根部分生组织的功能。

研究发现，DNA 合成前期（G_1）薄壁组织细胞进入休眠（Mitchell，1967）。但是，当把这些细胞放入含 2,4-D 的培养液中时，休眠就会被打断或避免，细胞继续进行有丝分裂（Bennici et al.，1982）；薄壁细胞第一次和第二次分裂完全同步（Serafini-Fracassini et al.，1980）；以后的分裂，同步性逐渐失去（Yeoman et al.，1965）。同样，第一、第二个细胞周期和休眠进程的时间也有了很大变化（Bennici et al.，1982）。

以前人们注意到，块茎休眠时其中多胺的含量较低，但是当休眠结束以后，细胞内迅速合成多胺（Del Duca and Serafini-Fracassini，1993），这一现象在 G_1 早期就开始出现。同样的，休眠一结束，细胞中精氨酸、谷氨酸盐（多胺的前体）明显减少，多胺就相应增加。

发育开始后，包括细胞中蛋白质、嘌呤核苷的所有新陈代谢都有所增加。发芽以后，核糖体几乎都表现为单体，并且含量急剧下降。随着休眠的打破，RNA 的合成增加，块茎中氨基酸的含量增加，游离氨基酸和固定氨基酸的转变也有所增加（Le Floc'h et al.，1982；Scoccianti，1983）。为了研究顶芽与腋下细胞之间的关系，科学家开始研究控制内部成分再分配的一种所谓的膜机制。新的块茎形成时，原块茎中的干物质被运输到新块茎中循环利用。人们假定是质膜上的 ATPase 机制控制着这一转换。有人认为在休眠完成的前后，质膜上的 ATPase 活动发生了变化，如与休眠开始、结束有关的膜蛋白在性质上发生了变化（Petel and Gendraud，1988）。低温被认为是膜蛋白变化的原因（Ishikawa and Yoshida，1985）。

随着新块茎的发育，由于没有外来能源加入，原块茎内水分和营养的情况发生了变化，对生长的需求使得必须在内部进行营养物质的循环利用。休眠持续时，新的块茎发育，芽中的水分开始增加（15d），而原块茎基部的水分则减少。同样，低温处理（4℃，9～10 周）以后，块茎中的水也发生了变化，基部的水运向处于生长状态的顶芽。休眠块茎中，薄壁细胞更容易吸收蔗糖，而且细胞间液的 pH 比非休眠细胞明显要高，这说明细胞中确实存在营养物质再分配。这一解释说明休眠时有可能发生了 H^+-蔗糖共运输反应。另外，休眠块茎和非休眠块茎之间脱落酸的转运也发生了变化。

6.5　匍匐茎繁殖

匍匐茎（根状茎）是茎的地下部分特化的结果。匍匐茎有助于植株的扩散，因为匍匐茎可以从植株向外伸长 50cm（Swanton，1986）。匍匐茎一般为白色，长度不等，其上有节，节上的芽能够发育成分枝等。大多数匍匐茎位于土壤上层的 10～15cm。植株类型、基因型和生长条件（如土壤类型）不同，匍匐茎的长度也存在差异。例如，在密度较大的种群中，匍匐茎生长较晚，数量少，而且平均长度、节的数量、分枝数量也少，这表明抑制碳水化合物供应的因素会限制匍匐茎的形成。

根据形态、习性和生物物候表现，菊芋可以分为两种类型：①野生类型，匍匐茎长，形成的块茎较小，为纺锤形；②栽培类型，匍匐茎短，在主茎基部聚集，形成的块茎为圆形。这两种类型在匍匐茎数量、长度、总干重和芽数量都有差异，就芽数量来说，野生类型要比栽培类型大很多（Swanton，1986）。在晚秋，植株地上部分死亡以后，土壤中不同植株匍匐茎的长度有很大差异。在冬季或者生长季节的末期，一些匍匐茎腐烂分解，有些则存活下来，第二年春天发育成为新的植株。野生种长长的匍匐茎不仅是从植物地上部分向下运送光合作用产物的管道，而且是储存碳的场所、繁殖器官和植株扩散的途径。一般情况下，匍匐茎较脆弱，在耕作和饲养牲畜时易断裂，因此可能发展成为杂草而难以控制。

与匍匐茎相比，菊芋更多的通过块茎进行繁殖，但是菊芋匍匐茎的繁殖潜力非常大，而且受众多因素（如克隆体、年龄、土壤深度、大小和环境状况）影响。秋季收获一结束，大多数匍匐茎就可以进行繁殖了，如果切成 1cm、2cm 及 4cm 的长度，发芽率可以达到 85%～95%。匍匐茎的切片越长，长出的幼苗越多、越大（Konvalinková，2003）。块茎产生的幼苗比匍匐茎的幼苗要大（一般大 2.5～3 倍），很显然这是由于块茎中储存了更多的碳。匍匐茎发芽的时间跟种植时间（7 月 23 日、9 月 1 日、12 月 15 日）和土壤厚度有关。如果种植较早，种植深度为 5cm、10cm 或 20 cm，在种植 25d 后就会发芽（Swanton，1986）；如果种植深度大于 30cm，需要 300d 才能生长出来。种植时间较晚，那么发芽所需时间也会较长（如 214～258d）。种植深度为 5cm 或 10cm 时，发芽率为 100%，20cm 时为 80%，30cm 时只有 57%。

20 世纪 60 年代发表的一系列研究，详细地介绍了匍匐茎上根形成的发育生理学原理（如细胞增殖、韧皮部和管胞的分化、形成层的构成、形成层原细胞的形成），以及其影响因素（Gautheret，1969；Nitsch and Nitsch，1956）。根的生长受到矿物质、盐分、糖类、植物激素、温度和光照的影响。其中，温度和碳水化合物的供应可能是其中最为重要的因素。

6.6　组织培养繁殖

植物组织培养就是在无菌情况下培养植物细胞、组织和器官。培养的范围包括悬浮状态的细胞或细胞群、成熟或未成熟的胚胎、切片、植物器官的外植体、孤立的植物器官、芽或者根尖。向日葵属的作物有很多培养方法，但是菊芋主要是通过块茎、茎段外植体进行繁殖。利用植物组织培养可以进行菊芋微繁殖、脱病毒、体外种质保存、遗传转化及突变体筛选。根据再生植株的产生方式，可将菊芋组织培养分为微繁殖、诱导体细胞胚和诱导愈伤组织分化三种途径（Alla et al.，2014）。

6.6.1　组培培养条件

植物组织培养的一般步骤如下：①制备用于菊芋组织培养的多种培养基，包括诱导培养基、继代培养基、生根培养基，并盛装于培养瓶中（如三角瓶、塑料瓶等）；在使用前 3 天配置好培养基，暗处存放待用。②无菌化准备，包括培养基、接种环境、外植体的灭菌和消毒。③外植体接种到培养基上，将培养瓶密封隔离。在一定的光照、温度条件下培养，脱分化形成愈伤组织。④愈伤组织继续分化得到不定芽，或转接到新的分化培养基上分化不定芽。⑤可将不定芽切段并转接到继代培养基上，实现不定芽的再扩大繁殖；继代培养基可与分化培养基相同。⑥将不定芽转接到生根培养基，得到大量带根的组培苗。⑦将组培苗置于合适环境中，进行炼苗，为适应外界环境做准备，之后移栽到试验田中。

菊芋愈伤组织形成（脱分化）较容易，但分化不易成功，即难以形成胚性愈伤组织，是公认的难以愈伤再生的植物（Taha et al.，2007）。目前菊芋的植物再生体系大都采用丛生芽体系。潘宇等（2013）选用幼茎作为外植体，其丛生芽分化较块茎外植体要多。陆杰等（2010）也认为茎段是最为理想的快速繁殖材料，而块茎繁殖速度慢，繁殖倍数低。外植体（幼嫩枝条腋芽）消毒采用 75% 乙醇表面消毒 20s 和 0.1% $HgCl_2$ 浸泡 6min 的处理组合效果最佳（闫海霞等，2009）。

外源激素是菊芋愈伤组织形成和不定芽分化及生根所必需的，在 MS 培养基中添加适宜浓度的 BA、NAA 或 BA、2,4-D 对菊芋培养都获得了较高频率的愈伤组织和不定芽分化，但结果有一定差异（表 6.1），可能与菊芋品种类型和激素浓度配比不同有关（王利琳等，1997；陆杰等，2010；潘宇等，2013；杨世鹏等，2015）。外植体的选用上，以茎段较多，较容易形成丛生芽。以丛生芽途径扩繁为主；不定芽途径虽能获得愈伤组织（脱分化较容易），但后续愈伤组织不易分化成不定芽。培养基组分受外植体初始状态、实验室培养条件影响，各实验室不尽相同，但有共同之处：①多以 MS 培养基为基本培养基；②较多以 NAA 和 6-BA 为外源激素。

表 6.1 菊芋离体培养的培养基

外植体种类	诱导培养基	继代培养基	生根培养基	参考文献
带茎节的幼嫩茎段	MS+BA 2.0+NAA 0.01	MS+BA 2.0+NAA 0.01	MS+NAA 0.01	潘宇等，2013
薯盘芽和茎段	MS+6-BA 1.0+IBA 0.2	MS+6-BA 2.0	MS+NAA 0.2	陆杰等，2010
幼嫩枝条腋芽	MS+6-BA 0.5+NAA 0.1	MS+6-BA 1.0+ NAA 0.01	MS+NAA 0.1	闫海霞等，2009
切成块状的块茎	MS+BA 1.0+NAA1.0	MS	MS+BA 3.0+NAA 0.5	Taha et al.，2007
块茎和叶片	MS+谷氨酸 200	MS	MS+6-BA 1.0+IAA 0.5	Witrzens et al.，1988
花药	MS+6-BA 0.4+NAA 0.2	MS	MS+6-BA 0.2+NAA 0.1	Pugliesi et al.，1993

注：表中所有数据的单位为 mg/L

薛俊和刘仲齐（2004）在添加有 BA 和 NAA 的 MS 培养基上诱导出丛生芽，在仅含 0.5mg/L NAA 的 MS 培养基上诱导生根，含 0.1~0.2mg/L NAA 的 MS 培养基上既出苗又生根，向长了 3 片叶子的菊芋苗中加入液体培养基 MS+5mg/L BA+8% 蔗糖或 MS+3mg/L BA+12% 蔗糖，20℃下暗光培养；14d 左右在根上诱导出块茎芽，增殖系数为 11。

隆小华等（2013）以南芋 9 号种子为材料，选择幼苗的子叶和下胚轴为外植体，将外植体接种到一种不定芽诱导培养基上，暗培养 2 周，可以观察到外植体经诱导脱分化形成了愈伤组织，转移到另外一种成熟培养基上，暗培养 2～3 周后，愈伤组织再分化出不定芽，再转到光照条件下培养。不定芽诱导率 10%以上。菊芋是公认的难愈伤再生的植物，该方法技术体系诱导菊芋的愈伤组织生成不定芽并最终获得完整植株，不同于以带有生长点的茎尖和腋芽为材料的扩繁体系，是真正的菊芋组织培养体系，为之后的菊芋基因工程育种工作奠定了基础。

李莉莉等（2015）发明一种菊芋繁殖方法，包括如下步骤：对外植体（块茎、茎段或叶片均可）进行消毒处理；将外植体接种至愈伤组织诱导培养基（MS+0.8～1.6mg/L 6-BA+0.2～0.5mg/L NAA），在 23～25℃下，暗培养至出现愈伤组织；取愈伤组织，将其切成小块，转接至不定芽诱导培养基中（MS+1.0～2.0mg/L 6-BA+0.1～0.3mg/L NAA），光照培养至长出不定芽；将不定芽转移至继代培养基中（MS+1.5～2.0mg/L 6-BA），在 23～25℃下，光照培养 20～25d；将继代苗转入生根培养基中（1/2MS+0.2～0.6mg/L IAA），在 23～25℃下，光照培养 15～20d；取出生根的组培苗，洗去根部培养基，栽入基质中，再移栽至大田。

菊芋体外克隆微繁殖的步骤（Gamburg et al., 1999）：以田间采集腋芽茎段为外植体，剥离其茎尖分生组织，接种到 MS 培养基上（含 2%蔗糖、1mg/L 盐酸硫胺素、1mg/L IAA 和 0.6%琼脂粉）进行初代培养。将初代培养好的克隆体植株切段接种到继代培养基上（MS+8%蔗糖+0.5mg/L BA），在 18℃下暗培养诱导微块茎。经过一段时间的培养，可获得较多的微块茎，含有大约 30%的干物质。经过 4～6 个月的冷贮藏后，将微块茎转移到有光照的 23℃环境中即可恢复生长。微块茎诱导以添加 0.5mg/L BA 为最佳，但在无 BA 添加情况下也可较好地诱导；在蔗糖浓度为 2%～4%时，添加 BA 不能诱导微块茎，故 BA 并非诱导微块茎所必需（Garner and Blake, 1989）。体外克隆的微块茎不带病毒，并可在低温下长期保存，是块茎生产植株种质最好的保存材料，可作为科研单位间种质交流方式广泛利用。

此外，茎尖超低温保存技术已应用于菊芋离体种质保存，将解冻后的茎尖在恢复培养基（MS+0.1g/L GA$_3$+15g/L 蔗糖+8g/L 琼脂粉）上培养，再生植株恢复生长良好，存活率达 93%，再生率达 83%，且只有加入 GA$_3$ 才能形成正常的再生植株。若在超低温保存各步骤都采用果糖代替蔗糖，可有效地防止再生后玻璃化现象的发生（张金梅等，2015；陈晓玲等，2014）。

体细胞胚发生：体细胞胚发生是在离体条件下，植物体细胞通过与合子胚类似的发育途径形成新个体的过程，相对于器官发生而言，体细胞胚发生具有数量多、速度快、结构完整、再生率高的优点。体细胞胚发生是分子细胞育种中离体保存和遗传改良的必要环节。越来越多的研究表明，植物体细胞在离体培养中，通过体细胞胚发生途径形成再生植株已是极普遍的现象（Evans and Sharp, 1981）。直接体细胞胚发生途径是指直接从外植体某些部位诱导分化出体细胞胚。间接体细胞胚发生途径是指外植体先脱分化形成愈伤组织后，再从愈伤组织的某些细胞分化出体细胞胚。

Mostafa 等（2008）研究了植物生长调节剂对菊芋叶片切段离体胚发生的影响，在 MS+0.1mg/L NAA 培养基上体细胞胚发生率达到 41.6%。Taha 等（2007）通过诱导叶片外植体分化愈伤组织及脱分化（MS+1mg/L NAA+1mg/L BA）和继代培养（MS+0.5mg/L

NAA+3mg/L BA），获得了体细胞胚发生再生植株。为了完善菊芋遗传转化体系，Kim 等（2016）以叶片切段为外植体，研究了激素种类、玉米素（zeatin）添加浓度、光照条件、外植体类型对愈伤组织诱导和不定芽再生的影响，在叶盘周围和叶表面都成功地诱导了体细胞胚，并观察到体细胞胚先后经历了球形期、心形期、鱼雷期、转绿期和不定芽发生期各阶段，在无激素添加的 MS 培养基上生根，获得再生植株，并提出离体叶片高效再生不定芽的程序：①从保存的离体植株上获取叶片外植体；②在 MS 培养基上低效率地诱导不定芽，获得初代再生植株；③从上述初代再生植株获取离体叶片切段，接种到 MS+1.0mg/L 玉米素培养基上；④高效培养获得大量不定芽。

6.6.2 愈伤组织形成机理研究

在合适的培养液中，外植体发育成愈伤组织。愈伤组织由体积较大的薄壁细胞组成。愈伤组织类似于植株受到伤害时产生的未分化的修复组织。在培养中，分化了的愈伤组织经诱导可发育成植物幼苗，进而发育成正常植物。当灭菌的外植体进入含有刺激细胞分裂和促进生长物质的培养液中时，愈伤组织受到诱导开始发育。外植体可以是单一细胞组成的组织，也可以是不同类型细胞组成的组织（Yeoman and Aitchison，1973）。菊芋块茎的贮藏薄壁组织中的细胞的相似程度很高，其 DNA、RNA 和蛋白质都较为相似（Mitchell，1969）。因此，能发育成为极其一致的愈伤组织，而且几乎同步发育。菊芋块茎，以及胡萝卜、防风草、西红柿的贮藏器官被用来研究愈伤组织发育的基本过程（Yeoman et al.，1965）。它们现在被认为是研究组织培养技术的典型植物。

培育外植体时，一般将休眠的菊芋块茎切成 25mm 厚的切片，一般切成圆柱状。使用圆柱状是因为这种形状能够重复制作，而且比表面积大，有利于气体和营养物质的交换，从而有利于愈伤组织的形成。为了能从同一组织中获得尽可能多的外植体，一般切的小一点；外植体的大小一般为 2.4mm×2.0mm，最小通常为 8mg，包含 20 000 个细胞（Yeoman and Street，1973）。

组织培养使用的培养液含有矿物盐、大量元素、微量元素、糖类（一般为蔗糖）、维生素、氨基酸、生长调控物质（如植物激素、赤霉素、细胞分裂素）、去除干扰金属离子的螯合物（如 EDTA），以及一些天然物质如椰子汁等（Yeoman and Aitchison，1973）。菊芋组织培养似乎更能适应于 MS 培养液的变化。休眠的菊芋块茎培养液需要含有植物激素和相关的生长调控物质，但是细胞分裂素一般不是必需的（Yeoman and Aitchison，1973）。培养液可以是液态的也可以是固体琼脂。Cassells 和 Collins（2000）列出了 23 种胶凝物，使用了一系列不同的生长参数，来衡量外植体的生长，发现一种商业用琼脂（Sigma 公司）的效果最好。细菌会对培养造成污染，但是可以使用抗生素来预防。Phillips 等（1981）测试了 6 种抗生素发现利福平（rifampicin）是最为有效的，不会影响外植体的生长。

促进愈伤组织生长的植物激素和其他相关促生长物质一般为 IAA（吲哚乙酸）、NAA（萘乙酸）和 2,4-D（2,4-二氯苯氧基乙酸）。另外还经常使用赤霉酸、6-苄氨基嘌呤（人造细胞分裂素）。所有的生长调控物质的浓度都较低（如 10μmol/L）。为促进细胞分裂和净重增长的 2,4-D 的最佳浓度为 10^{-6}mol/L；不添加 2,4-D 则生长速度较慢，但是浓度过高就会抑制生长（Finer，1987）。使用 2,4-D 来抑制组织时，RNA 的合成剧烈增加。核仁是生长调控物质活动最重要的场所，促进菊芋外植体细胞分裂的 ^{14}C 标记的 2,4-D 会在核仁中积累（Yeoman and Mitchell，1970）。RNA 达到峰值后，DNA 也会迅速增加，蛋白质合成也会逐步增加。

只有外植体外层的细胞才会被诱导分裂，所以中心的细胞不进行分裂，周围的细胞进行分裂。据观察，当菊芋块茎在光下切离，经诱导后，仅有一半的外围细胞立即进行分裂。但是，如果外植体是在较弱的绿光下发生离体的，经诱导后，全部的细胞都会开始分裂（Yeoman and Davidson，1971），即在光环境下，外植体被分为细胞分裂部分和结构性生长部分，而在暗光下较多的细胞发生分裂。在培养液中加入氨基酸有利于提高周围细胞的分裂率（Yeoman and Aitchison，1973）。弱白光可以促进生根，而且有利于外植体上根状茎组织的生长（Gautheret，1969）。

块茎外植体经诱导之后，细胞迅速分裂。25℃下，外植体细胞数量在 7d 中增加 1000%（Yeoman et al.，1965）。变温的环境可能利于愈伤组织的发育（Capite，1955）。培养之后的 2 周后，单个细胞的体积变小，细胞分裂速度超过细胞生长速度。培养液成分为影响外植体的细胞大小。含有 2,4-D 和椰汁的培养液中的细胞要比仅含有 2,4-D 的培养液中的细胞要小（Yeoman and Aitchison，1973）。预处理块茎外植体能够调控细胞分裂和细胞生长的平衡。

不同的培养操作和培养液成分可以决定培养液中菊芋组织的主要类型（Roche and Cassells，1996）。例如，不同的培养液成分，有的利于发芽，有的利于根的发育。一些报道已经成功地说明了向日葵、菊芋和向日葵×菊芋杂交种种子外植体根的形成（Espinasse et al.，1989；Pugliesi et al.，1993；Witrzens et al.，1988）。例如，添加生长调控物质或乙烯抑制剂能够增加愈伤组织生出芽的数量（Robinson and Adams，1987；Witrzens et al.，1988）。一些报道中称，在含有大量蔗糖的培养液中，在新芽形成时会有很多肉质胚胎（胚胎是不育植物细胞生长出来的，而不是可育细胞）生成（Pugliesi et al.，1993）。胚胎数量越多，转化成的植物数量也多，但是需要一些发展进程，在这些进程中，所需的调控物质和培养环境是不同的（Pélissier et al.，1990）。

不添加调控物质，使用特定的培养液就可以诱导向日葵属植物愈伤组织根的形成，但是诱导根的形成比诱导芽的形成要难得多。菊芋愈伤组织中根状茎和根的形成需要添加特定数量的植物激素和糖，而且光照和温度也要达到平衡（Gautheret，1969）。Devi 和 Rani（2002）使用含有 Ri 质粒的农杆菌变体诱导幼胚发育成的向日葵×菊芋杂种生根，利用 MS 培养液，内含 2,4-D 和 IBA。该转化植株产生很多的愈伤组织和芽，但只有稀疏的根。

电子显微镜已被用来研究菊芋外植体组织的发育。Tulett 等（1969）描述了使用电子显微镜观察细胞结构，以及准备块茎外植体和愈伤组织的过程：①将愈伤组织切片放入含有 6%戊二醛的 0.1mol/L 磷酸缓冲液中，pH 为 6.9，放在室温下 2h；②在 5℃下过夜；③将愈伤组织在磷酸缓冲液清洗几次；④在 1%~2%的锇酸缓冲液中浸泡 1h，或者在 2%的高锰酸钾水溶液中浸泡 1~2h。

电子显微镜下，菊芋培养组织的质体中有两种明显不同的膜系统：一个囊状电子密集的中心系统，一个外围系统。中心系统的形态是变化的，可能是储存蛋白质；外围系统中有许多不规则的细管和凹陷，而且有许多质体，特别是在细胞核附近（Tulett et al.，1969）。外围系统可能是通过质体进行物质运输（Yeoman and Street，1973）。

块茎发育成的愈伤组织起初是静止的，必须通过诱导才能分裂。细胞分裂伴随着细胞结构的变化，这反映出细胞的新陈代谢也发生了变化。块茎外植体切除以后1h，核糖体就大量增加。核糖体在细胞质中成螺旋形，与内质网连接以后又进一步盘旋，盘旋频率不断增加，并与蛋白质合成相符。随后液泡中出现电子密集体，但是晶体出现之后，数量变少，其中晶体中含有水解酶。外植体中有许多形状各异的线粒体，包括杯状线粒体，在培养液中，线粒体呈现多种形态，包括哑铃形、圆柱体、分枝状或盘状。随着细胞分裂，细胞核逐渐变圆，染色质电子密集在细胞核周围，并有一些结构伸到细胞质中。细胞核密度变小，并有电子密集区域。正如 Bagshaw 等（1969）及 Yeoman 和 Street（1973）描述的，有丝分裂和细胞分裂之后并伴随着核膜分裂。

6.6.3 菊芋组织培养的应用

1. 向日葵属杂交种再生的途径

植物组织培养是作物育种的重要方法，同时也是保存基因资源的重要途径。科学家可以将向日葵繁殖的经验和技术直接引入菊芋的培育，而有关向日葵培育的报道是非常多的。科学家曾利用合子胚和未成熟的胚、种子的胚轴和子叶、茎和根尖繁殖向日葵，使用的培养液和步骤同样适用于菊芋的培养。另外，菊芋已成为植物组织培养的模式植物。

利用组织培养，实现了菊芋和向日葵远缘杂交种的培育。菊芋和野生的向日葵属植物可以作为向日葵育种的种质资源，以提高其抵抗害虫和疾病的能力。例如，增加了向日葵对锈病的抵抗能力及对黑斑病菌的抵抗能力（Orellana，1975；Kochman and Goulter，1983）。但是，生殖隔离限制了向日葵属植物间的相互杂交，杂交种产生的种子很少，而且 F_1 不育在杂种中非常常见。但是这些不育隔离可以通过植物组织培养的方法克服。其后代中，不同基因置换的程度非常高。因此，杂交品种可以产生后代，这样大大增加了产生可育后代的可能性。

Witrzens 等（1988）和 Pugliesi 等（1993）介绍了很多培养和繁殖菊芋与向日葵杂交种的方法。Witrzens 等（1988）发现只有未成熟的胚胎才能获得一致的杂交种再生植株，其中只有一种基因型是例外的，它可以通过块茎实现杂交种再生。如果培养液中含有 30g/L 蔗糖，则 30%的芽会长出头状花序，如果将蔗糖换成 40g/L 的葡萄糖，花则较早成熟。在培养液中添加赤霉素有助于茎的伸长。

Pugliesi 等（1993）利用菊芋、向日葵×菊芋的杂交种及其与向日葵多代回交后代的子叶生产幼苗。子叶在 MS 培养液中进行培养，并添加 IAA 和呋喃甲基腺嘌呤或 BA。大多培养液中产生了芽，而在含有高浓度细胞分裂素、低浓度生长素的培养液中效果最好。继代培养在没有生长调控物质的 MS 培养液中进行，随后胚胎形成，芽发生分化，幼苗成功地移植入土壤中。

2. 基因调控的途径

组织培养有助于观察试管幼苗，以描述其特性，如核盘菌抗性、耐寒性和耐盐性。如果转基因技术和基因调控技术广泛地应用于菊芋，组织培养技术将会越来越重要。科学家直接使用转基因技术及其他基因调控技术对组织培养中的向日葵进行转基因处理。向日葵×菊芋杂交种也经过了转基因处理。因此，菊芋的基因调控技术已经可以使用。

3. 种质保存

组织培养技术使得菊芋的种质资源能够在生物多样性保存计划中得以保存。利用组织培养，菊芋培养体可以在低温下保存很长时间。例如，在加拿大的一项研究中，9 个试管培养体被用来当作田间种质的预存替代品。在 5℃存活了 3 个月，这在植物中是最长的，而在 6 个月后，52%的培养体仍保持健康（Volk and Richard，2006）。

超低温保存（在超低温下保持生物组织存活的方法）和组织培养成为长期保存植物资源越来越重要的方法。菊芋块茎试管培养体的芽尖在超低温下，保存于透明溶液中，并要添加乙烯乙二醇、二甲基亚砜和蔗糖。透明化可以防止植物体结冻。在 0℃下处置30min 后，植株就还可以苏醒并生长。因此，可以在超低温下利用菊芋组织培养体保存菊芋，而且使用超低温贮藏技术能够保存更长的时间。

6.7　移　植　苗

利用块茎的芽进行移植，可以增加同一克隆体的种群大小，比直接在田间种植块茎要快得多。要获得移植苗，要将块茎种植在温床中 4～6cm 深处，或者在温室中由标准培养液培养。块茎需要被隔离，以免意外触动，但是要妥善安置。当移植苗有 20～30cm高，并且有 4 片或更多叶片时，可以将移植苗从块茎上小心的切割下来。不够成熟的移植苗的根较少甚至没有根，茎较细，因此易受到损伤，并且比大的强壮的移植苗生长更慢。所以，为了确保产量，较小的移植苗应较晚移植。直接将移植苗植入土中的成活率不高，而要先将其放入潮湿环境中做基质盆栽 10～12d，之后再行移植到大田。从培养液中取出后先让其受冷几天是比较好的，特别是如果田地中干热气候较重的情况下。因此，每 4～6d 取一次移植苗，这样经过 4～5 周，移植苗生根数量就能达到最大值。

块茎大小不同，所产生的芽的数量也不同。小一点的块茎（如 30g）比大块茎（50～70g）产生的移植苗要少，大块茎一般能生出 13～15 个芽。一般来说，大块茎产生的移植苗的茎更粗壮，因此比较不容易枯萎。如果我们的目的是增加种群的大小，那么直接在田间种植块茎只能获得一个植株，但是使用移植的方法一个块茎可以获得 15 个植株（Kays and Nottingham，2007）。移植苗还可以用作早期田间试验，但是这种方法的缺点较多，因此很少被使用。例如，这种方法需要切块和生根，过程比较费时，需要很大的人力投入，且压缩了田间生产时间，种植移植苗所收获的新块茎数较少。但是，当只有很少的块茎可以利用，而又需要在来年快速增加种群的大小时，那么这种方法是很有效的。

6.8 茎 枝 扦 插

向日葵属是草本植物,种子繁殖是向日葵属植物传统方法,但是当种子难以找到时,可以用茎枝扦插生根,迅速扩大种群。几种向日葵属物种茎枝切穗在适宜的环境下可以很容易生根,实现扦插繁殖(Norcini and Aldrich, 2000;Phillips, 1985;Liu et al., 1995)。很多研究用向日葵的胚轴作为模型进行生根试验,而很少用到茎枝扦插来生根。对于黄瓜叶向日葵 *Helianthus debilis* 来说,最好的方法是将顶芽齐末端叶片以上切下,并将其扦插在排水良好的培养基质中,施以喷雾加湿(以 9s/2.5min 的频率),并作部分遮光处理(30%遮光)。此过程不使用生根激素,未经生根激素处理的顶芽切穗存活率为 100%,而且在 17~21d 后就可以移植了。对于黄瓜叶向日葵来说,排水良好的培养基质是非常必要的。

利用茎枝扦插来繁殖菊芋的可行性已经经过了验证。制作两种长度不同(15cm 和 25cm)、直径不同(中等和粗壮)、位置不同(尖端和近尖端)的插穗,有和没有激素处理(100ppm[①] IBA 水溶液),于基质中(2 珍珠岩:1 泥炭苔)生根,在 45d 后观察生根情况,划分为 1~5 等级。结果所有的插穗都生了根,且不同的处理插穗生根的数量也不同(Kays and Nottingham, 2007)。尽管茎枝扦插是可行的,但是用茎枝扦插繁殖菊芋并没有成为生产上的选择,主要有两个原因:①植株达到可以足够切割大小所需的时间,再加上生根所需的时间,对大多数地区来说太长,不能保证足够的生长时间;②这种方法所得的植株生长的块茎较少。后一个问题的原因可能是由于匍匐茎是从植株茎的地下部分长出来的,而很少从生了根的茎上长出,尽管不同茎枝扦插克隆体的表现不一。

6.9 种 子 繁 殖

菊芋主要以块茎繁殖,种子繁殖仅在少数情况下用到。收获种子是菊芋杂交育种不可缺少的环节。菊芋为异性杂交种,表现出很高的自交不亲和,而植株之间却很容易杂交,并产生种子。据曾军(2011)、吕世奇等(2018)报道,菊芋开放授粉结实率较低(<25.28%),紫色和棕色块茎材料开放结实率高于白色和红色块茎;倾向于自交不亲和,自交情况下,部分材料可以获得少量种子;不存在单性生殖现象。因此,筛选高结实率的母本对于杂交育种有重要意义。此外,种子对于野生菊芋繁殖来说是非常重要的。

基因型、地点、生产状况不同,每个植株产生的种子数也不同。野生种比培育种要开更多的花,产生更多的瘦果(Westley, 1993)。一般来讲,种子产量低是由于开花较晚,而秋季温度较低。在代表 3 个不同生态型的 6 个克隆体中(2 个栽培种、2 个杂草种和 2 个野生种),每朵花中种子的数量、每个植株中种子的数量及种子的平均重量存在很大差异(Swanton, 1986)。杂草种每朵花产生 5 粒种子,而栽培种则有 0.08~2 粒种子。种子平均重量的差异相对较小(3.5~4.8mg),但是单个种子的重量在 0.8~10.8mg。每植株种子数量为 5.6~78 粒。相反,5 个商业栽培品种所产生的种子数为每株 88~

---

① 1ppm=10^{-6}

1058 粒（Lim and Lee，1990）。

菊芋种子的大小与向日葵栽培种的种子相比减小了许多，而且发芽率也降低了很多。成熟的种子大多休眠，但是可以通过一些方法抑制休眠。一些野生向日葵属植物的共同问题是种皮的休眠机制，如在向日葵中，其较浅程度的休眠依然对萌发产生抑制。Kamar 和 Sastry（1974）发现向日葵生长了 20d 的种子比更加成熟的种子的发芽率要高，这说明种子确实有休眠机制。产生种子的植物通常都会在种子发育的早期发生休眠，因为这样可以避免种子未成熟就过早发芽（Kays and Paull，2004）。所有的野生种都有不同程度的休眠，但是这在向日葵属一年生沙生植物中尤为严重（Heiser et al.，1969）。

一些促进发芽的方法已经经过了测验，如种子种在罐子中，冬天时，将罐子在室外放置 3～4 周，这样种子就会经受各种温度，结冻和解冻。虽然这样可以提高发芽率，但是很少能超过 50%，而且对一年生旱生植物并不有效（Heiser et al.，1969）。使用乙烯利、乙烯释放化合物、赤霉酸、6-苄氨基嘌呤对新收获的向日葵种进行化学处理，可以提高发芽率。同样，去除外壳也有助于提高发芽率（Kamar and Sastry，1974）。从对 4 种向日葵属最难发芽的植物的研究来看，唯一最为有效的方法是去除外壳和种皮（Chandler and Jan，1985）。菊芋种子的发芽率也可以通过去除种皮得以提高（Lim and Lee，1990）。

以下步骤有利于野生向日葵属植物发芽。在无菌环境中，种子表面先用 1%的次氯酸钠溶液浸润 15～20min，用蒸馏水清洗干净，然后在种子宽阔的一边剥除一小部分种皮，接着在 100mg/L 的赤霉酸溶液中浸泡 1h，再将其放在滤纸上，放在陪替氏培养皿中保持黑暗过夜（21℃）。以后的几天中，小心地将种皮剥去，用水清洗种子，然后放在新的滤纸和陪替氏培养皿中，再在黑暗中放置 2d。使用灭菌剂（如苯菌灵）可以用来减少细菌污染的可能性。2d 之后，将陪替氏培养皿放在荧光灯下，直到种子可以移植到土壤中。

在商业生产中，菊芋种子并不能作为繁殖体应用，因为菊芋有较高的雄性不育率和自交不亲和性，而且种子一般是母本与未知物种父本的杂交种。因此，无法弄清种子的基因组成，与很多多倍体物种一样，种子繁殖后代的表现超越亲代的可能性非常小。例如，菊芋育种研究中 8000 粒种子里，经过筛选只有 17 粒可以用来进行来年的克隆研究（Mesken，1988）。另外，种子发育成的植株一般不如块茎发育成的植株生命力旺盛。所以，块茎发育成的植株能够快速增长，并能很快的形成荫蔽。最后，菊芋种子的发芽率低，降低了其作为商业繁殖用途的可行性。所以，尽管有些报道称成功地利用种子生产菊芋，但是使用种子进行生产的可行性还是比较小。

刘建全等（2010a）发明了一种菊芋人工杂交的方法，即对母本头状花序外围管状花开放时，于雄蕊伸长但未散粉、雌蕊花柱未伸长、雌蕊柱头与雄蕊顶端有一定距离的时机，用镊子拔除聚合的雄蕊筒；同时将花序上还未发育成熟的管状花的花药及柱头结构切除，在残留部位涂上胶水，防止了中间部位管状花的继续散粉，避免了其产生花粉造成污染。选择花序上雄蕊花粉刚被柱头顶出花药管的植株作为父本，在母本雌蕊柱头前端分裂且裂片展平的时候，进行人工授粉。此时，母本的柱头可授性好，父本的花粉活性强，易结实。该方法只需一次去雄即可，简单有效；避免连续去雄的烦琐和花粉的污染，并能防止自交，得到纯度高的杂交种子，确保杂交种子谱系的准确可靠。杂交结实率可达 15%。

参 考 文 献

曹力强, 王廷禧. 2012. 菊芋新品种定芋 1 号. 中国蔬菜, 3: 32-33.

陈军. 2009. 体外诱变与组织培养在菊芋种质创新中的应用研究. 华中农业大学硕士学位论文.

陈晓玲, 韩丽, 张金梅, 等. 2014. 菊芋离体茎尖超低温保存及再生培养方法. CN104012524A.

侯全刚, 马本元, 李莉, 等. 2006. 加工专用型菊芋青芋 2 号. 中国蔬菜, (2): 56.

黄相国, 葛菊梅, 沈裕虎, 等. 2004. 青海高原菊芋(Helianthus tuberosus L.)开发研究述评. 西北农业学报, 02: 35-38.

李江, 李莉, 钟启文, 等. 2005. 菊芋种用块茎对比试验. 青海农林科技, 4: 48-51.

李莉, 马本元, 侯全刚. 2004. 青芋 1 号菊芋. 中国蔬菜, (4): 59.

李莉, 钟启文, 马本元, 等. 2005. 青芋 1 号菊芋种芋单重对产量的影响. 青海科技, (6): 17-19.

李莉莉, 秦松, 任鹏鸿, 等. 2015. 一种菊芋组培繁殖方法. CN104885947A.

李屹, 孙雪梅, 钟启文, 等. 2011. 加工型菊芋新品种青芋 3 号的选育. 中国蔬菜, 10: 100-102.

刘建全, 寇一翾, 曾军. 2010a. 一种菊芋人工杂交的方法. CN101803562A.

刘建全, 曾军, 寇一翾. 2010b. 一种培育菊芋杂交种子获得菊芋杂交种植株和块茎的方法. CN101803572A.

隆小华, 严德凯, 刘兆普. 2013. 一种菊芋不定芽诱导及植株再生的方法. CN103404439A.

陆杰, 宋洋, 王珣, 等. 2010. 菊芋组织培养快繁技术的建立. 植物生理学通讯, 46(05): 459-465.

吕世奇, 寇一翾, 曾军, 等. 2018. 菊芋有性繁殖特性与人工杂交育种研究. 西南农业学报, 31(06): 1272-1278.

门果桃, 张宇, 兰开龙, 等. 2018. 菊芋新品种"科尔沁菊芋"的选育及其应用. 当代畜禽养殖业. 3: 4-5.

潘宇, 庞少萍, 邹卓, 等. 2013. 菊芋快速繁殖与植株再生研究. 西南大学学报(自然科学版), 35(12): 16-20.

祁生兰, 马吉权, 米六存. 2008. 菊芋品种比较试验. 青海农林科技, 1: 27, 43.

钱有新. 2013. 一种菊芋繁殖方法. CN102986349A.

孙雪梅, 李莉. 2011. 菊芋种质资源性状初步研究. 青海农林科技, 3: 48-52.

王建平. 2006. 菊芋新品种青芋 1 号. 甘肃农业科技, 12: 34.

王利琳, 陈立明, 林文丽. 1997. 菊芋的组织培养及植株再生. 植物生理学通讯, 1997(05): 358.

魏守恩, 徐丽华, 刘秋, 等. 1995. 向日葵霜霉病菌生理小种鉴定初报. 辽宁农业科学, 1995(02): 11-13.

徐爱红. 2015. 菊芋的繁殖方法. CN104641856A.

薛俊, 刘仲齐. 2009. 一种菊芋组培快繁和移栽方法. CN101433182.

闫海霞, 汪卫星, 向素琼, 等. 2009. 菊芋的组织培养与快繁技术研究. 南方农业, 3: 58-61.

杨世鹏, 赵孟良, 孙雪梅, 等. 2015. 菊芋组织培养及继代苗遗传稳定性的 SSR 分析. 北方园艺, 20: 91-94.

曾军. 2011. 菊芋种质资源的评价与杂交可能性研究. 兰州大学博士学位论文.

张金梅, 陈晓玲, 韩丽, 等. 2015. 一种克服菊芋茎尖超低温保存后再生苗玻璃化的方法. CN104255705A.

赵可夫. 1959. 赤霉素对打破菊芋块茎休眠的效应. 科学通报, 05: 172.

赵孟良, 刘明池, 钟启文, 等. 2018. 不同来源菊芋种质资源品质性状多样性分析. 西北农林科技大学学报(自然科学版), 46(02): 104-112.

赵孟良, 刘素英, 李莉. 2012. 不同处理方法打破菊芋块茎休眠对比研究. 种子, 31(07): 47-50.

Alla N A, Domokos-Szabolcsy É, El-Ramady H. 2014. Jerusalem artichoke (Helianthus tuberosus L.): A review of in vivo and in vitro propagation. International Journal of Horticultural Science, 20(3-4): 131-

136.

Atlagic J, Dozet B, Skoric D. 2010. Meiosis and pollen viability in *Helianthus tuberosus* L. and its hybrids with cultivated sunflower. Plant Breeding, 111(4): 318-324.

Bagni N. 1966. Aliphatic amines and a growth factor of coconut milk stimulate cellular proliferation of *Helianthus tuberosus in vitro*. Experientia, 22: 732-736.

Bagshaw V, Brown R, Yeoman, M M. 1969. Changes in the mitochondrial complex accompanying callus growth. Annals of Botany, 33: 35-44.

Bennici A, Cionini P G, Gennal D, et al. 1982. Cell cycle in *Helianthus tuberosus* tuber tissue in relation to dormancy. Protoplasma, 112: 133-137.

Boswell V R. 1932. Length of rest period of the tuber of Jerusalem artichoke (*Helianthus tuberosus* L.). Proceeding American Society Horticultural Science, 28: 297-300.

Capite L D. 1955. Action of light and temperature on growth of plant tissue cultivars *in vitro*. American Journal of Botany, 42: 869-873.

Cassells A C, Collins I M. 2000. Characterization and comparison of agars and other gelling agents for plant tissue culture use. Acta Horticulturae, 530: 203-210.

Chandler J M, Beard B H. 1983. Embryo culture of Helianthus hybrids. Crop Science, 23: 1004-1007.

Chandler J M, Jan C C. 1985. Comparison of germination techniques for wild *Helianthus* seeds. Crop Science, 25: 356-358.

Coppola F. 1986. Mutants obtained after gamma radiation of Jerusalem artichoke cv. Violet de Rennes (*Helianthus tuberosus* L.). Mutation Breeding Newsletter, 28: 9-10.

Del Duca S, Serafini-Fracassini D. 1993. Polyamines and protein modification during the cell cycle//Ormrod J C, Francis D E. Molecular and Cell Biology of the Plant Cell Cycle. Dordrecht: Springer: 143-156.

Devi P, Rani S. 2002. *Agrobacterium rhizogenes* induced rooting of *in vitro Helianthus annuus* × *Helianthus tuberosus*. Scientia Horticulturae, 93: 179-186.

Espinasse A, Lay C, Volin J. 1989. Effects of growth regulator concentrations and explant size on shoot organogenesis from the callus derived from zygotic embryos on sunflower (*Helianthus annuus* L.). Plant Cell, Tissue and Organ Culture, 17: 171-181.

Evans D, Sharp W. 1981. Growth and behavior of cell cultures: Embryogenesis and organogenesis//Trevor A T. Plant Tissue Cultures. New York: Academic Press.

Fernandez J, Curt M D, Martinez M. 1988. Productivity of several Jerusalem artichoke (*Helianthus tuberosus* L.) clones in Soria (Spain) for two consecutive years (1987 and 1988)//Gosse G, Grassi G. Topinambour (Jerusalem Artichoke), Report EUR 13405. Luxembourg City: Commission of the European Communities (CEC): 61-66.

Finer J J. 1987. Direct somatic embryogenesis and plant regeneration from immature embryos of hybrid sunflowers (*Helianthus annuus* L.) on a high sucrose-containing medium. Plant Cell Reports, 6: 372-374.

Frese L, Schittenhelm S, Dambroth M. 1987. Development of base populations from root and tuber crops for the production of sugar and starch as raw material for industry. Landbauforschung Völkenrode, 37: 213.

Gabini A. 1988. Production genetical improvement and multilocal experimentation//Gosse G, Grassi G. Topinambour (Jerusalem Artichoke), Report EUR 11855. Luxembourg City: Commission of the European Communities (CEC): 99-104.

Gamburg K Z, Vysotskaya E F, Gamanets L V. 1999. Microtuber formation in micropropagated Jerusalem artichoke (*Helianthus tuberosus*). Plant Cell, Tissue and Organ Culture, 55: 115-118.

Garner N, Blake J. 1989. The induction and development of potato microtubers *in vitro* on media free of growth regulating substances. Annals of Botany, 63: 663-674.

Gautheret R J. 1969. Investigations on the root formation in the tissues of *Helianthus tuberosus* cultured *in vitro*. American Journal of Botany, 56: 702-717.

Heiser C B, Smith D M, Clevenger S B, et al. 1969. The North American sunflowers (*Helianthus*). Memoirs of the Torrey Botanical Club, 22: 1-128.

Ishikawa M, Yoshida S. 1985. Seasonal changes in plasma membranes and mitochondria isolated from

Jerusalem artichoke tubers. Plant and Cell Physiology, 26: 1331-1344.

Kamar M U, Sastry K S K. 1974. Effect of exogenous application of growth regulators on germinating ability of developing sunflower seeds. Indian Journal of Experimental Biology, 12: 543-545.

Kays S J, Nottingham S F. 2007. Biology and Chemistry of Jerusalem Artichoke: (*Helianthus tuberosus* L.). Journal of Agricultural & Food Information, 10(4): 251-268.

Kays S J, Paull R E. 2004. Postharvest Biology. Athens: Exon Press.

Kiehn F A, Chubey, B B. 1993. Variability in agronomic and compositional characteristics of Jerusalem artichoke// Fuchs A. Inulin and Inulin-Containing Crops. Amsterdam: Elsevier: 1-9.

Kim M J, An D J, Moon K B, et al. 2016. Highly efficient plant regeneration and *Agrobacterium* mediated transformation of *Helianthus tuberosus* L. Industrial Crops & Products, 83: 670-679.

Kochman J K, Goulter K C. 1983. Wild sunflower (*Helianthus argophyllus*): A source of resistance to rust (*Puccinia helianthi*) and Alternaria blight (*Alternaria helianthi*). Melbourne: Proceedings of the 4th International Congress of Plant Pathology: 203.

Konvalinková P. 2003. Generative and vegetative reproduction of *Helianthus tuberosus*, an invasive plant in central Europe//Child L E, Brock J H, Brundu G, Prach K, Pyšek P, Wade P M, Williamson M. Plant Invasions: Ecological Threats and Management Solutions. Leiden: Backhuys: 289-299.

Kosaric N, Cosentino G P, Wieczorek A, et al. 1984. The Jerusalem artichoke as an agricultural crop. Biomass, 5: 1-36.

Kosaric N, Wieczorek A, Cosentino G P, et al. 2006. Industrial processing and products from the Jerusalem artichoke//Fiechter A. Agricultural Feedstock and Waste Treatment and Engineering. Berlin and Heidelberg: Springer-Verlag.

Kuehn G, Phillips G. 2005. Role of polyamines in apoptosis and other recent advances in plant polyamines. Critical Reviews in Plant Sciences, 24: 123-130.

Le Floc'h F, Lafleuriel J, Guillot, A. 1982. Interconversion of purine nucleotides in Jerusalem artichoke shoots. Plant Science Letters, 27: 309-316.

Lim K B, Lee H J. 1990. Growth and biomass productivity of seedlings from seeds in Jerusalem artichoke (*Helianthus tuberosus* L.). Korean Journal of Crop Science, 35: 44-52.

Liu J H, Yeung E C, Mukherjee I, Reid D M. 1995. Stimulation of adventitious rooting in cuttings of four herbaceous species by piperazine. Annals of Botany, 75: 119-125.

Malmberg R L, Watson M B, Galloway G. 1998. Molecular genetic analysis of plant polyamines. Critical Reviews in Plant Sciences, 17: 199-224.

Mesken M. 1988. Induction of flowering, seed production, and evaluation of seedlings and clones of Jerusalem artichoke (*Helianthus tuberosus* L.)//Grassi G, Grosse G. Topinambour (Jerusalem Artichoke), Report EUR 11855. Luxembourg City: CEC: 137-144.

Mitchell J P. 1967. DNA synthesis during the early division cycles of Jerusalem artichoke callus cultures. Annals of Botany, 31: 427-435.

Mitchell J P. 1969. RNA accumulation in relation to DNA and protein accumulation in Jerusalem artichoke callus cultures. Annals of Botany, 33: 25-34.

Mostafa N E, Fakiri M, Benchekroun M, et al. 2008. Effect of plant growth regulators on somatic embryogenesis from leaf *in vitro* cultures of *Helianthus tuberosus* L. Journal of Food, Agriculture & Environment, 6 (2): 213-216.

Nitsch J P, Nitsch C. 1956. Auxin-dependent growth of excised *Helianthus tuberosus* tissues. American Journal of Botany, 43: 839-851.

Norcini J G, Aldrich J H. 2000. Cutting propagation and container production of 'Flora Sun' beach sunflower. Journal of Environmental Horticulture, 18: 185-187.

Orellana R G. 1975. Photoperiod influence on the susceptibility of sunflowers to Sclerotinia stalk rot. Phytopathology, 65: 1293-1298.

Pejin D, Jakovljevíc J, Razmovski R, et al. 1993. Experience of cultivation, processing and application of Jerusalem artichoke (*Helianthus tuberosus* L.) in Yugoslavia//Fuchs A. Inulin and Inulin Containing Crops. Amsterdam: Elsevier: 51-56.

Pélissier B, Bouchefra O, Pepin R, et al. 1990. Production of isolated somatic embryos from sunflower thin cell layers. Plant Cell Reports, 9: 47-50.

Petel G, Gendraud M. 1988. Biochemical properties of the plasmalemma ATPase of Jerusalem artichoke (*Helianthus tuberosus* L.) tubers in relation to dormancy. Plant and Cell Physiology, 29: 739-741.

Phillips H R. 1985. Growing and Propagating Wild Flowers. Chapel Hill: University of North Carolina Press.

Philips R, Arnott S M, Kaplan S E. 1981. Antibiotics in plant tissue culture: Rifampicin effectively controls bacterial contamination without affecting the growth of short-term explants of *Helianthus tuberosus*. Plant Science Letters, 21: 235-240.

Phillips R, Press M C, Eason A. 1987. Polyamines in relation to cell division and xylogenesis in cultured explants of *Helianthus tuberosus*: Lack of evidence for growth regulatory activity. Journal of Experimental Botany, 38: 164-172.

Pogorietsky B K, Geshele E E. 1976. Sunflower's immunity to broomrape, downy mildew and rust. Krasnodar: Proceedings of the 7th International Sunflower Conference: 238-243.

Pugliesi C, Megale P, Cecconi F, et al. 1993. Organogenesis and embryogenesis in *Helianthus tuberosus* and in interspecific hybrid *Helianthus annuus* × *Helianthus tuberosus*. Plant Cell, Tissue and Organ Culture, 33: 187-193.

Pustovoit G V, Kroknin E Y. 1978. Inheritance of resistance in interspecific hybrids of sunflower to downy mildew. Review of Plant Pathology, 57, 209.

Pustovoit G V, Ilatovsky V P, Slyusar E L. 1976. Results and prospects of sunflower breeding for group immunity by interspecific hybridization. Krasnodar: Proceedings of the 7th International Sunflower Conference: 193-204.

Robinson K E P, Adams P O. 1987. The role of ethylene in the regeneration of *Helianthus annuus* (sunflower) plants from callus. Physiologia Plantarum, 71: 151-156.

Roche T D, Cassells A C. 1996. Gaseous and media-related factors influencing *in vitro* morphogenesis of Jerusalem artichoke (*Helianthus tuberosus*) 'Nahodka' node cultures. Acta Horticulturae, 440: 588-593.

Scoccianti V. 1983. Variations in the content of free and bound amino acids during dormancy and the first tuber cycle in *Helianthus tuberosus* tuber explants. Giornale Botanico Italiano, 117: 237-245.

Serafini-Fracassini D, Bagni N, Cionini P G, et al. 1980. Polyamines and nucleic acids during the first cell-cycle of *Helianthus tuberosus* tissue after the dormancy break. Planta, 148: 332-337.

Spitters C J T, Morrenhof H K. 1987. Growth Analysis of Cultivars of *Helianthus tuberosus* L. Luxembourg City: EEC Contract Report EN3B-0040-NL.

Steinbauer C E. 1932. Effects of temperature and humidity upon length of rest period of tubers of Jerusalem artichoke (*Helianthus tuberosus*). Proceedings of the American Society for Horticultural Science, 29: 403-408.

Steinbauer C E. 1939. Physiological studies of Jerusalem artichoke tubers, with special reference to the rest period. Washington DC: USDA Technical Bulletin.

Swanton C. 1986. Ecological Aspects of Growth and Development of Jerusalem artichoke (*Helianthus tuberosus* L.), PhD thesis, University of Western Ontario.

Taha H S, El-sawy A M, Bekheet S A. 2007. *In vitro* studies on Jerusalem artichoke (*Helianthus Tuberosus*) and enhancement of inulin production. Journal of Applied Sciences Research, 3(9): 853-858.

Torrigiani P, Serafini-Fracassini D, Bagni N. 1987. Polyamine biosynthesis and effect of dicyclohexylamine during the cell cycle of *Helianthus tuberosus*. Plant Physiology, 84: 148-152.

Tort M, Gendraud M, Courduroux J C. 1985. Mechanisms of storage in dormant tubers: Correlative aspects, biochemical and ultrastructural approaches. Physiol Vég, 23: 289-299.

Traub H P, Thor C J, Willaman J J, et al. 1929. Storage of truck crops: The girasole, *Helianthus tuberosus*. Plant Physiology, 4: 123-134.

Tulett A J, Bagshaw V, Yeoman M M. 1969. Arrangement and structure of plastids in dormant and cultured tissue from artichoke tubers. Annals of Botany, 33: 217-226.

Volk G M, Richards K. 2006. Preservation methods for Jerusalem artichoke cultivars. HortScience, 41: 80-83.

Westley L C. 1993. The effect of inflorescence bud removal on tuber production in *Helianthus tuberosus* L. (Asteraceae). Ecology, 74: 2136-2144.

Williams L A, Ziobro G, Sachs R M. 1982. Agronomy and biotechnology of Jerusalem artichoke as an ethanol source. Auckland: Proceedings of the Fifth International Alcohol Fuels Symposium.

Witrzens B, Scowcroft W R, Donnes R W, et al. 1988. Tissue culture and plant regeneration from sunflower and interspecific hybrids (*H. tuberosus* and *H. annuus*). Plant Cell, Tissue and Organ Culture, 13: 61-76.

Yeoman M M, Aitchison P A. 1973. Growth patterns in tissue (callus) cultures//Street H E. Plant Tissue and Cell Culture, Botanical Monograph 11. Oxford: Blackwell: 240-268.

Yeoman M M, Davidson A W. 1971. Effect of light on cell division in developing callus cultures. Annals of Botany, 35: 1085-1100.

Yeoman M M, Mitchell J P. 1970. Changes accompanying the addition of 2,4-D to excised Jerusalem artichoke tuber tissue. Annals of Botany, 34: 799-810.

Yeoman M M, Street H E. 1973. General cytology of cultured cells//Street, H E. Plant Tissue and Cell Culture, Botanical Monograph 11. Oxford: Blackwell: 121-160.

Yeoman M M, Dyer A F, Robertson A I. 1965. Growth and differentiation of plant tissue cultures. I. Changes accompanying the growth of explants from *Helianthus tuberosus* tubers. Annals of Botany, 29: 265-276.

Zubr J. 1988. Jerusalem artichoke as a field crop in northern Europe//Grassi G, Gosse G. Topinambour (Jerusalem Artichoke), Report EUR 11855. Luxembourg City: CEC: 105-117.

第7章　菊芋的生长发育

7.1　生 长 发 育

菊芋的生长发育包括地上部生长发育和地下部生长发育，菊芋的繁殖一般是通过块茎进行繁殖，因此通常认为菊芋的生长发育是从块茎的种植开始，经历苗期、植株生长期、块茎形成期、开花期、块茎膨大期及成熟期6个时期。

7.1.1　生长周期

笔者以122份菊芋资源为试验材料，按成熟的早晚进行了熟性研究，结果表明，菊芋生长周期一般为130～178d，并将其划分为早熟、中熟及晚熟三种类型，其中145d以下早熟资源36份、145～165d中熟资源55份、165～178d晚熟资源31份。

同时以自主选育的早熟品种青芋1号菊芋为材料，对其进行了生长周期的研究，并将整个生长周期确定为苗期、植株生长期、块茎形成期、开花期、块茎膨大期及成熟期6个时期。

苗期：块茎播种后20～30d开始出苗，第5周左右出苗率达80%，此时根、茎、叶等营养器官开始生长，至第6周，主茎形成6～8片叶，这个时期地上部生长缓慢，地下部根系生长较快。

植株生长期：第8周开始，地下部根系生长完成，地上茎、叶快速生长，株高快速增加，主茎干也不断增粗，最大叶面积也不断增加，此时地下部匍匐茎也开始生长。

块茎形成期：从第10周开始，地上茎叶生长缓慢，此时地下部匍匐茎成熟并由其顶芽至倒数第二茎节部开始出现膨大，进而形成块茎，同时植株开始出现花蕾。

开花期：第12周开始，花蕾不断增多，并逐渐开放，至第14周达峰值。

块茎膨大期：从第16周开始，花器官开始衰老并不断凋落，地下部块茎开始迅速膨大，至第18周时，茎叶生长达到峰值，块茎膨大较为明显。

成熟期：到第19周块茎基本成型，地上茎叶开始干枯，20周以后地上茎叶几乎全部干枯，块茎成熟。

7.1.2　营养器官的生长发育

以青芋1号菊芋为试验材料，设置密度、氮磷钾水平及施用方式三因素，密度设高密度及低密度两个水平，氮磷钾各设高施肥及未施肥两个水平，施用方式设高施种氮及未施种氮两个水平，试验设计见表7.1。于菊芋生长发育的6个时期，即苗期、植株生长期、块茎形成期、开花期、块茎膨大期及成熟期进行取样分析，以充分了解菊芋营养器官的生长发育情况，同时掌握栽培密度、氮磷钾施肥水平及施肥方式对菊芋营养器官生长发育的影响。

表 7.1　试验处理及水平

处理	密度 （株/667m²）	施磷量（P₂O₅） （kg/667m²）	施钾量（K₂O） （kg/667m²）	施种氮量 （kg/667m²）	追氮量 （kg/667m²）
高密度（GM）	3800	12	5	4	4
低密度（DM）	1800	12	5	4	4
高施钾（GK）	2800	12	10	4	4
未施钾（WK）	2800	12	0	4	4
高施磷（GP）	2800	24	5	4	4
未施磷（WP）	2800	0	5	4	4
高施种氮（GSN）	2800	12	5	8	4
未施种氮（WSN）	2800	12	5	0	4
高追氮（GZN）	2800	12	5	4	8
未追氮（WZN）	2800	12	5	4	0
中量组合（ZL）	2800	12	5	4	4
未施肥（CK）	2800	0	0	0	0

　　同时以青芋 1 号和青芋 3 号为材料，测定菊芋的株高、茎粗、地上干重、地上鲜重、叶长、叶宽、块茎横径、块茎纵长、块茎体积、块茎鲜重、块茎干重的动态变化，并对它们进行相关性分析，将块茎生长发育阶段的菊芋地上部和地下部的干物质分配比例进行的分析。结果发现，菊芋地上部植物学性状在匍匐茎形成后的 1～8 周增长迅速，在 9～11 周增长缓慢，在 14～16 周几乎停止生长，这种变化趋势与菊芋块茎增长变粗的形态变化是一致的，菊芋株高、茎粗、地上干重、地上鲜重、叶长、叶宽和块茎横径之间呈现显著相关，块茎体积、块茎鲜重和地上干重呈现极显著性相关，这表明菊芋地上部和地下部存在密切的关系，且相互影响。

1. 种芋的萌芽

　　块茎上萌发的芽，由于品种和萌芽时的条件不同而异。一个块茎通常是顶芽（即与匍匐茎连接的部位）先萌发，并且生长势强，幼芽粗壮，称之为顶端优势；其次是块茎中部各芽从上而下逐个萌发，但较顶芽弱而纤细，越接近基部的芽眼萌发的芽越细弱。刘梦芸等（1992）以马铃薯品种晋薯 2 号为研究材料发现，在块茎休眠期，芽呈扁平状态，只在芽眼处有 1～2 片鳞片状小叶。开始萌发后，芽的生长和叶片的分化明显加快，芽生长点开始伸长，至出苗前，芽长已达 14～45mm，主茎叶片已分化完毕，分化叶达 15～17 片，初生根已显著伸长，匍匐根也开始出现，生长点开始分化花芽。

　　种芋贮藏物质含量及性质不同，生理机能就有差异，从而影响整个植株的生育状况和产量。马铃薯块茎中干物质、淀粉、维生素 C 等物质含量以老龄大薯最高，因而其芽的生长和分化最快，出芽数多，但顶端优势弱，且这些物质在贮藏期间逐渐减少。而蛋白氮与非蛋白氮比值则以幼龄小薯最高，说明其生活性强，出苗齐而壮。与马铃薯块茎研究相似，Gamburg 等（1999）对菊芋种芋的研究也得到类似的结果。

2. 根系的生长

根系作为植物的重要组成部分，是植物从其生境中吸收水分和营养物质的重要器官，其生长状况直接影响植物地上部分的生长发育及整株植物的生存和繁衍（单立山等，2013）。只有根系生长良好，才能保证作物优质高产。块茎类作物块茎繁殖所发生的根系均为纤细的不定根，为须根系。根系生物量少，仅占全株总量的1%～2%。菊芋根系多分布在土壤浅层，受外界环境变化的影响较大。块茎类作物须根分为两类：芽眼根和匍匐根。其中芽眼根于发芽早期在基部3～4节上的中柱鞘发生，分枝能力强，分布深而广，是主体根系。而匍匐根则发生在地下茎的中上部，分枝能力弱，长度短，多分布在0～10cm的表土层。马铃薯的匍匐根对磷素有很强的吸收能力，被吸收的磷素能在短时间内转移到茎叶中。菊芋须根从出苗开始至块茎形成末期生长迅速，根粗随之增大，多分布在接近种芋的地下茎基部。每条根还可发生1次、2次、3次支根，分枝根很短。根系的数量、分枝的多少、入土深度和分布的广度因品种而异，并受栽培条件的影响；土壤结构好、土层深厚、水分适宜的土壤环境，都有利于根系发育；及时中耕培土、增加培土厚度、增施磷肥等措施，都能促进根系的发育。

高凯等（2014a）研究发现，根系密度随着距离根系中心的半径距离的增加而呈逐渐降低的变化趋势，其中0～10cm根系密度最高，显著高于其他距离（$P<0.05$）的根系密度；10～20cm和20～30cm之间的根系密度没有显著差异（$P>0.05$），但均显著高于30～40cm及更大的距离条件下的根系密度（$P<0.05$）；30～40cm、40～50cm、50～60cm、60～70cm、70～80cm、80～90cm及90～100cm，7个距离之间差异不显著（$P>0.05$）；根系密度和距根系中心半径之间呈幂函数关系，关系式为$y=817\times8x^{-1.71}$（$R^2=0.813$）（图7.1）。

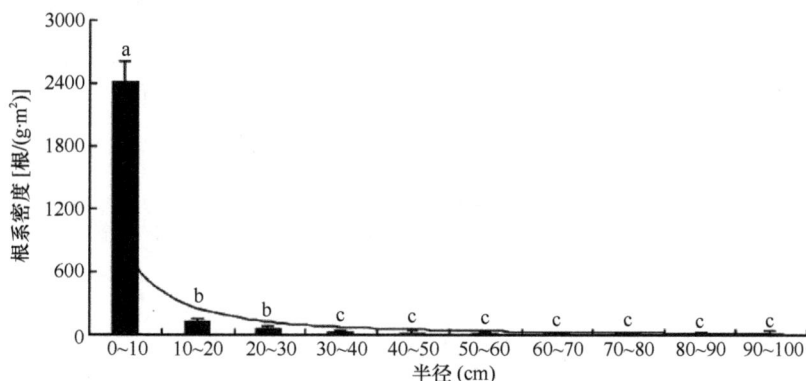

图 7.1　不同距离菊芋根系密度
不同小写字母表示不同处理之间差异显著（$P<0.05$）

3. 茎的发育

茎是连接根和叶的轴状结构，其主要作用是输送植物生长所必需的营养物质，它的主要功能是支持和输送，除了储存和繁殖的作用外，幼嫩的绿茎还能进行光合作用。茎变态作为遗传稳定的植物特征，仍然保留茎特有的特征，如节点与节间、叶和芽之间的差异。菊芋茎主要包括地上部植株茎秆和地下部的块茎。

菊芋地上部植株茎秆是将叶所形成的光合产物向块茎运输的主要器官。从出苗开始，株高不断增加，茎不断增粗，其峰值出现在块茎膨大期，最大株高可达 250cm 左右，茎粗在 2cm 左右，之后趋于稳定。

块茎类作物的幼茎是由块茎芽眼萌发的幼芽发育形成的，每块种芋可形成一至数条茎秆，通常整薯比切块薯形成的茎秆多，大整芋又比小整芋形成的多，McLaurin 等（1999）研究表明，菊芋在播种后第 10 周茎数每株可达到 9 个，在生长末期由于遮阴作用，茎数将减少到每株 3 个。茎高度及株丛繁茂程度因品种而异，受栽培条件影响也很大。菊芋茎高度一般在 300～380cm，有时可达 450cm 以上。而同样是块茎作物的马铃薯茎的高度一般在 30～100cm，但在密度过大或施用氮肥过多时，可达 200cm 以上，但生育后期常造成植株倒伏，茎基部叶片迅速枯黄脱落，甚至造成部分茎秆腐烂死亡，严重影响光合作用的正常进行。

菊芋茎具有分枝的特性。分枝有直立与张开、上部分枝与下部分枝、分枝形成早与晚、分枝多与少之分。一般早熟品种茎秆细弱、分枝发生较晚，总分枝数少，且多为上部分枝；晚熟品种茎秆粗壮、分枝发生早，从主茎基部迅速发生分枝，一直延续到生长末期。分枝发生的多少还与种芋的大小有密切的关系，通常种芋大则分枝多；整芋播种比切块播种分枝多。出苗后，茎秆伸长缓慢，节间缩短，植株平伏于地表，侧枝开始发生，但总的生长量不大，仅占一生总干重的 3%～4%。当进入块茎形成期，主茎节间急剧伸长，同时侧枝也开始伸长。当进入块茎增长期后，地上部生长量达到最大值，株高达到最大高度，分枝也迅速伸长，从而建立起强大的同化系统。

由图 7.2 可知，菊芋株高在匍匐茎形成后第 1～8 周株高增长快速，之后在 9～11 周出现增长缓慢，在第 14～16 周时株高几乎停止变化，在第 16 周成熟时株高比第 1 周增长了 5.18 倍；植株的鲜重和干重在 1～6 周总体呈现逐渐增加的趋势，在 6～10 周迅速增加，在后期逐渐放缓，在成熟时植株的鲜重和干重达到最高值，分别为第 1 周取样时的 8.90～12.02 倍和 20.66～25.12 倍。

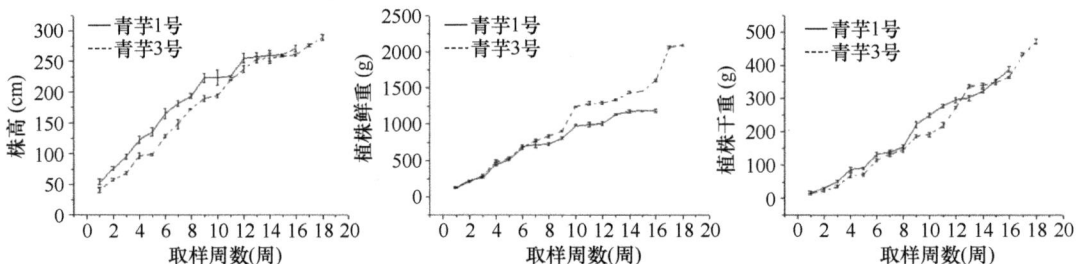

图 7.2　菊芋地上部植物学性状指标

以青芋 1 号和青芋 3 号为例说明。青芋 1 号生长周期为 160d±5d，青芋 3 号为171d±5d，块茎种植后，经历出苗和苗期共 8 周，匍匐茎开始形成，同时植株进入快速生长期（图 7.3、表 7.2），株高在 9～19 周快速增长，到 20 周后，株高几乎停止变化，趋于稳定，平均约 263cm；茎粗在 8～16 周快速增长，在 17 周以后趋于稳定，平均约 22mm。青芋 1 号和青芋 3 号两个品种在株高和茎粗上均没有明显差异。

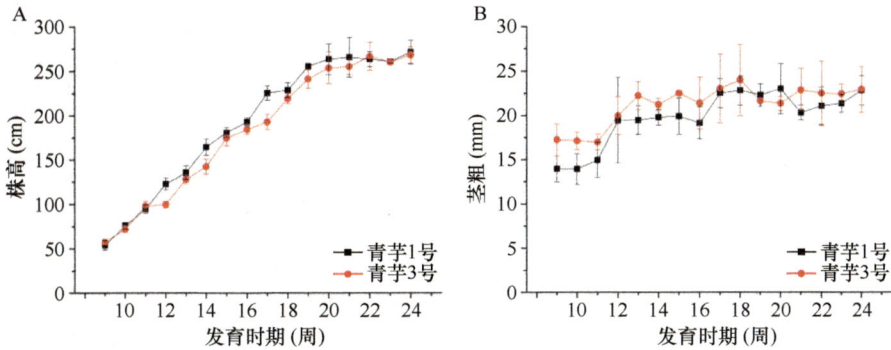

图 7.3　青芋 1 号和青芋 3 号株高（A）及茎粗（B）变化

表 7.2　青芋 1 号和青芋 3 号株高及茎粗统计

生长时期	青芋 1 号		青芋 3 号	
	株高（cm）	茎粗（mm）	株高（cm）	茎粗（mm）
9 周	53.90±5.50	13.98±1.49	57.7±3.52	17.28±1.81
10 周	75.86±3.48	13.95±1.74	72.57±3.72	17.15±0.99
11 周	94.70±4.55	14.95±2.00	98.7±5.52	17.00±0.88
12 周	122.80±6.58	19.45±4.84	100.37±3.8	20.01±2.14
13 周	135.64±7.77	19.46±1.65	128.76±4.6	22.27±1.56
14 周	164.58±9.13	19.80±0.88	143.03±8.44	21.26±0.68
15 周	181.12±5.53	19.91±2.07	174.93±8.78	22.54±0.13
16 周	193.14±4.50	19.14±1.84	185.15±6.12	21.41±2.91
17 周	225.70±8.24	22.51±1.62	193.6±8.76	23.06±3.84
18 周	229.00±8.34	22.81±1.63	219.82±5.56	24.02±3.99
19 周	255.78±1.91	22.30±1.28	241.73±10.41	21.67±0.08
20 周	263.60±17.05	23.01±2.80	254±17.62	21.4±2.80
21 周	265.67±22.14	20.33±0.82	255.33±8.62	22.89±243
22 周	263.60±8.33	21.09±2.12	267±15.56	22.53±3.62
23 周	261.00±1.83	21.36±1.02	260.5±2.12	22.46±1.11
24 周	271.50±13.23	22.82±1.64	268.5±9.19	22.95±2.60

不同密度和施肥量处理下，菊芋茎的生长发育表现不同。高密度处理由于单穴茎数多，其株高和茎粗值均较小，低密度处理单穴一般为一条主茎，因而株高较高，主茎粗壮。高施钾、高施磷处理由于其充足磷、钾素营养，茎秆粗壮。不同施种氮、施追氮处理对茎生长发育影响不大。

4. 叶片的发育

叶片是光合作用的主要场所，是形成光合产物的主要器官，对于阔叶树来说是形成和获得木材产量最活跃的因素。在整个生育期间，叶片的形成与解体在不断进行。

McLaurin 等（1999）研究表明，在播种后第 4 周，菊芋在芽上开始形成完全展开的叶；在播种后第 20 周达到每株 500 片叶，之后迅速下降。刘梦芸和门福义（1987）对同是块茎作物的马铃薯品种同薯八号的研究表明，主茎一般有 13～17 片叶，在幼苗出土后，有 4～5 片叶展开，叶面积可达 65cm^2 以上；主茎中部的 8～10 片叶，每片叶展开的时间为 4～5d，该期是由茎叶生长为中心向块茎生长为中心的转折时期，存在着营养制造、分配、消耗和积累四者之间的矛盾，因而出现叶片生长速度减缓的现象。当 12 片叶以后，仍为 2～3d 展开 1 片；至开花期，主茎叶面积达最大值，约为 2175cm^2。一般主茎叶出现 7～8 片时，侧枝开始伸长，各叶位侧枝陆续发生，但最后形成枝条的仅 3～5 个；以基部第 2～5 片和上部第 12～13 片叶位的侧枝长成枝条为多。到盛花期，主茎叶片已基本枯黄，侧枝叶面积达到最大值 4824cm^2，占全株总叶面积的 58%～80%。与马铃薯相似，菊芋产量的 80% 以上是在开花后形成的，而这个时期的功能叶主要是侧枝叶。因此，侧枝叶在菊芋产量形成上是极其重要的。孙会忠等（2003）研究表明，与菊芋同为块茎作物的马铃薯叶面积呈"S"形曲线变化，可分为上升期、稳定期和衰落期。上升期是从出苗至块茎形成期，是叶面积增长速度最快的时期，平均每株每日增长 150cm^2 左右；稳定期是指叶面积达最大值后，一段时期内保持不下降或很少下降的时期。该期是块茎增长期，块茎增重最为迅速。所以对于块茎类作物而言，稳定期维持越长，越有利于最大叶面积进行光合作用，以积累更多的有机物质，从而获得高产；衰落期是在稳定期之后，叶面积系数逐渐变小，田间通风透光条件得到改善，十分有利于光合作用进行，块茎产量的 60% 是这一阶段形成的。因此，该时期应防止叶片早衰，对夺取块茎高产具有重要意义。

以青芋 1 号和青芋 3 号为例说明。从出苗开始，菊芋叶片快速增长，苗期过后，叶长和叶宽在 9～15 周生长缓慢，在 15 周以后几乎没有变化，叶长均在 17～19cm；叶宽均在 11～12.5cm（表 7.3、图 7.4）。

表 7.3　青芋 1 号和青芋 3 号叶片特征统计（cm）

生长时期	青芋 1 号		青芋 3 号	
	叶长	叶宽	叶长	叶宽
9 周	15.72±0.92	10.30±0.53	16.38±1.70	8.62±1.26
10 周	17.64±0.45	10.86±0.5	17.58±0.78	10.2±0.64
11 周	17.50±1.00	10.75±0.56	17.48±0.64	9.92±0.52
12 周	18.20±1.15	10.72±1.11	15.24±0.54	9.56±0.96
13 周	19.02±0.65	11.36±0.67	16.84±1.21	10.24±0.73
14 周	19.96±0.99	12.3±0.14	16.43±0.32	9.74±1.30
15 周	18.18±1.44	11.62±1.15	17.13±0.31	10.33±1.32
16 周	18.23±0.62	11.40±0.29	17.55±0.51	11.73±0.52
17 周	19.80±0.73	12.48±1.57	18.48±1.02	11.98±0.73
18 周	17.76±0.81	11.92±1.08	18.98±0.89	11.49±0.74
19 周	18.02±0.41	12.16±0.68	18.30±0.05	10.38±0.49
20 周	17.68±1.83	11.98±1.04	17.60±0.89	11.40±0.55
21 周	18.67±1.53	11.80±1.30	17.47±0.84	10.53±0.61
22 周	18.70±1.33	11.02±0.68	15.50±0.71	11.33±0.58
23 周	18.30±0.67	12.15±0.37	15.50±0.71	12.50±0.71
24 周	19.00±1.41	13.25±1.26	16.50±0.71	13.50±0.71

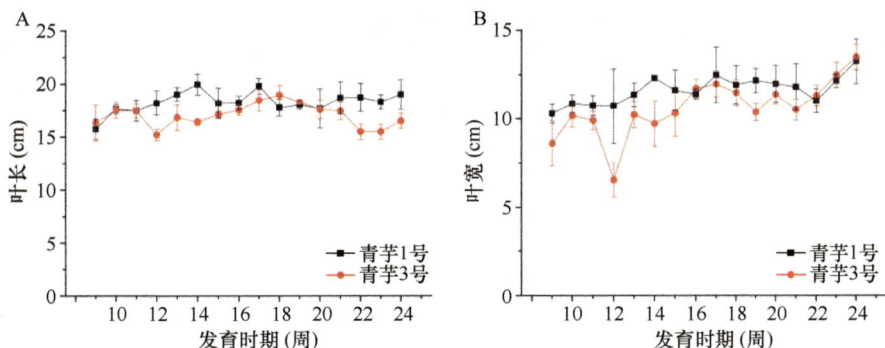

图 7.4　青芋 1 号和青芋 3 号叶长（A）及叶宽（B）变化

在菊芋的整个生长周期中，总叶片数量呈单峰并符合三次曲线变化，从出苗后到第 18 周达到峰值，后急剧下降（图 7.5）；主茎叶和侧枝叶数量均呈单峰曲线变化，主茎叶与侧枝叶峰值分别出现在出苗后第 12 周和第 18 周（图 7.6）。

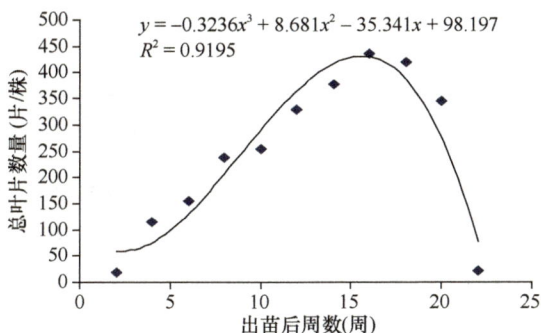

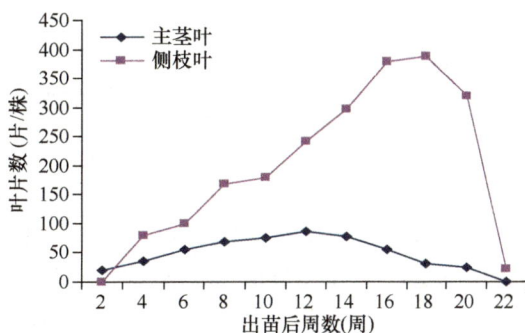

$$y = -0.3236x^3 + 8.681x^2 - 35.341x + 98.197$$
$$R^2 = 0.9195$$

图 7.5　中量水平处理下总叶片数量叶变化趋势　　图 7.6　中量水平处理下主茎叶与侧枝叶变化趋势

由表 7.4 可见，不同种植密度处理下，单株最高总叶片与侧枝叶数量均表现为 DM＞ZL＞GM＞CK；最高主茎叶数量表现为 GM＞ZL＞DM＞CK。GM 群体株距较小（30cm），单株茎数较多，因而在光合作用主要依赖主茎叶的前期占据了较大优势，其在生长发育前期（58d）最大主茎叶数量达到 118.3 片，显著高于其他群体，而由于侧枝较少，在块茎形成期过后，主茎叶开始枯萎、脱落，侧枝叶形成又较少，导致后期总叶片数量仅为 252.8（229.3+23.5）片；DM 群体由于株距较大（60cm），扩展空间大，侧枝较发达，虽然前期主茎叶较少，但在后期单株主茎叶数量逐渐减少时，侧枝叶及时补充，其总叶片数量在块茎膨大期达到 391.3（379.5+11.8）片，保持了较强的光合能力；ZL（40cm）群体在整个生育周期总叶片、主茎叶、侧枝叶数量均介于 GM 和 DM 群体之间，在全生育周期为植株的生长发育和块茎的形成与膨大提供了充足的光合产物。

不同施钾量处理的群体中，单株总叶片与侧枝叶数量峰值均表现为 ZL＞GK＞WK＞CK，GK 和 ZL 群体的叶生长发育在全生育周期差异不大，单株最高总叶片数量均在 300 片左右，侧枝叶均在 280 片左右，主茎叶在 20 片左右；WK 群体单株最高主茎叶数量大于 GK 和 ZL 群体，但差异不显著，其总叶片、侧枝叶片数量远小于其他群体。

表 7.4 不同处理下叶片数量变化动态（片/株）

| 处理代号 | 出苗后天数 | | | | | | | | | | | |
| | 15d | | 35d | | 58d | | 89d | | 118d | | 153d | |
	MSL	BSL	MSL	BSL	MSL	BSL	MSL	BSL	MSL	BSL	MSL	BSL
GM	15.0	0	52.0	58.0	118.3	78.5	77.5	146.5	23.5	229.3	0	0
DM	11.8	4.8	28.0	76.5	46.3	155.0	39.0	341.5	11.8	379.5	0	0
GK	12.3	0	33.5	66.0	52.5	121.5	46.0	164.8	15.0	278.3	0	0
WK	14.0	0	46.0	49.0	54.5	92.8	52.5	123.5	18.0	232.8	0	0
GP	14.5	0	23.5	55.5	67.5	106.5	46.3	179.3	20.5	254.8	0	0
WP	12.8	0	16.0	45.0	47.8	92.0	46.5	173.0	23.3	231.3	0	0
GSN	11.0	0	15.5	52.0	71.5	136.0	47.5	240.0	21.5	304.5	0	0
WSN	12.3	0	16.0	50.0	38.3	117.5	53.0	142.0	27.8	199.5	0	0
GZN	13.8	0	17.0	42.0	61.3	141.8	55.8	194.8	30.8	307.8	0	0
WZN	12.0	0	19.5	45.0	44.0	149.3	50.0	179.0	17.0	225.0	0	0
ZL	14.0	0	27.0	41.0	51.8	154.8	48.5	144.5	20.8	279.0	0	0
CK	12.8	0	23.5	51.0	43.5	118.5	37.0	129.0	26.0	182.8	0	0

注：MSL 为主茎叶；BSL 为侧枝叶

不同施磷量群体，其单株最高总叶片、侧枝叶数量均表现为 ZL＞GP＞WP＞CK。虽 GP 群体在全生育周期各叶生长发育指标均优于 WP 群体，但差异并不显著，GP 群体单株最高总叶片数量为 275.3 片，低于 ZL 群体 299.8 片。

不同施种氮处理的群体中，单株最高总叶片、侧枝叶数量均表现为 GSN＞ZL＞WSN＞CK。GSN 群体在块茎形成期时叶生长发育各项指标开始超过 ZL 群体，其最高总叶片数量达到 326 片，而 WSN 和 CK 群体的叶生长发育各项指标均较小。

不同追氮量群体中，单株最高总叶片、侧枝叶数量均表现为 GZN＞ZL＞WZN＞CK。在块茎形成期前，GZN 群体的高量追氮促进了菊芋的营养生长，叶片生长发育迅速，其单株最高总叶片数量达到 338.6 片；WZN 群体由于未进行追氮处理，其叶生长发育各项指标在生长后期发展动态缓慢，低于 GZN 和 ZL 群体。

以上研究表明，在不同密度和施肥处理下，叶片的生长发育动态不同。从整个生长周期的生长发育动态变化看，或前期主茎叶发育快，而后期侧枝叶和总叶片发育缓慢；或前期主茎叶发育缓慢，而后期侧枝叶和总叶片发育快；或整个生长周期叶片生长发育的各项指标均较高；或整个生长周期均较低。在中量水平处理下，菊芋叶生长发育动态较为合理。总叶片数量符合三次曲线变化动态，在前期有较多的主茎叶片数量，在后期主茎叶片枯萎、脱落时，又有大量侧枝叶作为补充，总叶片数量较为适宜，不至于与块茎的发育形成竞争。

5. 块茎的发育

菊芋作为一种蔬菜作物，其块茎是由匍匐茎发育而来的肉质器官。块茎不仅起到固定植株和吸收土壤养分的作用，且是能量贮藏器官，因此从形态学、生理学、分子生物学等角度对菊芋块茎生长发育的研究，将会极大地促进菊芋品质与产量等重要性状的遗传改良。菊芋块茎发育经历 4 个时期，分别匍匐茎形成期、匍匐茎生长期、块茎快速膨大期和成熟期。

　　块茎是由匍匐茎顶端膨大形成的。匍匐茎的形成是块茎形成的第一阶段，匍匐茎顶端的膨大是块茎形成的第二阶段。匍匐茎的生育状况直接影响块茎的生长发育。匍匐茎实际上是地下茎节上的腋芽水平生长的侧枝，它具有许多与地上茎侧枝相似的特点。在一个植株上，匍匐茎在地下茎节 1~6 节上发生最多。培土高度、土壤干湿程度、温度、营养面积、播种深度等对匍匐茎的形成数量都有影响。McLaurin 等（1999）研究表明，菊芋在播种后 8 周内出现第一个匍匐茎，至第 8 周，匍匐茎数达到 16 根/株，到 12 周时匍匐茎数量趋于稳定。刘克礼等（2003）的研究表明，马铃薯的匍匐茎一般在出苗后 7~10d 开始发生，发生后经过 15~20d 即停止伸长，顶端开始膨大成块茎，所以匍匐茎形成越早，块茎形成越早。在出苗后 15d 左右就已形成了全生育期最高匍匐茎数的 50%以上。并不是所有的匍匐茎都能形成块茎，各时期形成块茎的匍匐茎数只占匍匐茎总数的 60%~87%。

　　块茎实际上是一个缩短而肥大了的变态茎，是由匍匐茎顶端停止了极性生长，由顶芽与倒数第二个伸长的节间膨大发育而成。从匍匐茎顶端开始膨大，就标志着块茎形成的开始。块茎的生长是一种向顶生长运动，最先膨大的节间位于块茎的基部，最后膨大的节间位于块茎的顶部。所以就一个块茎来看，顶芽最年轻，基部芽最年老。就整个植株块茎生长来看，要到地上部茎叶全部衰亡后才停止，但植株上的部分块茎则可能在这之前就已停止，可见一个植株上的块茎成熟程度是很不一致的。

　　匍匐茎形成块茎受激素、环境、营养等多种因素的调控，一直以来有较多的争议。目前比较多的看法是：作物块茎形成的直接原因是诱导块茎形成的多种激素参与形成过程、综合调节的结果，而环境因子、营养等因素刺激植株体内激素成分和比例变化。

　　植株形成块茎数量的多少，主要取决于每茎上发生的匍匐茎数及匍匐茎形成的条件。单株块茎数受种植密度的影响较大，不同栽植密度下单株块茎数随密度的增加而减少、随着每穴主茎数的增加而减少，而且在肥力较低地块的块茎数比高肥力地块少，显然营养状况对块茎数的影响较大。单株块茎数与降水灌溉密切相关，在高炳德（1987）的试验中可以看到马铃薯结薯期浇水比不浇水的单株结薯增加 21.8%。此外增加磷肥的施用，特别是氮磷的配合可使结薯数增多。

　　以青芋 1 号和青芋 3 号为例说明（图 7.7），菊芋块茎在种植 8 周后，匍匐茎开始形成，块茎横径和纵长在块茎整个发育时期生长稳定，块茎体积、块茎鲜重和干重在种植后第 9~19 周增长缓慢，在 20 周以后快速增大（图 7.8、表 7.5）。青芋 1 号和青芋 3 号块茎体积在成熟期分别可以达到 1245.50cm^3±77.07cm^3 和 1869.33ml±183.97ml，块茎鲜重在成熟期分别可以达到 1250.00g±77.78g 和 1871.67g±183.69g，块茎干重在成熟期分别可以达到 286.51g±3.78g 和 350.57g±30.37g。

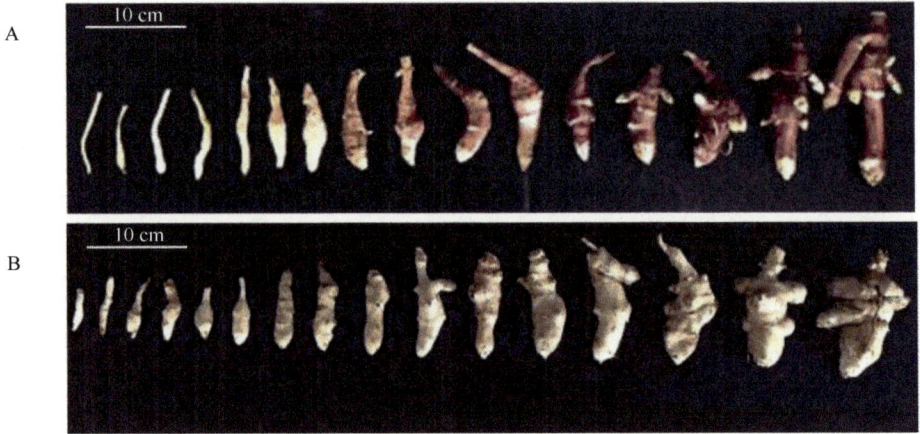

图 7.7 青芋 1 号（A）和青芋 3 号（B）不同发育时期的块茎

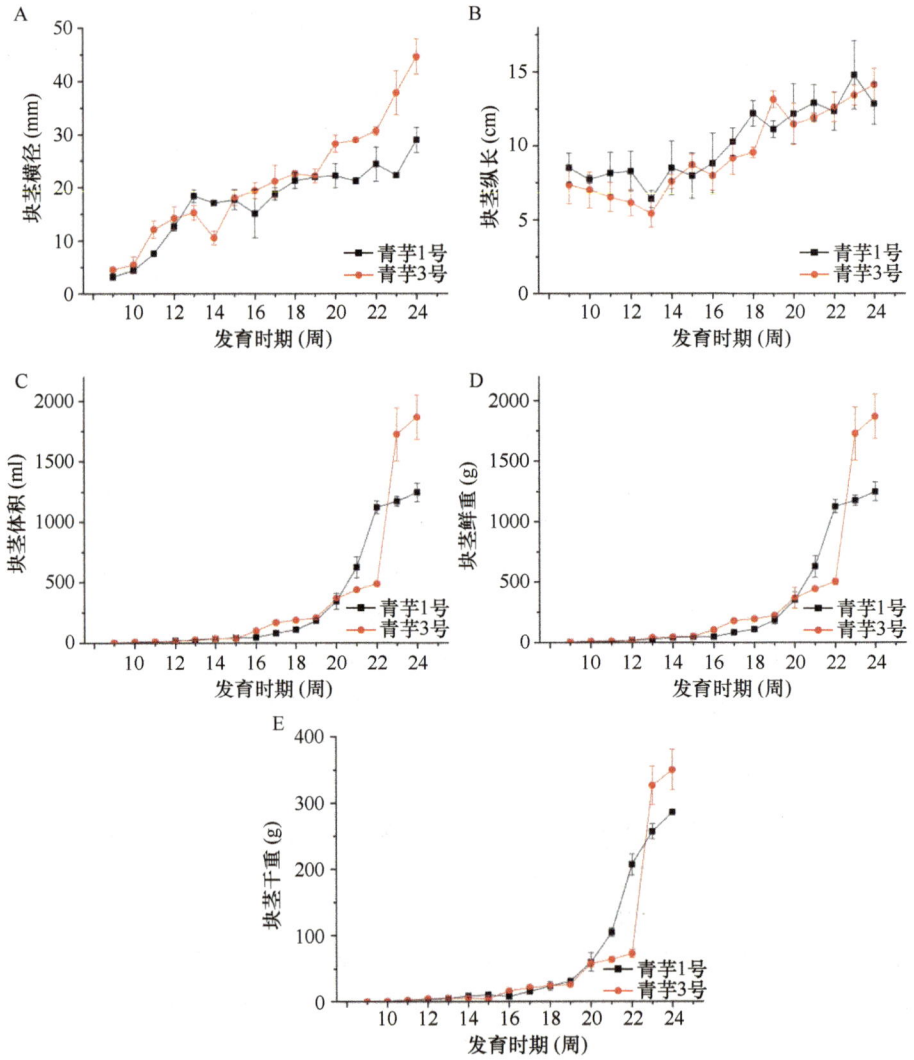

图 7.8 青芋 1 号和青芋 3 号不同发育时期的块茎特征

表 7.5　青芋 1 号和青芋 3 号不同发育时期块茎特征统计

生长时期	青芋 1 号					青芋 3 号				
	块茎横径 (mm)	块茎纵长 (cm)	块茎体积 (cm³)	块茎鲜重 (g)	块茎干重 (g)	块茎横径 (mm)	块茎纵长 (cm)	块茎体积 (cm³)	块茎鲜重 (g)	块茎干重 (g)
9 周	3.22±0.64	8.52±1.00	0.00±0.00	3.80±1.10	0.30±0.06	7.37±1.26	4.66±0.37	5.33±1.53	5.76±1.38	0.76±0.06
10 周	4.42±0.35	7.74±0.28	5.00±0.82	5.18±1.20	0.55±0.13	7.03±1.21	5.55±1.50	11.50±3.00	11.59±2.84	1.41±0.25
11 周	7.57±0.42	8.16±1.41	8.00±1.41	7.13±1.48	1.57±0.83	6.56±0.96	12.17±1.62	12.78±2.72	14.62±1.97	2.72±0.87
12 周	12.66±0.79	8.28±1.33	20.80±4.39	20.65±4.44	3.77±0.81	6.18±0.88	14.30±2.12	17.00±2.65	17.8±3.12	5.32±0.74
13 周	18.37±1.17	6.40±0.57	24.40±5.92	26.58±5.10	5.44±1.61	5.44±0.92	15.30±1.37	30.00±5.07	43.74±3.59	5.54±0.54
14 周	17.08±0.35	8.50±1.82	37.33±7.23	41.52±8.70	8.79±1.48	7.60±0.50	17.60±1.29	38.33±3.79	47.85±3.27	6.33±1.26
15 周	17.67±1.90	7.97±1.53	43.37±5.83	47.07±7.14	10.46±1.99	8.73±0.70	18.07±1.37	41.00±4.39	52.99±6.24	5.48±0.77
16 周	15.07±4.54	8.80±2.06	46.00±3.83	48.05±8.62	8.13±1.77	8.00±1.01	19.46±1.52	103.33±6.11	108.33±9.07	16.65±1.40
17 周	18.76±1.16	10.27±0.95	80.33±14.74	83.13±15.58	15.69±1.83	9.18±1.09	21.18±3.00	171.67±10.50	181.54±11.58	21.83±2.22
18 周	21.26±1.48	12.20±0.87	110.00±17.32	109.67±18.34	23.78±6.10	9.57±0.35	22.62±0.60	191.00±15.56	197.50±17.68	24.63±1.72
19 周	21.94±0.46	11.13±0.57	183.50±19.09	183.66±30.77	30.85±4.29	13.17±0.56	22.21±1.33	209.50±16.26	224.00±4.24	26.38±0.37
20 周	22.18±2.30	12.18±2.02	343.00±66.78	351.60±65.56	60.03±13.63	11.50±1.41	28.34±1.60	368.00±24.85	370.00±84.85	58.39±5.84
21 周	21.18±0.59	12.90±1.22	622.25±87.83	627.25±88.59	104.74±6.48	11.93±0.31	29.08±0.30	440.67±14.09	443.33±14.31	64.36±3.95
22 周	24.37±3.23	12.34±1.28	1122.00±50.91	1127.50±53.03	206.75±15.77	12.63±1.01	30.74±0.78	488.00±16.78	505.00±26.98	73.35±5.93
23 周	22.26±0.30	14.78±2.29	1172.00±39.69	1177.00±41.07	257.39±11.46	13.43±0.67	37.91±4.09	1727.00±221.16	1730.00±221.87	327.25±29.15
24 周	29.00±2.39	12.85±1.42	1245.50±77.07	1250.00±77.78	286.51±3.78	14.13±1.10	44.62±3.29	1869.33±183.97	1871.67±183.69	350.57±30.37

由图 7.9 可以看出,菊芋块茎的长度在匍匐茎形成的后的第 1~2 周呈现逐渐上升的趋势,在 3~8 周块茎形成期呈缓慢增长的趋势,在 8~14 周增长明显,在成熟期块茎长度趋于稳定,增长了 0.35~1.30 倍。

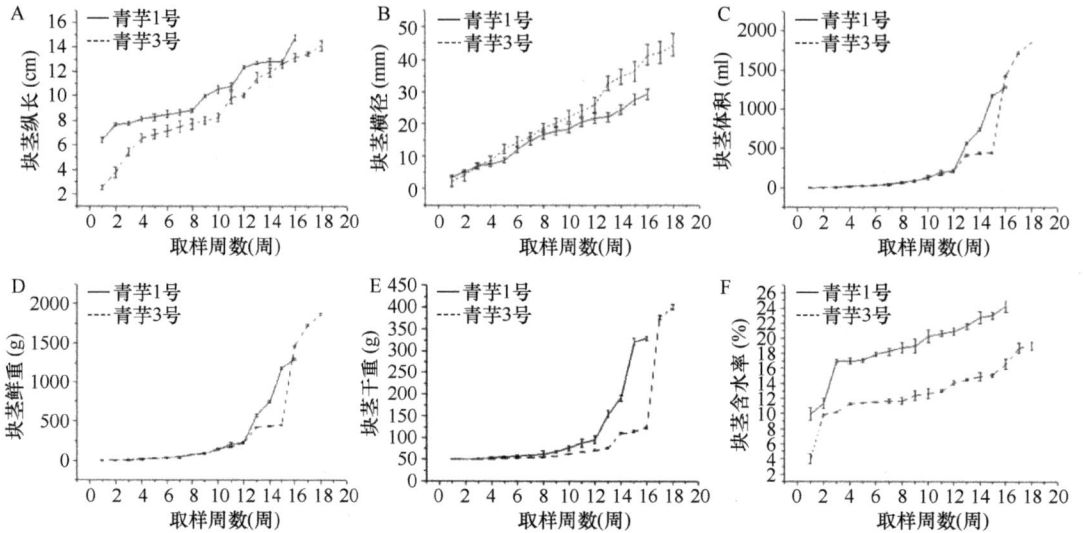

图 7.9 菊芋地下部植物学性状指标

块茎的体积、鲜重和干重在 1~10 周均呈现一致的动态变化,在 11 周至成熟期呈现快速增长的趋势,成熟期的块茎干物质含量是第 1 周取样时的 5.64~7.41 倍。

自然环境下,在菊芋块茎生长过程中,匍匐茎的形成与匍匐茎顶端的膨大是相互独立的。匍匐茎发生在植物侧枝的基部,研究表明,髓部及皮层细胞的不断分裂、细胞体积的逐渐膨大和各个部位的细胞繁殖,构成了块茎发育膨大中的几个主要过程。

菊芋作为双子叶植物的一种,其块茎的初生结构主要由三部分构成:表皮、皮层和维管束,其中表皮是块茎的初生保护组织,表面常有蜡层和角质层覆于其上,可抑制水分的蒸腾和增加表皮的韧度。薄壁组织是皮层关键构成之一,在嫩茎中,光合作用主要是由薄壁组织来进行。厚角组织常由表皮内侧的细胞分化而来,对茎起到辅助作用。维管束在大多数植物中呈现环状排列。髓部是由薄壁组织组成的中心部位,在髓部组织的外侧,常有较小的细胞环绕着内侧较大的细胞,它们之间有分明的界限,其外侧部位常称之为环髓带。位于维管束之间的薄壁组织称之为髓射线或初生射线。

在形成层中,次生组织是由维管形成层和木栓形成层的活动产生的,在块茎增粗的过程中扮演重要的角色。在这一过程中,细胞的层数得以不断增加,细胞向外侧和内侧不断分裂,在初生木质部的外侧形成了新的次生木质部。同时,因为细胞分裂,部分髓射线也会不停地产生新的细胞,这也将原始的髓射线进行了扩展。随着茎次生结构的不断增加,又产生了新的维管束。从横切面的角度观察块茎,在厚度上次生木质部远大于次生韧皮部,首先是由于在分裂次数上,形成层向外侧的分裂程度低于向内侧的分裂,所以外侧新细胞的数量也就相对较少;再者由于次生韧皮部作用的时间相对较短,从而使次生韧皮部的厚度大大减小。

在形成层活动过程中，块茎的膨大主要是由木质部的增加形成的。一般情况下，表皮既不能分裂也不能随之增长，最终导致被内部压力所撑破，失去保护的作用。与之同时，茎内细胞的分裂能力较强，形成了组织中的木栓形成层。因为细胞的平周分裂，栓内层和木栓组织分别在木栓层的两侧形成，并共同组成周皮。

菊芋块茎生长发育时期的研究，目前来说相对较少，有关块茎植物的研究，大多集中在如马铃薯、山药等作物上，研究表明，块茎膨大与匍匐茎的伸长有着紧密的关系，同时也受到不同激素调控和其他外界环境如温度、降水的影响。

Sanz 等（1996）研究表明，在匍匐茎伸长与膨大阶段，细胞的水平分裂在各个部位都有发生。在匍匐茎形成初期，茎部顶端的细胞分裂活动最为旺盛。而在匍匐茎开始膨大时，伴随着腋芽细胞的分裂活跃，顶端细胞分裂开始明显减少。Fujino 等（1995）将马铃薯试管的块茎进行了观察，研究表明，在块茎膨大初期，腋芽顶端皮层维管的重排是由细胞骨架蛋白的方向产生明显倾斜而导致的。

董丽丽（2010）在对茎瘤芥茎的研究中指出，在瘤状茎膨大的过程中，皮层及髓部的厚度都发生了变化，二者的细胞体积和细胞数量都呈逐渐上升的趋势，在茎瘤芥的块茎发育过程中没有发现环髓带活动的产生；王广龙（2016）对胡萝卜根发育过程的研究表明，在胡萝卜根发育前期，显微镜观察下可以看到各个组织的体积均较小，数量相对来说也较少，但到后期胡萝卜组织中的细胞数量和细胞体积均明显提高，胡萝卜的根也明显变粗增长；李玲玲（2015）在对南芋 1 号和青芋 2 号的研究中发现，在块茎形成阶段，细胞水平的变化表现为细胞分裂和细胞增大，自然条件下生长的菊芋块茎主要由周皮和维管束组成。成熟时期的块茎周皮结构由三部分组成，即木栓层、栓内层和木栓形成层，初生组织分布在皮层和维管组织之间，并位于髓射线上。在髓区和环髓区中形成了大量的次生维管组织和次生木质部细胞，中央贮藏薄壁组织之间同样分布着较少次生木质部。

通过对菊芋块茎解剖结构的观察，发现菊芋块茎发育最初期皮层与髓部比例相当，随着次生结构不断增加，从横切面上观察，髓部厚度远远超过皮层厚度，成熟时的菊芋块茎直径最终可达 4cm 左右，增粗 7.74～18.43 倍，在匍匐茎阶段，菊芋内部结构中原生木质部和韧皮组织较小，随着块茎的生长发育，细胞不断分裂，数目变多，体积增大，在块茎快速生长阶段，显微镜观察下的块茎出现了裂隙现象，成熟时块茎的皮层及髓部里的细胞数量和细胞体积都显著增加，其中髓部面积增大明显，对块茎体积膨大的贡献最高。

（1）块茎膨大过程中皮层及髓部厚度的变化

菊芋块茎从第 6 周开始出现明显的膨大现象，进入第 9 周膨大速率加快，一直持续到第 14 周，之后块茎的体积变化较小，直至成熟时期，此后进入收获贮藏阶段，块茎不再继续增长。青芋 1 号块茎在第 17 周收获时最大直径可达 3cm 左右，相比第 2 周，增粗约 6.74 倍；青芋 3 号块茎在第 18 周收获时最大直径可达 44mm 左右，相比匍匐茎形成时，增粗约 17.43 倍（图 7.10）。

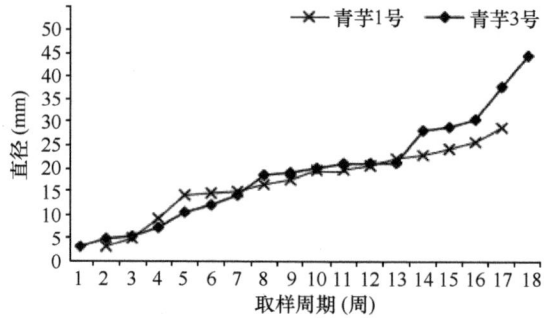

图 7.10 菊芋块茎发育时期的直径变化

菊芋的块茎主要由皮层和髓部两部分组成，其中髓部占比较大，由图 7.11 可知，块茎的直径呈逐渐上升的趋势，在块茎成熟时期达到最大值，青芋 3 号最终的直径约 40mm，青芋 1 号最终直径约 26mm，块茎的膨大伴随着直径的增加，在这一过程中，皮层及髓部细胞的厚度也随之增加，由图 7.11 可知，皮层和髓部也呈逐渐增厚的趋势，但皮层的厚度较小，皮层厚度在直径中的占比为 6%～9%，髓部是块茎的主要组成部分，在块茎增粗的过程中占比较大，最终成熟时，髓部占比为 91%～94%，髓部与皮层的比值由最初的 1.52 到成熟时期达到 11.72，这说明随着块茎的发育二者之间的差距越来越大。成熟期的块茎髓部厚度较匍匐茎形成期的厚度增加近 23 倍，而皮层的厚度变化相对来说较小，增加了近 3 倍。

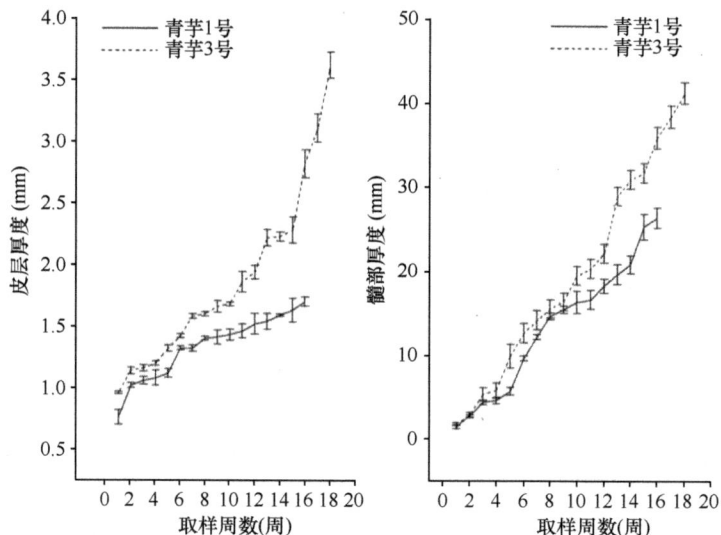

图 7.11 菊芋块茎不同生长发育阶段皮层及髓部细胞厚度变化

（2）髓部和皮层内细胞相对大小的变化

在 40 倍的显微镜下观察细胞形态良好、染色清晰的切片，计算一个物镜范围内的细胞数量，根据细胞数量计算细胞的相对大小，重复 3 次，取平均值，结果发现，在块茎发育前期的匍匐茎阶段，皮层和髓部的细胞相对大小的变化都不明显，随着块茎的生长，在块茎形成期和快速膨大期，细胞的体积开始增大，细胞大小有了明显变化，而在块茎成熟期，细胞的大小开始趋于稳定，变化动态相对来说较小，青芋 1 号髓部的细胞是匍匐茎时期的 1.43 倍，皮层细胞是 1.26 倍，而成熟时期的青芋 3 号髓部细胞大小是匍匐茎时期的 1.42 倍，皮层细胞大小是匍匐茎时期的 1.26 倍（图 7.12），两个品种间的差别并不明显。

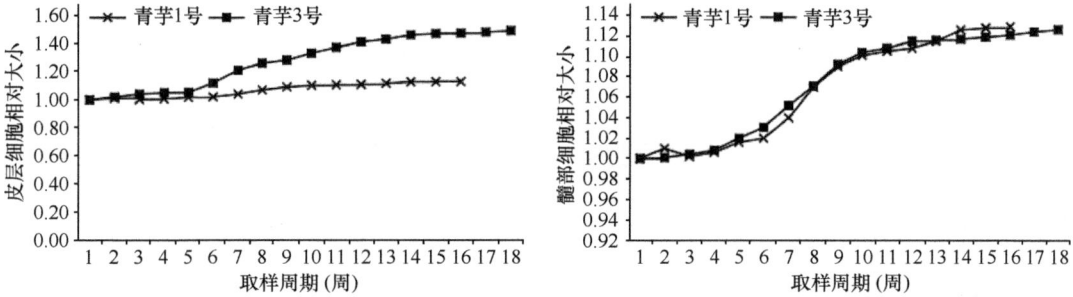

图 7.12　菊芋块茎生长发育时期皮层及髓部细胞的相对大小

（3）菊芋块茎膨大的解剖学观察

菊芋作为双子叶植物，从解剖结构上来看，其块茎主要由表皮、皮层和维管束组成（图 7.13A、B）。原表皮不断发育形成了表皮，作为块茎的初生保护组织，其表面光泽或被蜡粉，具有增强表皮坚韧性和防止蒸腾等作用，位于表皮内方的皮层由基本分生组织发育而成。菊芋块茎的增粗变大，关键是因为形成层的不断活动，随之次生组织不断生长，维管形成层细胞随着块茎的发育不断进行切向分裂，增加了细胞的层数（图 7.13E）；维管形成层切向分裂过程中产生的细胞形状大多扁长，呈纺锤形，有规律地交叉排列在切线方向（图 7.13A），之后形成层细胞与已形成的细胞层逐渐进行径向分裂，在菊芋块茎的长轴方向细胞数目增多，此时各个部位均出现了细胞不定向分裂的现象。从块茎发育早期纵切面的照片能够清楚直观地观察到，在块茎由径向伸长逐渐转变为横向增粗生长时，皮层及髓部细胞均出现了由径向分裂向不定向方向分裂的过程（图 7.13E、F）。同时，在菊芋块茎发育的过程中，各组织细胞的膨大活动一直存在（图 7.13G～I）。伴随着细胞的不定向分裂及各部位细胞的膨大，茎部逐渐变长增粗，菊芋块茎的最终体积形成。

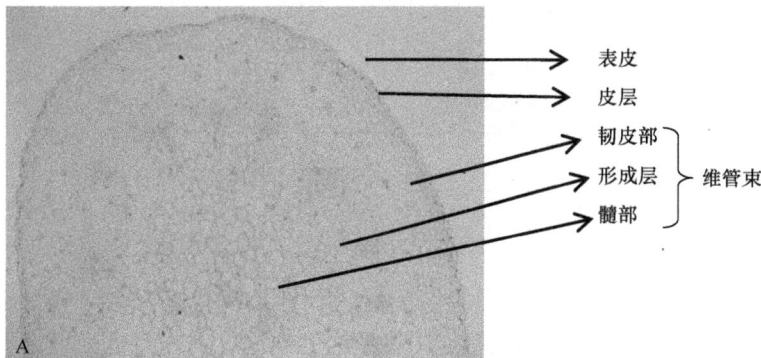

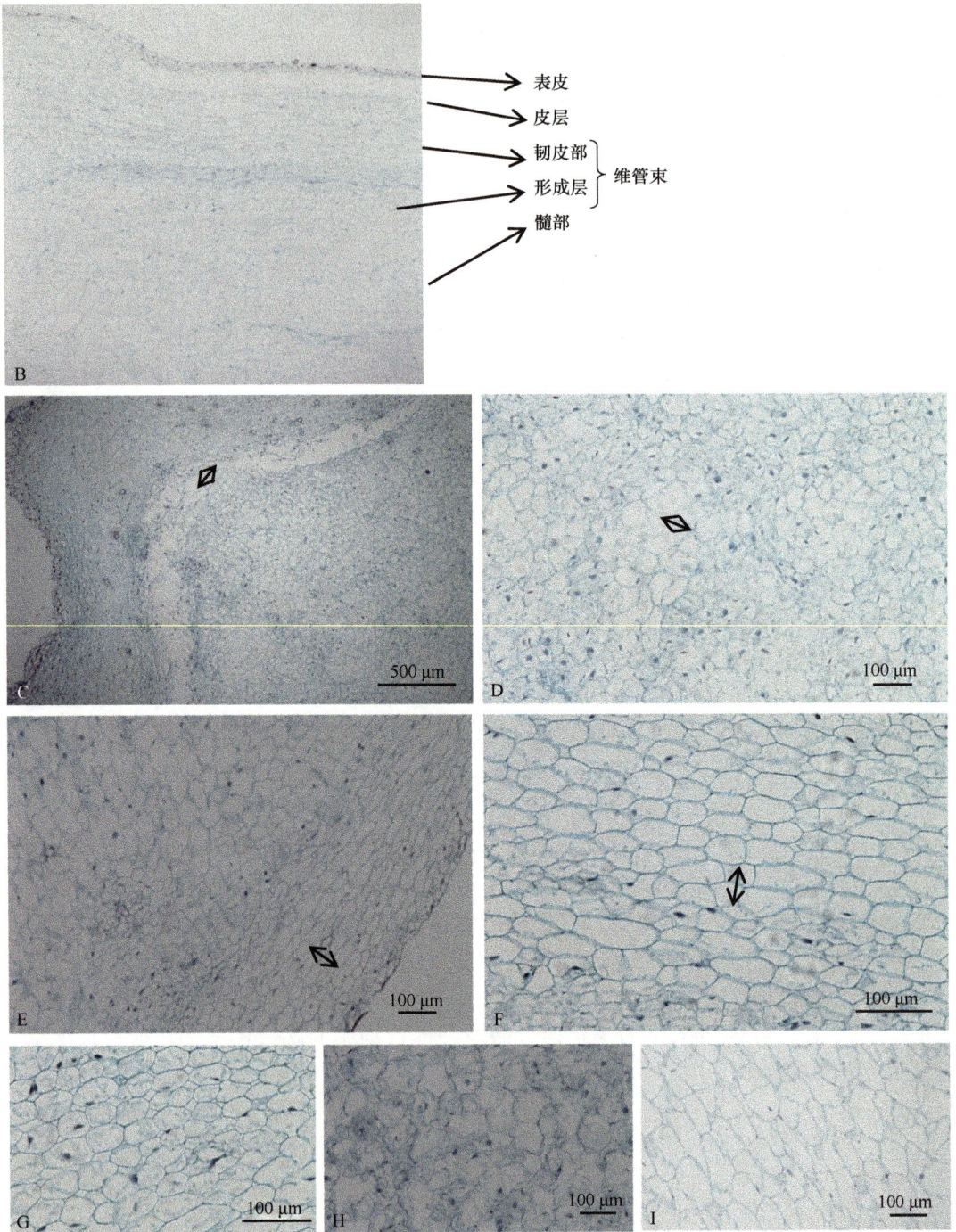

图 7.13　块茎生长发育过程的部分显微结构图切面

A. 块茎的横切面；B. 块茎的纵切面；C. 块茎中的芽眼部位；D. 髓部中心位置；E. 皮层出现细胞不定向
分裂区域；F. 髓部出现细胞不定向分裂区域；G～I. 细胞的膨大过程

　　在块茎类的植物研究中，有关马铃薯的报道相对而言较多，有研究指出，在马铃薯
的块茎发育过程中，皮层和髓部细胞体积的增大和细胞数量的增多，构成了块茎的增粗

变大，本研究中通过对菊芋块茎横切面的观察发现，细胞有序排列，没有明显的环髓带产生（图 7.13A～D）。所以，菊芋块茎的生长发育依旧与传统的机制一样，即由形成层不断活动分裂导致的细胞数量的增加和细胞体积的变大。此外，在菊芋快速膨大时期，显微镜观察下出现了断层现象（图 7.13A），而通过肉眼则观察不到，这一现象极可能与块茎的膨大速率相关，推测在接下来的发育过程中，断层处将会被新分裂的细胞填充，继而细胞变大，由此实现块茎的增粗膨大。

在菊芋形成匍匐茎时，皮层的厚度相对较大，在块茎成熟时期，皮层厚度的占比逐渐减小，而髓部的厚度明显增加（图 7.13），推断这是因为髓部细胞的分裂活动比较活跃，细胞数量不断增加（图 7.12），这使得皮层在横切面中的占比明显小于髓部。在块茎快速生长阶段，显微镜观察下的块茎出现了裂隙（图 7.13C），推测这是由块茎生长太快导致的，块茎在"撕裂"的过程中，有繁殖的细胞先将裂隙填充，之后细胞逐渐膨大，这个过程循环反复，构成了块茎的膨大增粗。通过对块茎细胞结构的观察，发现在皮层的分裂活动中出现了由径向向不定向分裂的现象（图 7.13E），推测这可能与细胞所处位置的特殊发育进程有关。在显微镜的观察中，发现某些部位的细胞排列较紧，细胞"拥挤"在一起，关于这一现象的产生，目前还不清楚其机制构成。

（4）块茎膨大动态

块茎形成以后，菊芋单株块茎总体积增长呈"S"形曲线变化（图 7.14）。此曲线表现出在中量水平处理措施下块茎体积增长的变化趋势，由此可将块茎体积膨大过程划分为三个阶段：块茎形成期到块茎膨大始期，已形成的单个块茎体积增长小，单株块茎体积缓慢增长，可见单株块茎体积增长是由新膨大块茎形成所引起的；块茎膨大始期至块茎膨大末期，单株块茎体积呈指数式增长，此时块茎数量已基本稳定，虽仍有新块茎形成，但体积增加少；块茎膨大末期到成熟期，单株块茎体积增长缓慢，块茎数量稳定。由图 7.14 可见，块茎膨大速率在前期较小，进入块茎膨大期后迅速增加，从膨大末期开始又急剧下降。

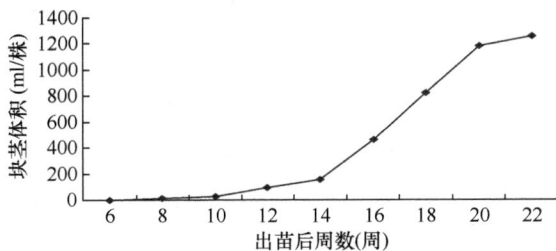

图 7.14　中量水平块茎体积变化

由表 7.6、表 7.7 可见，种植密度对单株块茎膨大有较大影响，随密度的增加而减慢，收获期单株块茎体积和膨大速率均表现为 DM＞ZL＞CK≥GM。低密度有利于单株块茎形成较大的体积，但单位面积上的总体积还与植株数量有关，因此在维持较大单株块茎体积的同时，还应适当提高单位面积上的植株数量，以增加体积总量。

表 7.6 不同处理下单株块茎体积的变化（cm³/株）

处理代号	出苗后天数					
	15d	35d	58d	89d	118d	153d
GM	0	0	12.5	67.0	296.5	724.8
DM	0	0	12.3	118.8	527.1	1220.2
GK	0	0	14.3	100.0	459.1	1131.2
WK	0	0	10.8	100.3	336.1	727.0
GP	0	0	13.8	113.8	391.0	1097.2
WP	0	0	15.0	86.3	393.2	891.7
GSN	0	0	10.3	111.9	426.1	1115.8
WSN	0	0	13.8	86.5	311.9	843.4
GZN	0	0	10.0	74.5	527.1	981.0
WZN	0	0	16.0	74.5	289.9	869.8
ZL	0	0	14.8	92.5	462.5	1185.5
CK	0	0	11.5	75.3	323.6	725.7

表 7.7 不同处理下单株块茎膨大速率变化 [cm³/（株·d）]

处理代号	出苗后天数					
	0～15d	15～35d	35～58d	58～89d	89～118d	118～153d
GM	0	0	0.54	2.16	10.22	20.71
DM	0	0	0.53	3.83	18.18	34.86
GK	0	0	0.62	3.22	15.83	32.32
WK	0	0	0.47	3.24	11.59	20.77
GP	0	0	0.60	3.67	13.48	31.35
WP	0	0	0.65	2.78	13.56	25.48
GSN	0	0	0.60	3.61	14.69	31.88
WSN	0	0	0.45	2.79	10.76	24.10
GZN	0	0	0.70	2.40	18.18	28.03
WZN	0	0	0.43	2.40	9.99	24.85
ZL	0	0	0.64	2.98	15.95	33.87
CK	0	0	0.50	2.43	11.16	20.71

施用磷、钾肥对单株块茎膨大的影响相似，增施磷、钾肥均能提高单株块茎的体积，在收获期单株块茎体积和膨大速率均表现为 ZL＞GP＞WP＞CK 或 ZL＞GK＞WK＞CK，但相比而言，钾肥和磷肥施用与否，钾素的影响较大。

高施种氮处理推迟了块茎的形成，前期结芋数少，单株块茎体积低于未施种氮处理，而到后期，生长中心由茎叶向块茎转移后，高施种氮处理获得较大体积。不同施追氮处理得到类似结果。

6. 块茎的休眠

休眠（dormancy）指植物停止生长，植物的芽或其他器官生长暂时停顿，仅维持微弱生命活动的时期，是在系统发育的过程中形成的，是一种对逆境的适应特性。休眠可分为两种不同类型：自然休眠、被迫休眠。

自然休眠：指即使给予适当的生长环境条件仍不能萌芽生长，需要经过一定的低温条件，解除休眠后才能正常萌芽生长的休眠。例如，落叶树冬季落叶休眠。对于块茎、鳞茎、球茎、根茎类蔬菜的休眠，是指在其结束田间生长时，积储了大量营养物质，新陈代谢降低，生长停止而进入相对静止状态。此时物质消耗、水分蒸发都降到最低点，即使有适宜的生长环境也不发芽，借以度过严寒、酷暑、干旱等季节，从而保存其生命力和繁殖力。

被迫休眠：指由于不利的外界环境条件（低温、干旱等）的胁迫而暂时停止生长的现象，逆境消除即恢复生长，如落叶树根系休眠。

由于菊芋生长季节较长，采挖后很快就进入休眠，且休眠时间较长，目前菊芋块茎休眠和打破休眠的机理尚不完全清楚。通过研究发现，热激温度虽然对于打破菊芋块茎休眠具有一定作用，但其对菊芋块茎进行不同温度处理时需要人为的改变处理温度，操作比较烦琐，且对试验条件较赤霉素处理时要求高，并且打破菊芋块茎休眠的效果不如赤霉素明显。正常生理条件下菊芋块茎在收获 3～4 个月后休眠才会解除，根据本试验结果，在赤霉素诱导条件下 5d 就可以打破菊芋块茎休眠，故认为以赤霉素处理效果较好，省时并且节约成本。在生产中用赤霉素处理打破菊芋块茎休眠时还应根据不同的菊芋品种进行不同浓度处理。针对青芋 1 号、青芋 2 号建议使用 10mg/L 浓度的溶液进行处理较好，比 20mg/L 浓度经济投入少；青芋 3 号用 1mg/L 浓度的溶液处理效果较好。

7.1.3　繁殖器官的生长发育

1. 花的发育

菊芋的花期一般在种植后的第 19 周开始，花蕾不断增多，并逐渐开放，同一头状花序上的管状花的开放时间不一致，随着花序的生长，舌状花最先开放，随后边缘的管状花开始开放，依次由外向中央开放，并伴随柱头生长和花粉散粉。至第 21 周达峰值，随后花器官开始枯萎，地下茎开始快速膨大，菊芋花期是地上部快速增长和地下部块茎迅速膨大的转折点。菊芋花型如图 7.15 所示。

孢粉学是研究植物花器官孢子、花粉（简称孢粉）的形态、分类及其在各个领域中应用的一门科学。植物花粉形状独特，外壁结构复杂、纹饰细腻，遗传上具有较强的保守性和稳定性。孢粉学的研究标准一般为花粉形状、花粉大小、萌发器官、表面纹饰及超微结构 5 个方面。根据王开发（1983）对花粉形状、孢粉大小的分类，菊芋花粉一般属于中型花粉。孢子、花粉的萌发器官是孢粉的重要形态特征，萌发孔的数目（N）、位置（P）及特征（C）是区分孢粉形态的主要依据。Erdtman（1952）提出了一个 NPC 分类系统，根据萌发孔的数目、萌发器官所在的位置、萌发孔的特征分别将孢粉分为 8 类、7 类、7 类；根据花粉粒表面纹饰的不同将其分为颗粒状纹饰、瘤状纹饰、疣状纹饰、脑纹状纹饰、条纹状纹饰、刺状纹饰、棒状纹饰、网状纹饰、穴状纹饰 9 种。

图 7.15　菊芋花形态

2. 花粉形态及大小

以从泰国引进的 23 份菊芋资源为材料，测定了其花粉特征，主要包括花粉粒的极轴长（μm）、花粉粒赤道轴长（μm）、极赤比。测定结果表明，花粉粒极轴长分布在 34.85～47.11μm，赤道轴长分布在 25.60～42.56μm，极赤比分布在 0.97～1.44，均属于中型花粉，花粉呈椭圆形或长椭圆形；刺长分布在 2.37～5.08μm（表 7.8）。

表 7.8　23 份菊芋资源的花粉特征

资源编号	极轴长（μm）	赤道轴长（μm）	极赤比	刺长（μm）
T1	44.34±2.250	34.77±1.500	1.28±0.023	3.70±0.676
T2	40.37±1.862	32.00±0.225	1.26±0.051	4.08±0.713
T3	39.82±1.457	33.80±0.708	1.18±0.046	4.45±0.793
T5	40.17±1.785	29.64±0.947	1.36±0.103	4.30±0.676
T6	40.74±0.464	33.63±3.381	1.21±0.109	3.97±0.710
T7	38.74±0.783	34.23±2.055	1.13±0.072	3.56±0.970
T10	42.86±2.366	40.18±2.360	1.07±0.123	3.92±0.342
T11	39.77±0.448	33.33±4.028	1.19±0.151	3.57±0.186
T12	46.29±0.686	32.05±0.725	1.44±0.020	4.48±0.173
T15	43.88±0.566	35.76±2.288	1.23±0.077	4.44±0.225
T16	39.60±0.503	29.46±0.895	1.34±0.028	4.03±0.234
T17	35.90±2.276	25.60±0.537	1.40±0.351	4.77±0.110
T18	36.31±1.033	36.31±1.365	1.00±0.025	2.44±0.225
T19	42.56±1.858	36.01±2.872	1.18±0.108	3.63±0.127
T20	42.05±1.022	33.26±0.463	1.26±0.040	3.71±0.127
T21	46.13±0.538	33.63±1.364	1.37±0.144	2.37±0.127
T22	42.56±1.365	43.75±0.890	0.97±0.012	3.48±0.132

续表

资源编号	极轴长（μm）	赤道轴长（μm）	极赤比	刺长（μm）
T23	41.67±1.365	37.78±0.970	1.10±0.021	2.78±0.110
T24	34.85±2.318	31.11±1.922	1.12±0.061	3.63±0.259
T25	42.64±0.605	38.56±1.137	1.11±0.045	4.15±0.717
T26	44.34±0.513	33.33±0.338	1.33±0.127	2.96±0.336
T27	47.11±0.445	36.31±1.363	1.30±0.373	5.08±0.520
T28	36.74±3.070	29.25±0.560	1.26±0.130	3.92±0.680
SF	36.40±1.757	30.18±1.085	1.21±0.094	3.48±0.559

　　本研究发现，菊芋花粉大小与花粉的倍性不呈正相关。研究发现，向日葵花粉的极轴长、赤道轴长小于大部分菊芋花粉，倍性与花粉大小有一定的相关性，倍性越高，花粉粒的体积倾向越大，但是并没有显著差异，不能根据单纯的花粉粒的大小就判断菊芋的倍性。影响花粉粒大小的因素不仅是倍性，还可能有环境因素、花序大小等。

3. 花粉表面纹饰

　　菊芋花粉表面纹饰均为刺和孔（图 7.16），刺呈圆锥状凸起，刺顶端尖或钝（图 7.17），刺中部以下凸起膨大，在膨大区域部分资源有穴状小孔（图 7.18），小孔或疏或密，或圆形或不规则形，刺间距有大有小；花粉具 3 个萌发孔、3 个萌发沟。

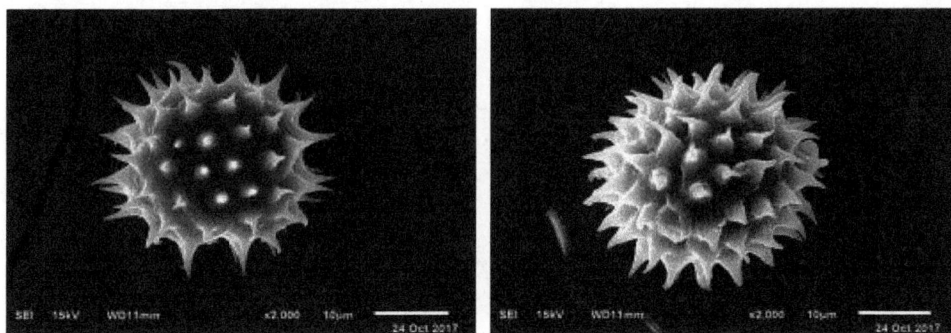

图 7.16　菊芋花粉表面纹饰特征

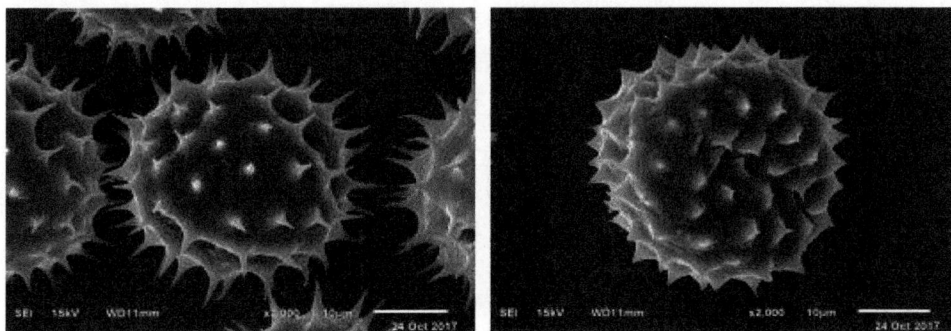

图 7.17　菊芋花粉表面刺特征

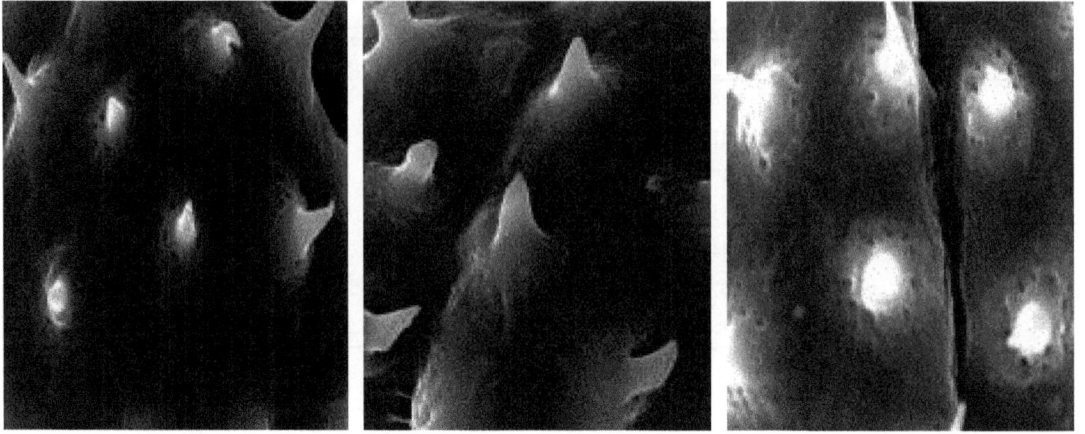

图 7.18　菊芋花粉表面穴状小孔

　　大部分菊芋花粉外壁的表面有很多小刺，这些小刺作为产生蛋白质和酶的场所，在刺的周围产生化合物，这些刺状体所能伸到的位置，正好是授粉时所需要的位置。在这种情况下，刺增强了将来花粉与柱头接受时的效率。二倍体的刺长、刺宽、刺间距都小于四倍体和六倍体，并有显著差异，这可能与倍性相关，但是更有可能是刺长与花粉大小相适应的关系。基于向日葵和菊芋倍性不同，本研究对比了菊芋与向日葵的刺长、刺宽、刺间距，发现向日葵花粉的刺长小于大部分菊芋花粉，且向日葵花粉刺间距大于菊芋花粉。

4. 种子的发育

　　菊芋一般是严格的异花授粉和自交不亲和作物，结籽率与基因型、生境、生产条件有关，野生种群较栽培种倾向于多花、多籽，栽培种较低的结籽率可能与较迟的开花期及较低的温度等气候原因有关。

（1）开放杂交繁殖习性

　　结合在大棚（2016 年）和露地（2017 年）不同种植环境下 28 份泰国资源的开放杂交试验结果（表 7.9），种植于温室大棚里的资源的花盘多数大于露地种植，而花朵个数多数少于露地种植，部分资源露地种植后出现开花数明显减少，甚至有些资源部分植株仅有几朵花；从种子数来看，2016 年种子数在 0～1475 个，2017 年种子数在 0～3403 个，两年都是 T2 种子数量最高；从结实率来看，有 7 份资源两年时间均未结实，有 10 份资源两年时间均有结实，有 9 份资源在大棚种植条件下结实而在露地条件下未结实，有 2 份资源则是在露地栽培下有结实。说明菊芋材料中存在部分严格结实的材料，同时也存在着不能结实的材料，且结实与否与种植条件存在一定关系。

（2）开放杂交种子性状

　　对 2016 年大棚及 2017 年露地开放杂交收取的 17 份和 12 份种子进行观察记载（图 7.19、表 7.10、表 7.11），种子长度平均值分别为 5.70mm 和 5.87mm，最大值为

6.69mm（T26）和 9.15mm（T23），最小值为 4.94mm（T9）和 5.02mm（T21），变异系数为 10.03%和 18.41%；种子宽度平均值为 2.13mm 和 2.11mm，最大值为 2.46mm（T23）和 2.57mm（T15），最小值为 1.89mm（T13）和 1.55mm（T5），变异系数为 7.42%和 12.89%；种子厚度平均值为 1.21mm 和 1.08mm，最大值为 1.44mm（T27）和 1.62mm（T26），最小值为 0.98mm（T6）和 0.84mm（T5），变异系数为 10.92%和 19.34%；种子百粒重平均值为 0.39g 和 0.50g，最大值为 0.65g（T27）和 0.82g（T20），最小值为 0.16g（T20）和 0.38g（T19），变异系数分别为 31.27%和 23.73%。

表 7.9　菊芋开放杂交繁殖习性

资源编号	花枝长度（cm）	花大小（cm）	花盘大小（mm）		花朵数（个）		种子数（个）		结实率（%）	
	2016	2016	2016	2017	2016	2017	2016	2017	2016	2017
T1	54.33	7.50	12.88	8.41	87	178	0	0	0	0
T2	37.00	7.00	14.43	8.25	330	1110	1475	3403	4.47	3.07
T3	47.00	7.50	14.67	9.87	435	1250	0	0	0	0
T4	25.00	7.17	12.65	10.54	69	3	123	0	1.78	0
T5	20.33	7.10	14.03	9.77	300	1240	0	22	0	0.02
T6	48.00	8.33	15.04	11.26	111	52	71	0	0.64	0
T7	16.33	7.83	13.93	9.42	357	854	453	0	1.27	0
T8	21.67	7.50	10.73	9.90	57	35	0	0	0	0
T9	44.00	7.67	14.57	9.62	240	568	189	0	0.79	0
T10	40.00	6.33	11.87	9.73	240	2400	676	1400	2.82	0.58
T11	37.67	7.17	12.57	11.84	72	238	0	0	0	0
T12	21.33	6.67	14.48	12.88	327	1024	667	0	2.04	0
T13	36.33	7.17	14.07	9.36	204	369	429	0	2.10	0
T14	16.67	7.17	13.60	13.28	21	5	0	0	0	0
T15	25.60	7.50	15.23	14.30	195	1110	0	250	0	0.23
T16	31.33	6.50	12.70	10.29	246	1140	483	25	1.96	0.02
T17	26.00	7.33	10.56	11.16	246	152	154	0	0.63	0
T18	14.00	6.17	10.02	10.21	315	1118	114	85	0.36	0.08
T19	72.00	7.17	10.60	7.97	216	429	58	111	0.27	0.26
T20	26.33	7.50	14.10	8.53	183	762	75	10	0.41	0.01
T21	15.67	6.50	14.27	8.92	228	1080	56	29	0.25	0.03
T22	16.00	5.67	13.23	11.39	435	1300	686	315	1.58	0.24
T23	37.67	6.00	13.43	9.26	144	365	0	0	0	0
T24	43.33	6.10	11.60	10.8	291	37	0	0	0	0
T25	20.00	7.00	13.40	8.87	129	533	100	32	0.78	0.06
T26	19.33	6.00	14.40	10.23	162	854	101	46	0.62	0.05
T27	28.00	7.17	14.59	11.04	294	21	70	0	0.24	0
T28	16.67	7.07	10.86	12.17	255	92	1181	0	4.63	0

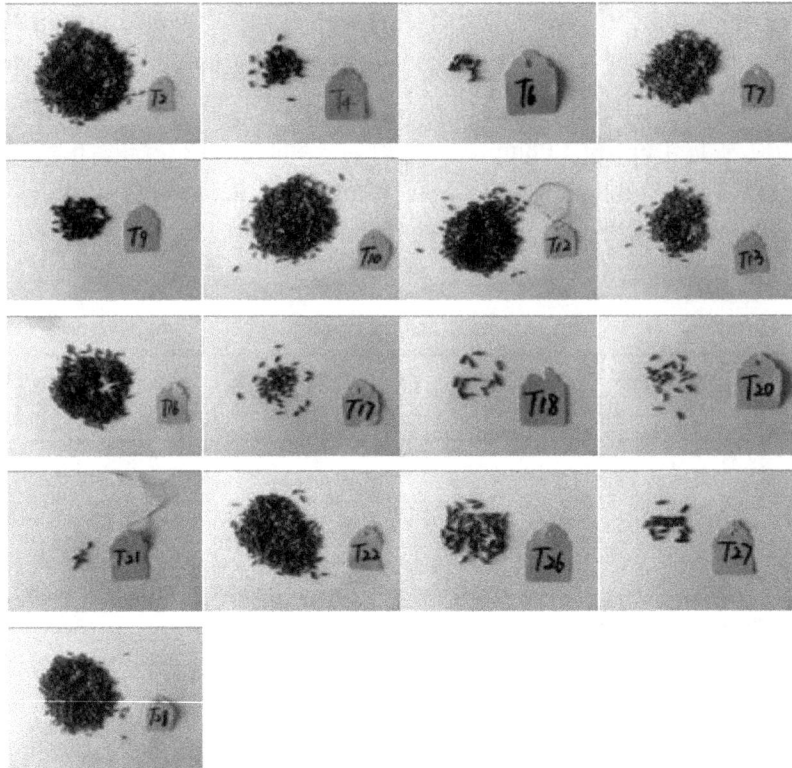

图 7.19 菊芋材料 2016 年度开放杂交种子

表 7.10 菊芋开放杂交种子特征

资源编号	种子长度（mm）	种子宽度（mm）	种子厚度（mm）	种子百粒重（g）
		2016		
T2	6.47±0.102	2.36±0.048	1.23±0.025	0.61
T4	5.11±0.206	2.03±0.105	1.14±0.036	0.25
T6	5.19±0.109	1.93±0.058	0.98±0.058	0.30
T7	6.16±0.128	2.23±0.069	1.33±0.101	0.33
T9	4.94±0.221	2.04±0.036	1.13±0.047	0.37
T10	5.57±0.315	2.21±0.107	1.35±0.098	0.35
T12	5.13±0.259	2.36±0.085	1.32±0.036	0.51
T13	5.63±0.095	1.89±0.094	1.11±0.044	0.30
T16	6.63±0.108	2.24±0.112	1.27±0.108	0.38
T17	5.45±0.308	2.07±0.047	1.02±0.058	0.38
T18	6.17±0.217	1.98±0.059	1.16±0.089	0.43
T20	5.48±0.118	2.06±0.035	1.21±0.114	0.16
T21	5.25±0.314	2.05±0.087	1.29±0.069	0.33
T22	5.47±0.096	2.05±0.028	1.08±0.035	0.40
T26	6.69±0.247	2.35±0.099	1.40±0.074	0.46
T27	6.26±0.336	2.33±0.047	1.44±0.058	0.65
T28	5.31±0.501	2.00±0.025	1.14±0.055	0.38

资源编号	种子长度（mm）	种子宽度（mm）	种子厚度（mm）	种子百粒重（g）
		2017		
T2	5.77±0.106	2.25±0.073	1.19±0.059	0.57
T5	5.94±0.168	1.55±0.099	0.84±0.088	0.50
T10	5.67±0.194	1.96±0.130	1.16±0.077	0.50
T15	5.29±0.072	2.57±0.109	1.17±0.076	0.44
T16	5.92±0.313	2.11±0.054	1.03±0.156	0.40
T18	5.82±0.104	1.97±0.095	0.89±0.127	0.44
T19	5.23±0.077	1.97±0.083	0.93±0.062	0.38
T20	5.18±0.136	2.08±0.067	1.03±0.091	0.82
T21	5.02±0.083	1.88±0.070	1.12±0.063	0.44
T22	5.60±0.067	2.18±0.085	1.14±0.096	0.41
T23	9.15±2.216	2.46±0.131	0.89±0.089	0.56
T26	5.85±0.106	2.28±0.045	1.62±0.053	0.52

表 7.11　菊芋开放杂交种子性状分析

项目	年份	最小值	最大值	平均值	标准差	变异系数（%）
种子长度（mm）	2016	4.94	6.69	5.70	0.57	10.03
	2017	5.02	9.15	5.87	1.08	18.41
种子宽度（mm）	2016	1.89	2.36	2.13	0.16	7.42
	2017	1.55	2.57	2.11	0.27	12.89
种子厚度（mm）	2016	0.98	1.44	1.21	0.13	10.92
	2017	0.84	1.62	1.08	0.12	19.34
种子百粒重（g）	2016	0.16	0.65	0.39	0.12	31.27
	2017	0.38	0.82	0.50	0.13	23.73

综合 28 份材料种子特征，菊芋种子长度约 5.5mm，宽度约 2.1mm，厚度约 1.1mm，种子百粒重为 0.4g。不同菊芋资源种子的大小有差异，但变异系数不超过 32%。

（3）远缘杂交结实

以 28 份泰国引进的菊芋资源为例，采用花期去雄人工授粉的方式进行杂交，选择菊芋作为母本，栽培向日葵作为父本，分析杂交结实情况。

杂交组合共 28 个，杂交花朵 985 个，均未结实。说明菊芋材料在远缘杂交上仍存在杂交障碍，这一技术障碍的克服仍需努力。

7.2　光合产物积累与分配

本研究以青芋 1 号菊芋为材料，试验设计见表 7.1。在不同的生长发育时期进行取样分析，以充分了解菊芋光合产物积累与分配规律。

7.2.1 光合性能指标变化

1. 叶绿素含量变化动态

在中量水平处理下,菊芋叶片中叶绿素的含量全生育周期呈现双峰曲线变化,其峰值分别出现在块茎形成期和块茎膨大期,分别达到2.66mg/g和2.41mg/g(表7.12)。在这两个时期叶绿素含量高,可提高叶片光合活性,增加光合产物积累,有利于促进块茎的迅速形成和膨大。CK群体叶片叶绿素含量两次峰值均不明显。

表 7.12 不同处理下叶片叶绿素含量变化(mg/g)

处理代号	出苗后天数					
	15d	35d	58d	89d	118d	153d
GM	1.88	1.97	2.29	1.68	2.09	1.08
DM	1.82	1.78	2.06	1.79	2.21	1.47
GK	1.76	2.20	2.44	2.19	2.25	1.11
WK	1.85	1.90	2.35	1.80	2.20	1.17
GP	1.90	2.01	2.78	2.36	2.89	1.33
WP	1.83	1.85	1.89	1.97	2.01	0.97
GSN	2.01	1.89	2.84	2.21	2.62	1.22
WSN	1.77	1.67	1.84	1.86	1.96	1.15
GZN	2.13	1.81	2.82	2.09	2.51	1.39
WZN	1.97	1.78	2.67	1.77	1.89	1.34
ZL	2.00	1.96	2.66	2.24	2.41	1.52
CK	1.81	1.73	2.04	2.03	2.08	0.91

由表7.12可见,不同密度处理下,在块茎形成前,密度增加使叶片叶绿素含量升高,达第一峰值后直线下降。块茎形成期以后,低密度群体叶片的叶绿素含量高于高密度群体,且后期出现第二高峰。高施钾肥在生长期间叶绿素含量高于未施钾肥群体;中量组合优化群体高于对照群体。

施磷肥也能提高叶绿素含量,其作用在生长发育中后期更高于施钾肥,两个峰值时叶绿素含量显著高于其他各处理,且未施磷肥群体第一峰值没有出现,呈单峰曲线变化,说明磷肥可使第一峰值提前。

施种氮肥对叶绿素含量的影响与施磷肥有类似效应,整个生长周期内,高施种氮肥群体叶绿素含量始终高于其他处理,而未施种氮肥群体则无第一高峰,同样呈现单峰曲线变化;高追氮肥群体在前期与未追氮群体差异不大,而在后期对叶绿素含量影响显著,第二高峰明显,未追氮群体则无明显第二高峰。

由图7.20可知,叶绿素含量变化与菊芋生长发育密切相关,叶绿素含量峰值出现在第6周与第18周,分别对应地上部苗期向生长期过渡的能量积累时期与地下部块茎膨大的需能高峰。

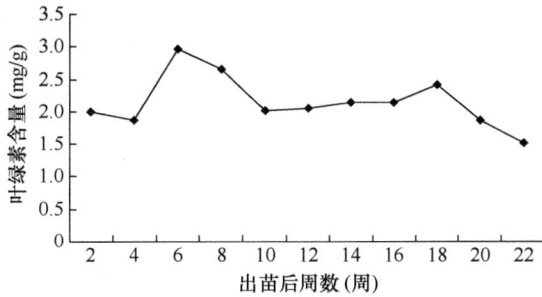

图 7.20　中量水平叶绿素含量变化

2. 叶面积指数（LAI）变化动态

由图 7.21 可见，菊芋在中量水平处理下群体 LAI 呈单峰曲线变化，峰值出现在块茎膨大后期。在生长发育早期，叶片扩展较慢，到出苗后第 6 周仅为 0.82，在初期缓慢增长期后急剧增加，第 8 周达到 2.35，之后逐渐增加，在第 18 周达到峰值 4.18，有 2 周稳定期，之后迅速下降到 0。

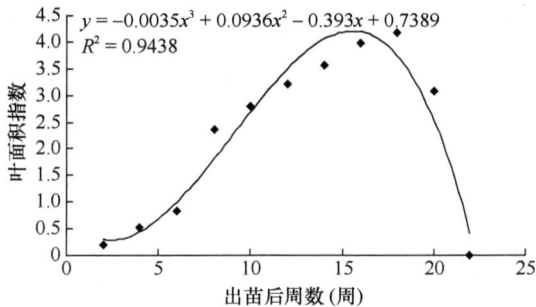

图 7.21　中量水平叶面积指数变化

由表 7.13 可见，不同种植密度处理下，最大 LAI 表现为 ZL＞GM＞DM＞CK，高密度群体在块茎膨大始期提前达到峰值，而后期由于功能叶片加快衰退，在块茎膨大后期其他群体均达到峰值时，其 LAI 却开始下降。低密度群体虽单株叶面积较大，但由于株距过大，使得单位面积上的功能叶面积明显较小。整个生长周期平均 LAI 表现为 GM＞ZL＞CK＞DM。

表 7.13　不同处理下 LAI 变化

处理代号	出苗后天数						全生育期平均
	15d	35d	58d	89d	118d	153d	
GM	0.25	1.37	2.21	3.96	3.26	0	1.84
DM	0.13	0.50	1.18	3.37	3.54	0	1.52
GK	0.15	0.95	1.71	3.83	4.84	0	1.91
WK	0.16	1.03	2.05	3.62	3.95	0	1.80
GP	0.14	0.79	1.54	3.57	3.52	0	1.59
WP	0.17	0.62	2.11	2.97	3.68	0	1.59

续表

处理代号	出苗后天数						全生育期平均
	15d	35d	58d	89d	118d	153d	
GSN	0.16	0.78	1.73	4.85	4.45	0	1.89
WSN	0.13	0.85	1.97	2.73	2.81	0	1.41
GZN	0.12	0.71	1.94	3.22	5.09	0	1.85
WZN	0.12	0.85	2.27	2.83	3.14	0	1.54
ZL	0.19	0.72	2.35	3.55	4.18	0	1.83
CK	0.11	0.76	1.83	3.14	3.52	0	1.56

高钾群体在生长发育前期 LAI 较小，但从块茎开始膨大后迅速增加，LAI 显著高于无钾群体，达到 4.84。整个生长周期最大或平均 LAI 均表现为 GK＞ZL＞WK＞CK。

不同施磷量处理下，最大 LAI 表现为 ZL＞WP＞GP=CK，高磷群体在块茎膨大始期提前达到峰值，一段稳定期后叶片出现早衰。整个生长周期平均 LAI 表现为 ZL＞WP=GP＞CK。

与高磷群体类似，高种氮群体 LAI 峰值也提前到达，且在生长发育后期保持了较高 LAI。而无种氮群体峰值不明显，最大 LAI 仅为 2.81，整个生长周期平均值仅为 1.41。高追氮群体在后期显示出高氮优势，其峰值达到 5.09，不同追氮处理下最大或平均 LAI 均表现为 GZN＞ZL＞CK＞WZN。

3. 光合势（LAD）变化动态

由图 7.22 可见，在中量水平处理下，LAD 呈单峰曲线变化。在苗期 LAD 较小，增加缓慢；在植株快速生长时期，LAD 迅速增加，在第 10 周后趋于平缓；从块茎形成开始，LAD 继续增加，在第 18 周达到峰值，此时地上部干物质开始向块茎转移，之后迅速下降。

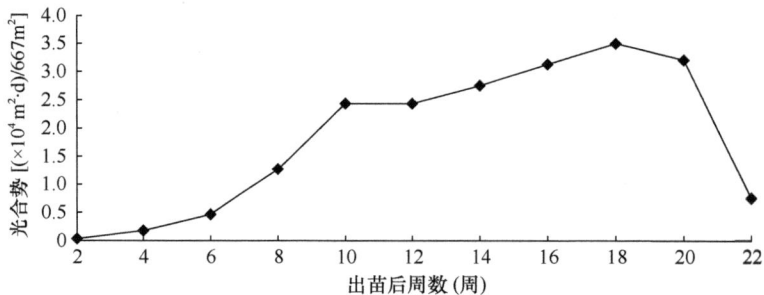

图 7.22 中量水平整个生长周期光合势变化

由表 7.14 可见，不同密度处理的菊芋群体中，高密度群体生长发育前期 LAD 均高于其他处理，在生长发育后期，由于高密度群体叶片的过早脱落，在产量形成的重要时期，LAD 峰值较小且不能维持，小于低密度群体和中量优化群体。低密度群体由于个体数量少，群体规模小，LAD 低而不足。整个生长周期总 LAD 表现为 ZL＞GM＞CK＞DM。

表 7.14　不同处理下 LAD 变化 $[(\times 10^4 m^2 \cdot d) / 667m^2]$

处理代号	出苗后天数						总光合势
	0~15d	15~35d	35~58d	58~89d	89~118d	118~153d	
GM	0.13	0.81	1.79	2.74	3.26	1.63	10.35
DM	0.065	0.31	0.84	2.58	3.76	1.77	9.32
GK	0.075	0.55	1.33	2.77	4.34	2.42	11.49
WK	0.080	0.60	1.54	2.84	3.49	1.98	10.53
GP	0.070	0.46	1.16	2.55	3.54	1.76	9.54
WP	0.085	0.40	1.37	2.54	3.33	1.84	9.57
GSN	0.080	0.47	1.26	3.29	4.35	1.88	11.33
WSN	0.065	0.42	1.34	2.36	2.78	1.41	8.38
GZN	0.060	0.49	1.40	2.58	4.15	1.92	10.60
WZN	0.060	0.49	1.56	2.55	2.99	1.57	9.22
ZL	0.095	0.46	1.54	2.68	3.59	2.09	10.46
CK	0.055	0.43	1.30	2.49	3.33	1.76	9.37

不同施钾量群体，LAD 峰值表现为 GK>ZL>WK>CK。在生育前期，高钾群体未显示出高光合势，反而较其他处理低，在生长发育后期充足的钾素营养能推迟叶片衰老，使群体保持较高的 LAD 值。整个生长周期总 LAD 表现为 GK>ZL>WK>CK。

不同施磷量处理下，生长发育前期群体 LAD 值变化差异不大，而在生长发育后期高磷促使叶片过早衰退，LAD 值小于中量水平处理。LAD 峰值表现为 ZL>GP>WP=CK，整个生长周期总值均表现为 ZL>WP>GP>CK。

不同施氮处理下，无论是种氮肥还是追氮肥，在前期 LAD 均无明显优势，块茎开始形成后，高种氮和高追氮群体显示出高氮素优势，其峰值大于中量优化群体，而过量氮素后期易引起茎叶徒长，叶片相互遮阴作用使下部叶片大量脱落，光合势降低。

4. 净同化率（NAR）变化动态

由图 7.23 可见，在中量水平处理下，菊芋群体 NAR 在整个生长周期内呈"马鞍"形曲线变化，前、后期高，而中期低。

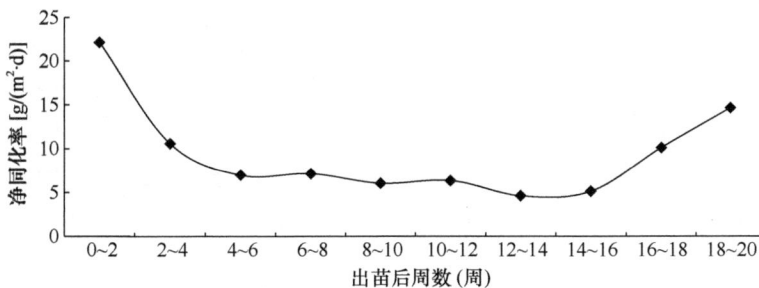

图 7.23　中量水平整个生长周期净同化率变化

由表 7.15 可见，不同密度处理下，苗期 NAR 值表现为 GM>ZL>DM>CK。高密度群体前期有效光合面积较大，叶片覆盖率高，NAR 值达到一生最高值 24.12g/（m²·d），大于中量水平处理，更显著大于低密度群体和对照群体。

表 7.15　不同处理下 NAR 变化 [g/（m²·d）]

处理代号	出苗后天数					
	0～15d	15～35d	35～58d	58～89d	89～118d	118～153d
GM	24.12	7.58	6.65	6.01	7.70	9.93
DM	17.68	6.26	5.78	5.19	6.88	9.08
GK	25.90	7.86	7.17	5.89	7.55	10.12
WK	23.01	7.21	6.49	5.68	7.39	9.65
GP	22.97	7.39	6.54	5.91	7.60	9.68
WP	22.78	6.98	6.11	5.46	7.02	8.98
GSN	25.67	8.08	7.67	6.41	7.73	10.21
WSN	22.40	7.31	6.32	5.59	7.27	9.33
GZN	23.11	7.37	6.50	6.44	7.85	10.25
WZN	23.09	7.35	6.51	5.91	7.13	9.89
ZL	23.13	7.42	6.46	5.84	7.63	10.66
CK	16.09	5.76	5.11	5.23	6.78	8.43

不同施钾量处理下，苗期 NAR 值表现为 GK＞ZL＞WK＞CK，高施钾能提高群体 NAR 值，苗期达到 25.90g/（m²·d），并且在各生长发育时期均保持了较其他处理高的 NAR 值。

不同施磷量处理在前期差异不大，在后期高磷群体由于叶片早衰，光合生产率降低，而无磷群体也较低。

不同施种氮处理下，NAR 值变化与不同施钾量处理类似。高追氮处理在前期与中量水平处理及无追氮处理差异不大，在后期则高于其他处理。

7.2.2　干物质积累与分配

菊芋生育周期内干物质的积累、分配，对块茎产量的高低有很大影响。如何通过调节干物质积累、分配使菊芋产量增加有两个问题值得讨论：一方面，茎作为菊芋干物质暂时贮存器官，其贮存能力不足或过强都将使收获指数和块茎产量减少。同时，将干物质从茎分配到块茎并贮存的过程中，必然消耗部分能量，占总生物量的 4%～8%。若能采取措施使干物质避开茎这一暂时性的贮存器官而直接分配到块茎，则可能对产量的增加有利，如菊苣由于几乎没有茎，有将近 77.5% 的干物质分配到块根中。另一方面，植株和块茎均有一个干物质积累速率高速增长期，若能将植株的这一时期延长而保持收获指数不变，或使块茎的这一时期提前而干物质的积累率不变，都能增加产量。这两方面的问题仍需进一步的研究。

1. 块茎光合产物积累动态

由图 7.24 可见，在中量水平处理下，块茎干物质积累符合 "S" 形曲线变化：块茎形成期到块茎膨大始期，块茎干物质量呈指数式增长，但绝对量小；块茎膨大始期至块茎膨大末期，块茎干物质量呈直线增长，同时绝对量大；块茎膨大末期到成熟期，块茎干物质量积累缓慢。膨大期前块茎干物质积累量仅占全部干物质积累量的 10%以下，而膨大期后占到总干物质量的 90%以上，说明单株块茎干物质的积累关键在生长发育中后期。由图 7.25 可知，块茎膨大速率在 14 周急速上升，在 16～20 周达到峰值，在 20 周又急速下降。同样证明单株块茎干物质的积累关键在生长发育中后期。

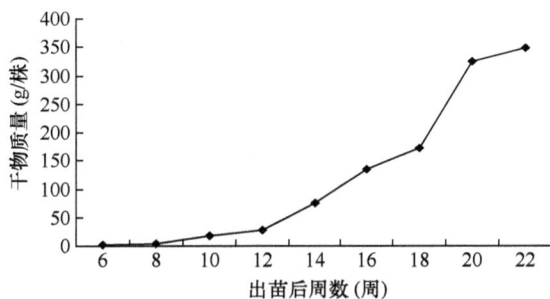

图 7.24 中量水平块茎干物质量变化

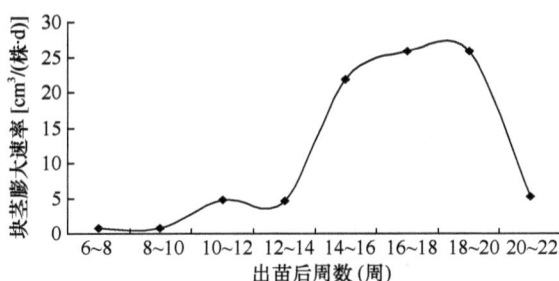

图 7.25 中量水平块茎膨大速率变化

块茎内干物质积累量的增长，主要取决于植株光合产物的积累量及其向块茎的分配量。一切影响光合产物形成及运输分配的因素，都会影响块茎的干物质积累。

由表 7.16 可见，不同种植密度处理下，收获期单株块茎干物质量表现为 ZL＞DM＞CK＞GM。高密度群体由于相互遮阴作用导致后期叶片早衰，影响了干物质积累，虽块茎膨大期后单株块茎积累干物质量占整个生长周期总量的分配比率达到了 92.92%，但由于总积累量少，因而在收获期单株总干物质量仅为 219.92g，而低密度群体则达到了 339.88g。

表 7.16 不同处理下块茎干物质积累动态（g/株）

处理代号	出苗后天数					
	15d	35d	58d	89d	118d	153d
GM	0	0	1.66	15.57	89.97	219.92
DM	0	0	1.99	28.26	159.94	339.88
GK	0	0	2.44	23.46	139.28	343.21
WK	0	0	1.74	24.20	101.96	220.59
GP	0	0	2.26	26.46	118.62	270.57

处理代号	出苗后天数					
	15d	35d	58d	89d	118d	153d
WP	0	0	4.20	20.83	119.29	262.56
GSN	0	0	2.22	25.52	129.29	338.54
WSN	0	0	1.48	20.55	94.63	255.91
GZN	0	0	2.61	18.35	159.94	263.90
WZN	0	0	3.21	21.25	87.97	298.56
ZL	0	0	3.52	27.49	155.30	339.90
CK	0	0	1.80	22.19	107.96	220.56

不同施钾量处理下，收获期单株块茎干物质量表现为 GK＞ZL＞WK＞CK。高施钾群体在块茎膨大期前积累的干物质量占全生育周期总量的 6.84%，块茎膨大期后为 93.16%，未施钾群体块茎膨大期前为 1.10%，膨大期后为 89.90%，说明施钾有助于生长发育后期光合产物向块茎分配，在收获期单株块茎总干物质量达到 343.21g。

不同施磷量处理下，收获期单株块茎干物质量表现为 ZL＞GP＞WP＞CK。高施磷群体在块茎膨大期前积累的干物质量占整个生长周期总量的 9.78%，块茎膨大期后为 90.22%，未施磷群体块茎膨大期前为 7.93%，膨大期后为 92.07%，说明施磷可以加速生长发育前期干物质向块茎的运输，后期高磷使茎叶早衰，引起后期块茎干物质积累、分配量不足。

不同施种氮量处理下，高施种氮群体在块茎膨大期前积累的干物质量占全生育周期总量的 7.54%，高追氮在块茎膨大前期为 6.15%，而中量水平群体为 8.09%，说明过量的氮肥推迟了光合产物向块茎的分配。

高种植密度、高施氮肥或高施磷肥，均能促进菊芋早发苗，形成茎数多，匍匐茎数量多，而后期由于茎叶早衰或贪青晚熟，使得结芋率低，块茎数量虽较多，但大中块茎少。高施钾肥前期对匍匐茎的形成有一定抑制作用，后期块茎数量多，结芋率高，大中块茎数量多。而在中量水平处理下，匍匐茎、块茎生长发育适宜，前期匍匐茎形成数量较多，茎叶生长充足，后期结芋率高，生长中心及时转移向块茎，使总块茎及大中块茎数量较多。因此，选取适当的种植密度，优化营养元素配方，适量施肥，对匍匐茎、块茎的形成与膨大及产量的形成有重要影响。此外，对块茎生长发育的研究除栽培技术水平的调控之外，在环境条件及生理学基础等方面仍有待进一步研究。

2. 全株干物质积累动态

在中量水平处理下，菊芋全株干物质积累呈"S"形曲线变化，见图 7.26。整个生长周期内，菊芋全株干物质积累可划分为三个阶段：从出苗到块茎形成期，干物质处于慢速增长期；从块茎形成期到块茎膨大后期，干物质迅速积累，呈直线增加；从块茎膨大后期到成熟期，干物质积累又缓慢增加。

由表 7.17 可见，不同种植密度处理下，高密度群体在前期单株积累较多干物质，到后期由于主茎叶片脱落，光合面积小，干物质积累量少，而低密度处理与其相反，前期

积累量少，后期侧枝叶发达，光合面积大，干物质积累量大。最大干物质积累量表现为
DM＞ZL＞CK＞GM。

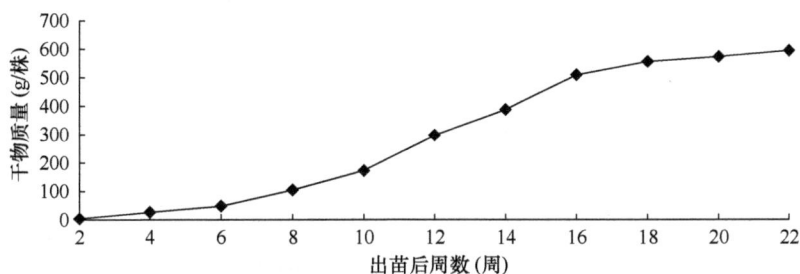

图 7.26 中量水平全株干物质积累动态

表 7.17 不同处理下全株干物质积累动态（g/株）

处理代号	出苗后天数					
	15d	35d	58d	89d	118d	153d
GM	3.42	28.27	91.78	207.16	313.93	310.60
DM	2.80	21.88	87.14	449.58	597.61	592.87
GK	3.15	26.76	80.10	303.54	521.07	512.94
WK	2.93	28.99	91.73	264.71	424.11	365.92
GP	2.93	19.49	69.97	272.44	430.25	405.53
WP	3.11	16.51	92.96	234.12	409.06	363.03
GSN	2.85	22.84	85.29	339.99	424.36	455.20
WSN	2.96	21.17	89.73	229.11	325.21	338.19
GZN	2.88	19.12	89.52	251.51	534.37	500.36
WZN	2.92	22.15	96.30	205.74	343.03	405.26
ZL	3.12	23.38	103.43	292.38	485.27	456.90
CK	2.64	22.15	94.44	215.26	370.47	323.37

不同施钾、施磷量处理下，高钾或高磷群体单株干物质积累量在整个生长周期均较
高，最大干物质积累量表现为 GK＞ZL＞WK＞CK 或 ZL＞GP＞WP＞CK；不同施氮量
处理下，高种氮、追氮群体后期干物质积累量均较高，其中高追氮对单株干物质积累
促进作用尤其明显，最大干物质积累量表现为 ZL＞GSN＞WSN＞CK 或 GZN＞ZL＞
WZN＞CK。

3. 全株干物质积累速率变化动态

如图 7.27 所示，在中量水平处理下，菊芋全株干物质积累速率呈单峰曲线变化。整
个生长周期单株干物质积累速率呈"慢－快－慢"的变化动态，从出苗到块茎形成期，
干物质积累速率增长慢，块茎形成后，干物质积累速率迅速增加，到块茎膨大始期有一
段稳定期，到块茎膨大后期达到峰值，之后逐渐降低。

不同处理下，干物质积累速率均呈单峰曲线变化，峰值多出现在块茎膨大后期，有
些出现在块茎膨大始期，在成熟期部分处理出现负值是由后期叶片脱落所致。

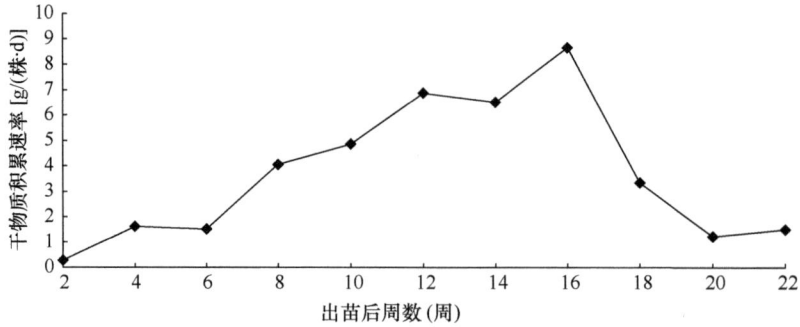

图 7.27　中量水平全株干物质积累速率变化动态

如表 7.18 所示，不同种植密度处理下，高密度群体前期干物质积累较快，峰值降低，块茎开始膨大后积累速率下降，而低密度群体则在后期干物质积累较快，其峰值达到 11.7g/（株·d）。

表 7.18　不同处理下全株干物质积累速率变化动态 ［g/（株·d）］

处理代号	出苗后天数					
	0～15d	15～35d	35～58d	58～89d	89～118d	118～153d
GM	0.23	1.24	2.76	3.72	3.68	−0.10
DM	0.19	0.95	2.84	11.7	5.10	−0.14
GK	0.21	1.18	2.73	7.21	7.50	−0.23
WK	0.20	1.00	2.32	5.58	5.50	−1.66
GP	0.20	0.83	2.19	6.53	5.44	−0.71
WP	0.21	0.67	3.32	4.55	6.03	−1.32
GSN	0.19	1.00	2.72	8.22	2.91	0.88
WSN	0.20	0.91	2.98	4.50	3.31	0.37
GZN	0.19	0.81	3.06	5.23	9.75	−0.97
WZN	0.19	0.96	3.22	3.53	4.73	1.79
ZL	0.21	1.01	3.48	6.10	6.65	−0.81
CK	0.18	0.98	3.14	3.90	5.35	−1.35

高钾群体单株干物质积累速率均较快，无钾群体则峰值提前，后期积累速率慢；高磷群体前期干物质积累速率快，提前达到峰值后由于叶片早衰，干物质积累后劲不足；与高磷群体相似，高种氮群体峰值也提前，峰值达到 8.22g/（株·d），而后期叶片早衰使干物质积累速率变慢；不同施追氮处理，生长发育前期差异不大，高追氮群体峰值达到 9.75g/（株·d）。

4. 干物质在各器官的分配

图 7.28 表明了茎、叶干物质量和块茎干物质量与植株总干物质量的内部关系。在菊芋出苗到块茎形成前，总干物质量几乎由茎和叶的干物质量组成，其中茎干物质量比例从 38%逐渐增加到 70%左右，而叶干物质量比例则逐渐减小，说明在前期菊芋绝大部分干物质分配到地上部器官，尤其是暂时贮存在茎里。块茎形成后，块茎干物质和地上部

干物质同时增加，到块茎膨大后期植株总干物质量达到峰值，此时分配方式开始发生变化，干物质积累几乎停止，干物质从地上部器官向块茎转移，此时地上部干物质量占总干物质量的 80%左右，到采收时下降到 40%以下。地上部干物质量的减少与块茎干物质量的迅速增加是一致的，表明在菊芋植株内存在干物质的再分配，大量的同化产物分配到块茎，采收时分配到块茎中的干物质量占总干物质量的 60%以上。

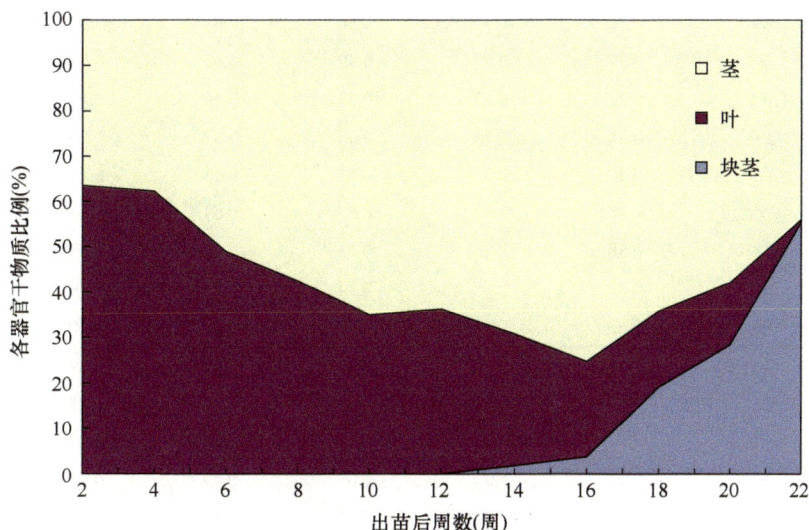

图 7.28 各生长时期干物质在茎、叶、块茎中干物质分配

由表 7.19 可见，高密度群体与低密度群体单株干物质前期在茎、叶中的分配比例差异不大，块茎开始膨大后，高密度群体干物质主要往茎与块茎转移，收获时块茎干物质分配比例达到 71%，而低密度群体虽单株总干物质积累量多，但块茎分配比例仅为 57%，显著低于高密度群体和中量水平群体（75%）。

表 7.19 不同处理下干物质在叶、茎、块茎中的分配比例（×100%）

	处理代号	出苗后天数					
		15d	35d	58d	89d	118d	153d
叶	GM	0.65	0.60	0.33	0.25	0.16	0.05
	DM	0.65	0.59	0.39	0.30	0.20	0.07
	GK	0.64	0.59	0.40	0.27	0.20	0.05
	WK	0.61	0.59	0.42	0.30	0.20	0.06
	GP	0.63	0.67	0.48	0.28	0.18	0.05
	WP	0.64	0.63	0.42	0.27	0.19	0.06
	GSN	0.62	0.57	0.38	0.31	0.20	0.08
	WSN	0.60	0.67	0.41	0.26	0.19	0.07
	GZN	0.63	0.62	0.40	0.28	0.21	0.13
	WZN	0.62	0.64	0.44	0.29	0.20	0.07
	ZL	0.68	0.65	0.42	0.27	0.17	0.04
	CK	0.67	0.57	0.36	0.31	0.20	0.07

续表

处理代号		出苗后天数					
		15d	35d	58d	89d	118d	153d
茎	GM	0.35	0.40	0.65	0.67	0.55	0.24
	DM	0.35	0.41	0.59	0.64	0.53	0.36
	GK	0.36	0.41	0.57	0.65	0.53	0.28
	WK	0.39	0.41	0.56	0.61	0.56	0.33
	GP	0.37	0.33	0.49	0.62	0.55	0.28
	WP	0.36	0.37	0.53	0.64	0.51	0.22
	GSN	0.38	0.43	0.60	0.62	0.50	0.27
	WSN	0.40	0.33	0.57	0.65	0.52	0.17
	GZN	0.38	0.38	0.57	0.64	0.50	0.34
	WZN	0.38	0.36	0.53	0.61	0.55	0.19
	ZL	0.32	0.35	0.54	0.63	0.49	0.22
	CK	0.33	0.43	0.62	0.58	0.50	0.24
块茎	GM	0	0	0.02	0.08	0.29	0.71
	DM	0	0	0.02	0.06	0.27	0.57
	GK	0	0	0.03	0.08	0.27	0.67
	WK	0	0	0.02	0.09	0.24	0.60
	GP	0	0	0.03	0.10	0.28	0.67
	WP	0	0	0.05	0.09	0.29	0.72
	GSN	0	0	0.03	0.08	0.30	0.64
	WSN	0	0	0.02	0.09	0.29	0.76
	GZN	0	0	0.03	0.07	0.30	0.53
	WZN	0	0	0.03	0.10	0.26	0.74
	ZL	0	0	0.03	0.09	0.32	0.75
	CK	0	0	0.02	0.10	0.29	0.68

高钾群体与无钾群体整个生长周期向叶分配干物质比例差异不大，向茎、块茎分配比例前期相当，而块茎进入膨大后期，高钾群体向块茎分配比例增加，收获时块茎干物质分配比例为67%，大于无钾群体的60%，小于中量水平群体，说明钾素有促进干物质向块茎转移的作用，但过量施钾却有所影响。

高磷群体与无磷群体整个生长周期向叶分配干物质比例差异不大，向茎、块茎分配比例前期相当，而块茎进入膨大后期，高磷群体向块茎分配比例减小，收获时块茎干物质分配比例为67%，小于无磷群体与中量水平群体，说明过量施磷影响干物质向块茎分配。

不同施氮量处理下，高种氮和高追氮群体均表现出干物质向块茎的低分配率，分别为64%和53%，显著低于无种氮或无追氮群体，也低于中量水平群体，说明过量氮素使茎叶生长过盛，降低了块茎干物质分配率。

研究结果表明，菊芋各器官或全株干物质积累均呈"S"形曲线变化。高密度群体向块茎的分配率高，但总积累量少，低密度群体总积累量多，然而块茎分配率低。高磷群体也对块茎干物质分配率有限制作用。高施氮群体虽干物质积累量多，但向块茎的分配率低。高施钾群体总干物质积累量与块茎分配率均很高，甚至优于中量水平，可能高钾素处理未达到过量水平，最优施钾量仍待继续研究。因此，在生产过程中，应控制种植密度，优化施肥水平，使菊芋生物产量最大化的同时，干物质向块茎的转移也达到最大化。

5. 菊芋块茎形成期间干物质的积累与分配

由表 7.20 可知，随着块茎的生长发育，菊芋地上部的干物质积累呈降低的趋势，从分配比例上也可知，地上部占比逐渐降低，在块茎形成初期贡献比例达到峰值，为 98.47% 左右。而地下部的块茎在全植株的干物质分配比例则呈现逐渐增加的趋势，并在收获时达到最高，为 42.19% 左右，成熟时期的青芋 1 号（QY1）和青芋 3 号（QY3）的单株块茎干重为 297.20g 和 350.57g，分别占植株分配比例的 41.79% 和 42.58%，这说明在菊芋生长发育阶段，地上物质的养分逐渐向下转移。

表 7.20　菊芋块茎发育中干物质增长量与分配比例

周数	地上干重（g/株）		日增干重[g/（株·d）]		分配比例（%）		地茎干重（g/株）		日增干重[g/（株·d）]		分配比例（%）	
	QY1	QY3	QY1	QY3	QY1	QY3	QY1	QY3	QY1	QY3	QY1	QY3
1	18.82	14.37	2.69	2.05	98.25	98.69	0.34	0.18	0.05	0.02	1.75	1.31
2	31.07	24.25	4.44	3.51	97.82	98.73	0.69	0.41	0.10	0.06	2.18	1.64
3	51.54	36.02	7.36	5.15	97.98	98.73	1.06	0.46	0.15	0.07	2.02	1.27
4	88.26	70.67	12.61	10.10	95.90	96.67	3.78	2.44	0.54	0.35	4.10	3.33
5	90.83	72.43	12.98	10.35	94.34	98.42	5.45	1.16	0.78	0.17	5.66	1.58
6	132.83	115.30	18.98	16.47	94.56	97.06	7.64	3.50	1.09	0.50	5.44	2.94
7	140.98	133.91	20.14	19.13	93.63	97.10	9.60	4.01	1.37	0.57	6.37	2.90
8	155.68	144.16	22.24	20.88	92.64	95.08	12.37	7.56	1.77	1.08	7.36	4.92
9	221.74	187.57	31.68	26.80	92.46	97.14	18.09	5.53	2.58	0.79	7.54	2.86
10	278.16	191.37	39.74	27.34	91.27	93.57	26.60	13.14	3.80	1.88	8.73	6.43
11	322.08	220.63	46.01	31.52	89.57	91.24	37.50	21.18	5.36	3.03	10.43	8.76
12	249.16	272.46	35.59	38.92	84.53	93.91	45.60	17.66	6.51	2.52	15.47	6.09
13	295.07	336.17	42.15	48.10	73.98	92.67	103.81	26.64	14.83	3.81	26.02	7.33
14	301.24	338.51	43.03	48.36	68.09	84.87	141.18	60.36	20.17	8.62	31.91	15.13
15	353.68	347.08	50.53	49.58	60.47	84.36	231.21	64.36	33.03	9.19	39.53	15.64
16	388.88	364.33	55.55	52.05	58.21	83.24	279.20	73.35	39.89	10.48	41.79	16.76
17		433.42		61.92		56.98		327.25		46.75		43.02
18		472.70		67.53		57.42		350.57		50.08		42.58

植物的干物质含量是评价植物中有机物积累、产量及营养成分多少的关键指标之一，干物质中光合产物占比 90% 以上。本研究中将早熟品种青芋 1 号和晚熟品种青芋 3 号生长发育时期各项指标进行观测，结果显示，其干物质含量均表现出积累后转运的特征，具体表现为在菊芋生长发育阶段地上部干物质占比不断下降，地下部干物质占比逐

渐增加,李玲玲(2015)对南芋1号和青芋2号的生长发育动态结果和康健(2012)对青芋2号的研究结果表明,块茎发育期间,菊芋地上部干物质与地下部干物质分配比例均成反比关系,在本研究中,菊芋地上部的株高、植株鲜重和植株干重均呈现不断升高的变化趋势,这表明随着植株的生长,地上部干物质含量不断积累并在收获时达到最大值。将菊芋地下部中的块茎横径、块茎纵长、块茎体积、块茎鲜重、块茎干重和块茎含水率进行了测定,结果表明,在菊芋生长发育前期它们均缓慢增长,在块茎产生后增长幅度最为明显,最终在收获时达到最大值。

植物的地上部和地下部是密不可分的一个整体,本研究将菊芋地上部指标与地下部指标进行相关性分析,结果表明,株高、茎粗、地上干重、地上鲜重、叶长、叶宽和块茎横径之间呈现显著相关,块茎体积、块茎鲜重和地上干重呈现极显著性相关。这说明菊芋地上部和地下部有着密切的关系,且相互影响,存在地上部营养向地下部输送的现象。这从一定程度上帮助我们从地上部植株的长势来推测出块茎的生长发育情况,为实施田间管理提供了一定的参考。

对菊芋生长发育期间干物质的积累与分配的相关研究表明,随着块茎的生长发育,菊芋的地上干物质积累和分配比例总体呈逐渐下降的趋势,在块茎形成的初期达到峰值,在块茎成熟时降到最低值,其增长趋势与地下部完全相反,由此推测在菊芋块茎发育阶段,地上部营养逐渐向地下部输送,尤其是在菊芋块茎快速膨大阶段。

以青芋1号和青芋3号为例说明,相关性分析显示,株高与茎粗、叶宽、地上鲜重、地上干重、块茎横径、块茎纵长、块茎体积、块茎鲜重和块茎干重显著相关,尤其与地上鲜重和地上干重显著相关。茎粗与叶宽、地上鲜重、地上干重、块茎横径和块茎纵长呈显著正相关。叶宽与地上鲜重、地上干重、块茎横径和块茎纵长呈显著正相关。地上鲜重与地上干重、块茎横径、块茎纵长、块茎体积、块茎鲜重和块茎干重呈显著正相关,但与块茎体积、块茎鲜重和块茎干重的相关系数均小于0.5。以上结果表明,地上生物量并不能完全影响块茎产量,因此还有其他途径影响块茎产量(表7.21、表7.22)。

表7.21　青芋1号菊芋品种地上部农艺性状与块茎特征相关性分析

	PH	SD	LL	LW	PFW	PDW	TTL	TLL	TS	TFW	TDW
PH	1.000										
SD	0.898**	1.000									
LL	0.459	0.555*	1.000								
LW	0.745**	0.782**	0.637**	1.000							
PFW	0.949**	0.906**	0.449	0.625**	1.000						
PDW	0.943**	0.818**	0.298	0.583*	0.960**	1.000					
TTL	0.934**	0.928**	0.576*	0.787**	0.878**	0.838**	1.000				
TLL	0.934**	0.636**	0.105	0.546*	0.740**	0.837**	0.698	1.000			
TS	0.676**	0.447	0.226	0.440	0.496**	0.603	0.677	0.804**	1.000		
TFW	0.677**	0.448	0.226	0.441	0.497**	0.604	0.677	0.804**	1.000	1.000	
TDW	0.644**	0.439	0.226	0.480	0.440**	0.544	0.665	0.781**	0.992	0.991	1.000

注: * 0.05 水平上相关, ** 0.01 水平上相关。PL:株高; SD:茎粗; LL:叶长; LW:叶宽; PFW:地上鲜重; PDW:地上干重; TTL:块茎横径; TLL:块茎纵长; TS:块茎体积; TFW:块茎鲜重; TDW:块茎干重。下同

表 7.22　青芋 3 号菊芋品种地上部农艺性状与块茎特征相关性分析

	PH	SD	LL	LW	PFW	PDW	TTL	TLL	TS	TFW	TDW
PH	1.000										
SD	0.795**	1.000									
LL	0.089	0.146	1.000								
LW	0.719**	0.554*	0.282	1.000							
PFW	0.903**	0.763**	0.372	0.554*	1.000						
PDW	0.980**	0.734**	0.130	0.638**	0.939**	1.000					
TTL	0.910**	0.692**	−0.134	0.732**	0.689**	0.861**	1.000				
TLL	0.898**	0.540*	−0.022	0.658**	0.742**	0.900*	0.868	1.000			
TS	0.630**	0.388	−0.341	0.662**	0.302**	0.567	0.858	0.749**	1.000		
TFW	0.634**	0.393	−0.341	0.664**	0.306**	0.571	0.860	0.752**	1.000	1.000	
TDW	0.586*	0.354	−0.364	0.640**	0.248*	0.518	0.830	0.710*	0.998	0.998	1.000

7.3　产量形成与影响因子

作物营养器官正常合理的生长发育是最终形成产量的基础，而营养器官的生长发育则受到多种因素的调控，如温光条件、种植密度、灌水时期与灌水量、施肥量、植物生长调节剂等，均对营养器官的生长发育有显著影响。

研究表明，菊芋从出苗到块茎膨大期前，主要是以茎、叶的生长为主，这一时期叶片数量、株高持续增加，茎秆逐渐变粗，茎、叶干物质量呈指数式增长，为此后光合产物向块茎进行转移打下坚实的基础；从块茎膨大始期到成熟期，则主要是以块茎的膨大增长为主，此阶段茎、叶仍缓慢生长，达到峰值后下降，光合产物开始向块茎转移。从茎、叶生长到块茎生长有一个转折阶段，此阶段存在着制造养分（茎、叶的同化作用）、消耗养分（新生根、茎、叶的生长）和积累养分（块茎的生长）三个相互联系、相互促进和相互制约的过程，从而影响该阶段生育进程的快慢，以至影响生物产量和经济产量的比例和产品器官的形成。因此，应在此时期之前采取水肥措施，促进茎、叶生长，使之迅速形成强大的同化体系，并要通过深中耕、高培土等措施达到控上促下的效果，使上述三个过程协调进行，促进生长中心由茎叶向块茎迅速转移。

7.3.1　种薯大小、施肥量与产量形成

杨彬（2016）研究种薯大小与施肥对能源植物菊芋生长的影响发现，种薯太小（<10g）和切块播种（切 30g）会明显降低菊芋株高、基径、节长、节数、叶片数、出苗率及叶面积，相比 20~30g 种薯，<10g 和切块 30g 的种薯其单株产量、地上生物量、根重分别降低 429.01%、289.40%、475.98%和 453.02%、380.10%、287.30%。20~30g 种薯有助于菊芋地上表型的生长，单株块茎产量最高达 755.20g。菊芋株高、节长、基径、节数等表型性状随着播种深度的增加先增加后降低，深播、浅播均不利于菊芋地上表型性状的生长和出苗率的提高。播种深度对单株块茎产量影响较小，5cm 的播种深度单株

块茎产量最高达 908.62g，但出苗率较低为 82%，且植株倒伏率较高为 65%。另外，施肥对菊芋表型性状、块茎产量及地上生物产量有明显的促进作用。施肥对菊芋主茎数影响不大，但使分枝数增多、基径增粗、节长增长。单施氮肥（N2P0 和 N3P0）更能促进地上生物量和块茎产量的提高，N2P0 施肥处理使块茎增产率和地上生物量增产率分别可达 317.78%和 423.56%，与单施氮肥相比，氮、磷配比施肥增产作用不明显。氮肥对菌根侵染率影响不明显，而不施磷肥有利于丛枝菌根侵染率的增加。丛枝菌根侵染率随着磷肥施用量的增加呈下降趋势（P0＞P1＞P2）。综上所述，在西北半干旱区选取大小为 20～30g 的种薯、15cm 播种深度、每公顷增施 150kg 的氮肥（约 326kg 尿素）可以较好地促进菊芋的生长并获得高产。

7.3.2 种植密度、施肥量与块茎形成

1. 种植密度及施肥处理对匍匐茎结芋率的影响

由图 7.29 可见，菊芋块茎的形成是一个动态变化的过程，匍匐茎的结芋率（匍匐茎结芋率=形成块茎的匍匐茎数/总匍匐茎数×100%）呈"S"形曲线变化。出苗 8 周后，即匍匐茎形成 4 周后，开始膨大形成块茎，之后匍匐茎数量继续增加，块茎相继形成，在出苗后第 14 周，平均结芋率 60%左右，之后增加缓慢，成熟期平均结芋率达到 85%左右。说明尽管在菊芋整个生长周期中都有匍匐茎形成，但由于受到各种条件的影响和限制，并不是所有匍匐茎都膨大形成块茎，或后期衰退，或膨大成块茎后退化、脱落。

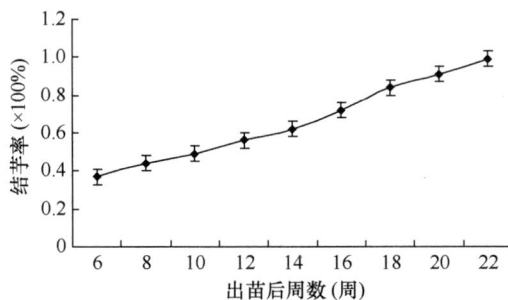

图 7.29 中量水平匍匐茎结芋率变化

由表 7.23 可见，高密度群体与低密度群体在块茎膨大后期和成熟期结芋率基本相同，分别为 85%和 90%左右，而低密度群体在膨大始期结芋率就达到 83%，此时高密度群体仅为 70%，表明低种植密度有利于提高匍匐茎前期结芋率，也就有利于大中块茎的形成。

高钾群体在生长发育前期结芋率比无钾群体高，并均于块茎迅速膨大期达到 93%，之后高钾群体结芋率保持稳定，而无钾群体则出现退化现象，结芋率明显下降；不同施磷处理下，高磷群体与无磷群体在整个生长周期内差异不大，磷素对匍匐茎膨大为块茎有促进作用，但不明显；施种氮或施追氮均显示出高氮素在生长发育前期对匍匐茎膨大为块茎的促进作用，其结芋率（53%或 65%）显著高于未施种氮或施追氮处理（35%或46%），但在后期由于营养器官的竞争作用，块茎形成发育所需营养不足，其结芋率较

低；在中量水平处理下，结芋率在整个生长周期内稳定增加，成熟期达到 99%，说明合理的种植密度和氮磷钾配比有利于匍匐茎转化为块茎；无施肥对照处理则整个生长周期结芋率均较低。

表 7.23　不同处理下匍匐茎结芋率的变化（×100%）

处理代号	出苗后天数					
	15d	35d	58d	89d	118d	153d
GM	0	0	0.43	0.70	0.85	0.90
DM	0	0	0.49	0.83	0.85	0.89
GK	0	0	0.48	0.74	0.93	0.94
WK	0	0	0.29	0.47	0.92	0.72
GP	0	0	0.59	0.77	0.80	0.92
WP	0	0	0.59	0.70	0.88	0.87
GSN	0	0	0.53	0.71	0.89	0.76
WSN	0	0	0.35	0.67	0.84	0.90
GZN	0	0	0.65	0.66	0.72	0.76
WZN	0	0	0.46	0.68	0.63	0.82
ZL	0	0	0.37	0.62	0.84	0.99
CK	0	0	0.45	0.50	0.67	0.80

2. 不同密度及施肥处理对单株块茎数量的影响

由图 7.30 可见，在中量水平处理下，出苗后第 6 周开始有块茎形成，而在此后的 4 周内都无大中块茎形成，大中块茎出现的时间在出苗后第 10 周。从出苗到收获，总块茎数量呈增加趋势，在第 18 周基本稳定，最高能达到单株结块茎 37 个。而大中块茎数量在形成后的前 1 个月增加缓慢，进入膨大期后其数量持续增加，最高大中块茎数量达到 22 个。

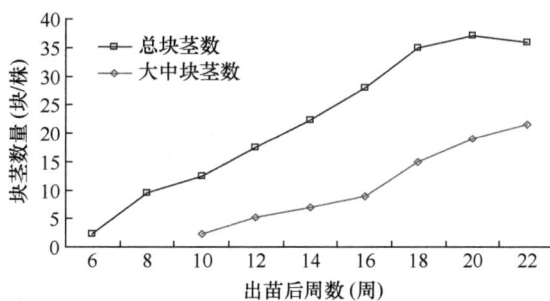

图 7.30　中量水平块茎数量变化

由表 7.24 可见，在不同密度及施肥处理下，块茎形成时间基本一致。总块茎与大中块茎数稳定增加，说明在块茎的形成和发育过程中，不断有匍匐茎膨大为小块茎、小块茎膨大为大中块茎或有小块茎发生退化。在出苗后第 13 周前后，其总块茎数与大中块茎数相近，说明此时期是决定大中块茎比率和产量的关键时期。

表 7.24　不同处理下单株结块茎数变化动态（块茎数/株）

处理	出苗后天数											
	15d		35d		58d		89d		118d		153d	
	LMT	ST	LMT	ST	LMT	ST	LMT	ST	LMT	ST	LMT	ST
GM	0	0	0	0	12.0	0	22.0	2.1	30.3	13.2	38.3	18.4
DM	0	0	0	0	10.5	0	21.3	3.3	26.3	15.9	31.5	22.5
GK	0	0	0	0	13.8	0	20.5	3.6	30.8	17.8	36.3	23.4
WK	0	0	0	0	7.0	0	12.3	2.5	28.0	13.5	24.5	19.5
GP	0	0	0	0	14.3	0	22.3	4.5	26.5	16.9	34.3	21.8
WP	0	0	0	0	13.0	0	18.3	3.8	27.8	12.7	30.5	18.3
GSN	0	0	0	0	13.5	0	17.5	3.4	27.3	12.7	30.5	19.7
WSN	0	0	0	0	7.8	0	17.5	2.2	24.3	11.3	25.0	20.9
GZN	0	0	0	0	15.5	0	16.8	4.0	20.8	11.9	25.3	18.7
WZN	0	0	0	0	10.8	0	17.5	2.8	18.5	15.1	27.5	21.8
ZL	0	0	0	0	9.5	0	17.5	3.1	28.0	16.8	37.0	24.1
CK	0	0	0	0	9.3	0	11.8	2.0	20.5	10.3	28.3	17.5

注：LMT=大中块茎数（＞50g）；ST=小块茎（＜50g）

　　单株块茎数受种植密度影响较大。高密度群体由于前期光合面积较大、茎数多，匍匐茎形成多，因而总块茎数量比低密度群体多。但到后期高密度群体种植过密，叶面积指数小，光合产物积累能力弱，其大中块茎数反而小于低密度群体。在收获期，单株块茎数表现为 ZL＞GM＞DM＞CK，大中块茎数表现为 ZL＞DM＞GM＞CK。

　　在不同施钾处理下，高钾群体总块茎数与大中块茎数均比未施钾群体大；高磷群体由于其促进了早期发育，在前期较未施磷和中量群体形成较多的块茎，但过量施磷易引起叶片早衰，后期光合能力不足，从而影响块茎膨大，其大中块茎数小于中量群体。不同施种氮、施追氮处理下，大中块茎数的表现类似。高施种氮或高施追氮与未施种氮或未施种氮比较，大中块茎数差异不大，而高施种氮处理下小块茎数多，但过量施氮加剧了地上部植株与块茎对光合产物的竞争，导致大中块茎数并不明显多于未施种氮处理。

　　门果桃等（2016）研究密度、基肥、追肥对菊芋产量的影响发现，单因素间的产量差异和多因素互作间的产量差异都达到极显著水平，产量互作的大小次序为：密度＞追肥＞密度×基肥×追肥＞基肥×追肥＞密度×追肥＞基肥＞密度×基肥。互作效应结果分析表明，产量构成因素产量最高组合是：密度 27 795 株/hm², 基肥 600kg/hm², 追肥 300kg/hm² 的互作最好，其单产为 61 377kg/hm²。总之，若想提高菊芋产率就要掌握适宜的种植方式，合理使用肥料，采用科学合理的种植方法。

7.3.3　群体结构与产量形成

　　块茎类作物的根、茎、叶、块茎等器官的生长发育状况都与栽培密度有密切的关系。从全生育期看，在一定的范围内，茎、叶生长量是随密度的加大而增加的；而块茎产量与茎、叶不同，在密度偏低的情况下，增加密度，块茎产量提高显著，随着密度加大，各密度间产量差异逐渐变小，甚至减产。同时，王林萍等（1988）的研究表明，马铃薯种植密度与株高、小块茎百分率呈正相关，与茎粗、大块茎百分率、单株块茎数、单株块茎产量呈负相关。侯全刚等（2005）对菊芋的相关研究也得到了类似的结果。

合理的群体结构，首先就是有较理想的叶面积系数。门福义等（1989）研究表明，与菊芋同为块茎作物的马铃薯一般平均叶面积系数在 3.5～4.5 的范围内较理想，与块茎产量呈极显著正相关。若继续增加密度，群体内部则通过削弱个体发育或使基部老叶提早衰亡对叶面积进行自动调节，叶面积将不再增加，甚至有下降的趋势。要形成较高的产量，既要有较大的叶面积系数，又必须有较大的光合势和较高的光合生产率。张宝林等（2003）研究表明，光合势与叶面积系数的发展动态是一致的。在一定范围内，总光合势与经济产量呈正相关，超过一定范围再增加密度，光合势虽大，但叶片相互遮阴造成光合生产率降低，使经济产量不能提高。同时，一个高产的群体，不仅要有较大的光合势，而且要在各个生育时期有较合理的分配。群体光合生产率随着生育时期的不同而变化，门福义和刘梦芸（1982）研究指出，马铃薯全生育期的平均光合生产率有随密度加大而降低的趋势。

群体是构成产量的基本因素，群体结构和产量的高低密切相关。在一定的范围内，密度和产量呈正相关。侯全刚等（2005）研究发现，菊芋随密度加大产量增加，以每亩种植 2300 株获得最高产量。在相同的密度条件下，采用合理的株行距配置方式，常可改善群体内部结构状况，提高产量。谢从华等（1991）研究发现，在相同密度处理下，宽窄行配置方式均比等行距配置方式增产。说明合理群体结构能使个体得到充分发展，进而壮大群体，并充分有效地利用光能和地力，缓解群体与个体的矛盾，从而获得单位面积上的高产。

群体结构中的每穴茎数与产量和植株生育状况也有密切关系。门福义等（1992）研究表明，每穴茎数与每茎分枝数呈显著负相关关系；与株高在苗期为正相关关系，而进入块茎增长期后，变为显著负相关关系；与茎粗呈显著负相关关系。穴茎数与每穴叶面积呈极显著正相关，但叶面积系数的变化与其却关系不密切，而以每穴茎数为三者叶面积系数最高。穴茎数与每穴茎叶鲜重呈极显著正相关关系，但与单茎鲜重关系不密切，除每穴单茎外，同样以每穴三茎者最高。每亩块茎产量以每穴三茎者为最高，其大中块茎率与单茎块茎重均为最高。

高凯等（2014b）通过测定不同密度条件下菊芋株高、产量和各器官生物量等指标，探讨密度对其株高、产量和生物量分配比例的影响规律。结果表明，茎秆、块茎及地上生物量随着密度增加而增加，小花、根系和叶片的生物量均随密度增加表现为先升高后降低，株距为 0.6m×0.6m 时达最高；单株根系生物量随密度增加表现为先增加后降低，单株叶片、小花、茎秆、块茎和总生物量均随密度增加逐渐降低；单株生物量贡献率顺序为茎秆＞叶片＞块茎＞小花＞根系，且与密度无关；株高随密度的增加而增加。因此，以饲用为目的宜高度密度种植，以块茎产品为目的种植距离宜为 0.6m×0.6m。

7.3.4　植物学性状与产量相关性

菊芋不同农艺性状间存在一定的互相作用与影响,由表 7.25 可知,12 组菊芋农艺性状之间呈现显著相关或极显著相关。其中,株高、茎粗、地上干重、地上鲜重、叶宽和块茎横径之间呈现显著相关,其中块茎体积与块茎鲜重是相关达到 1%的极显著水平,块茎干重和地上干重之间呈现显著相关。

表 7.25　菊芋不同性状间的相关系数

因子	株高	茎粗	节间长	地上鲜重	地上干重	叶长	叶宽	块茎横径	块茎纵长	块茎体积	块茎鲜重	块茎干重
株高	1											
茎粗	0.956**	1										
节间长	0.536*	0.549*	1									
地上鲜重	0.937**	0.946**	0.375	1								
地上干重	0.940**	0.883**	0.312	0.962**	1							
叶长	0.785**	0.679**	0.649**	0.655**	0.709**	1						
叶宽	0.921**	0.860**	0.502*	0.835**	0.838**	0.729**	1					
块茎横径	0.940**	0.932**	0.514*	0.861**	0.845**	0.777**	0.877**	1				
块茎纵长	0.783**	0.656**	0.196	0.751**	0.838**	0.553*	0.792**	0.650**	1			
块茎体积	0.683**	0.517*	0.114	0.557*	0.673**	0.652**	0.762**	0.636**	0.790**	1		
块茎鲜重	0.689**	0.523*	0.118	0.562*	0.678**	0.654**	0.767**	0.641**	0.794**	1.000**	1	
块茎干重	0.660**	0.498*	0.141	0.523*	0.632**	0.633**	0.760**	0.614*	0.786**	0.994**	0.994**	1

$*P<0.05$；$**P<0.01$

1. 匍匐茎与块茎的形成关系

本研究以青芋 1 号菊芋为试验材料,于不同时期进行取样分析,以充分了解菊芋块茎的生长发育情况,同时掌握栽培密度、氮磷钾施肥水平及施肥方式对菊芋匍匐茎和块茎生长发育的影响。试验设计见表 7.1。

在中量水平处理下,菊芋匍匐茎数量呈二次曲线变化。从出苗后第 4 周左右开始形成,此后匍匐茎增加较快,从第 12 周到成熟期,虽一直有新匍匐茎形成,但增加缓慢(图 7.31)。

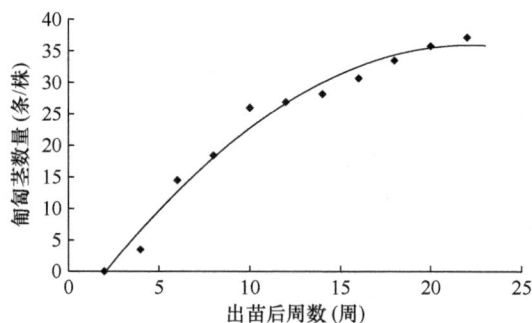

图 7.31　中量水平处理下匍匐茎数量变化趋势

由表 7.26 可见，不同密度处理下，高密度群体由于有群体效应，在早期能形成较大光合面积，因而出苗较快，形成的匍匐茎数量比低密度群体多，能达到近 1.6 倍；不同施钾群体中，高施钾群体在早期匍匐茎数量明显少于未施钾群体和中量水平，说明早期高钾对匍匐茎的形成有一定抑制作用，但之后即表现出钾素充足的优势，匍匐茎数量多于未施钾群体；高施磷处理与未施磷相比，形成的匍匐茎数量要多，因为增施磷肥也有利于早发苗，促使匍匐茎较快形成；在不同施种氮、施追氮处理下，匍匐茎数量未显示明显差异，说明氮素营养对匍匐茎的形成与发育影响不大；中量水平处理使匍匐茎数量稳定增长，可见适宜的氮磷钾配比有利于匍匐茎的适时形成，形成较多的有效匍匐茎。

表 7.26　不同处理下匍匐茎数量变化（条/株）

处理代号	出苗后天数					
	15d	35d	58d	89d	118d	153d
GM	0	19.5	27.8	31.4	35.7	42.4
DM	0	12.5	21.3	25.6	30.9	35.6
GK	0	9.5	28.8	27.6	33.0	38.5
WK	0	14.5	24.5	26.1	30.5	34.0
GP	0	13.5	24.1	28.8	33.2	37.2
WP	0	13.5	22.0	26.3	31.5	35.1
GSN	0	16.0	25.6	24.5	30.5	33.8
WSN	0	10.0	22.3	26.3	29.1	32.8
GZN	0	12.5	23.7	25.6	29.0	33.2
WZN	0	12.0	23.5	25.9	29.5	33.5
ZL	0	14.5	26.0	28.2	33.5	37.2
CK	0	9.0	20.5	23.5	30.7	35.3

早期匍匐茎的形成与光合面积及干物质分配密切相关。由图 7.32 可见，早期单株菊芋匍匐茎数量与叶面积呈显著正相关关系。同时，以早期匍匐茎数量为因变量（Y），以叶干重（X_1）、茎干重（X_2）为自变量，进行多元回归分析，经显著性检验，达极显著水平，说明此方程与实际情况拟合较好。进一步进行通径分析结果显示，其决定系数达到 95%，因此早期匍匐茎形成只有 5% 是其他因素决定的。通过直接影响和间接影响的分析可见，叶干重对匍匐茎形成的影响为正效应，茎通过叶对匍匐茎的影响也为正效应；茎干重为负效应，叶通过茎对匍匐茎的影响也为负效应，说明茎与匍匐茎之间在匍匐茎形成早期存在对光合产物的竞争（表 7.27）。

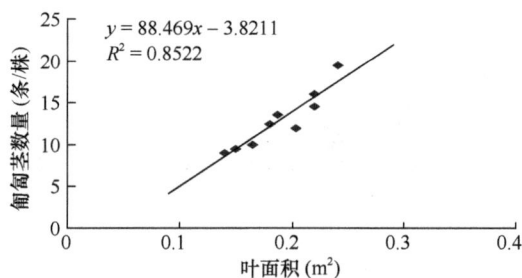

图 7.32　匍匐茎数量与叶面积的相互关系

表 7.27　早期匍匐茎数量与干物质分配通径分析

通径组合	直接通径系数	间接通径系数
叶干重（X_1）对匍匐茎形成的效应	0.9966	
X_1通过X_2的间接效应		−0.0195
茎干重（X_2）对匍匐茎形成的效应	−0.0556	
X_2通过X_1的间接效应		0.3497

2. 匍匐茎数量与块茎数量的相互关系

试验使用全生育周期最大单株匍匐茎数量与最大单株块茎数量进行分析，如图 7.33 所示，随着单株匍匐茎数量的增加，单株块茎数量也不断增加，二者之间存在显著的正相关关系。

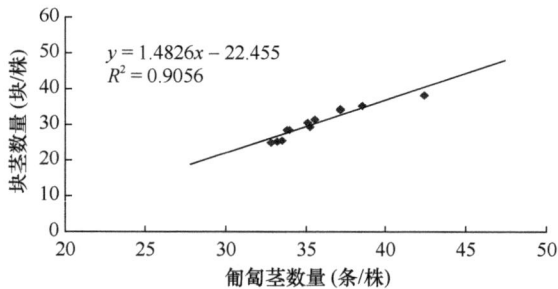

图 7.33　匍匐茎数量与块茎数量的相互关系

3. 块茎与根的关联性

高凯等（2014a）研究发现，菊芋块茎密度随着离根系中心距离的增加呈现逐渐降低的变化趋势，其中 0～10cm 块茎密度最高，显著高于其他区域的（$P<0.05$）（图 7.34）；10～20cm 块茎密度显著高于 20～30cm（$P<0.05$）；20～30cm 显著高于 30～40cm 及

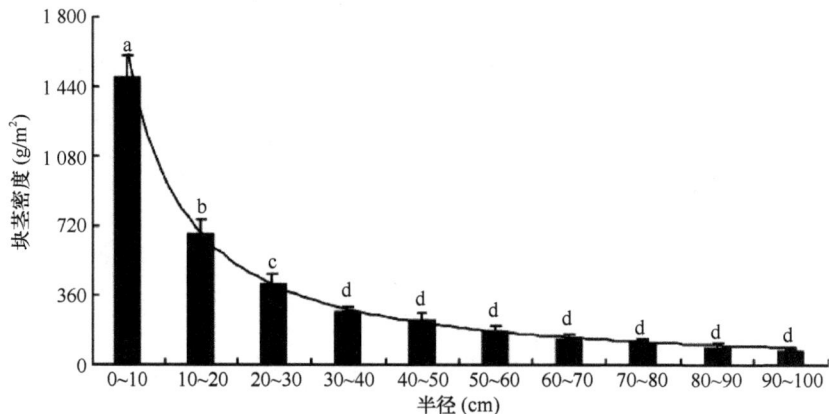

图 7.34　菊芋块茎密度（高凯等，2014a）
不同小写字母表示不同处理之间差异显著（$P<0.05$）

更大的距离条件下的块茎密度（$P<0.05$）；30～40cm、40～50cm、50～60cm、60～70cm、70～80cm、80～90cm 及 90～100cm 这 7 个区域之间块茎密度差异不显著（$P>0.05$）；块茎密度和距茎秆中心半径之间呈现幂指数关系，关系式为 $y=160×5x^{-1.24}$（$R^2=0.995$）。

　　块茎数量随着距离根系中心的半径距离的增加而呈现逐渐降低的变化趋势，其中 0～10cm 块茎数量最高，显著高于其他距离的（$P<0.05$）（图 7.35）；10～20cm 与 20～30cm 块茎数量无显著差异（$P>0.05$）；20～30cm 显著高于 30～40cm 及更大距离条件下的块茎数量（$P<0.05$）；30～40cm、40～50cm、50～60cm、60～70cm、70～80cm、80～90cm 及 90～100cm 这 7 个距离之间差异不显著（$P>0.05$）；块茎数量和距根系中心半径之间呈幂函数关系，关系式为 $y=542×7x^{-0.81}$（$R^2=0.917$）。

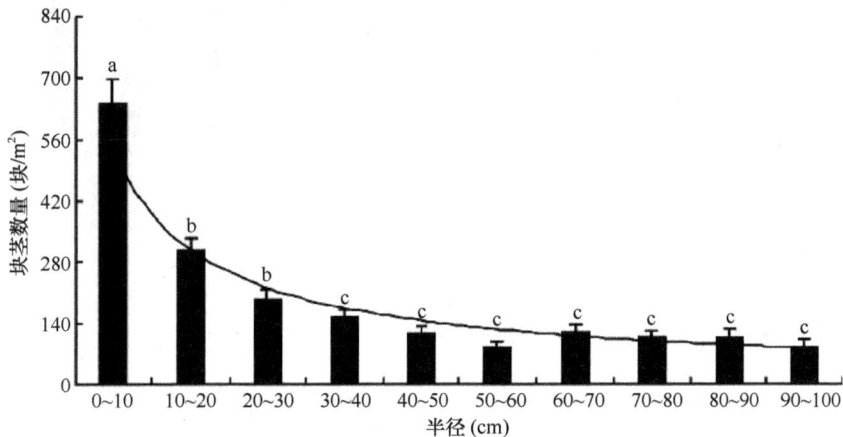

图 7.35　菊芋块茎数（高凯等，2014a）
不同小写字母表示不同处理之间差异显著（$P<0.05$＝

7.3.5　根系密度与产量形成

　　0～10cm、80～90cm 和 90～100cm 这 3 个根系处理条件下块茎生物产量贡献率显著于其他 7 个距离（$P<0.05$），而 0～10cm、80～90cm 和 90～100cm 这 3 个距离之间及 10～20cm、20～30cm、30～40cm、40～50cm、50～60cm、60～70cm、70～80cm 这 7 个距离之间的块茎生物产量贡献率没有显著差异（$P>0.05$），块茎生物产量贡献率最高的是 40～50cm 根系密度（图 7.36）。菊芋的根系密度随着离根系中心半径的增加呈现逐渐降低的趋势。其原因是菊芋根系主要有垂直向下生长的主根和水平分布的根系共同组成，中心由于主根的存在使其根系生物量明显高于其他测定区域，并且水平根系随着离根系中心水平距离的增加逐渐变细，当离根系中心达到一定距离时根系主要以须根为主；菊芋块茎密度变化趋势与菊芋根系密度基本一致，而菊芋块茎生物产量贡献率却随着离中心距离的增加呈先增加后降低的变化趋势，看似二者自相矛盾。其原因主要是块茎密度是由单位面积块茎质量计算得出，而块茎生物产量贡献率主要是利用各个测定区域的块茎干物质产量与总块茎生物量比值得出；菊芋块茎生物产量贡献率最高值出现在 40～50cm 根系密度，之后逐渐下降，在一定意义上可以推测菊芋理论栽培密度应该是

40～50cm 的株行距，而杨君和姜吉禹（2009）在对菊芋种植密度的研究过程中认为种植株距 50cm、行距 70cm 时产量最高。产生这种差异的原因可能是由于作物产量高低除了与根系从土壤中吸收营养物质有密切关系外，还与作物的光合作用有密切关系，种植过密容易导致作物植株之间互相遮挡，影响群体光合，可能导致产量下降。

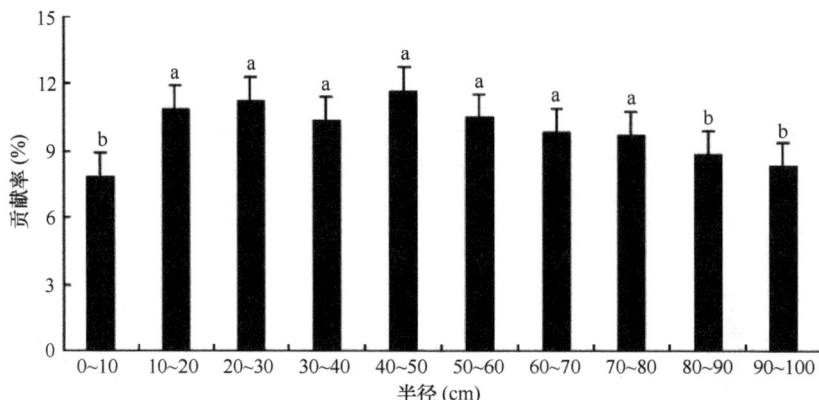

图 7.36　块茎生物产量贡献率（高凯等，2014b）
不同小写字母表示不同处理之间差异显著（P＜0.05＝

7.3.6　种植密度、施肥量与干物质积累分配

在了解菊芋从种薯萌发到收获的各个时期的生长发育规律及菊芋生长发育与营养元素吸收与分配规律的基础上，选取种植密度、施钾量、施磷量、施种氮量和施追氮量作五因素三水平设计，研究了中量组合下菊芋茎、叶与匍匐茎、块茎的生长发育与相应干物质积累动态，光合性能指标变化，整株干物质的积累分配规律及氮、磷、钾的吸收积累与分配规律，探索了不同密度与施肥处理对菊芋生长发育及干物质积累分配的影响，为采取适宜栽培技术与选育优良品种提供科学依据。

在中量水平处理下，菊芋总叶片数量呈单峰并符合三次曲线变化，主茎叶和侧枝叶数量呈单峰曲线变化。株高、茎粗峰值出现在块茎迅速膨大期；匍匐茎数量呈二次曲线变化，结芋率与块茎总体积呈"S"形曲线变化，块茎膨大速率呈单峰曲线变化；叶绿素含量呈双峰曲线变化，LAI 与 LAD 呈单峰曲线变化，NAR 呈"马鞍"形曲线变化；各器官及全株干物质积累量均呈"S"形曲线变化，积累速率呈单峰曲线变化。

高密度群体前期菊芋茎、叶生长迅速，光合性能指标较高，形成匍匐茎、块茎较多，积累干物质多且速率快，而后期茎、叶提前衰退，光合性能指标迅速下降，大中块茎数少，干物质积累少且速率慢，但块茎分配量大；低密度种植全生育周期茎、叶生长量均较大，光合性能指标较小，匍匐茎、块茎数量少而大中块茎多，干物质积累多且速率快，但块茎分配量小。

高钾素对菊芋茎、叶生长发育有促进作用，早期对匍匐茎形成有抑制作用，且显著促进块茎膨大；叶绿素含量比 NAR 高，LAI 与 LAD 前期低而后期高；总干物质积累量多且速率快，块茎分配率高。高磷素前期促进菊芋茎、叶生长发育，匍匐茎形成早且多，对块茎膨大有促进作用，干物质积累多且速率快，块茎分配率高，光合性能指标较大；后期发生叶片早衰，大中块茎数少，光合性能指标较小，干物质积累小且速率慢，块茎分配率低。

氮素对菊芋茎叶生长发育影响最大，无氮肥时茎、叶生长量小，而过量施氮则茎叶过于茂盛；与无氮肥群体比较，高氮素群体匍匐茎数量及前期总块茎数差异不大，后期总块茎数多而大中块茎数少，块茎体积前期小而后期大，推迟干物质向块茎分配且分配率小；叶绿素含量前期差异不大而后期较高，LAI 与 NAR 较高，LAD 前期无明显差异，块茎形成后峰值较大，但后期低；后期干物质积累多，积累速率峰值提前。

菊芋各器官营养元素浓度均呈下降趋势；营养元素吸收速率均呈双峰曲线变化；营养元素积累总量表现为氮＞钾＞磷；块茎形成前，营养元素主要存于茎、叶，块茎形成到块茎膨大始期，叶内营养元素分配量持续减少，块茎分配量持续增加，而茎内磷、钾则经历单峰曲线变化；块茎开始膨大后，营养元素在茎、叶的分配量均迅速减小，块茎分配量迅速增加。

参 考 文 献

迟金和, 隆小华, 刘兆普. 2009. 连作对菊芋生物量、品质及土壤酶活性的影响. 江苏农业学报, 25(04): 775-780.

代晓华, 康建宏, 徐长警. 2009. 不同施肥条件下菊芋光合速率测定. 中国糖料, 1: 40-42, 46.

董丽丽. 2010. 茎瘤芥茎膨大的解剖学与细胞学研究. 浙江大学硕士学位论文.

高炳德. 1987. 马铃薯产量形成与环境条件的关系——灌水对产量形成和氮磷钾吸收的影响. 中国马铃薯, (01): 29-33.

高凯, 贾贵立, 朱铁霞, 等. 2014a. 通辽地区菊芋块茎与根系的分布特征. 草业科学, 31(08): 1503-1507.

高凯, 朱铁霞, 乌日娜, 等. 2014b. 菊芋物质分配格局对密度制约的响应. 草地学报, 22(05): 1127-1130.

郭得平. 1991. 植物激素与马铃薯块茎形成. 植物生理学通讯, 2: 78-80.

郭丽, 王殿奎, 王明泽, 等. 2010. 盐碱胁迫对菊芋种子萌发及幼苗生长的影响. 黑龙江农业科学, (8): 96-97.

侯全刚, 李江, 李莉, 等. 2005. 种植密度对菊芋植物学性状及产量的影响. 青海科技, 1: 54-55.

侯全刚, 李莉, 马本元, 等. 2004. 菊芋及其高产栽培技术. 青海科技, 2: 31-32.

黄相国, 葛菊梅, 沈裕虎, 等. 2004. 青海高原菊芋(*Helianthus tuberosus* L.)开发研究述评. 西北农业学报, 13(2): 35-38.

姜东, 于振文, 李永庚, 等. 2002. 高产冬小麦茎中果聚糖代谢及氮素水平的调控. 作物学报, 28(1): 79-85.

康健. 2012. 盐胁迫对菊芋果聚糖代谢的影响及其分子调控的初步研究. 南京农业大学硕士学位论文.

李健, 赵宇, 李锦锦, 等. 2011. 不同基因型玉米叶片衰老与活性氧代谢的关系及其调控. 华北农学报, (1): 131-135.

李莉. 2012. 菊芋. 西宁: 青海人民出版社.

李莉, 孙雪梅. 2011. 青海高原菊芋产业发展探析. 中国种业, (9): 22-24.

李玲玲. 2015. 菊芋块茎形成及其与内源激素的关系初步研究. 南京农业大学硕士学位论文.

李晓丹. 2014. 不同菊芋品种生育、产量及营养成分的比较. 东北师范大学硕士学位论文.

刘海伟, 刘兆普, 刘玲, 等. 2007. 菊芋叶片提取物抑菌活性与化学成分的研究. 天然产物研究与开发, 19(3): 405-409.

刘建平, 李育阳, 静俞, 等. 2008. 一种利用菊芋原料糖化和发酵同步进行生产乙醇的方法. CN101265485.

刘克礼, 高聚林, 张宝林. 2003. 马铃薯匍匐茎与块茎建成规律的研究. 中国马铃薯, (03): 151-156.

刘梦芸, 门福义. 1987. 马铃薯块茎生长发育的研究. 内蒙古农牧学院学报, (02): 104-116.

刘梦芸, 赵富全, 门福义, 等. 1992. 马铃薯种薯芽条生育规律的研究. 中国马铃薯, (03): 134-140.

刘兆普, 邓力群, 刘玲, 等. 2005. 莱州海涂海水灌溉下菊芋生理生态特性研究. 植物生态学报, 29(3): 474-478.

隆小华, 刘兆普. 2006. 不同品种菊芋对海水处理响应的生理指标筛选. 水土保持学报, 20(6): 179-186.

隆小华, 刘兆普, 郑青松, 等. 2005. 不同浓度海水对菊芋幼苗生长及生理生化特性的影响. 生态学报, 25(8): 1182-1189.

马家津, 吕跃钢. 2004. 以菊芋为原料利用固定化酶和细胞两步法发酵生产乙醇. 北京工商大学学报: 自然科学版, 22(6): 8-10.

马玉明, 龙锋. 2001. 我国东部沙地菊芋生长的调查研究. 中国草地学报, 23(6): 42-45.

门福义, 刘梦芸. 1982. 马铃薯的群体结构与产量形成. 内蒙古农牧学院学报, (01): 77-92.

门福义, 刘梦芸, 郭乃凤. 1992. 马铃薯高产群体穴茎数与产量的形成. 中国马铃薯, (02): 92-94+101.

门福义, 刘梦芸, 王林萍. 1989. 马铃薯高产群体生理参数的数学模型. 内蒙古农牧学院学报, (01): 99-104.

门果桃, 张宇, 邓忠泉, 刘俊, 等. 2016. 密度、基肥、追肥对菊芋产量的影响. 北方农业学报, 44(04): 41-45.

米国全, 刘丽英, 金宝燕, 等. 2011. 弱光对不同生态型黄瓜幼苗光合速率及蔗糖代谢相关酶活性的影响. 华北农学报, (1): 146-150.

屈冉, 李俊生, 肖能文, 等. 2010. 土壤微生物对不同植被类型土壤呼吸速率影响的研究. 华北农学报, (3): 196-199.

单立山, 李毅, 任伟, 等. 2013. 河西走廊中部两种荒漠植物根系构型特征. 应用生态学报, 24(1): 25-31.

孙会忠, 高聚林, 刘克礼, 等. 2003. 马铃薯源器官建成规律研究. 中国马铃薯, (05): 262-267.

孙雪梅, 李莉. 2011a. 不同海拔梯度菊芋碳水化合物代谢研究. 西南农业学报, 24(4): 1309-1312.

孙雪梅, 李莉. 2011b. 菊芋种质资源性状初步研究. 青海农林科技, (03): 48-52.

王广龙. 2016. 胡萝卜肉质根发育过程中激素和品质的变化规律研究. 南京农业大学博士学位论文.

王开发. 1983. 孢粉学概论. 北京: 北京大学出版社.

王莉, 郭娟, 陈筱诚, 等. 2008. 应用疏水吸附剂免蒸馏节能工艺制取菊芋燃料酒精的方法. CN101265159.

王丽芳, 安放舟. 2006. 菊芋植物利用研究. 科技咨询导报, (9): 15.

王丽萍, 李志刚, 谭乐和, 等. 2011. 植物内源激素研究进展. 安徽农业科学, 39(4): 1912-1914.

王林萍, 门福义, 刘梦芸. 1988. 马铃薯高产群体产量构成因素的数学模型. 中国马铃薯, (01): 11-17.

王鹏冬, 杨新元, 张捷. 2004. 菊芋在向日葵育种中的应用. 陕西农业科学, (4): 38-39.

乌日娜. 2015. 根系切割对菊芋块茎生物产量及品质的影响. 内蒙古民族大学硕士学位论文.

吴成龙, 周春霖, 尹金来, 等. 2008. 碱胁迫对不同品种菊芋幼苗生物量分配和可溶性渗透物质含量的影响. 中国农业科学, 41(3): 901-909.

夏天翔, 刘兆普, 蔡长海, 等. 2004a. 莱州湾利用海水资源灌溉菊芋研究. 干旱地区农业研究, 22(3): 60-63.

夏天翔, 刘兆普, 王景艳. 2004b. 盐分和水分胁迫对菊芋幼苗离子吸收及叶片酶活性的影响. 西北植物学报, 24(7): 1241-1245.

谢从华, 陈耀华, 田恒林. 1991. 种植密度与马铃薯块茎大小的分布 I. 密度与块茎生长的关系. 中国马铃薯, 2(5): 70-78.

薛延丰, 刘兆普. 2008. 不同浓度 NaCl 和 Na_2CO_3 处理对菊芋幼苗光合及叶绿素荧光的影响. 植物生态学报, 32(1): 161-167.

杨彬. 2016. 种薯大小与施肥对能源植物菊芋生长的影响. 兰州大学硕士学位论文.

杨进荣, 王成社, 李景琦, 等. 2004. 马铃薯干物质积累及分配规律研究. 西北农业学报, 13(3): 118-120.

杨君, 姜吉禹. 2009. 海水灌溉条件下菊芋种植密度对土壤无机盐及产量的影响. 吉林师范大学学报(自然科学版), 30(02): 17-18+25.

杨明君, 樊民夫, 李久昌. 1994. 旱作马铃薯冠层对块茎膨大速度及产量的影响. 干旱地区农业研究, 12(2): 105-110.

杨相昆, 田海燕, 陈树宾, 等. 2009. 不同种植密度对甜高粱糖分积累的影响. 西南农业学报, 22(1): 60-63.

于世林. 2005. 高效液相色谱方法及应用(第二版). 北京: 化学工业出版社.

张宝林, 高聚林, 刘克礼. 2003. 马铃薯群体光合系统参数的研究. 中国马铃薯, (03): 146-151.

张敏, 玉永雄, 董国忠. 2007. 豆科植物次生代谢产物对动物生产性能和免疫功能的影响. 畜牧与饲料科学, 28(1): 32-33.

张小芸, 何近刚, 孙学辉, 等. 2011. 转果聚糖合成关键酶基因多年生黑麦草的获得及抗旱性的提高. 草业学报, 20(1): 111-118.

赵琳静, 宋小平. 2007. 菊芋菊糖的提取与纯化研究. 上海工程技术大学学报, 21(4): 331-333.

钟启文. 2007. 菊芋生长发育动态及氮磷钾吸收积累与分配. 青海大学硕士学位论文.

钟启文, 王怡, 王丽慧, 等. 2007. 菊芋生长发育动态及光合性能指标变化研究. 西北植物学报, 27(9): 1843-1848.

周云龙. 2004. 植物生物学 第 2 版. 北京: 高等教育出版社.

朱海旺, 王淑英, 霍秀文, 等. 2011. 长山药块茎产量与构成因素的相关性研究. 内蒙古农业大学学报(自然科学版), 32(2): 134-137.

Amiard V, Morvan B A, Billard J P, et al. 2003. Fructans, but not the cucrosyl-galactosides, raffinose and loliose, are affected by drought stress in perennial ryegrass. Plant Physiology, 132(4): 2218-2229.

Amsterdam. 1996. The crop physiology of *Helianthus tuberosus* L.: A model orientated view. Biomass and Bioenergy, 11: 11-32.

Bacon J S D, Edelman J. 1951. The carbohydrates of the Jerusalem artichoke and other Compositae. Biochem. 48: 114-128.

Blackmore S. 1982. A functional interpretation of Lactuceae (Compositae) pollen. Plant Systematics and Evolution, 141(2)153-168.

Breitling D, Schittenhelm H, Berger P, et al. 1999. Shadowgraphic and interferometric investigations on Nd: YAG laser-induced vapor/plasma plumes for different processing wavelengths. Applied Physics A, 69(1): S505-S8.

Chekroun M B. 1994. Qualitative and quantitative development of carbohydrate reserves during the biological cycle of Jerusalem artichoke (*Helianthus tuberosus* L.) tubers. New Zealand Journal of Crop and Horticultural Science, 22: 31-37.

D'Amato F. 1984. Role of Polyploidy in Reproductive Organs and Tissues. Heidelberg: Springer Berlin.

De Roover J, Vandenbran K, Van Laere A, et al. 2000. Drought induces fructan synthesis and 1-SST in roots and leaves of chicory seedings (*Cichorium intybus* L.). Planta, 210(5): 808-814.

Erdtman G. 1952. Pollen morphology and plant taxonomy. Soil Science, 74(4): 526-527.

Erdtman G. 1969. Handbook of palynology. Morphology-taxonomy-ecology. An introduction to the study of pollen grains and spores. Copenhagen: Munksgaard.

Fujino K, Koda Y, Kikuta Y. 1995. Reorientation of cortical micro tubules in the sub-apical region during tuberization in single-node stem segments of potato in culture. Plant & Cell Physiology, 36(5): 891-895.

Gamburg K Z, Vysotskaya E F, Gamanets L V. 1999. Microtuber formation in micropropagated Jerusalem artichoke. Plant Cell, 55: 115-118.

Gendreau E, Traas J, Desnos T, et al. 1997. Cellular basis of hypocotly growth in *Arabidopsis thaliana*.Plant Physiology, 114(1): 295-305.

Guo L H, Zhang J, Hu F X, et al. 2013. Consolidated bioprocessing of highly concentrated Jerusalem artichoke tubers for simultaneous saccharification and ethanol fermentation. Biotechnology & Bioengineering, 110(10): 2606-2615.

Hamner K, Long C E M. 1939. Localization of photo periodic perception in *Helianthus tuberosus* L. Botanical Gazette, 21: 469-476.

Hennelly P J, Dunne P G, Osullivan M. 2006. Texture, rheological and microstructural properties of imitation cheese containing inulin. Journal of Food Engineering, 75(3): 388-395.

Kays S J, Kultur F. 2005. Genetic variation in jerusalem artichoke (*Helianthus tuberosus* L.) flowering date and duration. HortScience, 40(6): 1675-1678.

Kudo N, Kimura Y. 2002. Nuclear DNA endoreduplication during petal development in cabbage: relationship between ploidy levels and cell size. Journal of Experimental Botany, 53(371): 1017-1023.

Larkins B A, Dilkes B P, Dante R A, et al. 2001. Investigating the hows and whys of DNA endoreduplication. Journal of Experimental Botany, 52: 183.

Li L, Guo X L, Liu X M, et al. 2009. Effects of β-amino butyric acid induced. rice blast resistance on reactive oxygen metabolism. Agricultural Science & Technology, 10(3): 112-114.

Liu X, Ma X C, Huang H, et al. 2009. Analysis for the volatile secondary metabolites of Mortierella alpine. Agricultural Science & Technology, 10(4): 12-14, 21.

Long X H, Liu ZH P, Liu L. 2004. Effects of different concentrations of seawater on growths, developments and absorption of P of *Helianthus tuberosus* seedings. Bulletin of Botanical Research, 24(3): 331-334.

Lv Y G, Ma J J, Gu T C. 2003. The study on ethanol fermentation by immobilized inulinase and yeast cell using inulin as raw material. Food and Fermentation Industries, 29(5): 66-68.

Ma Y M, Long F. 2001. Investigation on *Helianthus tuberosus* L. growing in sandy land of the eastern China. Grassland of China, 23(6): 42-44.

McLaurin W J, Somda Z C, Kays S J. 1999. Jerusalem artichoke growth, development, and field storage. I. Numerical assessment of plant part development and dry matter acquisition and allocation. Journal of Plant Nutrition, 22(8): 1303-1313.

Meijer W J M, Mathijssen E W J M. 1991. The relations between flower initiation and sink strength of stems and tubers of Jerusalem artichoke (*Helianthus tuberosus* L.). Netherlands Journal of Agricultural Science, 39: 123-135.

Meijer W J M, Mathijssen E W J M, Borm G E L. 1993. Crop characteristics and inulin production of jerusalem artichoke and chicory. Inulin and Inulin-Containing Crops, 39(2): 29-38.

Melaragno J E, Mehrotra B, Coleman A W. 1993. Relationship between endopolyploidy and cell size in epidermal tissue of *Arabidopsis*. Plant Cell, 5(11): 1661-1668.

Monti A, Amaducci M T, Venturi G. 2005. Growth response, leaf gas exchange and fructans accumulation of Jerusalem artichoke (*Helianthus tuberosus* L.) as affected by different water regimes. European Journal of Agronomy, 23: 136-145.

Peterson C A, Peterson R L, Barker W G. 1981. Observations on the structure and osmotic potentials of parenchyma associated with the internal phloem of potato tubers. American Potato Journal, 58: 575-584.

Plaisted P H. 1957. Growth of the Potato Tuber. Plant Physiology, 32: 445-453.

Reeve R M, Timm H, Weaver M L. 1973. Parenchyma cell growth in potato tubers I. Different tuber regions. American Potato Journal, 50: 49-57.

Roover J, Vandenbranden K, Laere A V, et al. 2000. Drought induces fructan synthesis and 1-SST in roots and leaves of chicory seedings (*Cichorium intybus* L.). Planta, 210: 808-814.

Sanz M J, Mingo-Castel A, Lammeren A A M V, et al. 1996. Changes in the microtubular cytoskeleton precede *in vitro* tuber formation in potato. Protoplasma, 191: 46-54.

Satter L, Zeiban F. 1948. The anthrone reaction as affected by carbohydrate structure. Science, 3: 198-207.

Savitch L V, Harney T, Huner N P A. 2000. Sucrose metabolism in spring and winter wheat in response to high irradiance, cold stress and cold acclimation. Physiologia Plantarum, 108: 270-278.

Schnittger A, Hülskamp M. 2002. Trichome morphogenesis: A cell-cycle perspective. Philosophical Transactions of the Royal Society of London, 357: 823-826.

Somda Z C, McLaurin W J, Kays S J. 1999. Jerusalem artichoke growth, development, and field storage. 2. Carbon and nutrient element allocation and redistribution. Journal of Plant Nutrition, 22: 1315-1334.

Sun Y P, Yang W Y, Jiang L. 2003. HPLC determination of inulin zymohydrolysis products. Journal of Beijing University of Chemical Technology, 30: 109-111.

Telleria M C, Katinas L. 2004. A comparative palynologic study of Chaetanthera (Asteraceae, Mutisieae) and allied genera. Systematic Botany, 29: 752-773.

Vagujfalvi A, Kerepesi I, Galiba G, et al. 1999. Frost hardiness depending an carbohydrate changes during cold acclimation in wheat. Plant Science Limerick, 144: 85-92.

van der Meer I M, Koops A J, Hakkert J C, et al. 1998. Cloning of the fructan biosynthesis pathway of Jerusalem artichoke. The Plant Journal, 15: 489-500.

Wang D P, Yang X Y, Zhang J. 2004. Application of jerusalem artichoke in the breeding in sunflower. Shaanxi Journal of Agricultural Sciences, 4: 38-39.

Wu C L, Yin J L, Xu Y C, et al. 2006. Effect of alkaline stress on growth, photosynthesis and antioxidation of *Helianthus tuberosusseedings*. Acta Botanica Boreali-Occidentalia Sinica. 26: 447-454.

Xia T X, Liu Z P, Wang J Y. 2004. Effects of salt and water stresses on ion selective adsorption and activities of enzymes in leaf of *Helianthus tuberosusseedings*. Acta Botanica Boreali-Occidentalia Sinica, 24: 1241-1245.

Xu Q, Qin K, Zhang Y, et al. 2009. The relation between anther's nutrient metabolism and pollen abortion of male sterile lines in *Lycium barbarum* L. Agricultural Science & Technology, 10: 147-150, 170.

Zhang B L, Gao J L, Liu K L. 2003. Chlorophyll content in leaves of potatoes treated with different density and fertilizer. Chinese Potato Journal, 17: 137-140.

Zhang R X, Liu J H, Chen Y J, et al. 2007. Changes of colony photosynthsis indicators of different silage maize. Chinese Agricultural Science Bulletin, 23: 208-211.

Zhao G M, Liu ZH P, Chen M D, et al. 2005. Effects of mariculture wastewater irrigation on growth and yields of *Helianthus tuberosus* L. in semiarid area of Laizhou. Agriculture Research in the Arid Areas, 23: 159-163.

第8章 菊芋的逆境生理与生态利用

8.1 菊芋的逆境生理

8.1.1 盐胁迫

我国存在大量的盐碱地，筛选、培养耐盐植物可以对盐碱地进行一定的改善，但盐害通常对植物的正常生长发育有着极大的影响。菊芋因为其抗旱、抗盐、病虫害少，并可简化栽培的特性，已经受到广泛重视。菊芋属吸盐植物，根系发达，地上部生物量大，能够改良盐土，恢复生态，但同时盐胁迫也会严重限制菊芋各器官的生长发育，影响菊芋地上部生物量与块茎生物量的分配，进而导致块茎生物量减少，地上部生物量变多；光合和生物代谢过程也会受到严重的限制，同时菊芋块茎中果聚糖的积累速率也受到严重的限制。

目前，耐盐植物及其耐盐性的研究一直是农业科学研究的重要课题。隆小华等（2004）发现高浓度海水胁迫对菊芋幼苗形态发育具有明显影响，表现为叶面积缩小，茎秆伸长受到抑制，而海水浓度增加对菊芋根部影响远小于地上部，这有利于菊芋后期块茎生物量的积累；随海水浓度升高，菊芋幼苗地上部单位干重积累的 Cl^- 依次增大，根部 Cl^- 向地上部的运输量与根系吸收量呈正比，且地上部和地下部单位干物质 Cl^- 含量之比均大于 1；随海水浓度升高，菊芋幼苗地上部单位干重积累的 Na^+ 依次增大。邵帅（2015）发现了伴随盐浓度和碱性盐组分的增加，菊芋幼苗的生长与光合受到显著抑制，Na^+ 大量积累，并且在碱性盐组分最高处理组、最高浓度（60mmol/L）胁迫处理下达最大值，K^+ 含量变化不明显，但 Na^+/K^+ 变化趋势与 Na^+ 保持一致；无碱性盐组分的处理组，Na^+ 升高的同时 Cr^{3+} 也大量积累，碱性盐组分增加导致 Cr^{3+} 吸收受到抑制，但草酸、苹果酸与水杨酸含量大幅增加。混合盐碱胁迫下，高盐浓度与高 pH 交互作用对菊芋生长与生理代谢的抑制作用最强，其抑制作用远大于单纯的高盐或高 pH 伤害。中性盐和碱性盐胁迫均显著抑制菊芋的生长与光合，但碱性盐胁迫抑制效应更强。伴随胁迫浓度的增加，菊芋植株内 Na^+ 浓度升高，Na^+ 积累量在碱性盐胁迫下显著高于中性盐胁迫；中性盐胁迫下菊芋根中 K^+ 含量变化不明显，而碱性盐胁迫下显著降低。同时两种盐胁迫下根中 Mg^{2+} 含量呈下降的变化趋势，而叶片恰恰相反，高浓度碱性盐胁迫下，叶片中大量积累 Mg^{2+}。中性盐胁迫下菊芋体内 Cl^- 显著积累，但有机酸含量变化不大。而碱性盐胁迫下大量积累有机酸，并且乙酸是碱性盐胁迫下增加幅度最大的有机酸。大量 Cr^{3+} 与有机酸的差异积累是菊芋适应盐胁迫与碱胁迫生理机制的主要差异，根中大量 Na^+ 的积累是菊芋具有耐盐碱能力的体现。

黄增荣等（2010）发现菊芋茎粗、块茎产量和地上部生物量随土壤盐分的增加变化趋势与菊芋主茎高度变化趋势相似，且盐分含量高的土壤对菊芋生长发育影响较大；菊芋茎粗、块茎产量和地上部生物量在不同土壤盐分含量下，随着施氮、磷量的增加，其变化趋势与菊芋主茎高度的变化趋势相似。菊芋块茎产量随着施氮、磷量的增加，在各土壤盐分含量下普遍增加；土壤盐分含量、氮肥施用量、磷肥施用量、盐肥交互作用、氮磷肥交互作用均呈极显著关系。张国新等（2014）发现盐胁迫会抑制菊芋株高、茎粗、叶片的生长发育，这种抑制作用随着盐分浓度的增大而逐渐提高。李辉等（2014）发现了盐胁迫显著降低了两个菊芋品种地上部干物质的积累量，盐胁迫虽没有改变地上部干物质积累的动态变化趋势，却限制了块茎膨大过程中地上部贮藏物质的积累速率和向外转运的速率；盐胁迫显著降低了块茎干物质的积累量，而且使块茎干物质含量的峰值提前，限制了块茎中贮藏物质的持续有效积累；盐胁迫改变了菊芋干物质在地上部与块茎之间的分配，相对而言，地上部分配比例升高，而块茎分配比例下降；盐胁迫提高了菊芋快速增长期（50～100d）叶片中的可溶性总糖和还原糖含量，但在块茎形成后（100～180d），叶片中可溶性糖的积累和输出均受到抑制；盐胁迫虽没有改变茎基部糖分积累和向外输出的时间，但糖含量有所下降，其中还原糖的下降幅度很大，然而，盐处理却诱导了非还原糖在茎基部有较多的积累；盐胁迫有利于膨大前、中期块茎可溶性总糖含量的升高，而在块茎膨大后期，块茎可溶性总糖含量的积累明显受到限制；盐胁迫严重限制了菊芋块茎中果聚糖的积累速率。薛志忠等（2017）发现随着盐分的增加，菊芋幼苗成活率呈现下降趋势，盐分胁迫会抑制菊芋株高生长，且这种抑制作用随着盐分的增大而逐渐提高；随着盐分的增加，菊芋叶片 SPAD 值（表示叶绿素的相对含量）呈现下降趋势。揭示盐分胁迫会影响菊芋叶片 SPAD 值，进而影响植株光合作用；盐分胁迫会抑制菊芋生长发育，影响植株物质吸收与积累；随着盐分的增加，菊芋根系总根长、总根表面积、总根体积均呈下降趋势。薛延丰和刘兆普（2008）以砂培菊芋幼苗作为试验材料，分别进行不同浓度 NaCl 和 Na_2CO_3 胁迫处理，以 1/2 全营养液作为对照，7d 后测量相关系数。结果发现，在 NaCl 处理下，当浓度小于 150 mmol/L 时，增加了菊芋的叶绿素含量、净光合速率（net photosynthetic rate，Pn）和气孔导度（stomatal conductivity，Gs），对荧光参数 PSII 的电子传递情况（F_m/F_0）、PSII 原初光能转换效率（F_v/F_m）、PSII 量子效率（actual quantum yield of PSII under actinic irradiation，φPSII）、光化学猝灭系数（photochemical quenching coefficient，qP）和非光化学猝灭系数（non-photochemical quenching coefficient，NPQ）没有显著影响，随着浓度的增加，各项生理指标与对照相比除了 NPQ 显著增加，其余均显著降低；在 Na_2CO_3 胁迫处理下，随着 Na_2CO_3 浓度的增加，与对照相比，菊芋幼苗叶绿素含量、Pn、Gs 及叶绿素 a 荧光诱导动力学参数 F_m/F_0、F_v/F_m、φPSII 和 qP 均显著降低，NPQ 显著增加；就 NaCl 和 Na_2CO_3 相比而言，在相同 Na^+ 浓度情况下，处于 Na_2CO_3 胁迫下的菊芋幼苗的叶绿素含量、Pn、Gs 及叶绿素 a 荧光诱导动力学参数 F_m/F_0、F_v/F_m、φPSII 和 qP 下降幅度与 NPQ 的增加幅度均显著大于 NaCl，这说明 NaCl 和 Na_2CO_3 胁迫均对菊芋幼苗造成不同程度的伤害，但在相同 Na^+ 浓度情况下，Na_2CO_3 的伤害程度大于 NaCl。由此说明菊芋对盐的忍耐程度高于碱。

　　菊芋作为耐盐的植物，对盐胁迫表现出一定的适应性，这主要是根中大量 Na^+ 的积累使得菊芋具有耐盐碱能力，但同时盐胁迫抑制了菊芋生长发育，体现在菊芋地上、地下各个组织器官中。

8.1.2 水分胁迫

水分是植物体的重要组成部分。一般植物体都含有 60%～80%，甚至 90%以上的水分。植物对营养物质的吸收和运输，以及光合、呼吸、蒸腾等生理作用，都必须在有水分的参与下才能进行。水是植物生存的物质条件，也是影响植物形态结构、生长发育、繁殖及种子传播等重要的生物因子。因此，水可直接影响植物是否能健康生长。水分过多，植株徒长、烂根并抑制花芽分化，甚至死亡；严重缺水，又易造成植株枯萎，干枯而死。

不同的课题组曾以 PEG6000 胁迫处理菊芋，并获得了一些结果。杨斌（2010）发现了不同灌水处理间菊芋株高、LAI、单株干物质量、干物质积累速率等均存在显著或极显著差异。1800m³/hm² 灌溉处理下，菊芋具有最高的株高、LAI、单株干物质量、干物质积累速率；不同灌水处理下，菊芋产量随灌水量的增加而增加，但增加的幅度逐渐减小。其研究表明，灌水定额从 0 增加到 1800m³/hm²，产量逐渐增加，而当灌水定额超过 1800m³/hm² 时，产量则已不再随灌水定额增加而增加。菊芋产量主要由单株重决定，并随耗水量的增加呈增加趋势。高凯等（2013）发现了施肥、灌水及施肥加灌水均能显著提高菊芋株高和产量（$P<0.05$）；施肥、灌水及施肥加灌水与对照相比均能够显著提高菊芋块茎比、根冠比（$P<0.05$）；营养生长阶段施肥、灌水及灌水加施肥与对照相比能够显著提高菊芋叶重比（$P<0.05$），之后的水、肥对叶重比影响不显著。陈荣健（2017）对菊芋高低品系进行浇水处理后，发现了一些相同的变化特征：株高、基径和叶面积增大，地上果实干重、种子干重和数量、花序数量均增大，地上生物量和地下生物量比例均增大；同时还发现了不同的变化特征：块茎干重上高品系增加，低品系减小；水分对菊芋有性繁殖有明显的促进作用。

任红旭等（2000）对小麦不同品种进行水分胁迫处理，发现 PEG6000 诱导可使果聚糖在小麦叶中大量积累，且果聚糖积累与品种耐旱性呈正比。蔗糖是可溶性糖的一种，在干旱胁迫下起到调节细胞渗透压的作用。杨国涛等（2010）研究了干旱胁迫对柽柳-肉苁蓉碳水化合物分配及有效成分含量的影响，结果表明，土壤干旱导致寄主柽柳同化产物向管花肉苁蓉的运输比例降低，管花肉苁蓉生物产量下降。高浓度及长时间的 PEG6000 胁迫会阻碍叶片中可溶性碳水化合物的积累。随着控水程度的增加，茎中可溶性碳水化合物的含量均先上升后下降，在控水前期，茎中可溶性碳水化合物含量存在轻度控水＞重度控水＞中度控水，在控水后期则有轻度控水＞中度控水＞重度控水。所以一定程度的干旱胁迫对提升菊芋其他可溶性碳水化合物的含量具有促进作用，但蔗糖、葡萄糖、果糖等其他可溶性碳水化合物在菊芋植株内的含量较低，而且变化受到干旱胁迫发生的时期、强度及持续时间的多重影响。分析认为，胁迫处理下可溶性总糖的提高大部分由果聚糖引起。闫刚等（2012）研究了外源亚精胺对干旱胁迫下番茄幼苗碳水化合物代谢及相关酶活性的影响，结果表明，外源亚精胺影响碳水化合物含量，参与了干旱胁迫下番茄幼苗碳水化合物的代谢过程。另有研究表明，逆境胁迫下植物可将蔗糖转化为果糖，继而合成果聚糖，起到提高抗逆性的作用。

本研究选择青芋 1 号和青芋 2 号为研究材料，分析了干旱胁迫下菊芋的变化，胁迫强度越大，植株的净光合速率、蒸腾速率、气孔导度就越低，且对青芋 2 号的影响更大；

干旱胁迫对菊芋叶片胞间 CO_2 浓度的影响则相反，胁迫时间越长，菊芋的胞间 CO_2 浓度越高，品种间也无差异；干旱胁迫下 2 个品种的水分利用效率变化趋势基本一致，但青芋 2 号的水分利用效率波动较青芋 1 号的要剧烈；随着干旱胁迫时间的延长，菊芋叶片的叶绿素含量会有小幅下降，但不同的胁迫强度对叶绿素含量影响不大。在干旱胁迫下，青芋 1 号的光合作用强于青芋 2 号，蒸腾速率低于青芋 2 号，反映出青芋 1 号比青芋 2 号更适合在较干旱的地区种植。

1. PEG6000 胁迫下菊芋品种各部位可溶性碳水化合物变化

（1）不同 PEG6000 胁迫处理对菊芋叶片中可溶性碳水化合物变化的影响

本研究以青芋 1 号、青芋 2 号两个菊芋品种为试验材料，采用不同的聚乙二醇 PEG6000 胁迫浓度（0、10%、20%、30%）及不同控水胁迫强度（轻度、中度、重度）两种人工模拟干旱胁迫的方式对其不同部位可溶性碳水化合物在处理不同时间后的含量变化进行了研究。结果表明，在不相同浓度 PEG6000 胁迫下，青芋 1 号和青芋 2 号叶片表现出不同的对水分胁迫的适应性。青芋 1 号叶片中可溶性碳水化合物含量均随着胁迫时间增加而增加。在胁迫前期，10%浓度 PEG6000 胁迫下叶片中可溶性碳水化合物含量高于 CK，20%及 30%浓度 PEG6000 胁迫下叶片中可溶性碳水化合物含量均低于 CK；胁迫后期，不同浓度 PEG6000 胁迫下叶片中可溶性碳水化合物含量均低于 CK，说明高浓度及长时间的 PEG6000 胁迫会阻碍叶片中可溶性碳水化合物的积累（图 8.1A）。不同浓度 PEG6000 胁迫下，青芋 2 号叶片中可溶性碳水化合物含量随着胁迫时间增加而增加。在胁迫前期，10%、20%及 30%浓度 PEG6000 胁迫下叶片中可溶性碳水化合物含量低于 CK，随着胁迫轻度的增加，叶片中可溶性碳水化合物的含量增幅逐渐降低。胁迫后期，10%浓度下叶片中可溶性碳水化合物含量高于 CK，20%及 30%浓度 PEG6000 胁迫下叶片中可溶性碳水化合物含量均低于 CK（图 8.1B）。

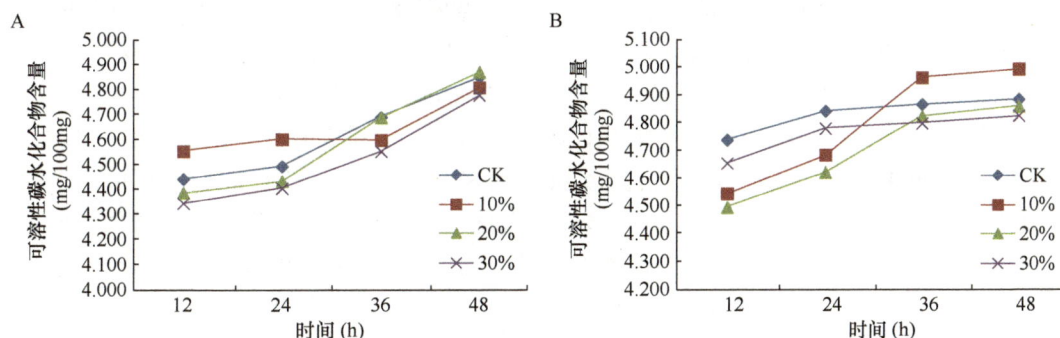

图 8.1　PEG6000 胁迫下菊芋叶片中可溶性碳水化合物变化趋势
A. 青芋 1 号；B. 青芋 2 号

（2）不同 PEG6000 胁迫处理对菊芋茎中可溶性碳水化合物变化的影响

不同 PEG6000 胁迫处理后，菊芋茎中可溶性碳水化合物也发生了变化，且在相同处理下青芋 1 号和青芋 2 号茎中可溶性碳水化合物变化趋势不同。青芋 1 号茎中可溶性碳水化合物含量随着胁迫时间增加其变化趋势不同，在胁迫前期，CK 茎中可溶性碳水化合物明显高于其他处理，随着胁迫时间的增加，CK 与 20%浓度处理下的茎中可溶性碳水化合物呈现出先下降后上升的变化趋势，而 10%浓度和 30%浓度 PEG6000 处理下茎中可溶性碳水化合物呈显著上升趋势，且 10%浓度处理下可溶性碳水化合物增幅高于 30%浓度处理下的增幅（图 8.2A）。与青芋 1 号不同，胁迫初期，不同浓度 PEG6000 胁迫可以有效提高青芋 2 号茎中可溶性碳水化合物含量，其效果明显程度为：10%<20%<30%，且在 PEG6000 浓度为 30%、胁迫时间为 24h 时效果最明显，此时茎中可溶性碳水化合物含量为 32.91mg/100mg，随着胁迫时间的增加，在处理时间达到 36h 时，所有胁迫处理后的茎中可溶性碳水化合物含量均低于 CK，且在 30%浓度处理下茎中可溶性碳水化合物含量达到了最低（图 8.2B）。

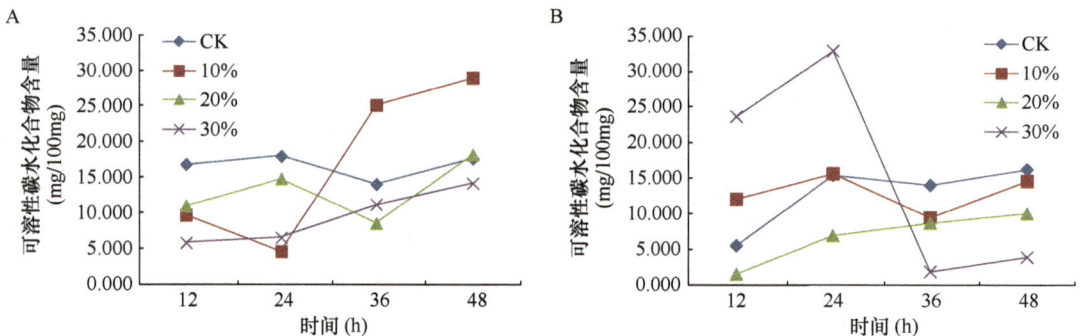

图 8.2 PEG6000 胁迫下菊芋茎中可溶性碳水化合物变化趋势

A. 青芋 1 号；B. 青芋 2 号

（3）不同 PEG6000 胁迫处理对菊芋根中可溶性碳水化合物变化的影响

不同 PEG6000 胁迫处理后，菊芋根中可溶性碳水化合物也发生了变化，且在相同处理下青芋 1 号和青芋 2 号茎中可溶性碳水化合物变化趋势不同。在不同 PEG6000 胁迫处理后，除 30%浓度 PEG6000 胁迫外，青芋 1 号根中可溶性碳水化合物含量均随着胁迫时间增加而增加。在胁迫初期，不同浓度 PEG6000 胁迫均可以提高根中可溶性碳水化合物的含量，随着胁迫时间的增加，在胁迫后期，不同浓度 PEG6000（除 20%浓度外）胁迫下根中可溶性碳水化合物含量均低于 CK（图 8.3A）。除 30%浓度外，不同浓度 PEG6000 胁迫下，青芋 2 号根中可溶性碳水化合物含量均随着胁迫时间增加而增加，且胁迫浓度对根中可溶性碳水化合物含量的影响效果为 10%<20%，在胁迫后期 20%浓度 PEG6000 胁迫基本上对根中可溶性碳水化合物含量影响不大（图 8.3B）。

2. 控水胁迫下菊芋品种各部位可溶性碳水化合物变化

（1）叶片可溶性碳水化合物

不同控水胁迫处理后，菊芋叶片中可溶性碳水化合物发生了变化，且在相同处理下青芋 1 号和青芋 2 号茎中可溶性碳水化合物变化趋势不同。青芋 1 号在不同强度控水胁迫下，叶片中可溶性碳水化合物的含量均随着控水时间的增加先上升，控水 21d 时叶片

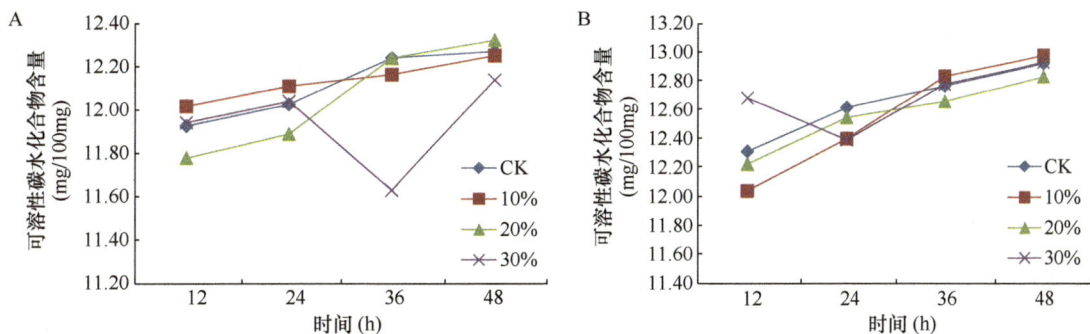

图 8.3　PEG6000 胁迫下菊芋根中可溶性碳水化合物变化趋势
A. 青芋 1 号；B. 青芋 2 号

中可溶性碳水化合物的含量下降至控水期的最小值，在 4 个不同程度控水胁迫下，可溶性碳水化合物的含量分别为 4.77mg/100mg、4.68mg/100mg、4.88mg/100mg、4.56mg/100mg，之后可溶性碳水化合物的含量在控水 35d 时达到最大，分别为 5.35mg/100mg、5.49mg/100mg、5.44mg/100mg、5.41mg/100mg。同时本研究还发现，在控水 14d 内，不同程度的控水均可以增加叶片中可溶性碳水化合物含量，在控水 7d 时轻度控水效果最好。在控水 14～21d 时中度控水效果最好，控水 28d 时重度控水中青芋 1 号叶片中可溶性碳水化合物的含量最高（图 8.4A）。在不同强度控水胁迫下，青芋 2 号叶中可溶性碳水化合物的含量随着控水时间的增加基本上呈上升趋势。在控水 14d 以内，轻度及中度控水均可以提高青芋 2 号叶片中可溶性碳水化合物含量，但重度控水会明显影响叶片中可溶性碳水化合物的含量，在控水后期，中度及重度控水叶片中可溶性碳水化合物的含量高于 CK，且中度控水在 28d 时效果最好，叶片中可溶性碳水化合物含量为 6.15mg/100mg（图 8.4B）。

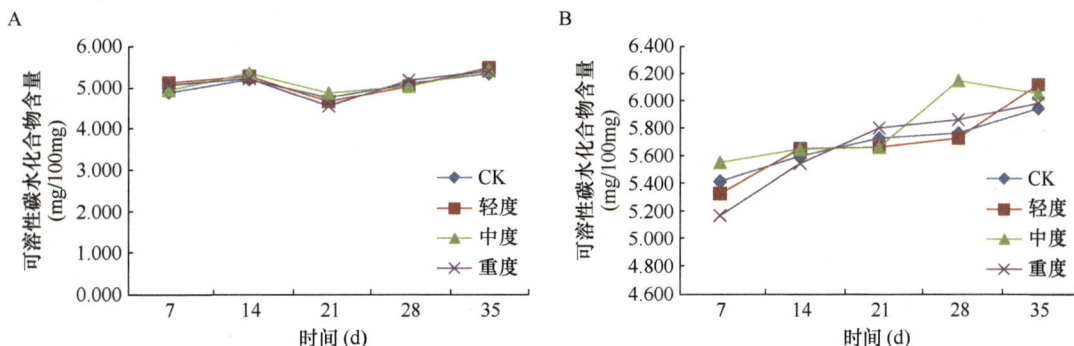

图 8.4　控水胁迫下菊芋叶片中可溶性碳水化合物含量变化趋势
A. 青芋 1 号；B. 青芋 2 号

（2）茎中可溶性碳水化合物

不同控水胁迫处理后，菊芋茎中可溶性碳水化合物发生了明显变化，在相同处理下青芋 1 号和青芋 2 号茎中可溶性碳水化合物变化趋势基本相同。青芋 1 号在不同强度控水胁迫下，可溶性碳水化合物的含量均随着控水时间的增加而增加，CK 在控水 28d 时茎中可溶性碳水化合物含量达最大值，为 21.35mg/100mg，不同强度控水均于控水 35d 时达最大值。同时本研究还发现，不同强度的控水均会影响青芋 1 号茎中可溶性碳水化合物的含量，且随着控水强度的增加，可溶性碳水化合物的含量均呈先上升后下降。在控水前期，茎中可溶性碳水化合物含量存在轻度＞重度＞中度，在控水后期则有轻度＞中度＞重度（图 8.5A）。相似地，青芋 2 号茎中可溶性碳水化合物的含量均随着控水时间的增加而增加。在控水前期，不同强度的控水均会影响青芋 2 号茎中可溶性碳水化合物的含量，且影响程度不同；在控水中期，轻度控水可以提高茎中可溶性碳水化合物的含量，控水处理的最大值为 21.77mg/100mg；控水 28d 时，控水处理也会减少茎中可溶性碳水化合物的含量；控水 35d 时，不同强度的控水均可以提高青芋 2 号茎中可溶性碳水化合物的含量（图 8.5B）。

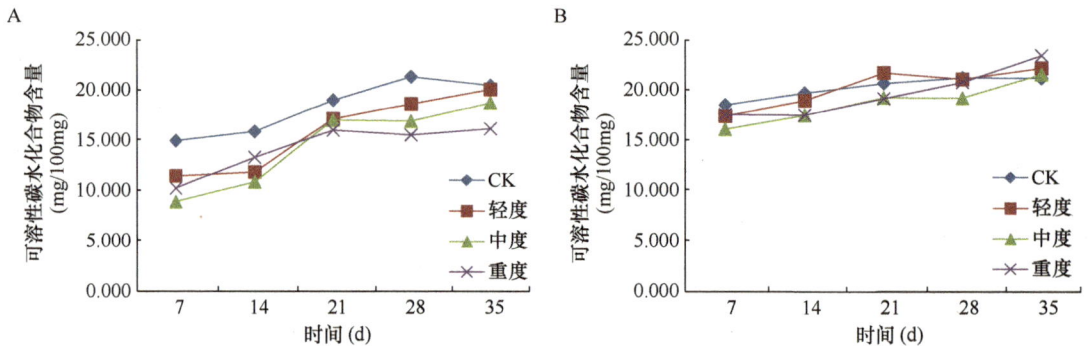

图 8.5　控水胁迫下菊芋茎中可溶性碳水化合物含量变化趋势
A. 青芋 1 号；B. 青芋 2 号

（3）根中可溶性碳水化合物

不同控水胁迫处理后，菊芋根中可溶性碳水化合物发生了变化，且在相同处理下青芋 1 号和青芋 2 号茎中可溶性碳水化合物变化趋势不同。青芋 1 号根中可溶性碳水化合物的含量随着控水时间的增加先下降，控水 21d 时含量下降至最低，此后含量又开始上升。同时，控水处理对青芋 1 号根中可溶性碳水化合物含量均有影响，但不同强度的控水对根中可溶性碳水化合物含量的影响不同。在控水前期，轻度控水较中度及重度控水对根中可溶性碳水化合物的影响小，且有轻度＜重度＜中度；在控水中期，重度控水对根中可溶性碳水化合物含量的影响较其他控水组小（图 8.6A）。青芋 2 号根中可溶性碳水化合物的含量随着控水时间的增加变化不同，但差异不大。在整个控水期内，轻度控水下青芋 2 号根中可溶性碳水化合物含量均高于 CK，在控水 28d 时含量最高，为 14.65mg/100mg；在 28d 以前重度控水下根中可溶性碳水化合物含量均低于 CK。中度控水在控水前期会影响青芋 2 号根中可溶性碳水化合物的含量，在控水后期可以提高根中可溶性碳水化合物的含量（图 8.6B）。

菊芋在生长发育过程中合成并积累大量可溶性碳水化合物并储存在其块茎中，主要成分为蔗糖、果糖、葡萄糖及聚合度（degree of polymerization，DP）不同的果聚糖，其中果聚糖含量最高，可达块茎干重的 80%以上。可溶性糖作为植物在干旱胁迫下渗透调节的重要物质，在渗透胁迫下会显著增加，以增加植物体内的渗透势，增强植物的抗

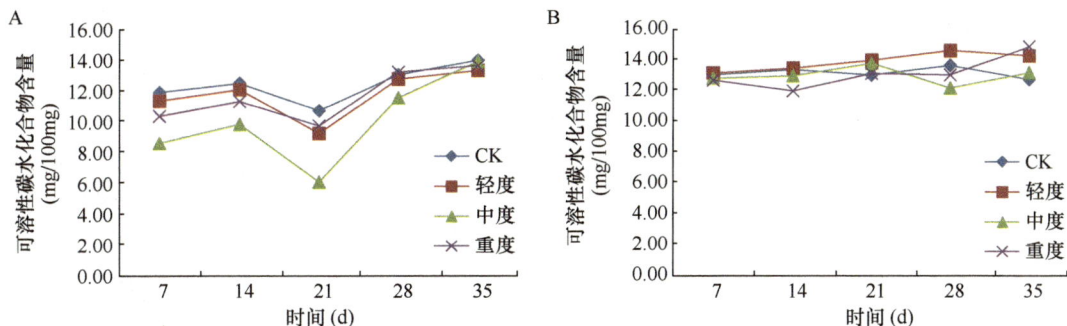

图 8.6 控水胁迫下菊芋根中可溶性碳水化合物含量变化趋势
A. 青芋 1 号;B. 青芋 2 号

旱能力。本研究已探讨了干旱胁迫对菊芋苗期糖代谢的影响研究,结果表明,在一定程度内,干旱胁迫可促进菊芋可溶性总糖含量的增加,而且胁迫处理下可溶性总糖的提高主要是由果聚糖的提高引起的。PEG6000 胁迫和控水胁迫两种模拟干旱胁迫试验证明,一定程度的干旱胁迫对提升菊芋其他可溶性碳水化合物的含量具有促进作用,但蔗糖、葡萄糖、果糖等其他可溶性碳水化合物在菊芋植株内的含量较低,而且变化受到干旱胁迫发生的时期、强度及持续时间的多重影响,尚不清楚几种糖类共同转化和分配的机理,本研究还将持续开展以干旱胁迫对以果聚糖为主的菊芋可溶性碳水化合物响应机理的深入研究。

3. 干旱土地类型对菊芋可溶性糖变化的影响

本研究以青芋 1 号菊芋和青芋 2 号两个菊芋品种为研究材料,分析了在川水地及低位山旱地两种自然生境下菊芋蔗糖、葡萄糖、果糖 3 种碳水化合物在不同时期、不同器官的含量与总量的动态变化,研究表明,川水地及低位山旱地种植的青芋 1 号及青芋 2 号菊芋植株内 3 种碳水化合物含量在 6 月下旬及 8 月下旬相对较高;青芋 1 号菊芋 3 种碳水化合物总量达到高峰的时间比青芋 2 号早;川水地 3 种碳水化合物总量达到高峰的时间比低位山旱地早;全生育期菊芋茎、根中 3 种碳水化合物的总量相对叶片较高;全生育期叶片中果糖积累均较为明显、含量较高,其次是葡萄糖;茎中及根中果糖含量较高,其次是蔗糖;块茎中葡萄糖积累较明显,蔗糖含量较葡萄糖及果糖低,块茎成熟采收时,果糖含量较高。

除此之外,本研究还以青芋 2 号、青芋 3 号菊芋为材料,研究了干旱胁迫 [轻度胁迫(土壤含水量为土壤最大持水量的 60%)、中度胁迫(土壤含水量为土壤最大持水量的 45%)、重度胁迫(土壤含水量为土壤最大持水量的 25%)、对照(土壤含水量为土壤最大持水量的 80%)] 对菊芋苗期生长的影响。结果表明,轻度胁迫和中度胁迫下,菊芋出苗率基本不受影响,均可达到 93%,但出现出苗时间延长的现象;重度胁迫下,出苗率为 26%,严重影响出苗;菊芋在水分胁迫下很长一段时间内保持萌发潜力。青芋 2 号、青芋 3 号均能适应轻度胁迫的干旱,生长受影响不明显,能抵御中度胁迫,但其生长受到抑制,长时间的重度胁迫对青芋 2 号、青芋 3 号生长均有严重影响,但是青芋 3 号在株高、茎粗、最大叶面积及干物质含量等方面表现出优于青芋 2 号,显示在相同水平的干旱胁迫下青芋 3 号受到的影响较小。

干旱胁迫下，植物体内可溶性糖大量积累，一方面可以降低细胞的渗透势以维持细胞的膨压，防止细胞内大量的被动脱水；另一方面可溶性糖的过量积累通常会对光合作用产生反馈抑制。例如，适度的干旱胁迫可调控小麦茎秆碳水化合物含量增加，刺激其向籽粒中转运，从而提高小麦抵御干旱胁迫的能力。在干旱胁迫条件下，气孔的关闭及气孔导度的降低是光合速率降低的最主要原因；在干旱胁迫初期，限制光合作用的因素主要为气孔限制，随着胁迫时间的延长和胁迫程度的加重，这种限制因素逐渐变为非气孔限制。

8.1.3 金属离子胁迫

金属离子胁迫能减缓植物的生长，使植物矮小，产量降低，根系伸长受到抑制。菊芋植株受到金属铜的胁迫时，会出现金属中毒的情况，叶绿素含量也会下降，进而影响植株光合作用；金属锌则会影响膜的结构与功能，进而影响植物代谢；高浓度汞会推迟菊芋幼苗的萌发，并严重抑制菊芋的生长发育。

贾若凌（2012a）发现随着铜质量浓度由 0 增加到 5mg/L，过氧化物酶（POD）活性无显著变化；当增加至 20mg/L 时，酶条带颜色加深，酶活性显著增强；当增加至 40mg/L 时，酶条带颜色略有变浅，酶活性稍有下降，但颜色仍深于未经铜处理过的样品。当铜质量浓度增加至 40mg/L 时，菊芋生长受到一定的抑制，株高最低（$P<0.01$），为 CK 的 78.9%，叶片表现出明显的斑纹、失绿及萎蔫等重金属中毒症状。当铜质量浓度为 5 mg/L 时，菊芋幼叶中叶绿素含量略高于 CK；随着铜质量浓度的继续增加（≥20mg/L），菊芋幼叶中叶绿素含量明显下降。高质量浓度的铜（≥20mg/L）对菊芋幼苗叶片的电解质渗漏影响显著（$P<0.05$），且随着铜质量浓度的增加而加重。贾若凌（2012b）发现了菊芋幼苗经不同浓度锌处理，从 0mg/L 增加至 5mg/L，POD 活性无显著变化；当浓度增加至 20mg/L 时，酶条带颜色加深，酶活性显著增强；当浓度增加至 40mg/L 时，酶条带颜色略有变浅，酶活性稍有下降，但颜色仍深于未经过锌处理的样品；低浓度的锌对菊芋幼苗的生长有一定的促进作用；高浓度的锌也会在一定程度上抑制叶绿素的合成；低浓度的锌有助于维持细胞膜的完整性和稳定性，但当锌浓度增加到 20mg/L 或更高浓度时，锌可与细胞膜的膜脂和膜蛋白结合，改变膜的结构和功能，增加膜的通透性，致使细胞内的离子、糖类、氨基酸等被动外渗，影响植物代谢。

吕世奇（2015）发现了高浓度（10mg/kg）汞处理极大地推迟了菊芋幼苗的萌发，并严重抑制菊芋的生长，高浓度汞处理下各种质的株高、节长、叶片数和叶面积等生长指标都出现了显著的下降，各种质总生物量的变化都呈下降趋势；高浓度汞胁迫显著提高了各种质的 MDA、游离脯氨酸和可溶性糖含量；在高浓度（10mg/kg）汞处理下伴随着叶绿素含量的下降各种质的光合速率也出现了显著的下降；不同菊芋种质随着汞浓度的升高其各器官中根部的汞含量增加最大。

金属离子对于菊芋的影响主要表现在对植物生长发育的影响，包括使菊芋植株金属中毒，导致植物矮小、产量降低、叶绿素含量下降，进而影响植株的光合作用，同时一些金属离子还会影响植物膜结构与功能，进而影响菊芋代谢。总之，金属离子严重影响菊芋的生长发育。

8.1.4　物理方法处理

物理方法处理菊芋植株主要包括去顶处理、断根处理、去花处理和刈割处理，这些处理均会影响菊芋的生长发育。

1. 去顶处理

高凯等（2016）通过不同时间对菊芋进行去顶处理后发现，随着去顶时间延迟，菊芋地上生物量、地下生物量、总生物量及各器官生物量均呈现先升高后降低的变化趋势，2013 年 8 月 5 日去顶各项指标均达到最高值；去顶提高了菊芋块茎比例和根冠比，降低了根比例和茎比例，对花比例、叶比例和茎叶比的影响没有规律可循；去顶提高了菊芋侧枝长度，降低了侧枝数量；块茎生物产量与侧枝干重呈极显著正相关关系（$P<0.01$），与根系干重、叶片干重、花干重和花的数量表现为显著正相关关系（$P<0.05$）。

2. 断根处理

朱铁霞等（2016c）发现了断根对根系、茎秆、叶片和侧枝热值的影响规律相似，均在 40cm 断根条件下达到最大值，且均显著高于对照（$P<0.05$）；不同断根处理后花的热值也得到提高，且均显著高于对照（$P<0.05$），但 20cm、40cm、60cm 和 80cm 各处理间无显著差异；20cm、60cm、80cm 断根条件下菊芋块茎热值与对照间无显著差异，而 40cm 断根条件下块茎热值显著低于 20cm、60cm、80cm 和对照（$P<0.05$）；断根对各器官灰分含量的影响规律与热值呈相反的趋势，其中根系、花和侧枝均是对照灰分含量最高，且 20cm 和 40cm 断根条件下灰分含量均显著低于对照 60cm 和 80cm（$P<0.05$）；对照根系灰分含量显著高于 20cm、40cm、60cm 和 80cm（$P<0.05$）；80cm 断根条件下灰分含量显著低于其他处理（$P<0.05$），且对照和 20cm、40cm、60cm 之间无显著差异；根系、侧枝和叶片热值与灰分之间表现为极显著线性负相关（$P<0.01$），茎秆热值与灰分含量之间表现为显著线性负相关（$P<0.05$），花和块茎热值与灰分含量之间表现为负相关，但相关性不大。朱铁霞等（2016b）还发现了断根处理对菊芋生长速率动态变化的影响规律因断根半径不同而表现不同；4 种断根条件下，菊芋叶片物质积累速率呈现升-降-升的变化趋势；各断根处理条件下花的物质积累速率均呈现负增长；80cm 断根条件下茎秆物质积累速率呈现先升高后降低的变化趋势；20cm、40cm、60cm 断根条件下茎秆物质积累速率呈现升-降-升的变化趋势；断根处理推迟了菊芋块茎的形成时间，改变了菊芋块茎物质积累规律。另外，朱铁霞等（2016a）发现了根系切割显著降低了块茎数量（$P<0.05$），切割半径越小块茎数量越少，现蕾期 20cm 处理条件下块茎数量最低，为 81.67；叶片数和小花数在 20cm 和 40cm 条件下低于对照，而在 60cm 和 80cm 条件下高于对照；现蕾期 20cm 根系切割条件下块茎生物产量最高，达到 447.48g/株。朱铁霞等（2017）还发现了根、茎、叶、花、块茎等各器官之间碳含量高低顺序没有因断

根而改变，氮和磷含量因断根半径不同而表现出不同的大小关系；同一器官不同断根条件下，断根半径对碳含量的影响比较相似，而氮和磷含量的影响因器官不同而表现出不同的差异；C：N、C：P 和 N：P 三组比值因断根处理而表现出不同的变化范围，其值分别为 C：N=16.96～177.24，C：P=150.17～877.79，N：P=4.71～17.03；从 N：P 值可以看出菊芋生长主要受氮素限制。

田迅等（2015）发现了各切根处理均不同程度地提高了块茎生物产量。营养生长期 20cm 和 40cm 切割条件下，块茎可溶性糖含量显著低于 CK（$P<0.05$），而在 60cm 和 80cm 切割条件下，其可溶性糖含量显著高于 CK，20m 与 40cm、60cm 与 80cm 间差异不显著（$P>0.05$）；营养生长期 80cm 切割条件下，块茎淀粉含量与 CK 无显著差异（$P>0.05$），而在 20cm、40cm 和 60cm 切割条件下，其淀粉含量显著低于 CK（$P<0.05$），20cm 与 40cm 间差异不显著；除营养生长期 40cm 及现蕾期 80cm 下块茎热值显著低于其他处理外，其余均无显著差异（$P>0.05$）；在营养生长期进行根系切割处理，80cm 下块茎灰分含量显著低于其他处理（$P<0.05$），其余各处理之间无显著差异（$P>0.05$）。乌日娜（2015）发现了菊芋根系切割显著降低了块茎数量，切割半径越小块茎数量越少；根系切割使菊芋的根冠比及茎叶比显著升高，同时块茎比重也得到显著提高而其他各器官的比重则显著降低；根系切割有利于提高植株的 C 含量，但现蕾期切割更有利于器官 C 含量的升高；营养生长期 20cm 切割条件下，叶 N：P 大于 16，受 P 限制；60cm 切割条件下，茎的 N：P 介于 14～16，N、P 共同限制；根系切割可以在一定程度上提高菊芋各器官的热值，但只有现蕾期切割能够显著提高菊芋根、茎、叶的热值，茎、叶和花中的灰分显著降低；根系切割显著增加了菊芋茎、叶、花和块茎的可溶性糖，而减少了根中的可溶性糖；根系切割使茎、叶、花和根系中的淀粉显著增加，而块茎中的淀粉显著降低。

3. 去花、去叶处理

回飞等（2017）发现了菊芋去花处理显著提高了块茎生物量，且在去 1/2 花处理达到最高值，为 959g/株；去花处理提高了叶数和块茎数，降低了一级分枝数和二级分枝数；提高了叶比重块茎比重，降低了茎比重花比重和茎叶比；块茎比重和根冠比极显著正相关，与茎秆比重极显著负相关；块茎干量除与一级分枝数呈正相关关系，与二级分枝数、花数、叶数、块茎数之间均呈现极显著正相关关系（$P<0.01$）；块茎生物量与各器官生物量之间均呈极显著正相关关系（$P<0.01$）。李辉（2014）发现了菊芋去花处理后，叶片中主要糖分是还原糖，块茎、茎中主要是非还原糖。刘辉等（2016b）发现了营养期去除 1/3 叶片菊芋地下生物量达到最高值；现蕾期去叶，地上生物量和总生物量均以去除偶数叶最高；相同叶片去除方式下，不同时期去叶株高均随去叶数量的增加而降低；不同时期各处理菊芋生长速率均随测定时间的延迟而降低。刘辉等（2016a）发现了营养生长期去下 1/3 叶和去下 1/2 叶处理条件下块茎生物量均得到提高，剪去倒数 1/3 叶处理块茎产量达到最高值；营养生长期去叶提高了块茎生物量，降低了分枝数、花数和叶数；去叶提高了菊芋根比重、茎比重、块茎比重和根冠比，降低了叶比重和花比重；块茎干重与块茎数呈极显著正相关（$P<0.01$），与二级分枝的数量表现为显著正相关关系

（$P<0.05$）；块茎干重与根干重、叶干重和一级分枝干重之间均呈正相关关系，与茎干重、花干重和二级分枝干重呈负相关。

4. 刈割处理

（1）刈割时期及刈割次数与生物量的关系

分析不同刈割次数对菊芋产量的影响，得出刈割是饲草菊芋利用的方式之一，在确定适宜的刈割时间及刈割次数时，必须考虑菊芋生育期内生物量的增长及营养物质的动态变化，以获得单位面积营养物质的最大产量。本研究进行了刈割次数对菊芋生物量影响的研究，发现青芋 1 号和青芋 3 号总的生物量为刈割 2 次（苗高 120cm 时刈割 1 次，再次生长至苗高达到 120cm 时再刈割一次）>刈割 1 次（苗高 170cm 时刈割 1 次）>对照（采收期）；地上部生物量与总生物量表现一致；地下部生物量则为对照（采收期）>刈割 1 次>刈割 2 次；作为青饲料来说，要想使总生物量及地上部生物量达到最大，则最佳的选择是整个生育期刈割 2 次；若是以生产干秸秆为目的，则可以选择在采收期收获地上秸秆及地下块茎。

（2）刈割时期及刈割次数与营养价值的关系

本研究首先测定了不同品种的生物量，选择了青芋 1 号作为试验材料，测定了其营养物质含量，菊芋营养价值评定主要包括粗蛋白质、粗脂肪、粗灰分、钙、磷、总糖。结果表明，不同刈割时间及刈割次数对菊芋营养成分含量影响较大，株高 170cm 时刈割 1 次的粗蛋白质、粗脂肪、粗灰分、钙、磷及总糖含量最大。粗蛋白是衡量饲料营养价值高低的重要指标。从粗蛋白来看，刈割 1 次的含量远远高于其他处理，而总糖含量是制作青贮饲料的关键。为了保证菊芋秸秆高营养价值的同时达到一定的生物量，则可以选择在株高 170cm 时刈割 1 次，这个时期营养价值较高，地上部和地下部同时具有一定生物量，同时此时也可以作为青贮饲料的原料。刈割的合理性应该考虑是否有利于菊芋的生长发育及提高生物量，是否有利于菊芋秸秆中含有较高的营养价值，同时还要结合不同品种、水肥条件、青贮条件等因素的综合考虑，以充分保证在产量和品质上兼顾达到最大的利用效率。

切根处理提高了块茎的生物量，显著降低了块茎数量，切割半径越小块茎数量越少。根系切割使菊芋的根冠比及茎叶比显著升高，同时块茎比重也得到显著提高而其他各器官的比重则显著降低，且菊芋生长速率动态变化因断根半径不同而表现出不同的变化规律，同样去花处理显著提高了块茎生物量。

8.1.5　光处理

光是植物生长发育必需的环境因子，对植物造成影响的光因素主要包括光周期变化、光强度变化，这些因子对植物的影响表现在不同方面，包括菊芋形态特征的变化、生物量的变化及光合的变化。

丁天凤（2017）通过对菊芋的主要形态特征（叶长、叶宽、叶数和株高）和生物量特征的分析，发现了在光周期环境变化后，菊芋形态特征的可塑性大于生物量特征的可塑性。无论光照时间延长还是缩短，菊芋的叶长、叶宽、株高及叶数都表现出显著的增加，但是在块茎生物量、地上生物量及生物量分配比上都没有明显变化。光照时间的延长和缩短对菊芋的生长有不同的影响。以菊芋的叶片长度这一特征为例，延长光照时间处理并不会对菊芋的叶长产生显著性影响，但是缩短光照时间就会使菊芋的叶片长度显著增加；尽管延长和缩短光照时间后，菊芋的叶宽、株高和叶数都有所增加，但是缩短光照时间后，这些特征的增加幅度表现得更加明显。黄东兵和彭莉霞（2018）拟合了菊芋的光响应曲线最佳模型，拟合所得 R^2 为 0.999，光饱和点（I_{sat}）为 1600μmol/（m^2·s）、光补偿点（I_c）为 37.637μmol/（m^2·s）、最大净光合速率（P_{max}）为 27.256μmol/（m^2·s）、暗呼吸速率（R_d）为–2.218μmol/（m^2·s）、初始量子效率（φ_0）为 0.059；由于菊芋是阳生植物，耐高温、耐干旱。因此菊芋应种植在高温干燥的生境中，草地更适宜于菊芋的生存。

本研究以青芋 1 号菊芋为材料，通过田间试验对菊芋全生育周期的器官生长发育、干物质积累分配动态及光合性能指标变化进行了连续观察研究。结果表明，地上部器官生长量与干物质积累量均在第 18 周达到峰值，之后开始迅速转向块茎生长，块茎膨大速率在第 18 周和第 21 周有 2 个高峰，块茎干物质积累则经过了块茎形成、块茎形成与膨大并行、块茎迅速膨大 3 个阶段，峰值出现在第 21 周；第 18 周干物质开始从地上部器官向块茎转移，此时总干物质量达到峰值，之前干物质主要暂时贮存在茎内。收获时，块茎干物质量达到 15.76t/hm^2，收获指数在 0.65 以上；叶面积指数、光合势、净同化率与叶绿素含量在植株快速生长期和地上部干物质开始向块茎转移前一段时期均有高峰出现。

菊芋在前期地上部生物量变化不大，在一定时期是地上部生物量开始快速增加直至到达到峰值，然后地上部生物量开始向块茎转移，直至达到峰值。叶面积指数、光合势、净同化率与叶绿素含量在菊芋快速生长期和地上部干物质开始向块茎转移前一段时期均有高峰出现。在光周期环境变化后，菊芋生物量特征的可塑性小于形态特征的可塑性。NaCl 和 Na_2CO_3 均对菊芋幼苗进行光合作用的过程造成不同程度的阻碍或产生多余的光能进而对伤害菊芋幼苗。光合作用是菊芋体内极为重要的代谢过程，可以作为判断菊芋生长和抗逆性强弱的指标之一。

8.1.6　氮磷钾缺乏

氮磷钾是植物生长发育必需的矿质元素。氮磷钾的缺乏不仅影响菊芋的生长发育，同时影响菊芋的生理生化指标、各器官可溶性糖含量及组分、关键酶活。

1. 氮磷钾缺乏对菊芋苗期生长发育的影响

（1）株高

孙晓娥（2013）研究了施用氮肥（尿素含 N 46%）对菊芋的影响，设置了 3 个氮素水平，120kg/hm^2、180kg/hm^2、240kg/hm^2，分别以 N_1、N_2、N_3 表示。测定 7～12 月的整个生理时期，菊芋的株高、茎粗，氮磷在各器官的含量和糖类在各器官的含量。结果表明，施加氮肥并未改变菊芋体内氮素、磷素及糖类化合物的动态变化规律，适当施加氮肥，即 N_2 施肥水平能促进菊芋生长和茎叶干物质的积累，同时也能促进茎、叶干物质向块茎的转运；能促进氮素、磷素在各器官的分配，同时能提高糖类化合物在各器官的含量。而氮肥过量反而不会继续促进株高和茎粗的增加，也不利于茎、叶干物质的转运和积累；会降低氮素、磷素在各器官的含量，抑制糖类化合物的合成而降低其含量。施加磷肥（磷酸二氢铵含 N 18%、P 46%），设 3 个 P_2O_5 水平分别以 P_1、P_2、P_3 表示。测定 7～12 月的整个生理时期，菊芋的株高、茎粗，氮磷在各器官的含量和糖类在各器官的含量。结果表明，施加磷肥并未改变菊芋体内氮素、磷素及糖类化合物代谢的动态平衡。适当施加磷肥，即 P_2 施肥水平（135kg/hm²）能促进菊芋生长和茎、叶干物质的积累，同时也促进了茎、叶干物质向块茎的转运；能促进氮素、磷素在各器官的分配，同时能提高糖类化合物在各器官的含量。而过度施加磷肥反而会抑制菊芋的生长，也抑制茎、叶干物质的转运和积累；会抑制氮素、磷素在各器官的分配，抑制糖类化合物的合成从而降低其含量。通过正交回归田间试验，孙晓娥（2013）研究了氮、磷及其交互作用对菊芋块茎产量和品质的影响。总体结果表明，N、P 对菊芋块茎产量、干物质含量，总糖、还原糖和菊糖含量具有显著影响（$P<0.05$）；交互作用对菊芋块茎产量、干物质和还原糖含量有显著影响（$P<0.05$），对块茎总糖和菊糖有极显著影响（$P<0.01$）；当磷肥为 135kg/hm² 时，与氮肥存在交互效应。当氮肥低于 180kg/hm² 时，为正交互效应，表现出协同促进作用；氮肥高于 180kg/hm² 时，为负交互效应，表现出拮抗作用。当氮肥为 180kg/hm²、磷肥为 135kg/hm² 时，氮磷正交互效应增强，氮磷表现出协同促进作用，菊芋块茎产量最高，且菊芋块茎的干物质含量，总糖、还原糖和菊糖含量达到最高值，即菊芋块茎能达到最高产量和最优品质。

王军等（2013）发现了当土壤中的全氮含量低于 0.6g/kg、碱解氮低于 44mg/kg 时，菊芋产量会严重下降，尤其是生长前期缺氮更会影响块茎产量。且菊芋菊糖、维生素含量减少，品质下降；在沿海滩涂，磷素缺乏的状况下，通过施用磷肥，不仅可以提高菊芋块茎产量，还可以提高其耐盐性；在江苏沿海地区，有机质含量总体适量，为保证菊芋高产，应适当加强土壤培肥即可。杨彬（2016）发现了施肥对菊芋表型性状、块茎产量及地上生物产量有明显的促进作用。施肥对菊芋主茎数影响不大，但使分枝数增多、基径增粗、节长增长。单施氮肥（N_2P_0 和 N_3P_0）更能促进地上生物量和块茎产量的提高，N_2P_0 施肥处理使块茎增产率和地上生物量增产率分别可达 317.78% 和 423.56%，与单施氮肥相比，氮磷配比施肥增产作用不明显。氮肥对菌根侵染率影响不明显，而不施磷肥有利于丛枝菌根侵染率的增加，丛枝菌根侵染率随着磷肥施用量的增加呈下降趋势（$P_0>P_1>P_2$）。朱铁霞等（2014）发现了施氮量高时菊芋株高、总生物量和块茎产量均显著高于其他处理，茎比重、叶比重、根比重和块茎比重随着物候期推迟呈现出降低的变化趋势；营养生长阶段菊芋光合产物优先供应茎、叶等地上器官，并在地上器官大量积累，生殖生长阶段光合产物大量向地下运输，充分体现了植物营养物质优先供应生长旺盛器官的原则。

本研究为了解菊芋生长发育与营养元素吸收与分配规律，以青芋 1 号菊芋为材料，选取种植密度、施钾量、施磷量、施种氮量和施追氮量作五因素三水平设计，研究了中量组合下菊芋茎、叶、匍匐茎、块茎的生长发育与相应干物质积累动态，光合性能指标变化，整株干物质的积累分配规律，以及氮磷钾的吸收积累与分配规律，探索了不同密度与施肥处理对菊芋生长发育及干物质积累分配的影响，为采取适宜栽培技术与选育优良品种提供科学依据。

在中量水平下，菊芋总叶片数量呈单峰并符合三次曲线变化，主茎叶和侧枝叶数量呈单峰曲线变化。株高、茎粗峰值出现在块茎迅速膨大期；匍匐茎数量呈二次曲线变化，结芋率与块茎总体积呈"S"形曲线变化，块茎膨大速率呈单峰曲线变化；叶绿素含量呈双峰曲线变化，LAI 与 LAD 呈单峰曲线变化，NAR 呈"马鞍"形曲线变化；各器官及全株干物质积累量均呈"S"形曲线变化，积累速率呈单峰曲线变化。高密度群体前期菊芋茎、叶生长迅速，光合性能指标较高，形成匍匐茎、块茎较多，积累干物质多且速率快，而后期茎、叶提前衰退，光合性能指标迅速下降，大中块茎数少，干物质积累少且速率慢，但块茎分配量大；低密度种植全生育周期茎、叶生长量均较大，光合性能指标较小，匍匐茎、块茎数量少而大中块茎多，干物质积累多且速率快，但块茎分配量小。

高钾素对菊芋茎、叶生长发育有促进作用，早期对匍匐茎形成有抑制作用，且显著促进块茎膨大；叶绿素含量比 NAR 高，LAI 与 LAD 前期低而后期高；总干物质积累量多且速率快，块茎分配率高。高磷素前期促进菊芋茎、叶生长发育，匍匐茎形成早且多，对块茎膨大有促进作用，干物质积累多且速率快，块茎分配率高，光合性能指标较大；后期发生叶片早衰，大中块茎数少，光合性能指标较小，干物质积累小且速率慢，茎分配率低。氮素对菊芋茎、叶生长发育影响最大，无氮肥时茎、叶生长量小，而过量施氮则茎叶过于茂盛；与无氮肥群体比较，高氮素群体匍匐茎数量及前期总块茎数差异不大，后期总块茎数多而大中块茎数少，块茎体积前期小而后期大，推迟干物质向块茎分配且分配率小；叶绿素含量前期差异不大而后期较高，LAI 与 NAR 较高，LAD 前期无明显差异，块茎形成后峰值较大，但后期低；后期干物质积累多，积累速率峰值提前。

菊芋各器官营养元素浓度均呈下降趋势；营养元素吸收速率均呈双峰曲线变化；营养元素积累总量表现为氮＞钾＞磷；块茎形成前，营养元素主要存茎、叶，块茎形成到块茎膨大始期，叶内营养元素分配量持续减少，块茎分配量持续增加，而茎内磷、钾则经历单峰曲线变化；块茎开始膨大后，营养元素在茎、叶的分配量均迅速减小，块茎分配量迅速增加。

本研究还三大元素氮磷钾的缺乏沙培下菊芋苗期生长发育动态、生理响应及糖代谢响应规律进行了研究，明确菊芋氮磷钾缺乏对菊芋生长发育及生理响应影响，结果发现，菊芋苗期氮磷钾元素的缺乏影响作物生长，主要表现在伸长生长。氮磷钾三种大量元素的缺乏对株高影响很明显，尤其是氮在处理初期就有很明显的抑制作用，缺氮症状很容易从外观上观测到。缺氮处理 10d 时，伸长生长受到抑制，明显较对照矮小，均矮于对照 5cm 左右，30d 后对照进入迅速生长期，而缺氮处理几乎停止生长，35d 时处理均矮于对照 10cm 左右，生长的日增长量仅为对照的 12.95%，45～50d 时，处理株高仅为对照的 50%；缺磷处理初期在株高上并没有很明显的抑制生长作用，反而在处理 5～20d 时略高于对照，30d 后对照进入迅速生长期，缺磷处理在株高变化上并不明显，处理 50d 时为对照的 67%；缺钾处理初期也没有明显的抑制生长作用，培养初期一直略低于对照，15～25d 处理矮与对照 2cm 左右，30d 对照进入迅速生长期，日增长量达到 1cm，缺钾处理仍然以日增长量 0.6cm 的速度增高，40d 后生长几乎停滞，处理 50d 时为对照的 60%（表 8.1）。

表 8.1　不同处理株高动态变化（cm）

处理	处理时间									
	5d	10d	15d	20d	25d	30d	35d	40d	45d	50d
CK	10.79	16.02	17.55	19.24	21.46	23.39	28.44	30.34	35.38	40.28
DN	7.51	10.93	12.15	13.26	14.54	15.62	17.11	17.49	18.15	18.49
DP	11.99	17.8	19.15	20.27	20.97	22.5	26.22	27.46	28.71	27.08
DK	9.03	14.52	15.54	16.40	17.23	18.72	21.91	24.38	24.91	25.79

（2）茎粗

氮磷钾三种大量元素的缺乏对茎粗影响在处理初期并不明显，30d 进入迅速生长期后，对茎粗的影响较为明显。缺氮处理 25d 时，茎粗小于对照和其他处理，为对照的 78%，随后茎粗并没有明显增长，日增长量仅为对照的 34.8%，一直到处理末期 50d 时达到所有处理的最小值，仅为对照的 60%；缺磷处理初期 5～20d 茎粗略高于对照，处理 25d 后茎粗增长变得缓慢，日增长量为对照的 25%，处理 35d 后生长几乎停止，处理末期 50d 为对照的 68%；缺钾处理初期处理茎粗略小于对照，直到处理 25d，生长变得缓慢，日增长量为对照的 36%，和氮磷处理一样在处理 35d 后生长几乎停止，处理末期 50d 是达到对照的 65%（表 8.2）。

表 8.2　不同处理茎粗动态变化（cm）

处理	处理时间									
	5d	10d	15d	20d	25d	30d	35d	40d	45d	50d
CK	0.4	0.44	0.47	0.49	0.60	0.70	0.81	0.89	0.98	1.03
DN	0.38	0.40	0.42	0.44	0.47	0.49	0.55	0.57	0.59	0.62
DP	0.44	0.46	0.49	0.52	0.57	0.57	0.68	0.68	0.70	0.70
DK	0.39	0.41	0.44	0.46	0.51	0.54	0.58	0.63	0.65	0.67

（3）节间长

菊芋苗期氮磷钾元素的缺乏影响作物生长，主要表现在伸长生长。缺氮和缺磷处理对节间长影响很明显，这表明在菊芋伸长生长上影响最大的是氮素和钾素。在培养初期缺氮处理达到最小节间长为 0.53cm，随着培养时间的增长，缺氮处理节间长的生长量一直明显低于其他处理，节间长一直保持在 3～4cm，这表明缺氮严重影响植株伸长生长，使得植株纤弱矮小；缺磷处理下节间长一直略低于对照，并没有很明显的抑制作用；缺钾处理下生长缓慢，节间长始终小于对照 2cm 左右，同时小于缺磷处理又高于缺氮处理；30d 后对照进入迅速生长，缺氮和缺钾处理几乎停止生长，缺磷处理生长缓慢（表 8.3）。

表 8.3 不同处理节间长动态变化（cm）

处理	处理时间									
	5d	10d	15d	20d	25d	30d	35d	40d	45d	50d
CK	2.61	4.80	5.69	6.10	6.20	6.33	6.94	7.07	7.14	7.22
DN	0.53	3.01	3.37	3.60	3.81	4.02	4.17	4.40	4.55	4.65
DP	2.45	5.53	5.43	5.70	5.86	5.99	5.79	5.72	5.93	6.04
DK	1.19	3.71	4.17	4.45	4.46	4.84	5.07	5.30	5.58	5.70

通过对株高、茎粗、节间长分析可以看出，氮磷钾这三种营养元素对菊芋苗期茎部生长发育的影响是相同的，表现为影响最显著的是氮，其次是钾，影响最不明显的是磷。

（4）叶片数

叶片是植株光合作用的主要部位，叶片数和叶面积大小对光合作用的进行有着十分重要的影响。研究氮磷钾元素缺乏对叶片数的影响，结果如表 8.4 所示。处理初期氮磷钾缺乏对叶片数影响并不明显，处理 30d 后对照开始迅速生长（叶片数为 13.10～26.75）。缺氮处理几乎停止生长，一直保持在 11 片左右（叶片数为 8.80～11.50），末期远远小于对照，仅为对照的 43%；缺磷处理生长变得缓慢，叶片数一直保持在 15 片左右（叶片数为 10.4～15.30）；缺钾处理叶片也表现为生长缓慢，叶片数一直保持在 15 片左右（叶片数为 10.60～16.80），生长末期均少于对照 10 片左右，主要原因是因为氮磷钾的缺乏症状主要出现在下部老叶，使得 3 个处理的下部老叶枯黄脱落，叶片数远远少于对照。

表 8.4 不同处理叶片数动态变化

处理	处理时间									
	5d	10d	15d	20d	25d	30d	35d	40d	45d	50d
CK	6.40	7.70	9.20	9.50	10.90	13.10	18.90	24.90	26.10	26.75
DN	5.30	6.60	7.80	7.90	8.00	8.80	9.70	11.50	11.40	11.50
DP	6.80	7.70	9.00	9.00	9.00	10.40	12.30	14.80	14.80	15.30
DK	5.50	7.70	8.00	8.40	8.70	10.60	12.80	14.60	15.80	16.80

（5）叶面积

研究氮磷钾元素缺乏对最大叶面积的影响，结果如表 8.5 所示。缺氮、缺钾对最大叶面积的影响很大，在培养初期就可以明显观察到，叶面积远小于对照，5d 时分别为对照的 51%和 61%，缺氮、缺钾处理在 30d 后叶片生长几乎停止，叶面积一直保持在 $27cm^2$ 和 $38cm^2$ 左右；缺磷处理对最大叶面积的影响最小，生长初期与对照差异较小，直到 30d 处理叶片迅速生长叶面积迅速增大，缺磷处理变得生长缓慢，一直保持在 $45cm^2$ 左右，直到处理末期最大叶面积突然变小，这是由于植株底部最大叶片干枯脱落造成的。

表 8.5　不同处理最大叶面积动态变化（cm^2）

处理	处理时间									
	5d	10d	15d	20d	25d	30d	35d	40d	45d	50d
CK	16.58	29.64	39.33	46.50	52.13	61.07	67.94	68.98	72.84	75.20
DN	8.46	14.22	17.51	19.87	20.44	24.44	25.94	27.05	27.83	28.56
DP	15.31	31.60	41.92	44.40	47.39	46.51	45.75	44.96	40.57	33.47
DK	10.08	19.55	27.02	27.35	30.28	34.32	37.01	38.13	38.68	39.37

通过对叶片数、最大叶面积分析可以看出，氮磷钾这三种营养元素对菊芋苗期叶片生长发育的影响不相同，叶片数表现为影响最显著的是氮，其次是磷，影响最不明显的是钾；最大叶面积表现为影响最显著的是氮，其次是钾，影响最不明显的是磷。

（6）根冠比

根冠比是指植物地下部分与地上部分干重的比值。它的大小反映了植物地下部分与地上部分的相关性，植物主要是通过根部吸收水分和营养。通过分析可以看出，三个处理的根冠比一直高于对照（表 8.6）。处理 20d 时缺氮、缺钾的根冠比远远大于对照，几乎达到对照的 2 倍，随后缺氮处理根冠比一直保持在 1.2 左右，缺钾处理在处理末期 50～60d 时迅速增高，达到最大值 2.9，为对照的 2.3 倍。缺磷处理初期略高于对照，培养末期和对照相同。说明了氮磷钾的缺乏严重影响了地上部的生长同时也增强了根系的生长。这符合植物缺素机制中的形态适应性，也就是增加根冠比，植物通过增加根的长度和密度来扩大与土壤的接触面积，以便从周围土壤中尽可能多的吸收营养元素，地上部分生长的减慢用来维持植株中较高的营养元素含量（表 8.6）。

表 8.6　不同处理根冠比动态变化

处理	处理时间					
	10d	20d	30d	40d	50d	60d
CK	0.567	0.661	0.835	0.986	0.917	1.244
DN	0.622	1.171	1.236	1.131	1.227	1.670
DP	0.567	0.729	1.183	1.221	1.294	1.264
DK	0.710	1.164	0.909	1.315	2.681	2.918

（7）叶片干物质积累

氮磷钾的缺乏能引起干物质积累的增加。植物在遇到逆境时，通过增加干物质含量来抵御逆境。菊芋苗期氮磷钾缺乏胁迫引起叶片干物质含量的变化见表 8.7。缺氮处理对叶片干物质积累影响并不大，只是一直略高于对照；而缺磷、缺钾处理对叶片干物质积累影响较为明显，处理 30d 开始表现为高于对照，并且迅速增加，处理 60d 时达到最大值，同时为对照的 1.5 倍。干物质量表现为 DK＞DP＞DN＞CK，表明钾素对叶片干物质积累影响最大（表 8.7）。

表 8.7　不同处理叶片干物质积累动态变化（g）

处理	处理时间					
	10d	20d	30d	40d	50d	60d
CK	11.6183	15.6164	16.0475	19.0010	19.4732	20.5177
DN	15.5020	15.5020	18.0207	20.0241	20.5081	22.3067
DP	12.2456	12.2456	20.0654	21.8299	23.8628	31.0159
DK	14.0079	14.0079	21.5848	25.0313	24.5902	32.0849

（8）茎部干物质积累

菊芋苗期氮磷钾缺乏胁迫引起茎部干物质含量变化，结果如表 8.8 所示。氮磷钾缺乏对菊芋苗期茎部干物质积累的影响表现是一致的，都在 30d 时突然升高而远大于对照，分别达到对照的 1.6 倍、1.5 倍和 1.8 倍。40d 开始对照迅速生长，而处理组干物质增加变得缓慢，到处理末期 60d 时，对照只是略低于三个处理并没有很明显的差异，干物质量表现为 DP＞DK＞DN＞CK，表明磷素对茎部干物质积累影响最大（表 8.8）。

表 8.8　不同处理茎部干物质积累动态变化（g）

处理	处理时间					
	10d	20d	30d	40d	50d	60d
CK	8.6251	8.6251	13.8743	21.9023	26.3257	30.4226
DN	11.8587	11.8587	22.1057	27.1699	29.9912	31.4678
DP	9.3725	9.3725	21.2240	28.1566	31.2133	32.2680
DK	10.3533	10.3533	24.9390	29.3184	27.2781	31.8260

（9）根部干物质积累

菊芋苗期氮磷钾缺乏胁迫引起根部干物质含量变化，结果如表 8.9 所示。氮磷钾缺乏对菊芋根部干物质积累的影响在处理初期并不明显，处理均低于对照。30d 后干物质积累增加迅速，开始高于对照，在处理末期三个处理均高于对照，干物质量表现为 DP＞DN＞DK＞CK，表明磷素对根部干物质积累影响最大。

表 8.9　不同处理根部干物质积累动态变化（g）

处理	处理时间					
	10d	20d	30d	40d	50d	60d
CK	9.9151	9.9151	8.8015	13.4498	15.5476	13.4824
DN	8.4942	8.4942	10.6250	13.1197	13.9047	16.8820
DP	7.0991	7.0991	11.5091	14.1358	16.0871	17.2690
DK	7.2927	7.2927	13.5121	15.0496	14.1713	15.8968

苗期是植物形态建成的重要时期，营养元素的缺乏对植物生长发育有很大影响。根冠比是指植物地下部分与地上部分干重的比值，它的大小反映了植物地下

部分与地上部分的相关性，植物主要是通过根部吸收水分和营养，来供给地上部的生长。干物质是衡量植物有机物积累、营养成分多少的一个重要指标，是作物产量的基础，因此，干物质的积累与合理分配与作物产量密切相关。

2. 氮磷钾缺乏的菊芋苗期生理响应

（1）叶片可溶性蛋白含量

可溶性蛋白是植物体内重要的活性物质，也是植物体内重要的渗透调节物质，逆境胁迫下植物通过增加自身内溶物，维持细胞膨压，维持细胞光合作用，对于维持逆境下植物正常的生理机能具有重要作用。本课题组研究了菊芋在氮磷钾缺乏下叶片可溶性蛋白含量的变化（表 8.10）。

表 8.10　不同处理可溶性蛋白含量动态变化（mg/gFW）

处理	处理时间					
	10d	20d	30d	40d	50d	60d
CK	3.62±0.12aA	4.47±0.26aA	3.72±0.04aA	2.99±0.17aA	3.10±0.58aA	3.06±0.30aA
DN	4.46±0.35bA	3.34±0.28bB	2.06±0.17bA	1.64±0.46bB	2.23±0.19bB	1.41±0.37bB
DP	4.91±0.74aA	4.16±0.64aA	2.81±0.33bB	4.29±0.32aA	3.64±0.67aA	1.65±0.31bB
DK	5.32±0.62bB	4.42±0.76aA	3.13±0.75aA	2.3±0.56aA	1.3±0.28bB	1.7±0.6bB

注：同列不同小写字母表示差异显著，$P<0.05$；同列不同大写字母表示差异极显著，$P<0.01$。下同

氮磷钾缺乏处理初期，可溶性蛋白含量均有短暂升高，并且缺钾处理在 10d 时显著高于对照，这可能与缺素适应性调节有关。之后迅速下降，20d 时缺氮处理显著低于对照，30d 时缺磷处理显著低于对照，50d 时缺钾处理显著低于对照，缺氮、缺钾处理下 20d 后可溶性蛋白含量均低于对照，而缺磷处理下在 40d、50d 时高于对照，这可能是缺磷处理后的一个适应调节作用使得蛋白质含量升高，之后迅速下降。60d 时三个处理的蛋白质含量均低于对照，达到极显著水平。这表明氮磷钾均对菊芋可溶性蛋白含量变化起着重要作用，缺素导致蛋白质合成受阻，并加速了蛋白质的分解，使得可溶性蛋白含量降低。氮磷钾对可溶性蛋白含量影响表现为 DN＞DP＞DK＞CK，缺氮对叶可溶性蛋白含量影响最大。

（2）叶绿素含量

叶绿素是叶片光合作用的基础，叶绿素含量标志植物光合能力的强弱。氮磷钾缺乏处理初期三个处理的叶绿素含量均高于对照，尤其是缺氮、缺钾处理达到了显著水平。30d 时缺氮处理小于对照，达到显著水平。40d 开始到处理末期，缺氮处理极显著地小于对照。缺磷处理在培养初期一直略高于对照，直到 50d 后略小于对照，和对照没有显著差异。缺钾处理从处理开始到处理结束叶绿素含量始终高于对照，并在 20d 和 30d 时达到了极显著水平。分析认为，缺钾处理下叶绿素含量高于对照与缺钾处理后叶片卷曲、叶色加深、叶面积变小有关，处理 30d 时叶面积仅为对照的 52%，一定程度上影响了叶绿素含量。三个处理叶绿素含量

均在 50d 后显著低于培养初期，出现明显的缺素症状。氮磷钾对叶绿素含量影响表现为 DN＞DP＞CK＞DK，表明缺氮对叶绿素含量影响最大（表 8.11）。

表 8.11　不同处理叶绿素含量动态变化（mg/gFW）

处理	处理时间					
	10d	20d	30d	40d	50d	60d
CK	1.3±0.15aA	1.13±0.04aA	1.58±0.09aA	1.21±0.05aA	1.14±0.22aA	0.9±0.02aA
DN	1.67±0.15bA	1.16±0.06aA	1.17±0.02bA	0.61±0.06bB	0.57±0.07bB	0.54±0.05bB
DP	1.36±0.04aA	1.38±0.12aA	1.95±0.24aA	1.47±0.15aA	0.88±0.19aA	0.85±0.16aA
DK	1.6±0.04bA	2.0±0.54bB	2.38±0.25bB	1.63±0.08aA	1.36±0.07aA	1.34±0.08aA

（3）根系活性

根系活性是植物生长的重要指标之一，植物主要通过根部吸收水分和营养，所以根系的生长状况和活性水平直接影响地上部分的生长情况和营养状况。氮磷钾缺乏初期，根系活性均有升高，缺钾处理 10d 后达到高峰，是对照的 2.98 倍，达到极显著差异，这与根冠比的结果是一致的。缺氮处理从 30d 开始活性迅速降低直到处理结束，一直极显著低于对照，根系活性的迅速降低使得植株生长几乎停止，根系活性随着缺氮处理时间的增加呈下降趋势，与地上部分生长呈正相关。缺磷处理同样在 30d 时迅速降低，40d 开始到处理结束根系活性极显著低于对照。缺钾处理只有在培养初期极显著高于对照，从 40d 开始活性迅速下降并极显著低于对照。氮磷钾对根系活性的影响表现为 DP＞DN＞DK＞CK，表明磷素对根系活性影响最大（表 8.12）。

表 8.12　不同处理根系活性动态变化（mg/gFW）

处理	处理时间					
	10d	20d	30d	40d	50d	60d
CK	58.32±5.57aA	82.76±5.02aA	47.23±1.81aA	205.53±29.01aA	109.23±29.51aA	47.15±1.32aA
DN	66.10±1.80aA	62.53±4.50aA	21.82±5.46bB	11.04±1.68bB	11.02±0.88bB	7.32±1.56bB
DP	80.85±6.11aA	83.92±7.56aA	37.22±7.94aA	25.87±4.51bB	20.54±7.70bB	6.99±3.52bB
DK	173.76±31.86bB	105.37±35.07bA	52.74±20.03aA	25.71±3.4bB	36.73±11.13bB	9.93±0.34bB

可溶性蛋白是植物体内重要的活性物质，也是植物体内重要的渗透调节物质，对于维持逆境下植物正常的生理机能具有重要的作用。叶片是植物进行光合作用的主要器官，叶绿素是叶片光合作用的基础，叶绿素含量的大小标志植物光合能力的强弱。植物主要通过根系吸收营养和水分，所以根系活性是植物生长的重要指标之一，根系的生长状况和活性水平直接影响着地上部分的生长和营养状况。

3. 氮磷钾缺乏对菊芋苗期糖代谢的影响

（1）氮磷钾缺乏对菊芋苗期叶片糖代谢的影响

1）叶片可溶性总糖含量

可溶性糖是重要的渗透调节物质。近来研究表明，可溶性糖不仅可维持细胞膨压，还与膜结构稳定性有关。叶片中可溶性总糖含量如图 8.7 所示,培养初期对照和三个处理的可溶性总糖含量基本相同,但是除了缺钾处理低于对照,缺磷、缺氮处理略高于对照;随着处理时间的增长,对照叶片中的总糖含量下降,并一直保持在 24%左右,而三个处理总糖含量在处理 20d 时均有所增加,尤其是缺钾处理含量增加比较明显且达到最大值,然后三个处理的总糖含量均有所下降但是仍然高于对照,总糖含量保持在 28%~35%;处理 50d 时缺氮处理含量降低达到最小值,分析认为这与 50d 时 DP=4 和 DP=3 果聚糖含量为 0 有关,处理末期 60d 时,三个处理含量都有明显增加,并且缺钾处理>缺磷处理>缺氮处理>对照,菊芋苗期叶片中可溶性总糖含量在氮磷钾缺乏时表现为高于对照,分析认为这与抗逆机制有关。

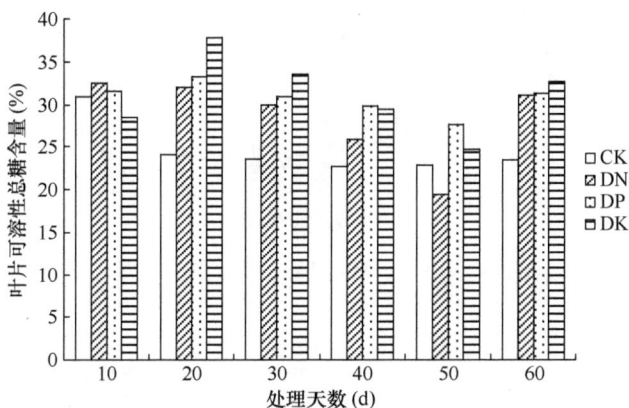

图 8.7　不同处理叶片可溶性总糖含量动态变化

2）叶片蔗糖含量

叶片中蔗糖含量如图 8.8 所示,培养初期对照和三个处理蔗糖含量基本相同,随着培养时间增加,对照蔗糖含量略有所降低,在 30d 时达到最小值,然后有所回升,但是含量变化幅度不大,一直保持到处理末期。其余三个处理变化趋势基本一致,同时在 20d 的时候达到最大值,随后含量下降。缺磷处理降低幅度最大,然后在 50d 有所升高,然后在 60d 下降到略高于对照;缺钾培养在 40d 时达到最小值,然后含量有所回升,高于缺磷处理;缺氮处理也是在 40d 时达到最小值,然后升高,到 60d 时出现一个小高峰,并且高于对照和缺磷、缺钾处理。

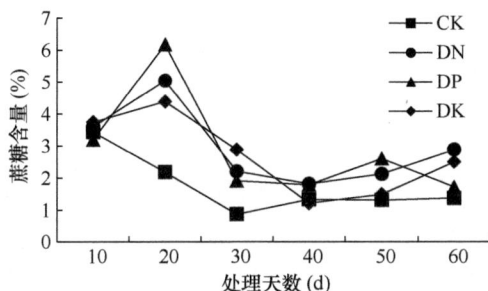

图 8.8　不同处理叶片蔗糖含量动态变化

3）叶片葡萄糖含量

叶片中葡萄糖含量如图 8.9 所示，培养初期缺氮、缺钾处理的葡萄糖含量略高于对照，缺磷处理含量最低，随着处理时间增长，在 20d 时缺钾处理的含量迅速升高达到最大值，远远高于对照和其余两个处理；20d 时缺氮、缺磷处理也有小幅度升高，略高于对照；30d 时对照和三个处理含量同时下降，缺钾处理含量略高于对照和其他两个处理；40d 时对照和三个处理含量几乎相同，随后对照保持含量不变，而三个处理的含量均有小幅度降低达到不同处理的最小值，缺磷处理含量达到所有处理的最小值。

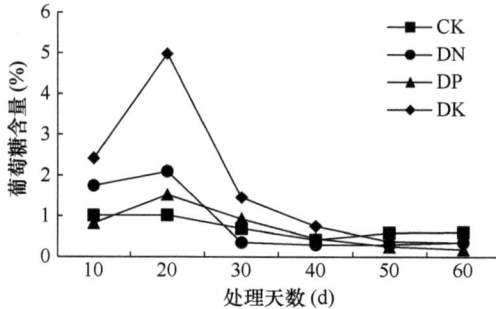

图 8.9　不同处理叶片葡萄糖含量动态变化

4）叶片果糖含量

叶片中果糖含量如图 8.10 所示，对照和三个处理的变化趋势是相同的，处理初期对照和三个处理的含量基本相同，随着处理时间的增长，含量迅速降低，在 30d 时同时降低到 2%左右，随后含量继续减少，但是降低不明显，对照和三个处理均保持在 1.8%左右，并且三个处理均略小于对照。

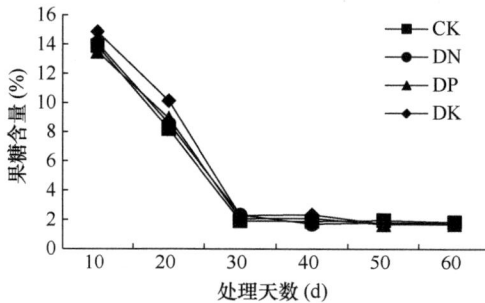

图 8.10　不同处理叶片果糖含量动态变化

5）叶片果聚糖含量

a. 叶片中 DP≥5 果聚糖含量动态

叶片中 DP≥5 果聚糖含量如图 8.11 所示，对照除了在 20d 时含量有所下降，其余时期均保持比较一致的含量。氮磷钾缺乏处理下，DP≥5 果聚糖含量除了缺钾处理 10d 时低于对照，三个处理从初期开始到处理结束一直高于对照，并且呈现相同的趋势，在 30d 时达到含量最大值，之后有所下降，在 50d 时出现一个低值，然后又上升，在处理末期均高于对照，三个处理的含量平均高于对照 6 个百分点。分析认为，果聚糖含量高于对照是由叶片向茎部输送受阻，糖分积累所致。

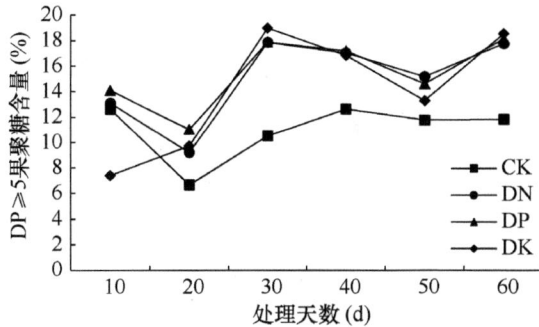

图 8.11　不同处理叶片 DP≥5 果聚糖含量动态变化

b. 叶片中 DP=4 果聚糖含量动态

叶片中 DP=4 果聚糖含量如图 8.12 所示，培养初期所有处理的叶片中均没有蔗果四糖；缺氮、缺钾处理在 20d 时达到最大值；对照在 30d 时达到最大值，随后含量有所降低，在 40d 时为 6%并一直基本保持这个含量到处理结束。缺磷、缺钾在 40d 时开始高于对照并一直保持到处理结束；缺氮培养在 50d 时含量为 0，然后在 60d 时迅速升高，并高于对照，处理末期三个处理的含量均高于对照。

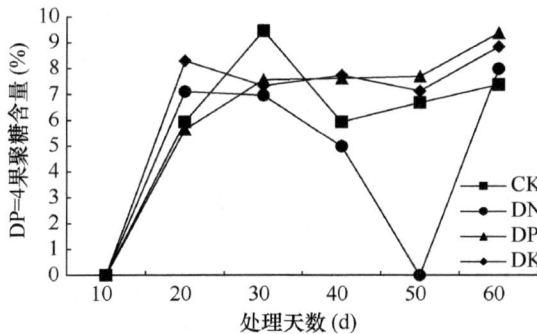

图 8.12　不同处理叶片 DP=4 果聚糖含量动态变化

c. 叶片中 DP=3 果聚糖含量动态

叶片中 DP=3 的果聚糖含量如图 8.13 所示，处理 10d 时对照和三个处理叶片中没有蔗果三糖；处理 20d 时缺氮处理含量达到 0.01%，缺钾处理含量达到 0.3%，对照和缺磷处理仍然没有蔗果三糖；30d 时对照和三个处理蔗果三糖的含量都有所增加；对照和缺磷、缺钾处理在 50d 时达到最大值；随后在处理末期对照和缺磷处理同时含量下降，缺磷处理的下降趋势明显于对照；缺钾处理保持较高含量，一直到处理末期缺钾处理的蔗果三糖含量高于对照和其他两个处理。缺氮处理在 40d、50d 时含量为 0，处理末期又突然升高，达到和缺磷处理相同含量，缺氮、缺磷处理在处理末期小于对照。

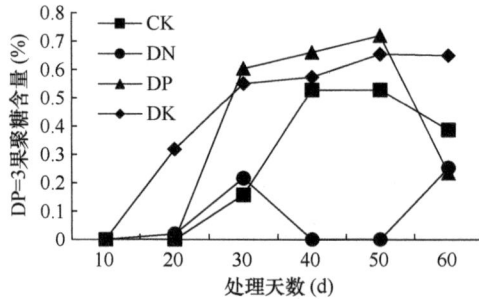

图 8.13　不同处理叶片 DP=3 果聚糖含量动态变化

（2）茎部可溶性糖组分及其含量动态

1）茎部可溶性总糖含量动态

茎部可溶性总糖含量如图 8.14 所示，对照和三个处理的趋势基本是一致的，随着处理时间的增加，可溶性总糖含量增加；处理 20d 时对照含量缓慢升高，三个处理总糖含量迅速升高，缺钾处理达到最大值；处理 30d 时对照总糖含量突然降低达到最小值，三个处理总糖含量也有所降低，缺磷处理下降比较明显；处理 40d 时缺磷处理总糖含量达到最大值，三个处理的总糖含量仍然高于对照；处理 50d 时对照总糖含量升高，三个处理的总糖含量下降，总糖含量基本相同；处理 60d 时对照和三个处理的总糖含量均升高，缺氮处理高于对照，其他两个处理低于对照，处理末期茎部总糖含量高低表现为 DN＞CK＞DP＞DK。

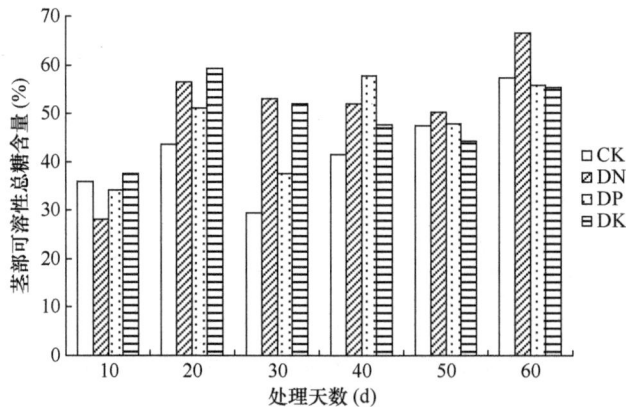

图 8.14　不同处理茎部可溶性总糖含量动态变化

2）茎部蔗糖含量动态

茎部蔗糖含量见图 8.15，处理 10d 时，对照和三个处理的蔗糖含量基本相同；处理 20d 时，对照和缺氮处理略有所下降，缺磷、缺钾处理蔗糖含量有所上升；然后随着处理时间的增长蔗糖含量下降，40～50d 时对照和三个处理的蔗糖含量保持在 1%～2%，含量差别不大；处理 60d 时缺钾处理含量下降，对照和缺氮、缺磷处理略有所上升，但是三个处理的蔗糖含量均小于对照，处理末期对照与三个处理茎部蔗糖含量高低表现为 CK＞DN＞DP＞DK。

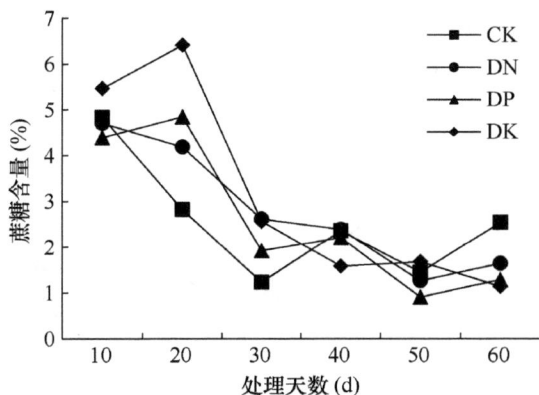

图 8.15　不同处理茎部蔗糖含量动态变化

3）茎部葡萄糖含量动态

茎部葡萄糖含量见图 8.16，处理 10d 时，缺钾处理葡萄糖含量远远高于对照和其他两个处理，达到了对照的 6 倍，其余两个处理葡萄糖含量均高于对照，达到对照的 2 倍，随着处理时间的增长，对照葡萄糖含量基本保持一致，只有在处理末期葡萄糖含量有所升高；缺磷、缺钾处理变化趋势基本一致，随着处理时间含量降低，缺磷处理在 50～60d 时葡萄糖含量为 0，缺钾处理在处理末期有小幅度升高，缺氮处理在 40d 时达到最大值，随后迅速下降，在 50d 时含量变为 0，处理末期略有上升。处理末期对照葡萄糖含量高于三个处理，茎部葡萄糖含量高低表现为 CK＞DK＞DN＞DP。

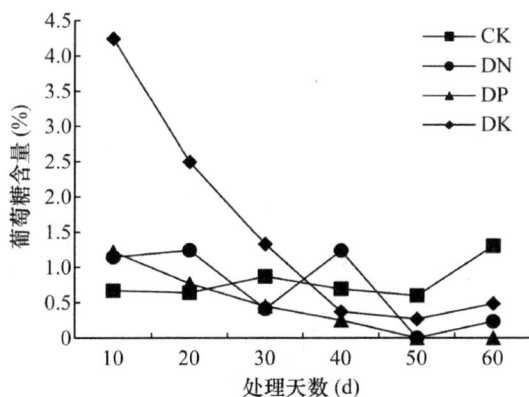

图 8.16　不同处理茎部葡萄糖含量动态变化

4）茎部果糖含量动态

茎部果糖含量见图 8.17，磷素在培养初期对果糖含量影响较大，处理 10d 时含量小于对照和其他两个处理，然后含量缓慢减少，在 40d 时出现一个小高峰，然后降低，在 60d 时达到最小值；对照和缺氮、缺钾处理在果糖变化趋势上表现一致，果糖随着处理时间的增加含量减少，10d 时含量均达到最大值，随后迅速降低，20d 开始含量减小变得缓慢，直到处理结束含量一直保持在 2%左右，对照果糖含量高于三个处理；处理末期茎部果糖含量高低表现为 CK＞DK＞DN＞DP，这与葡萄糖含量是一致的。

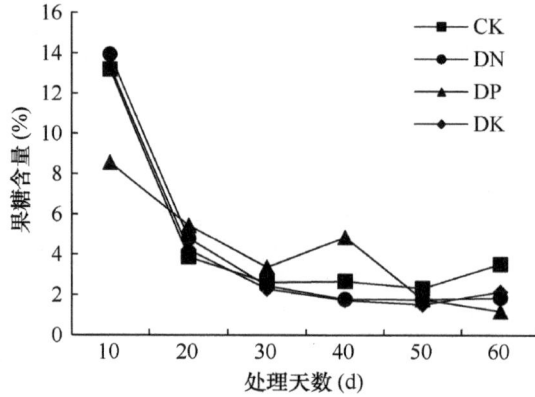

图 8.17　不同处理茎部果糖含量动态变化

5）茎部果聚糖含量动态

a. 茎部 DP≥5 果聚糖含量动态

茎部 DP≥5 果聚糖含量见图 8.18，总体呈现上升趋势。培养初期对照果聚糖含量略高于三个处理，随后 DP≥5 果聚糖含量均表现为升高，对照升高不明显；缺氮、缺钾处理在 30d 时出现小高峰，缺磷处理在 40d 时出现小高峰；随后含量在 50d 时有所降低，并且对照和三个处理 DP≥5 果聚糖含量均在 45%左右；处理 60d 时缺氮处理含量迅速升高达到 62%，对照和缺磷、缺钾处理小幅升高，含量基本相同，均达到 51%左右；缺氮处理对茎部 DP≥5 果聚糖含量增加影响较大，处理末期对照与三个处理茎部 DP≥5 果聚糖含量高低表现为 DN＞DP＞DK＞CK。

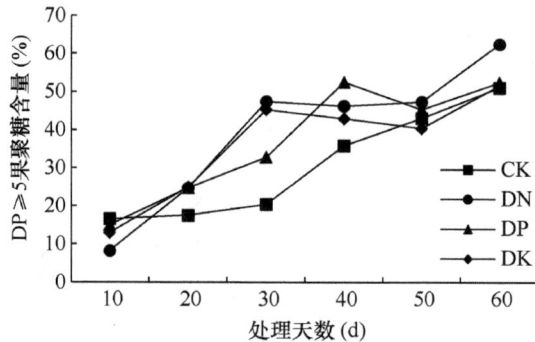

图 8.18　不同处理茎部 DP≥5 果聚糖含量动态变化

b. 茎部 DP=4 果聚糖含量动态

茎部 DP=4 果聚糖含量见图 8.19，培养初期对照和三个处理均没有蔗果四糖，在 20d 时同时出现并达到最大含量，分别是缺氮处理 17%、对照 16%、缺钾处理 15%、缺磷处理 11%。随着处理时间的增加，除了对照在 30d 时含有少量蔗果四糖，其余三个处理均没有蔗果四糖。

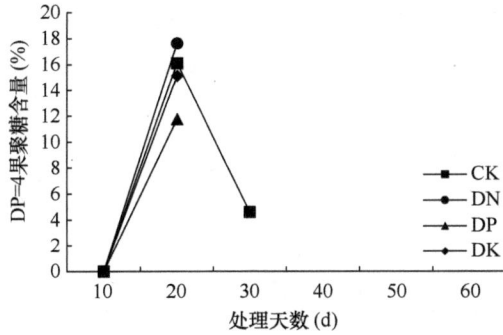

图 8.19　不同处理茎部 DP=4 果聚糖含量动态变化

c. 茎部 DP=3 果聚糖含量动态

茎部 DP=3 果聚糖含量见图 8.20，对照和三个处理的变化趋势是一致的，培养 10d 时，均没有蔗果三糖；随着处理时间的增加，含量也增加，在 40d 时同时达到最大值，且缺磷处理大于对照，其余两个处理均略小于对照；50d 时对照和三个处理同时出现一个下降，对照降低并不明显，但缺氮、缺磷处理值为 0，没有蔗果三糖；处理 60d 时对照和三个处理又同时升高，对照大于其他三个处理，培养末期缺钾处理 DP=3 果聚糖含量最小。DP=3 果聚糖含量在茎部总体表现为对照基本上一直大于三个处理，处理末期对照与三个处理茎部 DP=3 果聚糖含量高低表现为 CK＞DP＞DN＞DK。

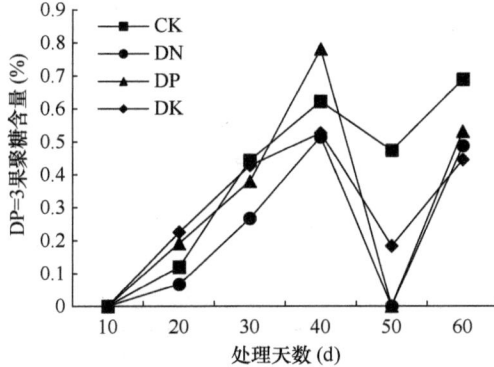

图 8.20　不同处理茎部 DP=3 果聚糖含量动态变化

（3）不同处理各器官中可溶性糖各组分的构成比分析

1）叶片中可溶性糖各组分的构成比

叶片中可溶性糖各组分的构成比随着处理时间的变化有所不同（表 8.13）。

由氮磷钾缺乏对菊芋叶片可溶性糖各组分的构成比分析可以看出，培养初期果聚糖含量所占比例均较低，基本保持在 30%～40%，到处理 30d 时对照和三个处理的果聚糖占比例迅速上升，达到了 80%左右，直到处理结束一直保持该比例；蔗糖含量在处理初期所占比例基本保持在 10%左右，缺氮和缺磷处理在 20d 时达到最大比例，分别为 15%和 18%；随着处理时间的增长所占比例下降，处理末期缺氮处理蔗糖比例基本保持不变，对照和其他处理所占比例基本上降到处理初期的 1/2；葡萄糖所占比例除了对照基本保持在 2%左右，三个处理均表现为处理 20d 时达到最大比例；缺钾处理所占比例远远大于对照和其他两个处理，随着时间的增长，三个处理所占比例明显下降；果糖所占比例在处理初期保持在 40%～50%，随着处理时间的增加所占比例迅速下降，处理末期降到 5%～8%。处理初期果聚糖和果糖占了主要比例，但是处理末期果聚糖占了主要比例，均达到 80%以上。

表 8.13　叶片中可溶性糖各组分的构成比（%）

可溶性糖组分	处理时间	10d	20d	30d	40d	50d	60d
CKL	果聚糖	12.61	12.61	20.12	19.10	18.99	19.59
	蔗糖	3.43	2.18	0.87	1.34	1.31	1.38
	葡萄糖	1.01	1.02	0.69	0.41	0.58	0.60
	果糖	13.88	8.19	1.92	1.89	1.96	1.83
	总糖	30.93	24.00	23.59	22.74	22.85	23.40
DNL	果聚糖	13.10	16.33	25.03	22.02	15.18	25.98
	蔗糖	3.60	5.05	2.21	1.82	2.13	2.88
	葡萄糖	1.74	2.10	0.35	0.29	0.30	0.35
	果糖	14.08	8.58	2.32	1.71	1.80	1.79
	总糖	32.52	32.05	29.91	25.84	19.41	31.00
DPL	果聚糖	14.09	16.67	26.03	25.47	23.03	27.73
	蔗糖	3.20	6.18	1.91	1.79	2.61	1.72
	葡萄糖	0.82	1.52	0.92	0.44	0.25	0.18
	果糖	13.49	8.94	2.08	2.10	1.68	1.70
	总糖	31.59	33.30	30.94	29.80	27.57	31.33
DKL	果聚糖	7.41	18.34	26.85	25.14	21.09	28.01
	蔗糖	3.74	4.39	2.88	1.22	1.49	2.50
	葡萄糖	2.41	4.98	1.45	0.74	0.37	0.35
	果糖	14.85	10.13	2.28	2.34	1.72	1.76
	总糖	28.41	37.84	33.47	29.44	24.67	32.61

2）茎部可溶性糖各组分的构成比

茎部可溶性糖各组分如表 8.14 所示。

氮磷钾缺乏对菊芋茎部可溶性糖各组分的构成比分析和叶片中一致，培养初期果聚糖和果糖占主要比例，果聚糖在处理初期基本保持在 30%～40%，20d 开始迅速升高，比例达到 70%，随着处理时间的增长果聚糖比例仍然不断升高，在处理末期时达到总糖的 90%以上；蔗糖在处理初期所占比例基本在 14%左右，缺氮处理略高于其他处理，处理末期比例下降到 2%左右，对照略高，在 4%左右；对照中葡萄糖一直保持在 2%的比例，缺氮、缺磷处理在培养初期略高于对照，达到 4%左右，缺钾处理所占比例达到了 11%，远远高于其他处理，随着时间的增加，葡萄糖所占比例迅速下降，到处理末期三个处理葡萄糖所占比例不到 1%；缺氮处理在处理初期果糖所占比例达到 50%，高于果聚糖的比例，对照和缺磷、缺钾处理基本在 30%左右，随着处理时间的增加，果糖比例急速下降，处理末期除了对照占到总糖的 6%，三个处理都只占总糖的 3%。

表 8.14　茎部可溶性糖各组分的构成比（%）

可溶性糖组分	处理	10d	20d	30d	40d	50d	60d
CKS	果聚糖	16.57	33.77	25.43	36.50	43.50	51.73
	蔗糖	4.83	2.82	1.23	2.35	1.45	2.54
	葡萄糖	0.67	0.64	0.87	0.69	0.60	1.30
	果糖	13.19	3.85	2.60	2.66	2.31	3.52
	总糖	35.95	43.51	29.45	41.44	47.50	57.40
DNS	果聚糖	8.21	42.38	47.66	46.72	47.29	62.98
	蔗糖	4.70	4.18	2.62	2.39	1.26	1.64
	葡萄糖	1.14	1.24	0.41	1.23	0.00	0.23
	果糖	13.94	4.79	2.44	1.77	1.76	1.84
	总糖	28.13	56.38	53.00	52.05	50.35	66.64
DPS	果聚糖	14.98	36.66	33.18	53.27	45.30	52.88
	蔗糖	4.39	4.84	1.92	2.21	0.90	1.29
	葡萄糖	1.22	0.77	0.45	0.25	0.00	0.00
	果糖	8.55	5.44	3.35	4.85	1.77	1.18
	总糖	34.08	51.21	37.63	57.82	47.88	55.87
DKS	果聚糖	12.95	40.30	45.69	43.47	40.56	52.01
	蔗糖	5.47	6.41	2.57	1.58	1.68	1.14
	葡萄糖	4.24	2.49	1.32	0.37	0.27	0.48
	果糖	13.37	4.21	2.28	1.73	1.5	2.15
	总糖	37.50	59.33	51.86	47.76	44.22	55.39

8.1.7　连作对菊芋生物量、品质的影响

迟金和（2009）研究了连作对菊芋生物量、品质及土壤酶活性的影响，结果表明，开花期与收获期菊芋生物量连作 4～5 年后均出现下降趋势；连作对收获期块茎蛋白质、还原糖与纤维素含量的影响较为显著，而对开花期影响不显著；土壤酶活性随着连作年限的延长呈先增加后降低的趋势，脲酶、过氧化氢酶与脱氢酶活性在连作 5 年后达到最大值，蛋白酶活性连作 4 年后达到最大值这说明连作 4～5 年对菊芋生长、品质及土壤酶活性已产生负面影响，如果继续连作可能产生连作障碍。

8.2　菊芋的生态利用

8.2.1　土壤生物修复

菊芋根系发达，每株菊芋的根部都有上百根 0.5～2.0m 的根，深深地扎在土中。由于繁殖性极强，一次种植可持续繁衍，只需 2～3 年就会在地表形成一层密密麻麻的菊芋块茎和根系，牢牢固住了地表层的水土。同时，地下块茎和根系的生长也可改善土壤

的通透性,可有效保持水土。此外,菊芋的地上茎、叶腐烂后可直接增加土壤的腐殖质,经过一定时间后,可增加土壤的厚度、孔隙度、含水率,降低土壤容重,对改良土壤、培肥地利具有重要作用。除了保持水土和改良土壤,在种植中也发现,菊芋与作物的合理轮作可以减少作物的病虫草害,增加菊芋茬后作物产量。根据调查,在两年的菊芋地种植棉花,第一年棉花黄萎病的发生率最低,同时,菊芋与作物轮作可以减少杂草对茬后作物的危害,表现在杂草的株数和覆盖度显著减少(刘军政,2008)。除此之外,菊芋在重金属离子土地的修复及土壤微生物群落的改善中也起到重要的作用。

在土壤重金属修复中,王柏青和陈绮莉(2009)开展了工业区土壤重金属污染及富集植物的研究,结果发现,菊芋对 Cr 的吸附能力较强。陈良(2011)以南芋 5 号和南芋 2 号为材料,开展了菊芋幼苗应用于 Cd 污染土壤的植物修复的可行性研究,其试验认为 Cd 胁迫未对菊芋的生长造成明显抑制;菊芋对土壤中的 Cd 能够进行有效富集,菊芋可用于修复土壤中的 Cd 污染;其修复步骤为:以菊芋为材料,在 Cd 污染土壤上种植,播种时施硫酸钾型复合肥,当菊芋长到花期结束时,将菊芋根、茎和叶整体从污染环境中移走,实现土壤中 Cd 的去除。可在污染土壤中循环种植菊芋。菊芋在 Cd 污染环境下,地上部和根部 Cd 含量远远超过了 100mg/kg 这一公认的超积累植物应达到的临界含量标准,在 200mg/L Cd 处理下,地上部 Cd 含量达 700mg/kg 以上,根部 Cd 含量甚至达 25 000mg/kg 以上。在土壤 Cd 含量 78mg/kg 上种植,根中 Cd 浓度 12 285.00mg/kg,茎中 Cd 浓度 344.53mg/kg,根 Cd 积累量 1044mg,茎 Cd 积累量 60mg,亩积累 Cd 量 2568.8g。

方金芝(2011)分析了不同植物对重金属元素的富集能力,发现不同植物对重金属元素的富集能力表现出较大的差异,说明不同的耐性机制使植物对重金属的富集转运特征表现不同,富集系数加和值大小依次为野豇豆>苍耳>菊芋>鬼针草>麦冬>苦苣>艾蒿>钻叶紫苑>狗尾草>加拿大一枝黄花>扁竹兰>芦苇,同时发现菊芋是 Cu 和 Cd 的高富集植物。张前进等(2013)为了解 12 种野生草本植物在环境净化上的应用潜力,发现最适宜煤矿复垦区草本植物修复的种类为菊芋和鬼针草。张钰洺和邢旭东(2015)以株洲某工业区土壤及植物重金属含量数据为对象,分析在该区筛选重金属超累积植物及开展土壤重金属污染的植物修复工作的可能性。据研究区植物重金属含量分布规律,认为该区可筛选出 Cd 等元素的超积累植物;据植物生物量估算,认为以菊芋等植物组合并辅以施肥等强化措施,可进行土壤重金属污染的植物修复。

吕世奇(2015)基于前期对菊芋分子、形态和品质的数据,选取了 3 个具有不同遗传背景的种质资源,具有较高的块茎产量和糖含量的 LZJ047、具有较长的营养生长期的 LZJ119 和具有较高的营养品质及较强的有性繁殖能力与抗逆能力的 LZJ033 作为试验材料,系统地研究了主壤汞污染对菊芋生长发育、生理生化和光合荧光特性及汞富集特性的影响,综合比较了各种质的抗汞特性。研究发现,土壤汞污染对菊芋的生长发育具有强烈的毒害作用,高浓度汞处理(10mg/kg)极大地推迟了菊芋幼苗的萌发,并严重抑制菊芋的生长,高浓度汞处理下各种质的株高、节长、叶片数和叶面积等生长指标都出现了显著的下降,各种质总生物量的变化都呈下降的趋势。土壤汞污染对菊芋的逆境生理指标有较大的影响,高浓度汞胁迫下显著提高了各种质的 MDA、游离脯氨酸和可溶性糖含量，且相比 LZJ047 和 LZJ033，LZJ119 的变化要缓慢许多。其抗坏血酸、可溶性蛋白的含量及 SOD、POD 和过氧化氢酶（CAT）的活性都呈先增加后降低的趋势，但不同种质间有所差异，总体而言 LZJ119 和 LZJ033 的含量和活性相对较高。同时，土壤汞污染对菊芋的光合特性产生了严重的影响，随汞处理浓度的增高，三个菊芋种质的叶绿素含量出现了显著的下降，气孔导度、蒸腾速率下降但胞间 CO_2 浓度 LZJ047 升高，LZJ119 和 LZJ033 的下降，而气孔限制值却出现了相反的变化。其水分利用效率都出现了显著的下降。最后发现不同菊芋种质随着汞浓度的升高其各器官中以根部的汞含量增加最大，茎和块茎的汞含量较低。

　　土壤微生物群落对农业生态系统中植物的生长、营养和健康有着深远的影响，了解农业生态系统中的土壤微生物群落有可能有助于提高农业生产力和可持续性及土壤的修复。东北林业大学吴凤芝团队与笔者项目组合作检测了小麦种植园到菊芋种植园区域的总真菌和菌群分布，采用青芋 2 号品种转化小麦种植。结果表明，第一年种植青芋 2 号的土壤有机碳含量较高，第三年种植青芋 2 号的土壤速效磷含量较低。种植转化改变了土壤总真菌和菌群，但是亚群结构和组成没有发生改变，第三年种植青芋 2 号的土壤中真菌和链孢霉菌组成多样性最低，但是真菌和木霉菌组成丰富，在小麦种植园中存在的潜在小麦病菌是极多的，促进植物生长、具有植物病原菌或昆虫拮抗潜力的真菌类群在第一年和第二年种植的青芋 2 号种植园中大量积累。总之，短期的从小麦到菊芋种植模式的转化改变了土壤真菌结构（Zhou et al.，2016b）。同时，吴凤芝团队还研究分析了在麦田中连续三年种植菊芋后土壤中的总细菌和假单胞菌的群落组成和丰度，结果发现，不同种植年限的菊芋种植园土壤中的总细菌和假单胞菌在数量和群落组成存在明显差异，菊芋的种植改变了土壤微生物群落中细菌和假单胞菌总菌群和群落组成（Zhou et al.，2016a）。随后，吴凤芝团队又检测了在小麦种植田中连续三年种植菊芋后的土壤细菌群落，结果发现连续种植 1～2 年的菊芋对微生物 α 多样性的影响不大，第三年后土壤微生物 α 多样性显著降低，主坐标分析和变异多变量分析表明，连续的单一作物菊芋的种植改变了土壤细菌群落结构和功能剖面（$P<0.001$）。在菌门水平上，麦田中的细菌、平面丝孢菌和蓝菌相对丰富，第一年种植菊芋的土壤中放线菌门较多，第二年种植菊芋的土壤中酸杆菌门、葡萄球菌和变形菌较多；在属一级，第一年种植菊芋的土壤中增加了具有病原体拮抗作用和促进植物生长潜力的细菌种类，在第二年和第三年种植菊芋的土壤中潜在的反硝化细菌成员增多。总的来说，连续的单片加氮处理改变了土壤中细菌的群落组成及其功能潜力（Zhou et al.，2018）。

　　以上相关的研究均表明，菊芋是生态友好型植物，能够在防风固沙和土壤改良中发挥重要作用。将菊芋产业化发展与生态修复结合起来，将更有效地发挥其经济效益、生态效益和社会效益（刘祖昕和谢光辉，2012）。

8.2.2　荒漠化治理

　　土地荒漠化是指在干旱、半干旱和某些半湿润、湿润地区，由气候变化和人类活动等各种因素所造成的土地退化，它使土地生物和经济生产潜力减小，甚至基本丧失。近些年来，中国的荒漠化土地面积不断增加，有大量人口及大面积旱农田、草场受其影响。之所以造成如此危机的局面，主要是因为至今土地沙化和荒漠化仍在发展，而且发展趋势愈演愈烈。面对如此严峻的土地荒漠化问题，生态环境的改良显得愈发重要，目前生态环境的改良的重点是恢复植被，增加绿色覆盖。由于我国西部干旱区降水量小于 400 mm，不能大面积植树造林，因此科技人员一直在寻找更好的治沙办法。

我国荒漠地区大都处于高寒地带，气候寒冷，冰冻期长，气候干燥，多风沙，沙土流动性强。而菊芋有着极强的抗寒能力，可耐−40℃甚至更低的温度，同时菊芋抗干旱能力也极强，可利用自身的养分和水分萌芽生长，同时强大的地下根系会各处寻找养分和水分，供植株生长。菊芋的抗风沙能力极强，凭借其密麻的地上茎形成一片低矮的防护带，加之根系的牢固抓沙能力，以及随着地下块茎增多、重量加大对沙土产生的强大压力，共同起到改良土壤、防止土地荒漠化、防止水土流失的作用。

查国东等（2003）通过对大连绿山科技有限公司在科尔沁和松嫩沙地风沙区的大面积菊芋种植，认为菊芋不但是适宜在沙漠、沙地、沙漠化土地上种植栽培的优良植物，而且也将成为西部地区防止风沙、水土流失等生态建设有益的组成部分。大面积种植菊芋将成为风沙区人民摆脱贫困，奔向小康的致富之路。这一研究为各地菊芋治沙的研究奠定了基础。李常艳等（2012）也报道了菊芋是我国北方沙区植被建设的优良植物，认为菊芋可以作为是一种优良的生态经济型植物，适宜在干旱、半干旱荒漠化地区推广种植。由于菊芋产量高，在沙区种植菊芋可增加农牧民的收入，由此可实现生态效益和经济效益双赢。

在菊芋种植对沙化土地土壤理化性质的影响方面，钱寿福和孟好军（2012）研究发现种植菊芋 3 年，0～20cm、20～40cm、40～60cm 和 60～80cm 土壤含水量分别比 1～2 年低 5.3%、13.1%、9.4% 和 14.5%；种植菊芋 2 年和 3 年，0～20cm、20～40cm、40～60cm 土壤全盐量分别下降了 3.78% 和 12.78%、16.84% 和 22.46%、11.24% 和 20.73%，土壤容重 0～20cm、20～40cm、40～60cm 分别下降了 5.04% 和 7.35%、4.11% 和 7.04%、5.67% 和 7.19%，土壤孔隙度平均增高了 4.03%、5.02% 和 5.1%；菊芋种植土壤中，0～20cm 范围内 0.5～1mm、0.1～0.5mm 粒径种植 3 年的分别要比 1 年的下降 7.43% 和 3.67%，而粒径 0.05～0.1mm 的增加 5.84%；土壤有机质 0～20cm、20～40m 种植 3 年的分别比 1 年的高 19.8% 和 29.7%。其研究表明，在地处干旱、半干旱地区的沙化土地种植菊芋，不仅能保持水土和防风固沙，而且还可以改善土壤理化性质，从而提高土壤的生产力。

在菊芋的沙荒地适用性研究中，马玉明和龙锋（2001）、隆小华等（2004）的研究表明，菊芋适应性强、分布广、耐旱、耐瘠薄，有明显的防沙、治沙作用。多年的试验研究也表明，在沙漠上种植菊芋，从菊芋出土开始，不仅可改变当地的小气候，而且由于其根系发达，在沙漠中可组成强大的根系网把沙紧紧固住，杜绝了沙漠的流动，是一种非常好的防风固沙型植物。

在不同省份，研究人员先后开展了菊芋治沙的研究，效果显著。在东北地区的辽宁省，吕殿录和华晓晶（2001）在大连开展了菊芋的生物特性和治理沙漠的应用前景研究，成功地研究出了一套利用克沙菊芋治理沙漠的技术，经过两年的实地试验，证明利用克沙菊芋治理沙漠是完全可行的，菊芋治沙在效果上具有治沙彻底、改良土壤、退沙还田（林）的独特优点。随后，范国儒等（2004）开展了菊芋在辽宁沙区的栽植技术及试验效果研究。吴祥云（2002）、王喜武等（2006）在辽宁省防沙治沙示范区内对菊芋生长特性、生态适应性做了初步研究，建立了 $80hm^2$ 的试验示范基地，通过菊芋固沙试验认为，菊芋在固持沙土和减少流动、半流动沙地土壤风蚀方面效果显著，是优良的固沙植物，可在类似沙地治理中推广应用。鹿天阁等（2007）在科尔沁沙地的流动沙丘上种植了 $26.67hm^2$ 菊芋用作治沙试验，结果菊芋长势良好，扒开沙面，菊芋的根系密布沙下，挖至 1m 深时尚能用肉眼看见菊芋的根系，达到了固沙、治沙、改变沙漠的生态效果。孔涛等（2009a，2009b）在科尔沁风沙地种植菊芋，在持续 45d 无雨的干旱情况下仍能正常生长，菊芋群落能有效减小一定风速，根系深度可达 0.5m 以上，根幅最高可达 0.6m，呈现网状结构。这种利用菊芋治理沙漠的方法，被治沙权威称为目前治沙成本低、见效快的最佳方法。

在西北地区，朱莉华和焦建鹏（2013）开展了宁夏林下种植菊芋的可行性研究，结果发现，林下种植菊芋可以大面积的利用林下资源，有利于降低大气中的有害气体、减轻或消除风沙灾害、减少水土流失、涵养水源，能够为改善当地的生态环境、促进经济社会可持续发展奠定良好的基础。樊光辉和马玉林（2008）开展了柴达木盆地荒漠地菊芋栽培试验。钱寿福和孟好军（2010）在河西走廊沙化土地上进行了菊芋的种植试验，在不同地区的荒漠地种植菊芋均获得了成功，并取得了一定的经济效益和生态效益。李璟琦（2008）开展了陕西省榆林沙区菊芋的综合利用研究，认为在菊芋沙区开发菊芋生产兼有治理环境和增加创收的双重意义。

本研究在青海省海西蒙古族藏族自治州的都兰县香日德农场沙荒低地和水浇地开展了菊芋的适应性栽培及对比试验，结果表明，菊芋在海西州沙荒地种植时，株高为 110cm 左右，茎粗为 0.70cm 左右，基本无分枝，块茎数量为 7.4～21.5，块茎平均单重 9.6～28.2g，块茎产量为 584.3～785.2kg/667m²，总生物量为 1042.2～1261.9kg。同时，本研究在海南藏族自治州进行了沙化地土地类型的适应性试验，沙化地试验在共和县哇玉香卡农场进行，结果表明，菊芋在海南州沙化地种植时，株高为 151.3～203.8cm，茎粗为 1.33～1.73cm，分枝数 3.8～7.4，块茎数量为 9.6～32.2，块茎平均单重 14.5～40.1g，块茎产量为 654.7～1536.8kg/667m²，总生物量为 1875.9～2273.5kg（表 8.15）。

表 8.15　菊芋在沙荒地的生长发育与产量情况

试验地点	资源名称	株高（cm）	茎粗（cm）	分枝数	块茎数	块茎单重（g）	茎叶产量（kg/667m²）	块茎产量（kg/667m²）
都兰县香日德农场（沙荒地）	青芋 1 号	116.3	0.69	0.8	21.5	9.6	425.5	616.7
	W25	125.4	0.72	0.6	16.3	16.8	476.7	785.2
	青芋 2 号	104.3	0.80	0	7.4	28.2	636.1	584.3
共和县哇玉香卡农场（沙化地）	青芋 1 号	203.8	1.33	6.9	32.2	14.5	655.2	1220.7
	W25	201.6	1.37	6.3	25.2	22.8	736.7	1536.8
	青芋 2 号	174.1	1.66	3.8	9.6	40.1	955.8	1105.0
	W30	169.6	1.57	4.2	11.5	38.7	980.9	1037.6
	青芋 3 号	158.9	1.67	7.4	13.2	28.6	1322.4	654.7
	W22	151.3	1.73	7.2	12.6	26.3	1265.0	719.3

注：青芋 1 号和 W25 为早熟品种；青芋 2 号和 W30 为中熟品种；青芋 3 号和 W22 为晚熟品种

以上的研究介绍了菊芋对防风固沙的重要意义和对土壤理化性质的改变，明确了菊芋不论在干旱区、半干旱区或亚湿润干旱区，都不能作为流沙上的先锋植物，更适宜作为治理沙漠的第二梯队植物或伴生植物，可在沙漠、沙地中的固定、半固定平缓的风沙地种植发展。而且因为菊芋的生产潜力巨大，从生态、经济、生产潜力等方面综合分析，菊芋是一个比较好的防风固沙、保持水土的植物，更是一个较优良的沙产业植物（查国东等，2003）。

8.2.3 盐碱地利用

盐碱地是地球广泛分布的一种土壤类型，其土壤里所含的盐分影响作物的正常生长。据联合国教科文组织和粮农组织不完全统计，全世界盐碱地面积为 9.5438 亿 hm^2，我国为 9913 万 hm^2，占全国可耕地面积的 25%。对于我国这样一个耕地少、人口多的国家，土地盐碱化的问题也对农业生产和生态环境的威胁越来越大，有效开发和利用盐碱地，把经济效益、环境保护和可持续发展紧密结合起来，具有重要的现实意义。而菊芋具有耐盐碱、繁殖力强、适应性广的特性，对土壤的适应性较强，能从难溶的硅酸盐土层中吸收养分，即使在含盐量 7‰~10‰ 的盐碱地上也能生长良好（张邦定，1997；隆小华等，2005）。菊芋已成为盐碱地改良的先锋植物，在我国盐碱地利用方面具有广阔的发展前景。

沈光等（2013）率先在松嫩盐碱地区开展了菊芋的栽培试验，结果表明，栽培菊芋和野生菊芋 2 份材料均可在中度盐碱地上正常生长和繁殖，施肥、割草对菊芋的生长有促进作用，重度盐碱胁迫会降低菊芋的出苗率，野生菊芋对重度盐碱胁迫表现出更好的抗性，栽培菊芋在中度盐碱地上产量可达到 30 000kg/hm^2 以上，试验表明菊芋是适合在松嫩盐碱地上发展的优良能源植物。随后，阎秀峰等（2008）长期开展松嫩盐碱草地的土壤改良、植被恢复和耐盐碱植物生理生态学研究工作：2004 年起，尝试在退化的松嫩盐碱草地上种植菊芋，发现菊芋具有一定的耐碱能力，可以在中度盐碱程度的退化草地上自然生长，并顺利完成生活史过程后；2005 年，在大庆市建立了盐碱地菊芋试验圃地，进一步开展了耐盐碱菊芋优良品系的选育工作，选育的部分品系可以在重度盐碱程度的退化草地上完成生活史并生长良好；2006 年，在大庆市杜尔伯特蒙古族自治县的试验点上开展了应用菊芋改良退化盐碱草地的试验性种植，并初步探讨了具体的种植方式、辅助措施等改良模式。相关工作的开展，既有益于松嫩盐碱草地的土壤改良和植被恢复，而且也将为符合"不与人争粮、不与粮争地"原则的生物能源原料生产提供新的思路（阎秀峰等，2008）。隆小华等（2006，2007）分别在山东莱州、江苏大丰滨海进行耐盐耐海水能源植物的引种与筛选研究，从全国各地数十个菊芋品种中筛选、培育了高耐海水、生物产量高、能量密度大、综合利用前景广阔的南芋 1 号、南芋 2 号菊芋品系，并在山东莱州、江苏大丰滨海盐土进行种植试验（隆小华等，2006，2007）；夏天翔等（2004）于 2002 年用不同比例的海淡水混合灌溉，菊芋生长需水期灌 2 次水，每次灌溉定额 100t/667m^2，10%海淡水灌溉菊芋块茎单产达 69 045kg/hm^2，50%海淡水灌溉为 47 235kg/hm^2，即便用 75%海淡水灌溉菊芋块茎单产也达到 35 175kg/hm^2，用 25%~50%的海水灌溉，菊芋块茎产量在 89 776.7~67 235.0kg/hm^2，折算糖产量为 16 160～12 102kg/hm²，比耕地种植木薯产糖量高出 1 倍。同时在菊芋整个生长期间，除进行一次中耕覆垄外，基本没有进行其他的田间管理投入。经与其他糖基类能源植物比较，南芋 1 号、2 号菊芋是适合海涂种植的为数不多的首选能源植物（刘兆普等，2003）。李世煜等（2010）引进了 5 个菊芋品种与当地菊芋品种的对照，在甘肃秦王川盐碱地开展了种植试验，结果表明，引进新品种产量明显高与当地传统种植品种，最高达 59 285.71kg/hm²，在兰州秦王川盐碱地应推广 B8、R4、B1 等品种，具有较高的经济产量和综合效益，该研究为干旱灌区次生盐渍化土壤菊芋品种选用和种植方面提供了技术基础。同时，王洪峰等（2011）还针对黑龙江省西北部盐碱化地区公路绿化难度大的问题，开展了菊芋在高寒地区盐碱化公路边坡绿化中的应用相关工作，并在黑龙江省道林肇线杜蒙段的工程实践中取得了理想的绿化效果，对本地区其他盐碱路段的边坡绿化具有示范意义。张国新等（2011）分析了菊芋在河北滨海盐碱区的发展前景，研究表明河北省境内的大陆海岸线长 487km，包括唐山、沧州及秦皇岛沿海等 11 个县（区），其中，唐山滨海、沧州的海兴及黄骅的中捷和南大港区域，地下水矿化度＞5g/L，pH7.5～8.5，土壤盐渍化严重，有中重度盐碱地面积约 150 000hm²；另外，秦皇岛沿海还有大面积的沙地，这些盐碱地及滩涂利用效率极低。菊芋作为一种非常理想的功能型植物，耐盐碱性强，可利用含盐量 10%的海水浇灌，鲜菊芋产量可达 60t/hm² 以上，利用盐荒地及滩涂资源发展菊芋的规模化种植，对高效利用河北省滨海盐碱地、推动农牧产业发展及改善盐碱地生态环境的具有积极意义。南京农业大学刘鹏等（2013）在黄河三角洲经过连续 6 年的研究，发现盐碱土种植菊芋可显著提高盐碱土土壤养分含量，盐碱土的 pH 从 7.32 降到 6.88，20～40cm 土层的土壤 pH 从 7.37 降到 6.98，总 pH 降低 0.40，效果明显。

黑龙江省西部地区的公路大部分建设在盐碱地区域上，其中很大一部分处于重度盐碱地区域。长期以来，盐碱地公路的绿化一直是个难题。由于缺乏优质的绿化植物，大部分路段植被低矮，严重路段护坡裸露，不仅难以有效保护公路路基，更缺乏绿化美感。张捷（2014）针对前期研究，在黑龙江省大庆市林肇线杜蒙段上开展了应用于盐碱地公路绿化的品系筛选和耐尾气试验，确定了适于轻盐碱路段和重盐碱路段的菊芋品系。在此基础上，通过试验确定了最佳种植方式，共筛选出的适宜于松嫩盐碱草地的个菊芋品系 DL-1～DL-6，在盐碱地公路边坡上均可正常生长；不同浓度、不同时间的汽车尾气熏气试验结果表明，6 个菊芋品系均有较强的耐尾气能力，与公路绿化常用植物波斯菊的耐尾气能力相近；应用菊芋绿化盐碱路段边坡的最佳方式是秋季种植、穴播、株距 100cm、行距 50cm。

在菊芋对混合盐碱的耐受性研究中，赵俊香等（2015a）以 4 种菊芋为试验材料，研究不同浓度（0、50mmol/L、100mmol/L、150mmol/L）的混合盐碱（Na_2CO_3、$NaHCO_3$、NaCl 和 Na_2SO_4）胁迫对种子萌发及幼苗生长的影响，为菊芋在盐碱化土地上种植提供参考。结果表明，除菊芋 HtB 外，其他 3 份菊芋的发芽率随胁迫强度的增加均呈不同程度的降低。同时，Y150 处理（Na_2CO_3：$NaHCO_3$：NaCl：Na_2SO_4 摩尔比为 5：23：9：5）下，菊芋 HtB、HtL 和 HtD 的发芽时间均受到了调控。盐碱胁迫抑制 4 种菊芋幼苗的生长，尤其在 Y150 处理下，菊芋的株高和地上鲜重均显著低于对照（$P<0.05$）。不同盐碱浓度处理 HtL 叶片脯氨酸含量迅速增加，且显著高于对照（$P<0.05$）。4 种菊芋叶片中 SOD

活性随胁迫强度的增加均呈先升高后降低的趋势。在同一处理条件下，4 种菊芋相同指标的变化率不同，说明它们的耐盐碱能力不同。赵俊香等（2015b）对 16 份菊芋种质苗期耐盐碱性进行了筛选与综合鉴定，采用盆栽试验，以混合盐碱模拟典型盐碱胁迫环境，在幼苗期以 150mmol/L 混合盐碱（Na_2CO_3：$NaHCO_3$：$NaCl$：Na_2SO_4 的摩尔比为 5：23：9：5）溶液处理 16 份菊芋种质，研究混合盐碱胁迫对植株地上部干鲜重、地下部干鲜重、叶片脯氨酸含量、SOD 活性和 MDA 含量等指标的影响，通过模糊数学隶属函数法和主成分分析法对菊芋材料进行耐盐碱性综合评定，并进行聚类分析。结果表明，经主成分分析，地上部鲜重、全株干重和脯氨酸含量的负荷量最大，可以作为菊芋苗期耐盐碱性筛选的主要鉴定指标。通过模糊数学隶属函数法对不同菊芋材料进行耐盐碱性排序，不同菊芋间耐盐碱性表现出明显差异，最后通过聚类分析，将 16 份菊芋种质分为四大类：第 1 类，菊芋 2 号和 3 号在胁迫下表现良好，耐盐碱性最好；第 2 类，菊芋 4 号、16 号和 11 号耐盐碱性较好；第 3 类，菊芋 5 号、6 号等 10 份材料为中等耐盐碱类型；第 4 类，菊芋 9 号耐盐碱性最弱。通过对菊芋耐盐碱能力的综合评价，筛选出较耐盐碱胁迫的菊芋种质，可为盐碱地利用菊芋提供理论依据。

在菊芋的耐盐碱机理的研究中，夏天翔等（2004）的研究表明菊芋幼苗根部维持较高的 K^+ 含量。K^+ 是植物所必需的一种以相对高浓度存在的阳离子，细胞质中维持高于某特定值的 K^+ 浓度，对其生长及耐盐性都是非常必要的。因此，根部较高的 K^+ 含量对于维持一定的 Na^+/K^+ 具有重要的意义，是菊芋耐盐特性的重要基础（刘丹梅等，2009）。NaCl 胁迫后，菊芋幼苗 Cl^- 和 Na^+ 的分布为：茎>根>叶，其主要聚集部位是茎部（Monti et al.，2005；Long et al.，2008，2009）。菊芋在 NaCl 胁迫下，Cl^- 和 Na^+ 在茎部的区域化具有重要的意义，可以减少 Cl^- 和 Na^+ 向叶片的运输和积累，缓解 Cl^- 和 Na^+ 积累可能造成毒害。因此，菊芋具有良好的机制以适应一定的盐度环境，具备在盐碱地种植推广的可能性和可行性（刘丹梅等，2009）。

本研究在青海省海西州的德令哈市盐碱地和水浇地开展了菊芋的适应性栽培及对比试验，结果见表 8.16。

表 8.16　菊芋在盐碱地的生长发育与产量情况

试验地点	资源名称	株高（cm）	茎粗（cm）	分枝数	块茎数	块茎单重（g）	茎叶产量（kg/667m²）	块茎产量（kg/667m²）
德令哈市德令哈农场（盐碱地）	青芋 1 号	183.7	1.33	3.2	28.3	12.7	618.7	968.3
	W25	195.1	1.41	4.1	18.9	19.5	662.5	1103.6
	青芋 2 号	157.7	1.64	0.8	12.5	28.6	857.1	1059.6
	W30	155.0	1.62	1.2	13.2	30.4	736.6	1213.2
	青芋 3 号	170.3	1.85	6.2	14.3	36.5	1023.1	1613.8
	W22	165.9	1.98	5.4	12.6	33.2	945.2	1499.1

在盐碱地种植时，不同熟性的菊芋品种株高为 155.0～195.1cm；茎粗为 1.33～1.98cm；分枝数为 0.8～6.2；块茎数量方面，早熟品种（青芋 1 号、W25）为 24 个左右，中晚熟品种（青芋 2 号、W30、青芋 3 号、W22）12 个以上；块茎大小方面，早熟品

平均单重 16g 左右，中晚熟品种为 30g 左右；块茎产量 968.3～1613.8kg/667m²；总生物量 1587.0～2636.9kg。在水浇地种植时，不同熟性的菊芋品种株高为 221.7～242.5cm；茎粗 2.03～2.68cm；分枝数 13.5～21.9；块茎数量方面，早熟品种为 40 个左右，中晚熟品种 30 个左右；块茎大小方面，早熟品种平均单重 25g 左右，中晚熟品种为 60g 左右；块茎产量早熟品种 2325.3～2726.9 kg/667m²，中晚熟品种（系）种 2930.2～3448.2 kg/667m²；总生物量早熟品种 3600.5～4040.3 kg/667m²，中晚熟品种（系）4697.9～5069.2 kg/667m²。在德令哈市同一区域内，气候条件基本相同，但盐碱地及水浇地养分条件差异很大，盐碱地菊芋块茎产量、茎叶产量、总生物量虽均较水浇地低，但仍有一定产量和生物量，而且长势良好。

8.2.4　山旱地利用

青海、甘肃等西部省份是典型的旱作农业区。青海省 800 多万亩耕地中有近 70%为山旱地，这一区域可种植的作物类型少，种植效益低，农民收入水平不高。菊芋有较强的抗旱性，在山旱地种植时能形成较高产量和效益。菊芋在青海种植产量高、品质好，近年来发展迅速，成为青海极具特色的经济作物及地方经济富有活性的增长点，为农民收入的增加与农业产业结构的调整做出了贡献。课题组率先开展了菊芋山旱地的丰产栽培试验研究，为北方山旱地农业发展提供了成功探索案例，成为西部开发的新的亮点和农民增收的新途径。

本研究在青海省的山旱地安排了菊芋品种、资源的山旱地适应性试验，选取了 8 个试验站点，分为 5 个低位山旱地试验点和 3 个中高位山旱地试验点，低位山旱地试验点分别是大通县景阳镇土关村、湟中县多巴镇羊圈村、平安区三合镇湾子村、民和县新民乡千户湾村和互助县西山乡王家山村，中高位山旱地试验点分别是湟中县土门关乡贾尔藏村、湟中县上新庄镇马场村和大通县东峡镇杏花庄村。本研究分别检测了这些试验点的海拔、年日照时数、年降水量、年均气温和无霜期，对各试验点土壤理化性状也进行了检测，包括土壤 pH、容重、有机质、碱解氮（全氮）、速效磷和速效钾，同时检测菊芋的生长发育情况。

1. 低位山旱地利用

课题组对菊芋在青海省东部农业区的低位山旱地的种植进行了研究，各试验点基本情况见表 8.17，各试验点土壤理化性状见表 8.18。

表 8.17　低位山旱地各试验点基本情况

试验点	海拔（m）	年日照时数（h）	年降水量（mm）	年均气温（℃）	无霜期（d）
大通县景阳镇土关村	2518	2435	479	5.4	135
湟中县多巴镇羊圈村	2437	2566	559	4.1	129
平安区三合镇湾子村	2411	2751	455	5.8	141
民和县新民乡千户湾村	2475	2319	316	6.9	175
互助县西山乡王家山村	2565	2501	575	3.3	109

表 8.18 低位山旱地各试验点土壤理化性状

试验点	pH	容重（g/cm³）	有机质（g/kg）	碱解氮（mg/kg）	速效磷（mg/kg）	速效钾（mg/kg）
大通县景阳镇土关村	8.18	1.12	34.84	577	37	577
湟中县多巴镇羊圈村	8.04	1.21	19.93	235	29	207
平安区三合镇湾子村	8.37	1.24	21.46	263	27	303
民和县新民乡千户湾村	8.52	1.27	15.71	232	10	232
互助县西山乡王家山村	8.00	1.19	11.64	278	31	361

菊芋在青海省东部农业区的低位山旱地种植，其株高为 174.3～277.2cm，早中熟品系多为200cm 以上；茎粗为 1.71～2.54cm，中晚熟品系多为2.00cm 以上；分枝数为2.3～18.6，晚熟品系多为 10 个以上；块茎数量方面，早熟品系为28.2～48.1，中晚熟品系为9.9～21.0；块茎大小方面，早熟品系平均单重为 14.1～26.1g，中熟品系为 41.6～53.8g，晚熟品系为40.2～61.5g；块茎产量方面，早熟品系为 1307.3～2237.2kg/667m²，中熟品系为 1810.7～2486.8kg/667m²，晚熟品系为1795.9～2966.2kg/667m²；总生物量方面，早熟品系为1984.2～3195.2kg，中熟品系为2624.2～3588.9kg，晚熟品系为2899.0～3836.6kg（表 8.19）。

表 8.19 低位山旱地菊芋生长发育与产量情况

试验点	资源名称	株高（cm）	茎粗（cm）	分枝数	块茎数	块茎单重（g）	茎叶产量（kg/667m²）	块茎产量（kg/667m²）
大通县景阳镇土关村	青芋 1 号	225.4	1.89	7.5	37.8	14.2	658.3	1518.8
	W25	231.2	1.93	7.5	31.5	21.5	527.9	1839.1
	青芋 2 号	215.5	2.28	4.7	15.8	47.5	959.0	2106.9
	W30	207.4	2.25	5.2	17.3	42.9	875.6	2307.3
	青芋 3 号	195.3	2.21	10.2	14.3	50.3	1309.4	2117.9
	W22	192.9	2.17	10.7	16.0	49.3	1276.3	2037.1
湟中县多巴镇羊圈村	青芋 1 号	211.7	1.71	5.7	35.4	14.5	685.1	1307.3
	W25	208.8	1.77	5.5	28.2	19.7	593.0	1579.1
	青芋 2 号	185.4	1.98	2.3	9.9	43.9	790.7	1833.5
	W30	185.7	1.98	3.1	10.4	48.1	827.4	1810.7
	青芋 3 号	183.2	2.10	7.8	11.6	40.2	1103.1	1795.9
	W22	174.3	2.03	8.5	12.5	42.7	1022.6	1795.5
平安区三合镇湾子村	青芋 1 号	257.3	2.01	11.8	42.2	16.2	809.4	1947.5
	W25	265.8	1.99	12.3	33.7	24.6	958.0	2237.2
	青芋 2 号	239.0	2.22	8.5	17.5	50.2	1165.7	2486.8
	W30	245.3	2.27	7.8	16.8	53.8	1095.4	2470.7
	青芋 3 号	232.5	2.35	16.3	16.5	57.5	1217.6	2788.7
	W22	224.7	2.30	17.6	17.6	56.8	1305.1	2966.2
民和县新民乡千户湾村	青芋 1 号	261.1	2.14	12.1	48.1	15.7	830.6	2077.3
	W25	277.2	2.02	12.6	36.2	26.1	929.3	2115.8
	青芋 2 号	256.3	2.25	8.7	18.6	52.3	1205.3	2338.5
	W30	262.7	2.19	9.4	19.3	50.4	1138.7	2450.2
	青芋 3 号	250.7	2.43	18.6	21.0	61.5	1323.4	2509.5
	W22	259.1	2.54	17.2	19.5	58.7	1250.6	2586.0

续表

试验点	资源名称	株高（cm）	茎粗（cm）	分枝数	块茎数	块茎单重（g）	茎叶产量（kg/667m²）	块茎产量（kg/667m²）
	青芋 1 号	227.9	1.88	8.2	40.2	14.1	565.3	1418.9
	W25	235.3	1.91	7.8	31.0	20.6	674.9	1688.4
互助县西山乡王家山村	青芋 2 号	210.3	2.33	5.6	12.6	47.3	913.2	1904.4
	W30	208.5	2.08	6.2	11.9	41.6	905.6	2133.6
	青芋 3 号	191.9	2.22	10.5	13.7	45.7	1319.4	1836.7
	W22	194.2	2.35	11.2	12.4	47.5	1407.3	2073.8

2. 中高位山旱地利用

课题组对菊芋在中高位山旱地的种植进行了研究，各试验点基本情况见表 8.20，各试验点土壤理化性状见表 8.21。

表 8.20　中高位山旱地各试验点基本情况

试验点	海拔（m）	年日照时数（h）	年降水量（mm）	年均气温（℃）	无霜期（d）
湟中县土门关乡贾尔藏村	2858	2495	516	3.1	52
湟中县上新庄镇马场村	2937	2566	592	2.8	63
大通县东峡镇杏花庄村	2815	2369	595	3.5	62

表 8.21　中高位山旱地各试验点土壤理化性状

试验点	pH	容重（g/cm³）	有机质（g/kg）	全氮（g/kg）	速效磷（mg/kg）	速效钾（mg/kg）
湟中县土门关乡贾尔藏村	8.34	1.24	15.68	290	14	311
湟中县上新庄镇马场村	7.96	0.97	45.87	313	8	360
大通县东峡镇杏花庄村	8.24	1.11	29.30	165	9	178

菊芋在东部农业区的中高位山旱地种植，其株高为 162.9～231.3cm；茎粗为 1.56～2.33cm；分枝数为 0.5～10.6；块茎数量方面，早熟品系为 21.3～33.3，中晚熟品系为 7.1～13.7；块茎大小方面，早熟品系平均单重为 13.9～20.8g，中熟品系为 17.6～31.5g，晚熟品系为 11.3～21.0g；块茎产量方面，早熟品系为 1054.7～1466.2kg/667m²，中熟品系为 607.1～813.8kg/667m²，晚熟品系为 510.5～706kg/667m²；总生物量方面，早熟品系为 1875.4～2252.5kg，中熟品系为 1976.0～2361.4kg，晚熟品系为 2341.9～2697.0kg（表 8.22）。

上述旱地试验中，从优良菊芋品系中筛选有代表性的品系 6 份，其中早、中、晚熟各 2 份，掌握了菊芋在青海山旱地适应性的基本情况及与水浇地的对比情况。筛选出适宜山旱地栽培的菊芋品种 2 个；开展了低位山旱地菊芋施肥配方优化研究，应用氮、磷、钾三因素 "3414" 试验设计，研究了氮、磷、钾肥用量和配比对山旱地上菊芋产量的影响，并获得了相应的回归模型，通过解析模型，得出了山旱地菊芋产量最高时的施肥量为：N 23.74kg/667m²、P_2O_5 133.40kg/667m²、K_2O 22.23kg/667m²，理想的最高产量为 7524.54kg/667m²（邵登魁和钟启文，2015）。通过不同耕地类型菊芋种植模式对比研究，发现菊芋生产采用宽窄行配置虽在生育前期对地上部器官生长发育有一定促进作用，但

表 8.22　中高位山旱地菊芋生长发育与产量情况

试验点	资源名称	株高（cm）	茎粗（cm）	分枝数	块茎数	块茎单重（g）	茎叶产量（kg/667m²）	块茎产量（kg/667m²）
湟中县土门关乡贾尔藏村	青芋1号	222.2	1.89	7.6	27.3	14.3	906.2	1054.7
	W25	231.3	1.85	7.8	21.3	20.8	976.4	1276.1
	青芋2号	218.2	2.17	4.8	9.6	22.9	1573.9	787.5
	W30	207.9	2.15	5.1	10.3	24.1	1625.3	659.3
	青芋3号	200.1	2.25	10.5	9.5	18.5	2098.6	528.2
	W22	194.8	2.33	10.6	9.2	19.2	2186.5	510.5
湟中县上新庄镇马场村	青芋1号	202.1	1.83	1.7	30.5	13.9	769.5	1105.9
	W25	211.7	1.79	2.4	23.2	20.6	717.6	1364.6
	青芋2号	186.9	1.97	0.5	8.5	20.4	1326.7	649.3
	W30	192.7	1.96	0.7	7.1	17.6	1406.6	607.1
	青芋3号	187.3	1.88	1.2	11.4	11.3	1823.9	518.0
	W22	162.9	1.92	2.2	12.7	13.5	1879.1	572.6
大通县东峡镇杏花庄村	青芋1号	197.5	1.62	5.2	33.3	14.0	813.9	1376.8
	W25	192.3	1.56	5.5	25.6	20.1	737.7	1466.2
	青芋2号	187.2	1.72	3.0	10.4	26.9	1397.2	764.1
	W30	188.7	1.80	2.7	9.6	31.5	1305.2	813.8
	青芋3号	180.5	1.98	4.4	13.7	18.3	1764.9	677.3
	W22	179.8	1.93	4.1	12.0	21.0	1697.3	706.1

未能产生增产效应，垄沟种植是当前旱地农业采用较多的栽培技术，有利于集雨保墒。低位山旱地菊芋采用垄沟种植，生育前期促进器官生长发育且具有显著的增产效应（李江等，2006；王丽慧，2010）。通过种植密度对低位山旱地菊芋生长发育与产量的影响研究，发现种植密度越小，菊芋单株地上部的生长状况越好，光合作用能力越强。但随密度的减小，单位面积株数减少，光合作用面积减少，光能利用率不高。研究表明，在种植密度为 3500 株/亩左右时，产量达到最高（侯全刚等，2005）。

通过对菊芋在山旱地的种植、菊芋不同品种的适应性及山旱地高效生产关键技术研究，笔者对菊芋山旱地栽培进行了适应性评价，筛选出适宜的菊芋新品种，组装了菊芋平衡施肥、抗旱节水及栽培密度等技术，优化了农艺措施，集成山旱地菊芋栽培技术，并建立起国家级菊芋标准化示范区，开展了山旱地菊芋的标准化种植的示范推广，通过技术集成与示范，既调整了山旱地的种植业结构，又实现菊芋生产"不与粮争地"的目标，同时还带动了山区农民致富，取得了良好的经济效益和社会效益。

参 考 文 献

陈良. 2011. 2 种菊芋幼苗对镉胁迫的响应及外源水杨酸的缓解作用. 南京农业大学硕士学位论文: 46-48.

陈荣健. 2017. 不同环境因素对菊芋生长和繁殖策略的影响. 兰州大学硕士学位论文.

迟金和. 2009. 莱州湾滨海盐土连作对菊芋产量和品质及土壤性状的影响. 南京农业大学硕士毕业论文.

丁天凤. 2017. 光周期处理对菊芋生长的影响. 兰州大学硕士学位论文.

樊光辉, 马玉林. 2008. 柴达木盆地荒漠地菊芋栽培试验. 青海农林科技, 3: 16-17.

范国儒, 秦秀忱, 金志刚. 2004. 菊芋在辽宁沙区的栽植技术及试验效果分析. 辽宁林业科技, 4: 15-16.

方金芝. 2011. 淮南矿区植物修复潜力研究及农作物重金属评价. 安徽理工大学硕士学位论文: 47-50.

高凯, 朱铁霞, 邓波, 等. 2016. 顶端优势去除对菊芋物质分配规律的影响. 中国草地学报, 38(1): 14-19.

高凯, 朱铁霞, 张永亮. 2013. 水、氮对不同收获时间菊芋株高和物质分配规律的影响. 中国草地学报, 35(01): 49-54.

顾鑫, 任翠梅, 杨丽, 等. 2017. 不同施氮水平对旱地菊芋生长及产量的影响. 北方园艺, (22): 108-112.

侯全刚, 李江, 李莉, 等. 2005. 种植密度对菊芋植物学性状及产量的影响. 青海科技, 1: 24-25.

黄东兵, 彭莉霞. 2018. 菊芋光响应曲线最佳模型选择及其环境适应性. 黑龙江农业科学, (3): 41-45.

黄增荣, 隆小华, 李洪燕, 等. 2010. 江苏北部滨海盐土盐肥耦合对菊芋生长和产量的影响. 土壤学报, 47(4): 709-715.

回飞, 刘辉, 腾爱娣, 等. 2017. 去花对菊芋块茎产量及物质分配规律的相关性研究. 草原与草业, 29(1): 43-48.

贾若凌. 2012a. 铜胁迫对菊芋幼叶生理生化指标的影响. 河南农业科学, 41(8): 154-156.

贾若凌. 2012b. 重金属 Zn 对菊芋幼叶生理生化指标的影响. 安徽农业科学, 40(12): 7354-7358.

孔涛, 吴祥云, 刘玲玲, 等. 2009a. 风沙地种菊芋生长节律及光合特性的比较研究. 山西农业科学, 37(7): 40-43.

孔涛, 吴祥云, 刘玲玲, 等. 2009b. 风沙地菊芋的主要生态学特性. 生态学杂志, 28(9): 1763-1767.

李常艳, 张格, 毛振华. 2012. 我国北方沙区植被建设的优良植物——菊芋. 内蒙古林业, 12: 20-21.

李辉. 2014. 菊芋去花对菊芋生长发育的影响以及对参与生长阶段调控基因 NF-YB 家族的克隆和表达分析. 南京农业大学硕士学位论文.

李辉, 康健, 赵耕毛, 等. 2014. 盐胁迫对菊芋干物质和糖分积累分配的影响. 草业学报, 23(2): 160-170.

李江, 钟启文, 马本元. 2006. 低位山旱地区菊芋栽培方式筛选试验. 青海科技, 1: 29-30.

李璟琦. 2008. 陕西榆林区菊芋资源的综合利用及发展前景. 陕西农业科学, 3: 141-143.

李莉, 孙雪梅. 2011. 青海高原菊芋产业发展探析. 中国种业, 9: 22-24.

李世煜, 晋小军, 席旭东, 等. 2010. 内陆干旱灌区次生盐渍化土壤适宜种植菊芋品种筛选. 中国农学通报, 26(15): 198-202.

李屹, 黄高峰, 孙雪梅. 2012. 干旱胁迫对菊芋苗期生长的影响. 江苏农业科学, 40(10): 75-77.

李屹, 王丽慧, 赵孟良, 等. 2015. 干旱胁迫下菊芋叶片光合变化规律研究. 湖北农业科学, 54(4): 886-892.

李屹, 王丽慧, 赵孟良, 等. 2016. 自然生境下菊芋 3 种碳水化合物含量积累及动态变化研究. 西南农业学报, 29(7): 1687-1693.

刘丹梅, 姜吉禹, 杨君. 2009. 菊芋的生态功能研究. 北方园艺, 10: 140-142.

刘辉, 初文凯, 滕爱娣, 等. 2016a. 去叶对菊芋块茎产量及物质分配规律的相关性研究. 草地学报, 24(5): 1114-1118.

刘辉, 滕爱娣, 王琳, 等. 2016b. 去叶对不同时期菊芋生物量、株高和生长速率的影响. 草地学报, 24(4): 915-918.

刘军政. 2008. 对我国西部菊芋种植与土地荒漠化防治研究的探索. 甘肃科技, 19(6): 106-107.

刘鹏, 王秀飞, 张维东, 等. 2013. 非粮能源植物菊芋对改良吉林西部盐碱沙地的作用及应用前景. 北方园艺, 24(6): 199-202.

刘兆普, 刘玲, 陈铭达, 等. 2003. 利用海水资源直接农业灌溉的研究. 自然资源学报, 18(4): 423-429.

刘祖昕, 谢光辉. 2012. 菊芋作为能源植物的研究进展. 中国农业大学学报, 17(6): 122-132.

隆小华, 刘兆普, 陈铭达, 等. 2005. 半干旱地区海涂海水灌溉菊芋盐肥耦合效应的研究. 土壤学报, 42(1): 91-97.

隆小华, 刘兆普, 蒋云芳, 等. 2006. 海水处理对不同产地菊芋幼苗光合作用及叶绿素荧光特性的影响. 植物生态学报, 30(5): 827-834.

隆小华, 刘兆普, 刘玲, 等. 2004. 不同浓度海水胁迫对菊芋幼苗生长发育及磷吸收的影响. 植物研究, 24(3): 331-334.

隆小华, 刘兆普, 王琳, 等. 2007. 半干旱地区海涂海水灌溉对不同品系菊芋产量构成及离子分布的影响. 土壤学报, 2: 300-306.

鹿天阁, 周景玉, 马义, 等. 2007. 优良的防沙治沙植物——菊芋. 辽宁林业科技, 2: 58-60.

吕殿录, 华晓晶. 2001. 种植克沙菊芋治理沙漠. 辽宁城乡环境科技, 21(1): 9-10.

吕世奇. 2015. 土壤汞污染对菊芋生理生化特性影响. 兰州大学硕士学位论文: 16-31.

马玉明, 龙锋. 2001. 我国东部沙地菊芋生长的调查研究. 中国草地, 23(6): 42-44.

钱寿福, 孟好军. 2010. 干旱半干旱地区沙化土地菊芋种植试验. 防护林科技, 4: 30-32.

钱寿福, 孟好军. 2012. 菊芋种植对沙化土地土壤理化性质的影响. 防护林科技, 1: 22-24, 28.

任红旭, 陈雄, 孙国钧, 等. 2000. 抗旱性不同的小麦幼苗对水分和 NaCl 胁迫的反应. 应用生态学报, 11(5): 718-722. .

邵登魁, 钟启文. 2015. 菊芋山旱地栽培氮磷钾元素配比及平衡施肥回归模型研究. 青海农林科技, 4: 1-4.

邵帅. 2015. 菊芋对土壤逆境胁迫的响应及氮素的调控效应研究. 东北林业大学博士学位论文.

沈光, 徐海军, 周琳. 2013. 能源植物菊芋在松嫩盐碱地区的栽培试验研究. 黑龙江农业科学, 2: 21-25.

石元春. 2005. 发展生物质产业. 发明与创新, 5: 4-6.

孙晓娥. 2013. 氮磷及其交互效应对菊芋生长、块茎产量及品质的影响. 南京农业大学硕士学位论文.

孙晓辉, 孔涛, 卢慧, 等. 2005. 阜新地区菊芋生长及光合性能指标研究. 防护林科技, (5): 23-25.

孙雪梅, 王丽慧, 钟启文. 2012. 贮藏期菊芋块茎碳水化合物含量变化动态研究. 北方园艺, (11): 131-134.

田迅, 朱铁霞, 乌日娜, 等. 2015. 断根对菊芋块茎产量及品质的影响. 草业科学, 32(12): 2083-2088.

王柏青, 陈绮莉. 2009. 某市工业区土壤重金属污染及富集植物的研究. 环境科学与管理, 34(9): 35-43.

王洪峰, 季景满, 汪海霞, 等. 2011. 菊芋在高寒地区盐碱化公路边坡绿化中的应用. 公路, 12: 181-183.

王军, 倪玮, 周峰. 2013. 江苏沿海滩涂菊芋需肥规律及施肥技术. 中国园艺文摘, (4): 152-161.

王丽慧. 2010. 不同耕地类型菊芋种植模式对比研究. 青海农林科技, 3: 1-4, 57.

王丽慧. 2013. 菊芋苗期氮磷钾缺乏症状与生理特性研究. 青海大学硕士学位论文.

王喜武, 吴德东, 袁春良, 等. 2006. 试论菊芋治沙. 防护林科技, 5: 45-46.

乌日娜. 2015. 根系切割对菊芋块茎生物产量及品质的影响. 内蒙古农业大学硕士学位论文.

吴祥云. 2002. 生态经济型治沙植物新材料——菊芋. 新农业, 7: 44-46.

夏天翔, 刘兆普, 蔡长海, 等. 2004. 莱州湾利用海水资源灌溉菊芋研究. 干旱地区农业研究, 22: 60-63.

薛延丰, 刘兆普. 2008. 不同浓度 NaCl 和 Na₂CO₃ 处理对菊芋幼苗光合及叶绿素荧光的影响. 植物生态学报, 32(1)161-167.

薛志忠, 杨雅华, 李海山, 等. 2017. NaCl 胁迫对菊芋幼苗及根系生长的影响. 江苏农业科学, 45(6): 132-134.

闫刚, 张春梅, 邹志荣. 2012. 外源亚精胺对干旱胁迫下番茄幼苗碳水化合物代谢及相关酶活性的影响. 干旱地区农业研究, 30(1): 143-148.

阎秀峰, 李一蒙, 王洋. 2008. 改良松嫩盐碱草地的优良植物——菊芋. 黑龙江大学自然科学学报, 6: 812-816.

杨彬. 2016. 种薯大小与施肥对能源植物菊芋生长的影响. 兰州大学硕士学位论文.

杨斌. 2010. 非充分灌溉对菊芋水分光合生态特征及生产力的影响. 甘肃农业大学硕士学位论文.

杨国涛, 郭玉海, 杜友, 等. 2010. 干旱胁迫对柽柳-肉苁蓉碳水化合物分配及有效成分含量的影响.

安徽农业科学, 38(26): 14246-14247, 14249.

查国东, 龙锋, 马世威. 2003. 开发利用菊芋是风沙区的致富之路//中国治沙暨沙产业研究——庆贺中国治沙暨沙业学会成立 10 周年(1993～2003)学术论文集. 北京: 中国治沙暨沙业学会.

张邦定. 1997. 菊芋的开发与栽培. 四川农业科技, 5: 40-41.

张国新, 郝桂琴, 刘雅辉, 等. 2014. 盐分胁迫对菊芋幼苗生长指标的影响. 河北农业科学, 18(3): 13-16, 100.

张国新, 杨扬, 薛志忠. 2011. 菊芋应用价值及其在河北滨海盐碱区的发展前景. 河北农业科学, 15(8): 72-74.

张捷. 2014. 菊芋用于寒区盐碱地公路绿化的研究及景观评价. 东北林业大学博士学位论文: 26-51.

张前进, 陈永春, 士凯. 2013. 淮南矿区土壤重金属污染的植物修复技术及植物优选. 贵州农业科学, 41(4): 164-167.

张钰洺, 邢旭东. 2015. 长株潭地区土壤重金属污染植物修复可行性初探——以株洲某工业区为例. 云南地理环境研究, 27(5): 73-78.

赵俊香, 刘守伟, 吴凤芝. 2015a. 盐碱胁迫对 4 种菊芋材料种子萌发及幼苗生长的影响. 作物杂志, 1: 133～137. .

赵俊香, 任翠梅, 吴凤芝, 等. 2015b. 16 份菊芋种质苗期耐盐碱性筛选与综合鉴定. 中国生态农业学报, 23(5): 620-627.

钟启文. 2007. 菊芋生长发育动态及氮磷钾吸收积累与分配. 青海大学硕士学位论文.

钟启文, 李屹, 孙雪梅, 等. 2012. 干旱胁迫下菊芋苗期糖代谢响应研究. 西南农业学报, 25(4): 1238-1241.

钟启文, 王怡, 王丽慧, 等. 2007. 菊芋生长发育动态及光合性能指标变化研究. 西北植物学报, 27(9): 1843-1848.

朱莉华, 焦建鹏. 2013. 在宁夏开展林下种植菊芋的可行性研究. 科学研究, 1: 33-35.

朱铁霞, 高凯, 王琳, 等. 2017. 断根对菊芋 C、N、P 化学计量特征的影响. 内蒙古民族大学学报(自然科学版), 32(5): 412-417.

朱铁霞, 门果桃, 王琳, 等. 2016a. 断根对菊芋数量性状和质量性状的影响. 草地学报, 24(5): 1055-1061.

朱铁霞, 王琳, 高阳, 等. 2016b. 断根对菊芋生长速率和物质积累速率的影响. 北方园艺, (21): 28-31.

朱铁霞, 乌日娜, 刘辉, 等. 2016c. 断根对菊芋热值和灰分含量动态变化及其相关性的影响. 草地学报, 24(2): 467-472.

朱铁霞, 乌日娜, 于永奇. 2014. 不同氮肥施用量下菊芋株高及各器官生物量分配动态研究. 草地学报, 22(1): 199-202.

Ehdaie B, Alloush G A, Madore M A, et al. 2006. Genotypic variation for stem reserves and mobilization in wheat. I. Postanthesis changes in internode dry matter. Crop Science, 46: 735-746.

Foyer C H, Lelandais M, Kunert K J. 1994. Photooxidative stress in plants. Physiologia Plantarum, 92: 693-717.

Long X H , Chi J H , Liu L, et al. 2009. Effect of seawater stress on physiological and biochemical responses of five Jerusalem artichoke ecotypes. Pedosphere, 19: 208-216.

Long X H , Metha S K, Liu Z P. 2008. Effect of NO_3^--N enrichment on sea water stress tolerance of Jerusalem artichoke (*Helianthus tuberosus*). Pedosphere. 18: 113-123.

Monti A , Amaducci M T, Venturi G. 2005. Growth response, leaf gas exchange and fructans accumulation of Jerusalem artichoke (*Helianthus Tuberosus* L.) as affected by different water regimes. European Journal of Agronomy, 23: 136-145.

Plaut Z, Butow B J, Blumenthal C S, et al. 2004. Transport of dry matter into developing wheat kernels and its contribution to grain yield under post-anthesis water deficit and elevated temperature. Field Crops Research, 86: 185-198.

Sanita T L, Gabbrielli R. 1999. Response to cadmium in higher plants. Environmental & Experimental Botany, 41: 105-130.

Zhou X G, Gao D M, Zhao M L, et al. 2016a. Dynamics of soil bacterial communities in Jerusalem artichoke monocropping system. Allelopathy Journal, 23: 165-176.

Zhou X G, Zhang J H, Gao D M, et al. 2016b. Conversion from long-term cultivated wheat field to Jerusalem artichoke plantation changed soil fungal communities. Scientific Reports, 7: 41502.

Zhou X G, Wang Z L, Jia H T, et al. 2018. Continuously monocropped Jerusalem artichoke changed soil bacterial community composition and ammonia-oxidizing and denitrifying bacteria abundances. Frontiers in Microbiology, 9: 705.

第9章 菊芋的栽培技术

菊芋为多年生宿根性草本植物,它的种植范围极其广泛,是高等植物中唯一能从热带到寒带、从低海拔的沿海地区到4000m以上高原、从降雨量低于100mm到降雨量为3000mm的地区都能种植的作物,被称为"魔鬼植物"(Stanley and Nottingham,2008)。菊芋原产北美洲,从17世纪开始作为高产"救荒粮"向全世界扩散,并且大面积种植,在欧洲,特别是法国和德国大量种植(Hennig,2000)。菊芋在我国曾经多在宅边、地头零星种植,仅用作腌制酱菜食用。随着菊芋用途不断被挖掘,目前我国大多数地区均有其栽培,尤以西北地区为主,规模化生产面积不断扩大。青海省是国内最早开展菊芋栽培技术研究及产业化开发的省份,笔者自20世纪90年代起即开展了菊芋适宜栽培地区的调查与评价,进行了菊芋不同品种适应性及相关配套技术研究;对不同地区不同耕地类型进行了菊芋种植区域规划,自主培育了青芋1号、青芋2号、青芋3号、青芋4号菊芋新品种,并针对不同菊芋品种的特性,开展良种生产和高产栽培技术试验与研究,构建了菊芋水浇地丰产栽培技术、菊芋山旱地适应性栽培技术体系,柴达木盆地沙产业开发的相关栽培技术;建立国家级菊芋标准化示范区,将菊芋种植区域拓展到了我国多个省份的山旱地、沙荒地,通过技术集成与示范,实现菊芋优良品种的专业化生产和规模化种植。

9.1 种 植 期

菊芋喜稍冷凉而干燥的气候,抗寒、抗旱,块茎在0~6℃时萌动、8~10℃出苗,由于菊芋的地下块茎能在寒冷的北方土壤下越冬,翌年萌发新株,故常被误认为多年生作物。菊芋幼苗能耐1~2℃的低温,在18~22℃,日照12h的条件下,有利于块茎的形成。笔者以122份菊芋资源为试验材料,按成熟的早晚进行熟性研究,结果表明,菊芋生长周期一般为130~178d,并将其划分为早熟、中熟及晚熟三种类型,可根据不同的耕地条件及不同的产业需求来选择种植品种的类型。

全国各地菊芋,包括青海省东部农业区、黄河流域等地区的水浇地、地位山旱地,种植期基本接近。菊芋适宜的播种期为:秋季播种为10月中、下旬,春季播种在3月下旬、土壤解冻后至4月上、中旬。青海省以春季播种为主。春季播种的菊芋,早熟品种在10月中旬90%以上的茎叶干枯时采收,晚熟品种可到10月下旬及11月上旬地上茎死亡后成熟采收(侯全刚等,2004)。甘肃省常年均可种植,但以春秋两季种植最佳。春季播种应在土壤解冻后3月上、中旬播种,秋播在10月下旬至11月上旬进行(石建业和任生兰,2008;乔明,2009;师国荣和师增胜,2010)。宁夏固原、隆德等南部山区可采用秋季和春季两个种植时间。秋季播种在霜降后土壤封冻前进行,播后浇灌冬水,使菊芋能够安全越冬和春季正常萌发。秋季播种的菊芋因出芽早故收获时间较正常春季播种提早 15d 左右，且产量高、薯块大，因此提倡改春播为秋播，以提高菊芋产量和品质。春季播种时间一般在 3 月中下旬至 4 月上中旬，土壤解冻后，播种方法同秋季播种（崔红艳等，2010；吴建宏，2013）。在黑龙江，菊芋秋播应在 10 月下旬至 11 月上旬进行。菊芋秋播比春播出苗早，贮茎快，且茎块大，产量能提高 12%；春季播种在 3 月下旬至 4 月上旬为宜（胡媛秋等，2010）。菊芋在江苏泰兴地区为一年一季栽培，一般在 3 月下旬至 4 月上旬播种，地膜覆盖的可适当提前，霜降前地上部分枯黄时适时采收（丁磊等，2004）。江苏盱眙县春播、秋播皆可，春季在 3～5 月播种，10 月下旬或 11 月收获；秋季于 10 月下旬或 11 月上中旬播种，翌年收获（沈月和林成芳，2009）。在辽宁，菊芋种植也可在秋、春两季进行，以秋季播种为好。秋季在土壤上冻前播种，其好处在于栽后地面所形成的垄状和畦埂能拦截、保存多量积雪不被风刮走，还可把积雪运至已栽的菊芋田里，这样既能保温又能增加水分。次年春季，温度回升后菊芋马上萌发生长，与春栽相比可增加半个月生长期。春季播种适宜于秋季土地无法耕种、无霜期较短的立地条件和气候（范国儒，2004；杜凤霞，2006）。一般为春季解冻后，4 月上、中旬开始种植，栽植方法与秋季栽培相同，待菊芋叶、茎枯死后进行采收（吴德东等，2005）。菊芋在山东、江苏等地的沿海滩涂地区种植时，平均气温 10℃以上时播种（邓晔，2013）。一般还是采取春播、秋播的方式，春季在 3～5 月播种，10 月下旬或 11 月收获，秋季于 10 月下旬或 11 月上中旬播种，翌年收获（王军和李萍，2013）。在长江中下游地区，菊芋一般在春季土壤化冻后，3 月上旬至 4 月上旬播种（王敏敏和蔡冬雷，2013）。

9.2 播 种

菊芋主要是通过块茎组织外植体进行繁殖。块茎繁殖分为切块播种与整块播种两种方式。块茎或切块的大小对产量的影响较为明显。生产中应选择无腐烂、无病虫、单重 30～50g 的菊芋块茎作种，大块茎可切块。为了探讨菊芋种用块茎最佳的利用方式，杨彬（2016）在甘肃省兰州市榆中县开展了种薯大小对菊芋农艺性状及产量的影响试验。同时课题组成员利用自主选育的青芋 1 号菊芋品种，也分别开展了菊芋种芋单重对产量的影响及菊芋切块播种与整块播种对产量及植物学性状的影响试验研究（李江等，2005；李莉等，2005）。

9.2.1 种芋单重对产量的影响

菊芋种芋的大小是产量形成的重要因素之一，本节就菊芋种芋单重对植物学性状及产量的影响进行了研究，旨在确定适宜的种芋单重，为科学种植提供依据。

1. 材料与方法

以青芋 1 号菊芋为试材，试验在青海大学农林科学院园艺所试验基地进行，土壤类型为栗钙土，土壤有机质 17.12g/kg、全氮 1.012g/kg、全磷 2.39g/kg、碱解氮 0.069g/kg、速效磷 0.065g/kg，肥力水平中等，地区类型属湟水流域灌区，有灌溉条件。设计单因素试验，设三个处理，A：种芋单重 20g；B：种芋单重 35g；C：种芋单重 50g。试验于

2004 年 4 月上旬播种，整个生育期浇水 3 次，分别为苗期、植株生长期、块茎膨大期；追肥 2 次，分别为苗期和植株生长期，667m² 追肥量为尿素 5 kg、磷酸二氢 10kg。中期除草，同时进行菊芋生长期的植物学性状及物候期观察记载，10 月下旬收获，测产。

2. 结果与分析

(1) 种芋单重对菊芋物候期的影响

通过对菊芋物候期观测（表 9.1）可知，青芋 1 号菊芋种芋单重不同，对物候期无明显影响。

表 9.1 菊芋物候期观察记载表（日/月）

处理	播种期	出苗期	现蕾期	盛花期	成熟期	生育天数（d）
A	9/4	11/5	5/8	28/8	27/9	171
B	9/4	12/5	4/8	30/8	29/9	173
C	9/4	12/5	7/8	1/9	30/9	174

(2) 种芋单重对菊芋植物学性状的影响

9 月中旬进行菊芋地上部植株植物学性状的观察记载。由表 9.2 可知，不同处理对青芋 1 号菊芋的株高、开展度、侧枝数、茎粗、花蕾数等地上部植物学性状影响不大。但随着种芋单重的增加，节间长、茎数和叶片数增多。

表 9.2 菊芋地上部植物学性状记载表

处理	株高（cm）	开展度（cm）	节间长（cm）	侧枝数	茎粗（cm）	茎数	叶柄长（cm）	叶片数	花蕾数
A	286.3	49.9	7.3	47.8	1.96	1.87	6.0	335.2	8.8
B	289.8	48.0	7.8	47.6	1.94	2.55	6.4	364.7	9.5
C	287.5	45.1	8.8	44.6	1.86	2.73	6.0	383.2	9.3

10 月下旬收获时测定块茎性状。由表 9.3 可知，随着种芋单重的增加，菊芋每株块茎数和最大块茎重增加，但平均单重基本不变。菊芋大中块茎数量主要取决于最初发生的葡匐茎，而葡匐茎首先发生在基部茎节，侧芽所生的茎数增多，葡匐茎数增加，块茎数随之增加。菊芋叶片数增加，光合面积加大，同化能力增强，产量增加。

表 9.3 块茎性状记载表

处理	每株块茎数	平均块茎单重（g）	最大块茎重（g）
A	34.2	22.6	66.6
B	45.9	22.5	71.5
C	51.7	22.6	75.3

(3) 种芋单重对产量的影响

本研究对产量进行了 F 测验，测验结果见表 9.4。

表9.4 产量 *F* 测验结果

变异来源	自由度	平均和	均方	*F* 值	$F_{0.05}$
处理间	2	315.87	157.93	3.74	
误差	6	77.75	12.96	12.19	5.14
总变异	8	393.62	49.20		

由表9.4可知，F（12.19）＞$F_{0.05}$（5.14），说明各处理间差异显著。

通过新复极差分析（表9.5）可知，种芋单重50g时，菊芋产量最大；种芋单重35g时，产量其次；种芋单重20g时，产量最低。

表9.5 新复极差测验结果

处理	小区产量（kg/17.5m²）	折合亩产量（kg/667m²）	差异显著性	
			α=0.05	α=0.01
C	68.69	2618.1	a	A
B	65.89	2511.4	a	A
A	54.96	2094.6	b	B

（4）效益分析

种芋单重的不同，使得播种量也不同，对各处理进行投入产出的效益分析，结果见表9.6。

表9.6 各处理间效益分析（kg/667m²）

处理	播种量	产量	实际产出
A	83.4	2094.6	2011.2
B	97.3	2511.4	2414.1
C	139.0	2618.1	2479.1

由表9.6可以看出，种芋单重50g时的实际产出为最大，但与种芋单重35g时的实际产出相差不大。说明随着种芋单重的增加，用种量增加，若继续增大种芋单重，实际增产量差异将不再显著。

9.2.2 块茎切块与整块播种效果对比

菊芋一般有切块播种与整块播种两种种植方式，为了比较种用块茎切块与否对菊芋植物学性状、产量等方面的影响，本研究开展了本试验，通过对比分析，为菊芋科学用种提供依据。

1. 材料与方法

以青芋2号菊芋为试材，设切块（A）与整块（B）2个处理，单重均为30g，3次重复。在青海大学农林科学院园艺所试验基地进行。整个生育期浇水3次，分别为苗期、植株生长期、块茎膨大期；追肥2次，分别为苗期、植株生长期，每次尿素75kg/667m²、磷酸二铵150kg/667m²。并做好除草工作。

2. 结果与分析

（1）不同处理物候期比较

从表 9.7 可以看出，菊芋切块与整块种植生育期相同，播种期均为 4 月 10 日，出苗时间均为 5 月 18 日，经历了 39d，现蕾时间为 8 月 16 日，为出苗后的 3 个月，总生育期为 199 d。

表 9.7　不同处理物候期观察表（日/月）

处理	播种期	出苗期	现蕾期	盛花期	收获期	生育天数（d）
A	10/4	18/5	16/8	20/9	26/10	199
B	10/4	18/5	16/8	20/9	26/10	199

（2）不同处理植物学性状比较

9 月中旬进行了地上部植物学性状的调查，调查结果见表 9.8。

表 9.8　两种处理对地上部植物学性状的影响

处理	株高（cm）	节间长（cm）	茎粗（cm）	开展度（cm）	最大叶（长×宽）（cm）	叶柄长（cm）	侧枝数	花朵数
A	265	4.68	2.111	4.82	19.42×12.15	6.85	51	12.3
B	269.5	5.05	2.031	5.05	21.1×12.4	7.25	52.6	9.5

从表 9.8 可以看出，切块播种时菊芋茎粗略高于整块播种，但株高、节间长、开展度、最大叶、叶柄长、侧枝数等性状，整块播种均高于切块播种，表明切块播种光合面积小，较整块播种生长势弱。

10 月下旬采收时进行了块茎性状的调查，结果见表 9.9。

表 9.9　两种处理对块茎性状的影响

处理	皮色	肉色	块茎形状	块茎大小（cm）	块茎数	平均单重（g）
A	红	白	瘤状	4.765×8.85	22.2	47.7
B	红	白	瘤状	4.868×8.836	18.9	65.9

从表 9.9 可见，整块及切块两处理对皮色、肉色、块茎形状没有影响，单株块茎数切块播种较整块播种高，而平均单重整块播种较切块播种高。

由表 9.10 可以看出，小区产量整块播种均大于切块播种，产量有增加优势，增产 204kg/667m²，增产率为 8.87%，但差异显著性检验结果表明，菊芋的切块和整块播种的产量影响差异不显著。

表 9.10　不同处理对产量的影响

处理	小区产量（kg/68.48m²）	折合亩产量（kg/667m²）	增产率（%）	差异显著性
A	236.35	2301.1	0	a
B	257.30	2505.1	8.87	a

3. 小结

菊芋在同等播种量条件下，整块播种的植物学性状、产量均优于切块播种。如果在生产中种块充足，可尽量采用整块播种。同时在青海省的菊芋规模化生产中，应选择无腐烂、无病虫、单重 30～50g 的菊芋块茎作种，大块茎可切块，保证每个种用块茎上都有 1 个以上的芽眼。

9.3 品种选择与青海不同区域适应性

菊芋因栽培区域、气候条件、土壤性状和栽培技术的不同，其收获产量差异很大。不同种植区域应选择不同品种采取适宜的栽培技术，方能达到理想产量。隆小华等（2010）选择南芋 1 号、青芋 2 号、青芋 1 号和能芋 1 号在青海及新疆非耕地开展了品种比较试验，结果表明，南芋 1 号和青芋 2 号在青海大通县产量较高，南芋 1 号、青芋 2 号、青芋 1 号和能芋 1 号在新疆表现与在青海大通县表现完全不同，南芋 1 号块茎及生物产量显著高于其他 3 个品种。在新疆，南芋 1 号在高肥（磷酸二铵 450kg/hm^2）处理下产量最高，在覆膜、平栽、低肥（磷酸二铵 225kg/hm^2）处理下最低，不同处理下单株块茎个数也不同，同样，青芋 2 号在 E 处理下产量最高，而在 C 处理下最低，不同处理下单株块茎个数也不同，说明不同试验处理对南芋 1 号和青芋 2 号块茎影响显著。在青海，南芋 1 号在 E 处理下产量最高，而在垄栽（起垄 15cm 栽种）、裸地、低肥（磷酸二铵 225kg/hm^2）处理下最低，不同处理下单株块茎个数也不同，说明在青海不同试验处理对南芋 1 号块茎影响显著。而青芋 2 号产量较南芋 1 号高，在 B 处理下产量最高，而在 E 处理下较低，不同处理下单株块茎个数也不同，说明不同试验处理对青芋 2 号块茎影响也显著。在新疆和青海不同耕作措施对菊芋块茎产量和块茎个数影响较显著。试验结果表明，不同区域根据不同品种采取适当栽培措施方能达到理想产量。

潘红丽和王殿奎（2008）开展了菊芋品种（系）在黑龙江松嫩平原的鉴定和筛选。黑龙江省西部有盐碱地 1000.5 万亩，主要分布在大庆、齐齐哈尔南部，这些地区风沙大、水土流失严重，不同程度地制约着农业及畜牧业的发展。该试验搜集国内菊芋资源 7 份，观察不同品种植物学性状及测定块茎产量，结果表明，搜集的不同地区不同品种的菊芋都具有一定的耐盐碱性，而青芋 1 号、青芋 2 号品种性状表现不亚于其在青海省的表现。青芋 2 号品种、庆芋 2006-1 品系植物学性状表现优良，块茎大产量高，且块茎着生集中易收获，可用于生产加工；庆芋 1 号、庆芋 2006-2 纤维根系发达，但块茎小，可用来防风固沙改良土壤。建议在黑龙江省选择青芋 2 号、庆芋 2006-1 这两个耐盐碱、高产的菊芋品种（系），同时建议在 4 月中旬播种。谢逸萍等（2010）对从国内徐州 1 号、徐州 2 号、南充 1 号、重庆 1 号、重庆 2 号、北京大兴、青芋 1 号、盐城 1 号等 8 个菊芋品种进行了海涂利用评价，结果表明，大兴 1 号的产量表现较好，鲜产、干产和糖产量分别达到 77 413.8kg/hm^2、17 505.9kg/hm^2、12 381.9kg/hm^2；徐州 2 号次之，其鲜产、干产和糖产量分别达到 71 918.1kg/hm^2、16 090.5kg/hm^2、10 349.4kg/hm^2。这 2 个品种在江苏沿海滩涂能源作物的开发利用上均有较高的价值。

青海省开展了菊芋适宜栽培地区调查与评价，进行了菊芋不同品种适应性研究，对不同地区不同耕地类型进行菊芋不同品种种植区域的规划。青海省地处青藏高原东北部，全省均属在高原范围之内，地形复杂，地貌多样，气候条件差异明显，因此本研究在青海省的不同生态区安排了菊芋种植试验（表 9.11）。从现有菊芋品系中筛选有代表性的品系 6 份，早、中、晚熟各 2 份，其中青芋 1 号和 W25 为早熟品种（系）、青芋 2 号和 W30 为中熟品种（系），青芋 3 号和 W22 为晚熟品种（系）。在海东市的平安区、乐都区、民和县、互助县、循化县，西宁市及其所辖的大通县、湟中县、湟源县，海西州的德令哈市、都兰县香日德，海南州的贵德县、共和县、同德县，海北州的海晏县、门源县共 23 个试验点安排了菊芋适应性试验。土地类型包括耕地和非耕地，耕地涉及水浇地、低位山旱地、中高位山旱地，非耕地涉及盐碱地、沙化地、沙荒地、草滩地等，基本涵盖了青海省的土地类型（山旱地、碱地、沙化地和沙荒地的试验结果详见第 8 章）。

表 9.11　菊芋适应性研究试验点分布情况

序号	试验区域	试验点	面积（亩）
1	海东市和西宁市	15	51.7
2	海西州	3	7.6
3	海南州	3	5.8
4	海北州	2	2.2
	合计	23	67.3

9.3.1　海东市和西宁市

在海东市和西宁市主要进行了水浇地、低位山旱地、中高位山旱地的适应性试验。水浇地试验选择城北区二十里铺镇莫家庄村、大通县长宁镇鲍家寨村、湟中县多巴镇多巴四村、平安区三合镇骆驼堡村、循化县积石镇加入村、乐都区洪水镇店子村、互助县红崖子沟乡上寨村 7 个试验点，低位山旱地试验选择大通县景阳镇土关村、湟中县多巴镇羊圈村、平安区三合镇湾子村、民和县新民乡千户湾村、互助县西山乡王家山村 5 个试验点，中高位山旱地选择湟中县土门关乡贾尔藏村、湟中县上新庄镇马场村、大通县东峡镇杏花庄村 3 个试验点。试验总面积 51.7 亩。

菊芋在东部农业区的水浇地种植，其植株生长旺盛，株高为 192.3～293.2cm，早中熟品系多为 250cm 以上；茎粗达到 1.92～2.81cm，中晚熟品系多为 2.40cm 以上；分枝数为 5.8～21.5，晚熟品系多为 15 以上；块茎数量多，早熟品系可达到 30.5～52.1，中晚熟品系为 16.2～23.3；块茎个头大，早熟品系平均单重为 14.4～31.3g，中熟品系为 40.8～53.7g，晚熟品系则达到 45.3～62.8g；块茎产量高，早熟品系为 1703.7～2458.0kg/667m^2，中熟品系为 2305.9～3461.1kg/667m^2，晚熟品系则达到 2519.9～3874.1kg/667m^2；总生物量高，早熟品系为 2437.7～3547.5kg，多为 2800kg 以上，中熟品系为 3358.0～4931.1kg，多为 3800kg 以上，晚熟品系 3846.7～5478.9kg，多为 4400kg 以上，海东市和西宁市各试验点的基本情况见表 9.12，各试验点土壤理化性状见表 9.13，水浇地菊芋生长发育与产量情况见表 9.14。

表 9.12　水浇地各试验点基本情况

试验点	海拔（m）	年日照时数（h）	年降水量（mm）	年均气温（℃）	无霜期（d）
城北区二十里铺镇莫家庄村	2217	2460	459	6.2	180
大通县长宁镇鲍家寨村	2357	2516	570	5.8	157
湟中县多巴镇多巴四村	2265	2516	557	7.6	159
平安区三合镇骆驼堡村	2015	2864	413	7.6	218
循化县积石镇加入村	1884	2434	306	9.7	220
乐都区洪水镇店子村	1920	2620	370	8.7	217
互助县红崖子沟乡上寨村	2103	2487	549	5.9	151

表 9.13　水浇地各试验点土壤理化性状

试验点	pH	容重（g/cm³）	有机质（g/kg）	碱解氮（mg/kg）	速效磷（mg/kg）	速效钾（mg/kg）
城北区二十里铺镇莫家庄村	7.8	1.18	26.8	173	90	194
大通县长宁镇鲍家寨村	8.18	1.21	20.60	203	45	257
湟中县多巴镇多巴四村	8.30	1.25	18.97	223	20	257
平安区三合镇骆驼堡村	8.66	1.21	15.05	432	49	432
循化县积石镇加入村	8.94	1.41	9.86	84	9	236
乐都区洪水镇店子村	8.44	1.26	14.87	295	31	213
互助县红崖子沟乡上寨村	8.66	1.14	18.39	645	62	645

表 9.14　水浇地菊芋生长发育与产量情况

试验点	资源名称	株高（cm）	茎粗（cm）	分枝数	块茎数	块茎平均单重（g）	茎叶产量（kg/667m²）	块茎产量（kg/667m²）
城北区二十里铺镇莫家庄村	青芋1号	273.4	2.31	13.9	48.3	15.5	815.5	1824.3
	W25	282.5	2.29	12.3	37.6	22.8	913.6	2136.9
	青芋2号	264.8	2.58	10.2	20.7	47.1	1423.3	3085.4
	W30	261.1	2.51	11.3	25.3	50.7	1559.8	3217.5
	青芋3号	255.0	2.69	17.2	18.5	57.9	2213.8	3069.5
	W22	249.4	2.73	16.8	21.6	52.3	2026.3	3173.8
大通县长宁镇鲍家寨村	青芋1号	288.3	2.33	13.5	50.7	16.2	868.2	1973.2
	W25	276.9	2.37	14.1	41.4	24.1	973.6	2217.8
	青芋2号	271.4	2.60	11.4	22.9	52.4	1437.5	2665.2
	W30	265.4	2.59	13.0	25.6	53.7	1446.2	2585.7
	青芋3号	252.9	2.72	19.5	19.3	61.3	2255.0	2788.9
	W22	257.1	2.76	18.7	20.4	58.3	2170.3	2854.7
湟中县多巴镇多巴四村	青芋1号	273.5	2.19	11.9	44.3	15.8	805.6	1657.4
	W25	271.8	2.23	12.6	35.7	24.7	875.3	1874.3
	青芋2号	259.3	2.46	9.3	18.8	49.8	1327.5	2566.8

续表

试验点	资源名称	株高（cm）	茎粗（cm）	分枝数	块茎数	块茎平均单重（g）	茎叶产量（kg/667m²）	块茎产量（kg/667m²）
湟中县多巴镇多巴四村	W30	262.0	2.44	10.2	20.7	51.5	1270.5	2639.3
	青芋 3 号	250.3	2.63	16.7	17.0	56.9	1988.1	2775.2
	W22	251.9	2.56	17.2	19.5	61.0	2015.8	2613.6
平安区三合镇骆驼堡村	青芋 1 号	285.7	2.32	14.7	45.2	18.0	852.2	1892.4
	W25	288.3	2.30	14.5	33.7	22.6	903.0	2110.5
	青芋 2 号	268.9	2.62	12.7	18.4	52.6	1346.8	2655.3
	W30	270.2	2.63	11.8	17.5	51.3	1409.7	2784.8
	青芋 3 号	261.5	2.59	20.9	20.1	58.7	1550.8	2976.7
	W22	264.6	2.66	19.3	21.1	56.2	1509.3	3015.4
循化县积石镇加入村	青芋 1 号	233.2	1.92	8.7	42.5	14.4	658.2	1779.5
	W25	240.5	1.94	9.2	30.5	20.7	703.4	2150.3
	青芋 2 号	208.8	2.17	5.8	16.8	43.7	1052.1	2305.9
	W30	202.2	2.09	6.3	18.5	40.8	985.8	2459.7
	青芋 3 号	192.3	2.21	12.2	16.2	47.5	1326.8	2519.9
	W22	195.6	2.23	11.0	18.1	45.3	1279.2	2584.0
乐都区洪水镇店子村	青芋 1 号	293.2	2.40	15.6	52.1	20.6	980.2	2107.7
	W25	285.2	2.37	16.2	40.8	31.3	1089.5	2458.0
	青芋 2 号	276.3	2.71	12.7	23.7	53.5	1418.3	3255.7
	W30	278.5	2.75	12.2	23.3	51.6	1470.0	3461.1
	青芋 3 号	263.7	2.81	21.5	23.3	62.8	1569.7	3769.5
	W22	271.4	2.80	20.8	22.0	61.5	1604.8	3874.1
互助县红崖子沟乡上寨村	青芋 1 号	262.4	2.09	11.4	45.6	15.1	796.0	1703.7
	W25	266.0	2.03	10.7	35.1	23.8	844.7	2046.9
	青芋 2 号	243.6	2.35	8.9	20.5	51.2	1175.3	2657.3
	W30	239.4	2.33	9.5	22.7	47.9	1093.0	2730.7
	青芋 3 号	220.5	2.41	13.5	16.7	59.2	1875.9	2608.4
	W22	227.3	2.45	15.8	18.1	54.8	1796.6	2523.3

9.3.2　海西州

在海西州主要进行了沙荒地、盐碱地、水浇地等土地类型的适应性试验，沙荒地试验在都兰县香日德农场、盐碱地试验在德令哈市德令哈农场、水浇地试验在德令哈市尕海农场分别开展。适应性试验总面积 7.6 亩，沙荒地和盐碱地的试验结果详见第 8 章。海西州试验点的基本情况见表 9.15，各试验点土壤理化性状见表 9.16。

表 9.15　海西州各试验点基本情况

试验点	海拔（m）	年日照时数（h）	年降水量（mm）	年均气温（℃）	无霜期（d）
都兰县香日德农场	3041	2869	266	3.9	115
德令哈市德令哈农场	3010	2900	325	5.2	143
德令哈市尕海农场	3005	2900	325	5.2	143

表9.16 海西州试验点土壤理化性状

试验点	pH	容重（g/cm³）	有机质（g/kg）	全氮（g/kg）	速效磷（mg/kg）	速效钾（mg/kg）
都兰县香日德农场	8.31	1.47	5.16	75	8	101
德令哈市德令哈农场	9.18	1.37	3.05	50	6	173
德令哈市尕海农场	8.45	1.23	25.87	245	17	251

水浇地菊芋生长发育与产量情况见表 9.17。在水浇地种植时，株高为 221.7～242.5cm；茎粗 2.03～2.68cm；分枝数 13.5～21.9；块茎数量上，早熟品种为 40 个左右，中晚熟品种 30 个左右；块茎大小上，早熟品种平均单重 25g 左右，中晚熟品种为 60g 左右；块茎产量上，早熟品种 2325.3～2726.9kg/667m²，中晚熟品种 2930.2～3448.2kg/667m²；总生物量早熟品种 3600.5～4040.3kg，中晚熟品种 4697.9～5069.2kg。

表9.17 海西州菊芋生长发育与产量情况

试验点	资源名称	株高(cm)	茎粗(cm)	分枝数	块茎数	块茎单重(g)	茎叶产量（kg/667m²）	块茎产量（kg/667m²）
德令哈市尕海农场（水浇地）	青芋1号	242.5	2.08	13.5	46.1	24.2	1275.2	2325.3
	W25	236.7	2.03	15.8	37.4	26.3	1313.4	2726.9
	青芋2号	235.3	2.41	16.3	25.4	53.7	1621.0	3448.2
	W30	221.7	2.56	15.8	26.5	59.9	1578.5	3211.5
	青芋3号	233.6	2.53	19.0	37.2	61.3	1720.5	2977.4
	W22	237.5	2.68	21.9	36.9	60.5	1858.3	2930.2

9.3.3 海南州

在海南州主要进行了沙化地、草滩地、水浇地 3 种土地类型的适应性试验，沙化地试验在共和县哇玉香卡农场、草滩地试验在同德县牧草良种场、水浇地试验在贵德县河西镇山坪村分别开展。适应性试验总面积 5.8 亩，沙化地试验结果详见第 8 章。海南州各试验点的基本情况见表 9.18，各试验点土壤理化性状见表 9.19。

表9.18 海南州各试验点基本情况

试验点	海拔（m）	年日照时数（h）	年降水量（mm）	年均气温（℃）	无霜期（d）
共和县哇玉香卡农场	2835	2768	340	5.4	88
同德县牧草良种场	3260	2505	495	2.5	38
贵德县河西镇山坪村	2137	2868	283	8.4	258

表9.19 海南州各试验点土壤理化性状

试验点	pH	容重（g/cm³）	有机质（g/kg）	全氮（g/kg）	速效磷（mg/kg）	速效钾（mg/kg）
共和县哇玉香卡农场	8.33	1.44	10.62	87	8	182
同德县牧草良种场	8.12	1.05	53.11	564	19	395
贵德县河西镇山坪村	8.57	1.23	17.62	218	31	284

草滩地和水浇地菊芋生长发育与产量情况见表 9.20。在草滩地种植时，株高为 117.4～147.6cm；茎粗 0.93～1.31cm；仅早熟品种有少量分枝；块茎数量为 6.4～23.7；块茎大小上，

平均单重 11.7～28.5g；块茎产量 477.4～1126.9kg/667m²；总生物量 888.5～1790.9kg。在水浇地种植时，株高为 242.1～269.5cm；茎粗 1.81～2.46cm；分枝数 12.5～19.0；块茎数量上，早熟品种为 46 个左右，中晚熟品种 23 个左右；块茎大小上，早熟品种平均单重 23g 左右，中晚熟品种为 58g 左右；块茎产量早熟品种 2153.2～2536.8kg/667m²，中晚熟品种 3237.2～3611.1kg/667m²；总生物量早熟品种 3308.2～3773.5kg，中晚熟品种 4818.1～5393.5kg。

表 9.20　海南州菊芋生长发育与产量情况

试验点	资源名称	株高（cm）	茎粗（cm）	分枝数	块茎数	块茎单重(g)	茎叶产量(kg/667m²)	块茎产量(kg/667m²)
同德县牧草良种场（草滩地）	青芋 1 号	147.6	0.93	1.8	23.7	11.7	475.2	825.3
	W25	139.9	0.97	1.3	16.9	18.7	513.4	1126.9
	青芋 2 号	127.7	1.30	0	6.4	28.5	721.0	1048.2
	W30	126.3	1.31	0	7.1	27.3	778.5	1011.5
	青芋 3 号	120.7	1.27	0	11.0	15.4	420.5	477.4
	W22	117.4	1.22	0	9.2	17.3	358.3	530.2
贵德县河西镇山坪村（水浇地）	青芋 1 号	262.7	1.81	12.5	53.1	20.5	1155.0	2153.2
	W25	269.5	1.89	13.7	41.7	26.8	1236.5	2536.8
	青芋 2 号	251.0	2.31	15.5	24.3	60.1	1755.8	3405.9
	W30	257.3	2.26	18.9	22.8	58.7	1580.9	3237.2
	青芋 3 号	242.1	2.46	18.6	21.5	58.6	1820.5	3573.0
	W22	245.8	2.43	19.0	24.7	56.3	1766.7	3611.1

9.3.4　海北州

在海北州海晏县哈勒景乡乌兰哈达村和门源县青石嘴镇青石嘴村进行了草滩地和水浇地适应性试验，面积 2.2 亩。各试验点的基本情况见表 9.21，各试验点土壤理化性状见表 9.22。

表 9.21　海北州各试验点基本情况

试验点	海拔（m）	年日照时数（h）	年降水量（mm）	年均气温（℃）	无霜期（d）
海晏县哈勒景乡乌兰哈达村	3010	2737	494	1.6	65
门源县青石嘴镇青石嘴村	2861	2432	497	2.1	83

表 9.22　海北州各试验点土壤理化性状

试验点	pH	容重（g/cm³）	有机质（g/kg）	全氮（g/kg）	速效磷（mg/kg）	速效钾（mg/kg）
海晏县哈勒景乡乌兰哈达村	8.7	0.95	37.79	144	6	240
门源县青石嘴镇青石嘴村	8.52	1.18	17.97	225	22	296

草滩地和水浇地菊芋生长发育与产量情况见表 9.23。菊芋在海北州草滩地种植时，株高为 33.0～97.7cm；茎粗 0.33～0.46cm；基本无分枝；块茎数量为 1.2～11.9；块茎大小上，平均单重 6.5～19.5g；块茎产量 26.5～520.3kg/667m²；总生物量 191.6～1182.8kg。在水浇地种植时，株高 137.5～173.2cm；茎粗 1.29～1.45cm；分枝数 0.9～4.1；块茎数量上，早熟品种为 19 个左右，中晚熟品种 9 个左右；块茎大小上，早熟品种平均单重

17g 左右，中熟品种为 33g 左右，晚熟品种 19g 左右；块茎产量早中熟品种 695.1～842.7kg/667m²，晚熟品种 380kg/667m² 左右；总生物量 1550.3～1855.6kg。

表 9.23　海北州菊芋生长发育与产量情况

试验点	资源名称	株高（cm）	茎粗（cm）	分枝数	块茎数	块茎单重（g）	茎叶产量（kg/667m²）	块茎产量（kg/667m²）
海晏县哈勒景乡乌兰哈达村（草滩地）	青芋1号	85.3	0.39	0	9.2	12.7	618.7	291.2
	W25	97.7	0.41	0.4	11.9	19.5	662.5	520.3
	青芋2号	56.7	0.46	0	3.3	18.6	457.1	151.6
	W30	67.3	0.42	0	3.6	10.4	336.6	100.2
	青芋3号	33.0	0.37	0	1.2	6.5	165.1	26.5
	W22	42.6	0.33	0	1.5	7.2	185.2	59.1
门源县青石嘴镇青石嘴村（水浇地）	青芋1号	173.2	1.36	1.3	21.4	14.2	857.3	711.5
	W25	168.5	1.45	2.1	17.7	20.3	707.6	842.7
	青芋2号	142.5	1.29	0.9	8.4	32.6	1160.5	695.1
	W30	151.8	1.42	1.2	9.5	33.7	1063.0	775.2
	青芋3号	140.9	1.40	3.6	9.2	21.5	1368.4	405.7
	W22	137.5	1.44	4.1	10.4	17.4	1455.8	367.3

根据以上不同区域菊芋品种（系）的生态适应性，本研究将青海省分为最适宜、较适宜、次适宜和不适宜 4 级菊芋种植区。其中，菊芋最适宜种植区主要包括海东市的乐都、民和县、平安，海南的贵德县和西宁市的水浇地，各种熟性的菊芋品种均能正常成熟并获得高产，以种植地下块茎产量高的中晚熟品种青芋 2 号、青芋 3 号为佳；菊芋种植较适宜地区包括海东市和西宁市的低位山旱地，大通、湟中、循化、互助、尖扎、同仁、共和及海西的水浇地，中晚熟品种青芋 2 号、青芋 3 号能获得较高的产量。

菊芋种植次适宜地区包括海西的盐碱地、海西和海南的沙荒地、海北门源水浇地等，这些地区各种熟性菊芋品种（系）产量不高且差异不大，可选择耐寒、耐盐碱的早熟品种青芋 1 号菊芋在当地作为饲草及生态治理等用途种植。另外海北、海南的部分地区，以及青海省内其他无霜期短或无绝对无霜期地区为菊芋的不适宜地区。

9.4　栽培管理措施

菊芋具有抗旱、抗寒、抗盐碱的特点，不仅在水浇地可以获得高产，而且适宜于山旱地、沙荒地、盐碱地和沿海滩涂地等边际土地栽培，且生物质产量远高于牧草、甜菜、玉米、小麦等其他植物（Mays et al., 1990）。我国人口众多，耕地面积较少，因此，根据不同的产业目标研发不同地区菊芋的种植技术具有十分重要的意义。

9.4.1　栽培模式

菊芋可起垄栽培，可平畦栽培，可挖沟栽培；可露地直播，也可覆膜栽培；可人工种植，也可机械化种植。不同地区可根据本地情况选择适宜当地的最佳的栽培模式进行规模化生产。课题组成员分别开展了菊芋水浇地、低位山旱地不同栽培模式的筛选试验（王丽慧，2010）、水浇地和山旱地两种不同耕地类型的菊芋种植模式对比研究（李江等，2006），同时在海西州沙荒地开展了菊芋栽培模式的试验研究，为菊芋在水浇地、山旱地及沙荒地的栽培技术提供技术依据。

1. 水浇地菊芋不同栽培方式对生长发育和产量的影响

本研究以青芋 1 号菊芋为试验材料，在青海大学农林科学院园艺所试验基地进行。试验为双因素裂区设计。试验共 18 个处理，每处理小区面积 27m²。主区为配置方式 A，两水平分别为等行距 A1 和宽窄行 A2；副区为栽培方式 B，三水平分别为平畦种植 B1、起垄种植 B2 和垄沟种植 B3。种植密度按水浇地适宜密度进行，株距 40cm，等行距为 60cm，宽窄行时宽行 80cm、窄行 40cm，每亩 2800 株。在苗期、植株生长期和块茎膨大期浇水。

从不同处理植株地上部调查情况（表 9.24），水浇地菊芋株高平均在 350cm 左右；茎粗平均为 2.0cm 左右；侧枝数平均为 11 左右；芽茎数为 2.7 左右；花蕾数为 45 左右。各处理间差异不大。而从地下块茎情况看，各处理平均块茎数为 30 左右，单株块茎重为 830g 左右。其中，A2B2 处理，即宽窄行起垄种植的处理下，植株地上部性状与其他处理相差不大，而单株块茎数最多，达到 33.2，单株块茎重也最大，为 1060.3g。

表 9.24 不同处理下植株地上部及块茎生长发育情况

处理	株高（cm）	茎粗（cm）	侧枝数	芽茎数	花蕾数	单株块茎数	单株块茎重（g）
A1B1	347.5	2.25	11.7	2.9	49.7	31.7	737.8
A1B2	352.7	2.06	9.9	3.1	42.2	27.9	935.6
A1B3	353.6	2.22	11.3	2.5	45.9	30.2	638.9
A2B1	345.6	1.87	12.5	2.3	43.3	23.1	680.7
A2B2	348.4	1.98	10.7	2.8	45.7	33.2	1060.3
A2B3	352.8	2.14	12.9	2.7	47.1	27.7	771.1

从不同处理下块茎产量对比试验结果可见（表 9.25），在不同配置处理下，宽窄行配置产量高于等行配置，但无显著差异。在不同栽培方式处理下，水浇地菊芋起垄种植与平畦种植、平畦种植与垄沟种植之间产量差异不显著，起垄种植与垄沟种植之间产量差异达到显著水平。水浇地菊芋起垄种植时显示出增产优势，建议在生产中应用。

表 9.25 不同处理下块茎产量对比

处理		小区平均产量（kg/27m²）	折合平均亩产量（kg/667m²）	差异显著性
主处理	A1	88.06	2175.08	a
	A2	91.46	2259.06	a
副处理	B1	89.67	2214.85	ab
	B2	94.02	2322.30	a
	B3	85.58	2113.83	b

2. 低位山旱地菊芋不同栽培方式筛选试验

试验设在青海省互助县西山乡，海拔 2685m，平均年降雨量 380mm，无霜期 101d，年平均气温 3.3℃，年蒸发量 1500mm。土壤为栗钙土。供试材料为青芋 1 号菊芋，是青海大学农林科学院园艺研究所经多代选择得到的优良品种。

试验为单因素试验随机区组设计，3 次重复，4 个处理，分别为 A：大垄双行，宽窄行配置；B：单垄单行；C：平畦；D：沟栽。栽培密度为 2800 株/667hm²。2005 年 4 月 15 日播种，小区面积为 20m²，在生长旺期及现蕾期喷施抗旱剂，其他管理与大田同；在块茎膨大期取 10 株挂牌，记载地上部植株器官性状，10 月底结合收获，调查块茎性状及各处理产量。

由表 9.26 可知，不同栽培方式下菊芋地上部器官性状发生不同程度变化。株高、最大叶长宽、叶柄长不同处理间差异不明显。大垄双行（A）栽培时，节间较长，单穴茎数较多，茎粗较小；单垄单行（B）栽培时，茎数较少，茎粗较大，由于分枝发达，冠径较大；而平畦（C）与沟栽（D）时器官性状无显著特点。

表 9.26　不同栽培方式下菊芋地上部器官生长发育状况

处理	株高（cm）	冠径（cm）	节间长（cm）	茎粗（cm）	最大叶宽（cm）	最大叶长（cm）	叶柄长（cm）	茎数
A	303.3	63.4	11.65	1.745	21.15	14.00	6.55	3.1
B	300.1	71.7	8.75	2.126	21.35	15.10	6.50	1.4
C	295.3	63.5	7.82	1.813	21.75	14.75	6.83	1.7
D	291.2	60.4	9.02	1.733	21.30	14.15	6.80	2.1

由表 9.27 可知，大垄双行（A）栽培时，菊芋单株结块茎数最多，单株产量最高；沟栽（D）时，单株结块茎数最少，单株产量最低。各处理间最大块茎重和大中块茎率差异不大，这两项指标均以沟栽时最小。

表 9.27　不同栽培方式下菊芋块茎生长发育状况

处理	单株块茎数	大中块茎率（%）	最大块茎重（g）	单株产量（g）
A	27.8	69.3	75.30	863
B	24.1	66.2	76.90	834
C	24.4	70.2	75.75	809
D	19.4	63.5	63.41	745

在低位山旱地，大垄双行、宽窄行配置（A）的菊芋产量最高，亩产量达到 1689.97kg；而沟栽（D）产量最低，亩产为 945.75kg（图 9.1）。

本研究结果表明，大垄双行栽培获得的产量最高。分析原因是：大垄双行栽培时，节间较长，单穴茎数较多，茎粗较小，单株结块茎数最多，单株产量最高；大垄宽窄行的配置方式，使叶面积系数增大，同时有利于通风透光，在生育期的前、中期，大垄上的两个窄行形成一个田间遮阴带，改善了田间光照和小气候状况，从而提高光合生产率，积累更多干物质，因而在相同的种植密度下显示出增产优势。

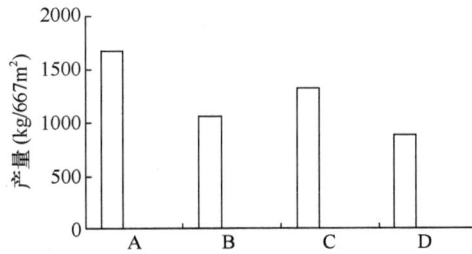

图 9.1 不同栽培方式下菊芋产量比较
667m² 产量由小区产量折算而成

3. 不同耕地类型菊芋种植模式对比研究

供试材料为青芋 1 号菊芋，低位山旱地试验在大通县土关村进行，海拔 2492m，无灌溉条件；水浇地试验在青海大学农林科学院园艺所试验基地进行。低位山旱地（ML）和水浇地（IL）试验均为裂区设计。主区为行距配置，2 水平分别为等行距（ER）60cm，宽窄行（WNR）宽行 80cm、窄行 40cm；副区为栽培措施，3 水平分别为平畦种植（B）、起垄种植（R）、垄沟种植（F）。各处理重复 3 次。低位山旱地试验不浇水；水浇地试验共浇水 2 次，分别在苗期、植株生长期。其他管理与大田生产相同。

由表 9.28 可见，不同耕地类型上不同生育时期菊芋叶片数量存在较大差异。生育前期，水浇地叶片数量为低位山旱地的 4～6 倍；生育中期，水浇地叶片数量为山旱地的 2～3 倍，其最大叶片数量山旱地为 265.33～278.64、水浇地则达到 502.68～525.33；生育末期，由于菊芋叶片迅速枯黄脱落，同时其山旱地成熟期有所推迟，使得调查时叶片数量较水浇地多。在不同种植模式处理下，行距配置在生育前期对低位山旱地菊芋叶片生长有影响，叶片数量表现为 WNR＞ER，中后期未表现差异，而在水浇地则在整个生长周期均未表现差异；不同栽培措施对低位山旱地和水浇地菊芋叶片数量均有影响，在山旱地基本表现为 F＞B＞R，在水浇地则相反，基本表现为 R＞B＞F。

表 9.28　不同耕地类型及种植模式对菊芋叶生长的影响

耕地类型	行距配置	栽培措施	播种后天数				
			37d	66d	108d	142d	176d
ML	ER	B	7.22	42.35	108.00	275.57	51.27
		R	6.67	40.67	92.05	269.78	53.05
		F	8.22	40.22	113.56	278.67	52.22
	WNR	B	8.89	49.78	118.44	273.11	49.89
		R	7.56	40.22	96.89	265.33	47.75
		F	10.67	54.22	119.33	278.64	50.07
IL	ER	B	62.53	204.11	345.46	515.11	11.66
		R	68.38	235.89	368.22	525.33	7.05
		F	60.22	197.67	350.89	509.78	14.08
	WNR	B	63.33	211.41	348.68	502.68	13.98
		R	70.67	232.78	376.67	519.89	16.65
		F	62.22	200.55	352.66	510.44	17.03

由表 9.29 可见，不同栽培处理下，低位山旱地菊芋株高在 163.22～177.78cm，而水浇地则达到 343.61～358.35cm；低位山旱地茎粗为 14.27～16.97mm，水浇地为 18.77～22.54mm；低位山旱地茎数在 1.33～1.78，水浇地则为 2.33～3.11；低位山旱地侧枝数为 2.22～5.67，水浇地为 9.89～12.88。不同行距配置对菊芋茎的生长有一定程度影响，株高、侧枝数、茎粗在各处理下均表现为 WNR＞ER；茎数则表现为 ER＞WNR。不同栽培措施处理下，株高与叶片数量相似，在山旱地表现为 F＞B＞R，在水浇地则相反；茎粗、侧枝数则表现为 F＞B＞R。且茎数与茎粗、侧枝数存在一定程度的负相关性。

表9.29　不同耕地类型及种植模式对菊芋茎生长的影响

耕地类型	行距配置	栽培措施	茎相关性状			
			株高（cm）	茎粗（mm）	茎数	侧枝数
ML	ER	B	170.67	14.62	1.59	3.13
		R	163.22	14.27	1.78	2.33
		F	172.44	16.27	1.43	4.11
	WNR	B	175.89	15.53	1.53	3.67
		R	174.22	16.65	1.33	3.11
		F	177.78	16.97	1.33	5.67
IL	ER	B	347.53	18.77	2.89	11.67
		R	352.66	19.83	3.11	9.89
		F	343.61	21.44	2.52	11.33
	WNR	B	353.57	22.54	2.67	12.53
		R	358.35	20.67	2.78	10.66
		F	352.77	22.22	2.33	12.88

菊芋块茎形成数量低位山旱地较水浇地少，不同栽培处理下，低位山旱地块茎数量在 19.11～23.88，水浇地为 23.11～33.22；而平均块茎单重则两种耕地类型差异不大。行距配置对菊芋块茎形成与膨大未呈现规律性影响。在不同的栽培措施下，起垄种植在低位山旱地和水浇地均有利于块茎的形成，在水浇地也有利于块茎的膨大；而在低位山旱地垄沟种植明显有利于块茎的膨大（图 9.2、图 9.3）。

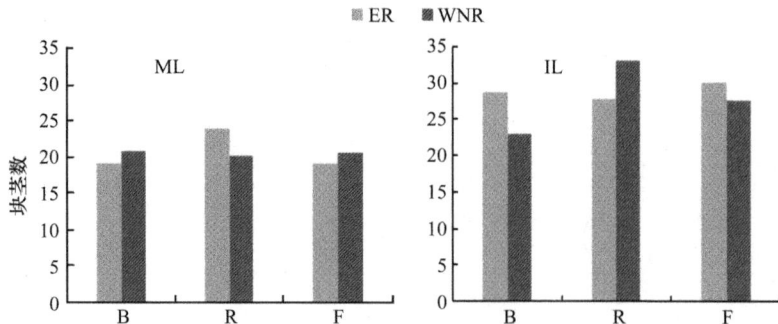

图9.2　不同耕地类型及种植模式对菊芋块茎数量的影响

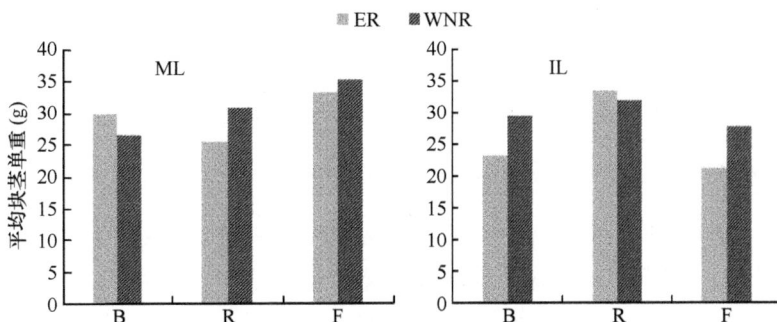

图 9.3 不同耕地类型及种植模式对菊芋平均块茎单重的影响

表 9.30 的产量结果表明，不同栽培处理下，低位山旱地菊芋平均产量为 1379.6kg/667m²，较之水浇地的平均产量 1953.5kg/667m²，减少近 574kg/667m²。从行距配置来看，不论是低位山旱地还是水浇地其产量差异均不显著，说明宽窄行的配置方式对菊芋没有增产效应。从栽培措施来看，在低位山旱地垄沟种植产量最高，达到 1489.1kg/667m²，与平畦和起垄种植产量差异均达到极显著水平，说明在低位山旱地采用垄沟种植能提高菊芋产量。在水浇地起垄种植产量最高，达到 2046.2kg/667m²，与平畦种植产量差异达到显著水平，与垄沟种植产量差异达到极显著水平，说明在水浇地采用起垄种植能提高菊芋产量。

表 9.30 不同耕地类型及种植模式对菊芋块茎产量的影响

| 耕地类型 | 行距配置 | 栽培措施 | | | 均值 | 差异显著性 1% |
		B	R	F		
ML	ER	1363.922	1305.882	1476.373	1382.059	a
	WNR	1298.628	1331.275	1501.765	1377.222	a
	均值	1331.275	1318.578	1489.069	1379.641	
	差异显著性 1%	b	b	a		
IL	ER	1947.941	2005.981	1795.588	1916.503	a
	WNR	1955.196	2086.51	1929.804	1990.503	a
	均值	1951.569	2046.245	1862.696	1953.503	
	差异显著性 1%	ab	a	b		

研究表明，低位山旱地种植时由于该区域干旱少雨、气温偏低，菊芋叶、茎生长受到限制，生长量仅为水浇地种植时的 1/2，同时块茎形成数量少，导致在相同种植密度下产量较水浇地大幅度减少。因此，在低位山旱地种植菊芋时，应合理密植，通过增加单位面积株数来提高产量。

菊芋生产采用宽窄行配置虽在生育前期对地上部器官生长发育有一定促进作用，但未能产生增产效应，可能是由于菊芋地上部生物量大，在生育后期块茎开始膨大时，高大植株和大量侧枝使宽窄行配置的通风透光作用无法显现。另外，本研究发现，菊芋群体中单穴茎数与植株生长发育和产量存在一定的相关性。因此，菊芋群体结构优化方面的研究仍应进一步开展。

垄沟种植是当前旱地农业采用较多的栽培技术，有利于集雨保墒。本研究表明，低位山旱地菊芋采用垄沟种植，生育前期促进器官生长发育且具有显著的增产效应，建议在低位山旱地菊芋生产中采用。水浇地则建议使用起垄种植。

4. 栽培方式对沙荒地菊芋性状和产量的影响

曹力强（2009）开展了起垄方式对旱地菊芋产量的影响试验，结果表明，在甘肃省定西市，采取菊芋全膜双垄沟播双行种植的起垄及栽培方式，菊芋增产效果好，折合产量可达 77 250kg/hm²，较露地平作栽培增产 20.33%；钱寿福和孟好军（2010）开展了干旱半干旱地区沙化土地菊芋种植试验，结果表明，在地处干旱半干旱区的河西走廊沙化土地上，在同一区域，以起垄栽植的产量最高，达 42 300kg/hm²，较开沟播种和小麦套种分别提高 13.3%和 4.1%。

本研究开展了栽培方式对沙荒地菊芋性状和产量的试验，供试品种为青芋 1 号菊芋，试验地点在青海省香日德农场，试验地为弃耕沙荒地。试验为单因素试验，处理为 A：平畦栽培，B：起垄栽培，C：培土栽培。3 个处理，3 次重复，试验小区按拉丁方排列。

从不同栽培方式对菊芋植物学性状的影响（表 9.31、图 9.4）可见，3 种处理对地上部分的影响依次是 C、B、A，即 C 处理后，菊芋地上部分的生长势最好，A 处理最差。

表 9.31　栽培方式对菊芋植物学性状的影响

处理	株高（cm）	茎粗（cm）	高茎比	节间长（cm）	叶柄长（cm）	全株叶数	最大叶长（cm）	最大叶宽（cm）	最大叶面积（cm²）
A	84.9	0.944	89.50	3.9	2.3	53.5	12.3	7.0	90.29
B	98.8	1.041	98.68	4.7	2.7	49.7	13.1	7.5	100.07
C	102.1	1.156	91.97	4.8	2.9	61.7	13.8	8.2	114.21
总计	285.8	3.141	280.15	13.4	7.9	164.9	39.2	22.7	304.57
均值	95.3	1.050	93.40	4.5	2.6	55.0	13.1	7.6	101.52

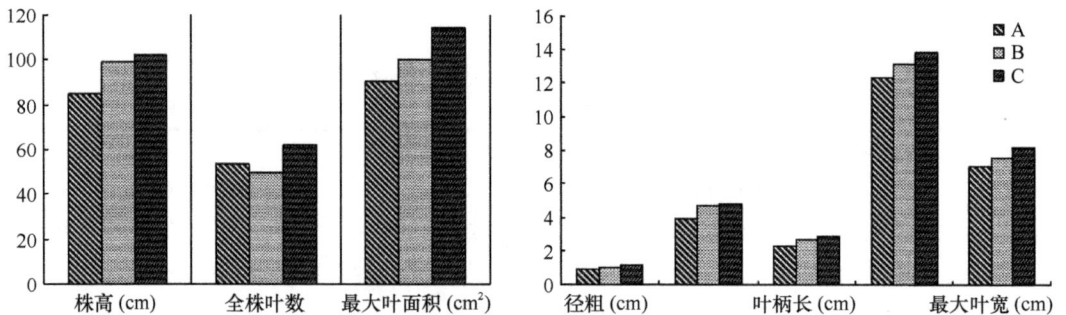

图 9.4　栽培方式对植物学性状的影响

由 3 种处理对菊芋产量的影响结果（表 9.32）可见，块茎个数依次为 C、B、A，块茎总重量依次为 C、A、B，小区产量依次为 C、A、B。试验结果表明，C 处理效果最好，不仅地上部分生长势强，而且产量最高，且稳定，产量可达 447.8kg/667m²。但 3 种栽培方式产量间差异不显著。

表 9.32　栽培方式对菊芋产量的影响

处理	株高（cm）	茎粗（cm）	高茎比	花朵数	花盘直径（cm）	块茎横径（cm）	块茎数	块茎总重（g）	小区产量（kg）
A	88.4	1.090	82.23	0.8	1.16	4.961	12.4	263	41.33
B	111.7	0.994	114.40	1.4	1.26	4.919	14	233	28.53
C	107.5	1.071	100.48	2.0	1.40	5.904	15.9	291	43.87
Σ	307.6	3.155	297.11	4.2	3.82	15.784	42.3	787.0	113.73
M	102.5	1.052	99.04	1.4	1.27	5.261	14.1	262.3	37.91

　　起垄栽培无论从株高、茎粗值、叶面积、叶片数、花蕾数等均优于平畦和培土，说明起垄栽培有利于菊芋的生长发育。同时，起垄栽培有利于块茎发育，产量比平畦栽培提高 6.2%。建议沙地种植菊芋采取起垄栽培的方式。

　　菊芋生产一直以来都是采用传统的人工作业方式，尤其是块茎采挖费工费时，劳动强度大，投入高，不利于菊芋的产业化发展。因此，开展菊芋机械化种植和采收是大面积推广的重要手段，按照菊芋生产的要求，研发和选择适宜的机械化生产工具，可达到省工、省时，减轻劳动强度，提高劳动效率和作业质量的目的。目前，菊芋的机械化生产多借用马铃薯的生产机械，丰志强（2001）引进 2BXS-IC 型马铃薯大垄深松施肥播种机试种菊芋，基本能够满足菊芋种植技术要求；李参（2006）选用东方红-300 拖拉机配套从德国 GRI MME 公司引进的 VL19E 双行马铃薯种植机空车完成开沟、施肥、覆土、起垄等工序，采用东方红-300 拖拉机，配套德国进口 SSK- 1 型挖掘机进行机械化挖掘，然后由人工捡拾。目前，各相关研究单位联合机械化研发部门正在研发菊芋种芋的选型、机械化播种和采收的专用型种机械，以实现菊芋种植的节本增效，促进菊芋的产业化、规模化发展。

9.4.2　种植密度

　　种植密度是影响作物生长发育、产量形成的重要因素。在青海省，一般水浇地采用行距 60.00cm，株距 40.00cm，基本保苗 4.20 万株/hm^2（2800 株/667m^2）的种植密度；低位山旱地采用行距 60.00cm，株距 30.00cm，基本保苗 5.70 万株/hm^2（3800 株/667m^2）的种植密度。近几年菊芋的种植面积逐年增加，关于菊芋的文献逐年增多。但其研究内容主要集中于菊粉及生物乙醇生产加工及菊芋的肥料管理及抗盐碱等相关内容上，关于菊芋种植密度只有少数学者对其进行了研究。

　　高凯等（2013）开展了密度对菊芋株高及生物量贡献率的影响试验，结果表明，单位面积菊芋茎秆、块茎及地上生物量随着密度的增加呈逐渐增加的变化趋势，小花生物量、根系生物量和叶片生物量随密度的增加呈先升高后降低的变化趋势，在密度为 0.6m×0.6m 时达到最高值；单株根系生物量随着密度增加呈先增加后降低的变化趋势，叶片、小花、茎秆、块茎和总生物量均随着密度的增加呈逐渐降低的变化趋势；菊芋生物量贡献率顺序为茎秆＞叶片＞块茎＞小花＞根系，这种顺序不受密度制约；株高随密度的增加而增加；在叶片饲用和收获块茎两种目的的生产中，均以 0.6m×0.6m 为最佳。刘冰等（2017）开展了密度压力对菊芋生理生态指标的影响试验，结果表明，密度压力对于菊芋主要形态指标影响不大。随着种植密度的升高，株高呈现上升的趋势，叶绿素含量变化趋势不明显，产量呈现先升高后降低的趋势，不同品种间适宜种植密度不同，株距40cm为庆芋1号品种的适宜种植密度，在此密度下植株株高适中，光合能力较强，产量最高；株距30cm为庆芋2号品种的适宜种植密度，在此密度下光合能力较强，产量最高。杨君和姜吉禹（2009）开展了海水灌溉条件下菊芋种植密度对土壤无机盐及产量的影响研究，结果表明，随着种植密度的增加，菊芋单株产量呈现先增加后减少的趋势；不同种植密度产量比较，种植株距50cm，行距70cm时产量最高。同时，通过不同密度的菊芋栽培后土壤电导率和金属盐分的测定结果，菊芋有一定的除盐能力，而且随种植密度的增大，除盐能力增强。

侯全刚等（2005）开展了种植密度对菊芋植物学性状及产量的影响研究，以青芋1号菊芋为试材，设计了5个密度处理，结果表明，菊芋植物学性状指标在密度为株距40cm、行距80cm时达到最大，单株植物学性状指标高，光合面积大，积累同化物的能力强，单株产量高，但由于其种植密度小，单位面积种植的菊芋株数少，产量稍低；而密度为株距40cm、行距70cm时，虽然植物学性状未达最优，但由于密度适中，产量最高，比对照增产137.85kg/667m^2，增产率达到5.87%。因此，建议在水浇地种植中以株距40cm、行距70cm为宜。

在单因素试验的基础上，本研究继续开展了水浇地菊芋品种和密度交互作用对产量和性状的影响试验研究，试验以青芋1号菊芋、青芋2号菊芋为试验材料，在青海大学农林科学院园艺所试验地进行。设2个试验因素，主效因子为菊芋品种A1（青芋1号）、A2（青芋2号），副效因子为种植密度，分别为B1［30cm×60cm（3800株/667m^2）］、B2［40cm×50cm（3300株/667m^2）］、B3［40cm×60cm（2800株/667m^2）］、B4［50cm×60cm（2300株/667m^2）］4种种植密度，裂区设计。重复3次，同等管理水平。

由表9.33可看出，青芋2号较青芋1号植株高、开展度大、侧枝数多、茎粗较粗，说明青芋2号在水肥良好的情况下，植株的各植物学性状均能得到较好表现。同时青芋2号叶柄较长，叶面积较青芋1号大，说明青芋2号的光合面积较青芋1号大，光合作用较强。随着密度的增大，为获取更多的光照，植株的开展度、节间长、叶柄长、叶面积有增高的趋势。

表9.33　各处理对植物学性状的影响

处理	株高（cm）	开展度	侧枝数	节间长（cm）	茎粗（cm）	最大叶（长×宽）(cm)	叶柄长（cm）	花盘直径（cm）
A1B1	259	56.4	31.2	12.3	2.078	15.35×9.35	5.95	1.273
A1B2	285	49.8	29.8	10.4	1.833	15.2×9.45	5.75	1.240
A1B3	286	50.8	25.9	11.3	1.935	16×9.05	6.20	1.202
A1B4	268	53.5	30.4	10.2	2.136	16.2×9.9	6.05	1.218
A2B1	316	50.8	38.2	9.05	2.247	22.1×13.1	7.80	1.411
A2B2	289	57.6	42.8	7.4	2.260	20.7×12.6	7.60	1.381
A2B3	289	54.2	44.5	7.55	2.411	20.1×12.95	7.98	1.415
A2B4	299	59.7	37.9	6.55	2.370	20.9×12.9	8.18	1.442

由表 9.34 可知,青芋 1 号单株块茎数、横径均较大,而块茎纵长、平均单个块茎数、单株产量等青芋 2 号均较大。说明青芋 1 号结芋个数多而块茎小,青芋 2 号结芋个数少而块茎大,单株产量高;青芋 2 号较青芋 1 号增产潜力较大。

表 9.34　各处理对菊芋块茎性状及产量的影响

处理	单株块茎数	横径（cm）	纵长（cm）	单个块茎重（g）	单株产量（g）
A1B1	26.4	8.124	3.279	29.28	772.9
A1B2	29.3	9.385	3.233	29.90	867.0
A1B3	30.0	8.835	3.074	23.25	697.5
A1B4	39.5	8.380	3.156	28.06	1108.5
A2B1	13.7	7.764	4.299	53.72	736.0
A2B2	14.8	8.410	4.783	61.03	903.2
A2B3	11.5	7.690	4.75	75.98	873.7
A2B4	13.2	8.244	4.83	77.93	1028.7

由表 9.35、表 9.36 可知,品种主效与密度副效均有显著差异,青芋 2 号较青芋 1 号产量高,产量差异达 $\alpha=0.05$ 水平。其中青芋 2 号选用密度 50cm×60cm、40cm×60cm 为优,并与 40cm×50cm 有显著差异。而青芋 1 号选用密度 40cm×60cm 为优,并与 50cm×60cm 有显著差异。

表 9.35　2 种品种处理亩产量的新复极差测验

品种	亩产量（kg/667m^2）	差异显著性
A2	2150.25	a
A1	1951.39	b

表 9.36　4 种密度处理亩产量的新复极差测验

	密度	产量（kg/667m^2）	差异显著性		密度	产量（kg/667m^2）	差异显著性
A1	B4	2195.36	a	A2	B3	2028.17	a
	B3	2159.10	a		B2	1944.18	ab
	B1	2132.75	ab		B1	1927.71	ab
	B2	2113.81	b		B4	1905.48	b

在水浇地种植菊芋,青芋 2 号表现优于青芋 1 号,产量高、块茎大,所以品种宜选用青芋 2 号,密度宜选用 50cm×60cm 或 40cm×60cm。

李莉等（2006）探讨了播期与密度对沙荒地菊芋种植的交互作用的影响,研究表明,秋季与春季两种播种时期对沙地菊芋植物学性状影响不大;在不同播期,随种植密度减小,菊芋株型不发生明显变化。而侧枝数、茎粗、叶片数及蕾数均逐渐增大,光合面积加大,同化能力增强。在播期与密度交互作用下,沙地菊芋块茎大小无明显变化;块茎数量春播大于秋播,并在不同播期随种植密度减小而增加。因此,在沙荒地种植菊芋时,选择春播,密度以 1733 株/667m^2 为宜。

9.4.3 施肥

菊芋虽耐瘠薄，但也喜肥沃。在不同的水肥条件下，菊芋的产量差异很大。在青海省，一般在播前结合秋翻或春翻，水浇地施腐熟农家肥 3000～4000kg/667m^2；山旱地施腐熟农家肥 1500～2000kg/667m^2；并按 N：P$_2$O$_5$：K$_2$O 为 1：0.75：0.75 的比例施入化肥，以草木灰 50kg/667m^2 作为基肥。水浇地栽培可在施足基肥的基础上，在 5 月下旬至 6 月上旬植株快速生长期随浇水追施尿素 5～10kg/667m^2，促使幼苗健壮、多发新枝；在 9 月上旬菊芋现蕾期及块茎膨大期随浇水每追施钾肥 7.50～10kg/667m^2，或用 0.3%～0.5% 的磷酸二氢钾水溶液进行 1 次叶面追肥；没有灌溉条件的山旱地等种植地区则不追肥，或利用雨水等自然降水进行追肥，以最大限度地增产增收。

菊芋长期以来均为零星栽培，生产上施肥管理多以马铃薯作为参照，其施肥管理技术研究跟不上产业发展的步伐。为此，马本元等（2006）开展了水浇地不同肥料配比试验、低位山旱地施肥配方优化研究，并在沙荒地开展了菊芋叶面肥施用试验，为菊芋的优化施肥提供科学依据。

1. 水浇地不同肥料配比试验

为了达到高产，本研究开展了菊芋肥料配比试验。以青芋 2 号菊芋为试验材料，在大通县长宁镇鲍东村进行，试验地为水浇地，土壤为红黏土，海拔为 2300m，肥力中等，试验前茬为小麦。试验设 5 个处理，分别为 A 农家肥+尿素+磷酸二铵、B 农家肥+过磷酸钙+磷酸二氢钾、C 生物酶素有机肥+尿素+过磷酸钙、D 生物酶素有机肥+磷酸二铵+磷酸二氢钾、E 生物酶素有机肥（对照），3 次重复，随机区组排列。每个处理农家肥 6000kg/667m^2，生物酶素有机肥为 120kg/667m^2，磷酸二铵为 25kg/667m^2。

由表 9.37 可看出，不同肥料配比中，生物酶素有机肥（对照）处理菊芋植株最高，开展度最大；B 处理的侧枝数最多；A 处理的节间长、茎粗、最大叶片及叶柄长均最大；C 处理的花盘直径最大。因此各肥料成分配比不同对菊芋营养组织及器官发育的影响也是不同的，这对于以后针对菊芋不同方面研究利用而施用不同肥料，具有一定的参考利用价值。

表 9.37　不同的肥料配比对菊芋植物学性状的影响

处理	株高（cm）	开展度（cm）	侧枝数	节间长（cm）	茎粗（cm）	最大叶（长×宽）（cm）	叶柄长（cm）	花盘直径（cm）
A	254.2	76	26.7	4.97	2.819	23.57×15.35	9.01	1.382
B	251	83.1	33.1	4.72	2.723	22.93×15.07	8.95	1.356
C	257.7	76.9	28.5	4.9	2.804	22.55×15	8.51	1.435
D	259.7	83.4	26.2	4.83	2.743	22.4×15.15	8.9	1.427
E	263.2	85.5	27.6	4.85	2.794	22.45×15.04	8.55	1.395

由表 9.38 可看出，各处理中，A 处理的单株块茎数、块茎横径及产量最高；D 处理的单株产量最高；B 处理的最大单重最高。A 处理亩产达到 2718.3kg，B 处理亩产达到 2547.9kg，C 处理亩产达到 2425.6kg，D 处理亩产达到 2341.2kg，E 处理（CK）亩产达到 2468.2kg。A、B 处理较 E 处理分别增产 10.1%、3.2%，C、D 较 E 分别减产 1.7%、5.1%，但处理间差异不显著。

表 9.38　不同的肥料配比对菊芋块茎性状及产量的影响

处理	单株块茎数	横径×纵长（cm）	单株产量（g）	最大单重（g）	小区产量（kg/50m²）	折合亩产（kg/667m²）	增产率（%）	差异显著性
A	23.7	11.195×3.408	1758	177.55	203.77	2718.3	10.1	a
B	20	10.9×3.823	1595.56	190	191	2547.9	3.2	a
C	21.7	8.924×3.786	1574	147.58	181.83	2425.6	−1.7	a
D	22.9	9.454×4.074	1804	166.8	175.5	2341.2	−5.1	a
E	21.5	10.654×3.424	1557	170.60	185.02	2468.2	—	a

通过比较各配比增产量和成本，认为 A 配比较合理，因此建议生产中应该考虑 A 处理的配比，以求和用较小的成本获得较大的产值回报。

2. 低位山旱地施肥配方优化研究

以青芋 2 号菊芋为试材，在青海省大通县景阳镇土关村进行。采用"3414"设计，设计处理 14 个（表 9.39）。试验设 3 次重复，重复内各处理随机排列，试验小区面积 15m²，小区内按株距 30cm、行距 60cm 定植。

表 9.39　试验处理及水平设置

序号	处理	N（kg）	P（kg）	K（kg）
1	$N_0P_0K_0$	0	0	0
2	$N_0P_2K_2$	0	1.5	0.5
3	$N_1P_2K_2$	0.1	1.5	0.5
4	$N_2P_0K_2$	0.2	0	0.5
5	$N_2P_1K_2$	0.2	0.75	0.5
6	$N_2P_2K_2$	0.2	1.5	0.5
7	$N_2P_3K_2$	0.2	3	0.5
8	$N_2P_2K_0$	0.2	1.5	0
9	$N_2P_2K_1$	0.2	1.5	0.25
10	$N_2P_2K_3$	0.2	1.5	1
11	$N_3P_2K_2$	0.3	1.5	0.5
12	$N_1P_1K_2$	0.1	0.75	0.5
13	$N_1P_2K_1$	0.1	1.5	0.25
14	$N_2P_1K_1$	0.2	0.75	0.25

从表 9.40 可以看出，在 14 个施肥配方处理间，$N_2P_3K_2$ 处理株高最高，达到 114.1cm，$N_2P_1K_1$ 最小，仅为 102.6cm；茎粗最大值为 1.74cm，对应的施肥处理有两组，分别是 $N_2P_3K_2$ 和 $N_2P_2K_0$；分枝数最多的为 2.3，对应配方是 $N_2P_2K_3$ 处理；商品率最高为 84.44%，对应配方为 $N_2P_0K_2$ 处理；三因素 0 水平组合下，商品率最低，只有 62.38%；在配方组合为 $N_2P_2K_3$ 的情况下，单产表现最高，为 3482.8kg/667m²；最低产量是在三因素 0 水平组合的情况下出现的，最低产量为 1987.8kg/667m²。最高产量和最低产量之间相差 1495kg/667m²。

表 9.40　植物学性状和产量指标

序号	处理	株高（cm）	茎粗（cm）	分枝数	商品率（%）	单产（kg/667m²）
1	$N_0P_0K_0$	106.1	1.49	1.6	62.38	1987.8
2	$N_0P_2K_2$	104.7	1.62	1.4	68.08	2558.4
3	$N_1P_2K_2$	109.6	1.58	1.6	78.16	2622.7
4	$N_2P_0K_2$	113.6	1.58	1.3	84.44	2612.7
5	$N_2P_1K_2$	111.0	1.53	1.7	81.52	2889.9
6	$N_2P_2K_2$	109.6	1.55	1.5	76.99	2977.9
7	$N_2P_3K_2$	114.1	1.74	2.1	71.25	3089.0
8	$N_2P_2K_0$	103.7	1.74	2.1	74.84	2260.0
9	$N_2P_2K_1$	108.1	1.48	1.4	77.34	2790.6
10	$N_2P_2K_3$	104.6	1.71	2.3	73.92	3482.8
11	$N_3P_2K_2$	110.4	1.61	1.8	84.24	3127.1
12	$N_1P_1K_2$	107.0	1.68	1.6	62.48	2733.9
13	$N_1P_1K_1$	110.0	1.50	1.9	73.58	2285.5
14	$N_2P_1K_1$	102.6	1.56	1.5	73.61	2685.8

经统计表明，菊芋在山旱地上的块茎产量对土壤原有肥力的依存率为 57.07%，在氮、磷、钾缺素区的相对产量分别为 73.46%、75.02%、64.89%，以地力产量评价供试土壤的肥力，说明试验地块整体肥力中等，土壤提供氮和磷能力适中，供钾的能力较低。

研究表明，随着氮肥施肥量的增加，菊芋的产量增加，当施纯氮量为 20～22kg/667m² 时，可以达到的最高产量为 3350～3400kg/667m²。在产量达到最大值之后，随着施氮肥量的增加，产量会逐渐下降；随着施磷量的增加，产量明显呈快速增高趋势，曲线整体上呈对数形变化；随着施钾量的增加，产量一直呈近直线趋势增加，说明土壤中钾素吸收速率高，菊芋生长过程中钾肥需求量很大。

对试验结果进行多元统计分析得出的菊芋在山旱地上氮、磷、钾肥施肥量与产量之间的数学模型方程如下：

$$y=29\,774.281\,8+69.784\,4N-174.838\,0P+39.407\,3K-0.072\,2N^2-0.507\,0P^2-0.019\,0K^2$$
$$+0.634\,3NP-0.202\,3NK+0.661\,4PK$$

式中，N 为纯氮量；P 为 P_2O_5 的用量；K 为 K_2O 的用量。

肥料效应方程经方差分析和 F 检验（$F=17.1022$；$F_{0.01}=14.7$；SSE=1674.9342），达到了极显著水平，整体上可以反映氮、磷、钾三种肥料和产量之间的关系，可以作为青海高原地区山旱地菊芋栽培中施肥的指导模型。

应用模型方程可以优化得出三种肥料因子协同作用下的理论最佳施肥配方及最佳配方下的最佳产量和效益，结果如表 9.41 所示，在正常的施肥水平下，山旱地菊芋块茎单产为 2722.4kg/667m²；在产量优化的施肥条件下，可以达到的最高产量是 4317.1kg/667m²，最大理想净收入可以达到 3021.9 元/667m²。

表 9.41　产量效益最优结果

优化结果	正常用量（kg/667m²）	产量优化（kg/667m²）	单价（元/kg）	效益优化（元/667m²）
单产	2722.4	4317.1	0.70	3021.9
N	16.0	17.0	5.43	92.0
P_2O_5	5.3	8.0	2.92	23.3
K_2O	24.0	36.0	2.17	78.1

通过不同的氮、磷、钾配比施肥优化试验研究发现，钾肥可以促进地下块茎膨大，也可以诱导地上部分分枝的生长与分化；氮、钾肥可以协同促进块茎均匀生长；磷肥有促进地下块茎分化的作用。

通过研究氮、磷、钾三种肥料的效应发现，氮肥施肥量出现了对应的产量最大值点，之后随着施肥量增加，产量有下降趋势，证明试验中出现了速效氮的吸收饱和点，试验设计的氮肥水平比较合理。试验中磷、钾肥吸收的产量曲线呈对数或直线形变化，表明菊芋山旱地栽培的时候对磷、钾肥的需求量大，试验中设计的磷、钾肥水平偏低，在生产中应当适度增加。这一结果也说明了当地土壤速效磷、速效钾的含量不足。

分析菊芋在山旱地上的施肥模型发现，单因子肥料作用效果远低于三种肥料的协同作用，而且最优施肥配比下的施肥量也超过了单因素水平下最大理论产量时的施肥量，这说明氮、磷、钾三种肥料在菊芋生长过程中互相促进吸收，表现出了良好的协同效应。在三种肥料因子的最佳互作情况下，理论上山旱地菊芋最高单产可以达到 4317.1kg/667m²。

在开展了菊芋肥料施用试验研究的基础上，笔者还开展了菊芋氮磷钾吸收积累与分配规律及其与菊芋生长发育动态关系的研究（钟启文等，2009；钟启文，2007），选取了种植密度、施钾量、施磷量、施种氮量和施追氮量作五因素三水平设计，研究了中量组合下菊芋茎、叶与匍匐茎、块茎的生长发育与相应干物质积累动态，光合性能指标变化，整株干物质的积累分配规律及氮、磷、钾的吸收积累与分配规律，探索了不同密度与施肥处理对菊芋生长发育及干物质积累分配的影响，为采取适宜栽培技术与选育优良品种提供科学依据。研究结果表明：

1）中量水平下，菊芋总叶片数量呈单峰并符合三次曲线变化，主茎叶和侧枝叶数量呈单峰曲线变化。株高、茎粗峰值出现在块茎迅速膨大期；匍匐茎数量呈二次曲线变化，结芋率与块茎总体积呈"S"形曲线变化，块茎膨大速率呈单峰曲线变化；叶绿素含量呈双峰曲线变化，LAI 与 LAD 呈单峰曲线变化，NAR 呈"马鞍"形曲线变化；各器官及全株干物质积累量均呈"S"形曲线变化，积累速率呈单峰曲线变化。

2）高密度群体前期菊芋茎、叶生长迅速，光合性能指标较高，形成匍匐茎、块茎较多，积累干物质多且速率快，而后期茎、叶提前衰退，光合性能指标迅速下降，大中块茎数少，干物质积累少且速率慢，但块茎分配量大；低密度种植全生育周期茎、叶生长量均较大，光合性能指标较小，匍匐茎、块茎数量少而大中块茎多，干物质积累多且速率快，但块茎分配量小。

3）高钾素对菊芋茎、叶生长发育有促进作用，早期对匍匐茎形成有抑制作用，且显著促进块茎膨大；叶绿素含量比 NAR 高，LAI 与 LAD 前期低而后期高；总干物质积累量多且速率快，块茎分配率高。

4）高磷素前期促进菊芋茎、叶生长发育，匍匐茎形成早且多，对块茎膨大有促进作用，干物质积累多且速率快，块茎分配率高，光合性能指标较大；后期发生叶片早衰，大中块茎数少，光合性能指标较小，干物质积累小且速率慢，块茎分配率低。

5）氮素对菊芋茎叶生长发育影响最大，无氮肥时茎、叶生长量小，而过量施氮则茎叶过于茂盛；与无氮肥群体比较，高氮素群体匍匐茎数量及前期总块茎数差异不大，后期总块茎数多而大中块茎数少，块茎体积前期小而后期大，推迟干物质向块茎分配且分配率小；叶绿素含量前期差异不大而后期较高，LAI 与 NAR 较高，LAD 前期无明显差异，块茎形成后峰值较大，但后期低；后期干物质积累多，积累速率峰值提前。

6）菊芋各器官营养元素浓度均呈下降趋势；营养元素吸收速率均呈双峰曲线变化；营养元素积累总量表现为氮＞钾＞磷；块茎形成前，营养元素主要存于茎、叶，块茎形成到块茎膨大始期，叶内营养元素分配量持续减少，块茎分配量持续增加，而茎内磷、钾则经历单峰曲线变化；块茎开始膨大后，营养元素在茎、叶的分配量均迅速减小，块茎分配量迅速增加。

9.4.4 浇水

菊芋较抗旱，但在补充土壤水分能大幅度提高产量。为保证菊芋丰产，北方水浇地一般在 10 月下旬、地表封冻前进行冬灌；未进行冬灌的地块开春后及时春灌。菊芋播种前 7～10d 浇水。在 4 月中旬浇出苗水，5 月下旬至 6 月上旬浇生长水，9 月上中旬浇块茎膨大水。同时随水追肥。在没有灌溉条件的山旱地，可利用地膜覆盖保水、挖垄沟集雨雪补充生长所需水分等手段进行种植。

顾鑫等（2017）以酱菜型菊芋品种榆林 6 号为供试材料，设置不覆盖（CK）、塑料薄膜覆盖（FM）和玉米秸秆覆盖（CS）3 个处理，开展了在东北半干旱雨养条件下，地表覆盖对旱区土壤水分及菊芋生长的影响研究，结果表明，塑料薄膜覆盖土壤的含水量是不覆盖土壤的 1.7～2.0 倍，玉米秸秆覆盖土壤的含水量是不覆盖土壤的 1.3～2.0 倍。与不覆盖处理相比，塑料薄膜覆盖和玉米秸秆覆盖均降低了土壤 pH。覆盖措施显著影响了植株生长发育，至开花期玉米秸秆覆盖处理植株最高、茎最粗，株高平均达 162cm、茎粗平均达 18mm。塑料薄膜覆盖和玉米秸秆覆盖菊芋块茎平均产量为 9585kg/hm^2 和 11 685kg/hm^2，分别增产 63% 和 99%。因此，地表覆盖有利于土壤保墒，利于实现干旱地区菊芋的高产、高效栽培，值得推广应用。

杨斌等（2010）以青芋 1 号菊芋为试材，开展了不同灌水量对菊芋生长及水分利用效率的影响试验，结果表明，在不同灌水处理下菊芋株高、茎粗和单株个数的差异不显著，株高生长期主要在枝繁叶茂期和现蕾期，而茎粗生长期在苗期和枝繁叶茂期；菊芋产量、单株产量及水分利用效率均存在显著性差异，产量和单株产量以灌溉定额 6300m^2/hm^2 处理（耗水量最大）最高，产量分别比灌溉定额 1800m^3/hm^2、2700m^3/hm^2、3600m^3/hm^2、4500m^3/hm^2、5400m^3/hm^2 处理提高 56.52%、28.68%、46.21%、37.75%、8.97%，单株产量分别比灌溉定额 1800m^3/hm^2、2700m^3/hm^2、3600m^3/hm^2、4500m^3/hm^2、

5400m³/hm² 处理提高 65.45%、26.39%、27.27%、28.17%、31.88%，水分利用效率则以灌溉定额 1800m³/hm² 处理（耗水量最小）最高，分别比灌溉定额 2700m³/hm²、3600m³/hm²、4500m³/hm²、5400m³/hm²、6300m³/hm² 处理提高 15.98%、50.67%、85.96%、58.68%、79.16%。试验条件下菊芋产量主要由单株产量决定，并随耗水量的增加呈增加趋势，而水分利用效率则呈下降趋势。菊芋最佳灌溉定额为 340mm 左右。同时杨斌（2010）以张掖市气候条件和块灌种植模式为基础，以青芋 2 号品种为试材，研究了非充分灌溉对菊芋土壤含水率、耗水规律、光合生态指标、经济产量及水分利用效率的影响，结果表明，不同灌水处理下，菊芋产量随灌水量的增加而增加，但增加的幅度逐渐减小。灌水定额从 0 增加到 1800m³/hm²，产量逐渐增加，而当灌水定额超过 1800m³/hm²，产量不再增加；菊芋产量主要由单株重决定，并随耗水量的增加呈增加趋势；灌溉定额 1800m³/hm² 处理净收入最高，为 11 510.1 元/hm²，没有灌水的 CK 处理净收入最低，为 5512.86 元/hm²，从经济效益和大田实际操作等条件考虑，试验区菊芋生长期最优灌溉定额为 3100m³/hm²。

9.4.5 其他管理措施

除了开展品种、播期、种植密度、水肥管理等栽培措施提高菊芋产量外，本研究还探讨了其他一些栽培管理措施来增加菊芋的产量。

我们在 2005 年开展了沙荒地菊芋摘蕾对产量及植物学性状的影响试验，试验情况如下：供试品种为青芋 1 号菊芋，试验地点在青海省香日德农场，试验地为弃耕沙荒地。

试验设置为摘蕾（A）、不摘蕾（B）2 个处理，设 3 次重复，小区面积 150m²，随机区组排列。试验于 4 月 29 日播种，8 月中旬对 A 处理进行摘蕾，B 处理不摘蕾。共浇 3 次水，不追肥，其他田间管理措施相同。

由表 9.42、表 9.43 可知，A、B 处理的差异不大，经 t 测验，A、B 两处理在产量上差异不显著，但摘蕾较不摘蕾增产 16.7%，说明摘蕾对菊芋产量还是有一定的增产效应，可在沙地菊芋种植中使用。

表 9.42 摘蕾对菊芋植物学性状的影响

处理	株高（cm）	节间长（cm）	茎粗（cm）	开展度（cm）	最大叶（长×宽）(cm)	叶柄长（cm）	侧枝数	叶片数
A	101.57	6.18	1.5872	74.4	16.73×10.98	4.02	23	235.6
B	100.6	6.41	1.5356	72.4	16.14×10.46	4.13	23.6	214

表 9.43 摘蕾对菊芋产量及块茎性状的影响

处理	块茎径长（cm）	块茎数	单株产量（g）	小区产量（kg/150m²）	折合产量（kg/667m²）	增产率（%）	显著性差异
A	2.8248×5.911	28	455.91	88.08	391.7	16.7	a
B	2.8856×5.8522	36.4	582.39	75.5	335.7	0	a

其他研究者也开展了相关的研究，Westley（1993）初步探讨了去花与菊芋块茎产量之间的关系，其结论是去花处理能显著提高菊芋块茎产量；李辉等（2014）通过试验也发现去花处理对青芋二号的块茎生物量有着明显的影响，具体表现为块茎数量增加了

39.67%，块茎增加了 59.46%，块茎干重比未去花的增加 22.53%；回飞等（2017）的研究也表明，去花处理显著提高了块茎生物量，且在去 1/2 花处理达到最高值；还有研究表明，嫁接技术也可提高菊芋块茎的产量，提高幅度为 10%～15%（田梅，2009）；严再蓉等（2011）还利用襄荷喜阴，而菊芋高大，可为襄荷遮阴的情况，探索了菊芋与襄荷间作额优质高产高效栽培技术。

9.5　病虫草害防控

菊芋抗逆性强，病虫害发生较少，一般不需要农药防治。二战前后欧洲种植过 10 万 hm² 以上的菊芋，但没有报道规模性病虫害的发生，反映了菊芋拥有很强的病虫抵抗力和耐受力（Hennig，2000）。目前报道的菊芋蚜虫等主要影响菊芋地上部分生长（Stanley and Nottingham，2008），而一些微生物病害等对块茎产量和收获后储存产生严重影响（Gulya et al.，1997）。但规模化栽培后是否发生病虫害仍然是值得关注的问题，在规模种植中，一旦爆发病虫害，将造成重大的经济损失。因此，发现并提出菊芋病虫害的防治措施，是保证菊芋连续规模化高产的关键措施之一。

9.5.1　菊芋病害及防控技术

1. 菊芋白粉病

（1）为害症状

主要为害叶片，也可为害叶柄。叶片发病，初时在叶面上产生白色粉状斑点，病斑进一步扩展，在叶面上集中连片，形成一层污白色粉层。发病严重时，叶片上布满白粉，叶片提早脱落。发病叶片的叶部组织褪绿发黄。后期病部产生许多黑色小粒点，即病原菌闭囊壳。病原菌为苍耳单丝壳菌 *Sphaerotheca fuliginea* (Schlecht.) Poll.。

（2）发病规律

病原菌主要以闭囊壳在病残体或随病残体在土壤中越冬。翌年越冬闭囊壳放射出子囊孢子，借气流传播引起初侵染发病。菌丝体在叶面上不断扩展，并产生大量分生孢子，借气流传播进行重复再侵染，直至生育后期病原菌又形成闭囊壳。病原菌在 10～30℃范围内均可很好生长发育，分生孢子萌发适温 20～25℃。相对湿度高有利于发病，植株生长不良，病情明显加重。

（3）防治方法

1）收获后清除病残体，集中烧毁或深埋。

2）适当稀植，合理灌水。

3）增施磷钾肥，少施氮肥，多施充分腐熟的有机肥，以增强植株的抗病性。

4）大面积发病时，可选用嘧菌酯悬浮剂、苯醚甲环唑水分散粒剂、百菌清可湿性粉剂等药剂进行喷雾防治。

2. 菊芋菌核病

（1）为害症状

主要为害菊芋的茎基部，从苗期至收获期均可发生，苗期染病时幼芽和胚根生水浸状褐色斑，扩展后腐烂，幼苗不能出土或虽能出土，但随病斑扩展萎蔫而死。成株期染病根或茎基部产生褐色病斑，逐渐扩展到根的其他部位和茎，后向上或左右扩展，潮湿时病部长出白色菌丝和老鼠屎样的菌核，重病株萎蔫枯死，组织腐朽易断，内部有黑色菌核。除茎基部发病，在茎秆、花器及叶片上也可以感染发病。病原菌为核盘菌 *Sclerotiniasclerotiorum* (Lib.) deBary。

（2）发病规律

病原菌以菌核在土壤、病残体中及种子上越冬。翌年气温回升至 5℃ 以上，土壤潮湿，菌核萌发产生子囊盘，子囊孢子成熟由子囊内弹射出去，借气流传播，遇菊芋萌发侵入寄主。种子上的越冬病原菌可直接为害幼苗。菌核上长出菌丝也可侵染茎基部引起腐烂。发病最适温度为 10～20℃。春季低温、多雨发病重。排水不良的低洼地、连作地块土壤中菌核量大、病害重。

（3）防治方法

1）与非寄主作物进行 2 年以上轮作，避免与菊科或薯芋类作物连作，前茬作物以小麦、豆类、玉米或蔬菜茬为好。

2）播种前，可用 50% 甲基托布津 500 倍液浸种块 2h 后晾干播种，也可用种芋重量的 0.1%～0.2% 的敌可松加草木灰进行拌种后播种；也可用菌核净可湿性粉剂等药剂进行土壤消毒。

3）收获后清除病残体，集中烧毁或深埋，同时深翻土壤，将地面上菌核翻入深土中使其不能萌发。

4）发现菌核病中心病株，及时拔除并烧毁，并用石灰或速可灵、菌核净等药剂在病株周围进行土壤喷洒消毒。

3. 菊芋斑枯病

（1）为害症状

主要为害叶片。叶片发病，产生圆形或近圆形、大小 3～9mm 的病斑，病斑黑褐色，边缘明显，周围不形成晕圈。后期病斑上产生许多小黑点，即病原菌的分生孢子器。发病严重时，病斑联合成片，部分或全叶干枯。病原菌为向日葵壳针孢 *Septoria helianthi* Ellis. et Kellerman。

（2）发病规律

病原菌主要以菌丝体和分生孢子器在病残体上越冬。翌年分生孢子由分生孢子器中逸出，借雨水溅射传播引起田间发病。发病后病部产生大量分生孢子，由风雨传播进行再侵染，使病害不断扩展蔓延，病情加重。病原菌喜温湿条件，多在夏末秋初发病较普遍，多雨或田间湿度大，发病重。

（3）防治方法

1）收获后清洁田园，清除病残体。

2）施足基肥，适当追肥，防止植株早衰。

3）合理灌水，雨后排水，降低湿度。

4）发病初期及时摘除初发病叶，并选用苯菌灵可湿性粉剂、甲基硫菌灵悬浮液等药剂进行防治。

4. 菊芋褐斑病

（1）为害症状

主要为害叶片，发病初期叶片上出现近圆形至不规则形浅褐色小斑，边缘多不明显，后期逐渐呈现多角形至不规则形灰褐至红褐色坏死斑，空气潮湿时病斑正背面产生灰褐色霉状物，即病原菌的分生孢子梗和分生孢子。发病后期多个病斑相互连接成片，叶片早衰枯死。病原菌为尾孢霉 *Cercospora helianthicola* Chupp et Viegs。

（2）发病规律

病原菌以菌丝体在病残体上越冬，翌年条件适宜时，分生孢子借气流传播侵染。发病后可产生大量分生孢子，借助气流、雨水扩散蔓延，反复再侵染。该病原菌在 7～35℃均可发育，最适合温度为 25℃左右。生长中后期发生，温暖多雨利于发病。

（3）防治方法

1）与非菊科作物进行 2 年以上轮作。

2）收获后及时清除病残体，集中烧毁。

3）合理灌水，雨后排水，降低湿度。

4）发病初期，摘除老叶病叶，及时喷洒百菌清可湿性粉剂、甲基托布津硫磺悬浮剂等药剂进行防治。

9.5.2　虫害防控技术

为害菊芋地上部茎叶的主要害虫为蚜虫，一般在干旱年份易发生，蚜虫在菊芋叶片背部及生长点部位刺吸汁液，并传播病毒病，造成叶片卷缩变形、花叶、植株停止生长，并造成种芋带毒。在蚜虫为害初期，可采用氯氰菊酯乳油、阿维虫清、吡虫啉等药剂进行喷雾防治。

为害菊芋地下根茎的主要害虫为蛴螬和地老虎等地下害虫。在地下害虫发生严重的地块，用抑太保乳油、敌百虫可湿性粉剂等拌药土，在播种前进行土壤处理，或在播种时施入垄沟或播种穴内，均可起到防治作用。

9.5.3　草害防控技术

菊芋苗期生长缓慢，易受杂草危害，应及时中耕锄草，以免杂草与菊芋争光、争肥，同时提高地温，增加土壤透气性，促苗快发。一般于苗期锄草 2 次，菊芋株高 10～15cm 时进行第一次除草；苗高 25～30cm 时，第二次中耕除草，同时拔除菊芋侧枝、余蘖，集中养分供应主苗。菊芋长高至 30～50cm 时，菊芋已能控制杂草生长，不需锄草，少数高株大草人工拔除即可。

9.6　收　获

菊芋的收获期因依据栽培目的而定。在北方地区，以茎叶青贮为主种植的，应在 9 月上中旬、茎叶产量最高时收获；以块茎为收获目的的，一般 10 月中下旬田间植株 80% 以上茎叶干枯时收获。适当延迟收获期可取得较好的增产效果，最迟的收获时间是在土壤封冻前。

采收时，先将地上茎秆割去，采用人工或机械采收等办法把块茎从地下取出即可。人工采挖适合于零星种植或无条件进行机械收获时，一般采用铁锹等工具进行采挖。采挖时应注意深度，不同基因型地下块茎分布不等，一般以 40～50cm 为宜。因菊芋以形成地下匍匐茎的块茎方式进行繁殖，生长空间较大，太浅采收不彻底，采取两人一组，一人挖，一人拾捡，以植株为中心扩大采挖范围；在规模种植情况下宜采用机械采收，这样省时省力又能降低成本，一般采用拖拉机翻耕，配以 5～7 人拾捡，在翻地过程中要注意翻地深度，不易太深，以 40～50cm 为宜，太深容易把翻耕出来的菊芋块茎覆盖，造成收获不净。如用于荒漠化土地、盐碱地、沿海滩涂地的治理，则不用采收。

采收时期是影响菊芋块茎产量的重要因素，田间成熟度的不同造成菊芋块茎品质的差异，同时也影响其耐贮性。为确定菊芋块茎产量较高、品质好、耐贮性强的适宜采收时期，钟启文等（2007）开展了成熟度对菊芋产量、品质及耐贮性的影响试验，试验表明，西宁地区 10 月 22 日前后，菊芋地上部茎叶 80% 已枯萎，同化物积累已基本停止，块茎膨大基本稳定，块茎平均单重变化不大，产量也随之稳定。同时，块茎的田间成熟度对块茎的耐贮性有重要的影响。采收过早，块茎未能完全成熟，贮藏前期呼吸作用较强，受损块茎愈伤周皮形成慢，失水速度快，易腐烂感病；采收过晚，块茎成熟度过高，衰老速度快，不适宜长时间贮藏。因此采收时期以地上部茎叶 80% 枯萎时为宜，不宜过早采收。

9.7　轮　作

菊芋根系特别发达、繁殖能力强，一次播种就可以多年生长，用于荒漠化治理时，可不用采收和再次播种。如用于繁殖块茎，虽然可连种连收，还是以轮作倒茬为好，则前茬作物选择小麦、豆类、玉米等非菊科和薯芋类的作物为佳。迟金和等（2009）采用大田连作定位试验研究了连作对菊芋开花期与收获期生物量、块茎品质及土壤生物活性的影响，结果表明，开花期与收获期菊芋生物量连作 4～5 年后均出现下降趋势；连作对收获期块茎蛋白质、还原糖与纤维素含量的影响较为显著，而对开花期影响不显著；土壤酶活性随着连作年限的延长呈先增加而后降低的趋势，脲酶、过氧化氢酶与脱氢酶活性在连作 5 年后达到最大值，蛋白酶活性连作 4 年后达到最大值。因此，连作 4～5 年对菊芋生长、品质及土壤酶活性已产生负面影响，如果继续连作可能产生连作障碍的危险。

参 考 文 献

曹力强. 2009. 起垄方式对旱地菊芋产量的影响试验. 甘肃农业科技, 3: 13-14.

迟金和, 隆小华, 刘兆普. 2009. 连作对菊芋生物量、品质及土壤酶活性的影响. 江苏农业科学, 25(4): 775-780.

崔红艳, 柳根生, 桑凤贤. 2010. 隆德县菊芋高产栽培技术. 甘肃农业科技, 7: 69-70.

邓晔. 2013. 滨海盐土菊芋高产栽培技术. 农民致富之友, 6: 139.

丁磊, 徐爱琴, 黄巧云, 等. 2004. 菊芋的生育特性和高产栽培技术. 上海农业科技, 6: 77.

杜凤霞. 2006. 菊芋栽培技术. 防护林科技, 3: 116.

范国儒, 秦秀忱, 金志刚. 2004. 菊芋在辽宁沙区的栽植技术及试验效果分析. 辽宁林业科技, 4: 15-16.

丰志强. 2001. 耶路撒冷菊芋机械化栽培技术. 农机推广, 4: 32-33.

高凯, 朱铁霞, 乌曰娜, 等. 2013. 密度对菊芋株高及生物量贡献率的影响. 中国草学会学术年会论文集, 327-333.

顾鑫, 任翠梅, 杨丽, 等. 2017. 地表覆盖对旱区土壤水分及菊芋生长的影响. 黑龙江农业科学, 1: 39-41.

侯全刚, 李江, 李莉, 等. 2005. 种植密度对菊芋植物学性状及产量的影响. 青海科技, 1: 24-25.

侯全刚, 李莉, 马本元, 等. 2004. 菊芋及其高产栽培技术. 青海科技, 1: 31-32.

胡媛秋, 姜瑶, 姜殿勤. 2010. 黑龙江省西部半干旱地区菊芋的实用价值及栽培管理. 特种经济动植物, 1: 41-42.

回飞, 刘辉, 腾爱娣, 等. 2017. 去花对菊芋块茎产量及物质分配规律的相关性研究. 草原与草业, 29(1): 34-48.

李参. 2006. 菊芋机械化栽培技术. 中国农村科技, 8: 9.

李辉, 许欢欢, 赵耕毛, 等. 2014. 去花对菊芋干物质和糖分积累与分配的影响. 草业学报, 23(1): 149-157.

李江, 李莉, 钟启文, 等. 2005. 菊芋种用块茎对比试验. 青海农林科技, 4: 48-49.

李江, 钟启文, 马本元. 2006. 低位山旱地区菊芋栽培方式筛选试验. 青海科技, 1: 29-30.

李莉, 钟启文, 马本元, 等. 2005. 青芋 1 号菊芋种芋单重对产量的影响. 青海科技, 6: 17-19.

李莉, 钟启文, 马本元, 等. 2006. 播期与密度对沙地菊芋产量的影响. 青海农林科技, 2: 13-14.

刘冰, 任翠梅, 杨丽, 等. 2017. 密度压力对菊芋生理生态指标的影响. 黑龙江农业科学, 1: 68-71.

隆小华, 刘兆普, 陈铭达, 等. 2005. 半干旱地区海涂海水灌溉菊芋盐肥耦合效应的研究. 土壤学报, 1: 91-97.

隆小华, 田静, 钟启文, 等. 2010. 新疆干旱区与青海寒区菊芋品种比较与优化栽培技术. 中国农学通报, 13: 354-358.

马本元, 侯全刚, 李江, 等. 2006. 不同叶面肥对菊芋植物学性状及产量的影响. 中国果菜, 1: 30.

潘红丽, 王殿奎. 2008. 能源植物菊芋品种鉴定和筛选. 黑龙江农业科学, 4: 79-80.

钱寿福, 孟好军. 2010. 干旱半干旱地区沙化土地菊芋种植试验. 防护林科技, 4: 30-32.

乔明. 2009. 高海拔寒旱区菊芋栽培技术. 甘肃农业科技, 9: 57-57.

沈月, 林成芳. 2009. 菊芋栽培技术. 安徽农学通报, 15(16): 254-255.

师国荣, 师增胜. 2010. 旱地菊芋优质高产栽培技术. 农业科技与信息, (1): 18.

石建业, 任生兰. 2008. 菊芋的生态适应性及栽培技术. 现代农业科技, 8: 33-34.

孙晓娥. 2013. 氮磷及其交互效应对菊芋生长、块茎产量及品质的影响. 南京农业大学硕士学位论文.

田梅. 2009. 菊芋嫁接无性繁育技术. 中国农技推广, 11: 31-32.

王军, 李萍. 2013. 江苏沿海地区菊芋高产栽培技术. 长江蔬菜, 17: 22-23.

王丽慧. 2010. 不同耕地类型菊芋种植模式对比研究. 青海农林科技, 3: 57.

王敏敏, 蔡冬雷. 2013. 菊芋的生育特性及高产栽培技术. 上海蔬菜, 4: 20.

吴德东, 袁春良, 白松岭. 2005. 菊芋的种植与管理技术. 防护林科技, 4: 88.

吴建宏. 2013. 宁夏南部山区菊芋丰产栽培技术. 现代农业科技, 11: 108.

谢逸萍, 孙厚俊, 王欣, 等. 2010. 新型能源植物菊芋资源的引种鉴定与海涂利用评价. 江西农业学报, 22(9): 62-63.

严再蓉, 费伦敏, 黄有志, 等. 2011. 菊芋与襄荷间作优质高产高效栽培技术. 中国蔬菜, 3: 56-57.

杨彬. 2016. 种薯大小与施肥对能源植物菊芋生长的影响. 兰州大学硕士学位论文.

杨斌. 2010. 非充分灌溉对菊芋水分光合生态特征及生产力的影响. 甘肃农业大学硕士学位论文.

杨斌, 张恒嘉, 李有先, 等. 2010. 不同灌水量对菊芋生长及水分利用效率的影响. 灌溉排水学报, 29(4): 140-142.

杨君, 姜吉禹. 2009. 海水灌溉条件下菊芋种植密度对土壤无机盐及产量的影响. 吉林师范大学学报(自然科学版), 2: 17-18, 25.

赵秀芳, 杨劲松, 蔡彦明, 等. 2010. 苏北滩涂区施肥对菊芋生长和土壤氮素累积的影响. 农业环境科学学报, 29(3): 521-526.

钟启文. 2007. 菊芋生长发育动态及氮磷钾吸收积累与分配. 青海大学硕士学位论文.

钟启文, 刘素英, 王丽慧, 等. 2009. 菊芋氮、磷、钾吸收积累与分配特征研究. 植物营养与肥料学报. 15(4): 948-952.

钟启文, 马本元, 侯全刚, 等. 2007. 成熟度对菊芋产量、品质及耐贮性的影响. 长江蔬菜, 1: 52-53.

Gulya T J, Masirovic J S, Rashid K Y. 1997. Sunflower Diseases, in Sunflower Technology and Production. Agronomy Monograph 35. Madison: American Society of Agronomy: 263-379.

Hennig J L. 2000. Le Topinambour & autres Merveilles. Cadeilhan: Zulma.

Mays D A, Buchanan W, Bradford B N, et al. 1990. Fuel production potential of several agricultural crops//Janick J, Simon J E. Advances in New Crops. Portland: Timber Press: 260-263.

Stanley J K, Nottingham S F. 2008. Biology and Chemistry of Jerusalem Artichoke. New York: CRC Press.

Westley L C. 1993. The effect of inflorescence bud removal on tuber production in *Helianthus tuberosus* L.(Asteraceae). Ecology, (74): 2136-2144.

第 10 章　菊芋的贮藏

菊芋块茎抗寒、抗旱，其优异的越冬性能使其成为防沙、治沙、水土保持等生态环境治理的研究新兴物种，同时其块茎富含丰富的果聚糖，是工业和医学上主要的原料。但在工业加工过程中，由于菊芋的块茎很难储藏于土壤之外，低温贮藏需要耗费大量的能源，因此必须根据加工设备的日处理能力收获作物，或只能在菊芋的收获季大量囤积并提取果聚糖。由于果聚糖降解的特性，早期收获的果聚糖较晚收的块茎更具有加工价值，因此菊芋储藏目前已成为制约菊芋果聚糖加工产业的主要瓶颈问题。

作为菊芋研发和研究机构，笔者对块茎贮藏的目的一方面是为了保证其安全越冬；另一方面是为了延长块茎加工利用的时期。块茎贮藏效果包括损耗率高低、贮藏期长短、含糖量尤其是果聚糖变化等方面。块茎贮藏效果除了受贮藏条件及管理技术水平影响之外，还与块茎的基因型、产地的生态条件与农业技术措施、采收期与采后商品化处理等因素密切相关。菊芋的贮藏是一个受采前、采收及采后诸多因素制约的系统工程，其中任何一个不良因素的影响，都可能使菊芋的贮藏工作受损，甚至导致失败，造成严重的经济损失（Denoroy，1996）。菊芋无周皮，因此，菊芋采收后堆放在室内，易失水分引起干瘪和发霉，为了保证菊芋块茎的商品价值，一定要选择适宜的贮藏方式，并且在贮藏过程中注意加强管理，以免块茎发生腐烂等问题。收获的块茎要及时装袋运回，不能放在露地，要防止雨淋和日光暴晒，以免堆内发热腐烂和外部菊芋皮变绿。同时要注意轻装轻卸，不要使芋皮大量擦伤或碰伤，并应把种芋和商品芋存在的地方分开，防止混杂。

目前我国菊芋采后贮藏保鲜技术落后，收获后菊芋主要靠窖贮藏，由于没有温湿度与通气调控设备，无法控制温度、湿度和进行通风换气，以致在春季开窖时出现冻窖、烂窖、伤热、发芽和黑心等现象，严重影响其品质和商品性。据资料显示，我国 60%以上的菊芋用于鲜食和工业制糖，每年由于贮藏不当造成的损失大约占 40%，贮藏损失巨大。因此，改善贮藏条件提高贮藏质量是当前急需解决的问题之一。

10.1　贮藏期间的生理变化

菊芋块茎在贮藏期间，尤其是收获后的最初阶段，由于呼吸作用，释放大量热能，使周围的空气及堆内温度增高，造成重量的损耗和化学成分的变化。重量的损失主要是由萌芽、呼吸、蒸发和病菌侵染等原因造成。贮藏期间的主要存在干物质量的变化、碳水化合物的变化、蛋白质含量的变化、过氧化物酶活性的变化、多胺含量的变化、内源及外源激素的影响、氨基酸含量的变化、质膜流动性的变化等现象。

10.1.1　贮藏期间干物质及水分含量的变化

菊芋收获后仍然是一个活的有机体，在贮藏过程中不断地进行新陈代谢，呼吸及蒸腾作用等一系列的生物化学变化会不断消耗体内积蓄的干物质，这是影响块茎贮藏质量的主要因素。张路（2011）研究表明块茎类作物贮藏期间干物质含量的变化不是特别明显，但不同的品种呈现不同的变化趋势。经过回暖后测定块茎的干物质含量，与刚从窖中取出的块茎进行干物质含量的比较，不同品种间及同一品种的不同测定时期间均表明干物质含量在贮藏期间的变化有所差异（张路，2011）。

Rutherford 和 Weston（1968）对菊芋在贮藏中的干物质变化进行测定发现，贮藏期间，菊芋的干物质含量保持稳定，在 0~10 周时间内几乎没有变化，只是在贮藏的后期，略有降低（表 10.1）。对贮藏期间干物质含量和糖分含量的相关分析得出菊芋在贮藏期间干物质含量与糖含量呈极显著地正相关关系，即菊芋干物质含量随糖含量的增加而增加，也说明干物质中主要由糖组成，其他成分对干物质含量影响不大。菊芋贮藏时间与干物质含量之间无相关关系（图 10.1）。

表 10.1　菊芋贮藏期间干物质变化

贮藏时间（周）	干物质含量（%）
0	19.6
1	20.0
2	20.0
4	20.0
6	20.0
8	20.0
9	19.5
10	19.5
13	17.7
14	17.7
16	17.7
19	17.6
24	17.6

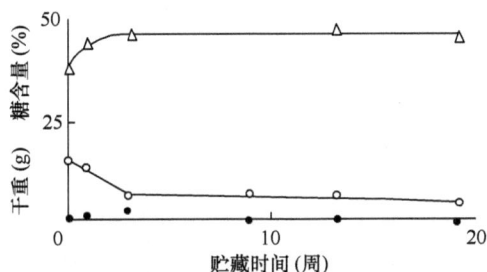

图 10.1　菊芋在贮藏期间干物质含量与糖含量的关系

王亚云等（2013）对室温（20℃）和低温（4℃）贮藏条件下不同菊芋品种中水分进行研究，随着贮藏时间的延长，菊芋块茎中的水分逐渐下降；且对于同一种菊芋，贮藏温度不同，其水分的变化也不同。在20℃下贮藏的菊芋，其水分比在4℃下贮藏时下降的幅度大；在20℃第20d时，A品种菊芋和B品种菊芋水分分别降低6.20%和6.70%，比在4℃第20d时水分降低了4.4%和4.6%。因为贮藏温度越高，水分蒸发越快，因此在20℃下贮藏的菊芋中水分下降的快，此外由于B品种菊芋的表面积与体积比大于A品种的菊芋，所以水分损失较多（王亚云等，2013）（图10.2）。

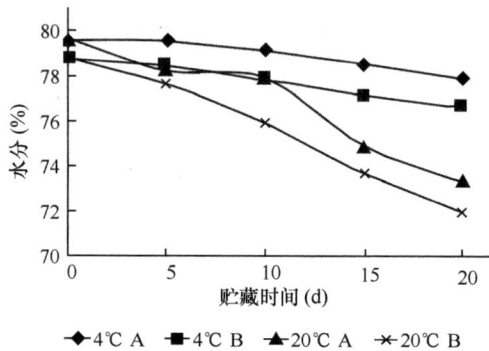

图10.2　贮藏温度对菊芋块茎水分的影响

在对不同贮藏时间下菊芋水分的变化影响进行探究，在整个贮藏过程中，水分随着贮藏天数的增加都在减小。一般在0～20d时，水分下降得比较快，可能由于此时菊芋组织的代谢比较旺盛；20d以后，2个菊芋品种中水分呈缓慢下降；贮藏结束时，A品种的菊芋和B品种的菊芋水分分别下降4.7%和6.1%。说明水分的下降与块茎的大小有关（图10.3）（王亚云等，2013）。

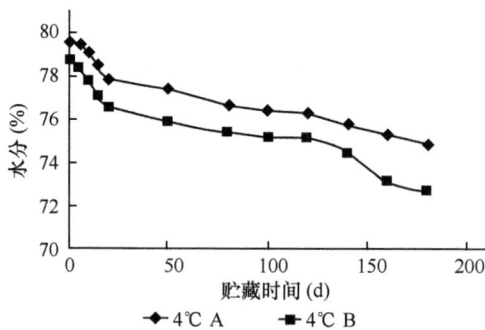

图10.3　贮藏时间对菊芋块茎水分的影响

10.1.2　贮藏期间碳水化合物的变化

菊芋块茎中的碳水化合物占到鲜重的18%～20%，而果聚糖含量则占到总碳水化合物的80%左右，除了淀粉，果聚糖是高等植物中最普遍的储备多糖。植物中的果聚糖大都分布在植物的营养器官中，且在不同的生长时期，果聚糖的分布是不同的。有研究发现，在低温条件下贮藏的作物，外观上几乎没有形态和结构的变化，但是在块茎或块根中发生较为复杂的生理变化（田尚衣，2011）。菊芋块茎中储备着大批的碳水化合物，为萌发提供能量与物质。在贮藏结束的休眠解除过程中，马铃薯、百合等作物内部产生"低温糖化"反应，主要是块根鳞茎中淀粉含量下降，促进可溶性糖积累。当百合鳞茎经过 –1℃处理后，将会出现大量的可溶性糖在鳞茎内积累，蔗糖是可溶性糖中的重要成分，淀粉是合成蔗糖提供主要碳源，因此在冷藏过程中，其含量逐渐降低；而在 4℃条件下贮藏时，鳞茎内碳水化合物含量变化较为缓慢，但其变化趋势与在 1℃条件下贮藏基本一致（蔡春侠，2009）。

果糖的水解是由果糖水解酶 FH 和果聚糖:果聚糖-1-果糖基转移酶 1-FFT 的联合作用催化的。在聚合物水解过程中产生果糖，但是实际上在贮藏的休眠块茎中没有发现游离果糖。菊糖聚合度在 2～100 变化，分子的链长、组成等结构性质与获取菊糖的植物的种类、采收时间、提取和提取后处理过程有关（图 10.4）。菊糖聚合度的变化对菊芋和菊糖的工业应用和价值有很大影响。然而，对于菊糖聚合度的检测方法目前尚无系统研究。

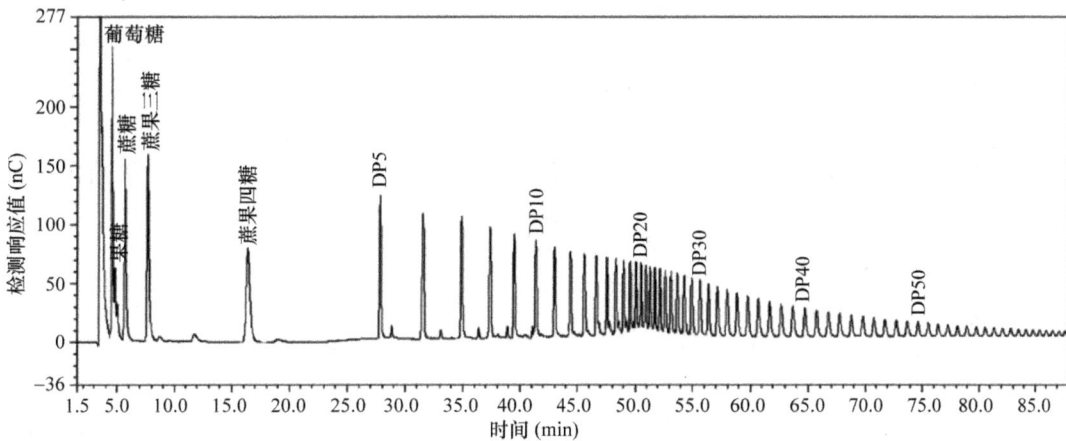

图 10.4　菊糖的 DP 组成情况

菊芋块茎的贮藏导致质量的不断变化。块茎上的皮层较薄使它们特别容易脱水和受到微生物侵染。在受控湿度的冷冻条件下微生物的活性受到抑制，因而在这种可控条件下菊芋块茎可贮藏较长的时间。除了防止块茎在贮藏中变质受损，在加工生产上亦要使块茎中保持高糖含量并将碳水化合物果糖部分保持在最高水平（李辉等，2014）。在整个冬季，可以将菊芋块茎在冷冻条件下埋藏于地下。据报道，在此期间，总还原糖和果糖水平（以还原糖的百分比计）略有下降，分别从 11 月份的 17.21% 和 77.8% 降至 4 月份的 13.42% 和 73.8%（Fleming et al.，1979）。据报道，在美国和加拿大地区生产的菊芋种质最佳的储存条件是 0～1.7℃和 82～92℃的相对湿度（McGlumphy et al.，1931）。同样令人感到不解的是，以往认知低温有利于块茎的贮藏，但是在一些研究中表明果聚糖在 2℃时的分解比在 25℃时高得多（Clausen et al.，2012；Rutherford and Weston，1968）。然而，另一项研究将块茎在 4℃下储存数月后，只有轻微的变化（Pilnik and Vervelde，1976）。这可能是由存在于块茎中的呋喃糖苷酶在贮藏期间水解为果聚糖和蔗糖，留下游离的果糖分子，其可以异构化为葡萄糖，结果果聚糖的分子质量及果糖浓度发生变化。在马铃薯的贮藏研究中，发现一种这样的酶，其转化酶的活性受到内源性抑制剂的影响，该抑制剂在室温下比在寒冷时更快地产生（Pressey，1966，1967）。虽然在菊芋块茎中检测到碳水化合物分解率较低的原因是由一种所谓的转化酶抑制剂造成，但这种抑制剂限制了转化酶的产生，而不是转化酶的活性。当环境条件符合这种抑制剂的合成，在18～25℃的马铃薯块茎中中比在2℃时更多地产生了这种抑制剂。但是目前还未得出结论的是通过影响转化酶的生成，这种抑制剂是如何对果聚糖的分解和果糖代谢产生的影响，因此，贮藏时期的长短可能由控制抑制剂合成的环境因素所决定。

在关于蔬菜贮藏保鲜的研究中提及蔬菜贮藏在二氧化硫或二氧化碳气体中，这将抑制或阻止酶活性，从而抑制植物组织内的正常代谢。这些条件将延长这些蔬菜的贮藏寿命。Reeve（1943）对菊芋块茎的还原糖、蔗糖和菊粉含量在二氧化碳（2.5%、7.5%和22.5%体积）浓度下的影响进行了5℃储存时间长达40d的分析，每个二氧化碳水平的处理下，游离糖的增加和菊粉的减少速度都得到抑制但都没有停止。但是，22.5%的二氧化碳气体浓度抑制了果聚糖转化为蔗糖。

在位于加拿大萨斯喀彻温的研究实验室中，块茎在各种条件下密封贮藏于塑料桶内的气密袋中以保持水分及干物质量。块茎中总还原糖（干重）的百分比随着的贮藏时间而减少（表10.2）。但是，在−15～14℃贮藏温度范围内没有发现任何差异，3个月后所有样品的总还原糖损失了4%～5%。贮藏在25℃的块茎在1个月后变质，但果糖仍占当

表10.2 贮藏条件对块茎碳水化合物的影响

贮藏条件	贮藏时间（个月）	总还原糖损失（%DW）	果糖（占还原糖的比例）（%）
25℃	0	75～79	89～91
	1	74～78	80～88
	2	—	—
	3	—	—
14℃	1	74～78	76～80
	2	72～74	74～78
	3	71～74	62～74
2℃	1	73～76	84～89
	2	72～76	81～88
	3	69～73	79～83
0℃	1	72～76	87～89
	2	71～76	82～86
	3	70～73	84～87
−15℃	1	—	88～91
	2	75～78	83～88
	3	70～73	84～88
CO_2，2℃	1	73～77	—
	2	74～77	—
	3	72～76	88～92

时总还原糖的 80%～88%。在 2℃的二氧化碳气体中贮藏可有效地维持块茎中的高还原糖水平。贮藏温度对果糖浓度（基于总还原糖）的影响差异显著，除 14℃下贮藏的样品果糖浓度较低，为 76%～80%，其余样品在贮藏 1 个月后果糖浓度仍高于 85%。类似的趋势延续了 3 个月，并且在当时所有在 2℃或更低温度下贮藏的样品果糖含量超过 80%。贮藏在二氧化碳气体中的样品在 3 个月后依然有 88%～92%果糖，而初始水平为 89%～91%。根据上述的研究结果表明，在整个贮藏期间还原糖和果糖含量必然会存在部分损失。然而，在寒冷气候条件下，如果块茎在室外桩、坑或筒中冻结，则只会发生微小糖分损失。如果使用非冷冻条件，则可能需要通过紧密堆叠或用聚乙烯薄膜覆盖来保持高湿度。因此应考虑各地不同的环境因素进行大规模贮藏研究，以确定最实用和最经济的贮藏方法（Fleming et al.，1979）。

李琬聪等（2016）通过对是在–20℃的贮藏条件下，菊芋中菊糖分子质量的变化研究得出，在–20℃下贮藏菊芋几乎不会引起菊糖的链长改变。贮藏 120d，菊芋中菊糖的分子质量依然维持在 3500Da 左右。当贮藏到 140d 时，菊糖的分子质量出现一个较为明显的下降，降至 3000Da 左右。当贮藏至 160d 时，菊糖的分子质量依然为 3000Da 左右，不再发生明显变化。由此表明在–20℃的贮藏条件下，菊芋中菊糖可以在 120d 内不发生剧烈的降解而使得分子质量减小，但之后会有一个短暂的降解过程，分子质量减小，聚合度降低 2～3，然后菊芋中的菊糖会继续处在一个较为稳定的状态，不再发生剧烈的降解（图 10.5）。这对于菊芋采收后的贮藏条件和时限有很好的指导作用（李琬聪等，2016）。

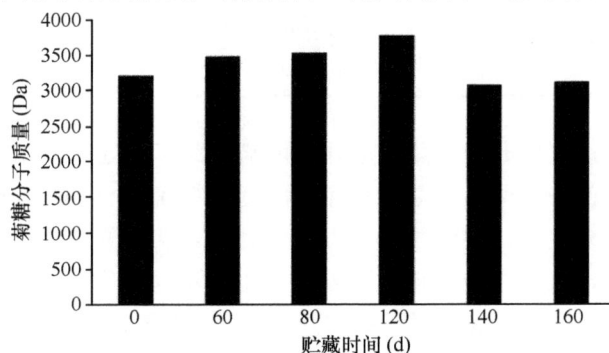

图 10.5　贮藏过程中菊糖分子质量的变化情况

研究表明，在菊芋的贮藏休眠块茎中，不仅发现了果聚糖代谢的酶，而且还证实了蔗糖合成途径的各种酶的存在。因此，块茎应该具有从休眠到萌发的任何时间将游离己糖转化为蔗糖的能力（Wyse et al.，1986）。呈现的果聚糖和蔗糖代谢的代谢物水平和酶活性对应于早期和晚休眠阶段。代谢产物水平在整个休眠期间变化很小，除了蔗糖的水平持续上升达到高出 5～6 倍的水平。果聚糖代谢酶的活性在不同时期也有所不同菊芋在休眠期间，总己糖含量保持相当恒定，而果糖的量从95%减少到82%，并且葡萄糖从5%增加到约 18%，蔗糖合成可由 3 种酶催化：蔗糖磷酸合酶（SPS）及其缔合的蔗糖-磷酸磷酸酶（SPP），蔗糖合成酶（SS）（表 10.3、表 10.4）。最近的研究表明，在开发马铃薯块茎和其他植物组织时，SS 活性在体内是可逆的并且可以产生相当数量（30%～80%）的蔗糖（Shi et al.，2012）。

表 10.3　贮藏期间糖代谢水平（mmol/gFW）

代谢物	代谢物含量（休眠块茎）	
	早期	晚期
果糖	0.26±0.02	0.61±0.04
葡萄糖	0.05±0.01	0.06±0.008
蔗糖	12.0±0.8	72.0±5.7
F-6-P	0.05±0.003	0.06±0.004
Glc-6-P	0.06±0.007	0.08±0.009
UDP-Glc	0.44±0.04	0.60±0.05
UDP	0.06±0.009	0.07±0.008

表 10.4　贮藏期间蔗糖酶和果聚糖酶代谢（mmol/gFW）

代谢物	代谢物含量（休眠块茎）	
	早期	晚期
果糖	0.26±0.02	0.61±0.04
葡萄糖	0.05±0.01	0.06±0.008
蔗糖	12.0±0.8	72.0±5.7
F-6-P	0.05±0.003	0.06±0.004
Glc-6-P	0.06±0.007	0.08±0.009
UDP-Glc	0.44±0.04	0.60±0.05
UDP	0.06±0.009	0.07±0.008

　　通过在青海地区设置库藏、窖藏、室外和恒温冷藏 4 个处理，库藏处理设在普通的贮藏库，窖藏处理设置在大型的蔬菜贮藏库，温度范围在–3～4℃，湿度为85%～90%；室外处理设在普通室外地面，期间平均气温–4.6℃，极端气温为–19℃，昼夜温差 17～22℃；恒温冷藏处理设在普通冷藏柜，温度为–3℃。不同温度冷藏处理设置7℃、2℃、–3℃、–8℃4 个处理。利用 HPLC 高效液相检测不同贮藏方式下菊芋果聚糖的变化情况。

　　在贮藏期各贮藏方式下，菊芋块茎内 DP＞6 果聚糖含量均呈下降趋势（图 10.6A）。在贮藏 15d 后各贮藏方式下 DP＞6 果聚糖含量均下降迅速；从贮藏 15～56d，库藏、窖藏和恒温贮藏的含量保持相对稳定，而室外块茎 DP＞6 果聚糖含量呈下降趋势，到贮藏结束其含量为 7.05%，较贮藏前降低 45.49%。库藏则下降后略有上升，到贮藏结束其含量为 9.79%，较贮藏前降低 24.17%。而窖藏则迅速下降至 5.82%，下降幅度达到 54.92%。

　　从图 10.6B 看出，恒温贮藏条件下，零上温度（7℃、2℃）处理和零下温度（–3℃、–8℃）处理分别保持相似的变化动态。菊芋块茎 DP＞6 果聚糖含量在不同贮藏温度下总体呈下降趋势。不同温度处理在 56d 前 DP＞6 果聚糖含量均呈现起伏变化，从 56～113d，7℃、2℃、–3℃处理的 DP＞6 果聚糖含量迅速下降，而–8℃则趋于相对稳定。到贮藏结束，7℃、2℃、–3℃、–8℃贮藏温度下 DP＞6 果聚糖含量分别为 7.19%、6.71%、7.95%和 10.55%，较贮藏前降低幅度分别为 44.31%、48.03%、38.42%和 18.28%。

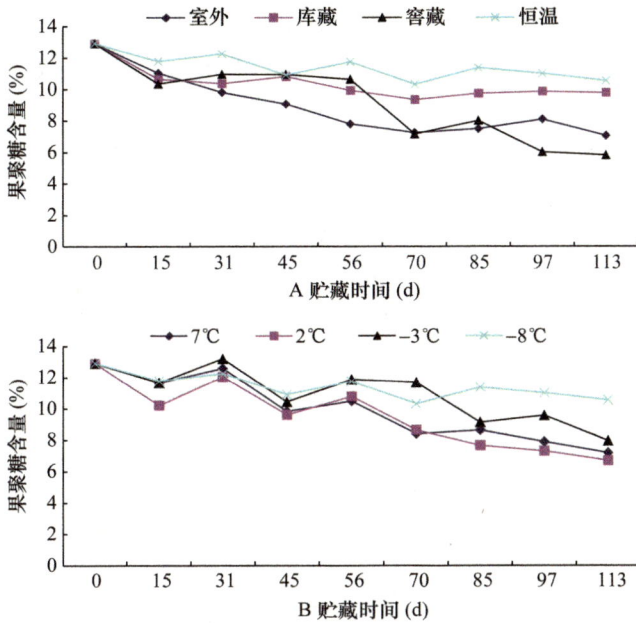

图 10.6　贮藏期菊芋块茎 DP＞6 果聚糖含量变化

贮藏 0～15d，各贮藏方式下的 DP＜6 果聚糖含量均迅速上升；贮藏 15～56d，各贮藏方式的含量继续缓慢上升，室外、库藏、窖藏和恒温贮藏的 DP＜6 果聚糖含量达到最高值时分别为 3.49%、3.24%、3.14%和 2.09%；之后缓慢下降或趋于相对稳定，到贮藏结束其含量分别为 2.89%、2.92%、2.44%和 1.81%（图 10.7A）。

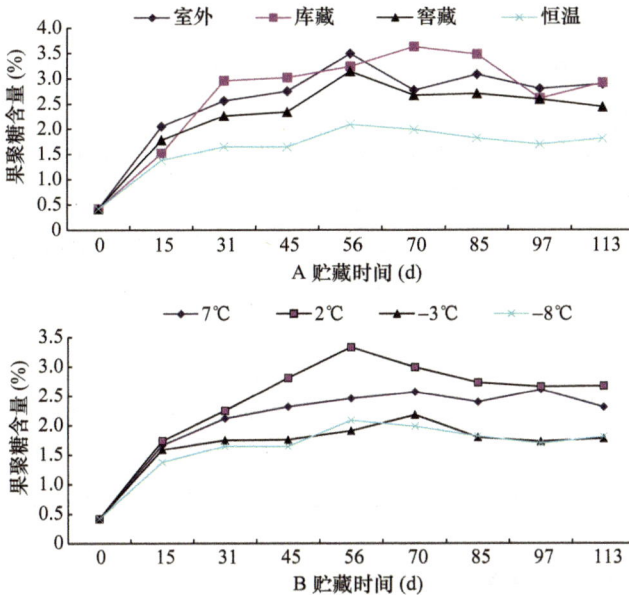

图 10.7　贮藏期菊芋块茎 DP＜6 果聚糖含量变化

从贮藏 0～56d,高聚合度果聚糖的减少与低聚合度果聚糖的增加,使得各贮藏方式下的总果聚糖的含量变化相对稳定。从贮藏 15～45d,库藏和窖藏还有少量增加,说明在贮藏过程中仍有果聚糖合成;之后逐渐下降,到贮藏结束,室外、库藏、窖藏和恒温贮藏较贮藏前分别降低 25.43%、4.65%、38.03%和 7.28%(图 10.8A)。

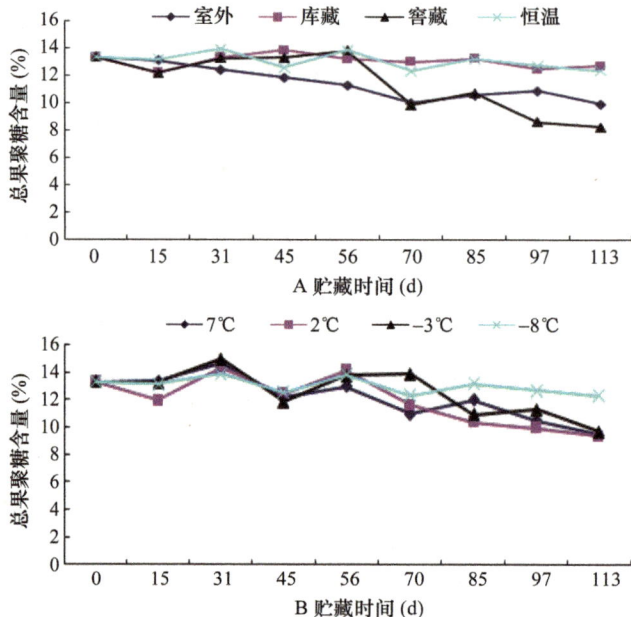

图 10.8　贮藏期菊芋块茎总果聚糖含量变化动态

从贮藏 0～56d,各贮藏温度下的总果聚糖含量呈起伏变化,与高聚合度果聚糖相似;之后逐渐下降,到贮藏结束 7℃、2℃、–3℃、–8℃贮藏温度下总果聚糖含量分别为 9.5%、9.38%、9.73%和 12.36%,较贮藏前分别降低 28.73%、29.63%、27.00%和 7.28%(图 10.8B)。

不同贮藏方式下的蔗糖含量在全贮藏期的变化动态与 DP<6 果聚糖相似(图 10.9A);从贮藏 0～56d,蔗糖含量呈缓慢增加趋势,之后逐渐降低,到贮藏结束蔗糖含量除窖藏外均高于贮藏前。各贮藏温度下在 0～70d 呈现增加趋势,之后降低,贮藏结束时,7℃、2℃、–3℃、–8℃贮藏温度下蔗糖含量为 6.34%、6.17%、3.56%、3.68%(图 10.9B)。

从贮藏 0～15d,各贮藏方式下的还原糖含量均迅速上升。从贮藏 15～45d 趋于相对稳定,之后到 56d 前又迅速上升最高值。从 56～113d,还原糖含量又逐渐下降(图 10.10A);从 56～113d,7℃、2℃、–3℃、–8℃贮藏温度下还原糖含量呈现起伏变化,贮藏结束时,还原糖含量分别为 0.68%、0.28%、0.56%、0.56%(图 10.10B)。

10.1.3　贮藏期间蛋白质含量的变化

新收获的菊芋块茎食用时口感细嫩,在贮藏过程中因失水及乙烯作用促进组织老

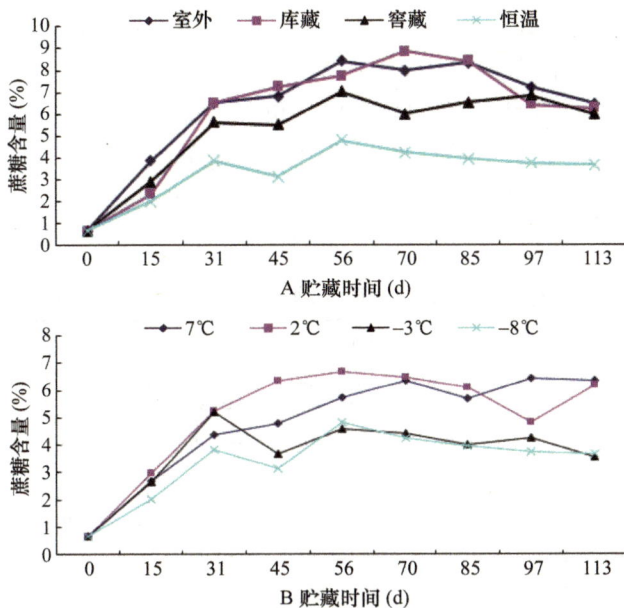

图 10.9　贮藏期菊芋块茎蔗糖含量变化动态

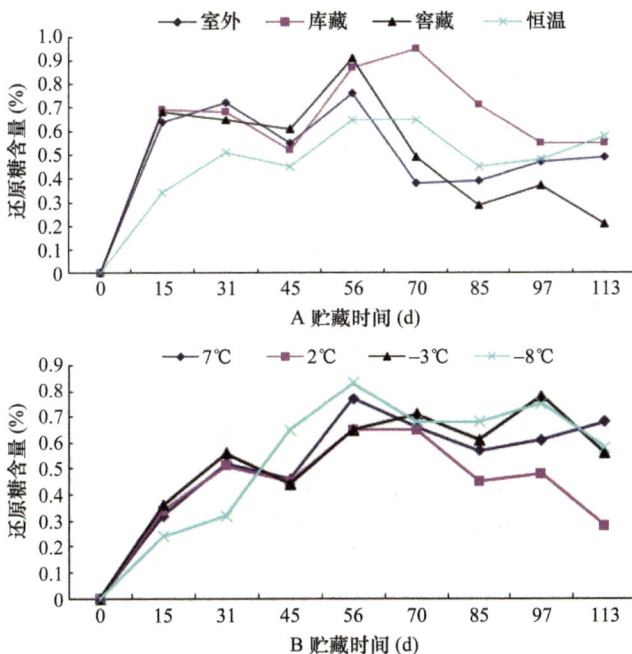

图 10.10　贮藏期菊芋块茎还原糖含量变化

化，纤维素木质化和角质化，导致食用品质下降，伴随着相关代谢酶类的作用，可溶性蛋白和膜结合蛋白都会有不同程度的损失。Frehner 等（1984）研究表明同一品种在贮藏期间蛋白质含量变化差异不显著，品种间蛋白质含量差异达极显著水平。由于同一菊芋品种在贮藏期间的蛋白质含量变化差异不显著，因此菊芋蛋白质含量与贮藏时间无相关性，即蛋白质含量是一个相对稳定的品质指标。

澳大利亚栽培的不同菊芋品种，在不同时期进行收获贮藏，各品种的蛋白质总含量在不同收获期间也表现出显著差异（表 10.5）。对于早熟品种 Bella 和 Bianka，蛋白质水平在 9% 和 12% 之间的范围内，平均值为 9.7% 和 10.5%。在早中熟品种间存在显著差异。Topstar 的结果在 6.3%～8.4%，平均为 7.8%。然而 Gigant 的蛋白质含量在 7.8%～11.1%，平均为 9.7%。在晚熟品种中，Waldspindel 与 Violet de Rennes 相比显示出明显更高的蛋白质含量（范围 10.6%～12.2%，平均值 11.3%）（Kocsis et al.，2007）。

表 10.5　不同采收时期及不同品种贮藏菊芋的蛋白水平变化情况

不同采收期间（周）	积温（℃）	Bella（%）	Bianka（%）	Topstar（%）	Gigant（%）	Violet de Rennes（%）	Waldspindel（%）	Rozo（%）
14	1733	9.6±0.1a	10.5±0.1a	8.3±0.2a	8.5±0.2a	8.0±0.4a	nd	10.0±0.4a
17	2138	8.1±0.2b	9.4±0.6b	6.7±0.1b	7.8±0.3b	7.7±0.4b	11.3±0.4a	8.2±0.8b
19	2444	8.4±0.1b	9.3±0.2b	6.3±0.1c	9.6±0.1c	9.4±0.1c	10.6±0.1b	7.9±0.1b
22	2823	9.8±0.2b	10.2±0.1c	8.0±0.3d	9.9±0.4d	8.9±0.4d	11.7±0.4c	7.7±0.4c
25	3053	10.8±0.1c	9.9±0.1d	8.4±0.1a	9.8±0.1d	9.3±0.2c	11.1±0.1d	8.5±0.2d
29	3282	10.7±0.1c	12.4±0.4e	8.3±0.2a	10.8±0.3e	8.5±0.4e	10.9±0.8e	9.0±0.1e
33	3328	10.2±0.1d	9.0±0.2f	7.9±0.6d	9.7±0.1d	9.1±0.1c	11.3±0.1a	11.6±0.4f
44	3476	9.5±0.1a	10.8±0.1a	8.1±0.7e	11.1±0.4e	7.4±0.8f	12.2±0.7f	9.2±0.3e
47	3578	10.6±0.1cd	12.8±0.3e	7.9±0.4d	10.3±0.1e	7.1±0.1g	11.0±0.1d	8.2±0.1b

注：同列不同小写字母表示差异显著，$P<0.05$。下同

10.1.4　贮藏期间过氧化物酶活性的变化

随着天气环境、地理环境等的不断改变，植物本身为了适应生存在持续发展着。植物由低级逐渐向高级转化，内部结果也是由单一向繁杂转化。温度是植物生长所必须环境因素，为了顺应温度变化，植物在长久的进化过程中形成了抗氧化胁迫的机制。过氧化氢酶（CAT）和过氧化物酶（POD）等在植物抵抗有温度变化产生的氧化胁迫过程中起着关键作用。Holmgren 等（1995）对洋葱鳞茎的研究发现，低温作用开始后更新芽的含水量和过氧化物酶活性及鳞片的过氧化物酶和 IAA 氧化酶活性迅速下降，40d 后开始上升。在同为块茎休眠类作物马铃薯的块茎休眠生理期研究表明，当块茎处于休眠状态时，块茎内 POD 活性较高，随着块茎休眠的解除，POD 活性逐渐降低（秦跃龙，2014）。CAT 可催化 H_2O_2 歧化为 H_2O 和 O_2。在植物体内细胞的许多氧化-还原系统中，都易产生过氧化氢。过氧化物酶是吲哚乙酸侧链氧化酶，其主要效用是调控吲哚乙酸的浓度，过氧化物酶活性与吲哚乙酸含量呈负相关，吲哚乙酸含量减少时，过氧化物酶活性上升，吲哚乙酸含量增加时，则过氧化物酶活性下降（邵好好，2003）。

块茎中多酚氧化酶或过氧化物酶活性的增加可以用作应激指标。但总的来说，活动水平是基因预定的，因此在品种间往往差异很大。在果聚糖高积累期间块茎发育的第一阶段，过氧化物酶活性通常降至最低。当菊粉开始解聚并呼吸增加时，成熟块茎中过氧化物酶的活性增强。对不同收获时期的菊芋早、中、晚熟品种的过氧化物酶活性进行详细调查，有关冬季前后早、晚熟品种低温胁迫过氧化物酶活性（单

位/ mg 可溶性蛋白）的研究如图 10.11 所示。Topstar 和 Gigant 等早中熟品种在冬季的 POD 活性略有增加。Topstar 品种在春季期间的 POD 活性增加了一倍，但 Gigant 直到春季 POD 活性几乎没有提高。中晚熟品种 Waldspindel 最初的活性较低，在冬季时期迅速变为较高水平，春季仅略有增加。晚熟品种 Violet de Rennes 和 Rozo 在冬春季都表现出轻微的活动变化，但 Violet de Rennes 的过氧化物酶活性只是 Rozo 的一半。POD 活性这种轻微的增加表明这些块茎对低温胁迫的高稳定性有利于在生产上的应用，在不同的品种中可对收获时间进行选择，以便合适加工块茎，提高其作为益生元和新型食品方面的应用能力（Kocsis et al.，2007）。

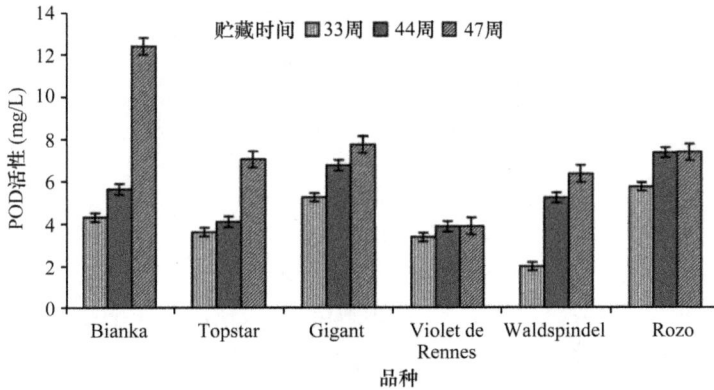

图 10.11　不同品种随贮藏时间的变化 POD 活性的变化

10.1.5　贮藏期间多胺含量的变化

多胺是生物体新陈代谢过程中产生的具有生物活性的低分子质量脂肪含氮胺，是一种小型脂肪胺。脂肪胺主要含有腐胺（Put）、亚精胺（Spd）和精胺（Spm）等。它们是由鸟氨酸、精氨酸和 S-腺苷甲硫氨酸合成的，现有数百篇文献介绍组织中多胺水平和作物中发生的发育和生理反应之间的关系。多胺的功能包括促进蛋白质合成，并且稳定膜结构和细胞骨架结构。此外，多胺在调节生长发育、细胞增殖、肿瘤、控制形态建成、提高植物抗逆性、采后贮藏保鲜、延缓衰老等各个方面具有重要作用（金雅琴等，2007）。Kaeser（1983）发现，在细胞活动的最初 24h 和有丝分裂的开始时，菊芋块茎中还含有精胺、亚精胺和腐胺。这项研究表明，多胺水平和早期细胞分裂之间有着重要联系，多胺可以引起特定的细胞分裂。块茎中多胺在控制休眠和细胞分裂之初所起的真正作用，以及在植物发育中所起的作用，仍然有待研究。从拟南芥的精氨酸脱羧酶突变异种中得到的证据并没有证明其在根部分裂功能上所起到的作用。科学家根据药理学原理诱导块茎薄壁组织分裂，并用得到的切片来研究多胺在块茎休眠中的作用（赵福庚，2000）。

菊芋在贮藏过程中，块茎中多胺含量随着时间逐渐变化。多胺的变化由生长激素诱导的自然休眠和储藏方式共同决定。其中内源性多胺（精胺、亚精胺和腐胺）在贮藏期间逐渐升高，一直持续到块茎 4 月发芽（图 10.12）。

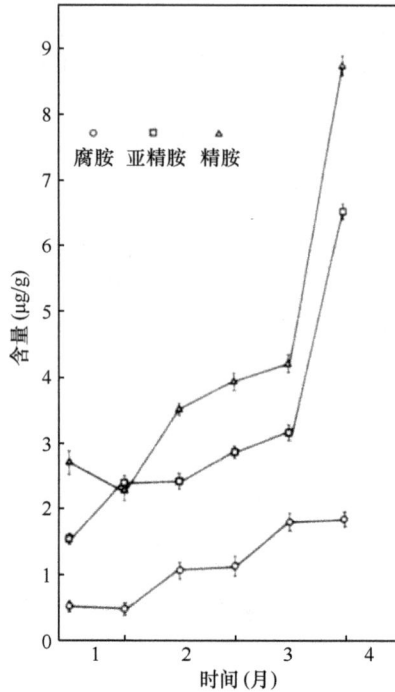

图 10.12　菊芋块茎贮藏期间腐胺、亚精胺、精胺的变化

内源精氨酸和谷氨酰胺是块茎主要的有机氮储存（Bagni et al.，1972；Fracassini et al.，1980），在 2 月中旬达到最大值后，随着多胺的增加而下降。这种关系可能是由于精氨酸是激活的菊芋组织中的腐胺合成的主要前体（Cocucci and Bagni，1968）及谷氨酰胺与鸟氨酸和精氨酸代谢有关（Bagni et al.，1972）。图 10.13 显示了 4 月自然休眠期间多胺水平的同时增加及脱落酸抑制剂的减少。

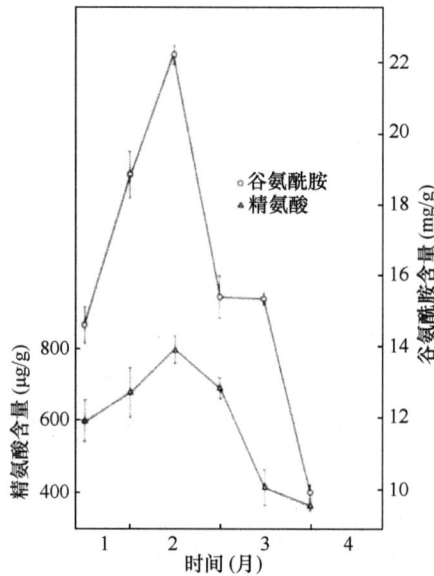

图 10.13　菊芋贮藏期间谷氨酰胺、精氨酸的变化

Charnay 和 Bongen-Ottoko 于 1977 年观察到 3～4 月期间谷氨酰胺、精氨酸在逐渐下降。然而，对这些块茎进行系统研究发现，腋芽体外培养中休眠发生在 1 月中旬，而在 4℃储存的块茎发芽在 4 月。在正常贮藏的品种中，贮藏于 4℃的块茎休眠的破坏，通过体外培养髓质实质的外植体进行测试，发现块茎的萌芽仅在 3 月中旬开始，在 4 月开始芽萌发最为明显。Courduroux（1967）观察到类似的情况。对在 1 月、2 月和 3 月休眠的菊芋块茎中进行 2,4-D 处理，发现 2,4-D 破坏的薄壁组织切片中谷氨酰胺和精氨酸急剧下降（图 10.14）。多胺（特别是腐胺和亚精胺）停止合成可能是休眠终止的第一反应。

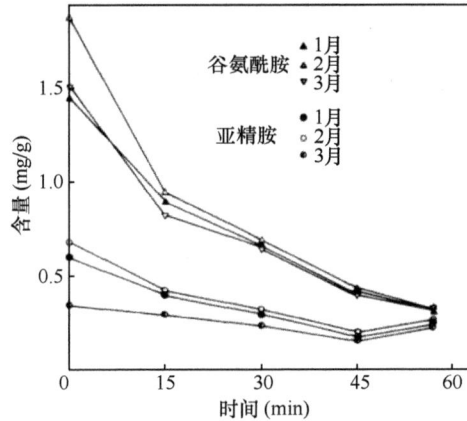

图 10.14　2,4-D 处理的菊芋块茎谷氨酰胺、精氨酸的变化

10.1.6　贮藏期间内源及外源激素的变化

通常认为，块茎类作物贮藏过程中受到很多因素的影响，芽的休眠由内源激素控制，休眠的起始、终止和调控及休眠阶段的改变均受激素调节（Ginzburg，1973）。环境因素也通过影响激素的合成与运输来影响休眠，块茎类作物的休眠与内源激素平衡关系十分密切（吴璇和吴少华，2015）。大多研究表明，植物体内的某种阻止生长的内源激素积累，导致植物进入休眠期，而在植物打破休眠过程中某种加快生长的内源激素则含量增多。目前针对菊芋贮藏期间内源及外源激素影响的报道仅有赤霉素（GA）及脱落酸（ABA），而在休眠研究中常见的细胞分裂素（CTK）、生长素（IAA）和乙烯则未见报道。

1. 赤霉素

迄今为止关于 GA 对植物休眠期的解除具有效果的研究有很多。GA 对植物休眠有作用的佐证来自外施 GA 可以解除许多需低温处理才能萌发的种子和芽的休眠，可以促进种子和芽的萌发（Davies，2010；Langens-Gerrits et al.，1997；Ohkawa，1979）。GA 能诱导植物体内某些水解酶的产生，促进淀粉水解，为种子的萌发供给能源物质。Ginzburg（1973）对唐菖蒲休眠种球施用 GA 发现，GA 对种球鳞茎的萌发具有微弱的抑制作用，而对已经解除休眠的种球鳞茎则有促进作用。在对菊芋的研究中，GA 也能促进打破块茎休眠状态。赵孟良等（2012）以青芋 1 号、青芋 2 号、青芋 3 号菊芋块茎为试验材料，设计了不同浓度 GA 溶液侵种及不同热激处理下对打破菊芋休眠的影响试验，结果表明，不同浓度的 GA

间存在一定的差异，以 10mg/L 处理效果最好（图 10.15），热激温度处理下，青芋 1 号菊芋在 0℃（12h）～28℃（72h）下效果最好，青芋 2 号在 4℃（12h）～32℃（48h）下效果最好，青芋 3 号在 4℃（12h）～28℃（72h）下发芽率最好（图 10.16）。

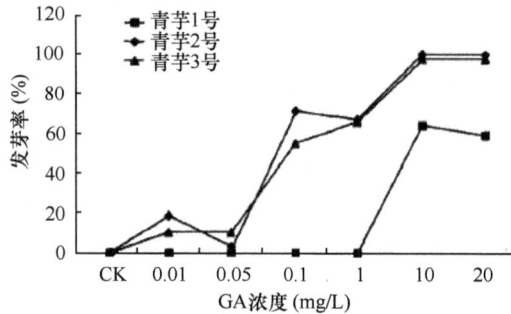

图 10.15　不同 GA 浓度处理下 3 个菊芋品种块茎发芽率

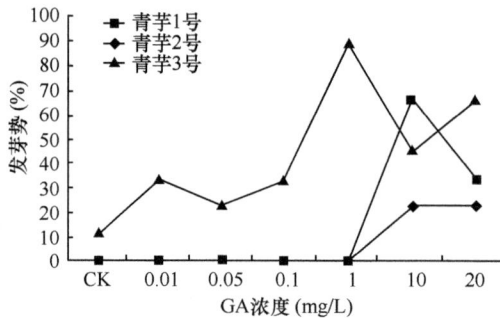

图 10.16　不同 GA 浓度处理下 3 个菊芋品种块茎发芽势

　　GA 浓度能除了提高菊芋块茎的发芽率，还能对苗长和苗干重造成影响。在泰国菊芋资源试验中，参试的菊芋品种均在 4.5～8.0d 的各种 GA 处理下均匀发芽，其中当 GA 浓度为 1%时菊芋块茎的萌发率最高，而且对苗长和苗干重造成了显著性差异的影响（Ruttanaprasert et al.，2018）。

　　2.　脱落酸

　　人们普遍认为，ABA 的作用主要是延长植物的休眠期，是调控植物休眠的主要因素。外源 ABA 不能诱导非休眠块茎进入休眠，只能暂时抑制非休眠块茎上芽的生长。大多数休眠植物经过低浓度的 ABA 处理后，其种子、鳞茎等发芽率大幅度降低（Avis et al.，2008）。草莓的深休眠品种中 ABA 较浅休眠品种开始积累较早，开始下降较晚，说明草莓品种体内 ABA 的含量大小与其休眠期长短有密切的关系（Fuchigami，1987）。在百合鳞片组织培养的试验中发现，加入 ABA 的培养基对组培小鳞茎的休眠几乎没有效用，但在培养基中加入 ABA 的合成抑制剂后，可以有效抑制休眠现象的产生（罗丽兰等，2007）。在对休眠菊芋的 ABA 含量研究中发现，在块茎开始萌芽的 4 月，ABA 含量较 3 月明显降低（图 10.17），表明在菊芋贮藏过程，ABA 含量对块茎休眠的解除有显著作用（Nello et al.，1980）。

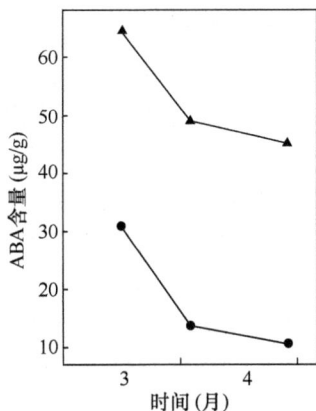

图 10.17　菊芋块茎贮藏晚期 ABA 含量的变化

10.1.7　贮藏期间氨基酸含量的变化

菊芋长期的贮藏会使氨基酸含量产生变化，这些取决于不同品种及贮藏的期限，在 Danilčenko 等（2008）的研究中发现，块茎在采收时期氨基酸含量较高，从 40.1～59.4mg/kgDW。对所有不同品种的菊芋块茎测定总氨基酸含量。块茎贮藏 8 周时，Albik 的氨基酸含量达到最高值（图 10.18），在 16 周时降低至最低值。而在 Rubik 中变化趋势基本相同，但总氨基酸含量低于 Albik。3 个不同品种中，Sauliai 在第 4 周时总氨基酸含量最低。一些研究认为，菊芋块茎中氨基酸含量的增减取决于它块茎的萌发，在贮藏过程中，氨基酸的变化受到各种其他因素的影响，包括蛋白质组成和游离氨基酸变化（Chekroun et al.，1996）。

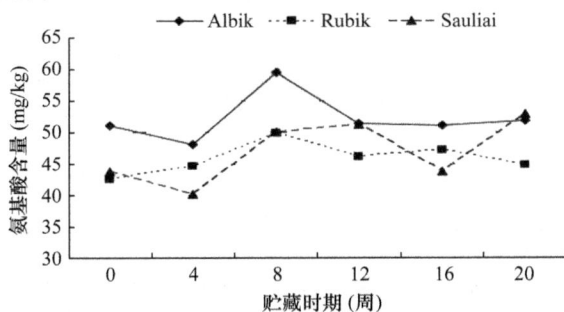

图 10.18　不同品种菊芋块茎在贮藏期间氨基酸含量的变化情况

在菊芋的贮藏过程中必需氨基酸占块茎中所有氨基酸的 55%。在所有试验的品种中，必需氨基酸中的主要是精氨酸，非必需氨基酸中是主要是天冬酰胺、谷氨酰胺和丙氨酸，含量最低的是酪氨酸和甲硫氨酸。由于酪氨酸会对块茎的颜色产生不利影响，所以在块茎中酪氨酸的含量较低。在块茎收获时，Albik 的块茎积累了最多的谷氨酰胺（9.18mg/kg）、甘氨酸（2.31mg/kg）、亮氨酸（2.77mg/kg）（表 10.6、表 10.7）。值得一提的是，菊芋块茎中含有与饲料甜菜中相似含量的氨基酸，但低于马铃薯块茎（Kaldy et al.，1980）。贮藏的块茎在休眠过冲中经历了缓慢新陈代谢的时期，从生理学的角度来看，当部分菊芋块茎开始萌芽时（2月中旬至2月底）。精氨酸和谷氨酰胺在休眠期间继续积累（Conde et al.，1991；Nello et al.，1980）。亮氨酸参与了大多代谢过程，其明显的作用是作为新蛋白质合成中不可或缺的氨基酸。亮氨酸也是蛋白质合成翻译起始的关键调节因子。在人体中，它作为丙氨酸和谷氨酰胺的肌肉生产的氮供体。研究认为，贮藏期间块茎中的蛋白质代谢活动增加并且氨基酸的量也增加，尤其是当贮藏的休眠期临近结束时，该过程涉及建立可溶性胺和酰胺的结构元素。在休眠期结束之后，随着块茎组织中细胞生理活性的逐渐激活，一个氨基酸可以变成另一个氨基酸。例如，从甘氨酸形成丝氨酸，后者转化为半胱氨酸。谷氨酰胺由鸟氨酸和天冬氨酸由精氨酸和苏氨酸形成。半胱氨酸由甲硫氨酸形成（Dougall，1966）。

表 10.6　菊芋贮藏期间必需氨基酸的含量（平均值）（2007～2009）（mg/kg）

氨基酸	品种名	含量					
		收获时	贮藏时间				
			4 周	8 周	12 周	16 周	20 周
苏氨酸	Albik	2.05±0.39a	1.87±0.09a	2.16±0.06a	2.00±0.09a	1.98±0.14a	1.94±0.18a
	Rubik	1.94±0.10a	2.07±0.10a	2.28±0.10a	2.12±0.07a	2.10±0.02a	2.02±0.06a
	Sauliai	1.96±0.23a	1.81±0.34a	2.19±0.39a	2.20±0.31a	1.94±0.26a	2.81±0.72b
缬氨酸	Albik	2.15±0.25a	1.97±0.06a	2.24±0.19a	2.03±0.13a	1.91±0.03a	1.86±0.07a
	Rubik	2.09±0.21a	2.20±0.19a	2.33±0.03a	2.15±0.02a	2.12±0.09a	2.00±0.07a
	Sauliai	2.09±0.28a	1.90±0.28a	2.20±0.40a	2.18±0.27a	1.89±0.19a	2.39±0.24b
甲硫氨酸	Albik	0.56±0.3a	0.38±0.13a	0.53±0.03a	0.50±0.16a	0.45±0.03a	0.32±0.05a
	Rubik	0.60±0.3a	0.61±0.05a	0.59±0.08a	0.55±0.11a	0.42±0.05a	0.37±0.08a
	Sauliai	0.55±0.2a	0.45±0.14a	0.50±0.02a	0.45±0.23a	0.23±0.06a	0.45±0.11a
异亮氨酸	Albik	2.51±0.6a	2.30±0.46a	2.67±0.36a	2.38±0.28a	2.30±0.05a	2.25±0.07a
	Rubik	2.35±0.6a	2.51±0.63a	2.78±0.22a	2.62±0.28a	2.62±0.30a	2.46±0.03a
	Sauliai	2.23±0.7a	2.18±0.78a	2.53±0.54a	2.67±0.61a	2.24±0.38a	2.70±0.01b
亮氨酸	Albik	2.77±0.22b	2.44±0.10a	2.73±0.19a	2.52±0.12a	2.43±0.05a	2.43±0.17a
	Rubik	2.44±0.25a	2.73±0.21a	2.91±0.14a	2.74±0.04a	2.73±0.08a	2.58±0.01a
	Sauliai	2.54±0.41a	2.34±0.34a	2.61±0.37a	2.63±0.37a	2.42±0.30a	2.98±0.33b
苯丙氨酸	Albik	2.02±0.05a	1.91±0.18a	2.21±0.07a	1.99±0.04a	1.94±0.18a	1.87±0.23a
	Rubik	1.83±0.11a	1.96±0.05a	2.20±0.26a	2.00±0.10a	1.96±0.03a	1.88±0.10a
	Sauliai	1.81±0.22a	1.71±0.30a	2.12±0.32a	2.04±0.31a	1.83±0.21a	2.23±0.22b
赖氨酸	Albik	2.82±0.17a	2.54±0.10a	2.49±0.61a	2.64±0.30a	2.54±0.05a	2.62±0.20a
	Rubik	2.57±0.20a	2.51±0.08a	2.49±0.61a	2.76±0.13a	2.68±0.10a	2.56±0.13a
	Sauliai	2.44±0.14a	2.34±0.22a	2.68±0.17a	2.78±0.61a	2.45±0.39a	2.81±0.38a
组氨酸	Albik	1.59±0.19a	1.57±0.23a	1.79±0.19a	1.72±0.21a	1.53±0.12a	1.48±0.22a
	Rubik	1.35±0.05a	1.47±0.13a	1.71±0.35a	1.46±0.03a	1.68±0.03a	1.54±0.10a
	Sauliai	1.37±0.09a	1.41±0.04a	1.76±0.24a	1.67±0.36a	1.43±0.04a	1.62±0.15a
精氨酸	Albik	12.18±3.02a	12.89±2.41a	16.90±2.63a	11.78±0.72a	12.82±2.57a	14.46±3.99a
	Rubik	8.58±0.08a	7.41±1.74a	9.03±2.46a	8.23±0.04a	7.98±0.66a	8.30±1.46a
	Sauliai	7.53±1.02a	6.65±2.01a	8.76±1.39a	8.47±4.04a	7.09±2.51a	8.21±0.83a

表 10.7 菊芋块茎贮藏期间非必需氨基酸的含量（2007～2009）（mg/kgDW）

氨基酸	品种名	收货时	贮藏时间				
			4 周	8 周	12 周	16 周	20 周
天冬酰胺	Albik	4.3±0.39a	4.27±0.56a	6.46±1.77a	5.32±0.26a	5.72±1.07a	5.81±1.70a
	Rubik	4.05±0.16a	4.36±0.08a	5.60±1.42a	5.20±0.36a	5.46±0.29a	5.48±0.86a
	Sauliai	4.07±0.19a	4.10±0.55a	5.13±0.79a	5.57±0.97a	4.90±0.46a	6.23±1.01a
丝氨酸	Albik	1.8±0.45a	1.85±0.02a	2.41±0.63a	1.91±0.25a	1.93±0.06a	1.85±0.04a
	Rubik	1.98±0.18a	2.18±0.18a	2.36±0.29a	2.00±0.10a	2.08±0.11a	1.88±0.08a
	Sauliai	2.00±0.12a	1.86±0.32a	2.33±0.72a	2.19±0.09a	1.86±0.29a	2.62±0.16b
谷氨酰胺	Albik	9.18±2.20b	6.60±1.50a	8.03±0.98a	8.43±1.57a	7.7±1.60a	7.18±1.04a
	Rubik	6.43±0.70a	7.66±1.74a	7.86±1.51a	7.79±0.44a	8.83±1.51a	7.60±1.40a
	Sauliai	7.65±0.77a	5.86±0.69a	9.02±0.65a	9.39±1.54a	7.59±0.06a	7.97±0.43a
脯氨酸	Albik	1.14±0.32a	1.08±0.15a	1.32±0.82a	1.30±0.48a	1.08±0.53a	1.00±0.39a
	Rubik	0.94±0.40a	1.02±0.46a	0.99±0.43a	1.07±0.36a	0.95±0.29a	0.89±0.31a
	Sauliai	1.05±0.48a	0.91±0.45a	1.05±0.58a	1.20±0.62a	1.04±0.55a	1.12±0.33a
甘氨酸	Albik	2.31±0.03b	1.97±0.21a	2.28±0.20a	2.13±0.12a	1.97±0.02a	1.83±0.34a
	Rubik	2.23±0.10a	2.45±0.15a	2.54±0.05a	2.26±0.03a	2.30±0.12a	2.15±0.10a
	Sauliai	2.27±0.22a	2.18±0.19a	2.42±0.51a	2.61±0.38a	2.14±0.24a	2.74±0.32b
丙氨酸	Albik	3.38±0.66a	3.47±1.13a	4.00±0.13a	3.66±0.72a	3.73±0.37a	3.71±0.40a
	Rubik	2.23±0.10a	2.45±0.15a	2.54±0.05a	2.26±0.03a	2.30±0.12a	2.15±0.10a
	Sauliai	3.24±0.55a	3.45±0.49a	3.65±0.05a	4.03±0.25a	3.67±0.09a	4.57±0.40b
酪氨酸	Albik	0.93±0.03a	1.00±0.12a	1.18±0.10a	1.01±0.05a	1.00±0.07a	0.96±0.12a
	Rubik	0.94±0.03a	1.05±0.05a	1.24±0.18a	1.01±0.05a	1.05±0.01a	1.0±0.062a
	Sauliai	0.96±0.03a	0.95±0.07a	1.19±0.27a	1.12±0.12a	1.00±0.09a	1.39±0.44b

立陶宛农业研究中心连续 3 年对不同品种的菊芋贮藏特性进行研究，结果表明，Sauliai 在储存 20 周后积累了最高量的必需氨基酸，如缬氨酸、异亮氨酸、亮氨酸和苯丙氨酸。非必需氨基酸，如丝氨酸、甘氨酸、丙氨酸和酪氨酸的量也显著增加（表 10.6、表 10.7）。这可以理解为，在块茎贮藏的休眠期结束时，所有氨基酸合成的蛋白质与葡萄糖合成的氨基酸相互竞争（Dougall，1966）。在整个贮藏期间，天冬酰胺、谷氨酰胺、脯氨酸、甲硫氨酸、赖氨酸、组氨酸和精氨酸的含量相当稳定（表 10.6、表 10.7）。大多数植物在氨基酸代谢过程中催化谷氨酰胺和天冬酰胺酸参与转氨酶，在此过程中，将谷氨酰胺的氨基转移至酮酸，这可以解释储藏期间块茎含量增减的基础。此外，脯氨酸的生物合成被激活，其分解代谢在脱水过程中被抑制，而再水化则触发相反的调节（Karen，2001；Kiyosue et al.，1996；Nicolai，1997；Verbruggen et al.，1996）。Hamilton 和 Heckathorn（2001）的研究显示，脯氨酸在盐胁迫期间保护线粒体电子传递链的复合物 II，因此稳定了线粒体呼吸。较近研究发现的 P5C-脯

氨酸循环可以将电子传递给线粒体而不产生谷氨酸，并且在某些条件下，可以在线粒体中产生更多的活性氧簇（ROS），因此，脯氨酸分解代谢是细胞 ROS 平衡的重要调节剂，并且可以影响许多其他调节途径（韩娇，2015）。虽然脯氨酸通常被认为是一种具有保护功能的代谢物，但有研究表明，在某些条件下，外源脯氨酸可能对植物有害，并可抑制生长和细胞分裂（Maggio，2010）。

10.1.8 贮藏期间质膜流动性的变化

菊芋的主要营养器官是块茎，和许多高等植物的块茎表现出的一些特性类似，菊芋的块茎在贮藏时期会进入休眠，研究表明，质膜是第一个受低温影响的细胞组分，并且该膜在休眠期间可能具有重要的作用（Steponkus，1984）。以往的研究中已经从休眠块茎的薄壁细胞中研究了质膜的特殊性质，其中包括 ATPase（Petel and Gendraud，1986）和 NADH 脱氢酶活性、质膜 pH 梯度和四苯基膦（TTP）在薄壁细胞中的吸收（Pétel et al.，1992）。这些结果可能与低温休眠打破过程中的质膜重组有关，暗示了细胞内关系及形态结构的改变。质膜重组可能是由于磷脂环境或磷脂/蛋白质比例的改变，这可能会导致膜流动性发生变化。此外 Pétel 等（1992）报道了在 4℃低温处理下，块茎休眠期间 NADH 脱氢酶活性，磷脂组成，磷脂/蛋白质比例和膜流动性的变化。

质膜流动性在前 3 周内没有变化（图 10.19）。从第 3 到第 13 周有明显的下降，在第 7 周有显著增加。从第 8 周到第 11 周，没有记录到膜流动性的显著变化，但是观察到从第 13 周到冷处理结束质膜流动性也在下降。

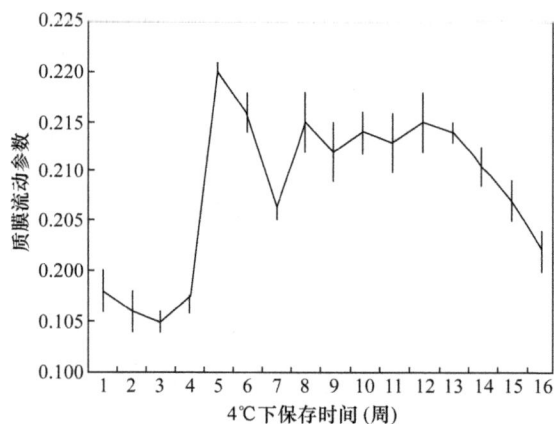

图 10.19　4℃保存下菊芋块茎质膜流动变化

磷脂/蛋白质比例在第 1 周逐渐减少，并且在第 4 周储存后达到最低值，在第 7 周突然增加，在块茎储存的最后阶段降低（图 10.20）。

膜的磷脂成分：磷脂酰胆碱（PC）和磷脂酰乙醇胺（PE）是富含质膜的组分中发现的主要磷脂（表 10.8），并且在整个储存过程中它们各自的数量都下降，直到第 12 周 PC 水平低于 PE。

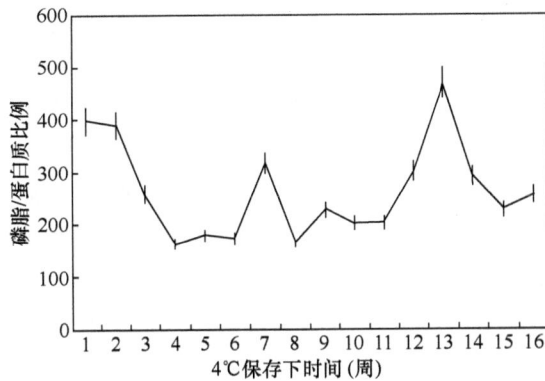

图 10.20　4℃保存下菊芋块茎质膜磷脂/蛋白质比例

表 10.8　4℃保存下膜的磷脂成分（mg/kgDW）

4℃保存时间（周）	PC	PE	PS+PI	PG	PA	PC/PE
1	42.6	37.6	14.8	2.6	2.4	1.13
2	45.5	39.0	11.6	2.2	1.7	1.07
4	38.6	37.7	16.3	3.5	3.9	1.02
9	39.2	31.2	13.8	6.9	8.9	1.26
10	35.0	30.3	16.3	9.4	9.0	1.15
11	34.8	30.2	16.4	9.7	8.9	1.15
12	30.4	33.4	15.0	9.4	11.8	0.91
13	35.7	33.8	17.7	6.8	6.0	1.06
15	35.7	32.5	17.6	6.4	7.8	1.10
16	43.9	31.1	14.5	4.7	5.8	1.41

注：磷脂酰胆碱（PC）、磷脂酰乙醇胺（PE）、磷脂酰肌醇+磷脂酰丝氨酸（PS+PI）、磷脂酰甘油（PG）、磷脂（PA）和磷脂酰胆碱/磷脂酰乙醇胺（PC/PE）

表 10.8 中显示了 PC/PE 的变化，并可能与膜流动性有关。在处理过程中，其他磷脂组分的磷脂含量增加，磷脂酸也增加，但在休眠终止时所有脂质均减少。

NADH 脱氢酶活性：在冷藏期间，1～4 周 NADH 脱氢酶的活性直线上升。而从第 5 周到第 8 周，质膜中 NADH 脱氢酶的活性可能与代谢物的共转运有关（Pétel et al.，1992）。其活性呈现下降的趋势，第 8 周后，发现 NADH 脱氢酶活性恒定。质膜 NADH 脱氢酶活性的降低与非休眠块茎中 ATP 酶活性的降低是一致的（Ishikawa and Yoshida，1985）。

10.2　贮藏方式对菊芋块茎贮藏的影响研究

贮藏方式是菊芋后期加工的关键环节。目前菊芋块茎成熟后可选择在留藏、埋藏、窖藏及低温冷藏 4 种方式：①留藏即将菊芋成熟后的块茎不进行采挖，而地上干枯的秸秆部分割掉，使菊芋块茎原地过冬，待需要时再采挖取出，此方法可节省贮藏成本，但受地域和季节的影响。②埋藏即需要临时挖藏掩埋，对埋藏深度进行对比发现，埋藏深度在 1.0～1.5m 时最为适宜，其重量损失率分别为 4.48% 和 3.05%，无腐烂感病。③目前菊芋的贮藏普遍还是窖藏法。窖藏在建窖时应考虑朝向、地势等因素。窖穴需向阳背风，干燥通风，还应建在高地上以防止雨水、洪涝灾害。为保证窖的质量，尽量在土地上冻前建窖。块茎在入窖前需保证充分成熟，且在晴天采收，防止块茎在贮藏中腐烂。此外，菊芋在入窖堆垛时还应该注意窖容量、堆垛高度、间隔空间等因素，以利于菊芋呼吸散热，防止"闷窖"。窖温控制在-2℃左右为宜。在贮藏初期每天要加强通风。窖藏中期视菊芋堆内温度状况适当通风，一般每两天通风一次。窖藏后期外界温度升高，应尽量使窖内温度接近外界温度最低气温。同时，定期检查，做好记录，及时剔除腐烂变质的块茎。④冷藏方式针对保存量少并有严格要求的资源，即采挖出的菊芋块茎要仔细挑选，淘汰有霉烂、损伤的块茎。用保鲜袋盛装后编号、堆码在恒温控制箱中，冷藏温度控制在 4℃，湿度保持在 80%左右。该种贮藏方法可以随用随取比较方便。⑤此外，菊芋资源的活体保存，可以采用组培的方式进行。利用该方式保存可以极大限度的保证资源的纯度并不受时间、空间限制，随时可以进行菊芋资源的研究，但该保存方式对操作人员的要求较高。

此外，还有一种新型的贮藏菊芋方式，即将收获的菊芋块茎清洗干净去出表面泥土和杂物，将块茎经锤式粉碎机捣碎之后，加入回收大缸中，添加 pH＜2 的酸溶液，并使之混合均匀，置于贮藏缸中备用。这种方式能避免菊芋变质和腐烂，延长其保存时期。但是，此方式主要用作发酵生产乙醇所用，因其局限性不能解决菊芋保鲜留种及其他产品生产需求（金善钊，2013）。在美国早期研究菊芋的贮藏时，由于块茎的成分变化，最初研究人员花费大量精力制作干燥的块茎切片以保证干物质含量的稳定，但这种方法耗时、耗力（Eichinger Jr et al.，1932；Dykins et al.，1933）。

目前在实际应用生产中，菊芋块茎成熟主要选择留藏、低温冷藏、窖藏等。留藏地域和季节影响明显。后两种方法虽然技术简单，但是成本较高。尽管如此，冷藏仍是目前最常采用的方法。尤其对作为留种和块茎保鲜用途，以及一些不适宜原产地贮藏的地区。当然，跟其他肉质类植物一样，菊芋贮藏还受品种、季节、冻害发生频率，以及收获前环境条件等各种因素影响。

10.2.1　留藏

菊芋多以无性繁殖的方式来保存种子，生产上都是利用其块茎做种进行繁殖。近年来，随着菊芋产业的不断发展，菊芋在我国种植面积也在不断扩大。一直以来，菊芋种植面积很难扩大的限制因素之一是菊芋块茎留藏技术尚未完善，种芋质量不能保障。目前，关于菊芋块茎贮藏方面的研究还较少。菊芋块茎变质主要是呼吸作用、酶及微生物的污染等生物氧化代谢过程的异常加速、失水等多种因素共同作用的结果。通过定期取样检测分析，从而对自然贮藏状态菊芋中的糖分、失重等生理指标变化情况展开了多种研究，采收后散放在田间的菊芋块茎，自然贮藏一段时间含糖率会逐日降低，随着块茎失水，汁液的含糖量明显降低。为了延长加工周期，专家学者研究了多种技术手段，如进行暖藏、冻藏、用草帘和塑料薄膜苫盖、架棚等方法对菊芋块茎进行贮藏。菊芋块茎含有丰富的果聚糖成分，使其能够在-30℃的环境中安全越冬，因此以往对菊芋种芋的贮藏多为留藏，其中利用冬季天然低温进行菊芋块茎自然贮藏被证明是简单且成本低廉的贮藏方法。但种芋在田地自然越冬过程中存在诸多弊端，会有大量种芋损坏，影响菊芋出苗，耗费大量人力、物力、财力，还存在病虫害的危险。种芋留藏的好坏不仅会影响全苗，还会影响植株生长、块茎分化等，从而影响菊芋的产量和品质，直接影响次年菊芋的生产和发展。

菊芋在普通农户家庭种植多采用田间覆盖的方式进行留藏保存，以往对菊芋的田地露地埋藏，埋藏沟宽 1.0～1.5m、深 1m，长度不限。根据土质情况，一般埋藏 2～3 层，每层厚度不应超过 20cm，上部埋至与地面持平即可。近年来，菊芋种植户一般将用作生产的种芋埋入用农机具开沟的坑中进行埋藏，但普通的埋藏方式取决于不同地区的冬季温度及来年春季的温差变化情况，有经验表明，普通埋藏后，菊芋块茎能够克服北方冬季的严寒，但在青海地区春季温度的起伏容易造成菊芋块茎反复冻融，造成块茎的腐烂及死亡，针对不同品种及不同采收期的菊芋进行埋藏效果亦不相同，因此亟须加快对菊芋块茎进行系统的研究，以减少种植和生产中的损失。

10.2.2 不同收获时间对菊芋块茎贮藏的影响研究

由于菊芋块茎中的果聚糖具有较好的商品性，目前的多数研究集中在对菊芋不同采收时期的贮藏块茎进行果聚糖动态变化的研究，大部分的研究均得出早期采收的菊芋块茎含有较多的高聚糖（DP＞10），与晚期采收的块茎或贮藏后的块茎相比，早期采收的菊芋块茎能够提供更高的商品性价值。经过贮藏后果聚糖降解成蔗糖和果糖-低聚糖的量最多。菊芋的最佳收获阶段在种植后 18～20 周。块茎的重量在种植 12～18 周内迅速增加。种植 20 周后，块茎的重量和碳水化合物迅速减少。菊芋块茎中果聚糖的结构取决于许多因素，如提取的作物来源、气候和生长条件、收获成熟度和收获后的贮藏时间等多方面。

Wanpen 等（2013）在泰国地区研究了 16 周、18 周和 20 周后采收的菊芋块茎，在平均温度为 28℃的气候条件下，菊芋在种植 12 周后开始开花，在 16 周、18 周和 20 周时采收不同成熟期的菊芋块茎。选取不同收获时期的菊芋块茎取样进行分析。剩余的块茎用密封的聚乙烯袋（0.075mm 厚）包装，并在 5℃、2℃和–18℃保存一式两份。以 2 周为间隔分析这些块茎的果聚糖动态变化。利用高效阴离子交换色谱-脉冲安培检测（HPAEC-PAD）法对果聚糖的聚合度进行研究。结果表明，菊芋的收获时间也影响果聚糖的质量（表 10.9）。聚合度 DP3～10 在 16～20 周成熟期内没有显著差异，而 DP11～20 成分在 20 周的块茎中下降。这表明，果聚糖组成随着成熟度变化而变化。随着游离果糖和葡萄糖的增加，DP11～20 的降低可能是由果聚糖外水解酶（FEH）解聚果聚糖引起的。已有的研究表明，FEH 对 DP 达 30 的果聚糖表现出高亲和力。使用 HPLC 和薄层色谱（TLC）技术研究发现，只有晚熟的块茎具有最大量的果聚糖。菊芋叶和茎在枯萎阶段还原糖少量增加，这是由于高分子质量碳水化合物分子的解聚。16 周和 18 周的块茎包含高 DP 果聚糖，而 20 周时可能发生果聚糖解聚。因此在平均气温 28℃的热带地区菊芋的收获应优选 16～18 周的菊芋块茎。

但是在考虑干物质含量时，种植 18 周后应该是最佳收获时期。

表 10.9　菊芋不同采收时期干物质、总可溶性固体和糖相对含量百分比

测试项目	日期（周）		
	16	18	20
干物质（%）	19.63±0.33b	24.77±1.38a	23.55±0.06a
总可溶性固体（%）	23.25±1.77a	22.50±0.54a	23.50±0.71a
相对含量（%）			
葡萄糖	0.96±0.03a	0.80±0.01b	0.26±0.06c
果糖	0.34±0.04c	0.74±0.08b	3.00±1.10a
蔗糖	7.51±0.35b	7.50±0.04b	8.76±0.27a
果聚糖 DP3～10	47.01±0.75a	47.15±0.04a	47.28±0.42a
果聚糖 DP11～20	29.19±0.28a	29.56±0.24a	26.71±0.13b
果聚糖 DP21～30	10.24±0.37a	9.99±0.23a	9.52±0.15a
果聚糖 DP＞30	4.79±0.46a	4.30±0.18a	4.48±0.08a

　　菊芋块茎的碳水化合物含量与干物质有关，在生长结束时达到最大值。在每个成熟阶段总可溶性固形物大致相同。但是糖的组成不同。与 16 周的收获期相比，在 20 周的块茎中果糖含量迅速增加达 9 倍。晚熟块茎中蔗糖含量仅略有增加。早期时葡萄糖含量较高，成熟后期葡萄糖含量较低。由于果聚糖的合成是由蔗糖：蔗糖果糖基转移酶（SST）和果聚糖：果聚糖果糖基转移酶（FFT）控制的。SST 是块茎果聚糖合成第一步，使用蔗糖作为果糖基供体的主要来源并释放游离葡萄糖。葡萄糖通常出现在生长的块茎中，并且在成熟块茎中降至非常低的水平。随着块茎逐渐成熟，游离果糖的增加可能表明果聚糖降解酶（FEH）的活性增加。

　　结果表明，块茎成熟度促进了菊粉特性的变化。对于晚收（20 周）的块茎，观察到随着果糖和蔗糖组成增加，聚合度更高的部分（DP＞10）明显降低。贮藏在 2℃和 5℃的块茎的菊粉 DP 分布曲线随着储存时间和温度的增加而显著变化。块茎在 18℃冻藏块茎中保持了 DP 分布不变（表 10.9）。

　　Maicaurkaew 等（2017）对不同收获时期菊芋的 1-FFT 活性及贮藏菊芋的聚合度 DP 的变化进行了详细。研究表明，收获的块茎中的 1-FFT 活性从 79.9U/gDW 至 28.0U/gDW 连续下降，如表 10.10 所示，1-FFT 活性在块茎收获 30d 时达到最高，起初菊粉的含量只有 640.9g/kgDW±15.0g/kgDW，但随着 1-FFT 剩余活性持续催化菊粉的形成，如在收获期 50d 时菊粉水平上升 734.9g/kgDW±20.5g/kgDW。由于植物生产的果聚糖的 DP 主要取决于 1-FFT 的酶活性，其活性的变化亦产生了不同范围的菊粉聚合度 DP，其不断催化低聚果糖（FOS）生成大量高 DP 果聚糖（Van Laere and Van den Ende，2002；Vijn and Smeekens，1999）。另外，1-SST 和 1-FFT 的作用导致形成具有不同链长的果聚糖。在菊芋块茎中，观察到 1-SST 和 1-FFT 在果聚糖积累期间是活跃的（Pollock，1986）。从蔗糖开始，1-SST 产生 1-蔗果三糖，然后通过 1-FFT 延伸，导致菊粉的形成（Vijn and Smeekens，1999）。

表 10.10　不同收获时期菊芋块茎中 1-FFT 活性及菊粉含量

收获时间（d）	1-FFT 活性（U/gDW）	菊粉含量（g/kgDW）
30	79.9±5.6a	640.9±15.0c
40	57.0±3.1b	715.6±13.4ab
50	43.3±0.8c	734.9±20.5a
60	35.9±0.6d	710.0±29.9ab
70	28.0±0.6e	681.3±17.8b

菊粉含量在贮藏 50d 时达到峰值，平均为 735g/kgDW，在贮藏 60d 和 70d 收获的块茎中逐渐下降（从 50～70d 降低 7.3%）（表 10.10）。考虑到在这个时间点长链聚合果聚糖也是最高的，在 40～60d 期间收获的块茎中的菊糖含量没有显著差异，因此实验的结果表明在贮藏 50d 时应该是进行加工生产的最佳时期（Maicaurkaew et al.，2017）。

10.2.3　不同贮藏温度对菊芋块茎贮藏的影响研究

目前已有研究表明，根据菊芋不同的品种及成熟度，菊芋块茎可以在 0～2℃和湿度 90%～95%条件下储藏 4 个月以上。储藏过程中，会出现脱水，腐烂，发芽等缺陷，随着储藏时间的增加，菊粉和单糖的含量也会发生变化（Saengthongpinit and Sajjaanantakul，2005）。菊芋中菊糖含量高，同时含有其他各种营养物质（成熟块茎中水分比重大易于微生物的繁殖生长）。据有关研究报道，锈病及美国南方枯萎病和块茎腐烂病害会显著影响菊芋的产量。菊芋采后腐烂不仅会带来巨大的经济损失，也会制约菊芋作为生物质能源作物产业化的进程。因此，急需解决菊芋采后藏保鲜的问题。

当然，跟其他根茎类植物一样，菊芋储藏还受品种、季节、冻害发生频率，以及收获前环境条件等各种因素影响。国内对于菊芋不同温度下的贮藏保鲜方面的研究较少见（金善钊，2013）。仅有鲁海波（2005）研究发现在 5℃条件下贮藏菊芋块茎 6 个月，无腐烂和微生物生长，贮藏 9 个月偶有部分菊芋块茎被腐烂，但是需要将菊芋块茎首先清洗干净；在 1℃条件下贮藏 9 个月，块茎未见损坏和微生物生长，保持较好；在–5℃条件下贮藏，解冻后的块茎变软，并且块茎很快变成深褐色；放置在室温条件下的试验样，3 个月块茎就变软，部分腐烂。有研究对鲜切菊芋室温保藏试验发现，随着贮藏时间的延长，菊芋中菊糖得率随之减少，在室温下存放后，菊芋外观开始出现腐烂变质的趋势，在这之后，菊糖得率变化趋势减小。类似情况也发生在马铃薯上面，在 5～7℃和 4℃贮藏条件下，马铃薯块茎中还原糖含量也会逐渐增加。尽管使用一些化学杀虫杀菌剂对作物病害有一定的抑制作用，但是为了减少化学农药对环境的污染及使用杀虫杀菌剂对人类潜在的危害，利用生物防治的手段解决农业病虫害问题已经为越来越多的研究人员所共识。

国外对菊芋不同贮藏温度的研究较多，Saengthongpinit 和 Sajjaanantakul（2005）的

研究表明，菊糖 DP 分布曲线的在储存时间更长时更为明显（图 10.21）。DP3～10 果聚糖逐渐增加，2℃和 5℃贮藏块茎中菊糖组分提取物中 DP＞10 果聚糖分别降低，尤其是在 5℃下 4 周（图 10.21C）。从–18℃贮藏的块茎中提取的菊糖成分在整个储藏期间保持稳定（图 10.21A）。冷冻贮藏将使菊芋块茎和菊粉的质量保持更长时间（Saengthongpinit and Sajjaanantakul，2005）。

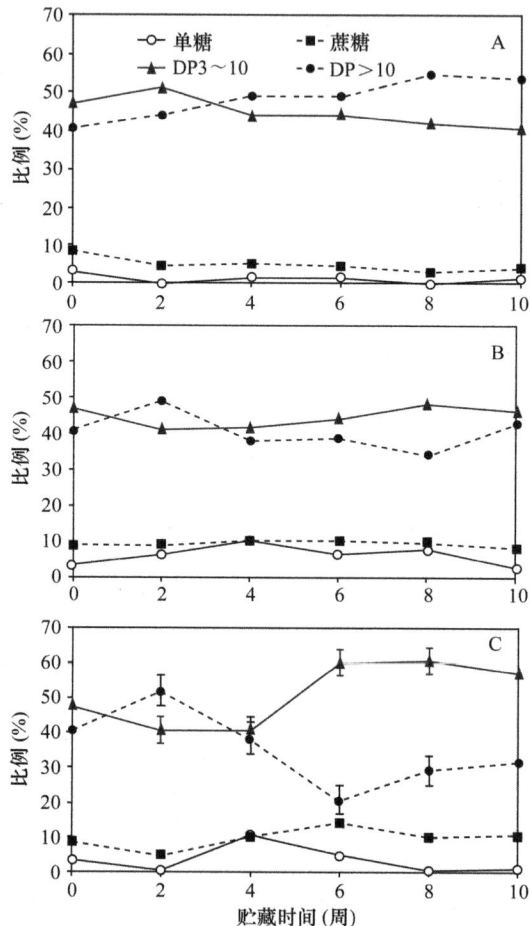

图 10.21 在–18℃（A）、2℃（B）和 5℃（C）储存 10 周的成熟菊芋块茎的糖和菊粉的相对百分比

随着贮藏温度升高，研究发现蔗糖和 DP3～10 逐渐增加（表 10.11）。与 2℃相比，这些变化与较高 DP 菊糖（DP＞10）和单糖在 5℃时的显著降低相对应。Modler 等（1993）也发现，较高的贮藏温度促进了菊糖的分解和由于分解形成的单糖的利用，可能是由于较高的呼吸作用和其他代谢活动。与新鲜块茎相比，冷冻样品（–18℃）中单糖，蔗糖和 DP3～10 的比例较低，可能是由于解冻过程中的水损失有关，这与结果显示总可溶性固形物降低的相符合。因此–18℃样品的高 DP 比例的增加反映了这些低分子质量组分的损失（Modler et al.，1993）。

表 10.11　成熟菊芋块茎在不同温度下贮藏 10 周的糖和菊糖组成的相对百分比（%）

组分	贮藏温度			
	鲜样	−18℃	2℃	5℃
单糖	3.26a	1.26b	2.51ab	1.05b
蔗糖	8.76b	4.33c	8.22b	10.23a
果聚糖 DP3～10	47.28b	40.82c	46.33b	57.06a
果聚糖 DP11～20	26.71b	31.67a	27.48b	23.64c
果聚糖 DP21～30	9.52c	15.29a	11.93b	6.77d
果聚糖 DP>30	4.48b	6.65a	3.54b	1.27c

目前针对菊芋果聚糖在不同贮藏条件下的动态变化的相关研究较多，尤其是在不同的环境下，孙雪梅以青芋 1 号菊芋为试验材料，采用室内堆藏、窖藏、埋藏和留藏 4 种方式进行贮藏方式对比研究，具体如下：试验分每个处理随机取样 100 个块茎进行统计，重复 3 次；其中，窖藏温度 3～4℃，相对湿度 85%～95%。研究结果表明，室内堆藏时块茎水分散失率达到 48.58%，烂损率达到 39.26%，失水软化率达到 95% 以上；窖藏时的水分散失率达到 24.95%，腐烂、感病率达 21.07%，失水软化率达到 33.73%；埋藏时块茎水分散失率为 8.67%，无腐烂、感病及软化现象发生；留藏也无腐烂、感病及软化现象发生。针对青芋 1 号菊芋埋藏和原地留藏效果明显优于室内堆藏和窖藏。

除此之外，为了确定菊芋适宜的贮藏温度，以青芋 1 号、青芋 2 号、青芋 3 号菊芋（各 500g）为试材，将待测样品在捣碎器中捣碎，榨取汁液，两层纱布过滤，滤液盛于 100ml 小烧杯中，滤液要足够浸没温度计的水银球部位，将烧杯置于冰盐水中，插入温度计，温度计的水银球必须浸入汁液中。不断搅拌汁液，当汁液温度降至 2℃时，开始记录温度随时间变化的数值，每 30s 记录一次。

温度随时间不断下降，降至冰点以下时，由于液体结冰发生相变释放潜热的物理效应，汁液仍不结冰，出现过冷现象。随后温度突然上升至某一点，并出现相对稳定，持续时间几分钟。此后汁液温度再次缓慢下降，直到汁液大部分结冰。测定青芋 1 号、青芋 2 号、青芋 3 号汁液温度随时间的变化，记录数据，并制作温度与时间的曲线图。

从图 10.22 可明确地看出青芋 1 号、青芋 2 号、青芋 3 号的冰点温度一样，都为−1.2℃。由此可知，菊芋冰点温度在不同贮藏时间品种之间没有多大的差异。

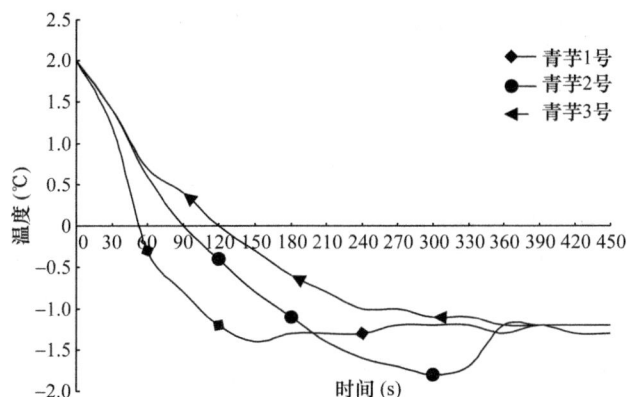

图 10.22　青芋 1 号、青芋 2 号、青芋 3 号汁液温度变化图

Modler 等（1993）对不同品种的菊芋块茎贮藏稳定性和果聚糖分布变化进行了测定。所有菊芋栽培品种都用马铃薯收获机进行采收。留在地上的几个菊芋品种块茎的保存情况有所不同：哥伦比亚和挑战者品种对核盘菌茎腐病更容易感病。所有收获的块茎，在5℃保存4个月，没有腐烂变质（表10.12），但在5℃贮存12个月后开始发芽。所有贮藏在2℃的块茎保存得非常好，没有在贮藏16个月后造成干重急剧降低或微生物腐败。发芽这可能是由多种因素造成的：O_2浓度和呼吸速率降低，或者二氧化碳在聚乙烯袋中的积聚和湿度过高。在本研究过程，由于块茎经过清洗处理，菌核病感病的概率大大降低，这也显著地提高了菊芋块茎的贮藏质量。将菊芋块茎在聚乙烯袋中贮藏12个月，未发生明显的病变，而在没有任何包装措施处理下的块茎迅速腐烂。贮藏在低温温度（12月至翌年3月约–10℃）和–10℃的块茎在解冻时迅速病变（表10.12）。而将块茎4℃环境下逐渐冷却到–1℃情况大大改善（Modler et al.，1993）。

表 10.12 菊芋块茎在不同温度下贮藏情况

处理	时间（个月）		
	4	12	16
5℃	无变化	轻微腐烂	大量发芽，腐烂
2℃	无变化	无变化	无变化
–10℃	无变化	结冰	腐烂
–10℃	无变化	结冰	腐烂
正常	软化，大部分腐烂		

目前菊芋的食用价值和药用价值已经被逐步开发，具有广阔的发展前景。菊芋于低温或易受冻害的条件下，其贮藏是最主要的问题。为保证菊芋的优良品质，在贮藏期间，提出几点菊芋贮藏保鲜的建议：①采收过程中的操作会影响菊芋后续的贮藏性，要尽量避免采收过程中的机械损伤，降低表明损伤，可以降低腐烂率。②菊芋的贮藏保鲜应采取多种保鲜方式处理相结合，可在采收之后进行预处理，再结合其他方式，降低块茎的腐烂率，最大程度的延长菊芋的贮藏期。③贮藏方式的不当也会影响菊芋的品质，过低的温度和过浅的埋藏均不利于菊芋的贮藏，此外，控制菊芋休眠期可以最大程度上降低菊芋果聚糖的丧失及块茎的腐烂，以延长菊芋的贮藏期。现有的菊芋贮藏技术还具有一定的局限性，关于菊芋贮藏的研究较少，未来还需要不断创新菊芋的贮藏保鲜技术，多种贮藏方式结合使用，以延缓块茎衰老，延长贮藏期。

参 考 文 献

蔡春侠. 2009. 温度对水仙花球贮藏期间生理生化变化影响研究. 福建农林大学硕士学位论文.
韩娇. 2015. 一个拟南芥抗寒和抗旱基因的功能和作用机理研究. 合肥工业大学硕士学位论文.
金善钊. 2013. 菊芋贮藏致病菌的拮抗菌株筛选及一株海洋假单胞菌拮抗特性的研究. 南京农业大学硕士学位论文.
金雅琴, 黄雪芳, 李冬林, 等. 2007. 石蒜花期前后鳞茎内源多胺含量的动态变化. 南京林业大学学报 (自然科学版), 31(5): 117-120.

李辉, 康健, 赵耕毛, 等. 2014. 盐胁迫对菊芋干物质和糖分积累分配的影响. 草业学报, 23: 160-170.

李琬聪, 李青, 董方, 等. 2016. 菊糖分子量的高效凝胶过滤色谱检测方法及其在贮藏过程中的变化研究. 中国科学: 生命科学, 46: 1107.

鲁海波. 2005. 菊芋的贮藏与果聚糖提取研究. 食品与机械, 12: 34-36.

罗丽兰, 石雷, 张金政. 2007. 低温对解除百合鳞茎休眠和促进开花的作用. 园艺学报, 02: 517-524. .

秦跃龙. 2014. CO$_2$对马铃薯块茎采后品质的影响研究. 兰州理工大学硕士学位论文.

邵好好. 2003. 梨树花芽休眠解除与活性氧代谢关系的研究. 西北农林科技大学硕士学位论文.

孙雪梅, 王丽慧, 钟启文. 2011. 贮藏期菊芋块茎碳水化合物含量动态变化研究. 北方园艺, 11: 131-134.

田尚衣. 2011. 松嫩草地芦苇种群无性繁殖过程中果聚糖代谢组成的分布格局及调控机理. 东北师范大学博士学位论文.

王亚云, 胡雅喃, 范三红, 等. 2013. 贮藏条件对菊芋中菊糖含量的影响. 农产品加工(学刊), 10: 13-16.

吴璇, 吴少华. 2015. 木本植物花芽休眠中激素调节的分子机制研究进展. 武夷学院学报, 34: 53-60.

张路. 2011. 氯苯胺灵对马铃薯贮藏作用效果及残留研究. 内蒙古农业大学硕士学位论文.

赵福庚. 2000. 盐胁迫下植物体内多胺和脯氨酸代谢及其相互关系的研究. 南京农业大学博士学位论文.

赵孟良, 刘素英, 李莉. 2012. 不同处理方法打破菊芋块茎休眠对比研究. 种子, 31: 47-50.

Avis T J, Gravel V, Antoun H, er al. 2008. Multifaceted beneficial effects of rhizosphere microorganisms on plant health and productivity. Soil Biology and Biochemistry, 40: 1733-1740 .

Bagni N, Donini A, Serafini-Fracassini D. 1972. Content and aggregation of ribosomes during formation, dormancy and sprouting of tubers of *Helianthus tuberosus*. Physiologia Plantarum, 27: 370-375.

Chekroun M B, Amzile J, Mokhtari A, et al. 1996. Comparison of fructose production by 37 cultivars of Jerusalem artichoke (*Helianthus tuberosus* L.). New Zealand Journal of Crop and Horticultural Science, 24: 115-120 .

Clausen M R, Bach V, Edelenbos M, et al. 2012. Metabolomics reveals drastic compositional changes during overwintering of Jerusalem artichoke (*Helianthus tuberosus* L.) tubers. Journal of Agricultural and Food Chemistry, 60: 9495-9501 .

Cocucci S, Bagni N. 1968. Polyamine-induced activation of protein synthesis in ribosomal preparation from *Helianthus tuberosus* tissue. Life Sciences, 7: 113-120 .

Conde J R, Tenorio J L, Rodríguez-maribona B, et al. 1991. Tuber yield of Jerusalem artichoke (*Helianthus Tuberosus* L.) in relation to water stress. Biomass and Bioenergy , 1: 137-142 .

Courduroux J C. 1967. Étude du mécanisme physiologique de la tubérisation chez le topinambour (*Helianthus tuberosus* L.). Ann Sci Nat Bot, 8: 212-256.

Danilčenko H, Jarienė E, Aleknavičienė P, et al. 2008. Quality of Jerusalem artichoke (*Helianthus tuberosus* L.) tubers in relation to storage conditions. Notulae Botanicae Horti Agrobotanici Cluj-Napoca, 36: 23-27.

Davies P J. 2010. The plant hormones: Their nature, occurrence, and functions//Davies P J. Plant Hormones: Biosynthesis, Signal Transduction, Action. Dordrecht: Springer Netherlands: 1-15.

Denoroy P. 1996. The crop physiology of *Helianthus tuberosus* L.: A model oriented view. Biomass and Bioenergy, 11: 11-32.

Dougall D K. 1966. Biosynthesis of protein amino acids in plant tissue culture II further isotope competition experiments using protein amino acids. Plant Physiology, 41: 1411-1415 .

Dykins F A, Kleiderer E C, Heubaum U, et al. 1933. Production of a palatable artichoke sirup I. General procedure. Industrial & Engineering Chemistry, 25(8): 937-940.

Eichinger Jr J, McGlumphy J, Buchanan J, et al. 1932. Commercial Production of levulose II. Conversion of Jerusalem artichoke juices. Industrial & Engineering Chemistry, 24 (1): 41-44.

Fleming S E, GrootWassink J W D, Murray E D. 1979. Preparation of high-fructose syrup from the tubers of the Jerusalem artichoke (*Helianthus tuberosus* L.) C R C Critical. Reviews in Food Science and Nutrition, 12: 1-28 .

Fracassini D S, Bagni N, Cionini P G, et al. 1980. Polyamines and nucleic acids during the first cell cycle of *Helianthus tuberosus* tissue after the dormancy break. Planta, 148: 332-337 .

Frehner M, Keller F, Wiemken A. 1984. Localization of fructan metabolism in the vacuoles isolated from protoplasts of Jerusalem artichoke tubers (*Helianthus tuberosus* L.). Journal of Plant Physiology, 116: 197-208 .

Fuchigami L H. 1987. Degree growth stage model and rest-breaking mechanism in temperate woody perennials. HortScience, 22: 836-845.

Ginzburg C. 1973. Hormonal regulation of cormel dormancy in *Gladiolus grandiflorus*. Journal of Experimental Botany, 24: 558-566 .

Hamilton E W, Heckathorn S A. 2001. Mitochondrial adaptations to NaCl. Complex I is protected by anti-oxidants and small heat shock proteins, whereas complex II is. Protected by Proline and Betaine Plant Physiology, 126: 1266-1274.

Holmgren L, O'Reilly M S, Folkman J. 1995. Dormancy of micrometastases: Balanced proliferation and apoptosis in the presence of angiogenesis suppression. Nature Medicine, 1: 149.

Ishikawa M, Yoshida S. 1985. Seasonal changes in plasma membranes and mitochondria isolated from Jerusalem artichoke tubers. Possible relationship to cold hardiness. Plant and Cell Physiology, 26: 1331-1344 .

Jacobs E, Hissin P J, Propper W, et al. 1986. Stability of lactate dehydrogenase at different storage temperatures. Clinical Biochemistry, 19: 183-188 .

Kaeser W. 1983. Ultrastructure of storage cells in Jerusalem artichoke tubers (*Helianthus tuberosus* L.) vesicle formation during inulin synthesis. Zeitschrift für Pflanzenphysiologie, 111: 253-260 .

Kaldy M S, Johnston A, Wilson D B. 1980. Nutritive value of Indian bread-root, squaw-root, and Jerusalem artichoke. Economic Botany, 34: 352-357 .

Karen D, Dietmar F, Hanjo H, et al. 2001. A nuclear gene encoding mitochondrial Δ1-pyrroline-5-carboxylate dehydrogenase and its potential role in protection from proline toxicity. The Plant Journal, 27: 345-356 .

Kiyosue T, Yoshiba Y, Yamaguchi-Shinozaki K, et al. 1996. A nuclear gene encoding mitochondrial proline dehydrogenase, an enzyme involved in proline metabolism, is upregulated by proline but downregulated by dehydration in *Arabidopsis*. The Plant Cell, 8: 1323-1335.

Klaushofer H. 1986. Zur Biotechnologie fructosanhaltiger Pflanzen Starch. Stärke, 38: 91-94 .

Kocsis L, Liebhard P, Praznik W. 2007. Effect of seasonal changes on content and profile of soluble carbohydrates in tubers of different varieties of Jerusalem artichoke (*Helianthus tuberosus* L.). Journal of Agricultural and Food Chemistry, 55: 9401-9408 .

Langens-Gerrits M, Hol T, Croes T, et al. 1997. Dormancy Breaking in Lily Bulblets Regenerated *in vitro*: Effects on Growth after Planting. Leuven: International Society for Horticultural Science (ISHS).

Lee P, Sarkozi J, Bookman A A, et al. 1986. Digital blood flow and nailfold capillary microscopy in Raynaud's phenomenon. The Journal of Rheumatology, 13: 564-569.

Maggio A. 2010. Does proline accumulation play an active role in stress-induced growth reduction? The Plant Journal, 31: 699-712.

Maicaurkaew S, Jogloy S, Hamaker B R, et al. 2017. Fructan: fructan 1-fructosyltransferase and inulin hydrolase activities relating to inulin and soluble sugars in Jerusalem artichoke (*Helianthus tuberosus* Linn.) tubers during storage. Journal of Food Science and Technology, 54: 698-706 .

McGlumphy J H, Eichinger Jr J W, Hixon R M, et al. 1931. Commercial production of levulose I-generation considerations. Industrial & Engineering Chemistry, 23(11): 1202-1204.

Modler H W, Jones J D, Mazza G. 1993. Observations on long-term storage and processing of Jerusalem artichoke tubers (*Helianthus tuberosus*). Food Chemistry, 48: 279-284 .

Nello B, Barbara M, Patrizia T. 1980. Polyamines, storage substances and abscisic acid-like inhibitors during dormancy and very early activation of *Helianthus tuberosus* tuber tissues. Physiologia Plantarum, 49: 341-345 .

Nicolai S. 1997. Differential expression of two P5CS genes controlling proline accumulation during salt-stress requires ABA and is regulated by ABA1, ABI1 and AXR2 in *Arabidopsis*. The Plant Journal, 12: 557-569.

Ohkawa K. 1979. Effects of gibberellins and benzylandenine on dormancy and flowering of *Lilium speciosum*. Scientia Horticulturae, 10: 255-260 .

Petel G, Gendraud M. 1986. Contribution to the study of ATPase activity in plasmalemma-enriched fractions from Jerusalem artichoke tubers (*Helianthus tuberosus* L.) in relation to their morphogenetic properties. Journal of Plant Physiology, 123: 373-380 .

Petel G, Sueldo R, Coudret A, et al. 1992. Plasmalemma fluidity in parenchyma cells from Jerusalem artichoke (*Helianthus tuberosus* L.) tubers during the break of dormancy. Biologia Plantarum, 34: 373 .

Pilnik W, Vervelde G J. 1976. Jerusalem artichoke (*Helianthus tuberosus* L.) as a source of fructose, a natural alternative sweetener Zeitschrift Acker- und. Pflanzenbau, 142: 153-162.

Pollock C J. 1986. Tansley review No. 5 fructans and the metabolism of sucrose in vascular plants. The New Phytologist, 104: 1-24 .

Pressey R. 1966. Separation and properties of potato invertase and invertase inhibitor. Archives of Biochemistry and Biophysics, 113: 667-674 .

Pressey R. 1967. Invertase Inhibitor from potatoes: Purification, characterization, and reactivity with plant invertases. Plant Physiology, 42: 1780-1786.

Ruttanaprasert R, Jogloy S, Kanwar R S, et al. 2018. Gibberellic acid effect on tuber dormancy of jerusalem artichoke. Pak J Bot, 50(2): 741-748.

Reeve R M. 1943. Changes in tissue composition in dehydration of certain fleshy root vegetables. Journal of Food Science, 8: 146-155 .

Rutherford P P, Weston E W. 1968. Carbohydrate changes during cold storage of some inulin-containing roots and tubers. Phytochemistry, 7: 175-180 .

Saengthongpinit W, Sajjaanantakul T. 2005. Influence of harvest time and storage temperature on characteristics of inulin from Jerusalem artichoke (*Helianthus tuberosus* L.) tubers. Postharvest Biology and Technology, 37: 93-100 .

Shi C, Hu N, Huang H, et al. 2012. An improved chloroplast DNA extraction procedure for whole plastid genome sequencing. PLoS One, 7: e31468 .

Steponkus P L. 1984. Role of the plasma membrane in freezing injury and cold acclimation annual. Review of Plant Physiology, 35: 543-584.

Van Laere A, Van den Ende W. 2002. Inulin metabolism in dicots: chicory as a model system. Plant, Cell & Environment, 25: 803-813.

Verbruggen N, Hua X J, May M, et al. 1996. Environmental and developmental signals modulate proline homeostasis: Evidence for a negative transcriptional regulator. Proceedings of the National Academy of Sciences, 93: 8787-8791 .

Vijn I, Smeekens S. 1999. Fructan: More than a reserve carbohydrate? Plant Physiology, 120: 351-360.

Wanpen C, Ngampanya B, Pruksasri S, et al. 2013. The effect of ultrasonic pretreatment on inulin extraction from jerusalem artichoke tuber. KMUTT Research and Development Journal, 36(2): 259-270.

Wyse D L, Young F L, Jones R J. 1986. Influence of Jerusalem artichoke (*Helianthus tuberosus*) density and duration of interference on soybean (*Glycine max*) growth and yield. Weed Science, 34(2): 243-247.

ICS 65.020.20
B 05

NY

中华人民共和国农业行业标准

NY/T 2503—2013

植物新品种特异性、一致性和稳定性 测试指南 菊芋

Guidelines for the conduct of tests for distinctness, uniformity and stability—
Jerusalem artichoke

(*Helianthus tuberosus* L.)

2013 - 12 -13 发布 2014 - 04 - 01 实施

中华人民共和国农业部 发布

前　　言

本标准依据 GB—T 1.1-2009 给出的规则起草。

本标准由农业部科技教育司提出。

本标准由全国植物新品种测试标准化技术委员会（SAC/TC 277）归口。

本标准起草单位：青海省农林科学院，农业部科技发展中心

本标准主要起草人：韩睿、熊国富、钟启文、李莉、赵孟良、李全辉

目　　次

植物新品种特异性、一致性和稳定性测试指南 菊芋

1 范围

本标准适用于菊芋（*Helianthus tuberosus* L.）新品种特异性、一致性和稳定性测试和结果判定。

本标准规定了菊芋新品种特异性、一致性和稳定性测试的技术要求和结果判定的一般原则。

2 规范性引用文件

下列文件对于本文件的应用是必不可少的。凡是注日期的引用文件，仅所注日期的版本适用于本文件。凡是不注日期的引用文件，其最新版本（包括所有的修改单）适用于本文件。

GB/T 19557.1 植物新品种特异性、一致性和稳定性测试指南 总则。

3 术语和定义

GB/T 19557.1 确定的以及下列术语和定义适用于本文件。

3.1

群体测量 Single measurement of a group of plants or parts of plants

对一批植株或植株的某器官或部位进行测量，获得一个群体记录。

3.2

个体测量 Measurement of a number of individual plants or parts of plants

对一批植株或植株的某器官或部位进行逐个测量，获得一组个体记录。

3.3

群体目测 Visual assessment by a single observation of a group of plants or parts of plant

对一批植株或植株的某器官或部位进行目测，获得一个群体记录。

3.4

个体目测 Visual assessment by a single observation of individual plants or parts of plant

对一批植株或植株的某器官或部位进行逐个目测，获得一组个体记录。

4 符号

下列符号适用于本标准：

MG：群体测量

MS：个体测量

VG：群体目测

VS：个体目测

QL：质量性状

QN：数量性状

PQ：假质量性状

（a）、（b）、（c）、……：标注内容在附录 B 的 B.2 中进行了详细解释。

（+）：标注内容在附录B的B.3中进行了详细解释。

5 繁殖材料的要求

5.1 繁殖材料以块茎形式提供。

5.2 递交的块茎数量至少 100 个，块茎直径为 3cm～5cm，连续提供 2 年～3 年。

5.3 提交的块茎应外观健康，活力高，无病虫侵害。

5.4 递交的块茎不应进行任何影响品种性状表达的处理。

5.5 提交的块茎应符合中国植物检疫的有关规定。

6 测试方法

6.1 测试周期

测试的周期至少为2个独立的生长周期。

6.2 测试地点

测试通常在 1 个地点进行。如果某些性状在该地点不能充分表达，可在其他符合条件的地点对其进行观测。

6.3 田间试验

6.3.1 试验设计

申请品种和近似品种相邻种植。

以穴播方式种植，每个小区不少于40株，株行距为40cm×80cm，共设2个重复。

6.3.2 田间管理

可按当地大田生产管理方式进行。测试条件与田间管理既要满足本作物的正常生长需求，以达到测试性状的充分表达，同时要均匀一致以保证试验的准确性。

6.4 性状观测

6.4.1 观测时期

性状观测应按照表A.1列出的生育阶段进行。表B.1对这些生育阶段进行了解释。

6.4.2 观测方法

性状观测应按照表A.1规定的观测方法（VG、VS、MG、MS）进行。

6.4.3 观测数量

除非另有说明，个体观测性状（VS、MS）植株取样数量不少于20株，在观测植株的器官或部位时，每个植株取样数量应为1个。群体观测性状（VG、MG）应观测整个小区或规定大小的混合样本。

7 特异性、一致性和稳定性结果的判定

7.1 总体原则

特异性、一致性和稳定性的判定按照GB/T 19557.1确定的原则进行。

7.2 特异性的判定

申请品种应明显区别于所有已知品种。在测试中，当申请品种至少在一个性状上与近似品种具有明显且可重现的差异时，即可判定申请品种具备特异性。

7.3 一致性的判定

对于菊芋品种，一致性判定时，采用1%的群体标准和至少95%的接受概率。当样本

大小为40株时，最多可以允许有2个异型株。

7.4　稳定性的判定

如果一个品种具备一致性，则可认为该品种具备稳定性。一般不对稳定性进行测试。

必要时，可以种植该品种的下一批块茎，与以前提供的块茎相比，若性状表达无明显变化，则可判定该品种具备稳定性。

8　性状表

进行特异性、一致性和稳定性测试时，应使用本文件性状表中的性状、性状表达状态和相应的代码。表A.1列出了菊芋基本性状。

8.1　概述

性状表列出了性状名称、表达类型、表达状态及相应的代码和标准品种、观测时期和方法等内容。

8.2　表达类型

根据性状表达方式，将性状分为质量性状、假质量性状和数量性状三种类型。

8.3　表达状态和相应代码

8.3.1　每个性状划分为一系列表达状态，为便于定义性状和规范描述，每个表达状态赋予一个相应的数字代码，以便于数据记录、处理和品种描述的建立与交流。

8.3.2　对于质量性状和假质量性状，所有的表达状态都应当在测试指南中列出；对于数量性状，为了缩小性状表的长度，偶数代码的表达状态可以不列出，偶数代码的表达状态可描述为前一个表达状态到后一个表达状态的形式。

8.4　标准品种

性状表中列出了部分性状有关表达状态相应的标准品种，以助于确定相关性状的不同表达状态和校正年份、地点引起的差异。

9　分组性状

本文件中，品种分组性状如下：

　　a）植株：开花（表A.1中性状16）

　　b）块茎：皮色（表A.1中性状22）

　　c）块茎：分布（表A.1中性状24）

　　d）块茎：芽眼形态（表A.1中性状25）

10　技术问卷

申请者应按附录 C 给出的格式填写菊芋技术问卷。

附 录 A

（规范性附录）
菊芋测试性状表

A.1 菊芋基本性状

见表 A.1。

表 A.1 菊芋基本性状表

序号	性状	观测时期和方法	表达状态	标准品种	代码
1	幼芽：花青甙显色强度 QN （+）	10 VG	无或极弱		1
			弱		3
			中		5
			强		7
			极强		9
2	块茎：萌芽势 QN	20 VG	弱	W53	1
			中	青芋 3 号	2
			强	青芋 1 号	3
3	叶：绿色程度 QN	29 VG	浅	青芋 3 号	1
			中	青芋 2 号	2
			深	W53	3
4	叶：大小 QN （a）（+）	40 MS/VG	小	青芋 3 号	1
			中	青芋 1 号	3
			大	W01	5
5	叶：形状 PQ （a） （+）	40 VG	窄椭圆形	W17	1
			中等椭圆形	青芋 3 号	2
			阔卵圆形	W02	3
6	叶：叶脉正面花青甙显色 QL （a）	40 VG	无	青芋 1 号	1
			有	青芋 3 号	9
7	叶：叶脉背面花青甙显色 QL （a）	40 VG	无	青芋 3 号	1
			有	青芋 1 号	9
8	叶柄：基部花青甙显色强度 QN （a）	40 VG	无或极弱	W02	1
			弱	青芋 3 号	2
			中	W05	3
			强	青芋 2 号	4
			极强	W17	5
9	叶：最宽处位置 QN （a） （+）	40 VG	近基部	青芋 3 号	1
			中部	青芋 2 号	2

序号	性状	观测时期和方法	表达状态	标准品种	代码
10	叶：叶缘形状 PQ （a） （+）	40 VG	浅锯齿	青芋 3 号	1
			深锯齿	青芋 1 号	2
			缺刻	青芋 2 号	3
11	叶柄：长度 QN （a） （+）	40 MS	短	青芋 2 号	1
			中	青芋 3 号	3
			长	W09	5
12	茎：粗度 QN （+）	40 VG	细	W16	1
			中	青芋 2 号	2
			粗	W09	3
13	茎：节间长 QN （+）	40 MS	短	W17	1
			中	青芋 1 号	3
			长	W16	5
14	茎：花青甙显色强度 QN （+）	40 VG	无或极弱	W01	1
			弱	青芋 2 号	2
			中	W09	3
			强	青芋 1 号	4
			极强	青芋 3 号	5
15	茎：刚毛密度 QN （+）	40 VG	疏	青芋 2 号	1
			中	青芋 1 号	2
			密	青芋 3 号	3
16	植株：开花 QL	40 VG	无		1
			有		9
17	仅适用于开花品种：开花期 QN	40 VG	早	青芋 1 号	1
			中	青芋 2 号	3
			晚	青芋 3 号	5
18	花冠：大小 QN （+）	49 MS	小	W64	1
			中	青芋 3 号	2
			大	W05	3
19	花序梗：长度 QN （+）	49 MS	短	W01	1
			中	青芋 1 号	3
			长	青芋 2 号	5
20	植株：高度 QN	50 MS	极矮		1
			矮	南菊芋 5 号	3
			中	南菊 1 号	5
			高	青芋 3 号	7
			极高		9

续表

序号	性状	观测时期和方法	表达状态	标准品种	代码
21	块茎：形状 PQ （+）	60 VG	楔形	W05	1
			纺锤形	W64	2
			棒形	W01	3
			近球形	青芋 1 号	4
			不规则瘤状	青芋 3 号	5
22	块茎：皮色 PQ （+）	60 VG	白色	青芋 3 号	1
			粉红色	W64	2
			紫红色	青芋 2 号	3
			紫色	青芋 1 号	4
23	块茎：不定根数量 QN （+）	60 VG	无或极少	W35	1
			少	W64	3
			中	青芋 3 号	5
			多	青芋 2 号	7
			极多	W09	9
24	块茎：分布 QN （+）	60 VG	紧凑	青芋 3 号	1
			中等	W64	2
			松散		3
25	块茎：芽眼形态 QL	60 VG	凹		1
			凸		2

附　录　B

（规范性附录）
菊芋测试性状表的解释

B.1　菊芋生育阶段

见表 B.1。

表 B.1　菊芋生育阶段表

代码	描述	代码	描述
	萌芽期		花期
00	正常休眠的块茎	40	始花期：10%的植株开花
10	萌芽期	49	盛花期：80%的植株开花
11	有 2 片展开叶		成熟期
	苗期	50	成熟早期：10%的植株叶片开始变黄
20	50%出苗	51	成熟中期：50%的植株叶片开始变黄
21	80%出苗	59	成熟后期：80%的植株叶片开始变黄
29	有 6 片展开叶		收获期
	显蕾期	60	实际收获
30	50%植株显蕾		

B.2　涉及多个性状的解释

（a）观测主茎第 10 节～第 15 节完全展开的叶片。

B.3　涉及单个性状的解释

性状 1　幼芽：花青甙显色强度，见图 B.1。在无光照培养条件下培养至幼芽长 2cm～3cm，目测块茎幼芽的显色强度。

性状 4　叶：大小，测量 20 株叶片的长和宽，用面积值进行统计分析。

性状 5　叶：形状，见图 B.2。开花期随机目测 20 个第 10 节～第 15 节间的展开叶的形状。

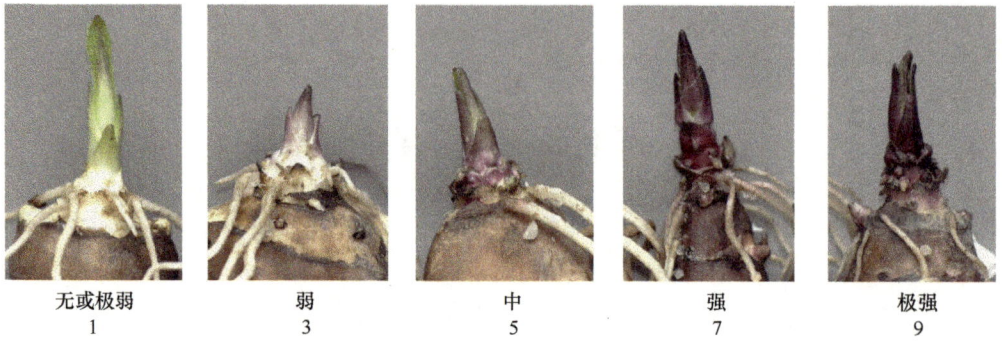

图 B.1　幼芽：花青甙显色强度

（无或极弱 1　弱 3　中 5　强 7　极强 9）

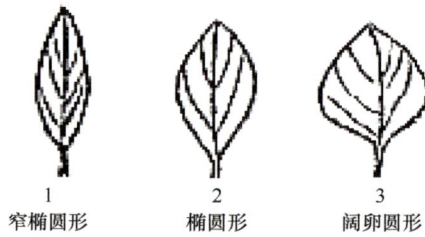

图 B.2　叶：形状

（1 窄椭圆形　2 椭圆形　3 阔卵圆形）

性状 9　叶：最宽处位置，见图 B.3。

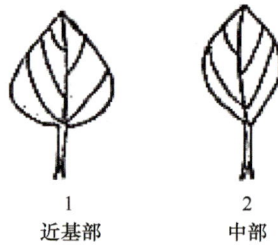

图 B.3　叶：最宽处位置

（1 近基部　2 中部）

性状 10　叶：叶缘形状，见图 B.4。

图 B.4　叶：叶缘形状

（1 浅锯齿　2 深锯齿　3 缺刻）

性状 11　叶柄：长度，开花期测量 20 片展开叶的叶柄长度，取其平均值，精确至 0.1cm。

性状 12　茎：粗度，开花期测量 20 株植株地上部距地面 5～10cm 处最粗的主茎直径，精确至 0.1cm。

性状 13　茎：节间长，开花期测量 20 株主茎顶端以下第 10～15 节平均节间长，精确至 0.1cm。

性状 14　茎：花青甙显色强度，见图 B.5。开花期目测量主茎花青甙显色。

| 无或极弱 | 弱 | 中 | 强 | 极强 |
| 1 | 2 | 3 | 4 | 5 |

图 B.5　茎：花青甙显色强度

性状 15　茎：刚毛密度，见图 B.6。始花期目测主茎顶端以下 10～15 节间处主茎着生刚毛的疏密程度。

| 疏 | 中 | 密 |
| 1 | 2 | 3 |

图 B.6　茎：刚毛密度

性状 17　仅适用于开花品种：开花期，目测田间 10% 的植株第一朵花开放时期。

性状 18　花冠：大小，盛花期测量充分开放的 20 朵花冠直径，取其平均值，精确至 0.1cm。

性状 19　花序梗：长度，盛花期测量 20 个主茎顶端第一朵花的花柄长度，取其平均值，精确至 0.1cm。

性状 21　块茎：形状，见图 B.7。收获期（收获块茎的当日）目测植株地下部所结的健康块茎。判定成熟株 60% 块茎，不做一致性判定。

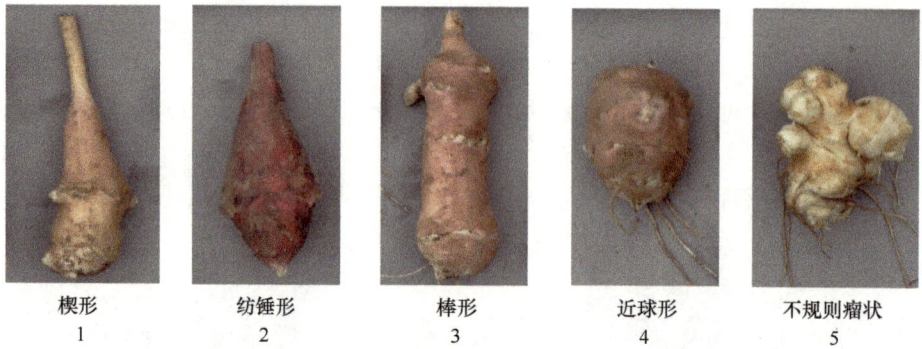

楔形	纺锤形	棒形	近球形	不规则瘤状
1	2	3	4	5

图 B.7 块茎：形状

性状 22 块茎：皮色，见图 B.8。收获期（收获块茎的当日）目测未经日光晒的健康块茎的表皮。

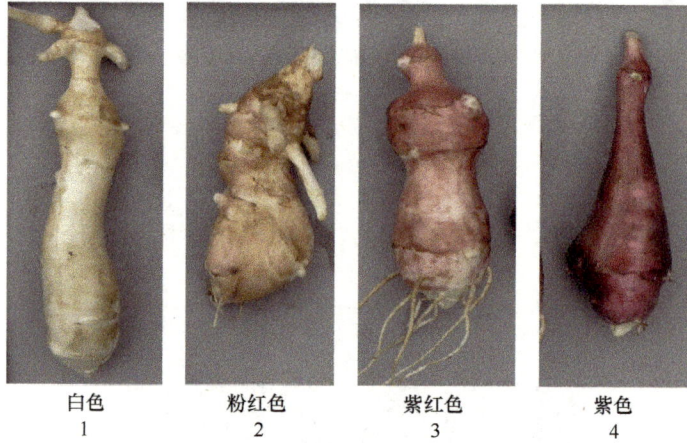

白色	粉红色	紫红色	紫色
1	2	3	4

图 B.8 块茎：皮色

性状 23 块茎：不定根数量，见图 B.9。收获期（收获块茎的当日）目测植株地下部所结的健康块茎。

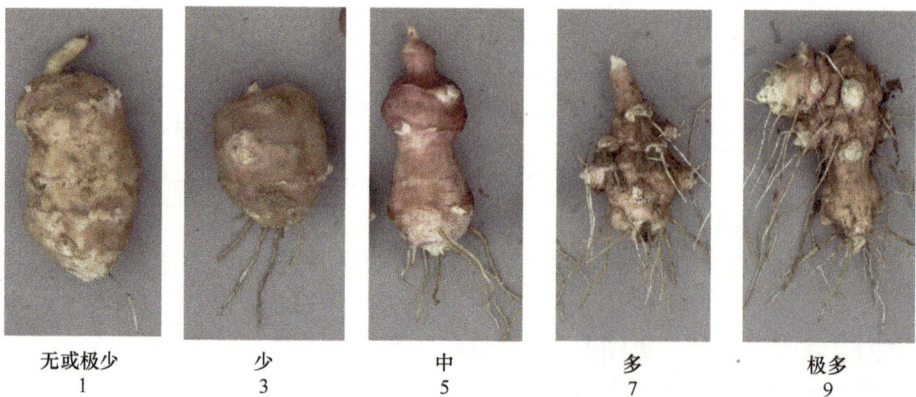

无或极少	少	中	多	极多
1	3	5	7	9

图 B.9 块茎：根毛数量

性状 24　块茎：分布，见图 B.10。收获期目测单株块茎地下分布的紧密程度。

1	3	5
紧凑	中等	松散

图 B.10　块茎：分布

附 录 C

（规范性附录）
菊芋技术问卷

（申请人或代理机构签章）

| 申请号： |
| 申请日： |
| ［由审批机关填写］ |

C.1 品种暂定名称

C.2 植物学分类

C.3 品种用途

在相符的类型 [ ] 中打√。

C.3.1 食用	[　　]
C.3.2 饲用	[　　]
C.3.3 加工	[　　]
C.3.4 其他	[　　]

C.4 申请品种的具有代表性彩色照片

（品种照片粘贴处）

（如果照片较多，可另附页提供）

C.5　其他有助于辨别申请品种的信息

（如品种用途、品质抗性，请提供详细资料）

C.6　品种种植或测试是否需要特殊条件？

在相符的类型 [　] 中打√。

是[　]　　　　否[　]

（如果回答是，请提供详细资料）

C.7　品种繁殖材料保存是否需要特殊条件？

在相符的类型 [　] 中打√。

是[　]　　　　否[　]

（如果回答是，请提供详细资料）

C.8　申请品种需要指出的性状

在表 C.1 中相符的代码后[　]打√，若有测量值，请填写在表 C.1 中。

表 C.1　申请品种需要指出的性状

序号	性状	表达状态	代码	测量值
1	幼芽：花青甙显色强度（性状 1）	无或极弱	1 [　]	
		无或极弱到弱	2 [　]	
		弱	3 [　]	
		弱到中	4 [　]	
		中	5 [　]	
		中到强	6 [　]	
		强	7 [　]	
		强到极强	8 [　]	
		极强	9 [　]	

续表

序号	性状	表达状态	代码	测量值
2	茎：花青甙显色强度（性状 14）	无或极弱	1 [ ]	
		弱	2 [ ]	
		中	3 [ ]	
		强	4 [ ]	
		极强	5 [ ]	
3	植株：开花（性状 16）	无	1 [ ]	
		有	9 [ ]	
4	块茎：皮色（性状 22）	白色	1 [ ]	
		粉红色	2 [ ]	
		紫红色	3 [ ]	
		紫色	4 [ ]	
5	块茎：分布（性状 24）	紧凑	1 [ ]	
		中等	2 [ ]	
		松散	3 [ ]	
6	块茎：芽眼形态（性状 25）	凹	1 [ ]	
		凸	2 [ ]	

参 考 文 献

[1] GB/T 19557.1　植物新品种特异性、一致性和稳定性测试指南　总则.

[2] UPOV TG/1"GENERAL INTRODUCTION TO THE EXAMINATION OF DISTINC-TNESS,UNIFORMITY AND STABILITY AND THE DEVELOPMENT OF HARMONIZED DESCRIPTIONS OF NEW VARIETIES OF PLANTS"(植物新品种特异性、一致性和稳定性审查及性状统一描述总则).

[3] UPOV TGP/7 "DEVELOPMENT OF TEST GUIDELINES"(测试指南的研制).

[4] UPOV TGP/8"TRIAL DESIGN AND TECHNIQUES USED IN THE EXAMINATION OF DISTINCTNESS, UNIFORMITY AND STABILITY"(DUS 审查中应用的试验设计和技术方法).

[5] UPOV TGP/9"EXAMINING DISTINCTNESS"(特异性审查).

[6] UPOV TGP/10 "EXAMINING UNIFORMITY"(一致性审查).

[7] UPOV TGP/11 "EXAMINING STABILITY"(稳定性审查).

[8] DB63/T 481—2004 青海省菊芋品种观察记载标准.